国家出版基金项目
NATIONAL PUBLICATION FOUNDATION

现代农业高新技术成果丛书

奶牛分子育种技术研究

Researches on Molecular Breeding Technology in Dairy Cattle

张沅 张勤 孙东晓 主编

中国农业大学出版社
·北京·

内 容 简 介

基于目前国内外奶牛遗传育种最新研究进展,作者以中国荷斯坦牛为研究对象,针对奶牛分子育种关键技术进行了系统深入的研究。本书详细介绍了奶牛重要性状基因定位、主效基因和分子标记挖掘、标记辅助选择技术体系、遗传缺陷分子诊断和亲子鉴定技术平台构建等研究进展。这些研究为我国自主培育优秀种公牛和奶牛群体遗传改良提供了重要的技术支撑。

图书在版编目(CIP)数据

奶牛分子育种技术研究/张沅,张勤,孙东晓主编 . —北京:中国农业大学出版社,2012.8
ISBN 978-7-5655-0534-8

Ⅰ.①奶… Ⅱ.①张…②张…③孙… Ⅲ.①乳牛-遗传育种-研究 Ⅳ.①S823.92

中国版本图书馆 CIP 数据核字(2012)第 171102 号

书 名	奶牛分子育种技术研究
作 者	张 沅 张 勤 孙东晓 主编

策划编辑	宋俊果	**责任编辑**	韩元凤
封面设计	郑 川	**责任校对**	王晓凤 陈 莹
出版发行	中国农业大学出版社		
社 址	北京市海淀区圆明园西路 2 号	**邮政编码**	100193
电 话	发行部 010-62818525,8625	**读者服务部**	010-62732336
	编辑部 010-62732617,2618	**出 版 部**	010-62733440
网 址	http://www.cau.edu.cn/caup	**E-mail**	cbsszs@cau.edu.cn
经 销	新华书店		
印 刷	涿州市星河印刷有限公司		
版 次	2012 年 8 月第 1 版 2012 年 8 月第 1 次印刷		
规 格	787×1092 16 开本 25.5 印张 630 千字 彩插 8		
定 价	118.00 元		

图书如有质量问题本社发行部负责调换

现代农业高新技术成果丛书
编审指导委员会

编写人员

主　　编　张　沅　张　勤　孙东晓

参编人员　丁向东　刘剑锋　王雅春　俞　英

　　　　　张胜利　张　毅

　　　　　陈惠勇　陈　军　陈留红　初　芹

　　　　　褚瑰燕　东　天　范学华　公维嘉

　　　　　关　龙　郭　刚　何　峰　何阳花

　　　　　侯娅丽　贾　晋　江更旺　姜　力

　　　　　李　东　李国华　李艳华　刘会英

　　　　　刘　林　刘　锐　罗维真　马裴裴

　　　　　马　妍　梅　瑰　齐　超　秦春华

　　　　　单雪松　孙传禹　孙　艺　田　菲

　　　　　王　菁　王晓铄　韦艺媛　谢　岩

　　　　　杨　超　杨鸣洲　阴层层　张　豪

　　　　　张　剑　张　松　张　哲　赵春江

出版说明

瞄准世界农业科技前沿，围绕我国农业发展需求，努力突破关键核心技术，提升我国农业科研实力，加快现代农业发展，是胡锦涛总书记在 2009 年五四青年节视察中国农业大学时向广大农业科技工作者提出的要求。党和国家一贯高度重视农业领域科技创新和基础理论研究，特别是 863 计划和 973 计划实施以来，农业科技投入大幅增长。国家科技支撑计划、863 计划和 973 计划等主体科技计划向农业领域倾斜，极大地促进了农业科技创新发展和现代农业科技进步。

中国农业大学出版社以 973 计划、863 计划和科技支撑计划中农业领域重大研究项目成果为主体，以服务我国农业产业提升的重大需求为目标，在"国家重大出版工程"项目基础上，筛选确定了农业生物技术、良种培育、丰产栽培、疫病防治、防灾减灾、农业资源利用和农业信息化等领域 50 个重大科技创新成果，作为"现代农业高新技术成果丛书"项目申报了 2009 年度国家出版基金项目，经国家出版基金管理委员会审批立项。

国家出版基金是我国继自然科学基金、哲学社会科学基金之后设立的第三大基金项目。国家出版基金由国家设立、国家主导，资助体现国家意志、传承中华文明、促进文化繁荣、提高文化软实力的国家级重大项目；受助项目应能够发挥示范引导作用，为国家、为当代、为子孙后代创造先进文化；受助项目应能够成为站在时代前沿、弘扬民族文化、体现国家水准、传之久远的国家级精品力作。

为确保"现代农业高新技术成果丛书"编写出版质量，在教育部、农业部和中国农业大学的指导和支持下，成立了以石元春院士为主任的编审指导委员会；出版社成立了以社长为组长的项目协调组并专门设立了项目运行管理办公室。

"现代农业高新技术成果丛书"始于"十一五"，跨入"十二五"，是中国农业大学出版社"十二五"开局的献礼之作，她的立项和出版标志着我社学术出版进入了一个新的高度，各项工作迈上了新的台阶。出版社将以此为新的起点，为我国现代农业的发展，为出版文化事业的繁荣做出新的更大贡献。

中国农业大学出版社
2010 年 12 月

前　言

　　奶牛养殖是饲料转化率高、资源利用充分的节粮型畜牧产业之一,是农业产业结构中的重要组成部分,是极具发展潜力和广阔前景的"朝阳产业"。牛奶是养殖奶牛提供的最主要产品,牛奶中含有人体所必需的多种营养成分,是人类不可多得的天然理想食品之一。因此,世界大多畜牧业发达国家和地区都将奶牛养殖业放在畜牧业的首要位置,使全球奶业多年来一直保持着健康平稳的发展态势。近 10 年来,全球的总产奶量始终以每年1%～2%的速度递增。

　　在影响奶牛养殖业发展的诸多技术要素中,奶牛的遗传素质是最重要的影响因素。国际公认的各技术因素对奶牛养殖业生产效率提高的贡献率分析结果表明,遗传育种技术的贡献率占到40%以上。由此可见,良种是奶业发展的基础,奶牛群体遗传水平的不断改良提高,是奶业发展的根本动力。然而奶牛的育种工作又受到许多因素的限制,相对于猪、禽等畜种来说,奶牛的繁殖世代间隔长(4～5 年)、扩繁速度缓慢(单胎动物),产奶性状又是性别限制性状,公牛不表现奶牛最重要的产奶性能。因此,奶牛的育种技术与猪、禽等畜种有很大不同,既不能周期性地不断培育新品种,也不能通过建立杂交配套繁育体系而利用杂种优势。奶牛育种技术的主要工作领域是,通过对现有的育成品种(主要是占当今世界奶牛存栏 85%以上的荷斯坦牛群体)实施长期、系统的群体遗传改良技术,使奶牛群体总体上获得种质改良和遗传进展。

　　数十年来,世界各国的奶牛育种学家应用数量遗传学理论和方法,经过长期的实践,集成了一套奶牛群体遗传改良的技术体系,概括起来有 4 项基础工作:①在牛群中建立个体识别系统和品种登记制度,开展个体生产性能测定和体型外貌鉴定,以期获得完整、可靠的性能纪录数据信息;②在牛群中通过个体遗传评定,对优秀母牛进行良种登记,以期选育和组建高产奶牛育种核心群,并通过科学的"计划选配"培育优秀的种牛;③组织大规模的青年公牛后裔测定或其他先进的选种技术,并经过科学、严谨的遗传评定技术,选育优秀种公牛;④广范应用人工授精等繁殖生物技术,将经过验证的优秀种公牛的优良遗传物质推广到整个牛群,以期整体改进牛群的遗传素质、生产性能及经济效益。

　　通过上述奶牛群体遗传改良的技术组装集成,在世界各国特别是在奶业发达国家长期应用与完善,已经证实是迄今最为科学、合理和有效的奶牛群体遗传改良技术体系。最具说服力的例证是北美奶牛群的发展历程。20 世纪 50 年代初,美国和加拿大的奶牛平均产奶水平仅是 5 000 kg 左右,1953 年两国同时启动了"牛群遗传改良计划"(DHIP),经过半个多世纪的实施,两国奶牛群的平均生产水平几乎翻了一番。尤其是近 30 年来,计算机技术和胚胎生物技术的应用,使世界发达国家的奶牛业发生了新的跨越式发展。主要表现在,总产奶量持续稳步增加的同时,奶牛存栏数量不断减少,生产效率得到了大幅度提高。据美国农业部公布的数据,在 1989—1998 年期间,美国全国总奶产量增加了 9%,而奶牛存栏量却减少了 9%,奶牛个体泌乳量平均单产提高了 20%,而且近 10 年这种发展趋势仍在延续。由此可见,上述奶牛群体遗传改良技术是卓有成效的。

在传统的畜禽群体遗传改良技术体系取得了瞩目成就的同时,动物遗传育种专家们冷静地认识到,此前畜禽经济性状所获得的大部分遗传进展,均是以数量遗传学的"微效多基因模型"为基础,在调控经济性状的基因数量和效应均未知的情况下,仅将基因的作用作为一个整体(遗传黑箱)考虑,根据表型值,通过统计分析方法,估计出特定性状的育种值,并以此作为选种的主要依据。目前看来,这种方式在理论上是有缺陷的,而且在实践中也总难达到预期的理论效果。

20 世纪 80 年代以来,分子遗传学和分子生物技术迅速发展,并全面地渗入和推动了数量遗传学的发展,开辟了"分子数量遗传学"新学科领域。应用分子数量遗传学新理论、新方法和新技术,结合传统的育种技术,逐渐形成了畜禽"分子育种"新技术体系,主要体现在:从分子水平上认识数量性状的遗传基础并分析数量性状的遗传变异规律;将目前群体水平上的以表型值推断基因型值的选种过程,发展成为先用分子生物技术测定个体的基因型和基因型值,再结合数量遗传学方法预测个体育种值。因此,分子育种技术体系对于提高畜禽群体遗传改良的效率,有着广阔的应用前景。

回顾我国奶牛育种的历程,自 1985 年中国黑白花牛(1992 年更名为"中国荷斯坦牛")新品种培育成功伊始,即在农业部领导下,组织开展了全国性的群体遗传改良工作,群体遗传改良技术体系不断完善,牛群总体遗传水平不断提高,这些对我国奶业的发展做出了至关重要的贡献。但由于构建奶牛群体遗传改良技术体系工作起步较晚,加之体制、科技等诸多因素,致使我国目前不仅在奶牛群体生产水平和遗传素质上远落后于世界奶业发达国家,而且群体遗传改良进展缓慢,迄今尚不能遏制对引进国外种牛的严重依赖。

为了尽快摆脱遗传改良技术滞后于奶业发展需求的被动局面,多年来我国科技工作者坚持不懈地跟踪世界科技发展趋势,开展了一系列的科学研究工作。特别是 20 世纪 90 年代中期,奶牛分子育种技术成为了学科前沿热点领域,本书著者们敏锐地抓住这一契机,先后获得"国家科技攻关计划"、"国家 863 计划"、"国家自然科学基金杰出青年基金"、"农业部重点科技项目"、"农业部 948 计划"等 7 项课题资助,系统地开展了"奶牛分子育种关键技术研究"。主要研究内容可概括为 4 个方面:①奶牛重要性状的基因精细定位;②奶牛重要性状的主效基因和相关分子标记的挖掘与定性;③奶牛标记辅助选择技术体系的研究;④构建奶牛遗传缺陷分子诊断和亲子鉴定技术平台。

在历时 15 年的研究工作期间,课题组共培养了 22 名博士研究生、21 名硕士研究生,在国内外专业期刊上发表论文 80 余篇,其中 SCI 收录 38 篇。此外,还获得 7 项国家发明专利授权和 5 项软件著作权。

为了进一步发展我国奶牛分子育种理论与实践,现特将我们的研究成果编撰成书,以求与国内外同行开展交流。

编　者

2012 年 2 月

目　录

第1章

基因定位方法

1909 年瑞典生物学家 Nilsson-Ehle 提出了数量性状遗传模型——多基因假说（polygene hypothesis），但由于数量性状受多基因控制和环境因素的影响，使得我们对基因数目、基因在染色体上的位置、各个基因的效应以及基因频率等遗传性质所知有限。对数量性状的研究中，我们一直将影响性状的所有基因作为一个整体来看待，性状的遗传性质通过遗传力、遗传相关和重复力等遗传参数来描述。

1.1　基因定位概述

Geldermann 于 1975 年提出了数量性状座位（quantitative trait locus，QTL）的概念：QTL 是指对数量性状变异具有相对较大影响的单个基因或紧密连锁的基因簇。从动植物的研究来看，许多数量性状存在着 QTL。人们对 QTL 的遗传和作用机理产生了浓厚的兴趣，因为了解它们的遗传性质和作用机理，至少会促进以下工作的进展。

（1）基因/标记辅助选择：研究表明，利用基因或者与基因关联的遗传标记进行辅助选择的策略，能加快遗传进展。许多学者通过随机模拟技术对 MAS 和常规 BLUP 选择效果进行了比较。Meuwissen 和 van Arendonk（1992）采用确定模型（deterministic model）对奶牛产奶性状的标记辅助选择进行了模拟，研究结果表明，在开放和闭锁两种育种体系中，选择进展分别比常规 BLUP 提高 9.5％～25.8％和 7.7％～22.4％。Ruane 等（1996）研究表明，在一个奶牛育种核心群的第 1、2、3、6 世代中，利用标记辅助选择可使产奶性状的遗传进展提高 3％、9％、12％和 6％；QTL 有利等位基因初始频率较低时（如 0.1），选择进展可分别达到 9％、19％、24％和 15％。不同的研究，结果不尽相同，这取决于研究所采用的 QTL 遗传模型、群体结构、家系大小、家系数目、选择世代数、标记的特性、标记和 QTL 连锁程度等各项假设。但研究的共同结论是：标记辅助选择的效率优于常规 BLUP 方法，特别是对于低遗传力性状、限性性状和不宜直接测定的性状,利用辅助选择可能会具有更大的价值。另外,人们对影响辅助选择效率的各种因素(Edwards,1994;Spelman and Bovenhuis,1998;Spelman et al,1999;Liu et al,2001;Zhang et al,2003),以及辅助选择的实施方案(Gibson et al,1994;Gomz-Raya et al,1999)均做了详尽的研究。基因定位将会促进辅助选择在家畜育种中的实施,进而加速家畜育种工作的进展。

(2)标记辅助导入:家畜育种中,常会遇到这样一种品种或品系,即各方面表现都很优良,但因某一缺陷影响了该品种或品系的总体经济价值。弥补该品种或品系这一缺陷可以通过杂交或基因导入两种途径来解决。杂交方法成本较高、产生的互补效应不能固定并遗传,而且杂交后代在其他方面的表现可能会低于亲本。基因导入是利用导入杂交向本品种导入该性状的优良基因,通过连续与本品种回交,逐步消除不需要的外源基因,然后通过横交固定导入的基因。这一方法需要时间长,效率低,而且在反复回交中,导入的基因可能会丢失。标记技术的发展为解决这一问题提供了新的途径,即利用标记辅助导入(marker-assisted introgression,MAI)基因。在杂交、回交和横交固定中可以利用标记信息选择理想的个体、保证要导入的基因不丢失、提高横交固定的概率,并且降低基因导入需要的时间。但标记辅助导入实施策略、影响标记辅助导入效率的因素和标记导入的最佳实施方案等尚需系统研究。

(3)标记辅助杂种优势利用:杂种优势的预测和利用是数量遗传学的重要课题。目前,杂种优势主要根据性状遗传力和亲本的纯合度来预测,低遗传力性状的杂种优势较高,亲本纯合度越高,杂种后代的杂种优势就越高。对于特定的性状和群体,需要通过配合力测定来评定最优的杂交组合,但配合力测定只适用于一定的时间范围,而且由于测定规模有限,具有较大的局限性。标记信息的利用为杂种优势的预测和利用提供了新的思路。利用标记信息对群体的遗传结构作出更准确的估计,还可通过对 QTL 的检测和效应分析对某一特定性状的杂种优势的产生机制进行分析并对其大小作出预测。另外,在利用杂种优势时,还可根据 QTL 的信息选择杂交亲本个体,使杂交后代的杂种优势达到最大。

(4)转基因技术在数量性状中的应用:如果能够精确定位影响性状的功能基因,转基因技术则可以应用于数量性状的改进。特别是对于动物的抗病育种,基因定位将为转基因技术的应用奠定基础。

利用散布于基因组上的分子标记,可以检测和定位影响性状的 QTL 或候选基因。分子生物技术的发展使得分离和克隆基因、基因测序、预测基因的结构和功能成为可能,从而在分子水平上理解基因的作用机理。人类基因组计划获得成功后,一些发达国家为了提高动物生物技术的竞争能力和改良动物生长效率,在 20 世纪 90 年代初制订了动物基因组计划:利用DNA 重组技术精细确定畜禽中控制重要经济性状座位在基因组上的位置。随着动物基因组研究的深入,愈来愈多的数量性状座位得以定位。

目前,基因定位的方法大致可分为:①QTL 连锁分析;②QTL 精细定位;③基因/标记的关联分析方法。这三类基因定位方法所采用的总体策略是:利用试验个体的基因组标记/基因的基因型信息,采用合理的试验设计和统计学方法,检验潜在的 QTL/基因与表型性状相关联的统计学信号,再结合基因组相关的生物学信息,从而实现基因定位的研究目标。由此可见,成功的基因定位研究必须具备 3 个基本条件:①合适的遗传标记;②合理的试验设计;③优化的统计检验方法。

1.2 遗传标记与基因图谱

1.2.1 遗传标记

标记-QTL 连锁或关联分析要求有充分覆盖整个基因组的确定序列或多态标记座位的连锁图谱或物理图谱,从而能够在整个基因组上搜索 QTL 或候选基因。20 世纪 70 年代以后,随着分子生物学和分子遗传学的发展,相继建立了 RFLP、VNTR、RAPD、AFLP、SNP 等分子遗传标记,开创了分子遗传标记研究的新阶段。分子遗传标记是指以 DNA 多态性为基础的,能反映个体特异性的遗传特征的标记。理想的分子标记应具有以下特点:遗传多态性高,即标记在群体中有多种基因型存在。多态程度越高,个体之间在标记上的差异越大,提供的信息越多;检测手段简单快捷,易于实现自动化;标记测定不受年龄、性别、环境等因素的限制。遗传共显性,在分离群体中能够准确地分离出所有可能的基因型。表 1.1 列出了几种主要的分子标记技术及各技术的特点。

表 1.1　几种分子标记技术的比较

项目	RFLP	小卫星	微卫星	RAPD	AFLP	SSCP	SNP
检测基因组部位	单/低拷贝区	重复序列区	重复序列区	整个基因组	整个基因组	整个基因组	整个基因组
核心技术	分子杂交、电泳技术	分子杂交、电泳技术	分子杂交、电泳技术	PCR 技术和电泳技术	PCR 技术和电泳技术	电泳技术	高通量分型技术
探针	DNA 短片段	DNA 短片段	随机引物	随机引物	专一性引物	专一性引物	专一性引物
遗传特征	共显性	共显性	共显性	显性	显性/共显性	显性	共显性
多态性类型	碱基突变、插入、缺失、易位、侧位	重复序列长度与次数的差异	重复序列长度与次数的差异	碱基突变、插入、缺失、易位、侧位	碱基突变、插入、缺失、易位、侧位	碱基突变、插入、缺失、易位、侧位	单碱基突变
多态性水平	低	高	高	中等	高	高	低

1.2.1.1 RFLP 标记

20 世纪 80 年代初期出现的 DNA 限制性片段长度多态性(restriction fragment length polymorphism,RFLP)是最早应用于动植物遗传学研究的分子标记,用某种限制性内切酶切割基因组 DNA 时,在同一种生物的不同个体间出现含同源序列的酶切片段长度差异(Botstein et al,1980)。RFLP 标记具有如下优点:①不受性别、年龄的局限,不受环境的影响。②RFLP 标记座位的等位基因之间呈共显性,通过电泳、杂交后显示的带型可以直接分析基因型;非等位的 RFLP 之间不存在上位互作效应。缺点:①大多数 RFLP 标记表现为二态性,多态性不是很高,所提供的信息量较低;②测定方法较复杂,成本较高;③应用 RFLP 标记的前提是突变引起了酶切位点的改变,因此限制了该标记的使用。

1.2.1.2　AFLP标记

扩增片段长度多态性(amplified fragment length polymorphism,AFLP)是由Zabeau等于1992年发明的一种选择性的扩增限制性片段的分析方法,是PCR与RFLP相结合的遗传标记技术。其基本原理是:选择性扩增基因组DNA的酶切片段。它将基因组DNA用限制性内切酶切成许多大小不等的片段,之后在每个片段两端加相应的接头,设计特定引物对酶切片段进行扩增。由于不同基因组DNA和酶切片段存在差异,从而产生扩增产物的多态性。AFLP兼具RFLP和RAPD两种方法的优点,而且能够提供更多的基因组多态性信息。但是这种方法需经多步操作,并且费用较高。早期多用于构建遗传图谱,目前较少使用。

1.2.1.3　RAPD标记

随机引物扩增多态性DNA(random amplified polymorphic DNA,RAPD)是用随机序列组成的寡核苷酸作为引物,对所研究基因组DNA进行PCR扩增,扩增产物通过聚丙烯酰胺或琼脂糖凝胶电泳分离,经EB染色或放射自显影检测DNA片段的多态性(Williams et al,1990)。由于RAPD标记检测的引物是随机的,对任何基因组的研究具有通用性,因此,测定过程可实现自动化和规模化。其缺点是稳定性和特异性不理想,且为显隐性遗传。在家禽中,RAPD标记常被应用于分析群体间遗传距离、基因图谱构建等。

1.2.1.4　微卫星标记

微卫星标记又称为简单序列重复(simple sequence repeat,SSR),广泛存在于真核生物基因组中,重复单位的核心序列为2～6 bp。微卫星DNA标记两侧特异性序列设计专一引物或荧光引物,通过聚合酶链式反应(PCR)扩增微卫星片段,扩增产物经变性聚丙烯酰胺凝胶电泳(普通引物产物)或经ABI 3700测序仪进行判型(荧光引物产物)。微卫星在整个基因组上的分布广泛、均匀、多态数量含量丰富、呈共显性遗传、稳定性好、可比性强,并能实现判型自动化。因此,微卫星标记在家禽遗传图谱构建、亲子鉴定和标记辅助选择中具有重要作用。

1.2.1.5　SNP标记

当前,在畜禽基因组研究中最新一代的遗传标记是SNP(single nucleotide polymorphism)标记。它是继RFLP、微卫星之后的第三代分子标记。SNP是同一物种不同个体间基因组水平上单个碱基的变化,主要表现为基因组核苷酸水平上的变异引起的DNA序列多态性,包括单碱基的转换、颠换以及单碱基的插入或缺失等(Brandon et al,1999)。

SNP具有以下主要特点:①在基因组中的密度高。SNP是基因组中最普通、频率最高的遗传标记,在人类基因组中平均每1.3 kb就有一个SNP标记存在。其在基因组的密度高于微卫星标记,因此被广泛地应用。②功能突变。某些位于基因表达序列内的SNP(coding-region SNP,cSNP)有可能直接影响蛋白质或基因表达水平。③自动化分析。SNP为双等位标记,无须像微卫星标记那样对片段的长度做出度量,因而容易实现自动化分析。④具有遗传稳定性,重复性高。综合以上优点,SNP作为继RFLP、SSR之后的第三代分子标记,在遗传图谱构建、QTL初步定位和精细定位、亲子鉴定和标记辅助选择中具有重要作用。

1.2.1.6　SNP芯片

随着分子生物学技术的发展,分子标记分型的方法也在不断发展,从低通量限制性内切酶片段长度多态性(restriction fragment length polymorphism,RFLP)到中通量的TaqMan技术和SNPlex技术,再到高通量的生物芯片技术,使得我们鉴别DNA序列上的多态位点的工作变得简单、准确和快速。目前 SNP 芯片是最重要的生物芯片之一,是主要的高通量 SNP 分型技术,具有快速性、高灵敏性和可靠性的优点。它的高通量性使其更为廉价,所以更适合应用于大规模遗传信息检测中。

基因芯片的制作原理是:将大量已知序列的 DNA 探针固定于硅芯片或者玻片等载体上,将高密度的 DNA 探针序列碱基携带上不同的荧光;然后将基因组 DNA 与芯片探针杂交,判断 SNP 基因型。具体步骤包括:构建 DNA 探针阵列、准备待测样品、杂交和杂交信息的检测分型。目前引领 SNP 芯片高通量分型的产品有两大类:一是 Affymetrix 公司的基于原位光刻专利技术制造的高密度 SNP 芯片。二是 Illumina 公司的微珠芯片(bead chip)SNP 分型技术(http://www.illumina.com)。Illumina 公司的产品又分为两种:全基因组芯片的 Infinium 技术和自定义芯片的 GoldenGate 技术。DNA 探针阵列的构建是利用微珠芯片技术(Shen et al,2005)。这一 SNP 分型技术具有以下几个优点:固相反应,单管扩增,不受核酸内切酶位点的限制;可以获得检出率高和精确度高的实验数据;样品需要量低,每个样本仅需要微量的基因组 DNA;实现了全自动化分析。GoldenGate 技术是最早生产用户定制芯片的产品,比较灵活,可以根据实验需要在一个样品里同时检测 96,384,768 或 1 536 个 SNPs。

Illumina 公司生产的牛 54 k 全基因组 SNP 芯片正是基于微珠芯片的 Infinium 技术系统,包含牛的全基因组内 54 001 个 SNPs 位点。其检测原理是:变性后的 DNA 片段与芯片微珠上位点特异的 50 个碱基长度的探针进行退火复性。经过过夜杂交后,去除芯片上未杂交的以及非特异性结合的 DNA。以捕获到的 DNA 为模板,掺入带有特殊标记的寡核苷酸,然后进行碱基延伸反应。最后,通过标记物与荧光基团的免疫结合把 SNP 位点信息转换为可以用扫描仪检测的荧光信息(图 1.1,又见彩图 1.1)。牛的全基因组 SNP 芯片分型技术无疑是一个革命性的进展和突破,同时对成千上万的 SNP 分析,可以同时发现影响某一性状的多个变异位点,定位精确,提高了工作效率和统计效力,为后续研究做好了充分的铺垫。

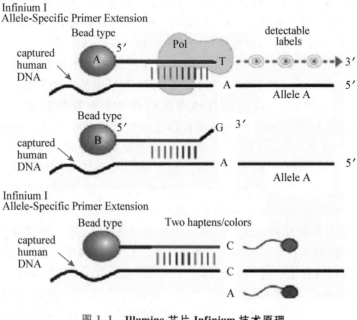

图 1.1　**Illumina 芯片 Infinium 技术原理**

1.2.2　牛基因组图谱

DNA 标记技术的发展丰富了散布于基因组的标记资源,推动了人类、模式生物以及动植物遗传标记图谱的构建。20 世纪 90 年代以来,欧美等发达国家先后启动了动物基因组研究计划:欧洲经济共同体(European Economic Community)资助的欧洲 PiGMap 项目、美国农业部(USDA)资助启动的"国家动物基因组研究计划"(National Animal Genome Research Program,NAGRP)、美国农业部资助的肉畜研究中心(USDA-MARC)、美国猪基因定位协作计划(US Pig Gene Mapping Coordination Program)、英国 BBSRC(the Biotechnology and Biological Sciences Research Council)、英国的医学研究协会(Medical Research Council,UK)资助的鸡基因组定位计划等。广泛的国际合作使得遗传连锁图谱不断更新,从 1989 年主要以同工酶和血型为主的 50 个基因和标记,到 1996 年的 1 800 个标记,标记间距平均为 3～5 cM。

1.2.2.1　遗传图谱

自从 20 世纪 70 年代人类了解了基因的分离、注释及 DNA 的序列以后,基因图谱的构建便成为现实。经过多国科学家的共同努力,原计划于 2005 年完成的人类基因组计划,于 2003 年提前绘制成功了人类基因组序列图,这一研究成果推动了农业动物基因组研究工作。牛共有 30 对染色体,包括大约 30 亿个碱基对(Toldo et al,1993)。牛基因组计划开始于 20 世纪 90 年代,其内容主要包括绘制遗传图谱、物理图谱,获得全面的转录图谱,并对基因进行识别、鉴定及其功能表达的研究,提高核苷酸的最大分辨率,建立序列图谱。

遗传图谱又称为遗传连锁图谱,是指通过遗传重组所得到的基因在具体染色体上的线性排列图。通过计算连锁的遗传标记之间的重组频率,一般用厘摩(cM)确定标记基因或者位点间的相对距离。准确的、高密度的遗传标记图谱是实现精细定位 QTL 的前提。遗传图谱的质量取决于连锁群中遗传标记的数量、均匀分布程度和杂合度。基因间的交换受许多因素的影响,如环境因素、性别、染色体异常、重组的基因控制等,另外,不同生物同一染色体的不同片段发生交换的频率也存在着差异,因此得到的遗传图距也会存在差异。

牛的遗传图谱研究从 1993 年开始,第一代牛全基因组遗传图谱包括 Bishop 在 1994 年、Barendse 在 1994 年、Georges 在 1995 年和 Ma 在 1996 年发表的 4 张图谱。其中美国农业部的肉用动物研究中心(MARC)构建的连锁图谱包含 313 个遗传标记,该连锁图谱跨距 2 464 cM。这些图谱为以后发展全面的牛遗传图谱和经济性状位点的分析提供了基本的框架。1997 年,美国农业部 MARC 组织和澳大利亚的澳大利亚联邦科学与工业研究组织(CSIRO)又分别发表了牛的第二代连锁图谱。美国 MARC 组织构建的牛第二代连锁图谱共有 1 236 个 DNA 标记和 14 个红细胞抗原标记和血清蛋白标记。该跨距 2 990 cM 的图谱覆盖 2 条性染色体和 29 条常染色体,标记间的平均间距为 2.5 cM,1 250 个标记由 627 个新标记和 623 个以前已经连锁定位的标记组成。同第一代遗传图谱相比,第二代连锁图谱极大地提高了图谱的标记密度,同时也扩大了基因组的覆盖距离。CSIRO 构建的第二代图谱增加了编码序列标记,他们所选用的标记中有 21％的标记为编码序列。2004 年在 Genome Research 上发表的第三张遗传图是由 3 960 个标记(3 802 个微卫星和 79 个 SNPs)构成,跨越 29 条常染色体和一条 X 染色体共 3 160 cM 的长度,标记间的平均间隔是 1.4 cM。基因组的 51％被间距小于 2 cM 的标记覆盖,91％被间距小于 5 cM 的标记覆盖,29 条常染色体中没有大于 10 cM 的间距。近年来,研究工作者主要加强完善 29 条常染色体和 2 条性染色体单条染色体的连锁图谱。到目前为止,整合各单条染色体基因组的标记,牛全基因组的连锁图谱上共有 2 564 个标记,其中 207 个标记为 SNP(http://locus.jouy.inra.fr)。美国农业部于 2002 年 7 月启动了构建牛 SNP 标记连锁图谱的计划,预计到 2007 年 7 月完成。该计划分 3 个部分,第一部分是构建一个基于连锁图谱的比较图谱,在连锁图谱上定位 1 000 个含 SNP 的 EST,从而提供一张牛的 SNP 框架图谱,这个图谱可以和人类图谱中的基因组序列比较;该计划的第二部分是发展基于 SNP 的标记,这些标记应该适于高通量基因组扫描或对特殊的 QTL 区段进行打靶;第三部分是将牛连锁图谱影射(mirror)到细菌人工染色体毗邻序列群(contig)图谱上,获得牛的细菌人工染色体 contig 图谱和相应的细菌人工染色体池。到目前为止,他们已经定位了 400 个 SNP(http://sol.marc.usda.gov),这些遗传标记位于编码基因内部或与编码基因邻近,它们的发现和定位将更有利于 QTL 的研究。

1.2.2.2 牛基因组 RH 图谱

放射杂交细胞系作图(radiation hybrid mapping,RH mapping)反映的也是位点间的相对位置,以 cR 为单位。1 cR 表示染色体两个位置之间有 1‰ 概率被 X 射线打断所需的最短距离。实际应用中,1 cR 所能代表的具体物理距离是与 X 射线的辐射剂量有关。

构建 RH 图谱首先要建立放射杂交系(radiation hybrid panel),它是含有另一种生物染色体片段的啮齿类细胞。将供体细胞暴露在一定剂量的 X 射线中可引起染色体随机断裂,X 射线的剂量越大,产生的染色体片段越小。经强辐射处理的供体细胞很快死亡,但若在辐射后立即将处理过的细胞与未辐射的仓鼠细胞或其他鼠类细胞融合,有些供体细胞的染色体片段将会整合到鼠类染色体中进行扩增,因此又称为辐射与融合基因转移(irradiation and fusion gene transfer,IFGT)。并非所有参与融合的鼠类细胞都会保留来自供体细胞的染色体,因此要选择一种方法来鉴别杂种细胞。常规的方法是选用一种不能合成胸苷激酶(thymidine kinase,TK)或次黄嘌呤磷酸转移酶(hypoxanthine phosphoribosyl transferase,HPRT)的缺陷型细胞,这种细胞在添加次黄嘌呤氨基喋呤(aminopterin)和胸苷的培养基(HAT)中是致死的。将融合的细胞置于 HAT 培养基中,凡是从供体细胞中获得编码 TK 和 HPRT 基因的杂种细胞都可以在选择性培养基中生长,由此获得一系列随机插入供体 DNA 片段的杂种细胞。通常选择到的每个阳性杂种细胞系可保留 5～10 Mb 大小的供体细胞染色体片段。这些杂种细胞系的集合体称为辐射杂交板(radiation hybrid panel),含有供体细胞全部基因组。由于断裂的染色体片段在杂种细胞中随机整合,两标记滞留在同一杂种细胞中的比例与它们之间的连锁关系成正比,可以通过估计两标记之间的断裂的频率来估计其间的距离和排列顺序。由于 RH 作图对所要定位的片段的多态性不作要求,也不要求有一定样本量的试验群体,因而其目前已成为一种便利的染色体定位方法。现在已有许多种软件包对其进行分析,比如RHMAP,RHMAPPER 和 Carthagene 等。同时由于互联网的广泛应用,现在有许多研究所提供在线的数据分析。如得克萨斯州 Womack 所提供的在线分析平台:http://bovid.cvm.tamu.edu/cgi-bin/rhmapper.cgi。

1997 年,美国得克萨斯农工学校 Womack 等(1997)构建了世界上第一张牛基因组 RH 图谱。他们用安格斯牛普通二倍体成纤维细胞作为供体细胞,在 5 000 rad 的 X 射线的照射下,融合后共筛选到 90 个细胞系,建立了 5 000 rad 的辐射杂种细胞系(BovR5)。利用此放射杂交系,牛的 1、13、15、18、19、23 和 25 号等染色体的 RH 图谱已成功构建(Schlapfer et al,1997;

Band et al,1998；Yang et al,1998；Rexroad and Womack,1999；Amarante et al,2000；Goldammer et al,2002）。2000 年,Band 等用 BovR5 构建了一张牛的全基因组放射杂交图谱,全长 9 330 cR,涉及的标记数是 1 087,包括了 768 个基因和 319 个微卫星。在这 768 个基因中,有 638 个是牛和人所共有的种间同源体(ortholog),依此绘制了人与牛的第一代全基因组比较图谱。这张图谱包括 61 个连锁群(linkage groups)和 31 个缺口(gap),覆盖了牛基因组的 90%。第二代的牛全基因组 5 000 rad RH 图由 Wind 等在 2004 年构建成功,其主要的策略为在第一代图谱的基础上在牛与人比较图谱的缺口处和标记间距离较大的区段增加 ESTs。一共增加了 826 个标记,使得总标记增加到 1 913 个。其包括 86 个连锁群和 56 个缺口。1999 年,Rexroad 等建立了 12 000 rad 的杂种细胞系(BovR12)。构建 BovR12 的材料与方法与 BovR5 一致,唯一不同的是所使用的辐射剂量不同。共筛选到 105 个细胞系。BovR12 的建立是对 BovR5 的补充,只是在一些染色体上的遗传标记密度加大(如 BTA6 等),并未建立全基因组上高遗传标记的 RH Panel(Rexroad et al,2000)。利用 BovR12,2002 年,Weikard 等集中对产奶 QTL 性状可能存在的区间增加新标记,绘制的 BTA6-RH 图谱(ADH2-H61425 之间)包含 25 个Ⅰ类标记(基因片段)与 46 个Ⅱ类标记(微卫星),其 BMS2508-BMS4311 间区相比于 MARC97 遗传图:平均每 0.8 cM 即一个标记(Weikard et al,2002)。2002 年,Williams 等建立了 3 000 rad 的杂种细胞系,其上有 1 200 个标记。利用它构建了牛的 29 对常染色体和一对性染色体(X ,Y)的 RH 框架图(Williams et al,2002)。

现有的这三种杂种细胞系互为补充,可以进行通常的全基因组的基因定位,并且在部分染色体上可以得到相当精确的定位。

1.2.2.3　牛基因组物理图谱

要定位基因的位置,需要借助遗传图谱、细胞遗传图谱、物理图谱和 RH 图谱(http://locus. jouy. inra. fr)。遗传图谱反映的是位点间的相对位置,通过连锁分析获知基因或 QTL 的相对位置后,再利用标记找寻它们在染色体上的绝对位置,对基因进行图位克隆。能代表标记绝对位置的图谱有细胞遗传图谱(cytogenetic map)和物理图谱(physical map)。细胞遗传图谱建立在染色体显带技术上,可将目标片段定位于哪条染色体的哪个臂(或着丝粒等处)的几带几区。细胞遗传图谱定位精度是染色体水平上的,而我们通常所说的物理图谱的精度是核苷酸水平上的,尤其是基因组 DNA 序列草图可以用碱基对(base pairs,bp)来度量。

牛基因组遗传图谱为构建高密度的物理图谱奠定了基础。物理图谱是在 DNA 分子水平上描述染色体中标记位点间顺序和物理距离的图谱。构建物理图谱的方法主要有三种,分别基于辐射杂交、限制性酶切指纹图谱和大量的 BAC 的末端测序。2004 年,第一代基于 BAC 克隆的牛的基因组物理图谱应用荧光双酶切指纹技术图谱技术和序列标签(STS)标记 PCR 筛选文库建成,覆盖率超过了基因组的 90%(Schibler et al,2004)。2005 年,有研究者应用 BAC 指纹图谱信息,结合了 RH 图谱和人牛比较图谱,构建了更为详细的物理图谱(Itoh et al,2005)。随着牛基因组遗传图谱和物理图谱的完善,由多国参加的牛基因组测序工程正式启动,旨在测定较为完整的牛基因组的全部序列。2003 年,美国国家人类基因组研究所通过了牛基因组工程计划,基因组测序和注释工作主要由美国的贝勒医学院人类基因组测序中心完成。经过不断的更新,2007 年 NCBI 公布了较为完整的牛的基因组序列 Btau_4.0 版本,覆盖率可达到 7.1×。到 2009 年 6 月,Bovine Genome Sequencing Project 公布了最新的牛的基因组序列 Btau_4.2,覆盖率可达到 7.5×。随着牛基因组计划的完成,牛的基因功能将会逐渐被揭示,这为牛的生长发育规律、生殖机理、抗病机理和进化历史等多个领域的研究奠定基础,从而为牛的分子育种提供更多可用的基因。

总之,牛基因组计划的逐渐完善为人类从基因水平认识牛的生命本质提供了基本资料。通过这些资料我们可以深入了解影响牛产奶、繁殖、肌肉生长和疾病等重要性状的基因结构与功能。

1.3　基因定位策略

1.3.1　连锁分析

连锁分析的主要原理是通过基因在亲子传递中,检测标记和潜在 QTL 之间的重组事件,以及 QTL 不同等位基因的分离与表型之间的关联,实现 QTL 检测和相关参数估计的目标。

在利用单个标记依次进行 QTL 检测时,无须考虑标记在基因组中的位置以及标记间的排列顺序。而遗传学家们往往对 QTL 的位置和方差参数更感兴趣,则需要同时利用 QTL 侧翼标记或连锁群所有的标记信息进行研究,因此对基因组中所有标记的线性排列和相互关系(用重组率或遗传距离表述)的研究和了解,即构建标记的遗传图谱(genetic map),成为 QTL 定位的先决条件。对标记间的线性排列和遗传距离的分析的基本原理是搜寻最优的标记排列顺序,使得所有标记间重组率之和最小(Doerge et al,1997),十分类似于往来于多个城市间的"旅行推销员问题"。关于构建标记连锁图谱的常用算法包括分支和跳跃算法(branch and bound methods)(Thompson,1984)、模拟退火法(simulated annealing)(Corana et al,1987)、连续排序法(seriation)(Buetow and Chakravarti,1987a,b)和多点方法(multipoint)(Lander and Green,1987)。在连锁分析中,对基因座位间的重组率和遗传距离关系的描述有两种函数表达式(张沅,2001),在不考虑重组干扰时,用 Haldane 图距函数表示:

$$x=\begin{cases} -\dfrac{1}{2}\ln(1-2r) & 0\leqslant r<\dfrac{1}{2} \\ \infty & \text{其他} \end{cases} \tag{1.1}$$

式中:x 为图距(单位为摩尔根,M),r 为重组率。假定重组干扰率为 $1\sim2r$ 情况下,常用 Kosambi图距函数表示两者间关系:

$$x=\begin{cases} 0.25\ln\left(\dfrac{1+2r}{1-2r}\right) & 0\leqslant r<0.5 \\ \infty & \text{其他} \end{cases} \tag{1.2}$$

迄今为止,遗传标记技术的发展,在主要畜种基因组中可实现 $0.5\sim3$ cM 高饱和密度的遗传图谱(Georges and Andersson,1996),并且随着 SNP 技术的日臻成熟,标记间隔将进一步缩小。丰富的标记资源强有力地推动着 QTL 定位研究的发展,同时也呈递给我们较为现实的难题:选择多少个标记座位可满足 QTL 定位的需要?尤其对于标记-QTL 连锁分析,过低密度标记降低连锁分析的准确性和精确性,过高密度的标记会降低座位间重组事件的发生次数而影响分析效果(Doerge et al,1997),因此采用合理的标记数目显得尤为重要(Lynch and

Walsh,1998)对此进行了较为详尽的阐述和总结。

假定基因组总长为 L 图距单位(M),如果要满足基因组中任意某个基因与最邻近标记间的距离在 m 图距单位(M)范围之内的概率为 p,需要随机选择 n 个标记进行基因型测定。上述变量满足如下关系:

$$n=\frac{\ln(1-p)}{\ln(1-2m/L)} \tag{1.3}$$

转换后可得到 p 的近似公式:

$$p\approx1-\exp\left(-\frac{2mn}{L}\right) \tag{1.4}$$

公式(1.3)、(1.4)由于没有考虑染色体端点效应,适用于环状染色体,对于含多条染色体的基因组而言,n 的估计值偏低而 p 偏高。假定基因组染色单体数为 C,更准确的表达式如下:

$$p=1-\frac{2C\left[(1-x)^{n+1}-(1-2x)^{n+1}\right]}{n+1}-(1-2xC)(1-2x)^n \tag{1.5}$$

其中:$x=m/L$。

在此基础上 Martin 等于 1991 年提出了基因组中任意基因与最邻近标记的遗传距离的期望为:

$$E(m)=\frac{L}{2(n+1)} \tag{1.6}$$

该估计期望 95% 置信区间上界值为:

$$\frac{L}{2}(1-0.05^{1/n})$$

基于上述公式,根据不同品种基因组的具体特征和图谱信息,可以粗略估计需要采用的标记数目。需要说明的是,以上公式的描述,均假定所利用的标记是随机挑选的,如果标记以等间距均匀覆盖基因组,标记的利用效率则大大提高,此条件下任意基因与最邻近标记的距离不超过 $m/2$,期望距离为 $m/4$。Doerge 等(1997)提出了标记利用的合理策略:采用较低密度、均匀分布基因组的标记图谱进行 QTL 的初步连锁检测,根据检测结果,在存在 QTL 的标记区间,采用饱和的标记图谱进一步进行精细定位。张勤(2001)进一步总结了利用遗传图谱信息进行 QTL 定位研究的具体思路和总体策略:①通过连锁分析将 QTL 定位在 5~20 cM 区间的特定区段;②利用该区段的高密度标记(间隔 0.25~1 cM),基于群体的连锁不平衡,并利用历史积累重组事件,实施 QTL 精细定位。

1.3.1.1　连锁分析的试验设计

准确、高饱和度的遗传图谱仅是开展 QTL 定位研究的必要前提,试验设计是否高效、可行合理,是 QTL 定位的成败和估计结果的统计功效高低的重要影响因素和关键环节。

目前针对畜禽 QTL 所采用的资源群体,包括近交系(inbred lines)和远交群体(outbred populations),又称分离群体(segregating populations)两类。无论是哪种类型的资源群体,均基于基因组中假定的 QTL 与某一标记存在遗传连锁的主要假设,此外还包括一些一般性假设(Weller,2001):①标记与 QTL 遵循孟德尔分离定律;②QTL 所控制的性状表型服从正态分布;③标记和 QTL 未实施选择;④一个标记或标记区间只能存在 1 个连锁的 QTL;⑤标记对性状没有一因多效性;⑥QTL 只有 2 个等位基因;⑦QTL 之间不存在上位效应;⑧QTL 效应与环境效应无互作;⑨QTL 仅具加性效应。

需要说明的是,上述假设并非 QTL 定位研究必须遵循的"铁律",随着 QTL 定位理论和方法的发展,部分理论假设将无须发挥作用。例如,基于非参数分析的方法如 χ^2、同胞对方法(Haseman and Elston,1972;Kruglyak and Lander,1995)、针对等级性状的分析方法(Hackett and Weller,1995)并不要求表型服从正态分布的假设;在远交群体中利用随机模型拟合 QTL 效应,利用 QTL 方差来解释 QTL 在群体中的分离效应(Fernando and Grossman,1998),则 QTL 只有 2 个等位基因的假设则显多余;此外利用贝叶斯方法进行 QTL 参数估计(Yi and Xu 2000;Yi et al,2003),QTL 的显性效应、上位效应完全可以用复杂的模型加以分析,假设⑦和⑨涉及的难题亦可迎刃而解。

针对畜禽 QTL 定位的资源群体的试验设计(图 1.2),一般分为两类:基于系间杂交的试验设计,包括近交系间杂交和远源品种(系)间杂交;基于自然群体(远交群体)的试验设计,所采用的资源群体包括简单家系(全同胞、半同胞、混合家系)和复杂家系(个体间亲缘关系更为复杂)。

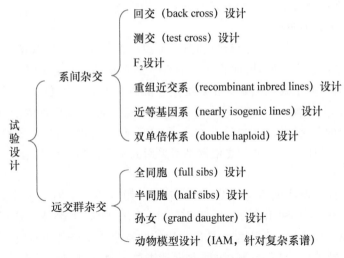

图 1.2　QTL 定位的试验设计
(总结自 Lynch and Walsh,1998;Weller,2001)

定位研究中,采取何种设计方案,需要依据物种的生物学特性、试验费用、遗传学和统计学等多方面的考虑。例如,近交系杂交设计不适用于大多畜群品种如猪、牛,主要是近交衰退的忍受程度低、世代间隔长等因素的限制;此外半同胞设计无法进行 QTL 显性效应估计而不适用于含显性效应的统计模型。

1. 基于系间杂交的试验设计

杂交试验设计的共同特点是首先获得所有标记均为杂合子的 F_1 代,根据 F_1 代不同的交配方式,可分为回交设计(BC,与任一亲本型交配)、测交设计(TC,与非亲本型的第 3 种近交系交配)和 F_2 设计(F_1 代个体互交)、重组近交系(RIL,F_2 个体多代近交构建新的近交系)、近等基因系(NIL,F_1 与特定亲本型连续多代交配后,再进行自体受精(植物)或多代同胞交配(动物)

建成新的近交系）、双单倍体系（DH，通过化学处理使 F_1 单倍体自我复制后建成的所有座位均为纯合子的近交系，仅针对植物类）。

在畜禽 QTL 定位中，BC、TC 和 F_2 设计最为常见。虽然单向的 BC 或 TC 设计不能分析 QTL 的显性效应，当同时进行正反向回交时，BC 设计能够区分 QTL 的加性和显性效应，显示出强劲的设计效率（Rohrer and Keele，1998a，b）。与 BC 设计相比较，F_2 设计如果以每个性状观察值提供信息来衡量，设计效率劣于 BC 设计，如果以标记基因型提供信息量来比较，两种方法具有相当的设计效率，此外 F_2 设计同样可以适用于具显性效应 QTL 的定位分析（Weller，2001）。近年来为了提高 QTL 的检测效率，F_2 设计在奶牛产奶量 QTL 定位的研究中也得到了初步应用（Bovenhuis and Schrooten，2002）。

有关近交系间杂交的设计方法，Bovenhuis 等（1997）作了详细阐述：所有 F_1 代个体标记和 QTL 全部为杂合子，标记和 QTL 处于完全连锁不平衡状态，并且具相等的基因频率，所有个体具相同的连锁相，能够最大限度地提供标记-QTL 的连锁信息，因此检验功效一般高于基于远交群体的试验设计。在主要的畜禽品种中，与近交系杂交的类似的设计方法是远交群杂交设计，采用的杂交亲本是在性状表型上处于极端差异的品系或品种，由于不能保证远交群所有个体的所有座位完全纯合，因此 F_1 代个体无法实现完全连锁不平衡，因此检验功效不及近交系的杂交设计，但在畜禽 QTL 定位中，可行性和实用性高于近交系杂交。

2. 基于远交群的试验设计

由于基于系间杂交的试验设计存在耗时长、资源群体局限性大等缺陷，加上某些畜种（如奶牛）不适宜进行系间杂交试验，因此直接针对现有的远交群体的设计方法明显提高了 QTL 定位研究的可操作性，其主要依据是远交群虽然在群体水平上标记和 QTL 处于连锁平衡，但由于标记和 QTL 的共分离而产生家系内的连锁不平衡并可通过合理的统计方法进行检测。依据 Weller（2001）的分类，共有 4 类设计方法：①全同胞（FS）设计；②半同胞（HS）设计；③孙女设计；④动物模型设计。分类的主要依据是所采用的不同系谱资料和信息（包括标记和表型信息）。

半同胞设计和孙女设计是畜禽 QTL 定位中的常用方法。半同胞设计又称为女儿设计，首次由 Neimann-Sorensen 和 Robertson 于 1961 年提出，在奶牛群体中广泛应用（Weller et al，1990；Georges et al，1995），基本思路是通过比较携带杂合子公畜的不同标记等位基因的女儿群体间的性状差异进行 QTL 检测；而孙女设计主要通过检测杂合子公畜儿子的标记基因型，并分析儿子的女儿性状资料来判断是否存在与标记连锁的 QTL，这种设计方法，由于公畜儿子的 QTL 效应可通过多个女儿观察值来估计（女儿设计中仅有每个标记个体单个观察值），因此估计误差小于女儿设计，因此在标记同等数量的个体条件下，孙女设计效率高于女儿设计（Weller et al，1990；Bovenhuis and Schrooten，2002）。

半同胞设计需要大的家系群体，Soller 等（1976）及 Soller 和 Genizi（1978）认为，当 QTL 方差占表型方差 1% 比例，要达到理想的检验效率，所需要的家系含量在 1 000 以上，对于人类和某些动物品种，几乎无法实现。全同胞设计弥补了该缺陷，它可以利用家系含量相对小的多个家系，根据双亲标记信息对子代进行性状差异分析来判断 QTL 是否存在。

Fernando 和 Grossman（1998）提出利用个体动物模型，根据 Henderson 的混合模型方程组来进行 QTL 分析的方法。与上述方法不同的是，在模型中 QTL 效应被视为随机效应，而在其他方法中一般基于固定效应的假设。Fernando 和 Grossman 在假定标记和 QTL 连锁率已知的条件下,利用动物模型估计了一般系谱包括 QTL 效应的个体育种值。

基于上述,对远交群设计方法的特点作简要概括:

(1)远交群中无论是 QTL 和标记均为杂合型的概率很低;

(2)不同家系连锁相不同,因此对标记效应的分析只能基于家系来进行;

(3)QTL 等位基因数目通常是未知的,各自基因频率同样未知;

(4)标记的连锁相一般未知,需要根据亲属相关信息进行推断。

3.两种设计方法的总结

相对于远交群设计,近交系杂交可以最大限度利用连锁不平衡,因此可以得到较高的设计效率,但对于低遗传力性状,两种设计方法的效率接近(Weller,2001);在远交群体中,QTL 定位的必须条件是标记和 QTL 存在连锁不平衡。由于经历多个世代的重组,标记和 QTL 即使存在连锁关系,在整个群体中也可能会呈现连锁平衡,而且 QTL 和标记关系复杂(如可能有多个等位基因、亲代连锁相未知,部分标记不能提供信息等),所以,远交群体中 QTL 定位只能在家系内进行,除非可以推断 QTL 等位基因与标记基因的连锁状态。QTL 的检测力受多种因素的影响:①标记信息量的影响。单标记的信息含量可通过其多态信息含量(polymorphism information content, PIC)衡量。当考虑多个标记时,还需要估计标记间的连锁相。②QTL 座位上的杂合程度的影响。当等位基因的频率过高或过低(即杂合度较低)时,在该座位上发生分离的家系数会减小,从而影响 QTL 的检测。③QTL 基因频率和效应的影响。两等位基因的 QTL 的加性方差为 $2p(1-p)a^2$(其中 p 是基因频率,a 是替代效应),对于相同的加性方差,基因频率接近 0.5 时,更可能检测到替代效应相对较小的 QTL。另外,替代效应越大,QTL 也越容易检测。④定位分析采用的群体规模也会影响 QTL 的检测。因此,可考虑采用后裔测定(Lander and Botstein,1989)、多 QTL 定位方法等方法来降低环境效应的干扰或遗传噪音。研究表明(de Koning et al,1999;Bidanel et al,2001;Milan et al,2002):远交群杂交设计,同时利用了品种间杂交获得的连锁不平衡和家系内标记-QTL 共分离造成的连锁不平衡,在存在可利用的资源群体的条件下,不失为一种优化的设计方案。

近交系杂交用于检测 QTL 效应的系间差异,用群体均值来衡量效应大小;基于远交群体的设计主要检测家系内的 QTL 效应,主要用方差来体现。试验设计间的相对效率可用不同试验设计达到某种特定统计效率(如Ⅰ型错误和Ⅱ型错误)所需样本大小的比值来衡量。一般来讲,近交系杂交的设计效率最高;远交群体设计所需的样本含量最大。在远交群体中,标记和 QTL 连锁不平衡的程度、标记多态性、样本大小、品系内的方差等有关因素均会影响试验效率。当标记高度多态时,远交群体试验设计效率可接近于近交设计,而且增加样本含量和降低品系内方差可提高远交群体设计的效率。尽管两种方法差别明显,但并不相互排斥,而是相互补充。

4.试验设计的改进措施

为了在同样的设计方法中进一步提高试验设计效率,降低试验成本,许多研究提出了一系列改进措施。

(1)选择性基因型测定(selective genotyping)(Lebowitz et al,1987;Darvasi and Soller,1992)。具体思路:首先进行性状的表型值测定,再选择表型值分布于两尾($\alpha\%$)的个体进行标记基因型测定,由于该方法减少了基因型测定的个体数量,同时表型值具极端差异的两个亚群保持了标记-QTL 的大部分连锁信息,因此显著提高试验设计效率,但以该方法估计的 QTL

效应往往产生偏差,采用最大似然估计可以消除所产生的估计偏差,例如可通过似然函数直接描述抽样偏差(Darvasi and Soller,1992),或者将未测定的基因型视为缺值情况(Lander and Botstein,1989)。

(2)后裔测验方法(progeny test)(Lander and Botstein,1989;Georges et al,1995)。主要对测定基因型的个体,采用无性繁殖的方法(如体细胞克隆)产生多个完全相同基因型后裔,根据这些后裔的表型均值替代亲代的单一表型值,从而有效降低了环境效应的影响,达到提高试验设计效率的目的。尤其是对于低遗传力性状,每个基因型测定个体产生 10 个左右的无性繁殖后代,即可显著提高设计效率(Soller and Beckmann,1990),此外 QTL 与环境的互作效应可以通过该方法加以估计。

除上述两种改进措施之外,选择性建立 DNA 样本池(selective DNA pooling)(Plotsky et al,1993)和连续抽样(sequential sampling)(Motro and Soller,1993)两种技术也可提高试验设计效率。

以上所涉及的改进措施,选择性基因型测定和选择性建立 DNA 样本池可减少基因型测定数量,降低成本,并具性状针对性;其余几种方法需要扩大试验群和表型数据测定。采取何种改进措施取决于性状的遗传特性、资源群体的维持费用、标记基因型测定费用以及有效的统计方法。

1.3.1.2 标记信息的利用策略

根据利用标记的数量,可分为单标记分析、区间分析和多标记分析(Lynch and Walsh,1998)。单标记分析中,不考虑其他标记信息,每次只利用一个标记的信息来检验性状的表型分布,当目标仅限于检测 QTL 是否与标记连锁,而不需分析 QTL 的位置和效应时,单标记法可视为优先选择的定位方法。

区间定位依次利用连锁群中相邻的两个标记的信息检测该标记区间是否存在 QTL,当标记密度低、QTL 效应较大时,区间定位方法相对于单标记分析,可显著提高检测力和定位准确性,当区间长度在 20 cM 左右,区间分析的检测力比单标记提高 5%,当标记间隔为 5 cM 时,两种方法无明显区别(Rebai et al,1995)。区间分析可以同时分析 QTL 的位置和效应,尤其表型资料不服从正态分布时,区间分析具有较高的稳健性(Lander and Botstein,1989;Knott and Haley,1992)。

当标记连锁群中存在多个 QTL 时,无论是单标记分析,还是区间分析,都不可避免地造成检测偏差(如"影子"QTL 或连锁 QTL 效应相互抵消而检测不到)。而复合区间定位(composite interval mapping,CIM)(Zeng,1993)和多 QTL 定位(multiple QTL mapping,MQM)(Jansen,1993)同年被提出,可适用于存在多个连锁 QTL 的情况。这两种方法都对区间定位的方法进行了进一步扩展,利用区间之外的标记来消除其他区间 QTL 的影响,以提高定位准确性。对于资料缺失(包括表型资料和标记基因型)的情况,MQM 方法具有一定优势(Doerge et al,1997)。

1.3.1.3 统计方法概述

针对不同试验设计、不同的标记信息利用策略和不同 QTL 数目的假设,大量的标记-QTL 连锁检测及 QTL 参数估计的统计方法不断被提出,基于一系列文献报道(Doerge et al,1997;Hoeschele et al,1997;Lynch and Walsh,1998;Haley,2004;Beaumont and Rannala,2004),对 QTL 检测的统计方法作如下归纳和概述。

1. 基于方差分析和回归分析的统计方法

方差分析和回归分析均以最小二乘分析的原理为依据。方差分析通过比较不同标记基因型的组间差异来判断 QTL 是否与标记连锁(Soller et al,1976),多用于单标记的连锁分析,假设检验可采用 F 检验或 t 检验。对于近交系杂交的资源群体,可以直接对所有个体资料进行分析。例如群体中第 j 个个体表型值用线性模型表示:

$$z_j = \mu + \sum_{i=1}^{n} b_i x_{ij} + e_j \tag{1.8}$$

其中,μ 为群体均值,b_i 为第 i 个标记基因型效应,x_{ij} 为指示变量(个体标记基因型为 i 时,$x_{ii}=1$,否则为 0)。对于 BC 设计,i 值为 2,F_2 设计 i 值为 3。需要注意的是,如果以标记基因型划分的亚群间不具方差同质性,在假设检验时需要进行近似校正(Asin and Carbonell,1998;Xu and Atchley,1995)。对于远交群体,标记基因型效应的差异比较必须在同一家系的基础上来分析。

方差分析方法能够分析标记等位基因替代效应,可以利用标准的统计软件包(如 SAS)直接处理数据,计算强度低。缺点是不能估计 QTL 的位置,当无法判断标记等位基因的亲本来源时,只能作为无效资料而被剔除,因此降低了统计效率。此外方差分析要求数据服从正态分布。

Haley 和 Knott(1992)与 Martinez 和 Curnow(1992)分别利用 F_2 设计和 BC 设计的资源群体,几乎同时提出基于区间定位策略的回归分析方法。基本思路是利用性状表型值直接对 QTL 基因型值的回归,回归系数可表示为未知 QTL 参数的函数。在分析中采用 Falconer 定义的基因型值的概念:

$$\mu_{QQ}=\mu+a, \quad \mu_{Qq}=\mu+d, \quad \mu_{qq}=\mu-a \tag{1.9}$$

在假定 QTL 存在显性效应时,个体 j 的表型值对基因型值的回归模型:

$$z_j=\mu+a \cdot x(M_j)+d \cdot y(M_j)+e_j \tag{1.10}$$

回归系数 x、y 为给定 QTL 两个侧翼标记基因型的条件概率的函数,对于个体 i 的 x、y 可表示为:

$$x(M_i)=Pr(QQ|M_i)-Pr(qq|M_i), \quad y(M_i)=Pr(Qq|M_i) \tag{1.11}$$

例如对于 F_2 设计,Haley and Knott(1992)给出了 $x(M_i)$、$y(M_i)$ 在 9 种不同标记组合条件下的表达式。在分析过程中,QTL 以一定步长在染色体上移动搜索,根据最小二乘原理,判断 QTL 位置和相应效应。对于给定 QTL 位置时,相应基因型效应的最小二乘估计公式为:

$$(\hat{\mu} \quad \hat{a} \quad \hat{d})^T = (\boldsymbol{X}^T\boldsymbol{X})^{-1}\boldsymbol{X}^T z$$

其中,$\boldsymbol{X}$ 为 $n \times 3$ 矩阵(n 为个体总数),每一行中 $\boldsymbol{X}$ 的元素为:$(1,x(M_i),y(M_i))$,假设检验可采用 $F=(MS_{回归}/MS_{剩余})$,在此基础上 Haley 等(1994)提出了近似的似然比统计量:

$$LR=n\ln\left[\frac{SS_E(\text{reduced})}{SS_E(\text{full})}\right] \tag{1.12}$$

其中分数项中分子为"无 QTL"假设下的误差平方和,分母为假设"存在 QTL"时的误差平方和。

对于远交群体的回归分析,拟合的回归模型相对复杂,需要考虑家系的固定效应以及不同家系需要拟合各自的回归系数。自 Zeng(1993)提出多元回归的 QTL 检测方法,Knott 等(1996)、Spelman 等(1996)、Uimari 等(1996)在此基础上应用多标记连锁检测扩展应用于远交群的半同胞设计。进行标记基因型的表型均值比较是上述方法的共同之处。

Whittaker 等(1996)提出了一种简化的多元回归方法,具体思路是:①首先拟合观察值对所有标记基因型的回归模型,通过显著性检验剔除效应不显著的标记;②对具有显著效应标记的偏回归系数进行判断,相邻标记偏回归系数的符号一致(同时为正值或负值)则在此区间存在 QTL。假设在第 i 和第 $i+1$ 标记之间存在 QTL,QTL 与标记 i 的重组率为:

$$r = \frac{1}{2}\left[1 - \sqrt{1 - \frac{4b_{i+1}\theta_i(1-\theta_i)}{b_{i+1} + b_i(1-2\theta_i)}}\right] \tag{1.13}$$

其中,b 为标记的偏回归系数,θ 为相邻标记的重组率,相应 QTL 的加性效应估计公式为:

$$a = \sqrt{\frac{[b_i + (1-2\theta_i)b_{i+1}] \cdot [b_{i+1} + (1-2\theta_i)b_i]}{1-2\theta_i}} \tag{1.14}$$

这种方法基于相邻的标记区间仅存在 1 个 QTL 的基本假设。该方法计算更为简便,不需要对染色体的所有位置进行依次搜寻,而通过式(1.13)直接估计。

方差分析与回归分析方法中 QTL 都被视为固定效应,均基于最小二乘分析的统计原理,主要优点可概括为:

(1)可应用数据重排技术来确立基因组水平的临界值进行显著性检验。

$$LR = n\ln\left[\frac{SS_E(\text{reduced})}{SS_E(\text{full})}\right]$$

(2)可适用于多 QTL 和多变量分析。

(3)计算简单,应用方便;一旦 QTL 基因型的条件概率被确定,回归分析很容易建成统计软件应用于实际资料。

主要缺点是不能充分利用所有标记信息,并且处理复杂系谱资料和 QTL 等位基因数目未知的资源群,具有一定困难。

2.基于最大似然分析的统计方法

在 QTL 定位的研究报道中,最大似然法(maximum likelihood,ML)占据最重要地位。由于最小二乘方法仅仅利用了不同标记群体的均值信息,而 ML 可利用标记-性状联合分布的全部信息,从理论上讲,统计效率更高。ML 方法对于近交系设计(Knott and Haley,1992)和远交群体如全同胞分析(Knott and Haley,1992b)、半同胞分析(Elsen et al,1999)都有广泛的应用。ML 的基本思路是通过构建未知参数的似然函数,常采用 EM(expectation-maximization)算法进行参数估计。

在近交设计中,假定个体 i 的 QTL 的基因型为 Q_k,表型服从均值为 μ_{Qk}、方差为 σ^2 的正态分布,则在给定标记信息 M_j 时个体表型值为 z 的似然函数可表示为:

$$l(z \mid M_j) = \sum_{k=1}^{N}\varphi(z, \mu_{Qk}, \sigma^2)Pr(Q_k \mid M_j) \tag{1.15}$$

其中，z 为表型观察值，$\varphi(z,\mu_{Qk},\sigma^2)$ 为正态分布密度函数，N 为 QTL 基因型总数，$Pr(Q_k|M_j)$ 为 QTL 的条件概率，只与标记信息、试验设计和 QTL 位置有关。以区间估计的 F_2 设计为例，当两个标记基因型为 M_1M_1、M_2M_2，3.15 可扩展为：

$$
\begin{aligned}
l(z|M_j) = & \left[\frac{(1-c_1)^2(1-c_2)^2}{(1-c_{12})^2}\right] \cdot \varphi(z,\mu_{QQ},\sigma^2) \\
& + \left[\frac{2c_1c_2(1-c_1)(1-c_2)}{(1-c_{12})^2}\right] \cdot \varphi(z,\mu_{Qq},\sigma^2) \\
& + \left[\frac{c_1^2c_2^2}{(1-c_{12})^2}\right] \cdot \varphi(z,\mu_{qq},\sigma^2)
\end{aligned}
\tag{1.16}
$$

其中，c_1、c_2、c_{12} 分别为两个侧翼标记 1、2 与 QTL 的重组率以及标记间的重组率。当两个侧翼标记基因型为另外 8 种组合时的似然表达式详见 Luo 和 Kearsey(1992)、Carbonell 等(1992)的描述。所有个体 n 表型数据的似然函数为：

$$
l(z) = \prod_{i=1}^{n} l(z_i \mid M_i)
\tag{1.17}
$$

式(1.17)中设计的未知参数包括：QTL 位置 c、方差 σ^2 和三种 QTL 基因型均值计 5 个参数。通过求满足式(1.17)的最大值时的参数值即为参数的似然估计值，判断是否存在 QTL 常用的统计量为近似服从 χ^2 分布的似然比统计量：

$$
LR = -2\ln\left[\frac{\max l_r(z)}{\max l(z)}\right]
\tag{1.18}
$$

其中，分数项的分子部分为零假设条件下的似然函数最大值，分母为假设存在分离 QTL 效应的似然函数最大值。此外在 ML 分析中，似然图谱函数反映染色体中不同位置可能存在 QTL 的常用指标：

$$
LOD(c) = \ln\left[\frac{\max l_r(z)}{\max l(z,c)}\right] = \frac{LR(c)}{2\ln10} \approx \frac{LR(c)}{4.61}
\tag{1.19}
$$

在假定 QTL 效应为固定效应的前提下，基于方差分析和回归分析的最小二乘方法(LS)，与 ML 相比，具有一些明显的区别：①ML 计算强度远远大于 LS；②在 ML 分析中，表型值基于混合正态分布的假设，而 LS 的表型数据服从单一的正态分布，其均值为不同 QTL 基型值的加权；③进行单标记分析时，ML 可得到 QTL 位置和效应的估计值，而 LS 不能区分位置和效应。当标记本身就是 QTL 时，LS 与 ML 实质相同。

对于远交群体，构建似然函数比近交系设计要复杂得多。尤其对于亲缘关系复杂的畜禽群体，由于 QTL 等位基因通常未知，将 QTL 效应视为随机效应，基于方差组分(variance component,VC)分析的 REML(restricted ML or residual ML)方法备受遗传学家推崇。畜禽远交群 QTL 定位的 REML 方法由(Fernando and Grossman,1989)首先提出，Grignola 等(1996)、Grignola 等(1996)、Grignola 等(1997)首次将该方法应用于多标记分析的半同胞设计，其后 Zhang Qin 等(1998)、Almasy 和 Blangero(1998)、De Kong 等(2003)成功应用于大规模的复杂系谱 QTL 定位分析。这种方法的主要特点是将遗传方差剖分为 QTL 效应方差和剩余微效多基因方差，同时考虑了个体间亲缘关系和 QTL 的 IBD 概率，并可以在模型中考虑多种固定效应和随机效应,与 ML 相比,减少了对参数的假设(如 QTL 仅具 2 个等位基因),而且处理偏离正态分布的资料也具较好效果,因此稳健性更强,统计效率更高。基于方差组分分析的混合遗传模型一般描述为(Grignola et al,1996):

$$Y = X\beta + Zu + ZTv + e \tag{1.20}$$

其中,β、u、v 分别为固定效应、微效多基因效应和 QTL 加性效应,变量假设与普通混合模型相同,QTL 等位基因效应向量服从 $N(0, Q\sigma_v^2)$ 分布,Q 为个体间 QTL 的 IBD 概率矩阵,σ_v^2 为 QTL 等位基因效应方差。由此可见,IBD 阵 Q 的计算是 REML 方法的核心问题,尤其是当标记信息含缺失、系谱结构复杂等情况,Q 阵的估计尤为复杂,为了简化计算,Grignola 等(1996)、Grignola 等(1996)、Grignola 等(1997)在分析中假定母畜之间无亲缘相关,一定程度上降低了计算难度。

George 等(2000)提出了灵活性、适用性更强的基于"两步法"方差组分分析的 REML 方法,该方法的主要特点是应用 Gibbs 抽样技术计算 QTL 的 IBD 概率。对于连锁相未知、标记含缺失基因型、系谱结构尤为复杂的数据资料,该方法显示出强劲的优势。

Zhang Qin 等(1998)的研究结果显示,对于半同胞设计,用 REML 方法与回归分析方法估计 QTL 位置,结果一致程度高,de Kong(2003)研究报道,两种方法对于 QTL 数目的估计结果差异较大。

3.基于阈性状分析的统计方法

以上概述的 QTL 定位方法均以连续分布的数据资料为前提,但实际中许多生物现象或重要经济性状往往呈离散分布,并不遵循简单的孟德尔遗传方式,而且性状的表型受环境因素影响大,如发病记录、受胎记录、产犊难易程度、产羔数、猪乳头数等。尤其是疾病易感基因(disease susceptibility gene,DS gene)所影响的疾病性状,普遍受到人类遗传学家的重视。对这类性状的解释通常基于阈值模型的理论(Falconer and Mackay,1996;Lynch and Walsh 1998):阈性状的表型受一潜在的基础尺度的控制,一系列的固定阈值是阈性状表型和基础尺度的联系纽带,可以将基础尺度视为呈正态分布、表型却无法观测的数量性状,因此阈性状同时受微效多基因和 QTL 共同影响,常用的 QTL 检测的统计方法概括如下:

(1)发病同胞对检验(affected sib-pair test,ASP test)。该方法最初用于人类遗传疾病的 QTL 连锁分析(Commenges,1994;Curtis and Stam,1994;Kruglyak and Lander,1995b),非常适用于小家系的数据资料,该方法同样适用于任意两个具亲缘关系的个体(直接亲子关系除外,因为亲子关系的基因 IBD 状态永远固定不变)。基本思路:对于二级分类阈性状如疾病性状,全部发病的同胞对与全部不发病的同胞对之间与 DS 基因连锁的 IBD 标记等位基因数必定存在分布差异,通过合理的统计手段加以检测,判断是否存在连锁 QTL,但该方法不能分析 QTL 的位置与效应。由于 ASP 方法对同胞对资料要求至少有 1 个个体发病,因此具有选择型基因型测定的设计特点,统计效率较高。Lynch 和 Walsh(1998)描述了 3 种 ASP 检测方法:

对于 2 级阈性状如疾病性状,对于 n_i 个全同胞对资料,发病个体数为 $i(i=0,1,2)$,用 p_{ij} 表示发病数为 i 的这类亲属对中标记 IBD 等位基因数为 $j(j=0,1,2)$ 类型的比例。根据贝努里分布,标记 IBD 同胞对比例估计结果 $\hat{p}_{ij}$ 的期望为 p_{ij},方差为 $p_{ij}(1-p_{ij})/n_i$。

第 1 种检测办法基于 $\hat{p}_{22}$ 的检测,在没有 QTL 连锁零假设下,$\hat{p}_{22}$ 的期望为 1/4(全同胞基因座的 2 个等位基因同为 IBD 的概率为 1/4),方差为 $(1/4)(1-1/4)/n_2 = 3/(16n_2)$,构造 T_2 统计量:

$$T_2 = \frac{\hat{p}_{22} - 1/4}{\sqrt{\dfrac{3}{16n_2}}} \tag{1.21}$$

在零假设没有连锁 QTL 时,T_2 服从标准正态分布,对 T_2 的检验为单尾检验,因为标记与 QTL 连锁时,$p_{22} > 1/4$。

第 2 种检测方法考虑了同胞对标记基因 IBD 的平均数 $p_{i1} + 2p_{i2}$,基于零假设时,期望值为 $1 \cdot (1/2) + 2 \cdot (1/4) = 1$,方差为 $[1^2 \cdot (1/2) + 2^2 \cdot (1/4)] - 1^2 / = 1/2$,对全部发病的同胞对,构建服从标准正态分布的统计量:

$$T_m = \sqrt{2n_2}(\hat{p}_{21} + 2\hat{p}_{22} - 1) \tag{1.22}$$

当 QTL 与标记连锁时,$p_{i1} + 2p_{i2} > 1$,因此对 T_m 的检验也为单尾检验。

第 3 种检验方法为基于最大似然的适合性检验(Risch,1990)。用 n_{20}、n_{21}、n_{22} 表示全部发病同胞对标记等位基因 IBD 数分别为 0、1、2 的同胞对数。对应的比例为 p_{20}、p_{21}、p_{22},构造最大 LOD 值(maximum LOD score,MLS)统计量表达式如下:

$$MLS = \ln\left[\prod_{i=0}^{2}\left(\frac{\hat{p}_{2i}}{\pi_{2i}}\right)^{n_{2i}}\right] = \sum_{i=0}^{2} n_{2i}\ln\left(\frac{\hat{p}_{2i}}{\pi_{2i}}\right) \tag{1.23}$$

对于全同胞对,基于零假设的 $\pi_{20} = \pi_{22} = 1/4$,$\pi_{21} = 1/2$。

上述 ASP 检测的 3 种方法的主要优点是计算简单,统计效率高,缺点是不能估计 QTL 位置和效应。

(2)非参数 wilcoxon rank-sum 检验方法。在人类连锁分析研究中,(Kruglyak and Lander,1995)提出阈性状非参数方法(nonparametric approach),主要是通过对非参数 wilcoxon rank-sum 检验方法进行扩展得到服从近似标准正态分布的统计量 Z_w。具体定义为:

$$Z_w(s) = Y_w(s) / \sqrt{<Y_w(s)^2>} \tag{1.24}$$

$Z_w(s)$ 是关于 QTL 在染色体 s 位置的统计量,用统计量 $Y_w(s)$ 与其标准差的比值表示。$Y_w(s)$ 定义为:

$$Y_w(s) = \sum_{i=1}^{n}[n + 1 - 2 \cdot rank(i)]E[X_i(s) \mid data] \tag{1.25}$$

其中,n 为个体总数,$rank(i)$ 为个体 i 在群体中根据表型值的排序,在相同表型值的个体中,$rank(i)$ 可通过简单的随机抽样决定;$X_i(s)$ 是个体 i 在染色体 s 位置 QTL 基因型的指示变量,如回交设计中,$X_i(s)$ 可赋值为 +1 或 -1 来表示回交后代在 s 位置的 QTL 纯合或杂合基因型,$E[X_i(s) \mid data]$ 表示在给定标记信息条件下 $X_i(s)$ 的期望值;$<Y_w(s)^2>$ 是 $Y_w(s)$ 的方差。

当 s 为标记所在座位,$Z_w(s)$ 便为 wilcoxon rank-sum 检验统计量,当通过标记信息推断 QTL 所在的 s 位点的 $Z_w(s)$,可认为是 wilcoxon rank-sum 检验的扩展方法。当群体数量足够大时,在零假设 s 位置不存在 QTL 条件下,$Z_w(s)$ 服从近似标准正态分布,因此可通过 t 检

验确定 $Z_w(s)$ 显著性水平下的临界值,再进行显著性阈值水平的确定,在标记区间内的可能位置 s 判断是否存在 QTL。与 ASP 方法相比,该方法可利用区间分析,获得 QTL 在连锁群中的位置参数。

相对于常规的参数检验,非参数检验的主要特点:①检验统计量服从标准正态分布,而参数检验方法所采用的统计量如 LOD 值与正态分布密度的平方成正比;②一般而言,非参数检验效率相对较低,但对于阈性状,其检验效率高于常规的 t 检验法;③不能对 QTL 效应或方差进行直接估计。

(3)广义线性模型方法。由于非参数方法在应用上存在一定局限性,近年来基于阈值模型的广义线性模型(GLM)的参数估计方法被广泛用于阈性状 QTL 定位,如基于近交系杂交(Hackett and Weller,1995;Xu and Atchley,1995;Visscher et al,1996)和四元杂交设计(Rao and Xu,1998)的单家系分析、基于多家系远交群体的固定效应模型分析(Yi and Xu,1999;Rao and Li,2000)和混合模型分析(Yi and Xu,1999b)。

针对阈性状位置参数与表型数据的非线性关系,广义线性模型采用连接函数(link function)的手段,以类似线性模型的形式,构造变量与观察值的非线性关系。以回交设计为例,对于二级分类阈性状的基础尺度变量,存在对标记基因型的线性回归模型:

$$z_i = b_0 + \sum_{j=1}^{n} b_j x_{ij} + e_i \tag{1.26}$$

其中,b_0 为群体均值,x_{ij} 为回交群体中第 i 个体第 j $(j=1,\cdots,m)$ 个标记基因型的指示变量(纯合子为 1,杂合子为 0),$e_i \sim N(0,1)$,对于相应表型变量 y_i 和阈值 θ,存在关系:

$$y_i = \begin{cases} 1 & z_i \geqslant \theta \\ 0 & z_i < \theta \end{cases}$$

令 $p_i = Pr(y_i = 1 | X)$,表示给定标记信息 X 观察值 y_i 取 1 的概率,通过正态分布函数得到 p_i 的表达式:

$$p_i = \int_{\theta}^{\infty} f(z_i \mid X) d(z_i \mid X) = 1 - \int_{-\infty}^{\theta} f(z_i \mid X) d(z_i \mid X)$$

$$= 1 - \Phi\left(\theta - \sum_{j=1}^{n} b_j x_{ij}\right) = \Phi\left(\sum_{j=1}^{n} b_j x_{ij} - \theta\right) \tag{1.27}$$

转换为广义线性模型:

$$\Phi^{-1}(p_i) = \sum_{j=1}^{n} b_j x_{ij} - \theta \tag{1.28}$$

$\Phi^{-1}(p_i)$ 被称为 probit 连接函数,式(1.28)又称为 probit 模型。由于 probit 模型中设计数值积分,计算难度较大,因此在实际运用中,式(1.28)的一种近似模型,由于其计算难度低而被经常使用,表达形式为:

$$p_i \approx \frac{\exp\left[c\left(\sum_{j=1}^{n} b_j x_{ij} - \theta\right)\right]}{1 + \exp\left[c\left(\sum_{j=1}^{n} b_j x_{ij} - \theta\right)\right]} \tag{1.29}$$

其中常数 $c = \pi/\sqrt{3}$。式(1.29)可以变换为广义线性模型:

$$\ln\left[\frac{p_i}{c(1-p_i)}\right] = \sum_{j=1}^{n} b_j x_{ij} - \theta \tag{1.30}$$

$\ln\left[\dfrac{p_i}{c(1-p_i)}\right]$ 被称为对数(logistic)连接函数,式(1.30)又称为 logistic 模型。当 $0.1 < p_i < 0.9$ 时,模型(1.28)和(1.29)接近等价(Liao,1994)。

回归系数 b_j 可通过 ML 估计。由于表型数据服从两点分布,其对数似然函数表达式为:

$$L = \sum_{i=1}^{n} y_i \log(p_i) + \sum_{i=1}^{n} (1-y_i) \log(1-p_i) \tag{1.31}$$

回归系数 b_j 的 ML 估计结果可通过求 L 的偏导数得到。似然率 $-2(L_0 - L_1)$ 可作为检验统计量,L_0 表示 $H_0: b_j = 0$ 时的似然值,L_1 为全模型时的最大似然值。

上述方法的检验结果只能判断是否存在与标记连锁的 QTL,若估计 QTL 位置和效应,可采用区间定位(Lander and Botstein,1989)或复合区间定位(Zeng,1994)的标记利用策略,来拟合基础尺度的线性模型。

(4)Bayes 方法。在 QTL 定位研究中,Bayes 方法具有突出的优点:能够利用所有的信息,拟合尤为复杂的遗传模型,很容易估计利用其他方法很难分析的 QTL 参数和其他变量。本文将在下节中作详细介绍。

Hoeschele 等(1997)认为,基于 LS、ML、REML 以及 Bayes 分析的各种统计方法的运用,没有绝对的"优劣"差别,运用哪种统计手段,取决于数据分布假设和结构、系谱结构和运算设备条件。

4. 基于 MCMC 算法的 Bayes 方法

Bayesian 方法主要基于后验密度的经典描述:

$$p(\theta \mid data) = p(data \mid \theta) p(\theta)/p(data) \tag{1.32}$$

其中,θ 表示所有待估参数,$data$ 为可观测的数据资料,由于 $p(data)$ 为常量,与待估参数无关,因此式(1.32)常用的表达为:

$$p(\theta \mid data) \propto p(data \mid \theta) p(\theta) \tag{1.33}$$

式(1.32)、式(1.33)常称为"Bayes 全概率模型"。在该模型中,所有未知变量(包括各种参数和缺失信息)均视为随机变量,在给定已知信息条件下对所有随机变量的后验联合密度的描述综合了随机变量的先验分布 $p(\theta)$ 和已知信息的似然函数 $p(data \mid \theta)$ 两方面的信息。

Bayes 方法与 ML 方法的主要区别在于:不需要通过求似然函数最大值,而是通过每一个随机变量的条件边际密度或分布函数进行未知参数的统计量(如均值或方差)的估计(Camp and Cox,2002),根据式(1.33),随机变量 θ_i(剩余参数为 θ_{-i})的条件边际密度可表示为:

$$p(\theta_i \mid data) \propto \iint p(data \mid \theta_i, \theta_{-i}) p(\theta_i, \theta_{-i}) d\theta_{-i} \tag{1.34}$$

从理论上讲,式(1.34)可以充分利用各种来源的信息,处理含缺失资料、多个变量及复杂效应的模型,但实践中要得到随机变量的条件边际分布存在极大障碍,主要原因是进行复杂函数多重积分的计算困难,加上贝努里学派对利用先验分布信息的争议,Bayes 统计推断方法一度被搁置,直到 MCMC(Markov Chain and Monte Carlo integration)算法的应用(Gelfand and Smith,1990)使 Bayes 统计推断的计算难题迎刃而解。

MCMC 算法的思路是通过随机变量联合后验分布 $p(\theta|data)$,导出 θ_i 的条件分布 $p(\theta_i|data,\theta_{-i})$,通过对 θ_i 条件分布依次、连续抽样产生随机数列(又称为 markov chain),再根据一定规则对 markov chain 进行取值,从而产生所有 θ_i 条件分布样本,产生的所有参数 θ 的条件样本可近似为联合后验分布 $p(\theta|data)$ 的样本。对于产生的联合后验样本中的 θ_i 的数据可视为 θ_i 的条件边际分布样本。因此 Bayesian 推断可基于边际分布样本的统计量(如均值和方差),避免了多重积分的复杂运算,大大降低了计算难度。基于 MCMC 算法的 Bayes 分析使得 Bayes 方法真正从理论进入了实践领域。

MCMC 算法的核心内容是从条件分布 $p(\theta_i|data,\theta_{-i})$ 抽样产生 θ_i 的样本,目前在 QTL 研究中所采用的抽样技术主要包括 3 种算法:Gibbs 抽样(Geman and Geman,1984)、M-H 算法(Metropolis-Hastings algorithm)(Hastings,1970)和 RJ-MCMC(reversible jump)(Green,1995)算法。当条件密度 $p(\theta_i|data,\theta_{-i})$ 为标准的分布类型,如正态分布、指数分布等,可以用具体的数学模型表达,则可以采用 Gibbs 抽样技术直接根据密度函数抽样产生随机变量样本;当 $p(\theta_i|data,\theta_{-i})$ 不是标准的分布类型,则无法根据密度函数直接抽样产生样本,而 M-H 算法可通过取舍判断的间接方法加以解决,其出发点是在 markov carlo 随机过程中,为了保证随机变量在参数空间的随机取值(random walk)最终收敛于一静态分布(stationary distribution),对于每一个时间点 t,随机变量 X 在下一个时间点 $t+1$ 的取值 X_{t+1},不是直接抽样获得,而是首先从一事先给定的条件分布 $q(.|X_t)$ 中抽样得到一候选值 Y,$q(.|X_t)$ 的形式没有限制,一般为正态分布或均匀分布。因此候选点是否接受为 X_{t+1},通过接受概率 $\alpha(X_t,Y)$,用下列公式表示:

$$\alpha(X_t,Y)=\min\left[1,\frac{\pi(Y)q(X_t|Y)}{\pi(X_t)q(Y|X_t)}\right] \tag{1.35}$$

如果候选点被接受,则 $X_{t+1}=Y$,否则 markov carlo 不产生移动,即 $X_{t+1}=X_t$。需要提出的是,Gibbs 抽样是 M-H 算法的特殊情况,即 $\alpha(X_t,Y)\equiv1$。RJ-MCMC 是 M-H 算法的延伸,它允许随机变量可以在不同时间点从不同维数的条件分布中抽样获得后验分布。获取随机变量下一轮的抽样值同样需要达到接受概率的标准 $\alpha(X_t,Y)$,如对于 QTL 数目的抽样,RJ 算法就非常适用。

大量研究表明,基于 MCMC 算法的 Bayes 方法进行 QTL 定位,特别针对于多个 QTL 尤为适用(Satagopan and Yandell,1996;Satagopan et al,1996;Heath,1997;Uimari and Hoeschele,1997;Stephens and Fisch,1998;Silianpaa and Arjas,1998,1999)。

针对于动物育种复杂系谱资料的 QTL 定位,Bayes 方法在单标记分析(Thaller and Hoeschele,1996)、多标记分析(Uimari et al,1996)和多个 QTL 定位(Uimari and Hoeschele,1997)方面均显示出强劲优势。在植物 QTL 定位的研究中,Satagopan 等(1996)利用 Bayes 因子来比较拟合不同数目 QTL 模型,从而确定 QTL 数目和相应位置参数;自 Green(1995)提出 RJ-MCMC 算法以来,该方法迅速在 QTL 定位的研究领域得到应用(Satagopan and Yandell,1996;Heath 1997;Sillanpaa and Arjas,1998;Stephens and Fisch,1998;Sillanpaa and Arjas,1999；Yi and Xu,2001；Yi et al,2003)：此类研究均将 QTL 数目视为随机变量,通过 RJ-MCMC 抽样产生 QTL 数目的后验分布,将所有未知变量的估计完全通过 Bayes 推断获得,从而在 QTL 定位研究领域开辟了一条新的途径。

上述关于 QTL 定位的 Bayes 分析方法的报道,均针对于服从正态分布的连续性状的分析。近年来,Yi 和 Xu(2000a,b)分别采用远交群体单家系和多家系的全同胞设计,详细介绍了基于阈值模型的阈性状 QTL 检测和参数估计的 Bayes 方法,在分析过程中采用 Gibbs 抽样计算技术和 data argumentation 技术,产生潜在连续变量的抽样样本,并利用 RJ-MCMC 方法,将 QTL 数看作随机变量,获得其后验分布而得到估计值。

MCMC 技术的出现和大量运用,使 QTL 定位的 Bayes 方法并不局限于直接导出条件边际概率密度或通过求最大后验密度函数的最大值的 EM 算法(如 fisher-scoring 迭代算法)进行统计分析,应用性大大增强。随着 MCMC 算法的不断改进、统计模型进一步完善,Bayes 方法将成为今后 QTL 定位重要手段之一。

1.3.1.4　影响连锁分析精确性分析

1. 标记密度

精细定位 QTL 首先是在染色体片段上构建高密度的遗传图谱。尽管遗传图谱中标记间距平均可达到 1～2 cM,SNP 标记技术的出现使得标记间距大大提高,甚至平均 1 000 多个碱基就会有一个 SNP。

提高标记密度在一定程度上可以提高 QTL 定位的精确性,但是当标记密度达到一定程度后,连锁分析并不能进一步的提高定位精确性。Darvasi 等(1993)研究表明,即使有无穷多个标记,如果没有足够的重组事件,一个具有中等效应的 QTL 只能被定位在一个较大的范围内,即连锁分析并不能有效地利用高密度标记图谱。高密度标记图谱对 QTL 的精确定位是必需的,但是如果没有足够的重组事件,高密度的标记图谱只是一种浪费(Xiong and Guo,1997)。就目前能够达到的标记密度而言,标记密度已不是影响定位精确性的限制性因素。

2. 群体中重组事件

遗传图谱中标记达到饱和后,限制 QTL 定位精确性的一个最关键因素不是标记的密度,而是群体中重组事件发生的次数(van Raden and Weller,1994)。保证足够重组事件的最直接方法就是提高样本含量。QTL 定位置信区间与群体规模具有如下关系(Darvasi and Soller,1997)：

$$CI95 \approx 3\ 000/(kN\alpha^2)$$

其中,$CI95$ 是置信度为 95％时 QTL 的置信区间；k 是每一个体可提供信息的亲本数(采用回交设计或半同胞设计时 $k=1$,采用 F_2 设计 $k=2$)；N 是资源群体中有效个体数；α 是 QTL 基因替代效应。

对于半同胞设计,当 $\alpha=0.5$ 时,要使置信区间降低到 2 cM,则需要 6 000 个个体的资源群体。但是资源群体规模有限,特别是在家畜中很难达到如此规模,进一步讲,当群体超过一定规模后,QTL 位置的置信区间不会明显减小(Hyne et al,1995)。

3. 试验设计

限制定位精确性的因素是重组事件,Darvasi 和 Soller(1995)提出采用"高代杂交"(advanced intercross line,AIL)得到更多的重组事件,即利用 F_3,F_4,…,F_n 群体精细定位。在没有选择的情况下,无论 QTL 和标记连锁多么紧密,随着群体杂交的进行,QTL 和标记间的连锁不平衡会逐渐减小。因此,群体中单倍型频率的变化反映了过去世代的重组,从而减小 QTL 定位的置信区间。模拟研究结果证明,对相同规模的群体、QTL 效应和置信水平($a=95\%$),利用 F_2 设计可以将 QTL 定位在 20 cM 的区间上,而利用 F_{10} 的数据可以将其置信区间降低 5 倍。Xiong 和 Guo(1997)对高代杂交资料的分析证明,利用高代杂交可以有效地提高定位精确性。

Darvasi 和 Soller(1995)证明,高代杂交在提高定位精确性的同时降低了 QTL 的检测力。虽然建立高代杂交群体后,可以测定多个性状,以及精细定位 QTL,但它对世代数、群体和样本大小的要求限制了该种试验设计在家畜中的应用。

另外一种可以提高定位精确性的方法是辅以选择的重复回交(backcross with selection)。Nystrom 等(1998)在猪的定位中采用该设计。这种方法的可行之处在于只用少量的个体。模拟研究证明,辅以选择的重复回交可有效的提高定位精确性。

4. 定位策略

Darvasi 等(1992)模拟研究发现,即使 QTL 的效应很大、试验群体足够大、利用大量的标记,QTL 定位置信区间仍保持在 10 cM。因此,进一步缩小置信区间需要采用新的定位策略。

对于连锁的两个座位 Q 和 M,假设分别有两个等位基因 Q,q 和 M,m,且 QTL 座位上的多态性源于多个世代前某个祖先发生的突变,等位基因 Q 与 M 连锁,q 与 m 连锁。那么两个座位达到平衡需要较长的时间,因为两种重组单倍型(Qm 和 qM)在群体中达到的频率与两个座位间的重组率(r)有关。在突变发生后第一个世代的后代群体中,重组型单倍型的频率为 r,在第二个世代,频率为 $r(1-r)+(1-r)r=2r-2r^2$。如果以 D_0 表示突变发生世代的连锁不平衡程度,t 表示突变发生后群体发展的世代数、D_t 表示第 t 世代的连锁不平衡程度、r 表示座位间的重组率,则有:$D_t=D_0(1-r)^t$。图 1.3 反映了两座位连锁不平衡程度(D)与座位间重组率和突变发生后世代数的关系。图 1.3 中横坐标为突变发生后群体经历的世代数,纵坐标为连锁不平衡程度(D),不同的曲线代表不同重组率水平。很明显,座位间连锁越紧密(重组率越小),连锁不平衡程度下降越慢,达到平衡所需的世代数也越长。同样,在群体发展的某一个世代,连锁不平衡程度可以反映座位间遗传距离的远近。

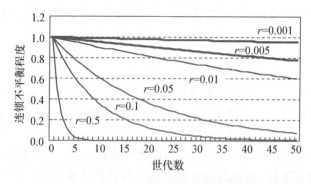

图 1.3　50 个世代内,不同重组率水平下的连锁不平衡

早在 20 世纪初,人们就注意到座位间的这种非随机连锁。人们目前对于连锁不平衡的兴趣是因为连锁不平衡可用于疾病基因的定位或精细定位(Kerem et al,1989)。当前群体中的任何个体都是不同祖先不同基因重组的结果,如果给予足够长的时间,无论两座位连锁多么紧

密,祖先中存在的单倍型都会发生断裂重组,因此,历史重组事件将会提供足够的机会来观察两个连锁座位的重组。如果群体发展时间足够长,座位间仍然存在高度连锁不平衡,那么可以认为两座位紧密连锁,所以,连锁不平衡可用于精细定位。

综上,基于连锁分析,如果发现某一染色体片段的遗传能够解释性状的部分变异,并在统计上达到显著水平,那么认为这一染色体片段上可能存在影响性状(表型)的 QTL(Meuwissen and Goddard,2000)。连锁分析通常利用当前的 2～3 个世代的资料追踪染色体片段的遗传,并通过发现群体中的重组事件来估计 QTL 与标记最可能的相对位置。当标记与 QTL 紧密连锁时,在有限群体内就会很难发现其重组事件,因此紧密连锁的标记图谱只能对 QTL 定位提供很少的信息,除非每世代的群体规模很大(Darvasi et al,1993)。所以,连锁分析一般将 QTL 定位在一个 10～20 cM 甚至更大的片段上。

连锁分析定位的精确度可满足实施标记辅助选择的要求,但在如此大的片段上识别影响性状的基因则非常困难,因为在 1 cM 的基因组区间上,平均会有 20～30 个基因(Haley,1998)。QTL 定位的目的是识别性状基因,而家畜中识别基因的主要方法——位置候选克隆要求将 QTL 定位在更小的片段上。因此,人们对影响定位精确性的各种因素进行了分析,希望能够找到满意的精细定位方案。

1.3.2　LA/LD 分析

连锁分析(linkage analysis,LA)和连锁不平衡分析(linkage disequilibrium,LD)是基因定位的两种主要方法。通过连锁分析,许多 QTL 被定位在一定长度的染色体片段上(详见1.3.1),但由于缺乏足够的重组事件,定位精确度不能令人满意(片段长度通常为10～20 cM,甚至更大)。精细定位 QTL 的关键是将 QTL 定位在一个小的片段而不是相邻区间上,因此精细定位要求有大量的重组事件。连锁不平衡定位利用了历史重组事件,缓解了重组事件对定位精确性的限制,从而提高了定位的精确度或 QTL 的检测力(Kim et al,2002)。连锁分析和连锁不平衡分析两种方法独立使用时,都局限于利用了部分群体信息,但二者是互补而不是互斥的:一方面,连锁不平衡分析利用了历史重组事件,有效地积累小片段上的重组事件;另一方面,连锁分析最大可能地利用了系谱和标记信息,具有较好的定位效率和稳健性。因此,结合连锁分析和连锁不平衡分析(combination of linkage analysis and linkage disequilibrium,LA/LD)正是我们所期望的定位方法。

基于最大似然原理的 QTL 定位中,QTL 等位基因间的方差协方差矩阵等于 QTL 等位基因间的同源概率矩阵(或称之为 IBD 概率矩阵,或 IBD 矩阵)与 QTL 等位基因效应方差的乘积。人们发展了多种构建 IBD 矩阵的方法(Fernando and Grossman,1989;van Arendonk et al,1994;Wang et al,1995),以及利用多标记计算 IBD 概率的方法(Kruglyak and Lander,1995;Fulker et al,1995;Xu and Gessler,1998;Almasy et al,1998)。

1.3.2.1　LA/LD 分析的基本原理

连锁分析定位 QTL 基于这样一个假设:基础群内单倍型间相互独立。显然,连锁分析只利用了系谱中的重组信息,很大程度地制约了 QTL 定位的精确性。

结合连锁分析和连锁不平衡分析的方法之一就是对连锁分析进行扩展(Meuwissen and Goddard,2000),通过预测基础群内单倍型间的 IBD 概率来实现对历史重组事件的利用。大部分群体在具有 DNA 信息之前,还有一部分的系谱记录。因此对于如何预测具有 DNA 信息的第一世代中基因间的 IBD 概率,人们提出了两种方案:一种方案是根据群体历史事件估计进入系谱时的 IBD 先验概率,然后利用群体历史事件、系谱信息和 DNA 信息估计 IBD 概率。这种方案比较理想,但要求有较好的抽样方法来处理复杂系谱、标记信息缺失、多标记信息利用等情况,这一问题在目前尚未得到解决(Stricker et al,2002)。另一种方案是根据对群体历史育种结构的假设来估计基础群第一世代单倍型间的 IBD 先验概率(Meuwissen and Goddard,2001),然后结合 DNA 信息估计基因间的 IBD 概率。结合连锁分析和连锁不平衡分析正是通过估计基础群内单倍型间的 IBD 先验概率(连锁不平衡信息),并利用第二部分的系谱信息和标记信息(连锁信息)来达到结合连锁分析和连锁不平衡分析优点的目的。

Du 等(2002)介绍了用 Monte Carlo 方法估计 IBD 概率,结合连锁分析和连锁不平衡分析,用非参数方法定位阈性状基因。另外,Meuwissen 等(2002)和 Kim 等(2002)分别结合连锁分析和连锁不平衡分析对影响产奶性状的位于第 14 和 20 号染色体上的 QTL 定位研究,结果证明,与连锁分析相比,结合连锁分析和连锁不平衡分析的方法对 QTL 的检测力显著提高。Farnir 等(2002)对 Terwilliger(1995)发展的多点关联分析方法进行了扩展,在半同胞群体中同时利用连锁分析和连锁不平衡信息,分析了第 14 条染色体上影响奶牛乳脂量的 QTL,研究结果表明,该方法可以在中等标记密度下利用连锁不平衡信息。

1.3.2.2　LD/LA 定位方法的统计模型

考虑以下的 QTL 定位模型:

$$y = Zu + Wv + e$$

其中,y 为性状表型值向量;u 为随机多基因效应向量;v 为随机 QTL 等位基因效应向量;e 为随机残差效应向量;Z、W 分别为对应于 u、v 的关联矩阵;随机效应向量 u、v、e 的期望和方差为:

$$E\begin{bmatrix} u \\ v \\ e \end{bmatrix} = \begin{bmatrix} 0 \\ 0 \\ 0 \end{bmatrix}, \quad Var\begin{bmatrix} u \\ v \\ e \end{bmatrix} = \begin{bmatrix} A\sigma_u^2 & 0 & 0 \\ 0 & G\sigma_v^2 & 0 \\ 0 & 0 & I\sigma_e^2 \end{bmatrix} \tag{1.36}$$

其中,A 为分子血缘相关矩阵,G 为 QTL 配子相关矩阵(gametic relationship matrix),I 为单位阵。σ_u^2、σ_v^2、σ_e^2 分别为多基因效应方差、QTL 等位基因效应方差和随机残差方差,且有 $R = I\sigma_e^2$。

混合模型方程组为:

$$\begin{bmatrix} Z'R^{-1}Z + A^{-1}\sigma_u^2 & Z'R^{-1}W \\ W'R^{-1}W & W'R^{-1}W + G^{-1}\sigma_v^2 \end{bmatrix} \begin{bmatrix} \hat{u} \\ \hat{v} \end{bmatrix} = \begin{bmatrix} Z'R^{-1}y \\ W'R^{-1}y \end{bmatrix}$$

以 $L(\sigma_u^2, \sigma_v^2, \sigma_e^2)$ 和 $L(\sigma_u^2, \sigma_e^2)$ 分别表示有和无 QTL 存在时的似然函数,则似然率为:

$$LR = 2\lg \frac{L(\sigma_u^2, \sigma_v^2, \sigma_e^2)}{L(\sigma_u^2, \sigma_e^2)} \tag{1.37}$$

分析方法采用约束最大似然法,基于 LA、LA/LD 两种不同策略,在每个标记区间的中点进行似然估计,绘制似然率曲线并进行显著性检验,在似然率曲线峰值所在位置即为 QTL 结果。

连锁分析中,由于缺乏系谱记录之前群体发展历史信息,因此,通常假设基础群个体间无亲缘关系,各配子间的同源概率为 0。Meuwissen 等(2000,2001)介绍了通过推测或估计群体发展历史来计算基础群配子间的 IBD 概率的方法。

在具有标记信息的第一个世代,两个单倍型在 QTL 上同源的概率为:

$$P(QTL=IBD|M)=P(QTL=IBD|S)=\frac{P(S|QTL=IBD)}{P(S|QTL=IBD)+P(S|QTL=nonIBD)} \tag{1.38}$$

其中,S 用于表示标记基因是否同态($S=1$ 表示基因同态,$S=0$ 表示不同态);

$QTL=IBD$ 和 $QTL=nonIBD$ 分别表示两个配子的 QTL 的基因同源和不同源;

$P(QTL=IBD|M)$ 和 $P(QTL=IBD|S)$ 表示 QTL 基因同源的条件概率;

$P(S|QTL=IBD)$ 表示 QTL 基因同源时,标记同态的概率;

$P(S|QTL=nonIBD)$ 表示 QTL 基因不同源时,标记同态的概率。

$$P(S \mid QTL = IBD) = \sum_{\phi \mid \phi(3)=1} P(S \mid \phi) \times P(\phi)$$

$$P(S \mid QTL = nonIBD) = \sum_{\phi \mid \phi(3)=0} P(S \mid \phi) \times P(\phi)$$

其中,ϕ 表示两个单倍型在标记和 QTL 座位上及座位间片段的同源状态,由 n 个字符构成,n 为该染色体片段上座位数(标记和 QTL)和座位间的片段数之和;$P(\phi)$ 为染色体同源状态出现的概率;$P(S|\phi)$ 为同源状态下,标记同态的概率。

$P(\phi)$ 和 $P(S|\phi)$ 的计算如下所述:

假设两个单倍型可追溯到 t 个世代前某个共同祖先,且世代间不重叠,群体有效大小为 N_e。那么对于一个长度为 c 的片段,其同源的概率为:

$$\frac{1}{2N_e}\left(1-\frac{1}{2N_e}\right)^{t-1}(\exp[-c]^{2t})\approx\frac{1}{2N_e}\exp\left[-\frac{t-1}{2N_e}-2ct\right]$$

由于所谓的共同祖先可能存在于 1 到 t 世代间的任一世代,例如,$t=1,2,\cdots,T$。其中,T 指在 T 个世代前,群体内个体间相互独立。因此,长度为 c 片段的 IBD 概率为:

$$f(c) = \frac{1}{2N_e}\exp[-2c]\sum_{t=1}^{T}\exp\left[-(t-1)\left(\frac{1}{2N_e}+2c\right)\right]$$

$$= \frac{\exp[-2c]}{2N_e} \times \frac{1-\exp\left[-T\left(2c+\frac{1}{2N_e}\right)\right]}{1-\exp\left[-\left(2c+\frac{1}{2N_e}\right)\right]}$$

(1)当 c 为零时,即只有一个点同源,则

$$f(0)\approx 1-\exp[-T/(2N_e)]$$

(2)存在一个长度为 c 的同源片段,在该片段的一侧的长度为 c_1 的区间上发生重组时,其发生概率表示为 $f_r(c,c_1)$,则

$$f(c)=P(c)=P(c\&C_1)+P(c\&c_1)=f_r(c,c_1)+f(c+c_1)$$

其中,$\&$ 表示片段相邻;c 表示长度为 c 的片段同源,字母大小写用于区分相同长度的片段发

生重组事件和片段同源两种事件,例如,C_1 表示在长度为 c_1 的片段上发生了重组,c_1 表示长度为 c_1 的片段同源;P 表示事件发生的概率;f_r 表示在同源片段的一侧发生了重组的概率,有:
$f_r(c,c_1) = f(c) - f(c+c_1)$。

（3）当在长度为 c 的同源片段两侧（两侧的片段长度分别为 c_1，c_2）发生重组时,其概率为

$$f_{dr}(c,c_1,c_2) = f_r(c,c_1) - f_r(c+c_2,c_1)$$

下面举例说明两个标记情况下,基础群中两单倍型在 QTL 上同源概率的计算方法:

为便于表述和理解,在此针对两个座位（一个标记座位和一个 QTL）的情况对一些字符加以说明。假设有两个单倍型 $M_1 - Q_1$ 和 $M_2 - Q_2$,则需要定义一个具有三个字符构成的 ϕ,三个字符分别以 $\phi(1)$、$\phi(2)$ 和 $\phi(3)$ 表示。$\phi(1)$ 和 $\phi(3)$ 的值为 1 或 0,分别表示两个座位上,配子间为同源或非同源两种状态;$\phi(2) = $ "_" 表示两个座位之间的染色体片段由于来自于同一祖先而具有同源的性质,$\phi(2) = $ "×" 表示两个座位之间的染色体片段上发生过重组事件,如果两个座位为 IBD 片段,那么,说明两个座位可能是来自于不同的祖先。例如 "1×0" 中,1 表示 M_1 和 M_2 同源,0 表示 Q_1 和 Q_2 不同源,×表示标记和 QTL 之间发生了重组;"1_1" 则表示该染色体片段为同源片段。有以下几种情况需要注意:①"1_1" 和 "1×1":"1_1" 说明该染色体片段作为一个整体遗传自某一共同的祖先;"1×1" 则表示两个座位之间曾经发生过重组,但两个座位却是同源,说明前一座位和后一座位分别来自不同的祖先。二者的概率不同。②如果 $\phi(1)$ 或 $\phi(3)$ 等于 0,$\phi(2)$ 必为 "×"。③对于非 IBD 标记等位基因,基因同态的概率等于基础群中纯合子的概率。

如考虑两个侧翼标记的情况,假设 QTL 位于两个标记的中点,QTL 距左右两侧标记的距离分别为 c_1 和 c_2,两个标记间的距离为 c。有 A,B 两个单倍型分别以 $M_1^1 - Q_1 - M_1^2$ 和 $M_2^1 - Q_2 - M_2^2$ 表示。群体中两标记的纯合率均为 p,则两单倍型 QTL 同源的概率计算如下面的（1）、（2）、（3）、（4）。

（1）当 $M_1^1 = M_2^1$，$M_1^2 = M_2^2$ 时：

IBD-status(ϕ)	$P(\phi)$	A is IBD: $P(S\|\phi)$	A is nonIBD: $P(S\|\phi)$
1_1_1	$f(c)$	1	—
1_1×1	$f_r(c_1,c_2)^* f(0)$	1	—
1_1×0	$f_r(c_1,c_2)^* (1-f(0))$	p	—
1×1_1	$f_r(c_2,c_1)^* f(0)$	1	—
1×1×1	$f_{dr}(0,c_1,c_2)^* f(0)^\wedge 2$	1	—
1×1×0	$f_{dr}(0,c_1,c_2)^* f(0)^* (1-f(0))$	p	—
1×0×1	$(1-f(0))^* f_r(0,c_1)^* f_r(0,c_2)$	—	1
1×0×0	$(1-f(0))^* f_r(0,c_1)^* (1-f_r(0,c_2))$	—	p
0×1_1	$f_r(c_2,c_1)^* (1-f(0))$	p	—
0×1×1	$f_{dr}(0,c_1,c_2)^* f(0)^* (1-f(0))$	p	—
0×1×0	$f_{dr}(0,c_1,c_2)^* (1-f(0))^\wedge 2$	p^2	—
0×0×1	$(1-f(0))^* (1-f_r(0,c_1))^* f_r(0,c_2)$	—	p
0×0×0	$(1-f(0))^* (1-f_r(0,c_1))^* (1-f_r(0,c_2))$	—	p^2
$\sum P(\phi) \times P(S\|\phi)$		$P(S\|QTL=IBD)$	$P(S\|QTL=nonIBD)$

(2)当 $M_1^1 \neq M_2^1, M_1^2 = M_2^2$ 时：

IBD-status(ϕ)	$P(\phi)$	A is IBD: $P(S\mid\phi)$	A is nonIBD: $P(S\mid\phi)$
$0\times1\_1$	$f_r(c_2,c_1)^*(1-f(0))$	p	—
$0\times1\times1$	$f_{dr}(0,c_1,c_2)^*f(0)^*(1-f(0))$	p	—
$0\times1\times0$	$f_{dr}(0,c_1,c_2)^*(1-f(0))^{\wedge}2$	p^2	—
$0\times0\times1$	$(1-f(0))^*f_r(0,c_2)^*(1-f_r(0,c_1))$	—	p
$0\times0\times0$	$(1-f(0))^*(1-f_r(0,c_1))^*(1-f_r(0,c_2))$	—	p^2
$\sum P(\phi)\times P(S\mid\phi)$		$P(S\mid QTL=IBD)$	$P(S\mid QTL=nonIBD)$

(3)当 $M_1^1 \neq M_2^1, M_1^2 = M_2^2$ 时，类似于(2)。

(4)当 $M_1^1 \neq M_2^1, M_1^2 \neq M_2^2$ 时：

IBD-status(ϕ) M1 QTL M2	$P(\phi)$	A is IBD: $P(S\mid\phi)$	A is nonIBD: $P(S\mid\phi)$
$0\times1\times0$	$f_{dr}(0,c_1,c_2)^*(1-f(0))^{\wedge}2$	p^2	—
$0\times0\times0$	$(1-f(0))^*(1-f_r(0,c_1))^*(1-f_r(0,c_2))$	—	p^2
$\sum P(\phi)\times P(S\mid\phi)$		$P(S\mid QTL=IBD)$	$P(S\mid QTL=nonIBD)$

通过上述方法可得到基础群内配子间同源概率。对非基础群个体的配子，则根据 Wang 等(1995)的方法构建相应的配子相关矩阵及其逆矩阵。

1.3.2.3　LA/LD 分析与连锁分析的比较

总体来讲，LA/LD 在 QTL 检测力、定位准确性和精确性方面优于 LA(Kim et al,2002)，连锁不平衡信息的利用在一定程度上可以提高定位的精确性。Meuwissen 等(2002)结合连锁分析和连锁不平衡分析将奶牛中影响双犊率(twinning rate)的基因定位在一个小于 1 cM 的片段上。但影响连锁不平衡定位的因素同样会影响到 LA/LD 对连锁不平衡信息的利用。

LA/LD 中连锁不平衡信息部分来自对群体发展中的历史重组事件，对这部分信息的利用只能粗略推断群体的有效大小、估计群体延续时间等一些简单的参数。虽然这种估计可能会与群体发展真实情况有较大的出入，但至少是部分反应了群体发展历史，因此可以认为在一定程度上利用了历史重组信息。而且研究证明，LA/LD 对群体发展世代数具有较好的稳健性(Meuwissen and Goddard,2001)。

刘会英(2003)通过 20 次的重复模拟，分析了 QTL 效应(无 QTL，QTL 效应为 10%，20%，30%)、标记密度(5 cM，1 cM 和 0.2 cM)、群体发展世代数的估计(10,18,30 个世代，其中 18 为真实值)对 LA/LD 定位的影响，并对 LA/LD 和连锁分析(LA)进行了比较。研究结果表明：

(1)QTL 效应越大，LA/LD 对 QTL 检测力、定位准确性和精确性也随之增大。

(2)标记密度由 5 cM 增加到 1 cM 时，LA/LD 对 QTL 的检测力增加，当标记密度进一步增加到 0.2 cM 时，检测力反而下降，但仍然高于标记密度为 5 cM 时的检测力。

(3)增加标记密度，将 QTL 定位在正确区间和相邻区间的次数呈下降的趋势，但标记密度不同，区间所代表的长度也不同。如果从定位在以 QTL 为中心的某一长度的片段上的次数来看,增加标记密度可以增加定位的准确性。

（4）如果用支持区间（surpport interval）来衡量定位的精确性,那么当标记密度由 5 cM 增加到 1 cM 和 0.2 cM 时,支持区间由 15～30 cM 增加到了 5～6 cM 和 1～2 cM,因此,增加标记密度,定位的精确性增加。

（5）群体发展世代数的估计对 LA/LD 定位结果影响不大,说明 LA/LD 定位结果对基因突变后群体发展世代数的估计有较好的稳健性。

（6）与 LA 相比,LA/LD 可检测到效应更小的 QTL（效应为 10％的 QTL）;标记密度较低时（5 cM）,LA 和 LA/LD 相差不大,但增加标记密度时,LA/LD 定位结果则明显好于 LA,因此,LA/LD 能够在更大程度上利用高密度标记所带来的信息。

从以上研究结果可以看出,IBD 定位和 LA/LD 定位由于利用了历史重组事件,缓解了重组事件不足对定位精确度的限制,从而提高了定位的精确性。但另一方面,IBD 和 LA/LD 方法利用了连锁不平衡信息,那么连锁不平衡受多种因素影响的特点,也会使得两种方法受到一定的影响。连锁不平衡定位中（例如 IBD 定位）,由于其他一些因素的干扰,定位稳健性相对较差。由此,人们提出结合连锁分析和连锁不平衡分析,利用连锁不平衡定位可以精细定位特点,同时通过连锁分析保障定位结果的稳健性。

选择合适的群体和最佳标记密度是定位的重要方面。具有广泛连锁不平衡的群体只能达到较低的定位水平,因此,在标记基因型测定之前,估计群体在某一区间或基因组上的连锁不平衡程度将会有助于定位的试验设计,但其不平衡的估计应采用 IBD 片段（Du et al,2002）,而不是基于座位来估计连锁不平衡。另外,LA/LD 方法仍需要考虑实际数据整齐性相对较差、基因间的互作、标记信息的利用等因素。尽管 LA/LD 定位方法具有其优势,但仍然有必要结合其他定位方案,做进一步的验证和分析。

1.3.3 关联分析

无论是基于连锁（LA）分析还是 LA/LD 分析,出发点都是利用系谱信息和标记信息,检测标记和潜在 QTL 的重组事件实现基因定位的目的。

已有的 QTL 定位结果显示,一般置信区间都在 20 cM 以上。在这样一个大的区间,人们很难确切地知道影响目标数量性状的具体基因,这大大限制了 QTL 定位结果的应用。精细定位的置信区间一般在 1～5 cM,仍然距离 QTL 的克隆和序列分析有一定的差距。

随着高密度标记的发展和应用,利用标记和潜在功能基因的强 LD,或者直接检测基因内部的突变位点来检测基因和表型之间的关联已经成为可能。连锁不平衡定位最初用于人类疾病基因定位。经典的试验设计为 case-control 设计。case-control 设计中,通过比较患者群体和与之配对的对照群体两个样本中标记基因或基因型频率来定位基因,其中患者间无亲缘关系（Ohashi et al,2001）。这种利用 LD 进行基因检测的策略就是关联分析策略。根据所采用的标记所覆盖的基因组区段的范围,可分为候选基因关联分析（也叫直接关联分析）和全基因组关联分析（GWA）。

1.3.3.1 候选基因关联分析

对 QTL 最有效的利用是直接测定 QTL 基因型,而不是通过标记去推测,因而在基因定位的基础上,我们希望能够找到相关的基因或引起基因功能发生改变的突变。该方法是根据已有的生理、生化知识及对复杂的数量性状进行剖析,选定一些基因(候选基因),通过分子生物学试验检测这些基因及其分子标记对特定数量性状的效应,然后筛选出对该数量性状有影响的基因和分子标记,并估计出对数量性状的效应值。候选基因的选择有以下几种途径:①根据生物及生理学的知识来选择候选基因;②由于进化的关系,某些物种基因组间存在大量的相似性,因此,某一物种(如人类、小鼠)中发现的基因可以作为另一物种的候选基因;③当 QTL 的定位区间很小时,可利用表达芯片在该区间内的所有基因中筛选那些表达模式与性状表现相吻合的基因作为候选基因;④通过分析与 DNA 序列相应的蛋白结构来推测其功能,进而选择候选基因。

候选基因与 QTL 的关系有三种可能:候选基因就是 QTL 本身、候选基因与 QTL 紧密连锁、候选基因与 QTL 连锁不紧密或不连锁。候选基因与性状的关联分析,可为证明候选基因是否为 QTL 提供进一步的证据。

从目前所报道的畜禽数量性状主效基因来看,最具代表性的是影响猪产仔数的 ESR 基因(雌激素受体基因)。ESR 基因是根据其在繁殖性状生理或生化过程中的作用来选择的。类固醇激素和它们的受体在繁殖的生理或生化过程中扮演着重要的角色,在作用的初期,可在靶组织细胞中检测到与激素特异性结合的受体蛋白。雌激素与妊娠有着密切的关系,雌激素通过与其受体结合来发挥作用,而且,该蛋白上的突变与早产和人的乳腺癌有关,该基因的转基因小鼠的生殖系统有明显的变化。基于上述现象,雌激素受体基因被作为猪窝产仔数的候选基因。Rothschild 等(1996)用梅山猪与大白猪杂交的合成系进行了验证,结果表明,估计的 ESR 基因的加性效应为 1.15 头,在大白猪中,ESR 基因对头胎总产仔数的加性效应为 0.42 头。

原则上,任何群体都可用于候选基因分析,可以是正在进行常规育种的商业化育种群,也可是一个未经过选择的地方品种群体。但如果用两个近交系或品系(种)杂交所得到的群体则有一定缺陷,因为在这些群体中,基因之间容易处于高度连锁不平衡状态,这样就很难判定所发现的性状与候选基因之间的关联是由于候选基因本身引起的,还是由于另一个与候选基因连锁的基因引起的。只有对同一候选基因的不同等位基因或基因型与性状的表型值进行相关分析,才能揭示候选基因效应,进而利用基因的分子标记进行标记辅助选择。目前,在动物群体候选基因研究报道中,根据研究目的的不同,现主要采用的统计方法有方差分析、卡方检验和最小二乘分析等。

候选基因法的基本思路是总结已有的研究结果选择合适的候选基因,通过候选基因与性状的关联分析,来证明候选基因是否为 QTL。一般来讲,证明候选基因就是 QTL 本身比较困难,但二者的高度关联至少可以证明候选基因可能与 QTL 紧密连锁。即使候选基因不是 QTL 本身,但如果二者紧密连锁,候选基因也可直接在群体中应用。候选基因分析的优点主要有三个方面:一是统计检验效率较高;二是应用范围广;三是成本低,容易实施。

Haley(2004)认为,在候选基因分析中,如果不考虑 QTL 的位置信息(positional information),候选基因分析存在如下明显缺陷:①不能找出所有的 QTL。因为只能以生物学已知的基因作为候选基因,所以就不可能用候选基因分析找出那些生物学功能未知的 QTL。②难以确定候选基因就是 QTL。除非候选基因的效应非常大,如主效基因,否则很难断定候选基因就是 QTL,在候选基因的效应得到明确的证实以前不能下结论,很有可能我们所发现的候选基因的效应实际上是它与一个或几个相邻的 QTL 之间的连锁平衡所造成的。

除连锁之外,一些其他因素也会影响候选基因和性状间的关联分析。因此,候选基因方法尚需同 QTL 的位置信息结合,作为基因组扫描的第二阶段(Haley,1998),从而在一定程度上消除连锁之外因素的影响。

1.3.3.2　全基因组关联(GWAS)分析

基于高密度 SNP 标记的全基因组的关联分析方法(genome-wide association study,或者 whole-genome association study,GWAS)是近几年提出的复杂性状功能基因鉴定的新策略。其基本思想是直接检测基因本身或基因附近的微小区域($\ll 0.1$ cM)的 SNP 标记与数量性状的表型信息的关联来实现基因的精确定位。

随着人类、小鼠单倍型计划(hapMap project)和牛、家禽和猪等主要畜种全基因组测序计划(genome sequencing project)的完成,遗传学研究进入了一个新的时期。与此同时高通量的基因分型技术迅速发展,这使得在全基因组范围内检测与复杂性状相关的序列变异成为可能。Affymetrix 和 Illumina 两大生物芯片公司相继推出了人、鼠和畜禽高密度通用芯片(如牛54 k、猪 60 k、鸡 60 k、马 60 k 等商用 SNP 芯片),使得该定位策略进一步由设想变为现实。与 LD、LA/LD 和 IBD 的定位策略相比,基因组关联分析突破了依赖于系谱以及基因组重组信息的束缚,而是直接利用了基因内部或个体水平的 SNP/基因的连锁不平衡信息,具有统计效力高、精确性高的突出优点。近 5 年,在人类复杂疾病性状 QTL 精确定位和小鼠上已有大量报道(Liu et al,2006;Easton et al,2007;Wang et al,2007;Weedon et al,2008;Takeuchi et al,2009),其 SNP 标记密度平均达到了 5～10 kb,因此利用关联分析结果可以直接获得特定的数量性状基因(quantitative trait gene,QTL)而不是以染色体区间形式表示的 QTL,进而为下游的功能基因鉴定和位置克隆直接提供精确依据。

进行 GWAS 要求具备两个条件,一是要有遗传背景一致或相似的资源群体;二是要有覆盖全基因组的高密度的标记,SNP 芯片是目前使用最为广泛的工具。为了保证以最低的成本得到最理想的结果,GWAS 研究中需重点考虑几个方面问题:性状的遗传基础、样本量大小、表型测定、质量控制、合理的试验设计、适当的统计分析方法等。

1. GWAS 研究的关键条件

(1)样本量和表型的选择。对于样本大小一致的观点是至少要上千,当然样本量越大越好。确定研究的表型是研究设计中的首要问题。研究表型的选择应当尽量基于以下 3 个原则(Newton-Cheh and Hirschhorn,2005):①选择遗传力较高的疾病或表型。疾病的遗传力(heritability)表示疾病(或表型)在多大程度上受遗传因素的影响。低遗传力的疾病会降低遗传学关联研究的效力。②性状优于疾病的原则。疾病的状态有时很难测量或者模糊不清,有时则多种疾病混在一起而难以判断。例如,二型糖尿病(T2D)是一种诊断相对比较明确的疾病,但是有很多表面上健康的人患了 T2D 却不知道。③选择测量简单、准确度高的数量表型。尽可能选择那些反映疾病危险的数量表型,或者那些用来诊断疾病的表型。研究表明选择极端表型的个体或家庭(比如早期发病或者已经具有几个发病亲属)可以提高检测效力。

(2)数据质量控制。对于进行 GWAS 之前所获得的基因型数据也需要进行严格的筛选,主要包括以下几条标准:基因型缺失大于 10% 的个体要剔除。基因型缺失大于 10% 的 SNP 也要剔除。不符合 HWE($P<10^{-7}$)的 SNP 也要剔除。SNP 在 case 和 control 里的缺失率显著不同时($P<10^{-7}$)也要去除。最小等位基因频率小于 0.01 的 SNP 也是不符合要求的。原始基因型数据很重要,高质量的基因型数据是保证研究成功的关键。即使只有 1% 的分型失

误也会使研究效力大大降低(McCarthy et al,2008)。

2.GWAS 试验设计和统计分析方法

目前的各种研究主要可以分为两种试验设计:一种是基于无关个体的试验设计;一种是基于家系关系(family-based association)的研究。GWAS 的统计分析依据研究设计不同可采用不同的分析方法,如图 1.4 所示(严卫丽,2008)。随着 GWAS 如火如荼地展开,全基因关联分析的统计方法也在不断改进。

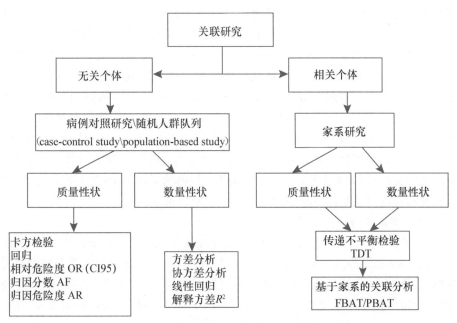

图 1.4 GWAS 研究的统计分析方法

(1)基于无关个体(unrelated individual)的关联分析。基于无关个体的研究设计分为病例对照研究设计(case-control study)和基于随机人群的关联分析(population-based association analysis)两种情况。前者主要用来研究质量性状(是否患病),而后者主要用来研究数量性状。由于 case-control 试验中的样本可能存在一定的亲缘关系,不但会降低统计效力,而且可能造成假阳性的结果。2003 年,有研究小组提出一种新的方法在 case-control 设计中加入系谱信息,并且大大提高了 GWAS 的统计效力(Bourgain et al,2003)。随后该方法经过进一步改进,可以应用于扩展系谱和复杂家系的 case-control 分析中,统计效力也进一步提高(McPeek et al,2004;Thornton and McPeek,2007,2010)。当研究设计是基于随机群体时(数量性状),如研究 SNP 与某一疾病数量表型的关联时,可进行单因素方差分析。存在需要调整混杂因素时,采用协方差分析或者线性回归方程。

(2)基于家系的关联研究(family-based association study)。基于家系的关联研究优势之一在于可以避免人群混杂对于关联分析的影响。当研究采用家系样本时,比如核心家系样本,可采用传递不平衡检验(transmission disequilibrium test,TDT)来分析遗传标记与疾病表型的关联。TDT 分析的原理是,分析某个等位基因从杂合子的父母传递给患病孩子的概率是否高于预期值(50%)。TDT 分析的优势在于可以排除人群混杂对于关联分析的影响,其弱点在于其发现阳性关联的检验效能低于相同样本量的病例对照研究。近年来基于家系的关联研究关联分析方法有了明显改进。FBAT/PBAT 软件是目前应用最为广泛的基于家系的统计分析工具(van Steen et al,2005)。其原理是：基于亲本基因型及子代表型对子代基因型的条件分布进行检验,具备分析质量性状或者数量性状、调整混杂因素的作用、分析基因-环境因素的交互作用和单倍型分析的功能,还可以对多重比较进行调整,并报告检验效能。

以上的分析原理是基于单个位点的关联分析。大多数情况下,对 GWAS 数据分析效力最高的方法是单点分析。到目前为止,所有 GWAS 平台都不能对全部的普遍变异进行分析,因为还没有覆盖所有变异的芯片,所以只能通过统计分析的方法来提高对那些不能直接分型变异的检测能力,也就是提高对那些与直接分型的 SNP 处于连锁不平衡的标记的检测能力。针对这问题主要产生了两种方法：一种是 imputation methods,这种方法主要是使用稀少的基因型对缺失基因型进行填充的方法,即依靠通过重新测序的个体或分型密度较大的个体来推断缺失的基因型获取没有分型的 SNP 的信息(Ioannidis et al,2009),例如 HapMap 的数据多被用来参考。另一种是基于单倍型分析的方法,即针对每个个体估计单倍型频率的分布与性状表型之间进行关联分析。作单倍型分析的原因有以下两点(Newton-Cheh and Hirschhorn,2005)：①多个位点的单倍型分析有可能发现比单个位点-疾病表型之间关联更强的单倍型-疾病表型之间的关联；②如果 GWAS 选择的是基因组内的 TagSNPs 进行基因分型,单倍型分析有可能发现那些没有被基因分型 SNPs 与疾病之间的关联。

3.GWAS 在畜禽中的研究进展

根据美国国家人类基因组研究中心（National Human Genome Research Institute,NHGRI,http://www.genome.gov)的报道,到 2011 年,关于全基因组关联分析的研究报道已有 825 多篇,涉及癌症、心脏病、哮喘等几百种疾病。但是 GWAS 研究在动物中的报道还很少,仅在鸡、犬、猪中仅有几篇报道(Abasht and Lamont,2007;Karlsson et al,2007;Duijvesteijn et al,2010;Zhou et al,2010;Fan et al,2011a)。

Onteru 等利用全基因组关联分析策略对猪的繁殖性状,如终生总产仔数、终生总活产仔数等进行基因的精确定位,研究结果显示 2 号染色体上的 SLC22A18 基因与终生总产仔数性状显著相关。很多基因显示在繁殖组织中表达,如 SLC22A18 基因已经发现在小鼠的胎盘中表达(Onteru et al,2011)。Duijvesteijn 等也利用猪的 60 k SNP 芯片对 987 头商品杜洛克公猪进行全基因组关联分析,发现 37 个显著的 SNP 影响猪脂肪组织中的雄激素浓度,并发现了一些重要的影响雄激素合成和代谢候选功能基因,如 P450A19、SULT2A1。这些显著 SNPs 全部位于 1 号和 6 号染色上,最显著的 5 个可以解释总的遗传方差达 13.7%(Duijvesteijn et al,2010)。Fan 等在 820 头商品母猪中对背膘厚、体型构造、肢蹄稳固性状进行全基因组关联分析(Fan et al,2011),结果不但定位到了著名的影响背膘厚的 MC4R 基因和影响肌肉生长的 IGF2 基因,还发现了一些新的候选基因,如与背膘厚有关的 CHCHD3、影响体型大小的 BMP2 和影响腿活动性的 HOXA 基因家族。

目前在牛上使用全基因组关联分析方法进行精确定位的文献报道还比较少。大部分研究使用的是 Illumina 公司出品的 54 k 商用芯片。研究的性状主要包括出生重、断奶重(Ihara et al,2004)、产奶量、乳成分(Jiang et al,2010)、产犊难易性(Mai et al,2010b;Pryce et al,2010;Pausch et al,2011)等。2011 年一些研究者使用 Illumina 50 k 和 Affymetrix 10 k 的 SNP 芯片对 3 个肉牛品种的生长性状(剩余采食量、体重等)通过关联分析进行精细定位(Bolormaa et al,2011)。随后在不同的牛的群体和品种中对 SNP 效应进行估计,以此检测 SNP 效应的一致性。利用单标记混合模型方法分析 Illumina 50 k 芯片数据最终检测到位于 24 条不同染色体上的 75 个显著的 SNP 位点。选择较高和较低的剩余采食量个体使用 10k 的芯片数据进行分析最终发现 111 个显著的 SNP 位点。由于 2 种芯片上 SNP 的不同,所以结果的一致性并不是很高,只有 27 个 SNP 在两个群体中同时达到了显著。研究同时表明不同数据集中只有相同品种估计的 SNP 效应达到一致。2010 年研究者通过全基因组关联分析方法针对丹麦的乳用牛的产奶性状进行研究(Mai et al,2010a)。研究群体为 1 039 头公牛,利用基于混合模型的统计分析方法在 27 条染色体上检测到 98 个 QTL。同时一些较小的区间直接找到了影响性状的功能基因,包括 DGAT1、酪蛋白基因、ARFGAP3、CYP11B1 和 CDC-Like kinase 4。

Jiang 等(2010)基于高通量 SNP 分型技术即 Illumina 公司开发的 Bovine SNP50 Bead-Chip,首次对我国荷斯坦奶牛群体进行全基因组关联分析,结果见第 2 章。

1.3.4　基因定位相关统计问题

1.3.4.1　基于连锁分析的相关统计问题

QTL 定位中,常采用三种假设(Knott and Haley,1992):①H_0^1:QTL 不存在,即观察值服从正态分布,观察值和标记间的关联完全是偶然的;②H_0^2:QTL 存在,但与标记不连锁,即观察值服从混合正态分布,混合比例为 1∶1,观察值和标记间的相关是偶然的;③H_A:QTL 存在,并与标记连锁,这种假设条件下,观察值服从混合正态分布,比例取决于标记与 QTL 间的重组率,这种情况下,观察值和标记间的关系正是我们所期望的(Doerge,1993)。检验功效(statistical power)受多种因素的影响,如具有遗传标记信息和性能记录的个体数、QTL 与多基因效应和随机残差的相对效应、所允许的 I 型错误概率、QTL 和标记间的重组、采用的实验设计等。检验功效只能在线性模型分析中进行计算,Weller(2001)介绍了几种试验设计下检验功效的计算方法,但对于其他分析方法,则需要通过重复模拟来估计检验功效。

1. 显著性阈值的确定

QTL 定位统计分析中,一个重要问题是如何确定合适的显著性阈值来判断是否存在 QTL。QTL 检测时,经常涉及多次假设检验的问题,如多标记检测、多 QTL 检测、多性状 QTL 定位等。Lander 等(1989)和 Kruglyak 等(1995)介绍了不同标记密度下多标记检验时的校正方法。当标记密度足够低,多次检验间相互独立时,可采用 Boferroni 校正方法(Simes,1986):

$$\alpha_f = 1 - (1 - \alpha_c)^m \tag{1.39}$$

其中,α_f,α_c 分别是试验水平 I 型错误率(experiment-wise error)和比较水平 I 型错误率(comparison-wise error),m 是标记数。例如:如果做 100 次检验,$\alpha_f = 0.05$,则每次独立检验的 I 型错误率应为 0.000 5。但该方法对每次独立的检验要求过于严格,而且多次检验间通常存在着相关。当标记密度足够大时,Lander 和 Kruglyak(1995)提出在回交群体和 F_2 群体中可采用以下公式校正:

$$\mu(Z) = [N_c + 2\rho_M M_G Z^2] \alpha_c \tag{1.40}$$

其中,N_c 是染色体数;ρ_M 是每 Morgan 上的期望重组率(当采用回交设计、半同胞设计、只估计

加性效应的 F_2 设计中 ρ_M 值为 1；同时估计加性效应和显性效应的 F_2 设计中 ρ_M 值为 1.5；Haseman-Elson 全同胞模型中 ρ_M 值为 2）；M_G 是基因组的长度（单位为 Morgan）；Z 是标准正态分布中，Ⅰ型错误概率为 α_c 时的临界值。当标记密度为中等水平时，Kruglyak 和 Lander（1995）对式（1.40）进行了校正，提出另一校正公式：

$$\mu(Z) = [C + 2\rho_M M_G Z^2 v(2Z\sqrt{\Delta})]\alpha_c \qquad (1.41)$$

其中，Δ 是标记间距的平均长度，单位为 Morgan（M）；$v2Z\sqrt{\Delta}$ 代表 $2Z\sqrt{\Delta}$ 的一个函数，当 Δ 较小时，$v2Z\sqrt{\Delta}$ 近似等于 $e^{-1.166Z\sqrt{\Delta}}$，当 Δ 较大时，近似等于 $1/2Z^2\Delta$。

由于 QTL 定位中采用的检验统计量分布未知，因此，只能采用统计量的近似分布（如似然率近似服从卡方分布），但诸如样本大小、基因组长度、标记密度、QTL 效应以及数据缺失等因素均会影响统计量的分布。Churchill 和 Derge（1994）提出用数据重排的方法打乱标记和观察值之间的关联，得到符合零假设的数据。通过多次数据重排得到检验统计量的经验分布，并利用经验分布估计显著性阈值。数据重排可通过以下方法实现：例如有 n 个个体，以 $1,2,\cdots,n$ 表示。将这 n 个数的顺序随机打乱，得到一个新的序列，将第 i 个个体的性状观察值分配给新序列中第 i 个元素对应的个体，例如，有 5 个个体，对应的个体号和个体的观察值分别记作 $1,2,3,4,5$ 和 y_1,y_2,y_3,y_4,y_5。将个体号随机排列，例如得到序列 $3,4,2,5,1$，那么数据重排后个体号和观察值的对应关系为 $1,2,3,4,5$ 和 y_3,y_4,y_2,y_5,y_1。进行数据重排可得到两种水平的显著阈值：比较水平阈值（comparison-wise threshold）和试验水平阈值（experiment-wise threshold）。

比较水平阈值：假设基因组扫描时，要对基因组上的 m 个点进行分析。每次数据重排，在 m 个点上分别得到一个检验统计量，数据重排 n 次后，每个点上可得到 n 个检验统计量。在每个点上，将得到的 n 个检验统计量由小到大排序后记作 $T_1,\cdots,T_n$，将 $T_{n\times(1-\alpha)}$（α 为Ⅰ型错误的概率）作为显著阈值，例如当 α 为 0.05，n 为 1 000 时，T_{950} 即为估计的显著阈值。需要注意的是，该方法中，m 个点采用了相同的重排数据，因此 m 个阈值间存在相关。消除这种相关的方法是，在每个点上分别进行 n 次数据重排，得到各点的阈值，但这种方法的计算量显然会增大。比较水平阈值是对每个点分别得到一个阈值，因此，采用这种水平的阈值会增大检验中总的Ⅰ型错误的概率。

试验水平阈值：该水平阈值对所有的点只采用一个阈值，因此可有效地控制多次检测时总的Ⅰ型错误的概率。该方法中，数据重排一次可得到 m 个点的检验统计量，记作 $T_1,T_2,\cdots,T_m$，令 $T_{max}=\max\{T_1,T_2,\cdots,T_m\}$，那么 n 次数据重排会得到 n 个 T_{max}，将这 n 个 T_{max} 由小到大排序，然后估计阈值大小。当试验中在染色体上进行多点分析、多染色体分析时，采用同样方法可分别得到染色体水平阈值（chromosome-wise threshold）和基因组水平的阈值（genome-wise threshold）。

2. 置信区间

QTL 定位中，得到的估计值的分布通常未知，因而无法估计其置信区间。QTL 定位置信区间的确定对决定下一步的精细定位或者 QTL 在育种工作中的应用至关重要。Lander 和 Botstein（1989）提出 LOD drop-off 方法，即在估计的 QTL 位置左右各降低一个或两个 LOD 单位所得到的区间长度，分别相当于 96.8% 和 99.8% 的置信度（Mangin et al，1994）。van Ooijen（1992）、Mangin 等（1994）和 Visscher 等（1996）证明，在小群体或中等大小群体中，由于检验统计量不服从卡方分布,LOD-drop off 方法得到的置信区间有一定的偏差。

另外一种方法是通过抽样来估计参数的置信区间,如参数 Bootstrap 抽样、非参数 Bootstrap 抽样和 Jackknife 抽样。参数 Bootstrap 抽样中,首先分析数据得到参数估计值,然后根据参数的估计值和理论分布产生与实际数据具有相同样本大小的新样本,并估计参数。多次抽样可得到参数的经验分布,进而估计参数的置信区间。参数 Bootstrap 抽样要求参数的估计值和理论分布正确,否则,估计的置信区间与实际值会有很大差别。区别于参数 Bootstrap,非参数 Bootstrap 是对实际数据进行有放回抽样,得到与实际数据具有相同样本大小的新样本,然后根据参数的经验分布估计置信区间。非参数 Bootstrap 抽样方法并不是严格的非参数 Bootstrap 抽样,因为用样本估计参数时仍然需要假设参数的分布。Jackknife 抽样是将实际数据去掉一个记录,然后对实际数据进行抽样获得新样本,因此,Jackknife 抽样只能得到 N 个新样本(其中 N 为实际数据的样本含量)。

Visscher 等(1996)通过模拟对 LOD drop-off 和 Bootstrap 两种方法进行了比较,并对相关问题如影响置信区间的因素进行了阐述。置信区间和检验统计量间存在强烈的负相关,置信区间的平均长度取决于群体大小和 QTL 效应,而受标记区间的影响较小。

1.3.4.2　GWAS 相关统计问题

多重假设检验导致的 Ⅰ 型错误扩大和假阳性关联是 GWAS 面临的重要问题之一。多重假设检验的次数取决于所选基因组 SNPs 的数量。有多种方法可以用来校正关联研究中多重假设检验后的 P 值以减少假阳性结果。常用的几种多重比较的 P 值校正方法有以下几种:

1. Bonferroni 校正法

通常选择使用的显著性阈值 0.05 除以同时进行假设检验的次数(即选择的标记数目)作为校正后的显著性阈值与每个位点假设检验的 P 值进行比较。如果仍然小于校正后的阈值,可判断该位点与疾病之间的关联有显著性。这种校正方法被认为是多重比较 P 值调整方法中最为保守的一种方法,存在校正过度的可能,即可能错过一些与感兴趣性状真正关联的 SNPs,从而一定程度上影响检验的效力。

2. 数据重排(permutation)法

首先对未校正的 P 值排序,然后通过反复抽样模拟运算构建一个 P 值的分布,对所有的 P 值同时进行校正(van der Laan et al,2005;Chen et al,2006;Dudoit et al,2008)。这种方法存在耗时较长的缺陷。

3. 控制错误发现率(false discovery rate)法

这种方法由 Benjamini 和 Hochberg 提出。其进行 P 值调整的原理是:首先将未校正的 P 值从小到大排序,最大的 P 值保持不变,其他的 P 值依次乘以系数(位点总数/该 P 值的位次)。如果校正后 P 值<0.05,可认为该位点与疾病的关联有显著性。目前很多研究在使用这种校正方法(Benjamini et al,2001;Sebat et al,2004)。相对前面 2 种校正方法而言,这是最为宽松的一种校正方法,因而允许更多假阳性存在,但同时减少了假阴性。

为了尽可能地降低假阳性率,很多研究多使用 Bonfferoni 方法校正 P 值,这是最为保守和严格的一种方法。但是无论采用什么方法,仅仅通过校正 P 值不能从根本上避免由于多重比较可能带来的假阳性关联结果。从 GWAS 中发现真正与疾病相关的基因或位点,普遍认同的办法就是进行重复验证(replication study)(Chanock et al,2007)。

1.3.4.3 GWAS 的群体分层问题

群体的层化现象可导致标记和性状间的统计关联,如群体中个体具有不同的遗传背景、患者群和对照群不能很好地配对、群体不随机交配等因素都可能导致标记和性状出现伪关联,即标记与性状基因不连锁,但表现相关。一些技术问题,如基因分型错误等也会导致假阳性关联(图 1.5,又见彩图 1.5)(McCarthy et al,2008b)。

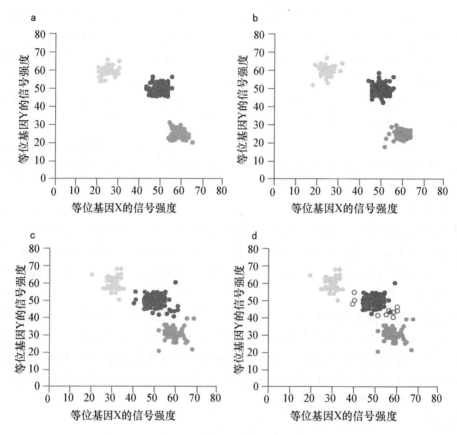

图 1.5 基因型簇信号示意图

注:分型平台的原始数据沿两个轴作图,每一个轴代表一个等位基因,相应地界定了 3 种基因型,产生 3 个基因型簇。a~d 图显示的是 200 个基因型的数据。a 图 3 个基因型簇被很好地分开。3 种颜色分别代表 3 种基因型。个体基因型的判读得很精确。b 图 3 个基因型簇也被很好地分开,但由于等位基因被判错导致两个簇是相同的基因型。c 图明显几个基因型簇出现重叠,可能导致一些个体判型失败。d 图中的空圈表示无法确定基因型的个体。

在进行 GWAS 分析时,群体分层检验是至关重要的环节。Q-Q Plot 提供了这样一种诊断图,如图 1.6 所示(又见彩图 1.6)。这种图可以看出研究中是否产生出比期望更多的显著结果。如果存在未发现的群体分层会使整个分布偏离零假设下(即没有 SNP 与目标性状关联)的分布。根据观测值计算出的统计量对应每一个 SNP 的 P 值按从小到大的顺序排列,即 SNP 基因型与疾病性状做卡方统计量检验。将数值从小到大沿 y 轴排列。零假设下计算出的统计量,即期望值沿 x 轴排列。通过两条线的吻合程度来判断是否存在群体分层以及是否存在与疾病相关的位点。

目前解决群体分层问题的方法主要有三种:①基因组控制法(genomic control,GC)。该方法采用卡方检验进行统计学分析,不考虑环境因素对疾病的直接作用,并假设群体分层的效

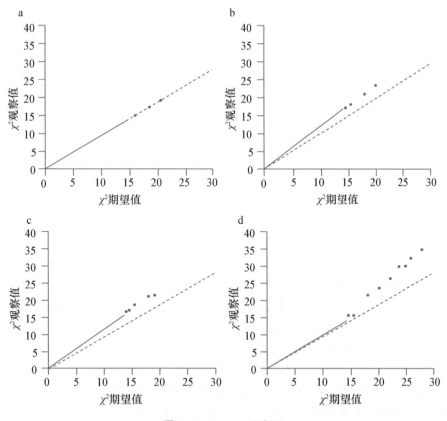

图 1.6　Q-Qplot 示意图

注：a～d 图中蓝色的线表示零假设下的期望值,红色的线表示模拟的 GWAS 数据。图 a:观察值数据统计量与期望值吻合的非常好,同时也说明没有关联显著的位点;图 b:两条线出现分离,说明存在群体分层;图 c:与图 b 相似,说明存在群体分层,同时也有一些点表现出强烈的相关;图 d:没有群体分层现象,而且显示有很强的与疾病相关联的位点。

应在基因组水平上是一个常量(Devlin and Roeder,1999)。可采用不相关的遗传标记估算出膨胀因子(inflation factor)估计分层效应,进一步进行校正(Devlin et al,2001)。②结构关联法(structured association,SA)。它主要是通过采用随机选取的遗传标记进行分层检测,通过估计亚群体的数目及每个样本属于哪一个亚群体来进行校正(Pritchard and Donnelly,2001;Cardon and Palmer,2003)。推断的算法一种是基于贝叶斯方法,一种是基于马尔可夫蒙特卡罗方法。比较常用的推断软件有 STRUCTURE 和 STRAT 。③主成分分析法(principal components,PC)。这种方法通过基因型数据的分析总结群体的遗传背景(Zhu et al,2002)。有研究者对此方法进行改进,可以同时通过合理的方法同时调整主成分和性状的表型值(Chen et al,2003;Zhang et al,2003b)。除了运用统计分析的手段控制人群混杂的影响外,改进试验设计也可以避免群体分层对研究结果的影响,比如采用基于家系的关联研究(family-based association)。随着关联分析方法的改进,Zhu 等提出一种新的基于主成分分析的方法,既可以对家系资料也可以对无关个体进行分析,并且可以避免群体分层效应的影响(Zhu et al,2008)。

此外通过改进试验设计也能避免群体分层问题。Spielman 等(1993)提出的基于家系分析的传递连锁不平衡分析(transmission disequilibrium test,TDT)可以完全消除群体层化现象的影响。TDT 定位的理论基础是,当标记和性状基因不连锁,且标记与性状不存在关联时,标记基因由亲本到后代的传递是随机的。因此,TDT 方法通过简单的卡方检验,在患病后代中对有无传递某一基因进行检验。TDT 方法最初用于分析当标记和性状存在关联时,检验标记和性状基因是否连锁,但现在更为广泛地用于检验当标记和性状基因连锁时,二者是否存在关联,亦即精细定位。TDT 方法最初限于分析核心家系资料(双亲和一个患病后代),现在已经对 TDT 方法进行了多方面的扩展,可处理多等位基因标记(Bickeböller and Clerget-Darpoux,1995)、多标记(Wilson,1997)、亲本信息缺失(Curtis,1997)、扩展系谱(Martin et al,1997),以及用于分析数量性状(Rice et al,1995;Allison,1997;Rabinowitz,1997)等较复杂的情况。

1.3.5　从 QTL 到基因

QTL 定位的目的是识别影响性状的基因。基因识别可以通过以下几步逐步实现:QTL 检测、QTL 定位、QTL 精细定位、位置候选克隆、候选基因验证。

家畜中很少采用单纯的位置克隆,而更多的是采用位置候选克隆。只有在人类和小鼠图谱没有完成、种属间的图谱需要重新排列,或是家畜中产生新的突变的情况下,才采用位置克隆技术。目前家畜中只有山羊的缺角基因(polledness)采用位置克隆技术,该基因已得到精细定位,并构建了大片段克隆重叠群(large-insert contig)。

QTL 精细定位只是实施位置候选克隆的第一步,其目的是减小定位区间的长度和候选基因的数量,当 QTL 定位达到一定精确度后,可构建大片段克隆重叠群(large-insert contig),结合基因的位置信息和功能信息来确定位置候选基因,进行位置候选克隆。

家畜中,位置候选克隆在很大程度上依赖于比较图谱提供的信息,通过与人类和小鼠文库中的克隆插入序列同源比较,可选择合适的位置候选基因。因此,人类基因组图谱的完成、基因功能和基因表达模式数据库的构建会使位置候选克隆更为有效。

候选基因是否为性状基因还需要做进一步的验证,可通过基因与性状的关联分析、基因的组织特异性表达、基因敲除或转基因等技术进一步证明,但一般来讲很难完全肯定候选基因就是性状基因本身。因为 QTL 突变常发生在调控区而不是编码区,而且,与导致功能丧失的突变(例如导致遗传疾病的突变)相比,数量性状中突变基因的表型效应很小。基因识别非常困难,但也有成功案例。

(撰稿:刘剑锋)

参考文献

1. Abasht B,Lamont S J. Genome-wide association analysis reveals cryptic alleles as an important factor in heterosis for fatness in chicken F2 population. Anim Genet,2007,38:491−8.

2. Benjamini Y,Drai D,Elmer G,et al. Controlling the false discovery rate in behavior genetics research. Behav Brain Res,2001,125:279−84.

3. Bourgain C,Hoffjan S,Nicolae R,et al. Novel case-control test in a founder population identifies P-selectin as an atopy-susceptibility locus. The American Journal of Human Genetics,2003,73:612−26.

4. Bovenhuis H,Schrooten C. Quantitative trait loci for milk production traits in dairy

cattle. Institut National de la Recherche Agronomique(INRA),2002:0−8.

5. Carbonell E,Gerig T,Balansard E,Asins M. Interval mapping in the analysis of non-additive quantitative trait loci. Biometrics,1992,48:305−15.

6. Cardon L R,Palmer L J. Population stratification and spurious allelic association. Lancet,2003,361:598−604.

7. Chanock S J,Manolio T,Boehnke M,et al. Replicating genotype-phenotype associations. Nature,2007,447:655−60.

8. Chen B E,Sakoda L C,Hsing A W,Rosenberg P S. Resampling-based multiple hypothesis testing procedures for genetic case-control association studies. Genet Epidemiol,2006,30:495−507.

9. Chen H S,Zhu X,Zhao H,Zhang S. Qualitative semi-parametric test for genetic associations in case-control designs under structured populations. Ann Hum Genet,2003,67:250−64.

10. Devlin B,Roeder K,Wasserman L. Genomic control,a new approach to genetic-based association studies. Theoretical Population Biology,2001,60:155−66.

11. Doerge R,Zeng Z,Weir B. Statistical issues in the search for genes affecting quantitative traits in experimental populations. Statistical Science,1997:195−219.

12. Du F,Sorensen P,Thaller G,Hoeschele I. Joint linkage disequilibrium and linkage mapping of quantitative trait loci. Institut National de la Recherche Agronomique(INRA),2002:1−8.

13. Dudoit S,Gilbert H N,van der Laan M J. Resampling-based empirical Bayes multiple testing procedures for controlling generalized tail probability and expected value error rates: focus on the false discovery rate and simulation study. Biom J,2008,50:716−44.

14. Duijvesteijn N,Knol E F,Merks J W,et al. A genome-wide association study on androstenone levels in pigs reveals a cluster of candidate genes on chromosome 6. BMC Genet,2010,11:42.

15. Easton D F,Pooley K A,Dunning A M,et al. Genome-wide association study identifies novel breast cancer susceptibility loci. Nature,2007,447:1087−93.

16. Elsen J M,Mangin B,Goffinet B,et al. Alternative models for QTL detection in livestock. I. General introduction. Genetics Selection Evolution,1999,31,1−12.

17. Fan B,Onteru S K,Du Z Q,et al. Genome-wide association study identifies Loci for body composition and structural soundness traits in pigs. PLoS One,2011a,6:e14726.

18. Fernando R,Grossman M. Marker assisted selection using best linear unbiased prediction. Genetics Selection Evolution,1989,21:467−77.

19. Georges M,Nielsen D,Mackinnon M,et al. Mapping quantitative trait loci controlling milk production in dairy cattle by exploiting progeny testing. Genetics,1995,139:907.

20. Grignola F,Hoeschele I,Tier B. Mapping quantitative trait loci in outcross populations via residual maximum likelihood. I. Methodology. Genetics Selection Evolution,1996,28:1−12.

21. Hackett C A,Weller J I. Genetic mapping of quantitative trait loci for traits with or-

dinal distributions. Biometrics,1995,51:1252−63.

22. Heath S C. Markov chain Monte Carlo segregation and linkage analysis for oligogenic models. The American Journal of Human Genetics,1997,61:748−60.

23. Hyne V,Kearsey M,Pike D,Snape J. QTL analysis:unreliability and bias in estimation procedures. Molecular Breeding,1995,1:273−82.

24. Ihara N,Takasuga A,Mizoshita K,et al. A comprehensive genetic map of the cattle genome based on 3802 microsatellites. Genome Res,2004,14:1987−98.

25. Ioannidis J P A,Thomas G,Daly M J. Validating,augmenting and refining genome-wide association signals. Nature Reviews Genetics,2009,10:318−29.

26. Itoh T,Watanabe T,Ihara N,et al. A comprehensive radiation hybrid map of the bovine genome comprising 5593 loci. Genomics,2005,85:413−24.

27. Jansen R C. Interval mapping of multiple quantitative trait loci. Genetics,1993,135,205.

28. Jiang L,Liu J,Sun D,et al. Genome Wide Association Studies for Milk Production Traits in Chinese Holstein Population. PloS one,2010,5:907−20.

29. Karlsson E K,Baranowska I,Wade C M,et al. Efficient mapping of mendelian traits in dogs through genome-wide association. Nat Genet,2007,39:1321−8.

30. Liu P,Wang Y,Vikis H,et al. Candidate lung tumor susceptibility genes identified through whole-genome association analyses in inbred mice. Nat Gene,2006,38:888−95.

31. McPeek M S,Wu X,Ober C. Best linear unbiased allele-frequency estimation in complex pedigrees. Biometrics,2004,60:359−67.

32. Meuwissen T,Goddard M E. Prediction of identity by descent probabilities from marker-haplotypes. Genetics Selection Evolution,2001,33:605−34.

33. Meuwissen T,Van Arendonk J. Potential improvements in rate of genetic gain from marker-assisted selection in dairy cattle breeding schemes. Journal of Dairy Science,1992,75:1651.

34. Newton-Cheh C,Hirschhorn J N. Genetic association studies of complex traits:design and analysis issues. Mutation Research/Fundamental and Molecular Mechanisms of Mutagenesis,2005a,573:54−69.

35. Newton-Cheh C,Hirschhorn J N. Genetic association studies of complex traits:design and analysis issues. Mutat Res,2005b,573:54−69.

36. Ohashi J,Yamamoto S,Tsuchiya N,et al. Comparison of statistical power between 2×2 allele frequency and allele positivity tables in case-control studies of complex disease genes. Annals of Human Genetics,2001,65:197−206.

37. Onteru S,Fan B,Nikkila M,et al. Whole-genome association analyses for lifetime reproductive traits in the pig. Journal of Animal Science,2011,89:988.

38. Pausch H,Flisikowski K,Jung S,et al. Genome-wide association study identifies two major loci affecting calving ease and growth-related traits in cattle. Genetics,2011,187:289−97.

39. Pritchard J K,Donnelly P. Case-control studies of association in structured or ad-

mixed populations. Theor Popul Biol,2001,60:27−37.

40. Sillanpaa M J,Arjas E. Bayesian mapping of multiple quantitative trait loci from incomplete inbred line cross data. Genetics,1998,148:1373.

41. Sillanpaa M J,Arjas E. Bayesian mapping of multiple quantitative trait loci from incomplete outbred offspring data. Genetics,1999,151:1605.

42. Spelman R,Garrick D,Van Arendonk J. Utilisation of genetic variation by marker assisted selection in commercial dairy cattle populations. Livestock Production Science,1999,59:51−60.

43. Stephens D,Fisch R. Bayesian analysis of quantitative trait locus data using reversible jump Markov chain Monte Carlo. Biometrics,1998,54:1334−47.

44. Stricker C,Schelling M,Du F,et al. A comparison of efficient genotype samplers for complex pedigrees and multiple linked loci. Institut National de la Recherche Agronomique (INRA),2002:1−8.

45. Thornton T,McPeek M S. Case-control association testing with related individuals:a more powerful quasi-likelihood score test. Am J Hum Genet,2007,81:321−37.

46. Toldo S S,Fries R,Steffen P,et al. Physically mapped,cosmid-derived microsatellite markers as anchor loci on bovine chromosomes. Mammalian Genome,1993a,4:720−7.

47. Uimari P,Thaller G,Hoeschele I. The use of multiple markers in a Bayesian method for mapping quantitative trait loci. Genetics,1996,143:1831.

48. van der Laan M J,Birkner M D,Hubbard A E. Empirical Bayes and resampling based multiple testing procedure controlling tail probability of the proportion of false positives. Stat Appl Genet Mol Biol,2005,4:29.

49. Van Steen K,McQueen M B,Herbert A,et al. Genomic screening and replication using the same data set in family-based association testing. Nature Genetics,2005,37:683−91.

50. Visscher P,Haley C,Knott S. Mapping QTLs for binary traits in backcross and F₂ populations. Genetical Research,1996,68:55−63.

51. Wang K,Li M,Hadley D,et al. PennCNV:an integrated hidden Markov model designed for high-resolution copy number variation detection in whole-genome SNP genotyping data. Genome Res,2007,17:1665−74.

52. Weedon M N,Lango H,Lindgren C M,et al. Genome-wide association analysis identifies 20 loci that influence adult height. Nat Genet,2008,40:575−83.

53. Whittaker J,Thompson R,Visscher P. On the mapping of QTL by regression of phenotype on marker-type. Heredity,1996,77:23−32.

54. Wilson S. On extending the transmission/disequilibrium test(TDT). Annals of Human Genetics,1997,61:151−61.

55. Yi N,Xu S. Bayesian mapping of quantitative trait loci under the identity-by-descent-based variance component model. Genetics,2000,156:411.

56. Yi N,Xu S,Allison D B. Bayesian model choice and search strategies for mapping interacting quantitative trait loci. Genetics,2003,165:867.

57. Zeng Z B. Theoretical basis for separation of multiple linked gene effects in mapping quantitative trait loci. Proceedings of the National Academy of Sciences,1993,90:10972.

58. Zhang S,Zhu X,Zhao H. On a semiparametric test to detect associations between quantitative traits and candidate genes using unrelated individuals. Genet Epidemiol,2003b, 24:44−56.

59. Zhou Z,Sheng X,Zhang Z,et al. Differential genetic regulation of canine hip dysplasia and osteoarthritis. PLoS One,2010,5:e13219.

60. Zhu X,Li S,Cooper R S. A unified association analysis approach for family and unrelated samples correcting for stratification. The American Journal of Human Genetics,2008, 82:352−65.

61. Zhu X,Zhang S L,Zhao H,et al. Association mapping,using a mixture model for complex traits. Genetic Epidemiology ,2002,23:181−96.

第2章

奶牛重要性状基因定位

目前,牛遗传图谱上有超过 3 800 个基因座,3 600 个遗传标记被定位(http://locus.jouy. inra.fr)。牛基因组的各种图谱和比较基因组学研究结果为寻找 QTL 提供了丰富的信息。当前人们主要关心的牛育种基因包括:重要经济性状座位、遗传缺陷基因和抗病基因等,其中有关 QTL 定位的研究近年来进展很快。

目前已有许多关于奶牛 QTL 定位的研究。然而,由于使用不同的资源群体,标记图谱和表型信息等也不同,这些研究结果是有差异的。

奶牛产奶性状主要包括 5 个性状:产奶量(milk yield)、乳蛋白量(protein yield)、乳脂量(fat yield)、乳蛋白率(protein percentage)及乳脂率(fat percentage),可以通过 305 d 的累计、平均值、女儿产量离差(daughter yield deviations,DYDs)或估计育种值(estimated breeding values,EBVs)表示。根据 http://www.vetsci.usyd.edu.au/reprogen/QTL_Map 网站的最新产奶性状 QTL 定位文献统计,牛的 29 对常染色体上均存在着一定效应的 QTL,其中以 3 号和 6 号染色体受到关注最多。

2.1 中国荷斯坦牛资源群体及数据库构建

资源群体是具有一定的系谱结构,标记基因型,并对待定位的目标性状做了详细表型记录的群体。由于在一般的家畜群体中标记与 QTL 可能处于连锁平衡状态,所以需要设计特定的资源群体,以产生足够的连锁不平衡,因此资源群体的设计直接影响着 QTL 检测的统计效力。

在远交家畜群体中,各个家系中标记之间及标记与 QTL 之间的连锁状态是不一样的,这使得整个群体基本处于连锁平衡状态,因而在远交群体中进行标记-QTL 的连锁分析时,其资源群体主要以家系为单位。

2.1.1 奶牛资源群体类型及其优缺点

在奶牛中对于产奶性状,由于公牛不能提供表型信息,Weller 等(1990)提出了孙女设计和女儿设计的方法。由于人工授精技术的普遍应用,孙女设计和女儿设计在牛的商业群中普遍存在。所谓孙女设计,其每个家系由 1 个公牛祖先、若干个儿子及多个孙女组成,如图 2.1 所示:公牛只参与基因型检测,而母牛只参与表型测定。女儿设计家系则包括父亲和其若干个女儿牛,如图 2.2 所示:所有牛都参加基因型检测,但具备表型记录的只有女儿牛。

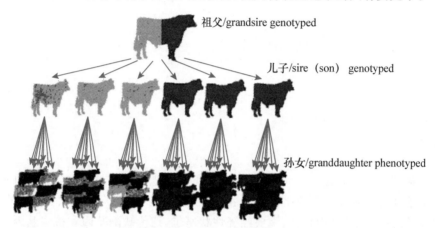

祖父和儿子:需检测基因型　孙女:仅需表型

图 2.1　孙女设计示意图

父亲:需检测基因型　女儿:需要基因型和表型

图 2.2　女儿设计示意图

在已发表的大多数有关牛 QTL 定位的文献中,所用到基本上都是孙女设计,如美国荷斯坦(Georges et al,1995),加拿大荷斯坦(Nadesalingam et al,2001),荷兰荷斯坦(Spelman et al,1996),英国荷斯坦(Wiener et al,2000),芬兰埃尔夏(Velmala et al,1999),德国荷斯坦(Kühn et al,1999)及挪威奶牛(Olsen et al,2002)。女儿设计只见于以色列荷斯坦(Ron et al,2001)。

女儿设计与孙女设计相比,两者各有优势。首先看孙女设计:如果参与基因型测定的个体数相等的话,那么在 QTL 的检测力上,孙女设计要强于女儿设计;由于基因组 DNA 可以从冻精中提取,所以其样品也较容易集中;但孙女设计只适应于很大的群体,对于普遍存在的中等大小的群体,因为没有足够多的种公牛样本存在,所以无法采集到足够多的 DNA 样品。再看女儿设计,孙女设计的劣势恰好就是女儿设计的优势。虽然女儿设计的 QTL 检测力较孙女设计要弱一些,但女儿设计可以较容易地采集到足够多的 DNA 样品,所以样本数量上的优势可以弥补这个劣势。但对于女儿设计,母牛样品是分散在具体的各个分场中,这点会给 DNA 样品的集中造成一定的麻烦。

Weller 等(1990)从 QTL 效应、遗传力和检测所需的个体数分别比较了女儿设计和孙女设计的统计效力。其研究结果表明在相同性状遗传力、Ⅰ型错误概率和检测效率下,孙女设计对标记基因型所分析的个体数只有女儿设计的 1/4。宋九洲(1998)通过反映连锁信息含量的期望 LOD 值(ELOD)和说明重组率估计精确性的 Fisher 信息测度,进一步对女儿设计和孙女设计的连锁分析效率进行比较,结果表明,在连锁紧密时,孙女设计的连锁信息要比女儿设计高,在精确性方面,孙女设计要比女儿设计高两倍。重组率大于 0.2 时,孙女设计在 ELOD 方面高于女儿设计,但在 Fisher 信息测度方面,孙女设计不如女儿设计,但这不是问题的主要方面。这是因为当 ELOD 很小时,根本不能检测出连锁,重组率的估计值已没有任何意义。

此外,英国、新西兰、法国和巴西等国家也建立基于 F₂ 设计的牛的资源群体。由于牛的世代间隔较长,而要获得足够准确的生产记录又必须具备足够的样本,所以 F₂ 设计的成本很高,不过其优势是可以从中记录一些不容易得到的表型记录(如性情、饲料转化率、泌乳速度等),评价杂种优势(Sonstegard et al,2001)。目前,英国罗斯林研究所正在建立一个夏洛来与荷斯坦的 F₂ 设计家系,群体样本量将扩大到 500 头以上。

2.1.2　中国荷斯坦牛资源群体家系结构

中国农业大学动物分子数量遗传学研究团队从 2002 开始以北京地区为主有组织构建中国荷斯坦牛资源群体,根据当前中国荷斯坦牛群体规模和特点,中国荷斯坦牛资源群体主要采用女儿设计。母牛的血样来自北京地区牛场,这些牛场自 1999 年开始实行正规而标准的 DHI 登记,能够提供比较翔实的数据资料。公牛的精液则由北京市奶牛中心提供。在筛选家系时,尽可能选择女儿数多、女儿分布场多、分布均匀的公牛家系,以减少女儿相似性带来的试验误差。

为避免系谱登记错误造成对后续 QTL 定位结果的影响,本课题组根据所检测的标记总数,通过亲子鉴定对公牛家系进一步筛查。为严格起见,根据 14～18 个微卫星中的 3 个座位基因型符合情况为判断基准,将有 3 个以上标记基因型出入的父女或母女关系一律排除。如在 6 号染色体产奶性状的基因定位中,采集了来自北京地区 9 个牛场 36 个公牛半同胞家系资料,共 2 669 头母牛,经过亲子鉴定后,最终有 26 个父系半同胞家系用于后期 QTL 定位分析。

2.1.3　中国荷斯坦牛资源群体数据库

中国荷斯坦牛资源群体表型记录以产奶性状为主,9 个分场所有奶牛的 305 d 表型记录由北京市奶牛中心提供,共计 8 879 头不同母牛的 119 985 条自 1997 年后的记录。数据记录存储在 Oracle 数据库中,并利用 SQL 数据库查询分析器进行数据统计。每条记录依次包括个体号、场的名称、父亲号、母亲号、个体出生日期、产犊日期、外祖父、测定日、测定日产奶量、测定日乳蛋白量、测定日乳脂量、测定日体细胞数、胎次、估计的 305 d 总产奶量、估计的 305 d 总乳蛋白量和估计的 305 d 总乳脂量等 16 项。

2.2　中国荷斯坦牛 BTA6 上产奶性状基因定位

不同染色体的研究深入程度不同,有的经连锁及连锁不平衡精细定位后已确定到具体的基因上:BTA20 上的生长激素受体(GHR)基因与产奶的 5 个分性状都有关(Blot et al,2003);BTA14 上影响乳脂率的基因则定为乙酰辅酶 A(acyl-CoA,又称 DGAT1)基因(Grisart et al,2001;Winter et al,2002)。BTA6 上的研究早在 1984 年就开始(Mclean et al,1984),近年来的报道更多。有关产奶性状 QTL 在 BTA6 上的具体位置有几种不同结论,多数确定为标记 BM143 位置附近,另有 BM415 与 BP7 等相关的说法。Ashwell 等(1998)进行该性状的全基因组扫描时,选用了 BTA6 上的 1 个标记(BM415),结果发现该标记与乳蛋白率有关($P=0.000\,01$)。Winter 等同年发现:接近 BM143 位置存在一个影响乳蛋白率的 QTL,效应相当于 $0.5\sigma_P$,而 Ron 等(2001)则认为该位点对乳蛋白率有 0.18% 的替代作用(substitution effect),相当于 1 个表型标准差。2001 年,Mosig 等进行的有关乳蛋白率 QTL 扫描结果是:BTA6 上的标记 BM1329、BM143、BM415 及 CSN3 对乳蛋白率都有显著效应。BTA6 上的 QTL 一般被认为是影响乳蛋白率,但也有认为其主要影响的是产奶量,甚至是其他性状(Zhang et al,1998;George et al,1995;Velmala et al,1999;Wiener et al,2000;Nadesalingam et al,2001)。奶牛 6 号染色体在基因定位中有很高的重要性。截至 2011 年,QTLdb 数据库(http://www.genome.iastate.edu/cgi-bin/QTLdb/BT/browse)显示,共有 424 个 QTL 定位在 6 号染色体上,其中很大一部分与产奶性状有关。表 2.1 汇总了已报道的 BTA6 上产奶性状 QTL 定位结果。

表 2.1　产奶性状 QTL 在 BTA6 上的定位结果汇总

标记	MARC97 上位置/cM	影响的性状
VRB16	33.4	产奶量
BM1329	35.5	乳脂率
BM2508	44.0	乳蛋白率、产奶量
BM143	49.7	乳蛋白率、产奶量
TGLA37	56.0	乳蛋白率、乳脂率、产奶量、乳蛋白量、乳脂量
ILSTS97	67.2	乳蛋白率、产奶量
RM28	74.3	乳蛋白率、产奶量
BM415	76.0	乳蛋白率、乳脂率
CSN3	83.0	乳蛋白率、产奶量、乳脂率、乳蛋白量、乳脂量
CSN1	83.0	乳蛋白率、产奶量、乳蛋白量、乳脂率
AFR227	91.0	乳蛋白率
BP7	92.0	乳蛋白率

注:部分引自 Mosig et al,2001。

BTA6 对 5 个产奶性状的多效应作用很有可能存在两种原因:一是"一因多效";另外就是 BTA6 上存在的 QTL 不止一个,而这些 QTL 间又不排除有互作的效应。1998 年,Zhang 等认为:BTA6 对乳脂率与乳蛋白率的影响可能是因为同一个 QTL 的多个效应,或是因为 2 个 QTL 紧密连锁,而对产奶量的作用则定位到另一个位点上。2002 年,Ashwell 等利用 BTA6 上的 28 个标记得出:在 BMS5037 与 BMS518 之间大约 10 cM 范围内存在 2 个 QTL,一个与乳蛋白率有关($LOD=8.43$)，另一个影响乳脂率($LOD=4.2$)。2003年，Freyer等又进一步报道影响产奶量的QTL有两个(5 cM范围内)，而对乳脂量与乳蛋白量的影响则是位于TGLA37与FBN13之间的另一QTL的多效应作用。

QTL定位研究最终目的是要把性状确定到具体的基因上。根据定位的区间，选择合适的位置功能候选基因(positional and functional candidate gene)，是目前寻找复杂性状遗传基础的一条普遍途径。BTA6图谱所用到的标记CSN和ALB对应的实为编码乳蛋白中酪蛋白(casein)与白蛋白(albumin)的基因。对酪蛋白基因多态与产奶性状的相关分析，也揭示了它一定的效应(Velmala et al，1995；Ikonen et al，2001；Prinzenberg et al，2003)。但Nadesalingam等(2001)根据QTL定位的结果(BM143)，排除了距BM143有40 cM的酪蛋白基因作为位置后选基因的可能性。Ron等(2001)为寻找BM143附近的可能候选主效基因，更是检测了HSA4上对应标记IBSP与SSP1的同源区内(共2 Mbp的序列)的12个基因，但尚未发现这些基因的功能与产奶有关。不过到2004年，Cohen等在BMS143上游附近检测到一新基因，并初步验证与产奶性状有一定的相关。2005年初，Olsen等将BMS143附近的QTL置信区间进一步缩小到420 kb范围，如此小的区间将非常有助于真实基因的发掘。

如何确定位置功能候选基因，不但要了解QTL定位的区间，还需要了解性状本身所涉及的一系列机理问题。如奶牛产奶性状的发生包括乳房发育、乳的生成与分泌到蓄积与排放三大环节，若我们清楚每个环节的所有调控细节，就可以知道去选择那些功能基因。但牛上的许多基因序列与功能都尚未研究透彻，这时，牛与人的比较基因图谱就会给予很大的帮助：一是直接在人的对应染色体同源区选择候选基因；二是利用人同源区上的标记筛选牛的基因组文库，找到相关克隆，分离基因。寻找BTA6上的QTL还需大量的工作，不过我们有很多前人的成果可以借鉴。

中国农业大学动物分子数量遗传学研究团队在中国荷斯坦牛资源群体的基础上，对6号染色体产奶性状基因定位进行了一系列深入研究。

2.2.1　试验材料与方法

2.2.1.1　试验动物与表型记录

本研究采集来自北京三元绿荷奶牛养殖中心牛场的36个公牛半同胞家系，共2 669头母牛的血样。公牛精液由北京市奶牛中心提供。所有奶牛的305 d表型记录由北京市奶牛中心提供，包括测定日产奶量、测定日乳蛋白量、测定日乳脂量、测定日体细胞数、胎次、估计的305 d总产奶量、估计的305 d总乳蛋白量和估计的305 d总乳脂量等，305 d表型值的估计是基于至少5个测定日记录。

2.2.1.2　标记筛选

根据目前奶牛产奶性状的QTL定位结果，本研究选取了牛6号染色体35~100 cM区间范围内24个微卫星标记进行分析。其中14个是已发表的，其核苷酸全序列、引物序列、PCR反应条件、群体多态信息及染色体遗传图谱位置等由以下三个网站获得：http://locus. joury. inra. fr/，http://www. ncbi. nlm. nih. gov/genemap，http://www. marc. usda. gov。它们的名称和遗传图谱位置如表2.2所示，平均每4~5 cM就有一个标记，其中BM143和BM415处标记密度较高，因为这两位点是近来报道的热点 http://www. vetsci. usyd. edu. au/reprogen/

QTLMap。另外 10 个新微卫星标记则是本研究为提高标记密度，通过对从牛的基因组 BAC 文库中筛选出的染色体特异区的克隆构建微卫星富集文库的方法发现的，分别是 CAU1、CAU2、CAU3、CAU4、CAU5、CAU6、CAU7、CAU8、CAU9 和 CAU10（阴层层，2004），新标记发现主要利用 2 669 头样本中 1 462 份表型极端样品检测得到。所谓的表型极端样品，就是对女儿数超过 50 头的 21 个公牛家系进行家系内母牛各性状的估计育种值排序，截取排序靠前和靠后 20% 的部分（阴层层，2004）。

表 2.2　14 个已发表微卫星的遗传图谱位置

微卫星	编号	大小 /bp	MARC97 /cM	MARC04 /cM	微卫星	编号	大小 /bp	MARC97 /cM	MARC04 /cM
BM1329	1	149	35.5	35.4	ILSTS097	8	225	67.2	72.4
BMS2508	2	106	44.2	43.9	RM028	9	95	74.3	79.2
BM143	3	130	49.4	53.7	BM415	10	131	76.3	82.0
BMS1242	4	107	50.1	52.8	ILSTS035	11	258	81.0	87.3
BMS518	5	146	55.2	59.0	ILSTS087	12	128	83.0	89.7
BM4322	6	207	59.6	63.9	BMS2460	13	105	86.2	93.4
BMS470	7	71	63.6	67.4	BP7	14	304	91.2	98.5

注：MARC97 引自 Kappes 等，1997；MARC04 为牛的最新遗传图谱，引自 Ihara 等，2004。片段大小依据的是 http://www.ncbi.nlm.nih.gov/genemap 上公布的微卫星全序列及引物序列所在位置推测出来的长度。

2.2.1.3　14 个已发表的和 10 个新发现的微卫星判型结果

利用 14 个已发表的微卫星一共检测 2 650 份样品，所发现的等位基因数在 2～9 个，有部分微卫星的等位基因长度范围甚至不在 NCBI 给出的范围，如 BMS2508、BM143、RM028 和 BMS2460，如表 2.3 所示。其中等位基因长度相差范围最大的是 ILSTS035，竟达到 56 bp，这个标记也是在本实验中发现等位基因数最多的一个，有 9 个等位基因。

表 2.3　2 650 份样品的 14 个已发表微卫星的分型结果

标记	等位基因数	等位基因长度/bp		标记	等位基因数	等位基因长度/bp	
		A	B			A	B
BM1329	6	143～159	137～161	ILSTS097	2	235～241	235～241
BMS2508	7	100～114	88～112	RM028	4	92～104	84～100
BM143	7	104～134	104～130	BM415	7	156～170	140～170
BMS1242	7	97～115	97～125	ILSTS035	9	208～266	208～266
BMS518	4	137～159	145～165	ILSTS087	3	117～125	117～125
BM4322	7	189～231	189～231	BMS2460	4	92～112	92～108
BMS470	4	59～71	59～85	BP07	5	295～307	295～307

注：等位基因长度 A，本实验所检测到的长度范围；B，NCBI 公布的长度范围。

除了 14 个已知微卫星，本研究还对 10 个新发现的微卫星进行了检测。发现其中两个不适合 PCR 扩增，分别是 CAU2 和 CAU5；另外两个 CAU9 和 CAU10 在 1 462 份样品中没有多态信息；CAU1 和 CAU3 及 CAU4 和 CAU6 实际上是同一个微卫星。也就是有效的只是 CAU1/CAU3、CAU4/CAU6、CAU7 和 CAU8，但后来又验证 CAU4/CAU6 与 CAU7 并不位于 BTA6 上，只有 CAU1 和 CAU8 是 BTA6 上的。因此新微卫星提供的信息并不是很多，同时考虑到与其他研究的比较，这些新标记未在后续 QTL 定位中使用。

通过对 2 650 份个体的基因型检测、系谱整理、遗传图谱绘制和表型育种值的估计,为 14 个已知标记准备出了 2 382 份有效个体的资料,它们的基因型数据和系谱关系都是经过亲子关系验证的。这些个体分散到 26 个不同的父系半同胞家系内,家系内的女儿从 35 到 195 头不等,合计是 2 356 头,其中的 2 260 头拥有自身的表型记录。5 个产奶性状(产奶量、乳脂量、乳蛋白量、乳脂率和乳蛋白率)305 d 的表型估计育种值将用作 QTL 连锁分析中的表型数据。2 356 头母牛中有 2 349 头至少在一个标记位点上是有信息的(informative),根据标记等位基因可以准确推断其亲本来源,并且有 237 头母牛在作为女儿牛的同时也是另外 243 头母牛的母亲。

由于利用本实验数据所绘制的标记遗传图谱较标准的要长很多,为了便于结果与其他同类研究的分析比较,所以本实验主要参考 MARC 图谱。利用 MARC 图谱进行 QTL 定位分析也有先例(Ashwell et al,2001;Mosig et al,2001;Wiener et al,2000),虽然所依据的图谱并非他们自身数据绘制的结果。实际上,当标记间的相互位置固定后,标记间的具体距离的大小对 QTL 检测或效应的估计是没有影响的(Haley and Knott,1992)。本实验遗传图谱绘制的结果发现 14 个已知标记的相对位置与 MARC97 图谱完全是一致的。由于 BM143 和 BMS1242 两个标记紧密连锁,在 MARC97 上只隔 0.7 cM,两标记间位置不易确定,所以两张不同的 MARC 图谱有所颠倒。本研究分别依据了这两张图谱进行了 QTL 定位分析,一张是 MARC97(Kappes et al,1997),另一张就是牛的最新遗传图谱(Ihara et al,2004),为方便起见,下文将统一将其命名为 MARC04。表 2.4 中列出了 14 个已知标记相对于 BM1329 距离,并在 2 382 份有效样品中检测到等位基因数,在 26 个父亲公牛中发现到的杂合子公牛数。用于本次 QTL 定位分析只是这 14 个已知标记。

表 2.4 14 个已知标记遗传图谱

编号	标记	MARC97/cM	MARC04/cM	等位基因数	杂合子公牛数
1	BM1329	0.0	0.0	6	17
2	BMS2508	8.7	8.54	7	6
3	BM143	13.9	18.33	7	19
4	BMS1242	14.6	17.44	7	21
5	BMS518	19.9	23.57	4	13
6	BM4322	24.3	28.47	7	4
7	BMS470	28.3	32.0	4	18
8	ILSTS097	31.9	37.04	2	17
9	RM028	39.0	43.79	4	17
10	BM415	41.0	46.56	7	23
11	ILSTS035	45.7	51.87	9	12
12	ILSTS087	47.7	54.34	3	21
13	BMS2460	50.9	58.06	4	22
14	BP7	55.7	63.50	5	17

2.2.1.4 表型育种值估计

利用 MT-DFREML 程序估计了 305 d 的产奶量(MY)、乳脂量(FY)、乳蛋白量(PY)、乳脂率(FP)和乳蛋白率(PP)5 个产奶性状育种值。共分析了 7 000 个不同个体的 11 055 条记录,每条记录里除了 5 个性状的表型值外,还有环境效应和个体及其父母的编号。系谱中共有

10 760 个不同个体参与了育种值估计,其间场年季有 85 个不同水平,胎次 3 个水平,个体永久环境效应 7 000 个水平。表 2.5 列出 5 个性状 305 d 表型值的 5 个描述性统计量及估计的方差组分。表 2.6 为用于 QTL 分析的 2 260 头母牛 5 个产奶性状估计育种值分布情况。

表 2.5 产奶性状 305 d 产奶性状表型值描述性统计量及方差组分

性状	平均值	标准差	变异系数/%	最小值	最大值	σ_a^2/σ_V^2	σ_P^2/σ_V^2	σ_e^2/σ_V^2
产奶量/kg	8 379.5	1 792.4	21.4	3 068	13 303	0.19	0.36	0.46
乳脂量/kg	323.7	72.6	22.4	114	553	0.18	0.26	0.56
乳蛋白量/kg	273.8	55.1	20.1	108	421	0.18	0.36	0.46
乳脂率/%	3.89	0.51	13.1	2.45	5.87	0.34	0.13	0.54
乳蛋白率/%	3.28	0.21	6.5	2.72	4.19	0.40	0.13	0.47

注:σ_V^2、σ_a^2、σ_e^2 和 σ_P^2 分别为表型方差、加性遗传方差、随机残差方差和永久环境效应方差。

表 2.6 2 260 头母牛的 5 个产奶性状育种值估计分布情况

性状	平均值	标准差	最小值	最大值
产奶量/kg	363.77	464.51	−1 160.29	2 052.75
乳脂量/kg	14.32	16.59	−48.32	69.96
乳蛋白量/kg	11.14	14.16	−40.813 7	61.71
乳脂率/%	0.015	0.194	−0.506	0.759
乳蛋白率/%	−0.012	0.089	−0.371	0.327

2.2.2 QTL 定位结果

本研究分别通过回归方法和方差组分方法对中国荷斯坦牛 5 个主要产奶性状进行基因定位,主要方法分别是最小二乘和约束最大似然法,所实现的软件分别是 QTL Express(现为 GRIDQTL)和 MQREML。对这两种方法又分别进行了基于 MARC04(2004 年牛的最新遗传图谱)(Ihara et al,2004)和 MARC97(Kappes et al,1997)两个不同遗传图谱的分析。由于篇幅限制,重点介绍基于 MARC04 的 QTL Express 分析结果。

QTL Express 主要通过区间定位进行 QTL 定位,即在每两个相邻的标记组成的区间内逐段扫描,进行 QTL 的检测和定位。本研究以 1 cM 为单位进行 QTL 定位,分别采用单 QTL 和双 QTL 分析模型,并通过 2 500 次数据重排检验(permutation test)确定 1% 和 5% 的显著阈值,3 000 次 bootstraping 确定 QTL 定位的 95% 置信区间(Chen et al,2006)。

2.2.2.1 单 QTL 检测

首先是进行 26 个家系间的单 QTL 检测。每 1 cM 所算得的信息含量如图 2.3 所示。由于第 2 个标记 BMS2508 位点上发现的杂合子公牛数最少(表 2.4),仅为 6 头,加上与两边标记间隔最大,所以前两个标记区间(第 1 个标记和第 2 个标记之间及第 2 个和第 3 个之间)内信息含量最低。在其他位置,几乎是每个标记位点出现一个小峰。总的来说,66.3 cM 的检测范围内,信息含量均大于 0.65,大小波动较为平缓。

综合 26 个家系进行 QTL 效应估计,5 个产奶性状的 F 值分布曲线如图 2.4 所示。作用产奶量、乳脂量、乳蛋白量和乳脂率 4 个性状的 QTL 均定位到 32 cM 这个位置,也就是标记 BMS470 附近。作用乳蛋白率的 QTL 定位于 58 cM 位置。这几个 QTL 位置上的 F 值见

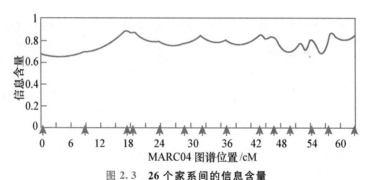

图 2.3 26 个家系间的信息含量

（箭头指代 14 个标记在 MARC04 图谱上的位置）

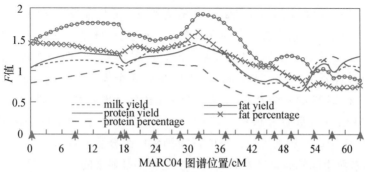

图 2.4 参照 MARC04 图谱进行 26 个家系间 QTL Express 单 QTL 检测的 *F* 值分布图

（箭头指代 14 个标记在 MARC04 图谱上的位置）

表 2.7，QTL 效应只有影响乳脂量的达到了 0.05 的实验水平显著阈值（$F=1.90$）。在关于乳脂量检验统计量的分布曲线上，位于主峰左侧的 15 cM 位置，即接近标记 BMS1242，有一个较为突出的次峰（$F=1.76$）。而产奶量的和乳蛋白量的 F 值分布曲线变化趋势非常接近。5 个性状 QTL 的 95％的置信区间（CI95）长度范围为 51～59 cM，几乎跨越了整个检测区间。

表 2.7 参照 MARC04 图谱进行 26 个家系间的 QTL Expess 单 QTL 定位结果

性状	QTL 位置/cM（临近标记）	*F* 值	显著阈	*LR*	95％置信区间/cM	显著家系	效应	标准误	ABS(*t*)
产奶量/kg	32	1.44	1.79	37.41	4～63	2091	−198.01	75.55	2.62
	(BMS470)					2102	−122.52	59.33	2.07
						2110	90.82	42.26	2.15
乳脂量/kg	33	1.90	1.81	49.06	0～55	2085	7.07	2.63	2.68
	(BMS470)					2091	−8.52	3.23	2.64
						2102	−6.14	2.43	2.52
						2103	11.31	3.67	3.08
乳蛋白量/kg	32	1.41	1.78	36.65	5～63	2091	−5.46	2.25	2.43
	(BMS470)					2102	−4.24	1.77	2.35
						2110	2.69	1.26	2.14

续表 2.7

性状	QTL 位置/cM（临近标记）	F 值	显著阈	LR	95%置信区间/cM	显著家系	效应	标准误	ABS(t)
乳脂率/%	32（BMS470）	1.61	1.86	41.60	0~54	2085	0.07	0.03	2.07
						2089	−0.07	0.03	2.22
						2090	0.10	0.04	2.16
						2105	0.11	0.05	2.17
乳蛋白率/%	58（BMS2460）	1.23	1.80	31.80	12~63	2102	−0.04	0.02	2.29

注：显著阈为 5%的实验水平显著阈；ABS(t)为 t 的绝对值。

QTL 等位基因替代效应的估计是针对 F 值达到最大的位置进行家系内分析，其显著性通过 t 检验反映，自由度即家系内有信息的女儿数。5 个性状的检测，共发现了 8 不同效应显著的家系（$P \leqslant 0.05$），如表 2.6 所列。其中，关于产奶量和乳蛋白量两个性状，检测到的显著家系是相同的，分别是公牛 2091、2102 和 2110 所在的 3 个家系。影响乳脂量的家系是公牛 2085、2091、2102 和 2103 的 4 个家系，在这 4 个家系内估计出的关于该性状的 QTL 效应平均为（8.26±2.99）kg，约表型育种值的一半（16.59 kg）。影响乳脂率的是另外 4 个，分别是 2085、2089、2090 和 2105。影响乳蛋白率的只检测到一个显著家系，是 2102 号公牛家系。实际上，2102 号家系对于除乳脂率以外的其他 4 个性状都是显著的。

2.2.2.2 双 QTL 检测

如果模型中考虑两个 QTL 时，对 26 个家系间区间定位的 F 检验的自由度分别是：假设检测 1（没有 QTL），$df_1=52$，$df_2=2\,182$；假设检测 2（只有 1 个 QTL），$df_1=26$，$df_2=2\,182$。依据 F 分布，进行各性状双 QTL 分析，发现影响产奶量、乳脂量和乳蛋白量的分别是两个 QTL 的作用，因为两种假设概率均小于 0.05，如表 2.8 所示。对于产奶量，假设检验的概率分别是 $P=0.008$ 和 $P=0.017$；乳蛋白量的分别是 $P=0.015$ 和 $P=0.031$。这两个性状的 2 个 QTL 估计位点是一致的，是位于 36 cM 和 43 cM，即 ILSTS097 和 RM028 附近。乳脂量的 2 个 QTL 则位于 36 cM 和 49 cM，接近标记 ILSTS097 和 BM415，两个假设检验的概率分别为 $P=0.000\,5$ 和 $P=0.016$。而对后两个百分率性状的检测，则分别发现只有 1 个 QTL 存在，至于是两个 QTL 中的哪一个还不太确定。

表 2.8　参照 MARC04 图谱进行 26 个家系间的 QTL Express 双 QTL 定位结果

性状	QTL 位置/cM		F 值		F 分布概率	
	A	B	假设检验 1	假设检验 2	A	B
产奶量/kg	36（ILSTS097）	43（RM028）	1.54	1.68	0.008	0.017
乳脂量/kg	36（ILSTS097）	49（BM415）	1.79	1.69	0.0005	0.016
乳蛋白量/kg	36（ILSTS097）	43（RM028）	1.48	1.58	0.015	0.031
乳脂率/%	0（BM1329）	29（BM4322）	1.43	1.24	0.024	0.187
乳蛋白率/%	32（BMS470）	58（BMS2460）	1.34	1.45	0.054	0.066

注：A 和 B 代表估计的两个 QTL 位置，括号内的是距离 QTL 位置最近的标记。

2.2.2.3 各性状显著家系间分析

依据 26 个家系单 QTL 分析所发现的显著家系,结合系谱和标记基因型的信息所算得的标记信息含量如图 2.5 所示。除了对乳蛋白率的分析,有关其他性状的显著家系间信息含量变化曲线基本接近 26 个家系的结果(图 2.3)。对乳蛋白率的分析只是针对 2102 号公牛家系,家系内信息含量普遍偏小,且波动较为明显,尤其是第 10 个标记 BM415 和第 13 个标记 BMS2460 之间的区域内,中间第 12 个标记 ILSTS087 位置有个上调的小峰。

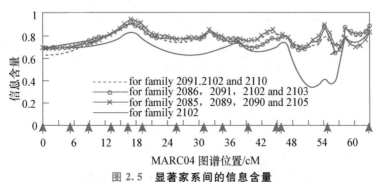

图 2.5　显著家系间的信息含量
(参照 MARC04 图谱,箭头指代 14 个标记所在位置)

在对应各性状进行有关显著家系 QTL 估计时,QTL 的位置均与 26 个家系间结果一致,但这些位点上 QTL 效应至少是在 0.05 的实验显著水平,其中作用乳脂量、乳蛋白量和乳脂率的达到 0.01 的水平,结果如表 2.9 所示。表 2.9 中的 df_1 就是参与分析的显著家系数。对作用乳脂量性状的 QTL 检验,除了原先的 BMS470 位置上的 F 值很大外($F=6.75$),原先次峰所在的 BMS1242 位置上的 F 值也很大,并超过了 BMS470 位置上的($F=6.90$),也就是,该 QTL 实际上应定位于 BMS1242 附近。QTL 的 95% 置信区间长度较 26 个家系间分析的时候,有大幅度的下降,其中 3 个量性状的缩小到 37~38 cM,而作用乳脂率和乳蛋白率的分别是 47 cM 和 41 cM。

表 2.9　参照 MARC04 图谱进行显著家系间的 QTL Express 单 QTL 定位结果

性状	QTL 位置(临近标记)	df_1	df_2	F 值	显著阈 5%	显著阈 1%	95% 置信区间/cM
产奶量/kg	31 cM(BMS470)	3	371	6.11	4.67	6.38	25.0~63.0
乳脂量/kg	17 cM(BMS1242) 33 cM(BMS470)	4	309	6.91 6.75	3.36	4.28	0~37.0
乳蛋白量/kg	31 cM(BMS470)	3	371	6.52	4.39	5.84	25.0~63.0
乳脂率/%	32 cM(BMS470)	4	304	3.56	2.29	3.43	0~47.0
乳蛋白率/%	58 cM(BMS2460)	1	128	7.38	6.95	10.94	22.0~63.0

注:乳脂量性状的 QTL 检验出现两个明显的 F 峰值。

利用显著家系还进行了相关性状的双 QTL 检测(表 2.10),由于显著家系的选择依据是 26 个家系的单 QTL 检测结果,而并非双 QTL 检验时所发现的显著家系,所以定位的位置差异较大。5 个性状的双 QTL 定位结果只有作用乳蛋白率是固定在 BMS470 和 BMS2460 两个标记位点。根据表 2.10 中两种假设检验的 F 分布概率,可以判断分别有 2 个 QTL 影响着 3

个量性状,而影响着率性状的只能推断出是一个 QTL 的作用,这个结论与 26 个家系分析的结果相比是一致的。

表 2.10　参照 MARC04 图谱进行显著家系间的 QTL Express 双 QTL 定位结果

性状	QTL 位置/cM		F 检验值		F 分布概率	
	A	B	假设 1	假设 2	假设 1	假设 2
产奶量/kg	34(BMS470-ILSTS097)	63(BP7)	2.82	7.22	0.011	0.0001
乳脂量/kg	0(BM1329)	20(BM143)	5.45	3.75	1.96E-06	0.005
乳蛋白量/kg	34(BMS470-ILSTS097)	63(BP7)	6.44	6.1	1.81E-06	0.0005
乳脂率/%	32(BMS470)	51(ILSTS035)	2.94	2.26	0.004	0.063
乳蛋白率/%	34(BMS470)	58(BMS2460)	4.6	1.78	0.012	0.185

注:A 和 B 代表估计的两个 QTL 位置,括号内的是距离 QTL 位置最近的标记(临近标记),34 cM 位置在 BMS470 和 ILSTS097 之间。

2.2.2.4　显著家系内分析

除了对相应性状所发现的所有显著家系进行集中分析外,还对 8 个显著家系中最大的两个家系进行 5 个性状的单家系(家系内)分析,即 2102 和 2110 号公牛家系。

单家系分析与 26 个家系间分析的结果相比,总的来说比较一致。进行 26 个家系分析时,检测到的影响产奶量、乳脂量、乳蛋白量和乳蛋白率的几个 QTL 效应在家系 2102 中均达到了显著水平。单家系检测时,这 4 个性状的 QTL 位置(表 2.11)距离原先的位置仅相隔 0～3 cM,F 检验值也是接近或超出 5% 的实验水平显著阈。而 2110 家系在参与 26 家系检测时,被发现 BMS470位置上的 QTL 显著影响着产奶量和乳蛋白量,这里也是只有作用这两个性状的 QTL 达到了5% 实验水平的显著阈值(表 2.11),且定位到相同的位点,即 32 cM 这个位置。

表 2.11　参照 MARC04 图谱进行显著家系内的 QTL Express 单 QTL 定位结果

家系	性状	QTL 位置(cM)/临近标记	F 值	显著阈	LR	95% 置信区间/cM
2102	产奶量/kg	32/ BMS470	5.44	6.30	5.31	0.0～57.0
	乳脂量/kg	30/BM4322-BMS470	6.32	7.20	6.32	0.0～56.0
	乳蛋白量/kg	29/ BM4322	6.76	6.85	5.56	0.0～57.0
	乳脂率/%	0/ BM1329	3.83	7.20	3.76	0.0～63.0
	乳蛋白率/%	58/ BMS2460	7.38	6.62	7.15	0.0～63.0
2110	产奶量/kg	32/ BMS470	6.54	6.18	5.72	18.5～63.0
	乳脂量/kg	32/ BMS470	3.59	6.25	3.02	8.0～63.0
	乳蛋白量/kg	32/ BMS470	6.96	6.45	6.12	28.0～63.0
	乳脂率/%	32/ BMS470	0.83	6.43	0.78	2.0～63.0
	乳蛋白率/%	19/ BM143	0.66	6.52	0.77	18.0～63.0

注:影响乳脂量的 QTL 定在标记 BM4322 与 BMS470 中间;显著阈为 5% 的实验水平显著阈。

2102 家系估计出的 QTL 置信区间几乎覆盖所有的检测范围。在图 2.6 的 a2 中,产奶量和乳蛋白量的 F 检验值对应于信息含量发生较大波动位置(分图 a1)也出现了尖锐次峰。2110 家系内的信息含量波动没有 2102 家系那么明显,其 F 检验值分布曲线波动较为平滑,只是在主峰的右侧出现了一些小的变化,如分图 b1 和 b2 所示。这两个家系内的分析得出的产奶量和乳蛋白量的 F 值分布曲线均具备相同的变化模式。对 2102 和 2110 号家系还进行了双 QTL 检测,因为只是个别家系的结果,没有什么代表性,所以没有列出。

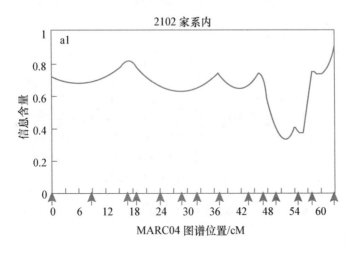

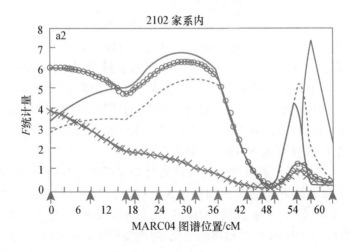

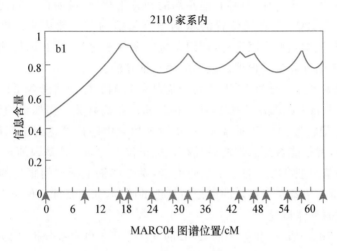

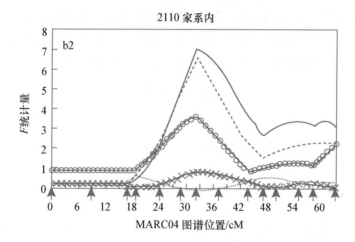

图 2.6　参照 MARC04 图谱进行 2102 和 2110 号家系内单 QTL 定位

a1 和 b1：信息含量　a2 和 b2：F 值

·…·为产奶量，○为乳脂量，—乳蛋白量，×为乳脂率，…为乳蛋白率

2.2.2.5　讨论

1. 参照 MARC04 和 MARC97 图谱的结果比较

MARC97（Kappes et al，1997）和 MARC04（最新遗传图谱）（Ihara et al，2004）图谱的构建利用的都是美国农业部的 MARC 参考家系。本研究所用到的 14 个已知标记在这两张图谱上的最大区别是：①标记 BM143 和标记 BMS1242 顺序的颠倒，前者在 MARC97 是第 3 个而在 MARC04 上是第 4 个，后者恰好相反，两个标记在两图谱上相隔 0.7 cM 或 0.9 cM，见表 2.1；②第 2 个标记 BMS2508 和图谱上第 3 个标记 BM143 或 BMS1242 之间的距离，由 MARC97 上的 5.2 cM 变成 MARC04 上的 8.9 cM；③第 7 个标记 BMS470 和第 8 个 ILSTS097 之间距离由 MARC97 上的 3.6 cM 变成 MARC04 上的 5.3 cM。

利用 QTL Express 进行产奶量和乳蛋白量的显著家系间的分析时，发现参照 MARC97 时的 BMS1242 位置附近的 F 检验值的相对增大，引起 QTL 的 CI95 长度增加。另外，利用 MQREML 进行显著家系 3 个量性状的 QTL 定位时，发现参照 MARC97 的 LR 值在 BMS1242 附近较参照 MARC04 时有骤然的变化，进而使得估计的 CI95 长度又显著变短。虽然这些 CI95 位置右侧对应的标记相同，但左侧的却并不相同，说明标记间的长度并不是原因之一，而 BMS1242 与 BM143 之间位置的颠倒很有可能为一重要因素。据 Haley 和 Knott（1992）的研究，当标记排列顺序固定时，标记间重组率的变化对 QTL 的检测及效应的估计影响不大，而遗传距离的计算就是根据重组率的大小推算的。

标记的相对距离也并不是对 QTL 定位没有任何影响。标记信息含量的大小除了与标记本身的信息性（informativeness）有关外，还与标记间的距离有关。当标记的信息性一定时，标记信息含量会随标记密度的上升而增大，在每两个标记中间位置达到该标记间隔的最小值。所谓标记的信息性，就是能否准确推断后代在该标记位点上的等位基因的亲本来源，它与标记在亲本和后代中的基因型有关。对于本实验而言，两个图谱上标记间距离的改变对信息含量影响不大，主要是所利用家系资料内的标记信息性的改变，如在某标记位点上公牛的杂合性及母亲和个体基因型的具体情况。

据 Spelman 等（1996）研究，有 70% 的 QTL 的发现是基于单家系分析，因为单家系中的标记信息含量波动很大,而个别位点上的突出信息含量会导致 QTL 检验统计量最大值的发生。那么 2102 家系 F 检验值在第 10 个标记 BM415 和第 13 个标记 BMS2460 之间区域内的骤变会不会是因为该范围内标记信息含量的巨大波动呢? 标记信息量的改变到底是怎样决定着 QTL 的检测这个问题至今还没有解释清楚。该问题的解决可能会帮助我们了解哪些 QTL 的发现是更可信的,而不是因为实验选材本身的片面性,当然也会帮助我们了解为什么有些确实存在的 QTL 却没有被检测到,因为信息含量的计算涉及到标记和实验设计,这是一个研究的基础核心部分。

2. QTL Express 和 MQREML 的结果比较

由于 MQREML 方法计算量的限制,本实验只是对显著家系进行了分析,所以 QTL Express 和 MQREML 的分析结果比较是针对两者共同完成的部分。不管是参照 MARC04 还是 MARC97 图谱,对显著家系进行 5 个相关性状的单 QTL 检测结果存在四点不同,如图 2.7 所示:①作用乳脂率和乳蛋白率的 QTL 在 QTL Express 中达到 1% 或 5% 的实验水平显著阈,而在 MQREML 均不显著;②乳脂量的 QTL 检测统计量在 QTL Express 中在 BMS470 和 BMS1242 位置大小接近且最大,而于 MQREML 中在 BMS1242 位置要远高于 BMS470 位置;③乳脂率的 QTL 检测统计量在 QTL Express 中于 BMS470 位置最大,而在 MQREML 中于 BM143 左侧位置达到最大;④3 个量性状 95% 置信区间长度在 MQREML 中要较 QTL Express 有明显的下降。

CI95 的估计在 QTL Express 和 MQREML 中使用的是不同的方法,前者是利用 bootstrap 算法,而后者利用的 LOD-drop off 法。Darvasi 和 Soller(1997)认为在一较为饱和的图谱上,CI95 的长度与样本的大小和 QTL 效应成反比。本研究 26 个家系个体数总计为 2 382,对应每个性状的显著家系样本含量为 131~382,每个家系内为 36~196,所以样本量对于家系间分析来说基本不是问题,主要是影响家系内分析。但不管是家系间分析还是家系内分析,QTL Express 所得到的 CI95 长度范围至少是占据了一半的检测区间,所以 QTL 效应结合估计 CI95 方法会是一重要因素,以参照 MARC04 进行显著家系 2089、2102 和 2110 的关于产奶量的 QTL 定位为例:F 值与 LR 值分布曲线基本吻合,bootstrap 抽样频数变化与 F 值大小响应,由于主峰位置上的 F 值相对于次峰位置上的并不很突出,势必造成主峰位置附近的抽样次数并不能直接占到总抽样次数的 95%,从而使得 CI95 位置范围为 13~55 cM;但用 LOD-drop off 分析情况就不同,虽然 LR 在 13 cM 位置附近也出现一个次峰且最大值为 4.95,但主峰尖锐且最大 LR 值达 9.02,结果估测的 CI95 位置范围仅为 25~29 cM。

如果 MQREML 所估计的 CI95 是正确的话,这将非常有利于开展我们的下一步工作。若将一 QTL 从一区间锁定到某一具体的基因,首先应能保证该 QTL 的 CI95 足够的小,一般是控制在 2~5 cM 长度范围,目前 BTA6 上已有些成功的报道。Ron 等(2001)曾利用一以色列荷斯坦群体将作用乳蛋白率的 QTL 定位到的 4 cM 区间内,接着 Cohen 等(2004)便在此区间成功地克隆出一相关基因(FAM13A1-a)。而 Olsen 等(2005)则利用挪威奶牛将一先前作用乳脂率和乳蛋白率的 7.5 cM 的 QTL 置信区间缩小到 420 kb 长度范围。虽然这些文献结果有待进一步验证或更深一步的研究,但却无疑是 BTA6 上关于产奶性状 QTL 定位的一新的突破。

而对于产奶量和乳蛋白量单 QTL 检测,不管是在 3 个对应显著家系间还是显著 2110 家系内,结果均定位于 BMS470 且两种检验统计量分布曲线变化较为统一。尤其是在对 2089、2102 和 2110 显著家系间的分析时,比较 QTL 检验统计量与显著阈的大小发现:$\chi^2_{df=2}$ 分布的 0.05 和 0.01 水平相当于 0.05 和 0.01 水平的实验水平显著阈,如果 LR 能达到 9.210($P=0.01/\chi^2_{df=2}$)的显著阈,其 F 值也能达到 0.01 水平的实验水平显著阈,而如果 LR 只能达到 5.991($P=0.05/$ $\chi^2_{df=2}$)的显著阈,其 F 值也只能达到 0.05 水平的实验水平显著阈。显著阈的确定,两种软件借助的是不同原理:QTL Express 利用的是 permutation 算法,而 MQREML 是利用 LR 近似服从 $\chi^2_{df=1or2}$ 分布,至于两者显著阈之间是否存有一定的联系及谁更严格还没有文献报道。不管谁更严格,显然 MQREML 并没有检测到显著影响两个率性状的 QTL,因为它们的最大 LR 值太小。

进行显著家系相关性状的双 QTL 检测时,QTL Express 和 MQREML 所估计的双 QTL 位点中的一个是比较接近单 QTL 定位的结果,但至于另一个位点,虽然利用同一种方法参照不同图谱的结果部分一致,但参照同一图谱而利用不同分析方法时,结果却很难统一。另外,QTL Express 与 MQREML 在 QTL 效应的表示上是不同的:前者表示为 QTL 等位基因替代效应,单位与性状本身一致;后者则表示为 QTL 遗传方差所占加性遗传方差比,是没有单位的,本实验是在加性遗传方差固定为 0.5 的假定前提下进行的。两种 QTL 效应形式之间是否存在一定的转化关系尚不清楚。

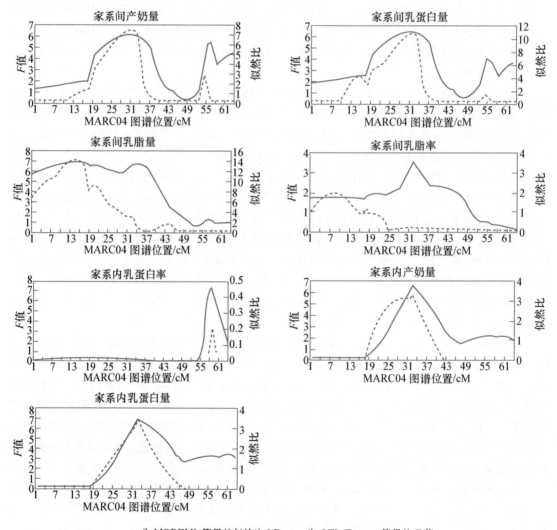

┄┄┄为 MQREML 算得的似然比 LR,——为 QTL Express 算得的 F 值

图 2.7 比较不同方法的单 QTL 定位结果(参照 MARC04 图谱)

3. QTL 定位结果与之前研究结果的比较

不管是依据 26 个家系还是部分显著家系的资料,不管是参照 MARC97 还是 MARC04 图谱,不管是分析模型中考虑 1 个 QTL 还是 2 个 QTL 效应的存在,也不管是利用 QTL Express 还是 MQREML 分析方法,BMS470 这个位点都在本研究中被发现显著影响着产奶量、乳脂量和乳蛋白量 3 个量性状。另外,BMS470 还被 QTL Express 发现对乳脂率有作用,只是没有得到 MQREML 的进一步验证。据部分文献报道,一些相关的 QTL 曾被定位于标记 BMS470 附近。根据最新遗传图谱(Ihara et al,2004),BMS470 应位于 TGLA37 和 ILSTS097 之间,并距离它们分别有 7.7 cM 和 5.0 cM。Kühn 等(1996)和 Zhang 等(1998)相继发现 TGLA37 位点显著作用产奶量和率性状,而 ILSTS097 对产奶量有显著作用(Kühn et al,1999;Moisio et al,2000)。此外,Freyer 等(2003)还在 TGLA37 和 FBN13 之间发现一个具有类似"一因多效"的 QTL,它显著影响着乳脂量和乳蛋白量。从 Weikard 等于 2002 年报道的一张 BTA6 的高密度 RH 图谱来看(FBN13 尚未在 MARC04 图谱上定位),FBN13 与 BMS470 是紧密连锁的。

根据本研究的结果,产奶量和乳蛋白量的变化很有可能因为相同的遗传因素。在进行单 QTL 检测时,不论是利用哪种方法、参照哪种图谱、针对哪些家系,所发现的 QTL 效应显著的家系、估计的 QTL 位置和置信区间及检验统计量变化趋势都存在惊人的相似。实际上利用 QTL Express 进行双 QTL 检测时,影响这两性状的双 QTL 位置是一致的,且达到了显著水平。"一因多效"QTL 或两紧密连锁 QTL 的存在可能为一重要原因,但到目前为止,还没有类似结论的报道。

作用乳脂量的 QTL 除了在 BMS470 位置上达到显著外,还在 BMS1242 位置上达到显著,如进行 MQREML 分析时仅发现 BMS1242 位置上的 *LR* 达到显著。根据 MQREML 的双 QTL 检测结果,在这两个位置的确分别存在着两个 QTL。依据 MARC 遗传图谱,BMS1242 与 BM143 紧密连锁。根据目前 BTA6 上关于产奶性状 QTL 定位最深入的两则报道(Cohen et al,2004;Olsen et al,2005),在临近 BM143 的图谱左侧部位存在着一些与产奶性状本身非常相关的基因。本次利用 MQREML 软件对乳脂量的 QTL 定位所估计的 CI95 位置也是临近 BM143 并集中其左侧部位,位于标记 BMS2508 和 BM143 之间。

BM143 位点是近年来报道的热点(Spelman et al,1996;Nadesalingam et al,1998;Kühn et al,1999;Velmala et al,1999;Ron et al,2001;Olsen et al,2002;Olsen et al,2004),大多数研究表明该位点与作用乳脂率和乳蛋白率的 QTL 紧密连锁,但该结论没有得到本研究的验证。作用乳脂率的 QTL 在本研究的 QTL Express 分析中是被定位到 BMS470 附近,而在利用 MQREML 对 4 个显著家系进行乳脂率 QTL 定位时,虽然 *LR* 值在 BM143 位置附近相对要大一些,但是并没有达到 $3.841(P=0.05/\chi^2_{df=1})$。另外,本研究揭示的影响乳蛋白率 QTL 是定位于标记 BMS2460 附近,该结果与 Ashwell 等(1998)与 Boichard(1999)报道的 BP7 位点及 Ashwell 等(2001)报道 BM1236 位点比较接近,BMS2460 是位于 BP7 和 BM1236 之间,并距离两者分别为 3 cM 和 4.5 cM(参照 MARC04)。

进行 5 个产奶性状的双 QTL 检测时,无论 QTL Express 还是 MQREML 方法,参照 MARC97 还是 MARC04,均发现有两个 QTL 共同作用着 3 个量性状。对于 2 个率性状,要么只能检测到一个 QTL,要么一个也检测不到。虽然这些双 QTL 定位的位置在不同情况下的估计结果不尽相同,但针对这种双 QTL 存在的现象目前尚没有报道。据 Zhang 等(1998)和

Ashwell 等(2002)的报道,BTA6 上的多个 QTL 存在主要是针对不同的性状而言。一个性状背后有两个 QTL 作用的,也曾在 Lipkin 等(1998)和 Freyer 等(2003)的研究中提过,但那是在不同的家系资料参与分析的情况下得出的,应归为定位结果的不统一。

2.3 中国荷斯坦牛 BTA6 上产奶性状基因精细定位

陈慧勇(Chen et al,2005;Chen et al,2006)研究结果表明,在 BTA6 上标记 BMS470 附近存在影响产奶性状的 QTL,并分离出 8 头 QTL 有显著分离的公牛家系。阴层层(2007)以此为基础,在标记 BMS690 和 BM4528 之间 14.3 cM 的范围内选取了 17 个微卫星,对中国荷斯坦牛 BTA6 进行了精细定位,通过 IBD 分析将产奶量、乳脂量、乳蛋白量定位在 BMS483 与 MNB-209 之间的 1.5 Mb 区间,回归分析将产奶量、乳脂量和乳蛋白量三个量性状的 QTL 定位于标记 MNB-209 附近,将乳脂率和乳蛋白率两个率性状的 QTL 定位于标记 DIK2291 附近。本节将对阴层层(2007)和刘锐(2007)工作加以简要介绍。梅瑰(2009)则进一步选取 BMS483 与 MNB-209 的候选基因进行深入分析(见第 3 章)。

2.3.1 试验动物和微卫星标记

以本章中 2.1 中国荷斯坦牛 BTA6 上产奶性状基因定位研究中 8 头 QTL 显著公牛家系为主(陈慧勇,2005),表型记录同陈慧勇(2005)。母牛头数由 918 头增加到 1 417 头。

在标记 BMS690 和 BM4528 之间 14.3 cM 的区间内共选择了 17 个微卫星标记,标记的平均密度为 0.842 cM,17 个微卫星的名称和遗传图谱位置如表 2.12 所示。

表 2.12　17 个微卫星的遗传图谱位置

微卫星	编号	大小/bp	位置/cM	微卫星	编号	大小/bp	位置/cM
BMS690	1	161	56.44	M2	10		64.75
DIK082	2	150	57.55	M3	11		65.66
MNB-23	3	192	58.41	M4	12		66.52
MNB-178	4	208	58.97	BMS470	13	258	67.40
TGLA37	5	157	59.74	BMS483	14	141	67.82
MNB-208	6	216	60.22	MNB-209	15	143	68.44
BMS5010	7	175	61.70	DIK2291	16	193	69.12
FBN13	8	123	62.78	BM4528	17	215	70.74
BM4322	9		63.87				

注:片段大小依据的是 NCBI 上公布的微卫星全序列及引物序列所在位置推测出来的长度。

2.3.2 QTL 精细定位方法

2.3.2.1 IBD 连锁不平衡定位

个体的每一条染色体拷贝携带一系列的不同座位的等位基因,也就是单倍体基因型,即单倍型(haplotype)。通常的实验条件下所获得的座位基因型并未指示其等位基因来源于哪一个单倍型,可以利用基因型信息和其他信息(例如系谱信息)通过特定的算法推断出单倍型,本研究采用 EM 算法来推断单倍型(Ding et al,2006)。因为本实验所用的家系是经过验证有产奶性状 QTL 存在的显著家系(陈慧勇,2005),QTL 在显著群体内是杂合的,当某个单倍型在多个公牛中同时存在时,我们便认为它是 IBD 片段。

推断出群体的单倍型并确定 IBD 片段后,根据个体是否含有 IBD 片段将群体划分两组,采用 SAS8.2 软件对两组数据进行方差分析来确定此 IBD 片段是否对个体的育种值有影响。所采用的分析模型如下,在模型中考虑家系效应:

$$EBV_{ij} = \mu + s_i + b_{ij} g_{ij} + e_{ij}$$

其中,μ 是总体均值;s_i 是固定公牛 i 效应;b_{ij} 是模型回归系数,即 IBD 片段的替代效应;g_{ij} 是公牛 i 的女儿 j 的 IBD 片段出现的次数,它的值为 0(该个体不存在 IBD 片段)或者 1(该个体存在 IBD 片段);e_{ij} 是公牛 i 的女儿 j 的随机残差。

最佳模型的判定依据的是 F 检验,在所研究的区域内,每个 IBD 片段在每个性状上计算一次 F 值,估计的 QTL 位置即检验统计量最大时 IBD 片段所对应的标记。

2.3.2.2　单标记回归分析

通过模拟研究表明,单标记回归在 QTL 定位的效力和精确度方面,比其他复杂的回归模型有更高的效力和精确性,可以和 IBD 定位相提并论(Zhao et al,2007),本研究采用单标记回归。分析模型如下:

$$EBV_i = \mu + \sum_{l=0}^{2} b_l g_{l_i} + e_i$$

其中,μ 是总体均值;b_l 是模型回归系数,即 QTL 等位基因替代效应;g_{l_i} 是位点 l 在第 i 个个体中出现的次数,由于本实验所用的标记为微卫星,对某个标记来说,某个等位基因出现的次数为 0、1 或者 2;e_i 是个体 i 的随机残差。

最佳模型的判定依据的是 t 检验,在所研究的区域内,每个标记的每个等位基因计算一次 t 值,估计的 QTL 位置即检验统计量最大时所对应的标记。

2.3.2.3　显著性水平确定

IBD 分析和单标记回归分析中,存在多次检验引起的多重比较问题,为控制 I 型错误的发生,考虑到本研究中 IBD 定位的各个片段和进行回归分析的各个标记之间不是相互独立的,所以采用非独立检验的控制错检率(false discovery rate,FDR)检验(Benjamini and Yekutieli,2001)。设定 FDR 的控制水平 α(如 0.05),将每个假设检验 Hi 原始 p 值按从小到大的顺序排列,即 $p_{r1} \leqslant p_{r2} \leqslant \cdots \leqslant p_{rm}$,然后从 m 开始,其次为 $i = m - 1$,直到 $i = 1$,定义 i^* 为第一个满足的序号 i,如果这个值存在,则否定假设检验 $H_i(i = 1, \cdots, i^*)$。

$$p_{ri} \leqslant \frac{i}{m \sum\limits_{i=1}^{m} 1/l} \alpha$$

2.3.2.4　基于 IBD 片段的定位结果

基于 IBD 分析的第一步就是结合系谱中所有个体的标记基因型数据,推断标记的单倍型。第二步是结合后代的育种值进行每个可能是 IBD 的片段在公牛家系间进行成组资料两样本的方差分析,QTL的位置也就是对应检验统计量最大的位点,这里的检验统计量是 F 值。

1.单倍型推断结果

对微卫星来说,考虑的标记数目越多,单倍型推断的准确性会降低,所以我们把17个标记分成了4段,即单倍型区段(表2.13),为了将整个染色体片段连接起来,上一个区段的末端要和下一个区段的起始端有相同的标记。

表2.13　17个标记单倍型推断的分组情况

组别	标记代号	标记名称
1	1～5	BMS690-DIK082-MNB-23-MNB-178-TGLA37
2	5～9	TGLA37-MNB-208-BMS5010-FBN13-BM4322
3	9～13	BM4322-M2-M3-M4-BMS470
4	13～17	BMS470-BMS483-MNB-209-DIK2291-BM4528

从公牛的单倍型中可以看出,有一些片段:第6、7标记(MNB-208、BMS5010)、第9、10标记(BM4322、M2)以及第14、15个标记(BMS483、MNB-209)在多个公牛中都存在,我们假定它们可能是IBD片段。

2.单倍型和育种值结合起来分析的结果

通过对公牛的单倍型分析,共发现了3个IBD片段,5个性状要进行15次检验,通过IBD定位。经分析后只有标记BMS483-MNB-209的单倍型对产奶量、乳蛋白量和乳脂量有显著效应,说明影响这三个量性状的QTL存在于这两个标记附近,而影响乳脂率和乳蛋白率这两个率性状的QTL通过IBD的方法没能得到定位。

2.3.2.5　基于回归的连锁不平衡定位计算

单标记回归其实是筛选对性状影响最显著的等位基因的过程,计算的是每个标记等位基因的替代效应,具体的做法是以性状作为因变量,以等位基因在个体中出现的次数和其余等位基因出现次数作为两个自变量进行分析,找出对EBV效应最大的等位基因后,将所有标记效应最显著等位基因进行比较,QTL就位于显著性最高的等位基因所在的标记附近。

本研究仅考虑各标记基因频率大于0.10的等位基因,17个标记总共有57个符合要求的等位基因,5个性状要进行295次检验,根据非独立检验的控制错检率,17个标记回归分析的结果汇总如表2.14所示。对产奶量性状影响最大的标记为MNB-209(3.34E-20),其次为BMS483(5.67E-16)和MNB-23(2.53E-15);对乳脂率性状影响最大的标记为DIK2291(1.36E-07),其次为MNB-23(2.91E-07)和MNB-209(1.07E-05);对乳脂量性状影响最大的标记为MNB-209(1.17E-21),其次为BMS483(2.91E-07)和BMS470(1.10E-13);对乳蛋白率性状影响最大的标记为DIK2291(4.01E-33),其次为MNB-23(6.02E-22)和DIK082(3.72E-20);对乳蛋白量性状影响最大的标记为MNB-209(9.18E-23),其次为BMS483(5.39E-18)和MNB-23(3.97E-17)。回归定位的结果和前面采用IBD定位的结果基本一致,三个量性状都是在标记MNB-209和BM483之间检测到QTL的概率最大,而对于两个率性状采用IBD定位没有检测到显著QTL。

表 2.14 5 个性状单标记回归分析显著性检验(*p* 值)结果汇总

标记名称	产奶量	乳脂率	乳脂量	乳蛋白率	乳蛋白量
BMS690	2.28E−07	—	1.50E−07	1.68E−10	9.92E−06
DIK082	0.001 4	0.005 4	0.002 9	3.72E−20	1.94E−05
MNB-23	2.53E−15	2.91E−07	7.19E−13	6.02E−22	3.97E−17
MNB-178	0.000 1		4.58E−07	4.27E−05	0.000 2
TGLA37	0.015 8		0.011 3	2.61E−11	
MNB-208	—			—	
BMS5010	0.003 7		0.000 2	1.06E−07	0.015 5
FBN13	0.007 2	0.006 3		2.21E−14	
BM4322	0.000 9		0.000 7	0.000 7	0.000 1
M2	3.57E−08	0.000 1	6.21E−09	6.59E−05	2.34E−10
M3				0.000 8	
M4	—			—	
BMS470	1.63E−10	—	1.10E−13	4.56E−13	2.27E−13
BMS483	5.67E−16	0.000 5	3.05E−17		5.39E−18
MNB-209	3.34E−20	1.07E−05	1.17E−21		9.18E−23
DIK2291	8.32E−10	1.36E−07	1.69E−06	4.01E−33	3.71E−09
BM4528	0.002 6	—	0.004 1	7.72E−08	0.015 7

2.3.2.6 不同中国荷斯坦牛群体精细定位验证

刘锐(2007)在本课题组前期工作基础上(陈慧勇,2005)采集了北京地区 11 个公牛半同胞家系的 1 449 个中国荷斯坦牛个体,构建新的中国荷斯坦牛资源群体进行 6 号染色体产奶性状 QTL 精细定位。为增加标记密度,综合利用 NCBI 上已公布的目标区段内 SNP 标记和本研究的新标记,通过对公牛基因组 DNA 的目标区段进行逐段 PCR 扩增和 PCR 产物直接测序方法获得了新的 SNP 标记,在 25 Mb 的范围内共选用了 15 个 SNP 标记,其标记密度大约 1 Mbp。通过 LOKI 多点连锁分析(Heath,1997),在标记 FAM13A1-PPARGC1A-SLC34A2 处检测到 305 d 产奶量 QTL;在多个不同家系组合群体中检测到标记 OPN 处存在影响产奶量的 QTL;在标记 CR-CEP135 之间以及标记 M 和 STIM2 之间也存在产奶量 QTLs。对乳蛋白量的分析结果显示,标记 PPM1K-FAM13A1 和 PPARGC1A-SLC34A2 处分别存在一个乳蛋白量 QTL。乳脂量的 QTLs 被定位在标记 STIM2- MBIP 和标记 UGDH-CR 之间。在新研究群体中未检测到乳成分 QTL。

2.4 中国荷斯坦牛 BTA3 上重要性状基因定位

目前牛全基因组序列测定、遗传图谱构建和产奶性状 QTL 精细定位研究均已取得了显著的研究进展,为基因辅助选择青年公牛以提高选择准确性和遗传进展提供了可能。大量研究显示奶牛的 29 条常染色体上几乎均有对奶牛产奶性状和功能性状具有较大效应的 QTLs 存在。其中,国内外对 BTA6 和 BTA14 上产奶性状 QTL 定位研究已比较透彻,而 BTA3 上相关研究相对滞后。许多研究表明:奶牛 3 号染色体上可能存在影响重要经济性状的 QTL,

但对 3 号染色体的研究一直滞后于 6、20、14 号等染色体。Boichard 等(2003)利用 3 个牛品种、14 个公牛家系的 1 548 个公牛儿子在 3 号染色体上 24 cM 处定位了影响乳蛋白率性状 QTL,该 QTL 效应占总遗传方差的 7%。表明 3 号染色体上存在影响乳蛋白率性状 QTL,但效应很小,需要借助更大群体、更丰富的标记信息进一步发掘研究。

2.4.1 新微卫星标记的发掘

2.4.1.1 新微卫星标记筛选

有报道 BTA3 上 27.41 cM 附近存在影响产奶性状的 QTL,但由于标记密度仍不足够高,无法进行精细定位。

褚瑰燕(2008)根据 http://www.ensembl.org 网站公布的牛序列草图(Btau 4.0),下载微卫星标记 URB006 和 DIK5036 之间(10~46 cM)的序列,再利用 SSRhunter3.0(李强,2004)软件筛选符合条件的微卫星标记序列。确定微卫星标记的标准为:核心序列由 1~6 个核苷酸组成,基本单位重复次数在 10~50 次之间,长度在 200 bp 以下,软件根据微卫星的特点自动在序列中搜索标记,共得到 18 个新微卫星标记(表 2.15),命名为 CCM1-CCM18。

表 2.15 新微卫星座位的基本信息

标记名称	核心序列	相对位置/cM
CCM1	AT(15)	10
CCM2	TG(21)	11
CCM3	GT(19)	13
CCM4	AC(20)	14
CCM5	CA(23)	16
CCM6	GT(17)	18
CCM7	TG(23)	19
CCM8	TA(29)	20
CCM9	AT(23)	21
CCM10	CA(21)	24
CCM11	AC(31)	25
CCM12	AC(29)	29
CCM13	TA(17)	36
CCM14	AT(20)	38
CCM15	AC(22)	39
CCM16	AC(21)	41
CCM17	AT(20)	42
CCM18	CA(19)	44

根据已有研究报道和牛遗传图谱(2004)选择了 20 个已报道的标记,其核苷酸序列、引物序列、PCR 反应条件、群体多态信息及染色体遗传位置等均可从 http://locus.joury.inra.fr/、http://www.ncbi.nlm.nih.gov/genemap 和 http://www.marc.usda.gov 三个网站查到。进一步以 300 头中国荷斯坦牛的基因组 DNA 为试验材料,检测了 18 个新标记和 20 个已报道的微卫星标记的多态程度,以确定是否可用于基因定位。根据 PCR 扩增的稳定性以及多态程

度,最终筛选出7个新标记和5个已报道的标记(删除标记的等位基因数均在3个以下)。

采用荧光引物 PCR 结合 ABI 3700 测序仪电泳技术和 ABI Prism GeneMapper3.0 软件对12个标记的基因型进行了检测。发现等位基因数在7~20范围内,最大的是标记BMS2522,20个,最小的是标记CCM18,7个。等位基因长度相差范围最大的是CCM17,达到48 bp,该标记为该研究发现的等位基因数最多的,有18个等位基因。相差范围最小的是CCM18,为16 bp。

将研究结果与美国肉用动物研究中心(U. S. Meat Animal Research Center,MARC)网站(http://www. marc. usda. gov/genome/genome. html)标记信息进行比较(表2.16)发现:该研究检测到的等位基因数大于 MARC 报道结果,这有可能是群体差异造成的。标记CCM2,CCM4,CCM5,CCM6,CCM7,CCM17 和 CCM18 是该研究新发现的标记,因此未进行比较。

2.4.1.2 新微卫星标记的群体遗传学分析

统计各微卫星座位的等位基因频率、等位基因数、杂合度和多态信息含量,结果见表2.16。

表 2.16　微卫星标记的分型结果及与 NCBI 的比较

标记名称	标记来源	杂合度	等位基因数	片段最短/bp	片段最长/bp
NLBCMK38	MARC	0.26	3	190	194
	本试验	0.43	12	182	210
DIK1057	MARC	0.65	6	117	135
	本试验	0.61	9	106	128
DIK4842	MARC	0.55	2	195	205
	本试验	0.43	10	191	209
BMS2522	MARC	0.74	13	129	167
	本试验	0.97	20	121	167
DIK4103	MARC	0.59	5	207	224
	本试验	0.70	15	190	236
CCM2	MARC	—	—	—	—
	本试验	0.77	11	234	254
CCM4	MARC	—	—	—	—
	本试验	0.73	16	236	270
CCM5	MARC	—	—	—	—
	本试验	0.79	17	220	260
CCM6	MARC	—	—	—	—
	本试验	0.41	16	238	278
CCM7	MARC	—	—	—	—
	本试验	0.33	18	178	212
CCM17	MARC	—	—	—	—
	本试验	0.59	18	271	319
CCM18	MARC	—	—	—	—
	本试验	0.23	7	240	256

12个标记的等位基因频率范围为0.000 4~0.82,等位基因频率最小的为DIK4842的B等位基因,频率为0.000 4,等位基因频率最大的标记为CCM7的F等位基因,频率为

0.818 2。观察等位基因数范围为 7～20,平均值为 14,其中标记 CCM18 最少为 7,BMS2522 为 20。

观察杂合度范围为 0.230 8～0.966 0,平均值为 0.580 5,其中标记 BMS2522 观察杂合度最大接近 1,而标记 CCM18 的观察杂合度最低,仅为 0.230 8。12 个标记的期望杂合度平均为 0.666 1,其中 CCM2 最高,达 0.860 9,CCM7 最低,为 0.317 3。香农指数平均值为 1.552 1,最高为标记 CCM17,达 2.125 7,最低为标记 CCM18,达 0.631 0。多态信息含量平均值为 0.639 2,最高为标记 CCM2,达 0.845 1,最低为标记 CCM7,为 0.299 3。当 $PIC>0.5$ 时,为高度多态性位点;当 $0.25<PIC<0.5$ 时,为中度多态性位点;当 $PIC<0.25$ 时,为低度多态性位点。由表 2.17 可知,各位点的 PIC 范围在 0.299 3～0.845 1 之间变动,平均值为 0.639 2。所有位点的 PIC 均在 0.25 以上,而 $0.25<PIC<0.5$ 的位点有 3 个,是 DIK4842、CCM7、CCM18,占全部微卫星标记的 25%;$PIC>0.5$ 的位点有 9 个,占全部微卫星标记的 75%。说明所选择的微卫星标记均具有较丰富的多态性。

表 2.17 微卫星的群体遗传学分析

标记名称	观察等位基因数	有效等位基因数	观察杂合度	期望杂合度	平均杂和度	香农指数	多态信息含量
CCM2	11	7.166 7	0.773 1	0.860 9	0.860 5	2.100 4	0.845 1
DIK4842	10	1.793 7	0.427 1	0.442 7	0.442 5	0.954 6	0.418 4
CCM4	16	5.052 2	0.725 5	0.802 4	0.802 1	2.008 5	0.782 6
NLBCMK38	12	2.180 4	0.425 7	0.541 6	0.541 4	1.210 1	0.516 7
CCM5	17	5.550 8	0.786 0	0.820 2	0.819 8	1.944 8	0.797 1
DIK1057	9	3.053 1	0.608 4	0.672 8	0.672 5	1.325 6	0.615 4
DIK41.3	15	4.141 8	0.694 8	0.758 9	0.758 6	1.672 8	0.727 1
CCM6	16	4.238 5	0.414 2	0.764 4	0.764 1	1.833 5	0.736 7
CCM7	18	1.464 5	0.327 5	0.317 3	0.317 2	0.716 4	0.299 3
BMS2522	20	5.521 9	0.966 0	0.819 3	0.818 9	2.101 1	0.798 3
CCM17	18	6.484 6	0.587 1	0.846 2	0.845 8	2.125 7	0.830 5
CCM18	7	1.529 8	0.230 8	0.346 5	0.346 3	0.631 0	0.302 8
均值	14.083 3	4.014 8	0.580 5	0.666 1	0.665 8	1.552 1	0.639 2
标准离差	4.144 2	1.993 4	0.218 3	0.200 2	0.200 7	0.560 8	

该研究采用的已报道标记是从 MARC 图谱(Ihara,2004)上查到的,多态性较为丰富,等位基因数均在 7 以上,其中 BMS2522 等位基因数最多 20 个,等位基因数最少的是 DIK1057,9 个。与国外研究相比,等位基因数相差最大的为标记 DIK4103 和 NLBCMK38,检测到的基因数分别为 15 个和 12 个,而 MARC 报道的仅分别为 5 个和 3 个。造成该研究与已有报道不同的原因可能有几方面:①试验群体公牛来自不同的国家(欧洲、北美、荷兰、德国等),群体特征不同;②也可能是前人在报道中将一些低频率的等位基因剔除。

通过新标记开发,使 10～46 cM 区间的标记密度达到了 2.8 cM。

为了验证所发现的新标记是否正确,对每个新标记进行了测序,每个标记随机选择两个样品,对其 PCR 产物直接测序。测序结果表明,CCM2 标记含有 TG 重复,CCM4 标记含有 CA 重复,CCM5 为 CA 重复,CCM6 为 TG 重复,CCM7 为 TG 重复,CCM17 为 TA 重复,CCM18 为 CA 重复。

2.4.2　BTA3 上奶牛重要性状区间定位

陈惠勇(2006)利用中国荷斯坦奶牛对 BTA6 上影响产奶性状 QTLs 进行了区间定位,刘锐、阴层层(2007)进一步采用 SNP 和微卫星作为标记对 BTA6 上 14 cM 区间内进行了精细定位。到目前为止,还没有人对中国荷斯坦牛群进行其他染色体上的产奶性状 QTLs 定位研究,也没有对其他性状进行 QTLs 定位研究。因此,有必要利用中国荷斯坦牛群目前可用的表型记录,对主要经济性状进行 QTL 定位,为后续的精细定位以及进一步的位置候选基因克隆提供基础,并寻找中国荷斯坦牛群中影响这些性状的优势基因型/单倍型,期望在未来奶牛分子育种中加以应用。

2.4.2.1　标记筛选

初芹(2008)参照 NCBI 公布的各微卫星标记在遗传连锁图谱上的位置和等位基因数进行初选,标记选择的依据是:①在染色体上均匀分布,平均间隔 5~10 cM;②扩增片段长度在 100~300 bp 之间,便于扩增和检测;③等位基因数大于 5,多态信息含量相对较高。最终选择了奶牛 3 号染色体上的 17 个微卫星标记,其信息详见表 2.18。根据不同微卫星扩增片段长度大小,进行组合,并携带不同的荧光标记加以区分,以降低荧光检测成本。选择了 FAM、HEX、TET 三种标记,ABI3700 自动测序仪检测,分别对应蓝色、绿色和黄色(实际为蓝色、绿色、黑色的混合色)。17 个微卫星分为 4 组。利用 ABI Prism GeneMapper3.0 软件完成基因型判定与数据导出到 Excel 文件,准备下一步的整理与统计分析。

表 2.18　NCBI 公布的 17 个微卫星位点的位置、等位基因数、杂合度、片段长度及引物序列

标记名称	位置/cM	杂合度	等位基因数	片段范围/bp	引物序列
DIK4651	0.47	0.88	10	186~212	F:CATTTTGTTTGATTCTGAAGTGTG R:CAGGGGATCTTTCTGAACCA
DIK2860	8.286	0.73	9	204~226	F:TCCCACACCATTTGTTGAAA R:GGAGCCTGATGGGCTACTATC
DIK4604	17.088	0.54	7	226~240	F:CAGCTCCAAAAACCCTTGAA R:CTGGAGATTGGAGGTGGATG
ILSTS096	27.411	0.59	9	192~208	F:GTGACCTGGAGAAGTTTTCC R:ACCACGCTCTGACTTGTAGC
BMS482	34.038	0.58	9	137~157	F:ACTTCCCCAGTCTTCCCAGT R:TGGTGGACAGTCCCATACAG
BL41	43.292	0.54	10	236~258	F:CCTCTGCCATCTTTATTCCG R:AAGATCAACTTATTCCTCACAGTGG
DIK4353	52.459	0.74	6	151~165	F:TGAACTTTAGGGCAGCATGA R:AAGACTGAGATGTGGGGAAAA
MB099	59.360	0.56	11	160~184	F:CTGGAGGTGTGTGAGCCCCATTTA R:CTAAGAGTCGAAGGTGTGACTAGG

续表 2.18

标记名称	位置/cM	杂合度	等位基因数	片段范围/bp	引物序列
BMS937	67.982	0.65	8	133～155	F:GTAGCCATGGAGACTGGACTG R:CATTATCCCCTGTCACACACC
DIK1165	72.161	0.75	10	216～226	F:GTGTTGGAACGTTCATGCAAT R:TCCCTAAGTCAAATGTGTGTG
MNS～21	77.612	0.73	8	173～189	F:GAAAATGGATGCAGAACTTGTC R:CCTCTGGTCTTAACCTTTTCG
DIK4833	85.119	0.45	9	187～207	F:TGGCTTTAAATTTCCCTCCAA R:AGGGCTGAAAACAGATGTGG
BMS2145	93.827	0.52	7	148～164	F:GCAAATAACCTCCATATTGCTG R:ATGGAAGTGGCTTAAGTGTCC
BMS835	99.079	0.40	9	129～145	F:TCATGTGCATGGGGTTTG R:ATCTGCCTACCTGGGCATC
DIK2038	106.493	0.73	8	225～243	F:CACACGGCCCTCAATTCC R:AACTGGCGAATTCTGACTGG
DIK2904	116.001	0.75	9	182～202	F:TTCTTCTTTTGGCTGCTGCT R:TCTTGCCTGGAGACTTCTACG
DIK636	125.802	0.75	8	236～250	F:TCGTGGCACAATTCAGAAGA R:ATTTGCATATTCTGGATACTTCAT

2.4.2.2　试验群体

该研究共涉及 7 个奶牛重要经济性状,包括产奶量(milk yield,MY)、乳脂量(fat yield,FY)、乳蛋白量(protein yield,PY)、乳脂率(fat percentage,FP)、乳蛋白率(protein percentage,PP)、泌乳持续力(persistency,PC)、体细胞评分(somatic cell score,SCS)7 个性状。性状的表型记录和估计育种值由中国奶业协会数据处理中心提供。育种值估计使用了 2006 年从加拿大奶业网(CDN)引进的奶牛测定日遗传评估系统及国内现有生产性能测定数据。

泌乳持续力反映的是母牛在产奶高峰期过后能继续维持高产水平的能力(Jamrozik et al,1998)。对于两头 305 d 总产奶量相同的奶牛,泌乳曲线平滑的母牛要比曲线波动明显的母牛泌乳持续力高(Grossman et al,1999)。泌乳持续力的遗传力为 0.14～0.39,属于低遗传力性状,其计算公式为:产奶高峰期后第 108 天产奶量除以产奶高峰期产奶量(Weller et al,2006)。SCS 是反映乳房炎的重要指标,由体细胞数(somatic cell count,SCC),即每毫升牛奶中体细胞总数转换而来,转换公式为美国农业部推荐公式(Shook and Saeman,1983):$SCS = lg(SCC/100\ 000) + 3$。

2.4.2.3　标记的群体遗传学分析

首先对母牛进行亲子鉴定,剔除系谱错误的个体。对保留下来的 1 722 头母牛和 15 头公牛,使用 PopGene32(version1.3)(Yeh et al,1999)进行微卫星标记的群体遗传学分析。包括计算各标记的观察等位基因数、有效等位基因数、基因频率和基因型频率、杂合度及期望杂合度、香农指数、多态信息含量等参数。

2.4.2.4　连锁图谱构建

用 CRI-MAP 软件(version 2.4)(http://linkage.rockefeller.edu/software/crimap/)构

建了 3 号染色体的遗传图谱,使用的是 fixed 选项构建两个性别的平均值图谱。

CRIMAP 软件中用到的遗传图谱构建函数为 Haldane 图谱函数(Haldane,1919):

$$M = -\frac{1}{2}\ln(1-2r)$$

其中,M 为遗传距离,单位是 Morgan(M);r 为重组率。

2.4.2.5 QTL EXPRESS 连锁分析

QTL Express(http://qtl.cap.ed.ac.uk)(Seaton et al,2002)可以根据家系设计的不同进行针对性的分析,包括 F_2 分析,半同胞家系、全同胞家系(核心家系)、回交及 F_2 中嵌入回交家系等不同家系设计的分析模式。可以考虑各种环境因子(固定效应)对表型值的影响。选用半同胞试验设计时还提供了权重最小二乘分析,对观察值给出加权值。

针对奶牛,表型数据可以使用女儿产量离差(daughter yield deviation,DYD),也可以用估计育种值(estimated breeding value,EBV)。估计育种值可以对环境效应进行校正,剔除场年季以及胎次效应,计算更加简便。

该研究选择半同胞分析(Knott et al,1996),用母牛个体估计育种值作为观察值,权重等于育种值估值的准确性(accuracy),即育种值估值可靠性(reliability)的平方根。

QTL Express 软件数据分析采用了多标记回归模型:

$$EBV_{ij} = \mu + s_i + \sum_{t}^{n} b_{ik_t t} P_{ijk_t t} + e_{ij}$$

其中,EBV_{ij} 是第 i 头公牛第 j 个女儿的估计育种值;μ 是总体均值;s_i 是公牛效应,固定效应;b_{ik_t} 是位于位置 k_t,第 i 个公牛家系内的模型回归系数(QTL$_t$ 等位基因替代效应);P_{ijk_t} 是位于位置 k_t,第 i 个公牛家系第 j 个女儿继承 QTL$_t$ 这一等位基因的概率;t 是模型中考虑的 QTL 的个数(1 或 2);e_{ij} 是第 i 个公牛第 j 个女儿的随机残差。

模型中参数的估计采用最小二乘法,最佳模型的判定依据的是 F 检验,在所研究的区域内每隔一定距离间隔(该研究选择的是 1 cM)计算一次 F 值,检验统计量最大时所对应的染色体位置被认为是最可能的 QTL 存在的位置。F 值的计算公式如下:

$$F = MS_{QTL}/MS_{full}$$

其中,MS_{QTL} 是 QTL 的均方,$MS_{QTL} = (SS_{reduced} - SS_{full})/df$,$SS_{reduced}$ 假设 QTL 不存在时模型(reduced model)的剩余方差;SS_{full} 是如果 QTL 存在时模型(full model)的剩余方差,MS_{full} 是均方项,等于 SS_{full} 除以自由度,本研究为 1 692。

当假设 1 个 QTL 存在时,模型中 $t=1$。

F 值的显著性阈值确定采用了数据重排(permutation)技术。QTL Express 软件提供了三种水平的显著阈值:①比较水平(comparison-wise 或 single position),即对每个位置(每2 cM)进行标记-QTL 间相关分析,该阈值比较接近 F 分布阈值;②染色体水平(chromosome-wise),对每条染色体和性状之间进行标记-QTL 的相关分析,阈值高于比较水平;③基因组水平(genome-wise)或试验水平(experiment-wise),综合所有的染色体与性状进行标记-QTL 相关分析,该水平阈值是 3 个水平中最高的。该研究只对 1 条染色体进行分析,后两个水平的阈值计算结果完全一致。此外,QTL Express 软件还附带了自助抽样(bootsrap samples)法 (Visscher et al,1996;Ron et al,2001)估计 95％置信区间(CI95)。同时,可以对抽样次数进行选择,兼顾考虑到准确性和计算量问题,该研究选择 3 000 次。

估计 QTL 位置后,再对每个家系进行 QTL 等位基因替代效应的估计。QTL 等位基因替代效应显著与否的判定依据是 t 检验,自由度是每个家系内有信息的女儿数。如果 t 值大于 2 或某个阈值,则家系为性状显著家系,然后再对每个性状确定的显著家系重新进行 QTL 位置和效应的估算。

当假设存在 2 个 QTL 时,$t=2$。此时,QTL Express 软件考虑两种假设:假设 1,没有 QTL 存在;假设 2,只存在 1 个 QTL。检验也直接用 F 分布检测。当两个假设都被否定时,才能确认存在 2 个 QTL。

2.4.2.6 **MQREML 分析**

MQREML 软件(Zhang et al,1998)是针对半同胞和全同胞设计的 QTL 连锁定位软件。与 QTL Express 不同的是,利用 REML 完成性状的方差组分估计(Grignola et al,1996,1997;Zhang and Hoeschele,1998)。

采用的分析模型为:

$$EBV_{ij} = \mu + u_{ij} + \sum_{t}^{n} (\nu_{ijt}^1 + \nu_{ijt}^2) + e_{ij}$$

其中,μ 是总体平均;u_{ij} 是第 i 个公牛第 j 个女儿的多基因效应;ν_{ijt}^k 是第 i 个公牛第 j 个女儿在第 t 个 QTL 位置 QTL 等位基因 k 的效应,t 是考虑的 QTL 的个数;e_{ij} 是随机残差。

最佳模型的判定依据是 LR 检验,在所研究区域内,每 1 cM 计算一次最大似然值。LR 最大时的位置即为估计的 QTL 位置。LR 近似服从自由度在 1 和 2 之间的 χ^2 分布,并依此来判断检测统计量的显著性。LR 的计算公式为:

$$LR = 2\ln\left[\frac{L\max(1QTL)}{L\max(0)}\right]$$

其中,分数项的分子部分为备择假设存在 1 个 QTL 时的似然函数最大值;分母部分表示零假设没有 QTL 时的最大似然值。

此外,LOD 值也常作为判定 QTL 存在与否的指标:

$$LOD = \lg\left[\frac{L\max(1QTL)}{L\max(0)}\right]$$

1 个 LOD 值约相当于 4.605 2 个 LR 值。

MQREML 软件也可以同时考虑两个 QTL 存在的情况,即 t 取 2。为了检验是否存在两个 QTL,提出了三种假设检验:假设 1,没有 QTL;假设 2,QTL$_1$ 不存在;假设 3,QTL$_2$ 不存在。只有当 3 个假设都被否定,才可以确定同时存在这 2 个 QTL。本研究没有使用 MQREML 软件进行双 QTL 定位分析。

2.4.2.7 **GRIDQTL 分析**

GRIDQTL(http://www.gridqtl.org.uk/index.htm)(Seaton et al,2006)是在 QTL Express基础上加入最新计算方法改进的 QTL 定位软件。

GRIDQTL 软件方差组分分析是根据 George 等(2000)提出的基于"两步法"方差组分分析的 REML 方法,和 MQREML 软件原理基本一致,先计算 IBD 矩阵,然后借助 REML 法计算方差组分,不同的是 IBD 矩阵估计和方差组分估计的具体算法。前者是利用 Gibbs 抽样,后者是利用 RJ-MCMC 方法,并借助 LOKI(Version2. 4. 7)(Health,1997)软件来实现。

2.4.2.8　区间定位结果

1. 系谱鉴定

进行连锁分析之前,需要对女儿基因型与公牛基因型错配的标记进行整理和校正或剔除,以保证定位结果的准确可靠。导致出现公牛-女儿基因型错配的原因可能有以下几个方面:系谱记录错误;样品污染,采样或试验过程中的不规范、不严格导致的样品污染;判型错误,如由于软件的不完善、数据分析误差导致的。

对 15 头公牛及 2 220 头母牛 17 个位点的基因型进行了比对和统计分析。对 17 个标记分别总结,出现女儿与公牛基因型错配的个体数和比例见表 2.19。平均错配率 6.43%。其中错配率最高的标记是 MB099,达到 10.95%,其次是 BMS482,为 10.14%。同时,这两个标记也是等位基因数最多的标记,分别是 11 个和 13 个。

表 2.19　17 个标记错配比例

标记	错配个体数	错配比例/%
DIK4651	161	7.25
DIK2860	211	9.50
DIK4604	90	4.05
ILSTS096	213	9.59
BMS482	225	10.14
BL41	137	6.17
DIK4353	108	4.86
MB099	243	10.95
BMS937	74	3.33
DIK1165	128	5.77
MNS-21	147	6.62
DIK4833	102	4.59
BMS2145	37	1.67
BMS835	170	7.66
DIK2038	156	7.03
DIK2904	149	6.71
DIK636	76	3.42
平均		6.43

除了对不同标记公牛—女儿基因型错配比例进行了统计外,也对 15 头公牛家系的公牛-女儿错配的标记数累计进行了比较,比较结果如表 2.20 所示。可以看出,17 个微卫星标记出现 1 个错配标记的比例平均 20.56%,错配 2 个标记的比例 6.64%,3 个和 3 个以上的比例是 16.94%。

表 2.20　15 个公牛家系的 17 个位点公牛-女儿错配标记比例　　　　%

公牛	1 个标记错配比例	2 个标记错配比例	3 个或以上标记错配比例
546	11.18	9.87	24.34
94107	37.36	10.99	17.58
94108	28.67	13.29	12.59
94127	5.43	6.52	9.24
94160	28.95	8.77	31.58
94166	14.06	4.69	6.25
96015	26.56	1.56	20.31
96018	11.79	10.04	18.78
96044	8.78	2.03	27.70
96046	60.26	8.33	7.05
97314	9.71	8.57	15.43
98391	11.00	2.00	17.00
7175748	24.03	3.88	15.50
11100113	24.68	6.96	18.99
11199095	5.91	2.15	11.83
平均	20.56	6.64	16.94

该研究认为错配标记数小于 3 个的,可能是基因型判型错误导致的,属于试验误差,所以将错配的基因型作为缺失处理,即(0,0)。而错配标记数大于等于 3 个的女儿牛则认为可能是系谱记录错误(陈慧勇,2004),为了保证定位结果的可靠性,在后续的群体遗传学分析和 QTL 连锁分析前直接予以剔除。15 头公牛家系中,女儿系谱错误率最高的公牛达到 31.58%,最低 6.25%,平均为 16.94%。据悉,在欧洲奶牛群繁殖和育种记录中有 4%～25% 的比例是错误的(田菲,2003),因此,该结果属于正常范围。通过对基因型结果进行系谱鉴定分析并校正后,最终剩余 15 个公牛家系,1 722 头女儿。加上 15 头公牛,共有 1 737 个体的标记基因型信息。

2. 群体遗传学分析

各标记的群体遗传学分析结果见表 2.21。所有位点的等位基因数从 3～13 个不等,平均为 7.941 2 个。有效等位基因数在 1.646 2～4.198 4 之间,平均 2.948 9。标记 DIK1165 只有 3 个等位基因,这是因为 217bp 和 219 bp 两个等位基因片段附近有些个体出现杂峰 218 bp,影响到这两种等位基因的判定,所以对这两个片段进行合并,作为一个等位基因处理。通过处理,等位基因数降低,但该标记仍然有高的 PIC(0.554 6),说明该位点在群体中杂合子比例高。17 个标记中,除标记 DIK4606、DIK1353、BMS937、BMS2145 多态信息含量低于 0.5 外,属于中度多态标记,其他 13 个标记均属于高度多态标记,适合用于 QTL 初步定位研究。

表 2.21 17 个微卫星标记的群体遗传学分析

标记	观察等位基因数	有效等位基因数	观察杂合度	理论杂合度	多态信息含量	香农指数	片段范围/bp
DIK4651	10	3.008 3	0.647 7	0.667 7	0.605 8	1.287 1	186~206
DIK2860	7	3.780 1	0.738 4	0.735 6	0.725 1	1.548 9	206~226
DIK4604	6	2.011 7	0.500 2	0.503 0	0.477 9	1.050 3	226~238
ILSTS096	8	3.906 7	0.742 8	0.744 2	0.717 4	1.665 6	190~204
BMS482	13	3.818 6	0.750 5	0.738 3	0.696 2	1.561 1	139~157
BL41	7	2.562 9	0.596 6	0.610 0	0.564 6	1.235 9	234~250
DIK4353	6	2.389 1	0.588 9	0.581 6	0.492 3	0.995 5	153~167
MB099	11	4.198 4	0.790 2	0.762 0	0.724 9	1.592 2	162~180
BMS937	7	2.183 0	0.560 0	0.542 1	0.445 0	0.920 0	133~153
DIK1165	3	2.711 0	0.632 9	0.631 3	0.554 6	1.041 5	215~225
MNS-21	8	3.576 6	0.732 2	0.720 6	0.682 4	1.509 1	172~186
DIK4833	10	2.568 1	0.616 6	0.610 8	0.574 7	1.240 4	191~207
BMS2145	8	1.646 2	0.340 8	0.392 7	0.367 1	0.811 0	146~164
BMS835	7	3.416 4	0.725 9	0.707 5	0.658 0	1.400 0	129~147
DIK2038	9	2.776 0	0.639 7	0.639 9	0.584 8	1.216 8	221~239
DIK2904	8	3.396 7	0.709 3	0.705 8	0.673 8	1.508 5	189~207
DIK636	7	2.180 8	0.537 6	0.541 6	0.513 0	1.125 3	233~245
平均	7.941	2.948 9	0.638 2	0.637 3	0.591 7	1.277 0	
标准误	2.249	0.757 8	0.113 7	0.101 6		0.260 8	

从表 2.21 可知,标记 BMS482、DIK4833、DIK2038 比已报道的等位基因数多,但是,除了 DIK2038 外,其他两个标记的片段范围仍然在 NCBI 公布的片段范围之内。NCBI 公布的标记 DIK1165 等位基因数为 10,该研究确定为 3 个,因为分析的时候在这片段区域出现许多杂峰,导致 117 bp 等位基因与 119 bp 等位基因无法准确分辨,将两个片段作为 1 个等位基因考虑,所以等位基因数远远少于公布的 10 个等位基因。标记 DIK2904 和 DIK636 片段范围与公布数据出现了偏差,在 NCBI 公布的文件中 DIK2904 的片段范围是 182~202 bp,而本研究中得到的是 189~207 bp;DIK636 公布的数据为 236~250 bp,本研究中的结果为 233~245 bp。推测可能是由于不同的群体,微卫星侧翼序列不同导致的,但 QTL 定位考虑的信息是等位基因的杂合性,与片段长度无关,所以不会影响定位结果。

3. 遗传连锁图谱构建

用 CRI-MAP 软件构件了 3 号染色体的遗传图谱,各标记的位置和顺序如表 2.22 所示,并与 MARC04 图谱(Ihara 等,2004)公布的信息作了比对,并使用 CRI-MAP 软件的 flip option 选项对 MARC 图谱中标记的顺序也进行了验证。该研究构建的 BTA3 遗传图谱总长度要比 MARC04 图谱长 1 倍。标记之间的顺序除了 BMS2145 与标记 BMS835 的顺序发生了颠倒以外,其他标记的顺序都与公布的顺序一致。大量的研究用自身的试验群体构建的遗传连锁图谱都比美国 MARC 公布的图谱要长,并且存在或多或少的差异(陈慧勇,2004;Weller et al,2008),造成这种区别的原因是所使用的参考家系的结构不同和家系内子代的个数不同。查阅牛全基因组序列图谱(http://www.ensembl.org)验证了标记 BMS835 与 BMS2145 的先后顺序与 MARC04 图谱中是一致的。考虑到试验最初标记的选择就是依据 MARC04 图谱进行的,同时为了便于与其他人报道的结果进行比较,QTL 定位分析中还是选择以 MARC04 图谱为依据进行定位。实际上,当标记间的相互位置固定后,标记间的具体距离大小对 QTL 检测或效应的估计是没有实质性影响的(Haley and Knott,1992)。

表 2.22 **MARC04 图谱与 CRI-MAP 构建图谱上 17 个标记的位置**

标记	标记位置/cM	
	MARC04	本研究
DIK4651	0.47	0
DIK2860	8.286	22.2
DIK4604	17.088	34.6
ILSTS096	27.411	39.1
BMS482	34.038	60.4
BL41	43.292	83.7
DIK4353	52.459	94.7
MB099	59.36	107.2
BMS937	67.982	126.1
DIK1165	72.161	135.0
MNS-21	77.612	143.2
DIK4833	85.119	157.7
BMS2145	93.827	195.6
BMS835	99.079	170.4
DIK2038	106.493	216.6
DIK2904	116.001	244.0
DIK636	125.802	262.7

4. QTL 定位结果

(1)QTL Express 定位结果:通过网上提交数据,用软件对 15 个家系首先进行单性状单
QTL 定位分析。根据 17 个标记的信息含量推算得到 3 号染色体上每 1 cM 的信息含量如图
2.8 所示。所有位置的信息含量均高于 0.6,波动较为平缓,中间相对较高,两端相对稍低。

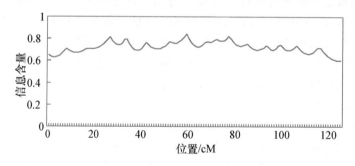

图 2.8 **15 个家系 BTA3 的信息含量**

选择 1 cM 步长,比较显著性水平,数据重排 3 000 次,对 7 个性状分别进行 QTL 效应分
析,定位情况见图 2.9(又见彩图 2.9)。F 检验的自由度 $df1$ 为 15,$df2$ 为 1 692。

QTL 等位基因替代效应的估计是针对 F 值达到最大的位置进行家系内分析,其显著性通过 t
检验来反映,自由度即家系内有信息的女儿数。通过对 7 个性状的检测,共发现了 7 个对不同性状
不同效应的显著家系($P<0.05$),见表 2.23。有研究(Weller et al,2008)指出,t 值绝对值大于 2 则
该家系为显著家系,但是限于该研究家系内公牛女儿数介于 52~164 之间,所以,如果 t 值大
于 1.96($t_{0.05}$),家系即为显著家系,目的是对显著家系分析时个体数多,定位结果更加准确。

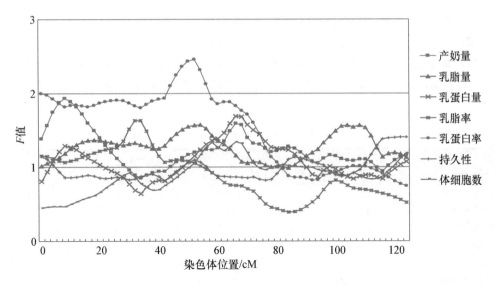

图 2.9 QTL Express 软件单 QTL 定位结果

通过表 2.23,可以看出产奶量、乳蛋白量和乳脂率性状达到 5% 单点显著水平;而乳蛋白率性状达到了 5% 的染色体显著水平($F_{0.05}=2.27$)。产奶量有 4 个显著家系,乳脂量有 3 个显著家系,乳脂量和乳蛋白量性状有 2 个显著家系,乳蛋白率只存在 1 个显著家系,泌乳持续力性状没有发现显著家系。

表 2.23 用 QTL Express 对 15 个家系的单 QTL 定位结果

性状	QTL 位置/cM	F 值	似然比	显著阈值($P<0.05$)	显著阈值($P<0.01$)	显著家系	效应估值	标准误	t 值
产奶量/kg	8	1.93*	28.82	1.65	2.05	11199095	−171.07	63.68	2.67
						7175748	253.45	101.74	2.49
						94127	145.39	69.28	2.09
						94108	151.31	76.04	1.99
乳脂量/kg	53	1.58	23.59	1.67	2.03	11199095	−8.34	3.28	2.54
						94166	−7.43	3.75	1.98
						94127	7.40	3.77	1.96
乳蛋白量/kg	67	1.7*	25.47	1.64	2.04	98391	−10.14	2.93	3.46
						11100113	6.44	3.02	2.13
乳脂率/%	33	1.65*	24.7	1.63	1.96	97314	−8.36	3.52	2.37
						7175748	−8.73	3.95	2.21
乳蛋白率/%	52	2.46**	36.69	1.72	2.10	7175748	−5.8628	1.54	3.81
泌乳持续力	125	1.41	21.05	1.71	2.08				

注:$ABS(t)\geqslant1.96$;显著阈值为单点显著水平阈值;* 达到 5% 单点显著水平,** 达到 5% 试验显著水平。

15 个公牛家系中,7175748 家系对产奶量、乳脂率、乳蛋白率性状效应显著;11100113 对乳蛋白量性状效应显著;11199095 和 94127 对产奶量和乳脂量效应显著;94108、98391 和 97314 分别对产奶量、乳蛋白量和乳脂率效应显著。

影响产奶量性状的 QTL 位置在 8 cM 处,即标记 DIK2860 附近。影响乳蛋白率的 QTL 位置为 52 cM,即标记 DIK4353 附近。影响乳蛋白量的 QTL 存在于 67 cM 附近,即标记

MB099 与 BMS937 之间。影响乳脂率的 QTL 存在于 33 cM 附近，BMS482 周围。由于标记平均间隔为 5～10 cM，并且受到家系数和母牛数限制，使得 QTL Express 软件定位结果 95% 置信区间跨度非常大，几乎覆盖整条染色体，所以文中没有列出。泌乳持续力性状没有发现显著家系，只对其他 6 个性状单 QTL 定位分析出的显著家系进行重新定位分析，结果见表 2.24。

表 2.24　QTL Express 对显著家系的 QTL 定位结果

性状	显著家系数	QTL 位置/cM	F 值	似然比	显著阈值 ($P<0.05$)	显著阈值 ($P<0.01$)
产奶量/kg	4	8	4.9**	19.29	3.57	4.69
乳脂量/kg	3	109	5.11*	15.07	4.07	5.55
乳蛋白量/kg	2	67	7.94**	15.29	5.04	6.94
乳脂率/%	2	31	4.96	9.72	5.01	7.04
乳蛋白率/%	1	18	6.73	6.5	7.40	10.87
泌乳持续力	0					

注：显著阈值为 5% 和 1% 试验显著水平(染色体水平)；* 达到 5% 试验显著水平，** 达到 1% 试验显著水平。

据 Spelman 等(1996)研究，由于单家系中的标记信息含量波动很大，而个别位点上的突出信息含量会导致 QTL 检验统计量出现最大值，所以有 70% 的 QTL 是基于单家系分析发现的。该研究用显著家系进行 QTL 定位，各性状定位曲线均出现较大幅度的波动，但是曲线波动趋势基本与 15 个单家系的 QTL 定位结果一致。

用显著家系定位产奶量、乳蛋白量和乳脂率 QTL，得到的最大 F 值位置与 15 个家系定位结果基本相同。产奶量和乳蛋白量达到了 1% 的试验水平显著。体细胞评分达到了 5% 的试验水平显著，乳脂率未达到显著。但是，乳脂量性状的峰值偏离到用所有家系定位结果的次峰位置，即 109 cM 处，并且达到 5% 试验显著水平。乳蛋白率性状在显著家系内的定位出现了明显的差异，主要是最大峰位置前移到 18 cM 处，在 48 cM 有一个次峰。这可能是由于该显著公牛家系女儿数少，只有 108 头，提供的信息量有限而导致的。

QTL Express 软件还提供了双 QTL 分析功能，所以该研究也对 7 个性状进行了双 QTL 定位。QTL 的位置及 F 值见表 2.25，F_1 表示的是零假设为不存在 QTL，备择假设 2 个 QTL 计算的最大 F 值，其自由度 $df=30$；F_2 表示的是零假设为存在 1 个 QTL，备择假设 2 个 QTL 计算的最大 F 值，其自由度 $df=15$。

表 2.25　QTL Express 软件的双 QTL 定位结果

性状	可能的 QTL 位置/cM		F 值	
	A	B	F_1	F_2
产奶量/kg	8	67	1.67*	1.41
乳脂量/kg	52	108	1.43	1.28
乳蛋白量/kg	8	67	1.39	1.07
乳脂率/%	57	62	1.44	1.22
乳蛋白率/%	0	52	2.01*	1.55
泌乳持续力	96	116	1.31	1.22
体细胞评分	59	125	1.39	1.42

注：* 达到 5% 显著水平。

查 F 分布表,$F_{0.05}(15,1707)=2.07$,$F_{0.05}(30,1707)=1.62$,表 2.25 中只有产奶量和乳蛋白率性状的 F_1 值超过阈值。只有当两个假设都被否定时,方可认为存在 2 个 QTL。所以 QTL Express 软件双 QTL 定位结果表明不存在同时影响 7 个性状的两个 QTL。但是,这并不能完全否定 3 号染色体上是否存在多个影响这 7 个性状的 QTL,还需要通过其他试验或统计方法来证明。

(2)GRIDQTL 定位结果:使用 GRIDQTL 软件(http://qtl. cap. ed. ac. uk/puccinoservlets/hkloaderLoki),通过网络提交基因型、遗传图谱以及育种值文件,选择重排 10 000 次、预热 1 000 次、间隔 5 次抽样、1 cM 步长移动,分别对 7 个性状进行 QTL 定位分析。图 2.10(又见彩图 2.10)给出了 7 个性状的定位情况。

可以看出,产奶量性状有两个峰值,分别位于 8 cM 和 60 cM 位置;乳脂量性状在 51 cM 有最高峰,在 108 cM 位置有一个次峰;乳蛋白量性状只在 59 cM 位置处有一个最高峰;乳脂率性状在 33 cM 位置有最高峰;乳蛋白率性状在 52 cM 处为最高峰,0 cM 位置出现一个次高峰;泌乳持续力的 LR 值在整个染色体上都低于 1。

泌乳持续力性状在整条染色体上的 LR 值都低于 1,没有发现 3 号染色体上存在影响这两个性状的 QTL。乳蛋白率性状在 52 cM 处,似然值最大,为 8.28。产奶量性状在 8 cM 位置处,有最大 LR 值 4.40;乳蛋白量性状在 59 cM 处 LR 值达到最大 5.5。表 2.26 给出了 LR 最大值及在染色体上的位置和对应的 LOD 值($LOD=LR/4.61$)。

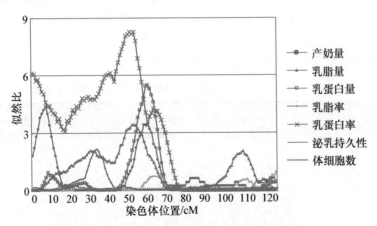

图 2.10　用 GRIDQTL 软件对 7 个性状的定位结果

表 2.26　GRIDQTL 估计 QTL 在染色体上位置及 LR 和 LOD

性状	QTL 位置/cM	似然比	LOD 值
产奶量/kg	8	4.40*	1.22
乳脂量/kg	51	3.42	0.74
乳蛋白量/kg	59	5.5*	1.19
乳脂率/%	33	2.12	0.46
乳蛋白率/%	52	8.28**	1.80
泌乳持续力	116	0.45	0.1

注:* 达到 $\chi^2_{0.05}$ 显著阈值,** 达到 $\chi^2_{0.05}$ 显著阈值。

查卡方分布表,如果自由度为 1,0.05 水平阈值为 3.841,0.01 水平阈值为 6.635;如果自由度为 2,0.05 和 0.01 水平阈值分别为 5.991 和 9.210。

如果选择自由度为 1 的 χ^2 分布,产奶量性状在 8 cM 位置,乳蛋白量性状在 59 cM 处达到 5%水平显著。乳蛋白率性状达到 1%水平显著。如果为了严格起见,选择自由度为 2 的 χ^2 分布阈值,6 个性状中只有乳蛋白率在 52 cM 位置达到 5%水平显著。

如果以最大 *LOD* 值为 −1,即最大 *LR* 为 −4.61,计算置信区间(96.8%置信度),那么产奶量性状的 QTL 置信区间为 0～22 cM 和 49～93 cM,乳蛋白率性状 QTL 置信区间为 0～66 cM,乳蛋白量的置信区间为 48～66 cM。如果以最大 *LOD* 值为 −0.83,即最大 *LR* 为 −3.83 来计算置信区间(95%置信度),那么影响产奶量性状 QTL 置信区间为 0～16 cM 和 49～67 cM;乳蛋白率性状的 QTL 置信区间为 25～57 cM,长度达 32 cM;影响乳蛋白量性状 QTL 置信区间为 50～66 cM。

许多年来,如何寻找影响数量性状的基因一直是令遗传学家们困扰的问题。况且,即使检测到潜在可能影响数量性状的基因,但由于其对总方差的贡献非常小,往往很难被发现。GRIDQTL 软件计算得到在 52 cM 处,QTL 效应对遗传总方差的贡献为 0.05。这也可能是为什么一直有报道 3 号染色体上存在影响乳蛋白率的 QTL,但是却迟迟没有找到相应的数量性状基因(QTG)和数量性状核苷酸(QTN)的原因。

(3)MQREML 定位结果:利用 MQREML 软件进行 QTL 定位时,受到该软件对内存的需求限制,所以仅选择了 QTL Express 分析显著家系。产奶量性状只选择了 3 个家系,其他性状依次是 3、2、2、1、1、0 个家系。同时,用 GRIDQTL 软件对显著家系也进行了分析。表 2.27 给出了这两种方法的最大似然比值及在染色体上的位置。

表 2.27　MQREML 和 GRIDQTL 对显著家系 QTL 的定位结果

性状	显著家系数	个体数	MQREML		GRIDQTL	
			QTL 位置/cM	*LR* 值	QTL 位置/cM	*LR* 值
产奶量/kg	3[①]	424	10	6.61*	8	7.46*
乳脂量/kg	3	436	56	6.21*	55	6.54*
乳蛋白量/kg	2	211	61	11.97*	62	6.96*
乳脂率/%	2	243	31	3.89	31	3.68
乳蛋白率/%	1	108	39	2.91	—	—
泌乳持续力	0					

注:[①]对产奶量性状 MQREML 软件分析了 3 个家系,GRIDQTL 软件分析了 4 个显著家系;* 达到 $\chi^2_{0.05}$ 显著阈值。

(4)三种方法定位结果的比较:QTL Express 软件是基于回归分析的,而 MQREML 软件则是基于约束最大似然法(REML)估计方差组分的。

Zhang 等(1998)研究结果显示,对于半同胞设计,用 REML 方法与回归分析方法估计的 QTL 位置,结果一致程度很高,该研究再次证实了这一结论。图 2.7 对这两种方法对 7 个性状的定位情况进行了比对,7 个折线图中,除了乳蛋白率性状同时给出了 5%试验显著水平和自由度为 2 的 χ^2 分布 5%水平阈值外,其他 6 个图只给出了 5%单点显著水平和自由度为 1 的 χ^2 分布 5%水平阈值。

无论用哪种定位方法,两者出现最大峰值的位置基本一致。但是,基于回归分析方法得到的曲线比较平缓,置信区间大,而基于方差组分估计的 QTL 定位方法得到的定位曲线更加突出,置信区间较窄。两种定位方法都将影响乳蛋白率性状的 QTL 定位在 52 cM 位置,并且达到了严格意义上的 5% 显著水平(QTL Express 分析为试验水平显著,GRIDQTL 分析为自由度为 2 的 χ^2 分布)。基于回归分析的 QTL Express 分析软件,对产奶量、乳蛋白量和乳脂率分别在 66 cM 和 34 cM 位置达到 5% 单点显著水平。基于 REML 分析的 GRIDQTL 软件,对产奶量和乳蛋白量分别在染色体 0　cM(标记 DIK4651 附近)和 59 cM 达到自由度为 1 的 χ^2 分布、5% 水平显著。

　　图 2.11(又见彩图 2.11)给出了 MQREML 软件、QTL Express 软件和 GRIDQTL 软件对显著家系定位结果的比较。由于 GRIDQTL 软件分析乳蛋白率性状时无法得到结果,原因是由于

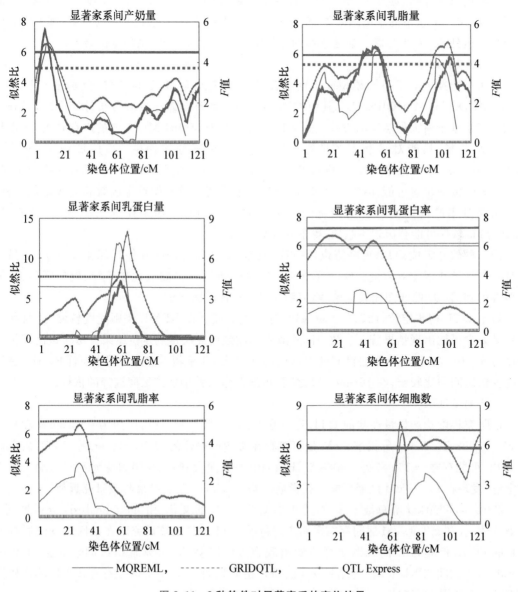

图 2.11　3 种软件对显著家系的定位结果

样本太小，信息太少，无法收敛。所以这两个性状只列出了两种方法的结果。

可以看出，产奶量性状在 8 cM 处（MQREML 软件结果为 10 cM 处）达到了显著。三种软件分析显著家系乳蛋白量性状分别在 61 cM、62 cM、67 cM 处达到显著。体细胞评分在 69（68）cM 处达到显著。乳脂量性状的 QTL 位置存在一定差异，QTL Express 软件最高峰出现在 109 cM，而在 61～62 cM 处出现次峰，但是用 MQREML 软件和 GRIDQTL 软件正好与此相反。这也证实了后面两个软件计算原理相同，与 QTL Express 存在差异。

对乳蛋白率性状显著家系（仅 1 个）分析结果与所有家系结果不一致，并且两种方法的结果也不相同，而且用 GRIDQTL 得不到结果。这表明家系数和家系内女儿数会影响定位的准确性。

对乳蛋白率性状，选择 $ABS(t)$ 排序前 4 个家系，分别是 546、94108、98391、7175748，重新进行计算，用 4 个家系的定位结果与 15 个家系定位结果完全一致，在 52 cM 位置，即 DIK4353 标记附近达到 5%水平显著。显著家系的分析结果验证了 15 个家系的定位结果。

2.4.2.9 讨论

该研究选择了基于不同模型或不同参数估计方法的 QTL 定位软件，分别是 QTL Express、GRIDQTL 和 MQREML。其中 QTL Express 软件是基于回归分析计算方法，另外两种软件则是基于最大似然法的方差组分估计方法。由于 MQREML 需要的内存较大，所以计算量受到限制，只能对显著家系进行 QTL 定位。在三种软件中，QTL Express 软件和 MQREML 定位结果稳定，多次分析结果之间不存在差异。但是 GRIDQTL 软件多次分析时，出现最大峰值的位置可能存在 0～8 cM 的差异。本研究通过增加重排次数和多次定位分析，选择出现概率最高的结果作为最终结果来克服这一困难。如果样本太小、信息量不足，GRIDQTL 软件可能会出现不收敛，得不到计算结果。

用三种软件定位 QTL 的峰值位置一致，但是，QTL Express 软件计算速度更快，而另外两种软件计算速度相对要慢。QTL Express 软件得到的 F 值曲线比较平缓、置信区间大，但后两者得到的 LR 曲线图比较陡峭、峰值明显、QTL 置信区间窄。

对于 QTL 初步定位，回归分析更稳定，计算更简便。而 REML 法则速度较慢，并且如果信息量太少可能出现结果落在参数空间外或者不收敛而无法得到定位结果。由于该研究标记密度为 5～10 cM，回归分析法得到的置信区间非常大，几乎覆盖整条染色体，而 REML 法计算的置信区间则比较窄，在 16～34 cM 之间，更适合作为精细定位区间选择的依据。

1. 产奶量性状

该研究将影响产奶量性状的 QTL 定位在 8 cM 位置，95%置信区间为 0～16 cM 和 49～67 cM。1998 年，Zhang 等报道 7 cM 处可能存在影响产奶量的 QTL，Heyen 等（1999）研究表明 QTL 可能存在于 16 cM 处。2008 年，Bagnato 等对澳大利亚、德国和意大利三个瑞士褐牛群定位，发现在 0～17 cM 区域可能存在影响产奶量 QTL。三者结果与该研究近似。

2004 年，Khatkar 等总结了 55 篇关于牛 QTL 定位的文章，用 meta-analysis 分析推断 3 号染色体上(56±8.6) cM 区间存在影响产奶量的 QTL。虽然该研究未在该区段发现影响产奶量的 QTL，但是，LR 曲线图次峰位置出现在 60 cM 附近，95%置信区间包含区间 49～67 cM，这一区间与 Khaatkar 等结果完全一致。由此推测，可能 BTA3 上存在 2 个影响产奶性状 QTL，但是用 QTL Express 软件的双 QTL 分析，结果不显著。

2. 乳脂量性状

该研究在 15 个家系分析中没有发现乳脂量性状 QTL。对乳脂量性状的 3 个显著家系分析,不同软件结果存在一定差异。QTL Express 软件最高峰值出现在 109 cM,而在 61~62 cM 处出现次峰,但是,用 MQREML 和 GRIDQTL 软件正好与此相反。2004 年,Ashwell 等将乳脂量性状 QTL 定位在 22~27 cM 区间,Olsen 等(2002)将之定位在 27.4 cM 位置。该研究结果与他人结果出现不同,与性状本身和家系结构有关。

3. 乳蛋白量性状

该研究对 15 个家系定位,QTL Express 分析在 67 cM 位置发现 1 个单点水平显著 QTL($P<0.05$);而 GRIDQTL 分析软件定位 QTL 位置在 59 cM 处,QTL 置信区间为 50~66 cM(95% 置信度)。对 2 个显著家系分析,MQREML、GRIDQTL、QTL Express 软件分别将 QTL 定位在 61 cM、62 cM、67 cM 处。Ashwell 等(2004)在以 54 cM 为最高峰,置信区间 43~64 cM 之间发现可能存在影响乳蛋白量的 QTL,其定位区间与该研究有所重叠。

4. 乳脂率性状

该研究对乳脂率性状用 15 个家系定位时,只有 QTL Express 软件在 33 cM 位置出现峰值,达到单点水平显著($P<0.05$)。但是显著家系分析却没有达到显著。鉴于本研究发现单家系分析女儿信息量不足,结果不准确,所以不曾对单个家系进行定位。如果增加这两个家系的女儿数,再进行 QTL 定位,则可以说明这一问题。

3 号染色体 17~54 cM 区间内多次报道过存在影响乳脂率的 QTL(Heyen et al,1999;Rodriguez-zas et al,2002;Plante et al,2001;Viitala et al,2003;Ashwell et al,2004),该研究定位结果落在这一区域范围内。

5. 乳蛋白率性状

该研究在 52 cM 位置处发现影响乳蛋白率性状的显著水平 QTL。奶牛 3 号染色体上微卫星标记 INRA003(59.5 cM)和 INRA006(17.088 cM)之间曾经多次被报道存在影响产奶性状的 QTL。1999 年,Heyen 等在 3 号染色体 52 cM 位置、TGLA263 附近发现了乳脂率和乳蛋白率 QTL;2001 年 Plante 等也在 53.5 cM 处发现了可能影响乳脂率和乳蛋白率的 QTL,置信区间为 34~54 cM;2004,Ashwell 等也报道在 54.1 cM 处,43~63 cM 之间存在可能影响乳蛋白率、乳蛋白量以及产奶量的 QTL。与该研究报道的峰值位置基本一致。该研究所用微卫星标记的平均间隔为 5~10 cM,家系内女儿数平均为 115,因此,得到的置信区间跨度非常大,用 QTL Express 软件分析达到 100 cM 以上,使用 GRIDQTL 分析,影响乳蛋白率性状的置信区间为 25~57 cM(95% 置信度)。2001 年,Ashwell 等在美国荷斯坦牛群中报道 3 号染色体 45.2 cM 处、标记 BL41 周围可能存在影响乳蛋白率的 QTL。

Lipkin(2008)认为,影响乳蛋白率性状的标记同样也会影响产奶量,但是 QTL 等位基因效应正好相反。Bagnato(2008)在 59.4~77.6 cM 区间发现可能存在同时影响产奶量和乳蛋白率的性状。而该研究在这一位置并未发现影响产奶量的 QTL。

Boichard 等(2003)利用 3 个牛品种、14 个公牛家系的 1 548 个公牛儿子发现 3 号染色体 24 cM 处存在影响乳蛋白率性状的 QTL,该 QTL 效应占总遗传方差的 7%,该研究用 GRIDQTL 软件定位的乳蛋白率性状 QTL 效应可以解释总遗传方差的 0.049。这表明 3 号染色体上确实存在影响乳蛋白率性状 QTL,但效应很小,需要借助更大群体、更丰富的标记信息进一步发掘研究。

6. 泌乳持续力性状

该研究对 15 个家系分析没有发现 3 号染色体上存在与该性状相关的 QTL。利用显著家系进行 QTL 定位,也没有发现泌乳持续力 QTL。前人对泌乳持续力的定位结果也未在 BTA3 上发现 QTL。

该研究无论是用基于回归分析的 QTL Express 分析软件,还是基于 REML 方差组分分析的 GRIDQTL 软件,都在 52 cM 位置发现达到显著水平的乳蛋白率性状 QTL(QTL Express分析为 5% 试验水平显著,GRIDQTL 为自由度为 2 的 χ^2 分布阈值)。用 GRIDQTL 软件得到的置信区间为 25~57 cM(95% 置信度)。所以建议下一步在该区域内增加标记密度,进行进一步的精细定位。

奶牛 3 号染色体上 ILSTS096(29.7 cM)和 BM819(36.7 cM)两个标记之间存在多个脂肪酸转运因子的基因,包括膜连蛋白 9 基因(annexin 9 protein,ANXA9)、脂肪酸转运蛋白 3 (fatty acid transport protein type3 gene,SLC27A3)、扣带蛋白基因(cingulin protein gene,CGN)和溶血磷脂酸磷酸酶蛋白基因(lysophosphatidic acid phosphatase protein gene,ACP6)。其中,ANXA9 蛋白是一种磷脂结合蛋白,是膜转运通路蛋白和钙离子膜蛋白家族成员之一(Morgan and Fernandez,1998)。SLC27A3 的功能是促进乙酰辅酶 A 对长链脂肪酸的活性,穿过质膜(Hirsch et al,1998;Pei et al,2004)。CGN 分子位于紧密连接的浆膜面(Citi et al,1991)。ACP6(80 ku)位于膜上,作用是水解溶血磷脂酸(lysophosphatidic acid,LPA),LPA 是一种生物磷脂,对细胞内磷脂代谢有重要意义(Hiroyama and Takenawa,1999)。2006 年,西班牙科学家 Calvo 等将 ANXA9 以及 SLC27A3 作为与绵羊乳脂量相关候选基因进行分析,结果推测可能存在与 SLC27A3 连锁的 QTL。同时,在 ANXA9 基因中发现一个 SNP,位于第 5 外显子(A→G 951),该突变导致氨基酸由组氨酸变成精氨酸,但是对这 4 个基因的研究没有在荷斯坦牛群中进行。

Perucatti 等(2006)对跨膜黏液素 1(transmembrane mucin 1,MUC1)基因进行 FISH 杂交,定位在 3 号染色体上 BTA3q13 位置,约位于遗传连锁图谱上 25 cM 附近。MUC1 在各种上皮和非上皮细胞中表达,并且有许多重要功能,如控制微生物、胚胎移植、奶的分泌以及癌症发生。这些在畜禽中具有重要意义(Hens et al,1995;Patton,1999)。

该研究将乳脂率 QTL 定位在 33 cM 为中心区域,因此,建议将 SLC27A3、ANXA9、CGN、ACP6 和 MUC1 基因在中国荷斯坦牛群中作为与乳脂相关候选基因进行分析。

2.4.3 BTA3 上奶牛重要性状精细定位

为了进一步缩短置信区间和寻找影响产奶性状和功能性状的 QTL,秦春华(2010)选取了 3 号染色体上 26~59 cM 为研究区段,即标记 BMS2904 到 MB099 之间的区段,基于前期研究(初芹,2008)确定的 7 个显著家系,采用 linkage-linkage disequilibrium(LA/LD)对 5 个产奶性状、SCS 以及泌乳持续力性状的 QTLs 进行了检测。

2.4.3.1 微卫星标记的选择

参照 NCBI 公布的各微卫星标记在遗传图谱上的位置、等位基因数以及杂合度等信息,在 3 号染色体上 BMS2904(26.053 cM)和 MB099(59.36 cM)之间的33 cM 区间内选取了 16 个微卫星标记,标记的平均密度为 2.08 cM。ILST096,BL41,DIK4353,MB099,BMS482 等 5 个标记在区间定位中已经有所涉及,其余 11 个标记为新增加标记(褚瑰燕,2008),标记信息见表 2.28。

表 2.28 **NCBI 公布的 16 个微卫星标记的位置(cM)、等位基因数、杂合度以及片段范围**

标记	位置/cM	等位基因数	杂合度	片段范围/bp
BMS2904	26.053	6	0.52	86~94
ILST096	27.411	9	0.59	192~208
DIK5119	30.614	7	0.35	190~210
DIK4196	31.802	10	0.71	187~212
DIK4403	32.523	12	0.78	158~206
BMS819	33.461	5	0.62	94~102
BMS482	34.038	9	0.58	137~157
DIK2434	37.472	11	0.63	244~278
MNB-86	40.944	11	0.69	143~182
BL41	43.292	10	0.54	236~258
TEXAN-9	45.415	6	0.53	157~169
BM723	46.041	9	0.61	105~171
MCM58	47.862	6	0.29	162~172
DIK4353	52.459	6	0.74	151~165
DIK2250	54.618	5	0.61	152~165
MB099	59.360	11	0.56	160~184

2.4.3.2 GRIDQTL 软件 LA/LD 分析

GRIDQTL(http://www.gridqtl.org.uk/index.htm)连锁分析(George Seaton et al,2006)是一网络在线分析软件,是在 QTL Express 基础上加入最新的计算方法改进的 QTL 定位软件,于 2008 年夏天正式对外公布,而且新增加了 linkage analysis and linkage disequilibrium(LALD)分析模块。

2.4.3.3 微卫星标记的群体遗传学分析

采用荧光引物-PCR 结合 ABI3700 测序仪荧光电泳扫描技术对 7 个公牛及其 1 298 个女儿共计 1 305 个个体的 16 个标记进行了基因分型。16 个标记的等位基因数在 5~13 之间,其中 DIK4403 的等位基因数最多为 13,BMS819 的等位基因数最少为 5;与 NCBI 所公布的结果相比较,标记 DIK4196、BMS819、DIK2434、MNB-86、TEXAN-9、MCM58、DIK4353、MB099 与其公布的等位基因数相同。该研究对标记 MNB-86、BMS2904、DIK4403、DIK4353 的引物进行了重新设计,因此判型结果与 NCBI 公布的结果差异很大。16 个标记都有不同程度的缺失,16 个标记的平均缺失数据为 14%,其中标记 DIK4403、BMS819、DIK24334 三个标记缺失数据都在 20%以上,这主要是由于 DNA 质量不好造成个别个体 PCR 效果不佳以及判型过程的误差造成的。使用 PopGene32 软件(ver1.31)统计每个标记的等位基因频率、杂合度和香农指数等指标;利用 Fortran 语言编写程序计算多态信息含量(polymorphism information content,PIC),群体遗传学分析结果见表 2.29。

从表 2.29 可以看出,16 个微卫星标记的杂合度在 0.44~0.89,平均杂合度为 0.66。其中标记 DIK2250 的杂合度最低,为 0.44;标记 DIK4196 的杂合度最高,为 0.89。与 NCBI 所公布的标记的杂合度相比较,只有标记 BMS2904 在本实验中的杂合度与 NCBI 公布的杂合度极为相近,其他标记都或多或少地存在差异,这可能是由于群体来自于不同遗传背景所造成的。

16 个标记的有效等位基因数在 1.69～5.83,其中标记 DIK2250 的有效等位基因数最低为 1.69,标记 DIK4403 的有效等位基因数最高为 5.83,16 个标记的平均有效等位基因数为 2.98,16 个标记的有效等位基因数比较低,可能是由于本研究群体家系数目少,造成大部分个体只有几种基因型;16 个标记的期望杂合度平均为 0.628 9,其中标记 DIK4403 期望杂合度最高为 0.828 6,标记 DIK2250 的期望杂合度最低为 0.409 6;16 个标记的多态信息含量平均为 0.59,其中标记 DIK4403 的多态信息含量最高为 0.803 8,标记 DIK2250 多态信息含量最低为 0.351 8。除了标记 BM723、标记 MCM58、标记 DIK2250 的多态信息含量低于 0.5 外,属于中低度多态,其他 13 个标记的为高度多态标记,可以用于 QTL 定位研究。

表 2.29　16 个标记的群体遗传分析结果

标记	有效等位基因数	期望杂合度	多态信息含量	香农指数
BMS2904	2.60	0.615 0	0.535 4	1.09
ILST096	4.04	0.752 8	0.723 6	1.66
DIK5119	2.25	0.556 0	0.516 0	1.11
DIK4196	2.92	0.658 3	0.599 5	1.26
DIK4403	5.82	0.828 6	0.803 8	2.00
BMS819	2.64	0.623 0	0.544 6	1.06
BMS482	3.94	0.746 7	0.706 5	1.56
DIK2434	3.61	0.723 6	0.702 5	1.71
MNB-86	2.94	0.660 7	0.600 2	1.35
BL41	2.54	0.607 3	0.559 1	1.21
TEXAN-9	2.34	0.574 0	0.514 3	1.02
BM723	1.78	0.437 6	0.412 2	0.89
MCM58	2.11	0.525 3	0.442 3	0.91
DIK4353	2.49	0.598 6	0.535 2	1.11
DIK2250	1.69	0.409 6	0.351 8	0.72
MB099	4.00	0.749 7	0.710 3	1.56
Mean	2.98	0.628 9	0.590 0	1.26
St. Dev	1.07	0.115 4	0.030 0	0.35

在该研究群体中,只有标记 DIK4196、标记 DIK4403、标记 BL41 在 7 头公牛中都为杂合子,三个标记的杂合度和多态信息含量都比较高;而标记 BM723 和标记 DIK2250 分别只在 4 头和 3 头公牛中为杂合子,这与上面所阐述的两个标记多态信息含量、杂合度低相吻合。

2.4.3.4　QTL 定位结果

该研究共得到 7 个公牛家系的 1 298 头女儿,最大家系数为 246 个,最小家系为 96 个,平均为 186 个。利用前面所阐述的 QTL 定位前的各种准备工作,为接下来的 QTL 连锁/连锁不平衡分析确定了试验群体的系谱、基因型、表型及其遗传图谱数据。

在利用 LA/LD 对影响数量性状的 QTL 进行定位时,第一步要计算 IBD 概率,即根据历史育种结构的假设来估计基础群第一世代单倍型 IBD 先验概率(Meuwissen and Goddard,2001),然后结合 DNA 信息估计基因间的 IBD 概率,再构建 IBD 矩阵,最后计算 QTL 等位基因方差协方差矩阵(QTL 等位基因的 IBD 矩阵与 QTL 等位基因效应矩阵的乘积)。QTL 检验的统计量为似然比(likelihood ration,LR),LR 近似服从与自由度(df)在 1 和 2 之间的卡方分布(χ^2)。当 $df=1$ 时,$\chi^2_{0.05}=3.841$,$\chi^2_{0.01}=6.635$;当 $df=2$ 时,$\chi^2_{0.05}=5.991$,$\chi^2_{0.01}=9.210$。QTL 置信区间的确定依据 LOD-drof 方法(Lander and Bostein,1989),即在估计的 QTL 位置左右各降低一个或两个 LOD 单位得到的区间长度,分别相当于 96.8% 和 99.8% 的置信度。其中 $LOD=\lg L(1QTL)/L(0QTL)$,$L(0QTL)$ 表示没有 QTL 存在时的最大似然值,$L(1QTL)$ 表示该 QTL 存在时的似然值,LOD 值与 LR 值的关系是 $LOD=LR/4.6052$。

1.产奶量 QTL 定位结果

图 2.12 给出了产奶量性状的 QTL 定位结果,横坐标为染色体位置(cM),纵坐标为似然比(LR)。从图中可以看出,在 16 cM 处,MARC04 遗传图谱中标记 MNB-86 到标记 BL41 之间,LR 达到最大为 4.76,LOD 值为 1.03,达到 0.05 水平显著($P=0.029$),该 QTL 可分别解释遗传方差、表型方差的 37% 和 2.8%,该 QTL 和多基因效应方差及遗传力如表 2.30 所示。

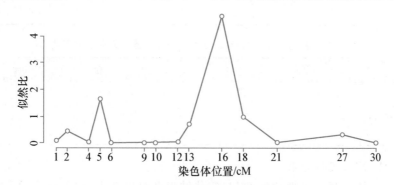

图 2.12 影响产奶量的 QTL 定位结果

表 2.30 影响产奶量的 QTL 在峰值位置的方差及其遗传力

方差组分	方差	遗传力	F_{QTL}
QTL	4 789.61	0.028	0.37
多基因效应	8 193.69	0.048	
环境	156 306		

注:F_{QTL} 为 QTL 效应解释遗传方差的比例。

2.乳脂量 QTL 定位结果

图 2.13 给出了产奶量性状的 QTL 定位结果。从图中可以看到两个峰,分别在 14 cM 和 27 cM 处,14 cM 即为 MARC04 图谱上标记 DIK2434 到标记 MNB86 之间 LR 达到最大值为 156.80,LOD 值 34.01,该值达到了自由度为 2 的 χ^2 分布 0.01 水平显著($P<0.001$)。该 QTL 可分别解释遗传方差、表型方差的 15% 和 1.1%;在 27 cM 处,也就是在 MARC04 图谱

上标记 DIK4353 到标记 DIK2250 之间 LR 达到最大值,为 49.02,LOD 值为 10.63,该值达到了自由度为 2 的 χ^2 分布 0.01 水平显著($P<0.001$),该 QTL 可分别解释遗传方差、表型方差的 19% 和 1.4%,这两个 QTL 以及多基因效应方差见表 2.31 和表 2.32。

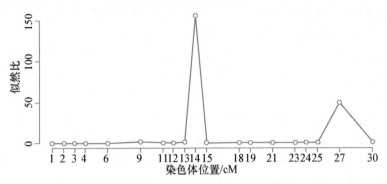

图 2.13　影响乳脂量的 QTL 定位结果

表 2.31　影响乳脂量的 QTL 在第一个峰位置的方差及其遗传力

方差组分	方差	遗传力	F_{QTL}
QTL	4.487 7	0.011	0.15
多基因效应	25.612 9	0.06	
环境	370.976		

表 2.32　影响乳脂量的 QTL 在第二个峰位置的方差及其遗传力

方差组分	方差	遗传力	F_{QTL}
QTL	5.547 9	0.014	0.19
多基因效应	24.296 2	0.06	
环境	371.734		

3.乳蛋白量 QTL 定位结果

图 2.14 给出了乳蛋白量性状的 QTL 定位结果。可以看出,在所选的区间内,各个点的 LR 都低于 2,在此区间内没有发现影响乳蛋白量的 QTL。

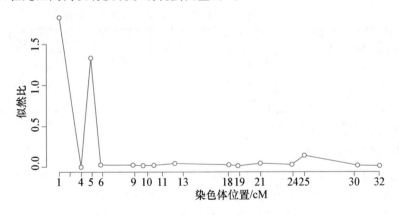

图 2.14　影响乳蛋白量的 QTL 定位结果

4.乳脂率定位结果

图 2.15 给出了乳脂率性状的 QTL 定位结果。可以看出,在 4 cM 处,也就是 MARC04 上标记 ILSTS096 到 DIK5119 之间 LR 值达到最大为 11.96,其 LOD 值为 2.59,该值达到了自由度为 2 的 χ^2 分布 0.01 水平显著($P<0.01$),该 QTL 可解释遗传方差、表型方差的 5% 和 0.7%,此 QTL 及其多基因方差及其遗传力如表 2.33 所示。

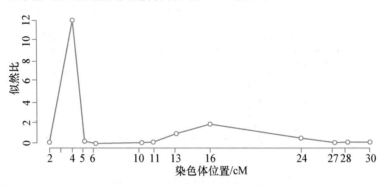

图 2.15　影响乳脂率 QTL 定位结果

表 2.33　影响乳脂率的 QTL 在峰位置的方差及其遗传力

方差组分	方差	遗传力	F_{QTL}
QTL	2.372 1	0.01	0.05
多基因效应	44.678 3	0.13	
环境	308.433		

5.乳蛋白率 QTL 定位结果

图 2.16 给出了乳蛋白率性状的 QTL 定位结果。可以看出有两个峰。在 1 cM 处,标记 BMS2904 和 ILST096 之间 LR 值达到最大为 437.26,LOD 值为 94.85,该 QTL 可分别解释遗传方差、表型方差的 28%、5.4%;在 22 cM 处,标记 MCM58 和 DIK4353 之间 LR 值达到最大为 48.92,LOD 值为 10.61,两个 LR 值都达到了自由度为 2 的 χ^2 分布 0.01 水平显著($P<0.01$),该 QTL 可分别解释遗传方差、表型方差的 17% 和 0.8%,这两个 QTL 的效应及多基因效应方差见表 2.34 和表 2.35。

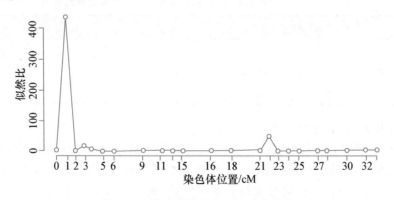

图 2.16　影响乳蛋白率 QTL 定位结果

表 2.34　影响乳蛋白率的 QTL 在第一个峰位置的方差及其遗传力

方差组分	方差	遗传力	F_{QTL}
QTL	2.896 2	0.1	0.28
多基因效应	7.627 9	0.15	
环境	43.133 6		

表 2.35　影响乳蛋白率的 QTL 在第二个峰位置的方差及其遗传力

方差组分	方差	遗传力	F_{QTL}
QTL	0.386 3	0.008	0.17
多基因效应	1.833	0.037	
环境	47.824		

6. 体细胞评分定位结果

图 2.17 给出了体细胞评分性状的 QTL 定位结果。从图 2.23 中可以看出在 0.13 cM,标记 BMS2904 和 ILSTS096 之间 LR 值达到最大为 148.2,LOD 为 32.15,该值达到了自由度为 2,χ^2 分布 0.01 水平显著($P<0.001$),该 QTL 可分别解释遗传方差、表型方差的 1.5% 和 0.3%,该 QTL 及其多基因效应方差及其遗传力如表 2.36 所示。

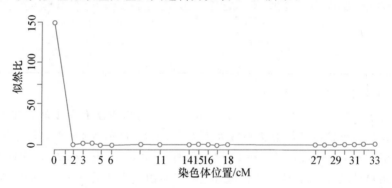

图 2.17　影响体细胞计数评分的 QTL 定位结果

表 2.36　影响体细胞评分的 QTL 在峰位置的方差及其遗传力

方差组分	方差	遗传力	F_{QTL}
QTL	0.219 5	0.002	0.015
多基因效应	13.99	0.18	
环境	63.55		

7. 泌乳持续力 QTL 定位结果

图 2.18 给出了泌乳持续力性状的 QTL 定位结果。从图 2.18 中可以看出,在 20 cM 标记 BM723 和 MCM58 之间 LR 值达到最大为,LR 值为 1.58,该值达到自由度为 2,χ^2 分布 0.05 水平显著($P<0.05$),该 QTL 可分别解释遗传方差、表型方差为 2.6%、1.5%,该 QTL 及其多基因效应方差及其遗传力见表 2.37。

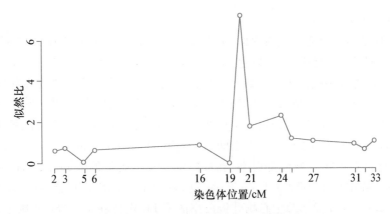

图 2.18 影响泌乳持续力的 QTL 定位结果

表 2.37 影响泌乳持续力的 QTL 在峰位置的方差及其遗传力

方差组分	方差	遗传力	F_{QTL}
QTL	0.140 7	0.009 5	0.026
多基因效应	5.251	0.353	
环境	4.095		

2.4.3.5 讨论

1.产奶量性状

该研究将影响产奶量的 QTL 定位在标记 42 cM 处(标记 BL41 附近)。2004 年,Khatkar 等总结了 55 篇关于牛 QTL 定位文章,用 meta-analysis 分析推断 3 号染色体上(56±8.6) cM 区间可能存在影响产奶量的 QTL,该研究与其结果存在一定差异。Rodriguez-Zas 等(2002)以 3 个美国荷斯坦牛家系为试验材料,采用孙女设计,将影响产奶量和乳脂率的 QTL 定位在标记 BL41 附近;Ashwell 等(2004)在 DBDR(dairy bull DNA repository)群体中,把影响产奶量性状的 QTL 也定位在标记 BL41 附近,与该研究结果完全一致。

2.乳脂量性状

该研究发现了两个影响乳脂量的 QTLs,分别在 40 cM(标记 MNB-86 附近)和 53 cM(标记 DIK4353 附近)。2004 年,Ashwell 等将影响乳脂量性状的 QTL 定位在 22～27 cM 区间;Olsen 等(2002)定位在 27.4 cM 位置。该研究结果与他人结果出现不同,可能与所用资源群体的家系结构不同或群体特异性有关。

3.乳蛋白量性状

该研究未发现影响乳蛋白量性状的 QTL。而 Ashwell 等(2004)报道在以 54 cM 为最高峰,置信区间 43～64 cM 之间可能存在影响乳蛋白量的 QTL;Heyen 等(1999)在北美荷斯坦奶牛群体中,在标记 ILSTS096(27.41 cM)附近发现影响乳蛋白量的 QTL。该研究之所以没有发现,一方面可能与所用群体有关,另一方面可能是该 QTL 效应太小,需要通过加大样本或者增加标记信息才能检测到。

4.乳脂率性状

该研究将影响乳脂率的 QTL 定位在标记 ILSTS096 附近。Heyen 等(1999)把影响乳脂率性状的 QTL 定位在标记 ILSTS096 和标记 BL41 附近,该研究与其部分结果一致,但与 Rodriguez-Zas 等(2002)结果不一致。

5.乳蛋白率性状

该研究发现了两个影响乳蛋白率的 QTLs,分别在 27 cM(标记 DIK5119 附近)和 48 cM (标记 MCM58 附近)。奶牛 3 号染色体上微卫星标记 INRA003(59.5 cM)和 INRA006 (17.088 cM)之间曾经多次报道存在影响产奶性状的 QTL,本研究结果也在此区间内检测到了 QTL。1999 年,Heyen 等在 3 号染色体上 52 cM 位置,TGLA263 附近发现存在影响乳脂率和乳蛋白率的 QTL;2001 年 Plante 等也在 53.5 cM 为中心发现存在可能影响乳脂率和乳蛋白率的 QTL,置信区间 34～54 cM 之间;2004 年,Ashwell 等也报道 54.1 cM 为中心区,43～63 cM 之间存在可能影响乳蛋白率、乳蛋白量以及产奶量的 QTL。2001 年,Ashwell 等在美国荷斯坦牛群中报道 BTA3 上 45.2 cM 处,标记 BL41 周围可能存在影响乳蛋白率的 QTL。Rodriguez-Zas 等(2002)把影响乳蛋白率的 QTL 定位在 ILSTS096 附近,与该研究的结果是一致的。

6.泌乳持续力和体细胞评分性状

该研究将影响泌乳持续力性状和体细胞评分性状的 QTL 分别定位在 46 cM(标记 BM723)和 26 cM(标记 BMS2904)附近。对于影响泌乳持续力性状的 QTL,国外还没有报道,而对于影响体细胞数和体细胞评分性状,国外研究结果主要集中于染色体的后半段区域 (Rupp et al,2003;Viitala et al,2006)。在该研究的资源群体中,发现了新的影响体细胞评分的 QTL。

2.5　奶牛产奶性状全基因组关联分析

随着人类、小鼠、奶牛等物种全基因组序列的公布、高通量 SNP(single-nucleotide polymorphism)芯片技术的发展和商业化,基于高密度 SNP 标记的全基因组关联分析方法(whole-genome association analysis,WGAS)成为复杂(数量)性状功能基因鉴定的新策略和国际新趋势,其具有统计效力高、精细程度高等优点。近 5 年,在人类和小鼠的关联分析中已有大量报道,其 SNP 标记密度平均达到了 5～10 kb,因此利用全基因组关联分析结果可以直接获得特定的数量性状基因(quantitative trait nucleotide,QTN)而不是以染色体区间形式表示的 QTL,为进一步的功能基因鉴定和位置克隆研究提供精确依据。2007 年被称为"全基因组关联分析年",关于人类糖尿病、骨质疏松、鳞皮病等复杂性状的全基因组关联分析及相关统计方法的文章相继在《Science》、《Nature Genetics》等国际高水平期刊上发表。

2.5.1　奶牛全基因组关联分析研究进展

大量基因定位研究显示奶牛的 29 条常染色体上几乎均有对奶牛产奶性状和功能性状具有较大效应的 QTLs 存在。尽管由于研究群体、分析方法、显著阈值等差异使得主效基因的位置与效应在各个报道中有不同的结果,在这些所检测的主效基因染色体区段,究竟包括哪些影响乳脂和乳蛋白代谢的功能基因及其作用机理,目前国际上尚无明确定论。此外,绝大多数基于连锁分析/连锁不平衡分析(LA/LD)或同源相同(identical by descent,IBD)的 QTL 精细定位区间仍然精确度较低,远未达到位置克隆可操作化的程度。传统的候选基因分析虽然具有较高的统计效力,但是仅仅用于有限数量基因的分析,而对于低效应基因的检出率低、试验Ⅰ型错误率高。对相关基因的遗传效应以及对奶牛经济性状的调控和形成机理仍然缺乏多层面的系统研究,更无可靠定论。迄今为止,真正被鉴定的对产奶性状具有较大效应的基因只有DGAT1(BTA14)、OPN(BTA6)、ABCG2(BTA6)、GHR(BTA20)。

随着2008年牛高密度SNP芯片(Illumina BovineSNP50 BeadChip)的商业化,国际上奶业发达国家分别启动了应用GWAS策略进行奶牛经济性状基因定位的研究,目前已有10多篇报道出现,包括奶牛遗传病(Charlier et al,2008;Pant et al,2010)、双胎率(Kim et al,2009)、体型性状和功能性状(Kolbehdari et al,2008,2009)、初生重和妊娠期(Maltecca et al,2009)、产奶性状(Daetwyler et al,2008;settles et al,2009;Schennink et al,2009;Stoop et al,2009;Kolbehdari et al,2009)等。Feugang等(2009)基于美国荷斯坦牛全基因组关联分析结果进行了深入的位置候选分析,鉴定出精子整合beta 5蛋白(bovine sperm integrin beta 5 protein)为公牛繁殖性能的潜在主效基因。

在基因组标记检测方面,近年光纤微珠芯片技术快速成熟,国际上著名的芯片服务公司Illumina公司在与其他科研机构的合作下,开发出顶级高通量SNP基因分型系统,2008年研制成功基于BeadArray技术的牛商用芯片(BovineSNP50),包含54 000个SNP标记;最近又推出了更高密度牛芯片(BovineSNP800),包含770 000个SNP标记。同时,一些研究机构根据研究需要,还定制SNP芯片。

2.5.2 中国荷斯坦牛产奶性状全基因组关联分析

2.5.2.1 资源群体

姜力(2011)采用女儿设计资源群体,为14头荷斯坦公牛及其半同胞家系的2 093头女儿,其中每个公牛家系的女儿数为83~358头,均来自北京三元绿荷奶牛养殖中心下属的35个奶牛场。

5个产奶性状包括产奶量(milk yield,MY)、乳脂量(fat yield,FY)、乳蛋白量(protein yield,PY)、乳脂率(fat percentage,FP)和乳蛋白率(protein percentage,PP)。DHI记录及其估计育种值由中国奶牛数据处理中心和北京奶牛中心提供。

2.5.2.2 芯片及其质控

采用美国Illumina公司的高密度SNP芯片(BovineSNP50 BeadChip)进行了个体基因型检测。芯片基因型的质量控制主要依据两点:①个体剔除。基因型缺失超过10%,或SNP基因型孟德尔错误率大于2%。②SNP位点剔除。检出率小于90%,最小等位基因频率小于3%,严重偏离哈代-温伯格平衡,或最小基因型的个体数少于5。质控后剩余1 815个个体和40 220个SNP位点。质控分析之后,共得到了39 368个有效SNP标记的基因型。

2.5.2.3 GWAS模型

使用基于家系传递不平衡(L1-TDT)与基于混合模型的回归分析(MMRA)两种统计分析方法对单标记与产奶性状进行了关联分析。分析结果采用Bonferroni校正。

(1)L1-TDT分析模型为:

$$y_{tj} = \mu + s_t + \beta \cdot TDS_{tj} + e_{tj}$$

其中，y_{ij}是第 i 头公牛的第 j 个女儿的 EBV；μ 是总体平均数；s_i 是公牛 i 的固定效应；TDS_{ij} 是 $-1,0,1$ 的指示变量，表示某 SNP 位点从父亲到女儿的传递；β 是回归系数或者 SNP 的替代效应，e_{ij} 是残差。

（2）MMRA 分析模型为：

$$y = 1\mu + bx + za + e$$

其中，y 是所有女儿 EBV 的向量，b 是回归系数向量，x 是 SNP 基因型的向量，a 是剩余多基因效应向量，e 是残差。

2.5.2.4　GWAS 结果

采用 TDT 方法，在中国荷斯坦牛群体内共检测到 62 个基因组水平显著 SNP（$P<0.05$），位于奶牛第 5、11、14 和 20 号染色体上。其中 10 个产奶量 SNPs、1 个乳脂量 SNPs、5 个乳蛋白量 SNPs、36 个乳脂率 SNPs 和 10 个蛋白率 SNPs。见图 2.19（又见彩图 2.19）。

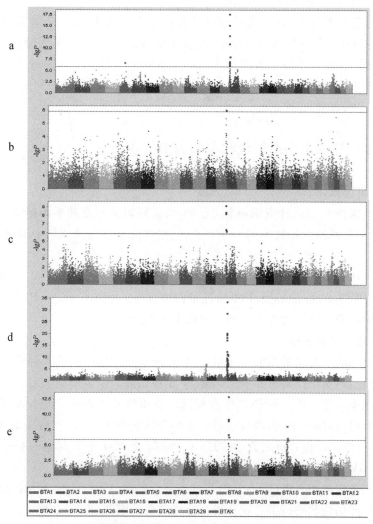

图 2.19　5 个产奶性状的全基因组关联分析结果（TDT 方法）

注：MY，FY，PY，FP 和 PP 的分析结果分别见 a，b，c，d 和 e；1～29 对常染色体和 X 染色体以不同颜色表示；纵坐标（$-\lg$）表示基因组显著水平（$P<1.23\times10^{-6}$）。

采用 MMRA 方法，在中国荷斯坦奶牛群体内共检测到 136 个基因组水平显著 SNP($P<$ 0.05)，位于奶牛第 1、2、3、5、6、8、9、14、20、26 和 X 染色体上。其中 18 个产奶量 SNPs、9 个乳脂量 SNPs、21 个乳蛋白量 SNPs、61 个乳脂率 SNPs 和 27 个蛋白率 SNPs。见图 2.20（又见彩图 2.20）。

基于 TDT 与 MMRA 两种统计方法检测同时达到显著的 SNP 位点共计 35 个。其中 34 个 SNPs 分布在第 11 号（1 个）、14 号（30 个）和 20 号（3 个）染色体上；一个 SNP（ARS-BFGL-NGS-18858）位于片段 un.004.115 上，染色体定位未知。以上 35 个 SNPs 中，与产奶量、乳脂量、乳蛋白量、乳脂率和乳蛋白率显著关联的 SNPs 分别为 8、1、5、32 和 8 个，见表 2.38。

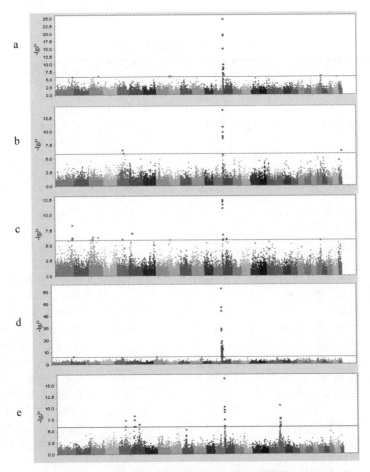

图 2.20　5 个产奶性状的全基因组关联分析结果(MMRA)

注：MY,FY,PY,FP 和 PP 的分析结果分别见 a,b,c,d 和 e；1～29 对常染色体和 X 染色体以不同颜色表示；纵坐标（−lg）表示基因组显著水平($P<1.23\times10^{-6}$)。

表 2.38　TDT 与 MMRA 方法检测得到的显著 SNP 数目

统计分析方法	产奶量	乳脂量	乳蛋白量	乳脂率	乳蛋白率	总计
L1-TDT	10	1	5	36	12	43
MMRA	18	9	20	60	27	101
两种统计方法	8	1	5	32	8	35

2.5.2.5 位置候选基因分析

通过生物信息学和比较基因组学分析发现:35 个显著 SNPs 位点中,12 个位于基因内含子区域;23 个位于基因侧翼区域,其中 19 个 SNPs 与相邻基因的距离小于 100 kb(9 个基因的距离小于 10 kb),SNP(Hapmap30383-BTC-005848)距离 C14H8orf33 基因仅 87 bp,最终确定了 28 个位置候选基因,其中 26 个基因为蛋白质编码类基因,1 个基因为 micRNA 基因(MIRN30D),1 个为假基因(LOC786966)。功能注释分为 7 类:调节机体营养成分代谢和平衡、细胞骨架或基质成分、调节细胞增殖和周期及凋亡、参与细胞信号转导和盐离子通道构成、具有激酶活性、参与 mRNA 转录调控、运输或脂肪颗粒蛋白转导及转录和翻译调控,见表 2.39。

表 2.39　24 个位置候选基因的信息

SNP 名称	显著性状	染色体	鉴定基因	距离	功能
ARS-BFGL-NGS-18858	乳脂率	未知	LOC529919	5 052 bp	编码蛋白,蛋白现为假定;结合作用
BFGL-NGS-119907	乳脂率	11	GFI1B	3 773 bp	编码生长因子依赖性 1β-类似蛋白;DNA 结合;金属离子结合;核酸结合;DNA 结合
Hapmap30381-BTC-005750	乳脂率	14	C14H8orf33	23 701 bp	编码 C8orf33 homolog 蛋白
Hapmap30383-BTC-005848	产奶量,乳蛋白量,乳蛋白率	14	C14H8orf33	87 bp	
BTA-34956-no-rs	乳脂率	14	ZNF7	3 479 bp	编码锌指蛋白 7;参与转录调控;DNA 结合,锌离子结合
ARS-BFGL-NGS-57820	产奶量,乳蛋白量,乳蛋白率,乳脂率	14	FOXH1	3 396 bp	编码叉头框 H1 蛋白;蛋白弯曲活性;R-SMAD 结合;启动子结合;转录因子结合
ARS-BFGL-NGS-34135	产奶量,乳脂率,乳蛋白率	14	CYHR1	within	编码半胱氨酸和组氨酸丰富蛋白 1;金属离子结合;泛素-蛋白连接酶激活;锌离子结合
ARS-BFGL-NGS-94706	乳脂量,乳脂率,乳蛋白率	14	VPS28	within	编码空泡蛋白整理相关蛋白;蛋白泛素化负调控;蛋白运输;ES-CRT-I复合物组成成分
ARS-BFGL-NGS-4939	产奶量,乳蛋白量,乳脂率,乳蛋白率	14	DGAT1	160 bp	编码甘油二酯酰转移酶激活;三酰甘油终合成的关键步骤
Hapmap52798-ss46526455	乳脂率	14	MAF1	within	编码 RNA 聚合酶Ⅲ转录 MAF1 抑制物同源蛋白;转录调控激活;mTORC1 磷酸化元件
ARS-BFGL-NGS-71749	乳脂率	14	OPLAH	3 237 bp	编码 5-氧-脯氨酸;催化 5-氧-L-脯氨酸分离形成耦合的 L-谷氨酸盐以使 ATP 水解为 ADP
ARS-BFGL-NGS-107379	产奶量,乳蛋白量,乳脂率,乳蛋白率	14	LOC786966	460 bp	假基因
ARS-BFGL-NGS-18365	乳脂量	14	EPPK1	15 242 bp	编码表皮松解性掌跖角化蛋白 1。蛋白结合;结构分子激活

续表 2.39

SNP 名称	显著性状	染色体	鉴定基因	距离	功能
BTA-35941-no-rs	乳脂量	14	ZNF623	8 779 bp	编码锌指蛋白 623;核酸结合;锌指结合
ARS-BFGL-NGS-26520	乳脂量	14	ZC3H3	within	编码锌指 CCCH 域携带蛋白 3;核酸结合;锌离子结合
UA-IFASA-6878	产奶量,乳脂量	14	GRINA	15 662 bp	编码谷氨酸盐受体相关蛋白 1
Hapmap25486-BTC-072553	乳脂率	14	GML	within	编码糖基磷脂酰锚定分子类似蛋白;细胞周期或凋亡过程调控
Hapmap29758-BTC-003619	乳脂率	14	CYP11B1	36 652 bp	编码线粒体细胞色素 P450;11B1 电子载体激活;结合;氧化还原酶激活
Hapmap30086-BTC-002066	产奶量,乳脂率	14	GLI4	1 776 bp	编码锌指蛋白 GLI4;DNA 结合;金属离子结合;锌离子集合
Hapmap30374-BTC-002159	乳脂率	14	RHPN1	within	编码 rhophilin-1 蛋白;GTP 酶调控激活;作为 Rho 信号的作用目标或将 Rho 转给其他分子
ARS-BFGL-NGS-22111	乳脂率	14	EIF2C2	25 806 bp	编码 AGO-2 蛋白;RNA 7-甲基鸟苷"帽子"结合;内切核酸酶激活,切开与 siRNA 结合的 mRNA;翻译起始因子激活
UA-IFASA-7269	乳脂率	14	EIF2C2	2 769 bp	
ARS-BFGL-NGS-100480	产奶量,乳蛋白量,乳脂率	14	TRAPPC9	within	编码运输蛋白微粒复合物亚基 9;随 IKK 复合物磷酸化增加 NF-kappa-B 激活剂;参与内质网到高尔基体的囊泡转移过程
Hapmap27703-BTC-053907	乳脂率	14	TRAPPC9	within	
UA-IFASA-6329	乳脂率	14	COL22A1	9 864 bp	编码胶原 XXII 型 α1 蛋白;FACIT 亚群的成分
ARS-BFGL-NGS-3571	乳脂率	14	COL22A1	within	
BFGL-NGS-110563	乳脂率	14	COL22A1	84 554 bp	
Hapmap27709-BTC-057052	乳脂率	14	LOC100138440	38 554 bp	编码核酸内切酶逆转录酶类似物(根据逆转录得到基因序列)
Hapmap30988-BTC-056315	乳脂率	14	LOC100138440	374 566 bp	
Hapmap32234-BTC-048199	乳脂率	14	KHDRBS3	124 471 bp	编码 KH 域携带,RNA 结合,信号转导相关蛋白 3;RNA 结合;SH3 域结合;蛋白结合;调控可变剪接
UA-IFASA-6647	乳脂率	14	KHDRBS3	within	
ARS-BFGL-BAC-8730	乳脂率	14	MIRN30D	221 420 bp	编码 miscRNA;识别目标 mRNA 合并导致目标 mRNA 转录抑制或使其不稳定
BFGL-NGS-118998	乳蛋白率	20	GHR	within	编码生长激素受体蛋白;生长因子结合;生长激素受体激活
BTB-00778154	乳蛋白率	20	C9	10 219 bp	编码补足元件 9;C9 是免疫受体的 MAC 成孔亚基
BTB-00778141	乳蛋白率	20	FYB	35 360 bp	FYN 结合蛋白;第二信使分子产生;免疫系统信号;TCR 信号

2.6 荷斯坦牛毛色性状基因定位

着色性状是区分不同动物品种或品系的重要外在特征。刘林(2009)即基于新西兰荷斯坦牛和娟姗牛杂交建立的 F₂ 群体进行了影响奶牛着色性状的 QTL 定位研究。性状表型数据采集自 F₂ 代个体的数码照片或现场测定。

2.6.1 资源群体及毛色性状度量

2.6.1.1 资源群体

研究所用资源群体由新西兰 BoviQuest 项目建立。项目参照 QTL 的定位原理及本地品种资源,按照 F₂-半同胞家系的混合结构进行新西兰荷斯坦与娟姗牛杂交,并将杂交群体命名为 HFJX(holstein-friesian jersey cross)群体,如图 2.21 所示。

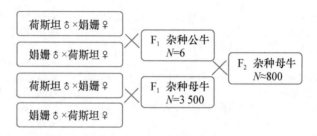

图 2.21　荷斯坦-娟姗牛杂交群体试验设计

按照计划选配,F₁ 代的 6 头公牛诞生于 1998 年,F₁ 代公牛父亲分别来自 3 头荷斯坦纯种公牛和 3 头娟姗牛纯种公牛,其遗传素质与同期进入后裔测定的公牛基本相当。F₁ 代杂种母牛则选自商业群体,群体规模为 3 500 头,F₁ 母牛父亲分别来自于荷斯坦牛和娟姗牛,其比例各占 50% 左右。F₁ 代母牛的具体选择标准包括以下 3 条:①具备完成的 3 代系谱信息;②个体育种值排名位于全国群体的前 10%;③父本与 F₁ 公牛父亲相同的母牛优先考虑。

在 F₁ 代的选配过程中,父本为荷斯坦牛的 F₁ 母牛选配父本为娟姗牛的 F₁ 公牛,从而以避免近交的发生,反之亦然。F₂ 代杂种母牛分两批出生于 2000 年和 2001 年,共计 907 头。经筛选,其中 850 头母犊牛育成进入泌乳阶段,由于生产和非生产的原因其中的部分母牛被淘汰,其余个体进行着色特征的数码照片及相关信息的采集。

针对上述 F₂ 代的杂种母牛,BoviQuest 项目设计进行包括着色特性采集在内的大量表型记录收集工作,具体包括产奶性状、繁殖性状、健康性状等。并定期(2 周)对个体发育的情况进行测定,包括体重、体况评分等。项目同时设计多项应激试验,对奶牛的抗性性状进行分析研究。本研究涉及的个体着色特征,即通过数码照片及人工记录的方式,在 F₂ 代母牛中进行采集。

2.6.1.2 着色性状收集及定义

研究所用着色性状的数据,主要通过现场人工测定或个体数码照片分析的两种手段进行获取。研究依据动物的着色特性对性状分别进行定义,将图形信息转化为分类或定量指数进行存储,实现图形特征的定量或定性描述,进而作为表型记录用于群体着色性状的 QTL 定位分析。试验群体杂交合成了荷斯坦牛与娟姗牛影响被毛颜色的相关遗传基础,并在 F$_2$ 代个体中充分分离表现。F$_2$ 代个体的毛色从浅黄褐色向黑色区分过渡,表型分离丰富且复杂。研究所用色彩空间包括:RGB 色彩空间,由红(red)、绿(green)、蓝(blue)构成;HSL 色彩空间,由色调(hue)、饱和度(saturation)、亮度(lightness)。每类色彩空间均使用对应的 3 条数据对象素点的色彩进行定义。具体测定步骤如下:

(1)利用图像软件,选取数码照片中动物躯干部的代表性色块。要求:选取色块代表动物主要的被毛颜色特征,且选定区域着色稳定,并包含尽可能多的像素点。

(2)基于图像软件,对选定色块内每个像素点的 RGB 色彩空间值进行测定。

(3)对选定色块内所有像素点的 R、G、B 值分别平均,获取色块的平均 RGB 色彩空间值。

(4)依照算法,将个体代表性色块的平均 RGB 色彩空间值转化为平均 HSL 色彩空间值。

(5)利用统计软件中的聚类模块(K-mean 法),基于两种色彩空间数据,分别对群体动物的被毛颜色进行聚类,实现对性状的分类定义。

数码照片的处理与聚类分析分别利用 ImageJ 和 JMP 软件的相关模块进行(Rasband 1997—2005)。结果表明,利用 HSL 色彩空间进行的毛色聚类定义,与视觉判定标准较为一致。因此研究基于 HSL 空间的聚类结果,将群体被毛颜色划分为 7 类,具体指数与颜色类别的对应关系如表 2.40 所示。本研究同时将 7 分类指数合并为 3 分类指数,以记录群体毛色的最基本差异。

表 2.40　被毛颜色的分类定义

被毛颜色(7)	样本含量	被毛颜色(3)	样本含量
土棕色	7		
黄棕色	23	棕色系	109
棕色	79		
混合	118	混合	118
棕黑色	192		
红黑色	307	黑色系	510
黑色	11		

1.躯干部着色特征的定义

在本试验群体中,动物躯干部的着色特征主要表现为以下三类:①全躯干着色(特定毛色);②背部全部着色(特定毛色),腹部白色(全部或斑状);③背部白色斑状着色(特定毛色),腹部白色(全部或斑状)。经分析,群体中背部有白色被毛发生的个体,腹部均有白色被毛发生,但区分为腹部全白或斑状着色两种形式。表型数据采集自 F$_2$ 个体数码照片,人工判定着色类型。部分个体由于难以明确界定性状的特征,分别剔除,参见表 2.41。

表 2.41　躯干部着色性状的分类定义

性状	性状定义	分类指数	样本含量	性状类型
背部白色被毛发生	未发生	0	476	二分类
	发生	1	252	
腹部白色被毛发生	未发生	0	218	多分类
	斑状	1	239	
	全白	2	251	

2.蹄部着色性状的定义

本研究所用 F_2 个体蹄部着色特征数据,利用人工方式对牛蹄部的着色程度进行定性采集。牛为偶蹄目动物,性状采集具体包括前后四肢的内侧蹄与外侧蹄,共 8 个测定点。由于操作难度较大,蹄底的着色程度仅取左前蹄进行人工评定。按照试验设计,该类性状由着色(pigmented)到不着色(unpigmented),按程度划分为 5 个等级。

表型数据的初步统计分析表明,个体同肢的内侧蹄与外侧蹄着色程度的相关系数高达 0.97,个体不同肢的蹄侧着色程度的相关系数高达 0.81,蹄侧与蹄底着色程度的相关约为 0.6。因此,研究将 8 个蹄侧检测点的着色程度数据进行求和,作为描述蹄侧着色特征(hoof pigmentation)的性状指数。蹄底着色程度(sole pigmentation)则作为单独性状进行分析。具体定义及样本含量参照表 2.42。

表 2.42　蹄部着色性状的分类定义

性状	性状分类				
	完全着色(1)	显著着色(2)	中度着色(3)	显著不着色(4)	完全不着色(5)
左前肢内侧蹄	616	41	43	43	33
左前肢外侧蹄	612	44	51	40	29
右前肢内侧蹄	594	42	55	39	46
右前肢外侧蹄	598	40	54	41	43
左后肢内侧蹄	583	39	52	50	52
左后肢外侧蹄	580	41	51	51	53
右后肢内侧蹄	601	40	45	52	38
右后肢外侧蹄	601	40	45	52	38
蹄底(左前肢)	531	28	24	11	159

注:表中数字为不同性状分类的样本含量(除括号内数字外)。

3.乳头部着色性状的定义

试验群体 F_2 个体乳头部的着色特性,同样人工采集自现场。研究分别设计定义 5 类不同乳头的着色特征,具体为全黑型、全棕型、全白型、黑白花型、棕白花型。研究共测定 812 头 F_2 代个体。除 43 头外,其余个体 4 个乳头的着色类型保持一致。该研究共设计 4 类基本指数,以存储观测到的动物乳头着色特征差异。其中,个体自身乳头着色特征存在差异的个体,其乳头的主要着色特征被定义为个体的乳头着色类型。具体定义参见表 2.43。

表 2.43　乳头着色性状的分类定义

性状	性状分类				
	全黑型(1)	全棕型(2)	全白型(3)	黑白花型(4)	棕白花型(5)
乳头着色类型	414	149	54	148	47
乳头斑状着色	全色型(0)=全黑型(1)+全棕型(2)				563
	斑状着色型(1)=黑白花型(4)+棕白花型(5)				195
乳头主颜色	黑色型(1)=全黑型(1)+黑白花型(4)				562
	棕色型(2)=全棕型(2)+棕白花型(5)				196
个体乳头着色特征一致性	一致性型(0)				769
	差异型(1)				43

注:表中数字为不同性状分类的样本含量(除括号内数字外)。

4.连续性状(白色被毛比例)的获取

白色被毛比例(white percentage)是奶牛着色性状相关研究所关注的重要性状。相关研究表明,由于对紫外线吸收的程度不同,在热带与亚热带地区,动物体表白色被毛的发育程度与奶牛生产性能和繁殖性状存在显著相关(Becerril et al,1993)。

同类研究中,白色被毛比例主要采用人工方式进行定性划分,即白色被毛的发生比例按程度人为划分为若干类别,转化为分类性状进行分析。上述方法存在很大的主观性,同时需要大量的现场测定时间。该研究基于数码照片的特点,利用图像处理软件对照片进行转化,进而对白色被毛比例进行定量测定。具体原理主要基于灰度图像(grayscale image)和灰度数据混合正态分布模型(gaussian mixture distribution model)的拟合技术。

5.灰度图像

灰度图像(grayscale image)仅对图像像素点的灰度值进行采样,每个像素点仅表示为最暗黑色到最亮白色之间的不同灰度。与黑白图像不同(在计算机图像领域中黑白图像只有黑色与白色两种颜色),灰度图像在黑色与白色之间设置多级的颜色深度。灰度数据通常采用8位二进制的空间进行存储。因此,具体可将灰度划分为256级。彩色图像通过特定算法即可转化为灰度图像,便于处理计算。灰度直方图(histogram)则是灰度级的函数,它表示图像中具有每种灰度级的像素点的个数,反映图像中每级灰度出现的频率。如图2.22所示,灰度直方图的横坐标是灰度级,纵坐标是该灰度级出现的频率,是灰度图像的最基本的统计特征。

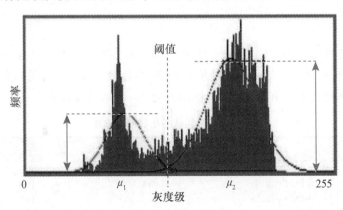

图2.22 二维混合正态分布的灰度直方图

6.混合正态分布模型的拟合

该研究利用 ImageJ 软件中由 Christopher Mei(2003,christopher. mei@sophia . inria. fr)开发的 Java 程序模块进行图片灰度级频率混合正态分布的拟合(Rasband,1997—2005)。本研究利用该模块将灰度图片对应的灰度直方图分割为两个正态分布,并对两正态分布的均值和方差进行估计。

两分布交点处的灰度级被采用作为两分布的分割阈值,如图2.23所示。原始图片每个像素点的灰度级均按照分割阈值进行判断,高于阈值计为白色像素点(255),低于阈值计为黑色像素点(0),进而将图片转化为黑白图片,完成比例分析。

7.白色被毛比例的测定

基于灰度图像和灰度直方图的混合正态分布拟合技术,该研究通过确定分割阈值,对测定个体的白色被毛比例进行判断。具体步骤如下：

(1)利用 ImageJ 软件将原始 JPEG 彩色图片(去除背景)转化为 8-bit 灰度图片。

(2)构建图片的灰度直方图,并利用二维混合正态分布拟合分布并确定分割阈值。

(3)按照分割阈值对图片像素点进行分析判断,转化为黑白图片。

(4)对黑白图片像素点进行统计,计算白色被毛比例。

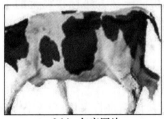 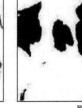

8-bit 灰度图片　　　　　　　　　　黑白图片

图 2.23　灰度图片与经转化的黑白图片

如图 2.23 所示,个体采集彩色 JPEG 照片(去除背景)被转化为 8-bit 灰度图片,进行通过灰度直方图混合正态分布拟合判断阈值,转化为黑白图片。经统计,图片(去除背景)总像素点为 30 196 个,其中判断为黑色着色像素点的个数为 14 325 个,因此各个体的白色被毛比例的计算如下：

$$\frac{(30\ 196 - 14\ 325)}{30\ 196} \times 100\% \approx 53\%$$

结合人工对动物图片的判定,在总计处理的 737 张个体图片中,537 个个体存在白色斑状着色的发生,即存在白色被毛的发生。经统计检测,白色被毛发生个体的白色被毛比例最小值为 2%,最大值为 89%,平均值为 16.1%,标准差为 18.1%,具体分布参见表 2.44。

表 2.44　白色被毛比例的分布表

白色被毛比例(WPCT)范围	样本含量
WPCT=0.0	200
0.0<WPCT≤0.1	190
0.1<WPCT≤0.2	129
0.2<WPCT≤0.3	72
0.3<WPCT≤0.4	65
0.4<WPCT≤0.5	39
0.5<WPCT≤0.6	14
0.6<WPCT≤0.7	14
0.7<WPCT≤0.8	11
0.8<WPCT≤0.9	2
总计	737

2.6.1.3　标记筛选和统计分析

该研究所用分子遗传标记及连锁图谱信息,由 BoviQuest 项目检测构建并提供。项目检测分子遗传标记共计 7 066 个,包括 294 个微卫星标记、6 769 个 SNP 标记以及 3 个单倍型标记。检测对象为群体内所有的 F_2 世代、F_1 世代个体以及 F_0 世代公牛(共计 1 679 个个体)。

其中,微卫星标记的基因型判定,利用荧光标记引物检测完成。3 个单倍型标记则包括：①由位于 X59856 座位(登录号:X59856)编码 α-s1 酪蛋白(alpha s1 casein,CSN1S1)基因序列的 6 517 bp 和 17 807 bp 两个多态位点(A_CAS_41_26,AS_CAS_192)构成的单倍型;②由位于 X14908 座位(登录号:X14908)编码 κ 酪蛋白(kappa casein,CSN3)基因序列的 5 345 bp 多态位点(K_CAS_148)构成的单倍型;③由位于 X14711 座位(登录号:X14711)编码 β 酪蛋白(beta casein,CSN2)基因序列的 690 bp、8 101 bp、8 219 bp 和 8 267 bp 四个多态位点(B_CAS_37,B_CAS_67,B_CAS_106 和 B_CAS_122)构成的单倍型(Arias et al,2009)。

研究所用 SNP 标记信息源自 Affymetrix 公司的牛 SNP 检测芯片(10 k)。项目总标记检出率为 99.25%,由于偏离哈迪温伯格平衡(Hardy-Weinberg equilibrium)、违背遗传规律或等位基因频率过低(<5%)等因素淘汰,连锁图谱最终涵盖共计 6 767 个 SNP 标记的相关信息(Arias et al,2009)。此外,研究所用连锁图谱包括两个影响奶牛生产性状重要候选基因的多态位点:①DGAT1 基因的 K232A(SNP)多态位点;②GHR 基因的 F279Y(SNP)多态位点。

由于标记密度大,连锁不平衡程度高,项目检测的 7 066 个标记被分别定位到 3 155 个连锁位置。常染色体相邻连锁位置间的平均距离达 1.01 cM,对应物理位置的平均间距为 1.25 Mb,具体染色体分布及平均间隔,参照表 2.45。

表 2.45 MLT5 遗传连锁图的标记染色体分布及标记平均间隔

染色体	检测标记数量	连锁位点数	染色体总长/cM	连锁位点平均间隔/cM
1	412	184	166	0.90
2	325	163	148	0.91
3	312	152	141.8	0.93
4	303	150	132.5	0.88
5	315	125	130	1.04
6	318	140	134.2	0.96
7	282	138	125.5	0.91
8	284	128	124.4	0.97
9	236	99	110.3	1.11
10	287	127	118.9	0.94
11	311	143	129.9	0.91
12	239	97	117.3	1.21
13	277	117	118.3	1.01
14	271	125	127.4	1.02
15	231	98	110.3	1.13
16	257	112	112.4	1.00
17	230	100	97	0.97
18	190	82	103.2	1.26
19	176	76	100.8	1.33
20	222	79	73.7	0.93
21	154	82	90.2	1.10
22	203	87	91.4	1.05
23	181	71	90	1.27
24	202	88	85.8	0.98
25	122	64	62	0.97
26	161	67	69.8	1.04
27	125	52	60.9	1.17
28	154	68	57.3	0.84
29	144	64	68	1.06
X	142	77	151.2	1.96
Total	7 066	3 155	3 248.4	1.03

该研究进行 QTL 定位所用连锁图谱具体为 BoviQuest-MLT5 遗传连锁图谱,该图谱综合参考标记的实际物理位置(Btau 4.0),利用 Crimap-flips 模块对标记的相对连锁顺序进行校正。由于篇幅所限,本文仅对所定位 QTL 的侧翼标记进行标注,具体连锁图谱的完整信息可参见所注参考文献的补充材料(Supplement 2)(Arias et al,2009)。

2.6.1.4 QTL 定位策略及相关统计方法

该研究 QTL 定位分析采用 BoviQuest 项目开发建立的数据分析平台(QTLANA)进行。该平台所用定位算法为基于利用多标记信息的最小二乘回归分析法(Haley et al,1994;Knott et al,1996)。基于相同原理开发的 QTL Express 软件平台(http://qtl.cap.ed.ac.uk),被广泛应用于动物 QTL 定位的相关研究,其可靠性广受认同(Seaton et al,2002)。由 BoviQuest 项目开发的 QTLANA 平台,为提高计算速度,同时保护知识产权,将 QTL 定位所基于的分子遗传标记基因型信息、遗传连锁图谱、定位策略及相关统计方法进行集成,提供了项目进行相关研究的基本模式。

针对项目试验群体的系谱结构特征(F_2-半同胞混合家系),QTLANA 平台提供基于 LOD(line of descent)分析模型及半同胞分析模型(half sib,HS)的两种定位策略。并同时开发计算显著性阈值的数据重排(permutation)模块以及 QTL 定位置信区间的自助再抽样(bootstrapping)模块。QTL 定位结果以数据或图形两种形式提供。

1. LOD(line of descent)模型

资源群体按照 F_2 系间杂交试验设计,基于荷斯坦牛和娟姗牛两个远交群体(ourbred line)进行构建。QTLANA 平台提供的 LOD 模型分析模块,利用多标记信息回归进行定位分析。该模型假设在两个远交群体中影响目标性状的 QTL 分别固定于不同的基因型。利用多标记信息对假设 QTL 位点的三种 QTL 基因型发生的条件概率进行推断,建立模型对 QTL 效应(加性效应和显性效应)进行回归计算。

着色性状表型数据直接进行模型的拟合及 QTL 相关参数的估计资源群体中,不同 QTL 基因型个体性状的期望均值用下所示(Falconer and Mackay,1996):

$$\mu_{QQ}=\mu+a;\mu_{Qq}=\mu+d;\mu_{qq}=\mu-a$$

QTLANA 平台的 LOD 模型如下所示:

假定 QTL 存在显性效应:$y_{ij}=\mu+a_j \cdot Pa_{ij}+d_j \cdot Pd_{ij}+e_{ij}$(加性显性效应模型)

假定 QTL 不存在显性效应:$y_{ij}=\mu+a_j \cdot Pa_{ij}+e_{ij}$(加性效应模型)

其中,y_{ij} 表示第 i 个女儿的着色性状表型值;μ 为总体均值;a 为假设 QTL 位于连锁图谱位置 j 时,QTL 的加性效应;d 为假设 QTL 位于连锁图谱位置 j 时,QTL 的显性效应;e_{ij} 为第 i 个女儿假设 QTL 位点 j 位置的随机残差。

Pa_{ij}、Pd_{ij} 为假设 QTL 位于连锁图谱位置 j 时,基于个体 i 给定标记信息($Marker_i$)的 QTL 基因型的条件概率函数,具体计算如下:

$$Pa_{ij}=P(QQ|Marker_i)-P(qq|Marker_i)$$
$$Pd_{ij}=P(Qq|Marker_i)$$

LOD 分析模型的核心就是利用标记信息构建模型,即基于检测遗传标记的信息,推断假定 QTL 位置的 Pa_{ij} 及 Pd_{ij}。针对特定位点,F_2 个体具备的基因型组合可能来自 4 个途径,即祖父(sire of sire,SS)、外祖父(sire of dam,SD)、祖母(dam of sire,DS)及外祖母(dam of dam, DD)4 个方向。对于能够明确推断个体基因型的血统来源组合的标记,在 LOD 分析中被称为全信息标记(full informative marker)。

2. HS(half sib)模型

LOD 模型分析的前提假设为,影响目标性状的 QTL 在两个远交群体中分别固定于不同的基因型。当上述假设不完全成立时,QTL 相应参数的估计会出现偏差,QTL 效应会被过低估计。本研究针对试验群体 6 个公牛半同胞家系的结构组成,利用 QTLANA 平台提供的半同胞模型定位模块进行半同胞家系 QTL 定位,对 LOD 分析的结果进行验证。该半同胞模型同样基于多标记信息回归的基本定位策略(Knott et al,1996)。相比较而言,半同胞(HS)模型可以进一步检测到在公牛半同胞家系中存在分离的 QTL,并进行相关参数的估计。如前文所述,本研究采用表型数据直接进行模型的拟合及 QTL 相关参数的估计。

QTLANA 平台的半同胞模型如下所示:

$$y_{ij} = \mu + s_i + b_{ik}P_{ijk} + e_{ij}$$

其中,y_{ij} 为第 i 头公牛的第 j 个女儿的着色性状表型值;μ 为总体均值;s_i 为公牛效应;b_{ik} 为假设 QTL 位于连锁图谱位置 k 时,第 i 个公牛家系内的模型回归系数,即 QTL 的等位基因替代效应;P_{ijk} 为假设 QTL 位于连锁图谱位置 k 时,第 i 个公牛家系内第 j 个女儿继承父亲特定配子的概率;e_{ij} 为第 i 头公牛的第 j 个女儿的随机残差。

针对上述半同胞模型的建立与分析,P_{ijk} 即假设 QTL 位于连锁图谱位置 k 时,第 i 个公牛家系内第 j 个女儿继承父亲特定配子的概率,是模型中利用系谱和标记信息推断的核心参数。在半同胞家系中,公牛处于杂合状态的标记可以为推断提供信息,纯合状态的标记则不提供信息。QTLANA 平台中半同胞模型模块的 P_{ijk} 即根据假设 QTL 位置两侧的信息标记进行计算,如下文例示(Knott et al,1996)。

3. 数据重排(permutation)

显著性阈值的确认和 QTL 定位位置的精确性估计是 QTL 定位分析的两个重要内容。本研究所采用的 QTLANA 分析平台,按照相关理论利用数据重排(permutation)和自助再抽样(bootstrapping)两种方法分别对上述两组参数进行计算,进而对研究 QTL 定位的显著程度和精确性进行评估。

理论上针对单标记或单个标记区间的 QTL 定位计算,其显著性检验仅需单独进行。在目前的实际试验群体中,QTL 定位往往基于大量的标记进行分析。本研究涉及 29 条常染色体及 1 条性染色体,共计检测标记数为 7 066 个,平均连锁座位间距为 1.01 cM。因此,针对基于多标记信息多区间所进行的多次显著性检验,就存在多重比较(multiple comparisons)的问题。即检验需要控制整个试验的试验水平错误率(experiment-wise error rate),进而替代单纯的比较水平错误率(comparison-wise error rate)(Weller,2001)。

利用的单染色体内多标记信息进行 QTL 定位分析时,由于标记之间存在连锁关系,多次检验间互不独立。因此,本研究采用数据重排(permutation)方法确定显著性阈值(Churchill and Doerge,1994)。数据重排的方式针对单条染色体可以确定单点水平(single position wise),即比较水平的显著性阈值;也可以确定染色体水平(chromosome wise),即试验水平的显著性阈值。QTLANA 平台考虑到多重比较的问题,针对单染色体采用染色体水平显著性

阈值进行显著性检验,具体步骤如下:

(1)将群体所有表型记录与基因型(依据基因型信息计算的模型参数)的对应关系进行随机重排,打乱既定顺序。

(2)针对特定染色体按照前文所介绍的模型求解及统计量构建方法,对若干 QTL 的假定定位点进行回归计算并记录统计量(F 值)。

(3)将 B 所计算的多个统计量(F 值)进行排序,并记录最大值。

(4)重复步骤(1)、(2)、(3)至指定数据重排次数(如 10 000 次)。

(5)将记录每次重排的统计量最大值进行排序。按照设定显著水平 α,排序后统计量自低而高的 $100 \cdot (1-\alpha)$ 百分位数,即为对应的染色体水平显著性阈值。

对于不存在相关的多个零假设检验,实验水平错误率可以通过 bonferroni 校正进行控制(Simes,1986),即 $\alpha_{EWER} = 1-(1-\alpha_{CWER})^m$($\alpha_{EWER}$ 为试验水平错误率,α_{CWER} 为比较水平错误率,m 为显著性检验次数)。本研究对着色性状的 QTL 定位研究对整个基因组进行,即所谓的基因组扫描(genome scan),且染色体间的显著性检验相互独立。因此,本研究检测 QTL 的基因组水平(genome wise)显著程度参照以下公式计算(de Koning et al,1999)。

$$P_{genome} = 1-(1-P_{chromosome})^{1/r}$$

其中,r 为特定染色体长度占染色体总长的比例。

4.自助再抽样(bootstrapping)

如前文所述,针对单条染色体而言,经过回归分析得到统计量(F 值)的位置被认为是 QTL 存在的可能位点。定位 QTL 位置的置信区间(confidence interval,CI)是衡量利用该 QTL 定位信息进行后续研究和标记辅助选择等工作价值的重要指标。本研究所采用的 QTLANA定位平台提供了基于放回式抽样策略的自助再抽样(bootstrapping)方法进行 95% 置信区间的估计(95%CI)(Visscher et al,1996b)。具体算法如下:

(1)对于样本规模为 N 的群体,有放回的抽取 N 条记录组建新的样本群。

(2)进行 QTL 定位分析,记录染色体内 QTL 的定位位置。

(3)重复步骤(1)、(2)至指定次数,如 1 000 次。

(4)获取 QTL 估计位置的频率分布。

(5)上述分布的上 2.5% 和下 2.5% 分位点所包含区间,即为 95% 置信区间(95%CI)。

2.6.1.5　着色性状定位结果

首先对研究定义的着色性状(表 2.46)进行 29 条常染色体及性染色体的全基因组水平扫描,为节约计算时间,染色体水平显著性检验利用 1 000 次数据重排(permutation)进行,进而确定可能存在显著 QTL 位点的染色体($P_{chromosome} < 0.05$)。针对首步确定的显著染色体,利用所述三类模型,进而对单条显著染色体进行分别定位分析,完成 QTL 定位曲线的绘制,同时利用 10 000 次数据重排(permutation)确定对应 QTL 的染色体显著性阈值。本部分所列结果的显著性判断标准以染色体水平为主,研究所定位 QTL 基因组水平的显著程度,利用前文所述公式计算,一并列出,以作参考。

1.影响躯干部着色性状的 QTL 定位结果

如表 2.47 所示,该研究所定义的躯干部着色性状包括被毛颜色、白色被毛比例等 5 个。经 LOD 模型及 HS 模型分析,影响被毛颜色性状的 QTL 分别被定位到 BTA6、BTA8、BTA9、

表 2.46 QTL 定位分析的着色性状汇总

体躯部位:着色性状	性状描述	性状类型
躯干部		
被毛颜色(7)	被毛颜色 7 分类定义	多分类性状
被毛颜色(3)	被毛颜色 3 分类定义	多分类性状
背部白色被毛发生	描述白色被毛在背部是否发生	二分类性状
腹部白色被毛发生	描述白色被毛在腹部的发生形式	多分类性状
白色被毛比例	白色被毛比例的测定计算值	连续性状
乳头部		
乳头主颜色	着色型乳头的黑色或棕色区分	二分类性状
乳头斑状着色	着色型乳头斑状着色类型的发生	二分类性状
乳头着色类型	乳头着色类型的 5 分类定义	多分类性状
乳头着色特征一致性	个体四乳头着色类型是否一致	二分类性状
蹄部		
蹄侧着色	蹄侧八个测定点着色程度之和	多分类性状
蹄底着色	蹄底着色程度的 5 分类定义	多分类性状

BTA15、BTA18、BTA23($P_{chromosome}<0.05$),如表 2.47、表 2.48 所示。其中,位于 BTA6(67 cM)和 BTA18(约 18 cM)的 QTL 在前文所述的 3 种定位模型中均达到极显著水平($P_{chromosome}<0.01$),如图 2.24 所示。其中,影响奶牛被毛颜色的 QTL 极显著定位于 6 号染色体的 67 cM 附近,通过自助再抽样(10 000 次)确定的 95% 置信区间仅为 3 cM(66~68 cM,LOD 加性模型)。对于被毛颜色的 3 分类和 7 分类定义而言,两组数据定位于 BTA6 和 BTA18 的 QTL 的位置完全相同,针对 3 分类数据回归所得 F 统计量(P 值)均高于 7 分类性状。如表 2.48 所示,影响被毛颜色(3 分类或 7 分类)的 QTL 分别被定位到 4 条染色体,显著程度均达到或接近 5% 染色体显著水平,但依性状不同显著程度不尽相同。

表 2.47 影响躯干部着色性状的核心 QTL 定位结果

BTA	性状	定位模型[1]			QTL 位置[2] /cM	侧翼标记
		A	A+D	HS		
6	被毛颜色(7)	*** (0.002)	*** (0.012)	** (0.062)	67[A]	rs41255468-rs29016956
	被毛颜色(3)	*** (0.000)[3]	*** (0.000)	** (0.025)	67[A+D]	rs41255468-rs29016956
	腹部白色被毛发生	*** (0.000)	*** (0.000)	*** (0.000)	84[A+D]	rs41255269-rs29021768
	背部白色被毛发生	*** (0.000)	*** (0.000)	*** (0.000)	84[A+D]	rs41255269-rs29021768
	白色被毛比例	*** (0.000)	*** (0.000)	*** (0.000)	82[A+D]	rs41255269-rs29021768
18	被毛颜色(7)	*** (0.000)	*** (0.000)	*** (0.000)	19[A+D]	rs41257060-rs29021176
	被毛颜色(3)	*** (0.000)	*** (0.000)	*** (0.000)	18[A+D]	rs41257060-rs29021176

续表 2.47

BTA	性状	定位模型[1]			QTL 位置[2] /cM	侧翼标记
		A	A+D	HS		
22	白色被毛比例	** (0.038)	** (0.131)		10[A]	rs29023153-rs29015804
	腹部白色被毛发生	*** (0.000)	*** (0.000)	*** (0.000)	53[A+D]	rs29018735-rs29019972
	背部白色被毛发生	*** (0.000)	*** (0.000)	*** (0.000)	53[A+D]	rs29018735-rs29019972
	白色被毛比例	*** (0.000)	*** (0.000)	*** (0.000)	53[A+D]	rs29018735-rs29019972

注:核心 QTL,即在两种定位模型以上达到染色体水平显著($P<0.05$)的 QTL。

[1] 定位模型:A=LOD 分析加性效应模型;A+D=LOD 分析加性显性效应模型;HS=半同胞分析模型;染色体显著水平 (* $P<0.05$; ** $P<0.01$; *** $P<0.001$);括号内标注数值为基因组显著水平。

[2] 定位 QTL 的连锁图谱位置,该 QTL 图谱位置产生自上标所注分析模型,并具备最大统计量。

[3] 分析 F 统计值高于数据重排(10 000 次)所产生的所有 F 统计值,基因组显著水平标注为 0.000。

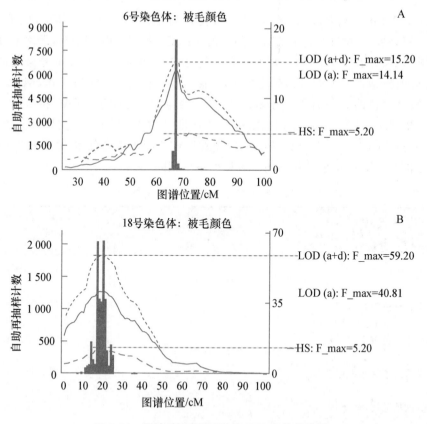

图 2.24　影响被毛颜色(3)的 QTL 定位曲线图

注:QTL 定位回归分析所得 F 值曲线(对应图谱位置),实线对应 LOD 分析加性效应模型,点状线对应 LOD 分析加性显性效应模型,虚线对应半同胞分析模型;所标记的 F_max 值为对应曲线的顶点值;柱状图表示 10 000 次自助再抽样(bootstrapping)的计数分布。

在 3 种定位模型中,影响背部白色被毛发生的 QTL 分别被定位到 BTA 2、BTA 6、BTA 12、BTA 14、BTA 17、BTA 22($P_{chromosome} < 0.05$),如表 2.47、表 2.48 所示。其中,位于 BTA 6(84 cM)和 BTA 22(53 cM)的 QTL 在研究利用的 3 种定位模型中均达到极显著水平($P_{genome} < 0.001$),如图 2.25 所示。在自助再抽样分析(10 000 次)中,定位于 6 号染色体 84 cM 处 QTL 的 95% 置信区间范围较大,跨度为 34 cM(60～94 cM)。定位于 22 号染色体 53 cM 处 QTL 的 95% 置信区间相对狭窄,再抽样定位于 53 cM 的样本数达到 6 000 次以上。

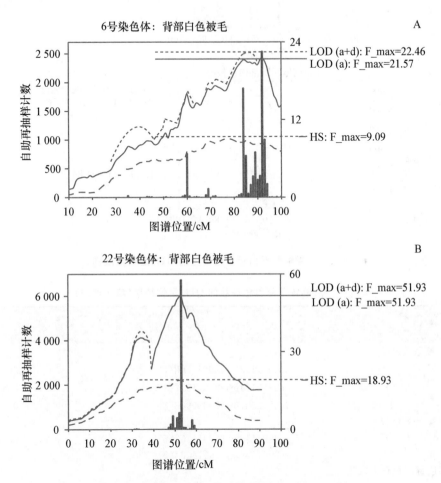

图 2.25　影响背部白色被毛发生的 QTL 定位曲线图

影响腹部白色被毛发生的 QTL 分别被定位到 BTA6、BTA8、BTA22、BTA27($P_{chromosome} < 0.05$),如表 2.47、表 2.48 所示。其中,位于 BTA6(84 cM)和 BTA22(53 cM)的 QTL 在研究利用的 3 种定位模型中均达到极显著水平($P_{genome} < 0.001$),如图 2.26 所示。

影响白色被毛比例的 QTL 分别被定位到 BTA6、BTA8、BTA18、BTA22、BTA27、BTA28($P_{chromosome} < 0.05$),如表 2.47、表 2.48 所示。其中,位于 BTA6(82 cM)和 BTA22(53 cM)的 QTL 在研究利用的 3 种定位模型中均达到极显著水平($P_{genome} < 0.001$),如图 2.27 所示。

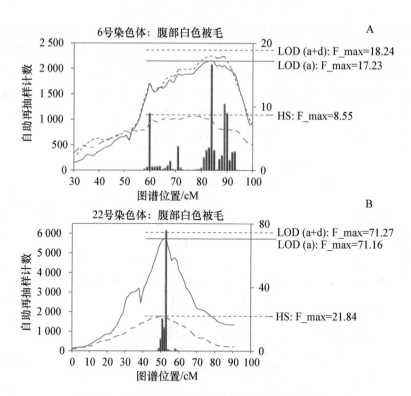

图 2.26　影响腹部白色被毛发生的 QTL 定位曲线图

表 2.48　影响躯干部着色性状的 QTL 定位结果(单一模型)

BTA	定位侧翼标记 (QTL 位置,cM)[1]	基因组 显著水平
性状:被毛颜色(3)		
8	rs29011135-rs29011552(62^{A+D})	0.568
9	rs29021716-rs29021712(16^{HS})	0.443
15	rs29025376-rs29009903(86^{A})	0.573
性状:被毛颜色(7)		
8	rs29011135-rs29011552(62^{A+D})	0.203
23	rs29015597-rs29014087(31^{A+D})	0.781
性状:腹部白色被毛发生		
8	rs29020469[2](72^{A+D})	0.497
27	rs29012478-rs29014895(12^{HS})	0.157
性状:背部白色被毛发生		
2	rs29012478-rs29011523(119^{A+D})	0.573
12	rs29010135-rs29011128(98^{HS})	0.606
14	rs29024440-rs29013602(125^{A+D})	0.393
17	rs29022880-rs29020967(3^{HS})	0.182
性状:白色被毛比例		
8	rs29020469(72^{A+D})	0.328
27	rs29012478-rs29014895(12^{HS})	0.287
28	rs29026743-rs29011573(11^{A+D})	0.794

注:[1]上标标注为获得对应显著 QTL 的分析模型,定义参照表 2.47 注。
[2]单个标记位于对应 QTL 的连锁图谱位置。

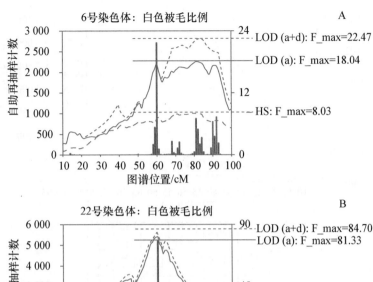

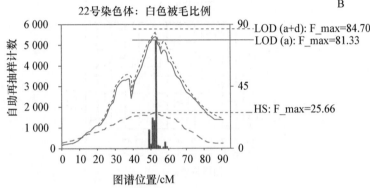

图 2.27　影响白色被毛比例的 QTL 定位曲线图

如图 2.27(B)所示,影响白色被毛比例的 QTL 被定位到牛 22 号染色体的 53 cM 附近,F 值在 3 个分析模型中分别为 84.7、81.33 和 25.66,达到染色体和基因组的极显著水平($P_{chromosome} <$ 0.001,10 000 次数据重排)。在半同胞分析中,针对特定家系的假定 QTL 位点的回归平方和被记录并绘制曲线。如图 2.28(A)(又见彩图 2.28)所示,3 号公牛家系的 22 号染色体内假定 QTL 位点的回归平方和曲线存在明显变化,并在染色体中部附近达到峰值(接近 53 cM)。BoviQuest 项目利用基于 EM 算法的单倍型推断策略,推断确定 F_1 代公牛的单倍型构成,如图 2.28(B)(又见彩图 2.28)所示。其中,3 号家系的 F_1 公牛在 53 cM 附近的 4 个标记均处于杂合状态,其他家系的 F_1 公牛则全部处于纯合状态。上述 4 个标记分别为:rs29019970、rs29019971、rs29019972、rs29011014,其中,前 3 个标记均被集成到牛基因组图谱(Btau 4.0)的 NW_001494103.2 重叠群(Config)。显著家系公牛父亲相邻标记的特征性连续杂合状态,与非显著家系公牛相同标记的连续纯合,是显著家系家系内 QTL 区段回归平方和出现峰值的标记信息基础。由于 F_2 代连锁不平衡的存在,回归平方和峰值范围相对最终的 QTL 定位区间较为宽泛,符合相关理论。

2. 影响乳头部着色性状的 QTL 定位结果

乳头部着色性状包括乳头主颜色,乳头着色类型等 4 个。在 3 种定位模型中,影响乳头主颜色性状的 QTL 分别被定位到 BTA2、BTA8、BTA16、BTA17、BTA18、BTA27($P_{chromosome} <$ 0.05),如表 2.49、表 2.50 所示。其中,位于 BTA18(18 cM)的 QTL 在 3 种定位策略(模型)中均达到极显著水平($P_{genome} <$ 0.001),如图 2.29 所示。

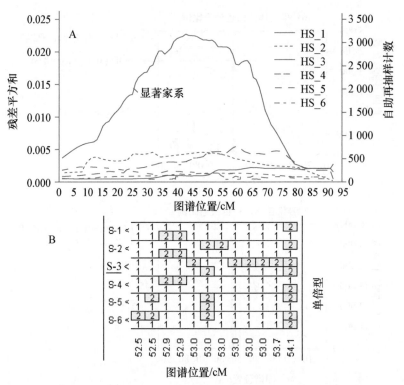

A. 半同胞 QTL 定位模型回归分析所得的回归平方和曲线（家系内的对应图谱位置），柱状图表示 10 000 次
自助再抽样（bootstrapping）的计数分布　B. 22 号染色体 52.5～54.1 cM 区段的 F₁ 代公牛单倍型组成

图 2.28　牛 22 号染色体影响白色被毛比例的 QTL 定位曲线（A）和 F₁ 公牛片段单倍型信息（B）

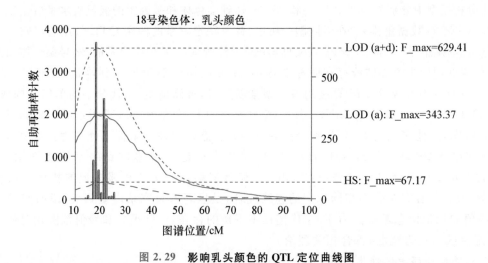

图 2.29　影响乳头颜色的 QTL 定位曲线图

　　影响乳头斑状着色性状的 QTL 分别被定位到 BTA 2、BTA 13、BTA 22、BTA 27（$P_{chromosome}$ <
0.05），如表 2.49、表 2.50 所示。其中，位于 BTA2(118 cM) 和 BTA22(53 cM) 的 QTL 在 3 种
定位策略（模型）中均达到极显著水平（$P_{chromosome}$ < 0.01），如图 2.30 所示。

表 2.49 影响乳头部着色性状的核心 QTL 定位结果

BTA	性状	定位模型			QTL 位置/cM	侧翼标记
		A	A+D	HS		
2	乳头斑状着色	*** (0.00*)	** (0.021)	*** (0.019)	118[A]	rs29012478-rs29011523
	乳头着色类型	** (0.112)	* (0.370)	** (0.029)	125[HS]	rs29013679-rs41257285
12	乳头着色特征一致性	* (0.362)	** (0.047)		20[A+D]	rs29018140-rs29014413
13	乳头斑状着色	* (0.543)		* (0.669)	65[A+D]	rs29014934-rs29026734
14	乳头着色特征一致性		* (0.695)	*** (0.203)	102[HS]	rs29015245-rs29023632
18	乳头主颜色	*** (0.000)	*** (0.000)	*** (0.000)	18[A+D]	rs41257060-rs29021176
	乳头着色类型	*** (0.000)	*** (0.000)	*** (0.000)	16[A+D]	rs29013721-rs29025667
	乳头着色特征一致性	*** (0.003)	*** (0.003)		39[A+D]	rs29025838-rs29025840
22	乳头斑状着色	*** (0.000)	*** (0.000)	*** (0.000)	53[A+D]	rs29018735-rs29019972
	乳头着色类型	*** (0.000)	*** (0.000)	*** (0.000)	53[A]	rs29018735-rs29019972

表 2.50 影响乳头部着色性状的 QTL 定位结果(单一模型)

BTA	定位侧翼标记(QTL 位置,cM)	基因组显著水平
性状:乳头主颜色位置		
2	rs29011172-rs29027494(71[A])	0.421
8	rs41256906-rs29025523(94[HS])	0.214
16	rs29016018-rs29017109(85[HS])	0.672
17	rs29025640-rs29023184(49[A])	0.474
27	rs29013387-rs29012622(11[HS])	0.761
性状:乳头斑状着色		
27	rs29013547-rs29027545(21[A+D])	0.492
性状:乳头着色类型		
12	rs29024639-rs29016194(9[A+D])	0.395
13	rs29014934-rs29026734(65[A])	0.484
21	rs29019577-rs29010232(88[A+D])	0.730
27	rs29016180-rs29023204(15[A+D])	0.811
性状:乳头着色特征一致性		
23	rs29011310-rs29023218(2[HS])	0.361
25	rs29015597-rs29014087(32[A+D])	0.802

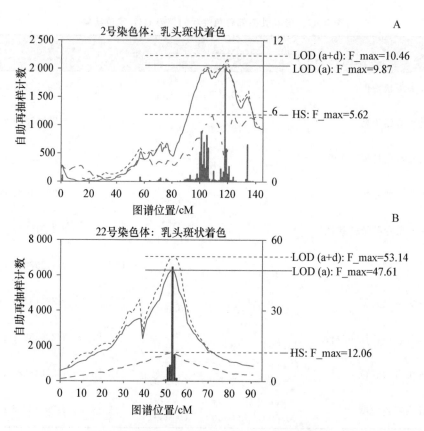

图 2.30　影响乳头斑状着色的 QTL 定位曲线图

具体影响乳头着色类型性状的 QTL 分别被定位到 BTA2、BTA12、BTA13、BTA18、BTA21、BTA22、BTA27（$P_{chromosome}$＜0.05），如表 2.49、表 2.50 所示。其中，位于 BTA2（118 cM）、BTA18（16 cM）和 BTA22（53 cM）的 QTL 在 3 种定位策略（模型）中均达到极显著水平（$P_{chromosome}$＜0.05）。乳头着色类型性状在定义上由乳头主颜色性状和乳头斑状着色性状合并而成，因此所定位到的 QTL 也集成了两者的核心 QTL 定位结果，其对应染色体的定位区间基本重合。

影响乳头着色特征一致性的 QTL 分别被定位到 BTA12、BTA14、BTA18、BTA23、BTA25（$P_{chromosome}$＜0.05），如表 2.49、表 2.50 所示。其中，位于 BTA12（20 cM）、BTA14（102 cM）和 BTA18（39 cM）的 QTL 在两种定位模型中均达到显著水平（$P_{chromosome}$＜0.05）。影响乳头着色特征一致性的 QTL 定位显著区段与其他性状存在显著偏差，与数据的严重偏态分布和性状自身的遗传基础有关。基于定位结果，该表型发生的遗传机制还需要相关研究的进一步探讨。

3. 影响蹄部着色性状的 QTL 定位结果

蹄部着色性状包括蹄侧着色和蹄底着色。影响蹄侧着色性状的 QTL 分别定位到 BTA2、BTA6、BTA15、BTA22、BTA27（$P_{chromosome}$＜0.05），如表 2.51、表 2.52 所示。其中，位于 BTA15（42 cM）和 BTA22（55 cM）的 QTL 在两种或两种以上的定位模型中均达到显著水平（$P_{chromosome}$＜0.05），如图 2.31 所示。

表 2.51 影响蹄部着色性状的核心 QTL 定位结果

BTA	性状	定位模型			QTL 位置/cM	侧翼标记
		A	A+D	HS		
6	蹄底着色	*** (0.002)	*** (0.021)	** (0.039)	60^A	rs29021881-rs29019530
15	蹄侧着色	* (0.568)	** (0.231)		42^{A+D}	rs29010133-rs29015680
22	蹄侧着色	*** (0.000)	*** (0.000)	*** (0.000)	55^{A+D}	rs41255207-rs29015008
	蹄底着色	*** (0.000)	*** (0.000)	*** (0.000)	53^{A+D}	rs29018735-rs29019972

表 2.52 影响蹄部着色性状的 QTL 定位结果(单一模型)

BTA	定位侧翼标记(QTL 位置,cM)	基因组显著水平
性状:蹄侧着色		
2	rs29027358-rs29011037(127^{HS})	0.246
6	rs29021881-rs29021264(60^A)	0.675
27	rs29012478-rs29014895(11^{A+D})	0.772
性状:蹄底着色		
14	rs29014519-rs29022146(113^{HS})	0.685
15	rs41257196-rs29020909(71^{HS})	0.737
16	rs29019509-rs29023033(39^{HS})	0.686
19	rs29027102-rs29020139(95^{HS})	0.722

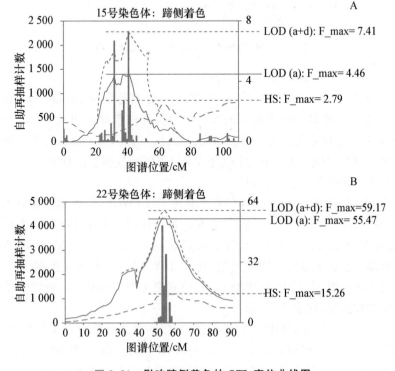

图 2.31 影响蹄侧着色的 QTL 定位曲线图

影响蹄底着色性状的 QTL 分别定位到 BTA 6、BTA 14、BTA 15、BTA 16、BTA 22($P_{chromosome}$ < 0.05),如表 2.44、表 2.45 所示。其中,位于 BTA6(60 cM)和 BTA22(53 cM)的 QTL 在 3 种定位模型中均达到显著水平($P_{chromosome}$ < 0.01),如图 2.32 所示。

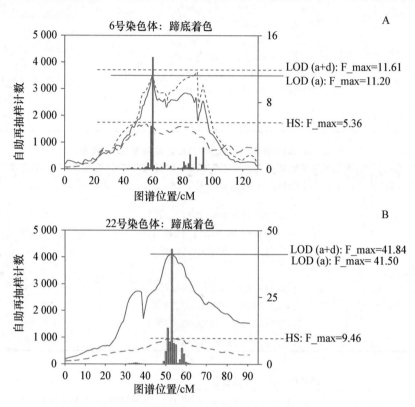

图 2.32　影响蹄底着色的 QTL 定位曲线图

4.影响白色被毛发生的核心 QTL 互作分析

在研究所采集的全部个体表型中,所有背部白色被毛发生(white spotting on back,WBA)的个体,其腹部必然存在白色被毛的发生。即腹部白色被毛的发生(white spotting on belly,WBE)是背部白色被毛发生的必要但非充分条件。因此,躯干部白色被毛的发生被分别定义为两类性状。研究利用数据重分组的方法,设计不同的数据组进行定位分析,期望对影响白色被毛发生的潜在遗传基础进行探讨。

如表 2.48 所示,全数据集中,影响背部白色被毛发生(WBA)和腹部白色被毛发生(WBE)QTL 均被定位到 BTA6 和 BTA22 两条染色体的对应区段。两个 QTL 均达到极显著水平(10 000 次数据重排,$P_{chromosome}$ < 0.001),分别被定位到 BTA6 的 84 cM 和 BTA22 的 53 cM 处。本研究将背部白色被毛发生的两种类型:发生型(WBA(1))和未发生型(WBA(0));腹部白色被毛发生的 3 种类型:未发生型(WBE(0))、斑状发生型(WBE(1))和全白型(WBE(2));分别组合成为新的数据集,如表 2.53 所示。

在腹部斑状白色被毛发生(WBE(1))的群体中,影响背部白色被毛发生的 QTL 仅显著定位到 BTA6 的后半部(LOD 模型,$P_{chromosome}$ < 0.05)。在腹部全白型(WBE(2))群体中,影响背部白色被毛发生的 QTL 被显著定位到 BTA22 的 53 cM 附近(三种模型,$P_{chromosome}$ < 0.05);在

表 2.53 重组数据集下对应性状的 QTL 定位结果

数据组[1]	定位性状[2]	样本含量	BTA6			BTA22		
			A[3]	A+D	HS	A	A+D	HS
全数据集	WBA(0,1)	728	***	***	***	***	***	***
全数据集	WBE(0,1,2)	708[4]	***	***	***	***	***	***
WBA(1)	WBE(1,2)	252				***	***	***
WBE(1)	WBA(0,1)	239	*	**				
WBE(2)	WBA(0,1)	251			***	**	***	*
WBE(0 ‖ 2) & WBA(0)	WBE(0,2)	289		*		**	**	
WBE(0 ‖ 1) & WBA(0)	WBE(0,1)	393				*	*	*

注:[1]数据集分类组合参照性状定义。其中"‖"表示逻辑"或";"&"表示逻辑"和"。
[2]定位性状(分类性状),同性状定义。
[3]A:加性效应模型;A+D:加性显性效应模型;HS:半同胞分析模型。
[4]部分照片由于腹部白色被毛类型难以判定,对应数据被剔除。
* $P<0.05$;** $P<0.01$;*** $P<0.001$。

半同胞模型中,该 QTL 被显著定位 BTA6 的 63 cM 附近($P_{chromosome}<0.001$),位置与 83 cM 有所偏差。在背部白色被毛发生(WBA(1))的群体中,影响腹部白色被毛类型(WBE(1,2))的 QTL 仅显著定位到 BTA22 的 53 cM 附近($P_{chromosome}<0.001$)。在背部白色被毛未发生(WBA(0))的群体中,影响腹部全白型被毛发生的 QTL 被显著定位到 BTA6 和 BTA22 的对应区段($P_{chromosome}<0.05$);影响腹部斑白型被毛发生的 QTL 被显著定位到 BTA22 的 53 cM 附近。

数据重新分组进行 QTL 定位分析的方法,通过对特定表型的控制,实现对应特定遗传背景的纯合,从而分析整体表型形成的遗传机制。在本研究中,背部白色被毛发生的遗传背景下,BTA6 对腹部白色被毛的发生没有显著影响,腹部白色被毛的发生类型仅由位于 BTA22 的对应 QTL 不同基因型区分控制。同样,在背部白色被毛未发生的遗传背景下,腹部斑状白色被毛的发生仅由位于 BTA22 的对应 QTL 基因型控制,而腹部全白着色的形成则需要 BTA6 和 BTA22 的 QTL 基因型综合控制。由于受研究方法的约束,该研究仅对 BTA6 与 BTA22 对动物着色性状的初步互作关系进行分析,结果表明位于上述两条染色体的对应 QTL 在着色性状的形成过程中起着重要作用,两者的特定互作模式决定了动物对应部位的特定着色特征。相关更深入分子水平工作的开展,对明确解释其作用机制具有必要和较高的科学价值。

5.着色性状定位的结论与讨论

利用基于多标记回归的基因组扫描方法,该研究对牛的 29 条常染色体和 1 条性染色体进行了分析。影响奶牛着色性状的重要染色体区段被定位到包括 BTA2、BTA6、BTA13、BTA15、BTA18 和 BTA22 在内的多条染色体。

综合文献报道,参考动物毛色的形成机制,该研究所定位的 QTL 可以在逻辑上被划分了两个功能组。第一功能组所含 QTL 主要影响着色的发生与程度,包括腹部白色被毛发生、白色被毛比例、乳头斑状着色、蹄侧着色等相关性状。第二功能组所含 QTL 主要影响着色的类型,包括被毛颜色和乳头主颜色等颜色相关性状。

6.影响奶牛着色发生与程度的 QTLs

影响奶牛着色发生与程度的 QTL 主要定位于奶牛 6 号染色体(BTA6)和 22 号染色体

(BTA22)处。其中,影响背部或腹部白色被毛发生的 QTL 均被定位于 BTA6 的 84 cM($P_{chromosome}<0.001$),影响白色被毛比例的 QTL 被定位到 BTA6 的 82 cM($P_{chromosome}<0.001$)处,在 MLT5 连锁图谱中距离定位位点最近的标记位于 84.5 cM,该位点存在 6 个处于高度连锁不平衡的 SNP 标记,对应物理图谱位置(Btau_4.0)位于 77.4~80.8 Mb 区间范围内。据相关研究,影响牛白色被毛比例的 QTL 被定位到牛 6 号染色体 83 cM 处,侧翼微卫星标记为 ILSTS097(65.9Mb,Btau 4.0)和 FBN14(78.4 Mb,Btau 4.0)(Reinsch et al,1999)。位于牛 6 号染色体约 72 Mb 位置的 KIT 基因(NC_007304.3,Btau 4.0)即 S 基因座,则被广泛认为对应 QTL 定位区段的重要候选基因(Grosz & MacNeil,1999)。

针对奶牛腹背白色被毛发生、白色被毛比例、蹄底着色进行 6 号染色体的 QTL 定位曲线表明,在该染色体 67 cM(Btau 4.0,约 72 Mb)附近和 84 cM 附近均存在影响相关性状 QTL 存在的可能。因此,本研究推测牛 6 号染色体可能存在两个 QTL 对奶牛的着色形成进行作用。进而也为解释位于 6 号染色体与 22 染色体 QTL 之间的互作提供了新的思考角度。相关研究的开展还有待于分子试验工作的进一步开展。

如定位结果部分所示,影响腹部或背部白色被毛发生、白色被毛比例、乳头斑状着色、蹄侧或蹄底着色多个奶牛着色发生或程度相关性状的 QTL 均被稳定显著定位到奶牛 22 号染色体 53 cM 处。白色被毛比例为本研究所采集的连续性状,在 LOD 分析加性效应模型中,影响白色被毛比例的 QTL 被定位到 22 号染色体 5 cM 的 95% 置信区间内(49~54 cM,10 000 次自助再抽样),在三种分析模型中 QTL 均被定位到 53 cM 处。

3 号公牛家系在半同胞模型回归分析中,由于家系内 QTL 效应部分的回归平方和随不同 QTL 位置存在显著变化,在 22 号染色体中部达到峰值。结合单倍型信息,3 号家系公牛 53 cM 附近连续 4 个 SNP(rs29019970,rs29019971,rs29019972,rs29011014)均处于杂合状态,其他家系则处于纯合状态。按照半同胞模型分析的理论,结合上述不同家系的定位结果,上述 4 个标记所提供的连锁信息是产生对应 QTL 定位结果的基础。其中,SNP 标记(rs29019970,rs29019971,rs29019972)均隶属于牛基因组图谱(Btau_4.0)的 NW_001494103.2 重叠群(config)。在牛基因组的研究中,MITF 基因(microphthalmia-associated transcription factor)同样被定位于牛 22 号染色体的 NW_001494103.2 重叠群,与研究所用对应标记紧密连锁。在近年哺乳动物着色性状形成基础的研究中,MITF 成为新的研究热点,在多种哺乳动物,特别的是犬中,均报道与动物着色特征的形成存在显著相关(Rothschild et al,2006;Karlsson et al,2007)。据报道,MITF 基因在黑素细胞的发育、存活与功能发挥的过程中,通过调控黑素细胞刺激激素(melanocyte-stimulating hormone,MSH)发挥重要作用(Levy et al,2006)。

对 KIT 基因与 MITF 基因在奶牛着色性状形成的互作模式进行了分析。在小鼠的细胞学研究中,KIT 基因和 MITF 基因同样存在于类似的互作模式(Hou et al,2000)。KIT 基因被证明对成黑素细胞(黑素细胞前体)的扩增与分化过程存在显著影响,但其作用必须通过 MITF 基因所编码的转录因子发挥功能。但两者的互作模式相对复杂,如前文所述,牛 6 号染色体可能存在两个 QTL 对着色性状共同作用。因此,对应区段亟须相关深入研究工作的开展。

在该研究中,影响乳头斑状着色的 QTL 被定位到牛 2 号染色体的末端区域。该区域未有相关报道存在影响牛着色性状发生的 QTL。乳头的着色特征形成于皮肤,在机制上与被毛的着色特征存在理论差异。同样,影响蹄侧着色的 QTL 也被定位到牛 2 号染色体的末端区域

(127 cM)。如综述部分所述,在哺乳动物的发育理论中,视网膜色素上皮细胞与形成着色特征的黑素细胞具有相同的发育起源。在本研究的定位区域内,部分在牛视网膜色素上皮细胞中表达的 mRNA 所对应的 cDNA(EST:AF451175 and AF451168)被定位于对应的牛基因组区域。具体内在的遗传机制或联系,还需要进一步深入的研究与探讨。

除定位于上述 3 个染色体区段的 QTL 外,位于牛 8 号(BTA8)染色体 72 cM 附近区域的 QTL 与奶牛腹部白色被毛发生与白色被毛比例两个性状均存在显著相关,如表 2.48 所示。位于 27 号染色体 12 cM 附近区域的 QTL 与奶牛腹部白色被毛发生、白色被毛比例、乳头斑状着色、蹄侧着色均存在显著相关。影响奶牛背部白色被毛发生和蹄底着色的 QTL 分别定位到 14 号染色体的 125 cM 和 113 cM 附近。

该研究所针对影响奶牛着色发生和程度相关性状所进行的基因组扫描,在包括 BTA2、BTA6、BTA22 在内的多条牛染色体中,均发现相关 QTL。其中,位于牛 6 号染色体的 QTL 与相关性状的定位结果基本相符,但与 KIT 基因的物理位置存在一定差异,本研究建议对定位区段增加结合比较图谱信息及基因组的相关研究进行更为深入的分析。本研究所定位的位于牛 22 号染色体 53 cM 附近的 QTL,结合家系公牛的单倍型信息和半同胞定位结果,在奶牛群体中首次对 MITF 基因在白色被毛发生中的作用进行探讨。其余研究所定位的包括 2 号染色体末端在内的多个染色体区段,为相关研究的深入奠定了初步参考。

7. 影响奶牛着色类型的 QTLs

影响奶牛着色类型的 QTL 主要定位于奶牛 6 号染色体(BTA6)和 18 号染色体(BTA22)。其中,影响奶牛被毛颜色(coat color(3))分别被定位到奶牛 18 号染色体的 18 cM(LOD 分析加性显性效应模型)、19 cM(LOD 分析加性效应模型)和 20 cM(半同胞分析模型)处。影响奶牛乳头主色调的 QTL 被分别定位到奶牛 18 号染色体的 18 cM(LOD 分析)和 21 cM(半同胞模型)处。对应区段的连锁图谱和物理图谱对应位置,可参照连锁图谱的正式报道(Arias et al,2009)。在牛的基因组研究中,黑素细胞刺激激素受体基因(melanocyte stimula-ting hormone receptor,MC1R,NC_007316.3)被定位到牛 22 号染色体的 13.7~13.8 Mb 区间,隶属于 NW_001493571.2 重叠群。定位区间的临近标记(20.2 cM)同样隶属于该重叠群,覆盖范围为 13.7~13.9 Mb 区间。位于连锁图谱 19.1 cM 位置的 rs29021176 标记,其物理位置为 11.2 Mb 位置。MC1R 基因又称为 MSHR 基因,在黑素细胞的真黑素和棕黑素合成过程中起重要的调控作用(Robbins et al,1993)。在牛的被毛颜色研究中,MC1R 基因被广为认同为影响毛色的 E(extension)座位(Klungland et al,1995;Joerg et al,1996)。因此,该研究所定位位于牛 18 号染色体的 QTL 为 MC1R 基因对奶牛着色类型的重要影响提供了佐证。

如定位结果所示,影响奶牛被毛颜色的 QTL 被定位到奶牛 6 号染色体的 67 cM 处。在 LOD 分析加性效应模型的自助再抽样(bootstrapping)计算中,该 QTL95% 置信区间仅为 3 cM(66~68 cM)。该区段在牛 QTL 的定位研究中,多与包括乳脂量、产奶量等生产性状存在显著关联,同时也有研究表明该区段与奶牛肢蹄角度存在显著相关(van Tassell et al,2000;Hiendleder et al,2003;Viitala et al,2003)。参照连锁图谱及对应物理图谱信息,该区段的物理图谱范围为 70.0~72.5 Mb。该位置与 KIT 基因(NC_007304.3)的物理图谱位置(Btau 4.0)有着紧密的连锁关系。KIT 基因是编码酪氨酸激酶受体(receptor tyrosine kinase)的基因,其突变影响黑素细胞前体的迁移,导致毛囊缺乏黑素细胞,进而有"无着色"(白色)被毛的发生。在多种哺乳动物的白色被毛发生或退色现象(depigmentation)中,如猫、马等,均有相关文献报道该类着色特征与 KIT 基因存在显著相关(Brooks et al,2002;Brooks and Bailey,2005;Cooper et al,2006)。

与相关着色性状相关研究的结论不同,影响荷斯坦-娟珊牛杂交群体被毛颜色的 QTL 与 KIT 基因也可能存在较密切相关。KIT 基因在哺乳动物着色的形成过程中起到重要的调控作用,两个品种的杂交种在理论上合成了两个品种复杂遗传背景,进而形成了混合两个品种特征的复杂被毛颜色表型。因此,依据本研究提供的信息,KIT 基因可能与哺乳动物着色类型相关性状存在某种相关。作为初步的 QTL 定位结果,本研究建议针对 KIT 基因,或该区段利用比较图谱等多种信息,进行影响牛着色性状更为深入的基因组研究。

除上述 QTL 外,影响奶牛被毛颜色与乳头主颜色的 QTL 均被定位到 8 号染色体,QTL位置存在差异,分别位于 62 cM 附近和 94 cM 附近。其他影响奶牛着色类型的 QTL 在结果表格中一并列出,并详细列出 QTL 的定位侧翼标记,具体物理位置遗传连锁图谱的详细报道(Arias et al,2009)。本研究所进行的基因组扫描工作,为同类性状在奶牛群体中的研究提供了基础信息,对探索哺乳动物着色特征的遗传机制具有积极意义。

(撰稿:孙东晓,丁向东)

参考文献

1.陈慧勇.利用中国荷斯坦牛定位 BTA6 上影响产奶性状的 QTLs:博士学位论文.北京:中国农业大学,2005.

2.初芹.中国荷斯坦牛 3 号染色体上影响重要经济性状 QTLs 初步定位:博士学位论文.北京:中国农业大学,2008.

3.褚瑰燕.奶牛 BTA3 新微卫星标记开发及群体遗传学分析:硕士学位论文.北京:中国农业大学,2008.

4.姜力.中国荷斯坦牛产奶性状全基因组关联分析:博士学位论文.北京:中国农业大学,2011.

5.刘林.荷斯坦-娟珊牛 F₂ 杂交群体着色性状的 QTL 定位研究及方法评估:博士学位论文.北京:中国农业大学,2009.

6.刘锐.利用 SNP 标记在中国荷斯坦牛中精细定位 BTA6 上产奶性状 QTLs:博士学位论文.北京:中国农业大学,2007.

7.齐超.基于 GWAS 进行中国荷斯坦牛产奶性状功能基因鉴定及功能注释:硕士学位论文.北京:中国农业大学,2011.

8.秦春华.利用微卫星标记定位奶牛 3 号染色体上经济性状 QTLs:硕士学位论文.北京:中国农业大学,2010.

9.宋九洲.张沅,张勤.女儿设计和孙女设计连锁分析效率的比较研究.畜牧兽医学报,1998,29:289-296.

10.阴层层.利用中国荷斯坦奶牛精细定位 BTA6 上影响产奶性状的 QTLs:博士学位论文.北京:中国农业大学,2007.

11.阴层层.奶牛六号染色体上与产奶性状相关的新微卫星标记的筛选:硕士学位论文.北京:中国农业大学,2004.

12. Ashwell M S, Heyen D W, Sonstegard T S, et al. Detection of quantitative trait loci affecting milk production, health, and reproductive traits in Holstein cattle. Journal of Dairy Science, 2004, 87(2):468-75.

13. Ashwell M S, Van Tassell C P, Sonstegard T S. Genome scan to identify quantitative trait loci affecting economically important traits in a US Holstein population. Journal of Dairy Science, 2001, 84(11):2535-2342.

14. Arias J A, Keehan M, Fisher P, et al. A high density linkage map of the bovine genome. BMC Genetics, 2009, 10:18.

15. Bagnato A, Schiavini F, Rossoni A, Maltecca C, et al. Quantitative trait loci affecting milk yield and protein percentage in a three-country Brown Swiss population. Journal of Dairy Science, 2008, 91(2):767-83.

16. Boichard D, Grohs C, Bourgeois F, et al. Detection of genes influencing economic traits in three French dairy cattle breeds. Genet Sel Evol, 2003, 35(1):77-101.

17. Benjamini Y, Yekutieli D. The control of the false discovery rate in multiple hypothesis testing under dependency. The Annals of Statistics, 2001, 29:1165-1188.

18. Blott S, Kim J J, Moisio S, et al. Molecular dissection of a quantitative trait locus: a phenylalanine-to-tyrosine substitution in the transmembrane domain of the bovine growth hormone receptor is associated with a major effect on milk yield and composition. Genetics, 2003, 163:253-266.

19. Boichard D. QTL detection with genetic markers in dairy cattle: an overview. Paper CG3. 1. in 49th Annual Meeting of the EAAP, Commissions on genetics and Cattle Production, 1999.

20. Chen H Y, Zhang Q, Wang C K, et al. Mapping QTLs on BTA6 affecting milk production traits in a Chinese Holstein population. Chinese Science Bulletin, 2005, 50(16):1737-1742.

21. Chen H Y, Zhang Q, Yin C C, et al. Detection of quantitative trait loci affecting milk production traits on ovine chromosome 6 in a Chinese Holstein population by the daughter design. Journal of Dairy Science, 2006, 89(2):782-790.

22. Chen H Y, Zhang Q, Yin C C, et al. Detection of quantitative Trait loci affecting milk production traits on bovine chromosome six in Chinese Holstein population by the daughter design. Journal of Dairy Science, 2006, 89:782-790.

23. Cohen M, Reichenstein M, van der Wind AE, et al. Cloning and characterization of FAM13A1-a gene near a milk protein QTL on BTA6: evidence for population-wide linkage disequilibrium in Israeli Holsteins. Genomics, 2004, 84:374-383.

24. Darvasi A and Soller M. A simple method to calculate resolving power and confidence interval of QTL map locations. Behavior Genetics, 1997, 27:125-132.

25. Ding X D, Zhang Q, Flury C, et al. A haplotype reconstruction and estimation of haplotype frequencies from nuclear families with only one parent available. Human Heredity, 2006, 62:12-19.

26. Freyer G, Sorensen P, Kuhn C, et al. Search for pleiotropic QTL on chromosome BTA6 affecting yield traits for milk production. Journal of Dairy Science, 2003, 86: 999−1008

27. Green P, Falls K, Crooks S. Documentation for CRI-MAP, version 2. 4. Washington University School of Medicine, USA, 1990.

28. Georges M, Nielsen D, Mackinnon M, et al. Mapping quantitative trait loci controlling milk production in dairy cattle by exploiting progeny testing. Genetics, 1995, 139: 907−920.

29. Grisart B, Coppieters W, Farnir F, et al. Positional candidate cloning of a QTL in dairy cattle: Identification of a missense mutation in the bovine DGAT1 gene with major effect on milk yield and composition. Genome Research, 2001, 12: 222−231.

30. Heyen D W, Weller J I, Ron M, et al. A genome scan for QTL influencing milk production and health traits in dairy cattle. Physiol Genomics, 1999, 1(3): 165−175.

31. Haley C S, Knott S A. A simple regression method for mapping quantitative trait loci in line crosses using flanking markers. Heredity, 1992, 69: 315−324.

32. Ihara N, Takasuga A, Mizoshita K, et al. A comprehensive genetic map of the cattle genome based on 3802 microsatellites. Genome Resesrch, 2004, 14: 1987−1798.

33. Ikonen T, Bovenhuis H, Ojala M, et al. Associations between casein haplotypes and first lactation milk production traits in Finnish Ayrshire cows. Journal of Dairy Science, 2001, 84: 507−514.

34. Jiang L, Liu J F, Sun D X, et al. Genome wide association studies for milk production traits in Chinese holstein population. Plos One, 2010, 5: e13661.

35. Khatkar M S, Thomson P C, Tammen I, et al. Quantitative trait loci mapping in dairy cattle: review and meta-analysis. Genet Sel Evol, 2004, 36(2): 163−190.

36. Kappes S M, Keele J W, Stone R T, et al. A second-generation linkage map of the bovine genome. Genome Research, 1997, 7: 235−249.

37. Lipkin E, Tal-Stein R, Friedmann A, et al. Effect of quantitative trait loci for milk protein percentage on milk protein yield and milk yield in Israeli Holstein dairy cattle. Journal of Dairy Science, 2008, 91(4): 1614−27.

38. Li Q, Wan J M. SSRHunter: Development of a local searching software for SSR sites. Yi Chuan, 2005, 27: 808−810.

39. Liu R, Sun D X, Zhang Y, et al. Fine Mapping QTLs affecting Milk Production Traits on BTA6 in Chinese Holstein with SNP Markers. Agricultural Sciences in China, 2011, In press.

40. Liu L, Bevin H, Mike K, Zhang Y. Genome scan for the degree of white spotting in dairy cattle. Animal Genetics, 2009, 40(6): 975−977.

41. Liu L, Bevin H, Mike K, Zhang Y. Genome scan of pigmentation traits in Friesian-Jersey crossbred cattle. Journal of Genetics and Genomics, 2009, 36(11): 661−666.

42. Mei G, Y CC, Ding XD, et al. Fine mapping quantitative trait loci affecting milk production traits on bovine chromosome 6 in a Chinese Holstein population. Journal of Genetics and Genomics, 2009, 36(11): 653−660.

43. Mclean D M,Graham E R,Ponzoni R W,et al. Effects of milk protein genetic variants on milk yield and composition. Journal of Dairy Science,1984,51:531−546.

44. Mosig M O,Lipkin E,Khutoreskaya G,et al. A whole genome scan for quantitative trait loci affecting milk protein percentage in Israeli-Holstein cattle,by means of selective milk DNA pooling in a daughter design,using an adjusted false discovery rate criterion. Genetics,2001,157:1683−1698.

45. Nadesalingam J,Plante Y,Gibson J P. Detection of QTL for milk production on chromosomes 1 and 6 of Holstein cattle. Mammal Genome,2001,12:27−31.

46. Olsen H G,Gomez-Raya L,Våge D I,et al. A Genome Scan for Quantitative Trait Loci Affecting Milk Production in Norwegian Dairy Cattle. Journal of Dairy Science,2002,85(11):3124−3130.

47. Olsen H G,Gomez-Raya L,Vage D I,et al. A genome scan for quantitative trait loci affecting milk production traits in Norwegian Dairy Cattle. Journal of Dairy Science,2002,85:3124−3130.

48. Plante Y,Gibson J P,Nadesalingam J,Vandervoort G,Jansen G B. Detection of quantitative trait loci affecting milk production traits on 10 chromosomes in Holstein cattle. Journal of Dairy Science,2001,84(6):1516−24.

49. Prinzenberg E M,Weimann C,Brandt H,et al. Polymorphism of the Bovine CSN1S1 Promoter:Linkage Mapping,Intragenic Haplotypes,and Effects on Milk Production Traits. Journal of Dairy Science,2003,86:2696−2705.

50. Rodriguez-Zas S L,Southey B R,Heyen D W,et al. Interval and composite interval mapping of somatic cell score,yield,and components of milk in dairy cattle. Journal of Dairy Science,2002,85(11):3081−3091.

51. Rodriguez-Zas S L,Southey B R,Heyen D W. Detection of quantitative trait loci influencing dairy traits using a model for longitudinal data. Journal of Dairy Science. 2002,85:2681−2691.

52. Ron K,Paigen B. From QTL to gene:the havest begins. Nature Genetics,2002,31:235−236.

53. Schrooten C,Bovenhuis H,Coppieters W,et al. Whole genome scan to detect quantitative trait loci for conformation and functional traits in dairy cattle. Journal of Dairy Science,2000,8:795−806.

54. Sonstegard T S,Van Tassell C P,Ashwell M S. Dairy cattle genomics:Tools to accelerate genetic improvement. Journal of Animal Science,2001,79:e307−315.

55. Spelman R J,Coppieters W,Karim L,et al. Quantitative trait loci analysis for five milk production traits on chromosome six in the Dutch Holstein-Friesian population. Genetics,1996,144:1799−1808.

56. Viitala S M,Schulman N F,de Koning D J,et al. Quantitative trait loci affecting milk production traits in Finnish Ayrshire dairy cattle. Journal of Dairy Science,2003,86(5):1828−36.

57. Velmala R,Vikki J,Elo K,et al. A search for quantitative trait loci for milk production traits on chromosome 6 in Finnish Ayrshire cattle. Animal Genetics,1999,30:136−143.

58. Weikard R,Kühn C,Goldammer T,et al. A high resolution comparative map for a bovine chromosome 6(BTA6)region containing QTL for production,health and conformation traits. Section 09−30 in 7th World Congress on Genetics Applied to Livestock Production, Montpellier,France,2002.

59. Weller J I,Kashi Y,Soller M. Power of daughter and grand-daughter designs for determining linkage between marker loci and quantitative trait loci in dairy cattle. Journal of Dairy Science,1990,73:2525−2537.

60. Winter A,Mer W K,Werner F A O,et al. Association of a lysine-232_alanine polymorphism in a bovine gene encoding acyl-CoA:diacylglycerol acyltransferase(DGAT1)with variation at aquantitative trait locus for milk fat content. Proceedings of the National Academy of Sciences USA,2002,99:9300−9305.

61. Yeh F C,Yang R,Boyle T J,et al. POPGENE 32,Microsoft Windows-based Freeware for Population Genetic Analysis,version 1. 32 [CP/CD]. University of Alberta,Edmonton,Canada,2000.

62. Yin C C,Chen H Y,Zhang Q. Identification of two bovine microsatellite markers in a defined region of BTA6. Animal Genetics,2005,36(6):527−529.

63. Zhang Q,Boichard D,Hoeschele I,et al. Mapping quantitative trait loci for milk production and health of dairy cattle in a large outbred pedigree. Genetics,1998,149(4): 1959−1973.

第**3**章

奶牛重要性状候选基因

　　畜禽绝大多数经济性状均为数量性状,其变异是由微效多基因共同作用引起的,由于基因的数目众多,而且每个基因的作用微小,再加上环境因素的影响,使得难以对每个基因单独分析,而只能将所有基因作为一个整体来考虑。但是,自 20 世纪 70 年代以来,动物遗传育种学家在经过长期选择的群体中陆续发现了一些对数量性状有明显作用的仍然处于分离状态的单个基因。如影响鸡体型大小的矮小基因,影响猪瘦肉率和肉质的氟烷基因,影响肉牛肌肉丰满程度的双肌基因,影响羊产羔数的 Booroola 基因。这些基因被称为主效基因。

3.1　畜禽数量性状主效基因鉴定策略

　　目前鉴定主效基因的策略主要有两类:一类是候选基因分析;另一类是标记 QTL 连锁分析(也称为基因组扫描)和精细定位。

3.1.1　候选基因分析

　　候选基因分析即直接对可能影响特定性状的基因进行多态性检测,并通过统计分析确定基因与性状之间的关联程度,即判断该基因是否为对应性状的 QTL。如果候选基因是真正的 QTL 座位,候选基因分析即是对 QTL 基因型的直接测定,而不依赖标记信息进行推测,具有很高的统计效力。同时,候选基因法还具有应用范围广(不需要特殊试验设计),成本低、容易实施,分析显著结果可直接实际应用等优点。但候选基因的筛选为该类方法的难点与核心。通常进行候选基因的选择有以下几种方法:

　　(1)根据影响目标性状的生物及生理学调控通路,进行候选基因的选择。

　　(2)利用物种间的基因功能的同源性(相似性),即利用比较基因组信息进行筛选。

(3)利用 QTL 定位的信息,在染色体显著区段内进行筛选,即位置候选克隆。

除上述策略外,利用蛋白组学、后基因组学的相关信息,也有助于候选基因的选择。上述 3 种方法筛选的候选基因,均有被证明为目标性状 QTL 的实例。影响猪毛色的 KIT 基因即是通过比较小鼠中类似的功能基因而发现(Johansson Moller et al,1996)。奶牛中影响乳脂量等生产性状的重要基因——DGAT1,即是利用精细定位以及生物学功能联合推断得到证明的最好候选基因成功实例(Riquet et al,1999;Farnir et al,2002;Grisart et al,2002;Spelman et al,2002)。

然而,候选基因分析具有很高的风险性,且统计分析中存在较高的假阳性问题(Haley,2004)。因此,在不考虑 QTL 定位结果的条件下,进行候选基因分析具有一定的理论缺陷。候选基因分析的 I 型错误率通常难以控制;群体分层现象也可以造成大量的假阳性结果;特别是特定群体(如杂交群体)广泛连锁不平衡的存在,导致候选基因分析的假阳性率更加难以控制。相关报道认为,在野猪与大白猪的杂交后代中进行候选基因分析,在假定的显著水平下,超过 20%的基因组区段与动物的生长性状处于连锁不平衡状态(Andersson et al,1994)。因此,候选基因分析与 QTL 定位提供的位置信息相结合,作为基因组扫描的第二阶段,可以在一定程度上消除连锁之外因素的影响,进而提高分析的成功概率。

3.1.2　基因组扫描

基因组扫描,或称 QTL-标记连锁分析,即基于特定的试验群体,利用基因组标记对目标性状表型进行连锁分析。基因组扫描的实施依赖理想的资源群体、具备充分覆盖基因组多态标记的遗传连锁图谱以及合理的统计分析方法。QTL-标记连锁分析(linkage analysis)的基本原理可以总结为:在资源家系世代间的繁殖过程中,位于同一染色体的两个基因座位在减数分裂的过程中会发生交换与重组,座位间相距越远,发生重组的几率则越高,两个特定基因型组合共同传给后代的几率机会降低。因此,通过对覆盖密度充分的遗传图谱中的遗传标记,在资源群体中进行检测分型,找到与 QTL 紧密连锁的特定标记,从而可以实现 QTL 在特定染色体区域的定位。利用相关的统计模型,可以同步实现对 QTL 的效应等参数的估计。

在 QTL-标记连锁分析中,相关的定位方法依照统计模型所用标记数目的差异可以分为:以单个标记为基础的单标记分析(Weller,1986),基于区间标记或多标记信息的区间定位法(Jansen,1989;Lander and Botstein,1989)以及基于多标记信息的复合区间定位法(Zeng,1993;Jansen and Stam,1994;Zeng,1994)。

以单个标记为基础的单标记分析法,由于方法本身的缺陷,仅能通过 t 检验等方法确定 QTL 的存在,而无法区分 QTL 效应和标记与 QTL 的连锁程度两个参数。因此,单标记必须依赖连锁图谱高密度的标记信息进行,进而应用受到局限。正是基于此,区间定位同时利用连锁图谱上两个相邻分子标记的分离信息,推断两标记间特定染色体位置存在 QTL 的可能性,实现 QTL 位置与效应的同步估计。区间定位的方法由于方便快捷,广为应用。

在动物特定的染色体区段,也可能同时存在多个 QTL 相互连锁。在上述情况下,区间定位对 QTL 位置和效应的估计受到影响。连锁 QTL 间的互作,可能引起区间定位位置的居中偏移,也可能由于 QTL 对性状的作用相反,进而相互抵消。基于区间定位的 QTL 分析,通常将已经定位的 QTL 在统计模型中设置为固定因子,进而在实现一定程度消除连锁 QTL 间的相互影响(Haley and Knott,1992)。基于区间定位存在的弊端,相关研究开发的复合区间定位法将区间定位与多元回归相结合,将回归分析区段以外的部分标记或全部标记信息作为回归模型的余因子,进而消除其他 QTL 对分析区间的影响。在此理论基础上,分别建立了多QTL 模型(multiple-QTL model)和复合区间定位的方法(composite interval mapping)(Zeng,1993;Jansen and Stam,1994;Zeng,1994)。然而,定位方法与统计模型并不是决定 QTL 定位精度或效力的绝对因素。因此,目前畜禽动物的 QTL 定位研究仍以简便易行的区间定位为主。

到目前为止,虽然通过基因组扫描的手段,许多影响畜禽重要经济性状的 QTL 得到定位。但连锁分析局限于仅能够利用并依赖于资源群体结构内部的重组事件。标记密度的提高有助于提高连锁分析 QTL 定位的精度。然而,在特定群体规模和繁殖代次的限制下,特定染色体区段内的高密度遗传标记往往缺乏重组的发生,进而影响 QTL 的定位精度。目前,依赖连锁分析定位 QTL 的置信区间大都在 10 cM 以上,与实现精细位置克隆的研究相距甚远。因此,利用历史连锁不平衡信息的 QTL 精细定位方法成为新的研究热点。

3.1.3　QTL 精细定位

在动物基因组的研究中,以厘摩(cM)为单位的 QTL 连锁分析定位,难以达到分子水平的可操作程度。在牛的基因组中,1 cM 大约等于 1 000 kb 的长度范围。因此,探索研究 QTL 精细定位的方法具有重要的科学意义,也是实现位置克隆的重要基础。

连锁定位精度主要局限于资源群体重组事件发生的不足。该方案随 F_2 代个体互交世代的增加,紧密连锁的 QTL 与标记间也会预期有重组事件的发生,进而连锁不平衡程度降低,实现定位分析。但从资源群体构建要求来说,上述试验设计在动物群体不能实现。

连锁分析之所以局限于紧密连锁位点间重组事件的不足,主要是因为该方法仅利用有限世代内的重组信息。如果有足够长的时间,群体继代繁衍,并且没有高强度的定向选择。那么,无论两座位间的连锁多么紧密,祖先的单倍型最终都会发生断裂。同样,群体内紧密连锁的基因座连锁相,如果向上追溯足够多的世代,必然也是由不同祖先基因座间的重组而形成。这种思想即是利用历史重组过程实现 QTL 精细定位的基本理论依据。

历史重组事件将会提供足够的机会来观察两个连锁座位的重组发生。如果群体发展时间足够长,座位间仍然存在高度连锁不平衡,那么可以认为两座位具有相当高度的紧密连锁程度,进而实现更高的定位精度。连锁不平衡定位最初用于人类疾病基因定位,如 case-control试验设计(Ohashi et al,2001)。该方法通过比较患者群体与对照群标记基因或基因型频率的差异来定位基因。由于群体个体遗传背景差异而导致的群体分层现象,容易导致上述试验设计假阳性结果的出现。为消除群体分层现象的影响,相关研究发展出基因组对照法,即利用一系列不影响性状的标记基因型数据,估计层化现象的影响程度,从而进行分析校正(Devlin and Roeder,1999;Bacanu et al,2000)。基于家系的传递不平衡检验(transmission disequilibrium test,TDT)是消除群体分层影响的有效手段。TDT 定位最初用于分析核心家系资料,理论基础即当标记和性状基因不连锁,且标记与性状不存在关联时,标记基因由亲本到后代的传递完全随机。目前,相关研究已经对 TDT 方法进行了多方面的扩展,包括扩展系谱分析(Martin et al,1997)、数量性状分析(Sun et al,2000)、与混合模型相结合(Aulchenko et al,2007)等多种复杂情况。QTL 精细定位是目前的热点研究内容,随着分子标记检测技术的发展,特别是

SNP 高通量检测模式的建立,QTL 定位分析的精度必然会逐步提高,为人类了解生命遗传机制作出更大的贡献。

3.1.4 奶牛候选基因研究进展

近 10 年来,关于奶牛产奶性状遗传基础的研究也如火如荼,目前对奶牛全基因组序列测定、遗传图谱构建、产奶性状主效基因精细定位已取得了很大的研究进展。大量研究显示奶牛的 29 条常染色体上几乎均有对奶牛乳脂量、乳蛋白量、乳脂率、乳蛋白率等产奶性状具有较大效应的主效基因存在,尤其是第 3、6、14、20 号染色体上有多个研究报道共同证实有主效基因存在,在大量的关于奶牛产奶性状主效基因报道中,尽管由于研究群体、分析方法、显著阈值等差异使得主效基因的位置与效应在各个报道中有不同的结果,但是,结果比较一致的报道共分别发现 117 和 77 个乳脂和乳蛋白性状主效基因。产奶性状基因定位研究成果为进一步挖掘和鉴定产奶性状功能基因和验证以及在奶牛中实施转基因育种奠定了较好的基础。目前,通过位置候选基因策略、功能候选策略和比较基因组学策略已经对一些候选基因进行了深入研究。

3.2 DGAT1 基因对中国荷斯坦牛产奶性状遗传效应分析

3.2.1 奶牛 DGAT1 基因的发现

多个奶牛产奶性状基因定位研究结果显示位于 14 号染色体的着丝粒末端区段存在效应较大的产奶性状 QTL(Coppieters et al,1998;Heyen et al,1999;Boichard et al,2000;Looft et al,2001)。这个 QTL 被精确定位到了一个 3 cM 的区域(Riquet et al,1999;Farnir et al,2002)。Grisart 等(2002)解释了导致这个 QTL 变化的突变位于 DGAT1 基因上,是一个非保守的 K232A 替换(赖氨酸残基对丙氨酸残基的改变)。并且显示在新西兰和荷兰荷斯坦奶牛中这个突变对生产性状有很大影响。

有两篇文献报道对奶牛的 DGAT1 基因进行了测序并找到了多态(Grisart et al,2002;Winter et al,2002)。DGAT1 基因包含 17 个外显子和 16 个内含子,编码一种含 489 个氨基酸的蛋白质。最主要的多态是在第 8 个外显子中,AA 到 GC 的双核苷酸的替换导致第 232 位的赖氨酸由丙氨酸替换。在哺乳动物之间比较,表明在奶牛 DGAT1 的第 232 位上的赖氨酸是保守的。这个赖氨酸的进化保守性说明在这个位点上亲水残基功能的重要性,而一个疏水的丙氨酸的替代改变了 DGAT1 的功能。

按照 Grisart 等(2002)的表示,用两个等位基因 Q 和 q 分别代表赖氨酸和丙氨酸残基,Spelman 等研究了新西兰的三种奶牛的 Q 和 q 的基因频率与牛奶产量之间的关系,数据显示在三种奶牛中 Q 等位基因增加牛奶中脂肪的产量而降低牛奶中蛋白的产量和牛奶的总量。在一个泌乳期内,荷斯坦奶牛和娟珊奶牛的乳脂量的等位基因替代效应分别是 5.76 kg 和 3.30 kg(qq 基因型与 Qq 基因型相差 7 kg,而 Qq 基因型与 QQ 基因型相差 3 kg);乳蛋白量的等位基因替代效应相差不大,分别是 -2.45 kg 和 -2.48 kg;产奶量的等位基因替代效应分别是－130L 和－110L。有趣的是,新西兰的娟珊牛 Q 等位基因频率远远大于 q 等位基因频率,而其他国家的(主要是美国)奶牛则恰好相反,这个现象说明 DGAT1 基因的这两个等位基因在育种方面的重大作用。由于美国主要考虑牛奶总量和蛋白的产量就选 q 等位基因,而新西兰主要考虑脂肪产量就选用 Q 等位基因。在未来由于追求不同的产品成果将有不同的选择目标,DGAT1 的这个多态将有助于育种的选择。

3.2.2　DGAT1 基因的结构

奶牛的 DGAT1 基因长约 8.6 kb,包含 17 个 exon,16 个 intron。Exon 平均长 121.8 bp (42~436 bp),而前两个 intron 分别长 3.6 kb 和 1.9 kb,其余的 14 个 intron 平均长 92.4 bp (70~215 bp)。通过和其他哺乳动物(如人、猪、鼠)的 DGAT1 基因序列比较,结构基本相同。奶牛的 DGAT1 基因转录一条 mRNA,包含 245 bp 的 5′非翻译区,1 470 bp 的编码区编码一条含 489 个氨基酸残基的蛋白质,以及 275 bp 的 3′非翻译区并有 AATAAA 的 polyA 结构。奶牛和人、猪、大鼠、小鼠的 cDNA 序列的同源性分别是 92%、91%、83%、84%。

3.2.3　DGAT1 的功能

DGAT 是脂酰辅酶 A:甘油二酯酰基转移酶,以甘油二酯和脂酰辅酶 A 为底物,催化甘油三酯合成的最终一步。Smith 等(2000)报道在雌性小鼠中敲除 DGAT1 基因,表现出完全抑制泌乳,很大可能是由于 DGAT1 的缺乏导致乳腺中甘油三酯合成的不足。Sylvaine Cases 等(1998)第一次从小鼠中克隆了 DGAT1 基因,他们利用酰基辅酶 A:胆固醇酰基转移酶(ACAT)的编码序列,扫描了 EST 数据库并鉴定了一个和小鼠的 ACAT 基因有 20% 同源性的基因,在小鼠中克隆并在昆虫细胞中表达了这个基因,在分离的细胞膜中没有检测到 ACAT 的活性。然而用 $[1\text{-}^{14}C]$oleoyl-CoA 做底物,检测一系列受体,发现 DAG 是受体分子,从而证明了 DGAT1 的活性。

牛乳中脂肪的主要成分是甘油三酯,占总乳脂的 96%~99%,甘油二酯占总乳脂的 0.3%~1.6%,仅以 1,2-甘油二酸酯形式存在,并且在乳脂中仅发现少量的自由脂肪酸,说明甘油二酯不是脂类分解的结果。因此在牛乳中,甘油二酯被看成是甘油三酯合成的中间产物。目前认为牛乳中的甘油三酯主要通过 α-磷酸甘油途径合成(图 3.1)。α-磷酸甘油主要由葡萄糖代谢产物磷酸二羟丙酮的还原得到,也可以由乳糜微粒和极低密度脂蛋白转运到乳腺组织中的甘油三酯的水解来提供甘油。但用于甘油三酯合成的脂肪酸有多种来源。

乳腺组织有从头合成脂肪酸的能力。牛乳中几乎所有的十四碳以下的脂肪酸和半数的十六碳脂肪酸是由乙酸合成的,但也有近一半的软脂酸和碳链更长的脂肪酸估计来源于血液而不是由乳腺细胞合成。脂肪酸的脂化作用主要发生在滑面内质网,在此合成的甘油三酯聚集成乳脂小滴,并游离于胞浆中,体积由小变大,向上皮细胞顶部迁移,向腔面突入,突出腔面的脂滴由细胞膜包裹,以脂肪球的形式排入腺泡腔中。

牛乳中的甘油三酯的 α-磷酸甘油合成途径受到很多脂肪合成酶的调控。在牛乳中,α-磷酸甘油和脂酰辅酶 A 在 GPAT 的催化下生成溶血磷脂酸,又与另一分子脂酰辅酶 A 结合形成磷脂酸,再水解生成甘油二酯,最终甘油二酯与脂酰辅酶 A 在 DGAT 的催化下合成甘油三酯。

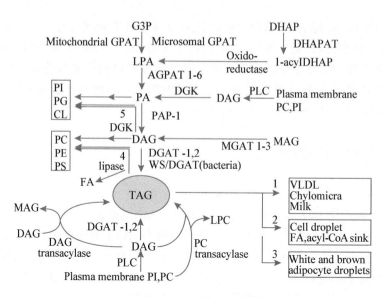

图 3.1　甘油三酯的合成及其代谢途径

3.2.4　DGAT1 基因对中国荷斯坦牛产奶性状遗传效应

3.2.4.1　试验群体及表型

贾晋(2007)选择了 17 头荷斯坦公牛后代,每头公牛女儿数平均为 12~153 头,分布在 14 个奶牛场,共计 1 222 头奶牛。选取上述牛只第一胎次产奶性状表型记录进行分析,数据由北京奶牛中心提供,305 d 产奶量、乳脂量、乳蛋白量、乳脂率和乳蛋白率这 5 个性状在试验群体中的基本统计量见表 3.1。

表 3.1　产奶性状描述性统计量

性状	平均值	标准差	最小值	最大值	变异系数
产奶量/kg	8 208.93	1 250.22	3 696	12 359	15.23
乳脂量/kg	321.33	60.74	123	568	18.90
乳蛋白量/kg	259.26	36.09	106	388	13.92
乳脂率/%	3.93	0.006	1.94	5.81	14.46
乳蛋白率/%	3.17	0.002	2.71	3.94	5.76

3.2.4.2　统计分析方法

1.关联分析模型

采用动物模型对数据进行拟合,通过 SAS(8.2)软件的 MIXED 过程对奶牛产奶性状和基因型进行关联分析,线性模型为

$$y = \mu + hys + b \times M + G + a + e$$

其中:y 为产奶性状(产奶量、乳脂量、乳蛋白量、乳脂率、乳蛋白率)观察值;μ 为群体均值;hys 为场年季效应;b 为协变量 M 的回归系数;M 为产犊月龄效应;G 为基因型效应;a 为随机

加性遗传效应；e 为随机残差效应。

2.基因效应分析

基因效应和基因型效应的计算公式如下：

$$a=\frac{X_{KK}-X_{AA}}{2}, d=X_{KA}-\frac{X_{KK}+X_{AA}}{2}, \bar{a}=\alpha+d(q-p)$$

其中：a 为显性效应；d 为加性效应；$\bar{a}$ 为基因替代平均效应；X_{KK}、X_{KA}、X_{AA} 为相应基因型产奶性状最小二乘均值。

3.2.4.3　PCR-RFLP 分析

牛 DGAT1 基因 exon8 的 15～16 bp 处存在 AA/GC 双碱基突变。由于 CfrI 限制性内切酶可特异性识别序列 GC*GGCCA，因此，当该位点发生突变时，序列由 AAGGCCA 变为 GC*GGCCA，可产生 CfrI 识别位点。根据此原理，参照 Grisart 等（2002）所发表的 DGAT1 基因序列，采用 Oligo 6.0 软件在其 15～16 位的 AA/GC 突变位点上下游设计了一对引物，预期扩增产物长度为 201 bp。根据 DGAT1 基因的 PCR 扩增产物长度和 AA/GC 点突变的位置，CfrI 限制性内切酶消化后，结果应出现三种基因型：201 bp；201 bp，178 bp，23 bp 和 178 bp，223 bp，分别命名为 KK、KA 和 AA。图 3.2 为 DGAT1 基因的 CfrⅠ酶切位点和等位基因示意图。

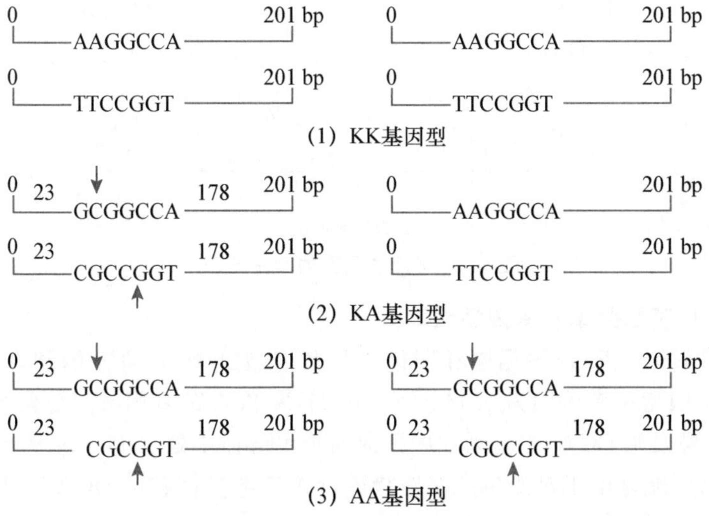

图 3.2　DGAT1 等位基因图谱及其酶切位点示意图

对中国荷斯坦牛的 DGAT1 基因进行 PCR 扩增，均得到一条 201 bp 的特异性条带，与预期大小一致。PCR 扩增产物经 CfrⅠ内切酶消化后，发现了 KK、KA 和 AA 三种基因型，PCR-RFLP 结果见图 3.3（23 bp 未在图中示出）。随机挑选 DGAT1 基因 KK、KA 和 AA 基因型的 PCR 扩增产物各至少 2 个重复，采用 PCR 产物直接测序方法得到了中国荷斯坦牛 DGAT1 基因的 DNA 序列，用 CHROMAS 软件进行分析（图 3.4，又见彩图 3.4），证实了 PCR-RFLP 的正确性。

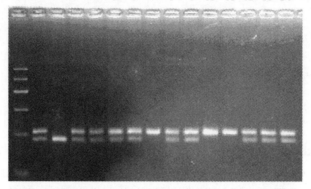

M:DNA 分子量标准(100 bp ladder)   泳道 7、10~11:KK 基因型
泳道 1、3~6、8~9、12~14:KA 基因型   泳道 2:AA 基因型

图 3.3   **DGAT1 基因的 PCR-RFLP 结果**(3.5% 琼脂糖凝胶)

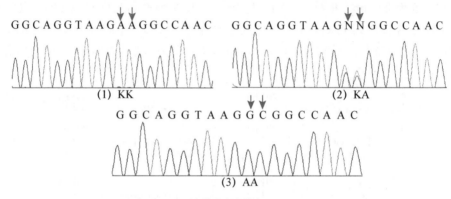

(↓处为突变位点)

图 3.4   **不同基因型的测序峰图**

3.2.4.4　等位基因频率和基因型频率

经过 PCR-RFLP 分析后,根据电泳图谱进行基因型判型,计算基因频率和基因型频率,
KK、KA、AA 的基因型频率分别为 0.14、0.61、0.25,K 和 A 的基因频率分别为 0.45 和 0.55。
χ^2 适合性检验,结果表明 DGAT1 基因在中国荷斯坦牛群体中处于 Hardy-Weinberg 不平衡状
态($P<0.01$)。这可能是由于对奶牛产奶性状进行人工选择打破了 DGAT1 基因在中国荷斯
坦牛群体中的平衡状态。

3.2.4.5　DGAT1 基因多态性与产奶性状的关联分析

采用 SAS(8.2)软件分析了 DGAT1 基因三种不同基因型对奶牛第一胎次产奶性状的影
响。关联分析结果表明,DGAT1 基因对产奶量、乳脂量和乳蛋白量的效应均达到极显著
($P<0.01$),对乳脂率和乳蛋白率的效应不显著($P>0.05$)。

Bonferroni 多重比较结果表明(表 3.2):AA 基因型个体的产奶量显著高于 KA 和 KK 基
因型($P<0.01$),KA 基因型显著高于 KK 基因型($P<0.01$);KK 基因型个体乳脂量显著高于
KA 和 AA 基因型($P<0.01$),KA 基因型显著高于 AA 基因型($P<0.01$);AA 基因型个体乳
蛋白量显著高于 KA 和 KK 基因型;不同基因型对乳脂率和乳蛋白率的影响差异不显著($P>$
0.05)。

表 3.2 DGAT1 基因不同基因型产奶性状的最小二乘均值及标准误

基因型 (个体数)	产奶量/kg	乳脂量/kg	乳脂率/%	乳蛋白量/kg	乳蛋白率/%
KK(175)	8 060.13±98.87^A	339.87±4.55^A	4.238±3.9E−4	259.43±2.87^A	3.230±1.4E−4
KA(745)	8 114.91±59.66^B	319.34±2.76^B	3.952±2.3E−4	259.35±1.74^A	3.207±0.8E−4
AA(302)	8 521.70±78.60^C	314.48±3.61^C	3.694±3.1E−4	268.76±2.28^B	3.164±1.1E−4

注:同列中具有不同字母肩标的平均值间差异极显著($P<0.01$)。

3.2.4.6 基因效应和基因型效应分析

基因效应和基因型效应结果表明(表 3.3):产奶量、乳脂量和乳蛋白量的基因替代平均效应分别为−248.739 kg、11.882 kg 和−5.158 kg,均达到极显著水平($P<0.01$),从另一方面说明 DGAT1 基因对产奶性状有重要影响。此外,结果还表明:基因型对产奶性状的影响是由于加性效应造成的,不同基因型的显性效应不显著,说明 DGAT1 基因对产奶性状的影响是可以遗传的。

表 3.3 DGAT1 基因及基因型效应

产奶性状	基因替代平均效应	基因型效应	加性效应	显性效应
产奶量/kg	−248.739**	−406.475**	−230.470**	−176.005
乳脂量/kg	11.882**	4.860**	12.695**	−7.835
乳蛋白量/kg	−5.158**	−9.410**	−4.665**	−4.745

注:** 表示差异极显著($P<0.01$)。

Spelman 等(2002)研究发现新西兰奶牛 DGAT1 基因对荷斯坦牛乳脂量的影响显著($P<0.05$),等位基因平均替代效应为 5.76 kg,KK 基因型比 KA 基因型高 3 kg,KA 基因型比 AA 基因型高 7 kg;乳蛋白量在荷斯坦牛中的等位基因平均替代效应为−2.45 kg,影响不显著。产奶量等位基因平均替代效应为−130 L 达到了显著水平($P<0.05$)。Winter 等(2002)在 17 个品种的牛群中都检测到了 DGAT1 基因的突变,并指出该基因的赖氨酸变异型都与高的乳脂产量相关。Grisart 等(2002)研究了 DGAT1 基因在新西兰和芬兰奶牛中的变异及其对产奶性能的影响,发现其对乳脂量和乳脂率、产奶量均有极显著和显著的影响。该研究结果与 Spelman 等、Winter 等和 Grisart 等不同,发现 DGAT1 不同基因型之间乳蛋白量有显著差异,这可能和产奶量与乳蛋白量的高遗传相关(0.7~0.9)以及中国荷斯坦牛群体特征有关。从该研究来看,KK 基因型奶牛的乳脂量显著高于 KA 和 AA 型,对于乳脂量,K 等位基因是优势等位基因;AA 基因型奶牛的产奶量、乳蛋白量显著高于 KK 型,对于产奶量、乳蛋白量,A 基因是优势等位基因。产奶量、乳脂量和乳蛋白量的基因替代平均效应分别为−249.054 kg、11.882 kg 和−5.168 kg。因此在奶牛育种中,可以根据不同的育种目标和市场需要,利用 DGAT1 基因对奶牛群体进行标记辅助选择。

3.3　GHR 基因对中国荷斯坦牛产奶性状遗传效应分析

3.3.1　奶牛 GHR 基因的发现

Falaki 等(1996)在编码牛 GHR(生长激素受体)基因细胞内部 C 端的 DNA 序列中发现了 9 个 RFLP-Taq Ⅰ 基因型,并且该位点的多态性与意大利荷斯坦牛的乳蛋白百分含量相关。Moisio 等(1998)发现 GHR 基因的 3′侧翼区有 311 bp、320 bp、325 bp 三种长度的变异和一个碱基替代多态性。Aggrey 等(1999)在牛 GHR 基因的 P1 启动区内发现了 3 个 RFLPs,分别被限制性内切酶 Alu Ⅰ、Acc Ⅰ 和 Stu Ⅰ 所识别,其中在含 Alu 标记的个体中,Alu Ⅰ(－/－)具有更好的肥育育种值($P<0.05$),他认为 Alu 的多态性可以作为奶牛标记辅助选择的遗传标记。Lucy 等(1998)对牛 GHR 基因启动区进行了微卫星分析,发现了一个(GT)$_n$的微卫星存在于牛 GHR 基因转录起始点下游 90 bp 处,经分析得到了 5 个等位基因,其扩增长度分别为 94 bp、104 bp、106 bp、108 bp、112 bp,分别含有 11、16、17、18、20 个 TG 重复。Hale 等(2000)通过分析发现,(TG)$_{11}$主要存在于瘤牛中,而(TG)$_{16\sim20}$主要存在于普通牛群中,其纯合基因型对安格斯牛的断奶重和胴体重有明显影响,并得出 S 等位基因与安格斯牛群低生长率有关,但是 Curi 等(2005)却发现 S 等位基因与 L 等位基因的杂合型具有较高的日增重和体重($P<0.05$)。Lucy 等(1998)又在牛 GHR 的第一外显子下游发现了 LINE-1,它属于反转录转座子家族的成员,长 1206 bp,后来发现它也只存在于普通黄牛中,瘤牛中没有发现到该序列的插入。然而,Maj(2003)等在波兰红牛和荷斯坦牛中却没有发现 LINE-1 元件的插入现象,于是认为 LINE-1 在普通黄牛中的插入具有多态性。Ge 等(2000)在 GHR 基因第 10 外显子内发现了 4 个 SNPs,分别位于 76 bp(T-C),200 bp(G-A),229 bp(T-C)和 257 bp(A-G)处,其中 200 bp 和 257 bp 处的 SNPs 引起了氨基酸的替代,Ala/Thr 和 Ser/Gly,另外两个发生无义突变。Blott 等(2003)在荷斯坦牛 GHR 基因部分编码区和内含子内发现了 7 个 SNPs,其中,第 8 外显子出现 T/A 替代,导致了受体跨膜区 F279Y 氨基酸的替换,从而影响牛的产奶性状,产奶量显著增加,乳蛋白率和乳脂率显著降低,并且屠体重有所下降。Maj 等(2005)采用 RFLP 对牛 GHR 基因 5′端进行了多态性分析,用 Fnu4HI/Tse Ⅰ 和 Sau96 Ⅰ 酶切后发现了两个单核苷酸多态,一个位于 Q1 启动子下游的 LINE-1 反转录转座子内(－1 104 bp),另一个位于 P1 启动子内(－262 bp),两处都发生了 C/T 替代,经研究发现,Sau96 Ⅰ 基因型与 LINE-1 的插入或缺失有绝对的关系。Distasio 等(2005)研究 GHR 基因的第 10 外显子 257 bp 处的单核苷酸多态与 14 个产肉性状和 4 个肉质性状的关系,发现 GHR 基因 A 基因型对肉品质有不利影响。Maj 等(2006)也研究了 5′UTR 的 4 个 SNPs 与波兰荷斯坦牛产肉性能的相关性,结果发现,单个基因型对生产性状没有影响,不过 RFLP-AluI(－/－)基因型具有较高的屠体重和瘦肉率,RFLP-NsiI(＋/＋)基因型具有较好的屠体参数,采用合并基因型分析发现其多态性对饲料利用率、屠体重影响很大,且差异显著。

Georges 等(1995)和 Arranz 等(1998)分别报道了奶牛 20 染色体上存在影响产奶性状的 QTL 位点。Blott 等(2003)在荷斯坦牛和娟珊牛中鉴定出 GHR 基因上某一突变位点可以在很大程度上解释此 QTL 效应。该位点位于奶牛 20 号染色体 GHR 基因第 8 外显子跨膜区域，cDNA 序列第 836 位的碱基 T 突变成 A，导致密码子 TTT 突变成 TAT，从而产生错义突变，由极性的酪氨酸取代了中性的苯丙氨酸(F279Y)。氨基酸的改变导致产奶量的增加和乳脂率、乳蛋白率的减少以及活体重的下降。

3.3.2 GHR 的结构及组织分布

GHR 由单一基因编码，大约含有 620 个氨基酸的单链跨膜糖蛋白，其胞外区、跨膜区及胞内区分别是由约 246、24、350 个氨基酸残基所组成，不同物种的氨基酸确切数目稍微有所不同。大多数哺乳动物的 GHR 基因由 10 个外显子和 9 个内含子组成。GHR 基因的一个重要特性是在许多物种中具有 3 个以上可供选择的第一外显子，所以存在几个不同的 5′UTR，它们选择性地参与转录是导致 GHR 分子多态性的重要原因之一。

在胞外区，GHR 有 5 个保守的糖基化位点，是与配体结合的部位。在胞外区特定的位置上有 7 个半胱氨酸残基，其中有 6 个形成二硫键，起着维持 GHR 胞外区段特定空间结构的作用；在胞外区近细胞膜的位置上有一 WSXWS 样序列(WSXWS-like motif)，即由 Try-Gly-Glu-Phe-Ser 5 个氨基酸组成的保守序列，它可能在 GH 与 GHR 结合过程中起关键作用。在胞内区，人们发现了两段保守序列，其中靠近细胞膜的序列框 1(Box 1)编码 8 个氨基酸残基，以脯氨酸残基为主，是 GHR 与酪氨酸激酶 JAK2 结合的一个位点；序列框 2(Box 2)则编码 15 个氨基酸残基，距 Box 1 有 30 个氨基酸残基。如果这两段保守序列编码的某一个氨基酸残基发生突变，GH 将失去促进生长的作用，这表明 Box 1、Box 2 在 GHR 介导的信号转导过程中起着关键的作用。

GHR 普遍分布于生物体各种组织中，尤其大量存在于肝脏和脂肪细胞中，有报道淋巴细胞、成纤维细胞、巨噬细胞、软骨细胞、β-胰岛素细胞和造骨细胞中也存在 GHR。

3.3.3 生长激素受体介导的信号转导

GHR 是泌乳刺激素/生长激素/细胞因子和促红细胞生成素受体超家族的成员之一，其信号经由 Jak-Stat 路径介导，它一个配体分子启动两异质的受体亚单位或同质的受体亚单位二聚作用，形成 LR2 复合体。GH 结合两同质的 GHR 受体亚单位后，二聚作用产生信号转导。即两分子 GHR 与一分子 GH 结合导致 GHR 二聚化，GHR 的二聚体激活信息分子或信息通道，激发 GH 信号转导。

GHR 动员和活化细胞质中 JAK2，JAK 是不同于受体酪氨酸激酶的另外一类激酶，参与二聚作用。GH 启动 JAK2 与第二个 GHR 快速结合，活化 JAK1 并促进 JAK2 与 GHR 的酪氨酸磷酸化，产生信号转导。很多种蛋白质参与该过程。这些蛋白质及 JAK2 被认为是 GH 配体的下游信号分子。由 JAK2 诱导的下游信号转导途径主要有 4 条：①信号转导与转录活化蛋白(signal transducer and activator of transcription，STAT)途径；②促分裂原活化蛋白激酶(mitogen-activated protein kinase，MAPK)途径；③蛋白激酶 C(protein kinase C，PKC)途径；④胰岛素受体底物(insulinreceptorsubstrate，IRS)途径。

3.3.4　GHR 基因对中国荷斯坦牛产奶性状遗传效应分析

3.3.4.1　试验群体和统计分析方法

该部分试验群体、关联分析模型和基因效应、基因型效应分析同 DGAT1 基因部分。

3.3.4.2　PIRA-PCR 引物设计

马妍(2007)根据牛 GHR 基因序列(NCBI 登录号为 NM 176608),利用 PIRA-PCR 网络在线引物设计程序(http://cedar.genetics.soton.ac.uk/public_html/prime2.html)设计引物,上下游引物序列分别为:F5′-AAT ACT……CAA TAT-3′;R5′-ACT GGG……TTC ACT C-3′。PCR 产物片段长度为 175 bp,其中在上游引物 3′末端距离突变位点 3 个碱基处引入一错配碱基,从而形成了可被 SSpⅠ酶识别的 AAT ATT 序列,见图 3.5。根据 GHR 基因的 PCR 扩增产物长度和 T/A 点突变的位置,SSpⅠ限制性内切酶消化后,预期得到 3 种基因型:151 bp,24 bp;175 bp,151 bp,24 bp 和 175 bp,分别命名为 TT、AT 和 AA。图 3.6 为 GHR 基因的 SSpⅠ酶切位点和等位基因示意图。

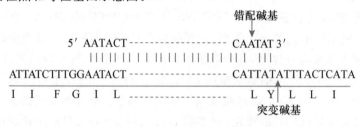

图 3.5　**PIRA-PCR 引物错配示意图**

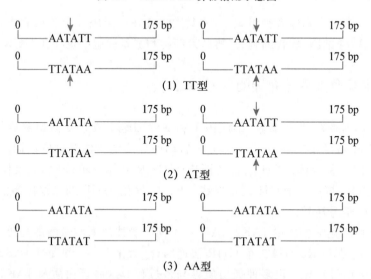

图 3.6　**GHR 等位基因图谱及其酶切位点示意图**

3.3.4.3　PIRA-PCR 和 RFLP 检测结果

对中国荷斯坦牛的 GHR 基因含 F279Y 位点的一段序列进行 PCR 扩增,结果得到一条 175 bp 的特异性条带,与预期片段大小一致。PCR 扩增产物进行 SSpⅠ酶消化后,发现了

TT、AT 和 AA 三种基因型,但由于 24 bp 片段太短,因此不能在电泳胶图上显示出来。PCR-RFLP 结果见图 3.7。分别随机挑选 3 个个体的 TT、AT、AA 三种基因型的 PCR 扩增产物,采用 PCR 产物直接测序方法进行正反双向测序。用 Chromas 软件进行序列拼接(图 3.8,又见彩图 3.8),证实 PCR-RFLP 的结果是可靠的。

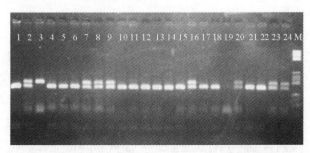

M:DNA 分子量标准(pBR322/Msp I) 泳道 1,4~6,10~15,17,18,21,22:TT 基因型
泳道 2,7~9,16,20,23,24:AT 基因型 泳道 3:AA 基因型
图 3.7 GHR 基因 PCR-RFLP 结果(4% 琼脂糖凝胶)

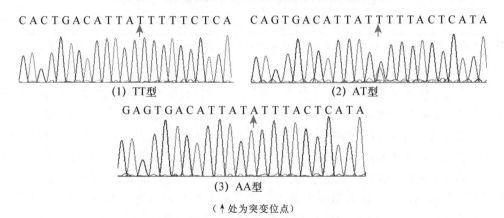

(↑处为突变位点)
图 3.8 不同基因型的测序峰图

3.3.4.4 等位基因频率和基因型频率

GHR 基因 F279Y 位点的 TT、AA 和 AT 基因型频率分别为 0.38、0.51 和 0.11,T 和 A 基因频率分别为 0.64 和 0.36。Hardy-Weinberg 平衡检验结果表明该群体不处于 Hardy-Weinberg 平衡状态($\chi^2 = 12.153, P < 0.01$)。在新西兰及北美国家,对 GHR 基因 F279Y 位点有利基因潜在的高强度选择使群体偏离平衡,而我国近些年来大量引进国外优秀种公牛冻精以及胚胎,势必导致群体偏离平衡;其次,人工授精技术使得群体远非随机交配,这些都可能是群体显著偏离 Hardy-Weinberg 平衡的原因。

3.3.4.5 **GHR 基因多态性与产奶性状关联分析**

采用动物模型对 GHR 基因 F279Y 位点与 305 d 产奶量、乳脂量、乳脂率、乳蛋白量和乳蛋白率 5 个产奶性状进行了关联分析,结果显示对于第一泌乳期数据,该位点对产奶量和乳蛋白率的效应在 $P < 0.01$ 水平上达到显著,对乳脂率的效应在 $P < 0.05$ 水平上达到显著。对于第二泌乳期数据,该位点对乳脂量的效应在 $P < 0.01$ 水平上达到显著,对乳脂率和乳蛋白率的效应在 $P < 0.05$ 水平上达到显著。

305 d 产奶量、乳脂量、乳脂率、乳蛋白量以及乳蛋白率的最小二乘均值及标准误见表

3.4。统计分析结果显示：对于第一泌乳期数据，基因型 AT 与 TT 对 305 d 产奶量和乳脂率的效应在 $P<0.05$ 水平上差异显著；基因型 AT 与 TT 对乳蛋白率的效应在 $P<0.01$ 水平上差异显著、对乳蛋白率的效应在 $P<0.05$ 水平上差异显著。对于第二泌乳期数据，基因型 AA 与 TT 对乳脂量的效应在 $P<0.01$ 水平上差异显著，基因型 AT 与 TT 对乳脂率的效应在 $P<0.05$ 水平上差异显著。

表 3.4　五种产奶性状的最小二乘均值及标准误

	基因型 （个体数）	305 d 产奶量/kg	乳脂量/kg	乳脂率/%	乳蛋白量/kg	乳蛋白率/%
第一泌乳期	TT(440)	**8 053.06±72.98**[a]	317.66±3.28	**3.97±0.028**[a]	258.96±2.11	**3.23±0.011**[Aa]
	AT(583)	**8 281.40±64.27**[b]	319.74±2.89	**3.88±0.025**[b]	262.88±1.86	**3.19±0.009**[Bb]
	AA(122)	**8 081.73±119.68**[ab]	313.42±5.38	**3.91±0.046**[ab]	255.77±3.47	**3.18±0.018**[b]
第二泌乳期	TT(339)	9 243.77±81.96	**379.65±3.69**[A]	**4.12±0.032**[a]	294.52±2.38	3.20±0.012
	AT(407)	9 229.90±73.60	**370.24±3.31**[AB]	**4.02±0.028**[b]	292.03±2.13	3.18±0.011
	AA(79)	9 025.88±145.03	**358.31±6.52**[B]	**3.99±0.056**[ab]	283.54±4.21	3.15±0.022

注：小写字母代表同列中在 $P<0.05$ 水平上差异显著；大写字母代表同列中在 $P<0.01$ 水平上差异显著。

3.3.4.6　遗传效应分析

遗传效应分析结果见表 3.5。对于第一泌乳期数据，乳蛋白率的加性效应显著，305 d 产奶量和乳蛋白量的显性效应显著，乳脂率和乳蛋白率的等位基因替代效应显著，即 A 等位基因替代 T 等位基因会导致乳脂率下降 0.047 5%（$P<0.05$）、乳蛋白率下降 0.030 6%（$P<0.01$）；对于第二泌乳期数据，乳脂量、乳脂率、乳蛋白量和乳蛋白率的加性效应显著，5 个性状的显性效应均不显著，乳脂量、乳脂率、乳蛋白量和乳蛋白率的等位基因替代效应显著，A 等位基因替代 T 等位基因会导致乳脂量下降 10.192 kg（$P<0.01$）、乳脂率下降 0.075 7%（$P<0.01$）、乳蛋白量下降 4.354 kg（$P<0.05$）、乳蛋白率下降 0.025 9%（$P<0.05$）。

表 3.5　加性效应、显性效应和等位基因替代效应检验

	遗传效应	305 d 产奶量/kg	乳脂量/kg	乳脂率/%	乳蛋白量/kg	乳蛋白率/%
第一泌乳期	加性效应	14.335	−2.12	−0.027 3	−1.595	−0.025 8**
	显性效应	214.005**	4.2	−0.059 6	5.515*	−0.014 3
	等位基因替代效应	86.874	−0.699	−0.047 5*	0.272 6	−0.030 6**
第二泌乳期	加性效应	−108.945	−10.67**	−0.063*	−5.49*	−0.026 8*
	显性效应	95.075	1.26	−0.033 5	3.000	0.002 15
	等位基因替代效应	−72.832	−10.192**	−0.075 7**	−4.354*	−0.025 9*

注：* $P<0.05$，** $P<0.01$。

该研究结果与 Blott 等的报道有所不同，这可能是由于只选用某一胎次的产奶性状进行分析与用全期产奶性状进行分析的结果有所差异，还可能是群体遗传背景不同。等位基因替

代效应检验结果初步证明我国荷斯坦牛群体 GHR 基因的 F279Y 突变可以作为遗传标记应用于奶牛标记辅助选择中。

3.4　PL 基因对中国荷斯坦牛产奶性状遗传效应分析

3.4.1　PL 研究进展

3.4.1.1　PL 的功能

早在 1962 年,在胎盘与乳腺组织共培养时,由于胎盘组织具有促进乳腺发育的作用而被发现(Josimovich and Maclaren,1962)。由于其与垂体分泌的 GH(生长激素)和 PRL(催乳素)在结构和功能上非常相似,因此被称为胎盘催乳素(PL),同时由于胎盘催乳素同时具有促进生长发育的作用,故 PL 又被称为绒毛膜生长催乳激素(CSH)。到目前为止,PL 已经分别在灵长类、啮齿类和反刍动物中先后被发现,但在兔和犬中至今没有发现(Talamantes,1975)。虽然灵长类和啮齿类的 PL 发现相对较早(Buttle and Forsyth,1976),但是,直到 20 世纪 70 年代中期,牛 PL 基因(bPL)才被发现(Bolander and Fellows,1976;Eakle et al,1982)。牛 PL 基因在 20 世纪 80 年代的时候被克隆(Schuler and Hurley,1987;Schuler et al,1988)。PL 具有多种生物学功能,比如可以促进乳腺发育(mammogenesis)、泌乳发动(luteotrophic activity)、泌乳维持(lactogenesis)、促进生长(somatogenesis)和促进胎儿的生长和发育(fetal development)(Talamantes et al,1980;Ogren et al,1988)。

3.4.1.2　反刍动物 PL 的结构

山羊的 PL(cPL)是第一个被报道的反刍动物 PL(Buttle et al,1972)。许多研究小组对 cPL 进行了纯化研究。在发现山羊 PL 后不久,在绵羊胎盘组织中也发现了 PL(oPL)(Kelly et al,1974)。

bPL 具有 N-糖基化位点,并且在可以增加碳链的位点具有许多潜在的 O-糖基化位点,这是与脑垂体和胎盘所分泌的 PRL 基因家族蛋白的不同之处(Duckworth et al,1986;Soares et al,1998)。具有不同分子量和等电点的 bPL 异构体(isoform)已经被发现(Byatt et al,1986,1990)。并且,具有相同分子大小和不同等电点的 bPL 异构体相继在胎盘组织中被发现(Byatt et al,1986,1990)。存在如上种种情况,也许是由于在转录修饰过程中存在多种糖基化形式所造成的。

表 3.6 列出了绵羊和牛的 PL 之间以及它们与 PRL/GH 基因家族其他成员之间的相似性。这些对比说明反刍动物 PL 可能是由 PRL 基因的复制基因表达得来,因为与 GH(21%)比起来,PL 与 PRL(47%~50%)更为相似。而且 oPL 和 bPL 的氮端都有一小段二硫键环,这也是哺乳动物 PRL 的特性,但在 GH 上没有。有趣的是,PRL 和 GH 的序列都是高度保守的。所以,绵羊和牛的 GH 仅有两个氨基酸残基不同,它们的 PRL 也只有 4 个残基不同。但是在 oPL 和 bPL 的主要序列上有 66 个残基不同,即有 67% 的相似性。oPL 和 bPL 并不高度保守的事实说明,PRL 在这两个物种中承担着与 GH 和 PL 不同的功能。绵羊和牛 PL 在个体发育和生物学上的其他特性同样支持这一推断。

表3.6 oPL、bPL、bPRL 和 bGH 氨基酸序列的相似性

氨基酸残基	oPL	bPL	bPRL	bGH
oPL	—			
bPL	67%	—		
bPRL	47%	50%	—	
bGH	23%	21%	24%	—

3.4.1.3 与受体结合的特点

与 PRLR 结合是 bPL 发挥功能和作用的主要特征之一。bPL 的催乳活性几乎与高度纯化的 oPRL 相当(Schellenberg and Friesen,1982)。由于 bPL 在基因结构与功能上与 bPRL 相似,bPL 也许是由古老的 PRL 基因家族进化而来(Soares et al,1998)。有研究表明 PRL 基因家族是由于 PRL 基因的重复而产生的(Wallis,1992)。bPL、bPRL 和 bGH 都定位于牛 23 号染色体的 U20 连锁区段(Dietz et al,1992)的研究结果支持了以上的推断。研究表明 bPL 是唯一的一个由胎盘分泌的能促进乳腺分泌的基因,同时 bPL 还具有促进生长发育的作用(Ogren and Talamantes,1988;Staten et al,1993)。利用编码 bPL 的 cDNA 克隆研究,推测 bPL 是由 236 个氨基酸所组成的前体蛋白,其包括了 36 个氨基酸所组成的信号肽(Schuler et al,1988)。bPL 氨基酸序列与 bPRL 具有 51% 的相似性,与 hPRL 和 bGH 的相似性达到 22%。

在灵长类中,虽然 hPL 在血浆中的溶度要远低于 hGH(Lowman et al,1991),但 hPL 与 hGH 的氨基酸序列可达 85% 的相似性。oPL 同样与灵长类和啮齿类的 GHR 具有高度的相似性(Ogren and Talamantes,1988;Colosi et al,1989)。PL 的氨基酸残基是否具有与 GHR 相结合的结合域还不清楚。

3.4.1.4 表达来源

bPL mRNA 是在胎盘滋养层的双核细胞中发生转录的(Yamda et al,2002),合成的 bPL 蛋白储存在这些双核细胞的膜源(membrane-bound)分泌小粒当中(Wooding,1982)。大约在妊娠的 60 d,绝大部分的双核细胞(>95%)能够表达 bPL 蛋白,但是在单核细胞中并未检测到 bPL 蛋白的表达(Yamada et al,2002),与妊娠有关的糖蛋白 bPAG-1 在胎盘滋养层的双核细胞中也能够表达(Yamada et al,2002)。利用原位杂交,bPL mRNA 在妊娠的 20 d 左右即可检测到(Yamada et al,2002),同时在双核细胞刚出现或发生后不久时,bPL 蛋白也可被检测到(Flint et al,1979;Yamada et al,2002)。在妊娠末期,绵羊胎盘表达 PL 的双核细胞数量不断下降,因为胎儿的皮质醇激素调控着双核细胞群的活动(Ward et al,2002)。与绵羊相似,牛产犊前期,胎儿皮质醇激素的分泌量达到高峰,促使双核细胞量减少进而导致 bPL 激素分泌量开始减少,bPL 的表达可一直持续到妊娠的终止。产犊后的子叶组织中还可以检测到 bPL 的表达。这些研究结果表明:bPL 表达的开始和停止受到滋养层分化的严格调控。

3.4.1.5 表达的特点

胎盘滋养层在其二核细胞形成的时候开始表达 bPL。双核细胞通过与子宫内膜上皮细胞融合后形成三核细胞并且三核细胞在转运小粒细胞中的分泌物进入母体循环系统中发挥着作用(Wooding,1982)。在母体的循环系统中,妊娠 60 d 后在母体的外周循环系统的血浆中检测

到了 bPL 的存在(Patel et al,1996)。而后血浆中 bPL 浓度逐渐地提高(直到 0.6 ng/mL),一直到妊娠的 200 d。在妊娠 200~220 d,血浆 bPL 浓度迅速的升了 1 倍,达到 1.3 ng/mL。bPL 的浓度就一直稳定在这个水平直到分娩。分娩后,血浆 bPL 浓度迅速下降。在分娩后的 1 d 当中,血浆 bPL 浓度与胎盘组织中 bPL 转录本的数量成正比。2004 年,Patel 等报道 bPL 在胎盘中的转录水平随着妊娠的进程而不断提高,在分娩前夕达到最高,并一直保持在这一水平上,直到分娩。在妊娠过程中,血浆 bPL 浓度改变相对其他胎盘类固醇 bPAG 来说是最小和最缓慢的(Patel et al,1995;Takahashi et al,1997;Patel et al,1999)。这些胎盘分泌的激素在血浆中的含量水平是根据生物合成量、在目标组织中的使用量和血浆中的清除率来定的,也就是这三者在反馈调节中达到平衡状态。来源于大肠杆菌的重组 bPL 蛋白在血液中的半衰期为 7.5 min(Byatt et al,1992b)。来源于胎盘的天然 bPL 的半衰期比重组 bPL 蛋白长,这是由于天然 bPL 为糖基化。在分娩后 1 d,外周血浆中的 bPL 浓度迅速降低。但是血浆 bPAG 水平在妊娠过程中迅速提高,在妊娠第 3 周可在血浆中检测到 bPAG 的存在,浓度为 3~5 ng/mL,此后其浓度迅速上升并且在分娩时达到最高,其最高浓度可超过 1 000 ng/mL。bPAG 的半衰期约为 8 d,因为其是高度糖基化的,即使在分娩后数周内仍可检测到 bPAG 的存在(Green et al,2005)。因此 bPAG 长的半衰期使得 bPAG 在妊娠过程中迅速积累并且产犊后长时间地在血浆中残留,bPL 也可在胎儿的循环系统中检测到(Byatt et al,1987;Takahashi et al,2001)。

3.4.1.6　反刍动物 PL 的生物活性

目前已经证明反刍动物 PL 在维持妊娠、母体代谢、胎儿发育、乳腺发育、维持泌乳和卵巢类固醇生成等过程中发挥着作用。

1. 促进乳腺发育

高产奶牛的乳腺在妊娠期和干奶期可以产生大量潜在泌乳小泡。乳房发育和牛乳生成都需要依靠垂体、肾上腺、卵巢和胎盘激素之间的复杂互作。乳腺导管的发育主要是由卵巢类固醇调节(Cowie et al,1980),但催乳素对泌乳小泡的完全发育也是必需的(Cowie et al,1966;Hart and Morant,1980)。未妊娠母羊(Schams et al,1984)或青年母牛(Schams,1984)体内适宜比例的雌激素和孕激素会刺激乳腺发育,但如果催乳素的分泌被 CB154 阻断的话,乳腺发育就会严重受限。但是,在妊娠山羊(Forsyth et al,1985)和妊娠绵羊(Martal and Djiane,1977;Schams et al,1984)体内,缺少催乳素并不影响乳腺发育。妊娠期间胎盘分泌一种关键性的激素,即 PL,这说明 PL 能够促进或维护乳腺发育。而且,山羊和绵羊的产奶量与妊娠早期的胎儿数量以及妊娠早期后 1/3 段母体循环中 PL 的浓度成正相关(Hayden et al,1979;Buttle et al,1981)。从生存角度考虑,胎儿影响产奶量是符合逻辑的,在山羊和绵羊中,单胎和多胎都是很普遍的,因此 PL 对乳腺发育的调节可以确保泌乳量足够满足新生儿的营养需要。

奶牛双胎的几率大约是 3%,并常伴有难产,所以目前还没有充足的资料能够说明双胎奶牛比单胎奶牛的母体 bPL 浓度高。但是,妊娠青年母牛与绵羊和山羊不同,其乳腺发育不受 CB154 阻碍,而是在妊娠后期受影响(Schams et al,1984),同时,这也说明胎盘分泌的 PL 可以代替 PRL。犊牛初生重和胎盘质量都与之后泌乳期的产奶量成正相关。并且,对饲养和泌乳记录的分析结果表明,产奶量存在公犊牛效应,这说明胎儿胎盘的产物可以影响妊娠期的乳腺发育。在爱尔夏青年母牛中发现,bPL 的平均浓度与犊牛初生重成正相关,并且雄性胎儿在 bPL 浓度的变异中占据了很大的比例(Guibault et al,1990)。bPL 在乳腺组织中具有促进有丝分裂的作用。虽然 bPRL 对于牛奶的分泌也有重要作用,但与 bPL 相比,bPRL 缺乏促进有丝分裂的作用(Byatt et al,1994)。Byatt 等(1997)用外源注射 bPL,发现注射 bPL 的奶牛比对照组的产奶量高 22%,血液中的尿素氮含量有所降低,但类胰岛素生长因子 I 的含量有所提高。

2.促黄体作用

将 PL 作用于假孕小鼠能促进 PL 分泌,所以反刍动物 PL 具有促黄体的作用(Chan et al,1980)。Lucy 等(1994)研究表明重组 bPL 可以增加黄体的大小,提高血浆中孕激素浓度,并且 bPL 可以结合于母牛黄体的微粒体部分。这些结果表明 PL 可以介导牛和啮齿类促黄体的信号系统。在啮齿类动物中,PL 可以通过 PRL-R 发挥促黄体作用。然而在牛中,GH 和 PRL 都不具有促黄体作用,虽然 PRL-R 在牛黄体中也有表达(Lucy et al,1994),表明牛黄体具有特异的受体与 bPL 作用,使得 bPL 在妊娠过程中发挥促黄体功能。

3.胎儿发育与妊娠相关的母体适应

长期以来,PL 被认为是调节营养分配以供给胎儿发育所需要营养的重要因素。Rasby 等在 1990 年就开始研究营养需求与营养储存和胎儿发育的关系,并且测量妊娠牛血浆中营养成分和 PL 的浓度。Rasby 将较消瘦的牛和营养状况中等的牛分为两组,发现胎儿的生长发育情况无显著差异。有趣的是,较为消瘦的牛子宫重较营养中等的牛轻,但是绒毛膜重及子叶重则较高;在较为消瘦的牛中,尿囊液中果糖浓度要比营养中等的牛低,并且母体血浆 bPL 浓度较高。

3.4.2 试验群体和统计分析

该部分试验群体、关联分析模型和基因效应、基因型效应分析同 DGAT1 基因部分。

3.4.2.1 引物设计

张剑(2006)根据牛 bPL 基因的已知序列(GenBank 登录号:AH001151)设计了 6 对引物,引物序列、退火温度、片段大小及位置见表 3.7。

表 3.7 **bPL 基因的引物信息**

引物	序列	退火温度/℃	扩增片段/bp
bPLpro1	F:5′-GGAGAAGGGCATGATAAC-3′ R:5′-GCAATAGGGAAAGATCAC-3′	59	Promoter-337to-123(215)
bPLpro2	F:5′-TCCCTATTGCTCTTATGC-3′ R:5′-ACTGAATGGAGGAAATC-3′	56	Promoter-132to35(98)
bPL1	F:5′-GTAGCACCCTATTTCTAT-3′ R:5′-TTTTGGAGAGTGAAGTAG-3′	56	Exon1(270)
bPL2	F:5′-CAGGCTAACACATCATCT-3′ R:5′-ATCCCACTCACTTTCATC-3′	61	Exon2(290)
bPL3	F:5′-GCCAAAATAACCCAAAGG-3′ R:5′-TGTCTCAGTTGCTCAAGT-3′	59	Exon3(193)
bPL4	F:5′-TTACCAAGCCCACTGAAT-3′ R:5′-CTCACCCTTTTTTGTATC-3′	56	Exon4(244)

续表 3.7

引物	序列	退火温度/℃	扩增片段/bp
bPL5	F:5′-TTATCTTTGGGTGCTTAGGT-3′ R:5′-ATCATCACTAACCATCTCAG-3′	59	Exon5(244)
bPL5a	F:5′-GTCCTGAGATGGTTAGTG-3′ R:5′-TCAGAGGTAGGGATGGAT-3′	59	Exon5a(205)

注:F 代表上游引物,R 代表下游引物。

3.4.2.2 RH 定位

利用美国得克萨斯州大学 Womack 等构建的 5 000 rad 的辐射杂种细胞系(BovR5)对牛 bPL 进行染色体定位。该细胞系以安格斯牛普通二倍体成纤维细胞为供体细胞(JEW38),通过 5 000 rad(拉德)X 射线辐射将染色体打断,然后与次黄嘌呤鸟嘌呤磷酸核糖转移酶(Hprt)缺陷的仓鼠瘤细胞融合,通过向培养基中添加次黄嘌呤—氨喋呤—腺苷(HAT)来增加筛选压力,只有融合有含次黄嘌呤鸟嘌呤磷酸核糖转移酶基因的细胞才能存活,这样就得到融和有两种 DNA 的杂种细胞。再通过不同的标记引物进行 PCR 筛选,根据连锁分析和基因组断裂频率构建图谱。淘汰非融合细胞,得到正确的杂种克隆,用于特定基因的 PCR 筛选定位分析。

所用引物见表 3.8。首先对牛基因组 DNA 进行扩增,若在牛基因组 DNA 中扩增出特异带,用相同的引物对仓鼠基因组 DNA 扩增,要求在仓鼠中无特异扩增产物,否则无法用于定位。利用 BovR5 的 90 个杂种细胞系作为模板进行扩增。对于 BovR5,阳性结果记为 1,阴性结果为 0。每个杂种细胞重复扩增两次,结果不一致的需要进行第三次扩增,取 3 次中相同的 2 次记为最终结果。

表 3.8　RH 定位引物及反应参数

引物	引物序列(5′→3′)	产物长度/bp	PCR 反应参数
RH-LA	F:5′-CCATAAAGCACTCTGTTC-3′ R:5′-GAGCAAGGGTCAAAAGTC-3′	322	94℃,30s;58℃,30s;72℃,30s,35cycles
RH-bPL	F:5′-ATCCATCCCGTCAAAAGC-3′ R:5′-CAGTTCCTGCTATTTGTG-3′	230	94℃,30s;54℃,30s;72℃,30s,35cycles

注:F 代表上游引物,R 代表下游引物。

3.4.3　PCR-SSCP 结果

对 1 028 头中国荷斯坦牛进行了 bPL 基因的 PCR-SSCP 分析,在 5-调控区没有发现多态位点,分别在外显子 2 和外显子 4 发现多态位点(图 3.9 和图 3.10)。其他 4 对引物所扩增的外显子片段均未检测到多态位点。

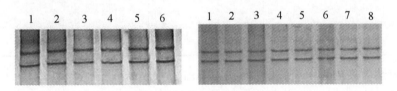

图 3.9　bPLpro1 和 bPLpro2 位点 SSCP 结果

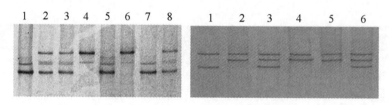

图 3.10 bPL2 和 bPL4 位点 SSCP 结果

根据 PCR-SSCP 结果,将不同基因型各随机挑选 2 个个体的 PCR 产物回收,然后进行 PCR 产物双向直接测序(图 3.11)。将 PCR 产物正反方向的序列通过 DNA MAN3.0 拼接比对,发现外显子 2 和 4 的突变分别为 T533C 和 G174A,其中 T533C 是错义突变,使缬氨酸(Val)→丙氨酸(Ala),由于该突变导致牛 PL 基因所编码蛋白质第 37 个氨基酸的改变,故又被命名为 V37A。

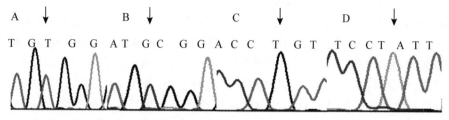

A. bPL2 位点 AA 型　B. bPL2 位点 BB 型　C. bPL4 位点 AA 型　D. bPL4 位点 BB 型

图 3.11 bPL 基因不同基因型的部分序列图

3.4.4 基因频率和基因型频率

表 3.9 中给出了各突变位点的基因频率和基因型频率。对于 bPL2 位点,AB 和 BB 基因型的频率较高,AB 为 0.55,BB 为 0.35;而 AA 基因型个体的频率只有 0.10。等位基因 A 和 B 的频率分别为 0.38 和 0.62;对于 bPL4 位点,BB 型个体数很少,只检测到 12 头,基因型频率仅为 0.01,AA 和 AB 基因型频率分别为 0.66 和 0.33。等位基因 A 和 B 的频率分别为 0.82 和 0.18。

表 3.9 bPL2 和 bPL4 的基因频率和基因型频率

位点	基因型	个体数	基因型频率	等位基因	等位基因频率
bPL2	AA	105	0.10	A	0.38
	AB	554	0.55	B	0.62
	BB	349	0.35		
bPL4	AA	679	0.66	A	0.82
	AB	337	0.33	B	0.18
	BB	12	0.01		

卡方检验结果表明这两个位点均处于 Hardy-Weinberg 不平衡状态($P < 0.001$ 和 $P < 0.001$)。这可能是由于在中国荷斯坦牛群中长期针对产奶性状进行选育以及奶牛人工授精技术普遍应用所造成的。

3.4.5 bPL 基因与产奶性状的关联分析

利用 PEST 软件,分别对 bPL2 和 bPL4 两个位点对产奶性状的遗传效应进行了分析,结果见表 3.10 和表 3.11。

表 3.10　bPL2 位点的遗传效应分析

性状	AA-AB[1]	AA-BB[1]	AB-BB[1]	加性效应	显性效应
乳脂率/%	0.053±0.037 ($P=0.148$)	0.087±0.041 ($P=0.035$)	0.033±0.027 ($P=0.215$)	0.043±0.021 ($P=0.035$)	−0.010±0.024 ($P=0.690$)
乳蛋白率/%	0.007±0.015 ($P=0.656$)	0.020±0.016 ($P=0.221$)	0.014±0.011 ($P=0.207$)	0.010±0.008 ($P=0.221$)	0.003±0.010 ($P=0.735$)
乳脂量/kg	−9.722±5.538 ($P=0.079$)	−11.051±6.164 ($P=0.073$)	−1.328±4.035 ($P=0.742$)	−5.526±3.082 ($P=0.073$)	4.197±3.74 ($P=0.262$)
产奶量/kg	−390.181±138.719 ($P=0.005$)	−501.113±155.346 ($P=0.001$)	−110.930±101.870 ($P=0.276$)	−250.556±77.670 ($P=0.001$)	139.625±93.687 ($P=0.136$)
乳蛋白量/kg	−11.769±4.232 ($P=0.005$)	−13.890±4.735 ($P=0.003$)	−2.12±3.105 ($P=0.495$)	−6.945±2.368 ($P=0.003$)	4.824±2.858 ($P=0.092$)

注:[1] 位点 bPL2 不同基因型值在 5 个产奶性状上的差异显著性检验。

表 3.11　bPL4 位点遗传效应分析

性状	AA-AB[1]	AA-BB[1]	AB-BB[1]	加性效应	显性效应
乳脂率/%	−0.035±0.025 ($P=0.170$)	0.131±0.101 ($P=0.195$)	−0.096±0.101 ($P=0.343$)	−0.065±0.050 ($P=0.195$)	−0.031±0.054 ($P=0.568$)
乳蛋白率/%	−0.015±0.010 ($P=0.131$)	−0.010±0.041 ($P=0.801$)	0.005±0.041 ($P=0.903$)	−0.005±0.020 ($P=0.801$)	0.010±0.021 ($P=0.641$)
乳脂量/kg	−0.692±3.769 ($P=0.854$)	−32.528±15.14 ($P=0.032$)	−31.837±15.20 ($P=0.036$)	−16.264±7.573 ($P=0.032$)	−15.572±8.082 ($P=0.054$)
产奶量/kg	72.206±94.97 ($P=0.447$)	−543.845±382.01 ($P=0.155$)	−616.052±383.529 ($P=0.108$)	−271.923±191.007 ($P=0.155$)	−344.129±203.895 ($P=0.092$)
乳蛋白量/kg	0.728±2.894 ($P=0.801$)	−19.278±11.631 ($P=0.098$)	−20.006±11.683 ($P=0.087$)	−9.639±5.818 ($P=0.098$)	−10.367±6.211 ($P=0.095$)

注:[1] 位点 bPL4 不同基因型值在 5 个产奶性状上的差异显著性检验。

从表 3.10 可以看出:在 bPL2 位点上,AA 基因型个体的产奶量和乳蛋白量显著低于 BB 基因型个体($P=0.001$ 和 $P=0.003$)和 AB 基因型个体($P=0.005$ 和 $P=0.005$)。并且,该位点在产奶量和乳蛋白量这两个性状上的加性效应也达到显著($P=0.001$ 和 $P=0.003$),显性效应未达到显著($P=0.136$ 和 $P=0.092$)。AA 基因型个体的乳脂率高于 BB 基因型个体($P=0.035$),该位点在乳脂率性状上的加性效应和显性效应的显著水平分别为 $P=0.035$ 和 $P=0.690$。而不同基因型个体在乳脂量和乳蛋白率等 2 个性状之间均差异不显著($P=0.073\sim0.742$)。

表 3.11 结果显示,在 bPL4 位点上,BB 基因型个体的乳脂量高于 AA 和 AB 基因型个体

（$P=0.032$ 和 $P=0.036$）；该位点在乳脂率性状上的加性效应和显性效应的显著水平分别为 $P=0.032$ 和 $P=0.054$。不同基因型在乳脂率、乳蛋白率、产奶量和乳蛋白量等 4 个产奶性状的遗传效应均未达到显著水平（$P=0.087\sim0.903$），显性和加性效应上也不显著（$P=0.092\sim0.801$）。

3.4.6　bPL 蛋白质结构预测

利用 SignalP(V.2.0)软件预测 bPL 蛋白的氨基酸序列中信号肽的存在与否及其剪切的位点。其算法是基于神经网络（neural networks，NN）和隐马尔可夫模型（hidden Markov models，HMM）两种算法。两种算法对于 37V 和 37A 两种蛋白质得到了较一致的预测结果，预测到该编码蛋白的信号肽剪切位点位于氨基酸残基 36～37 之间，由 36 个(1～36)氨基酸残基组成。图 3.12（又见彩图 3.12）表示的是利用神经网络算法所得到的关于 37A 蛋白质的信号肽剪切位点。图中 C 值为原始剪切位点的分值，S 值为信号肽的分值，Y 为组合的剪切位点分值。从图中可以看出 C 值和 Y 值都在位点 37 上达到最大，分别为 0.604 和 0.695，而且 S 值在 1～37 个氨基酸之间是先升高后降低的，在位点 21 上达到最大，为 0.976，符合典型的信号肽特征。预测信号肽由 36 个氨基酸残基组成，36 和 37 之间为信号肽的剪切位点，这与采用隐马尔可夫算法得到的预测结果和 NCBI 上所提供的蛋白质序列信息相一致。

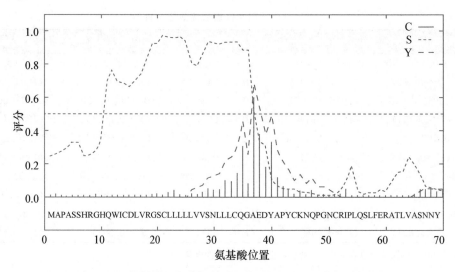

图 3.12　利用神经网络算法预测的蛋白质(37A)信号肽位点

利用 GCG V11.1 软件包对 bPL 37V 和 37A 蛋白二级结构进行预测，结果见图 3.13（又见彩图 3.13）。预测的结果表明，由于编码该蛋白质的第 37 个氨基酸残基由缬氨酸（Val）替换为丙氨酸（Ala），导致蛋白质在亲水性、表面系数、链弹性系数、GOR 结构和抗原指数等指标在第 37 氨基酸残基的前后 3 个氨基酸残基范围内发生了明显的改变；并且，在对应的氨基酸残基位点上，37A 在亲水性、表面系数、链弹性系数和抗原指数的分值上比 37V 要高，其中 37A 比 37V 分别高 0.343、0.478、0.015 和 0.4。从预测结果曲线图也可以看出在星号位置（第 37 个氨基酸残基）的两侧，各指标存在明显的差异。

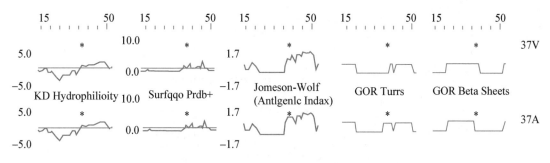

（＊位置为第 37 个氨基酸残基）

图 3.13　牛胎盘催乳素蛋白质 37V 和 37A 二级结构的预测结果比较

由于点突变导致第 37 个氨基酸残基发生替代,使得该氨基酸前后 3 个氨基酸残基在二级结构上发生改变。二级结构的改变使得该蛋白质的关键的理化性质发生了变化,比如亲水性、表面系数、链弹性系数和抗原指数等。而且这些蛋白特性发生改变的区域为该蛋白的信号肽部分,即细胞转运系统识别的特征氨基酸序列。蛋白质只有首先被识别,锚定在细胞膜上,后续的肽段部分才可以顺利通过细胞膜而发挥作用。

3.4.7　bPL 基因 RH 定位

利用引物(表 3.8)以牛辐射杂交板(BovR5)所包含的 90 个细胞系的 DNA 为模板进行 PCR 扩增,所得扩增结果为:000000000000000100000001001000000000001000000000010001 000000001000000100000000000000001000,通过 http://bovid. cvm. tamu. edu/cgi-bin/rhmapper. cgi 在线分析,将 bPL 定位于牛第 23 号染色体(BTA23),与位于 Illinois-Texas 5000-Rad 辐射杂交图谱上的 CC549051 和 RM185 标记紧密连锁,*LOD* 值等于 8.2,图距为 23.2 cR (表 3.12)。

表 3.12　bPL 辐射杂交定位结果

基因	标记	ILTX 图谱[1]	*LOD* 值	距离/cR[1]
bPL	CC549051	379	8.2	23.2
bPL	RM185	379	8.2	23.2

注:[1]标记在 Illinois-Texas 5000-rad 辐射杂交图谱上的位置。

RM185 标记在 Ihara 等(2004)构建的连锁图谱中的位置约为 52 cM(图 3.14)。从辐射杂交结果看,bPL 与该标记紧密连锁,故 bPL 在 52 cM 附近。Bennewitz 等(2003)在奶牛 BTA23 60 cM 附近检测到产奶量和乳蛋白量 QTL。标记 BM1818、BM1443、BM4505 和 MGTG7 附近还存在体细胞数 QTL(Ashwell et al,1997;Heyen et al,1999)。对比辐射杂交图谱和连锁图谱发现,bPL 基因与 BTA23 上产奶量和乳蛋白量 QTL 距离较近(图 3.14)。综合 RH 定位、蛋白质结构预测,推测显著关联结果可能是由于其与产奶性状 QTL 处于连锁不平衡所致,也可能 bPL2 突变位点正是功能性突变,但有待于进一步的研究。

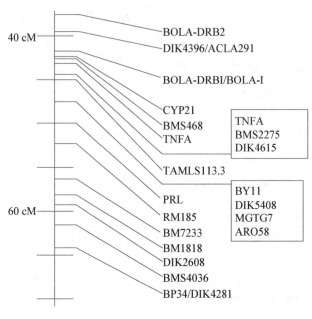

图 3.14　牛第 23 号染色体部分连锁图谱

3.5　α-LA 基因对中国荷斯坦牛产奶性状遗传效应分析

3.5.1　α-LA 研究进展

3.5.1.1　α-LA 的结构和功能

　　α-LA 是哺乳动物乳腺分泌的一种乳清白蛋白,属于钙结合蛋白。多数 α-LA 含有 123 个氨基酸残基,人、猪、牛、羊、兔、骆驼等物种的 α-LA 含有 123 个氨基酸残基,家兔 α-LA 含有 122 个氨基酸组成,而小鼠 α-LA 则由 144 个氨基酸组成,这是因为小鼠 α-LA 在 C 末端多出部分氨基酸残基的缘故。α-LA 虽在氨基酸序列上与溶菌酶家族同源,但它仅是鸡卵清溶菌酶活性的 10^{-6}(Mckenzie and White, 1987)。X 射线衍射晶体结构分析显示,α-LA 三级结构也与溶菌酶相似(Acharya et al,1994)。

　　天然状态的 α-LA 结构包含 2 个区域:大的 α-螺旋区和小的 β-折叠区。这两个区域由 Ca^{2+} 结合的 loop 环相连(图 3.15)。α-螺旋区包括 3 个主要的 α-螺旋(残基 5～11,23～34,86～98)和 2 个 α-3_{10} 螺旋(残基 18～20 和 115～118)。

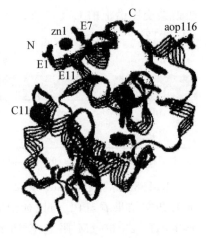

图 3.15　牛 α-乳清白蛋白 X 射线衍射三级结构(摘自 Acharya et al,1994)

小的 β-折叠区是由一些连续的 loop 环、三股反向平行 β-折叠片和短的 α-3_{10} 螺旋(残基 77～80,此结构为 β-转角)组成。这两个区域被一个深深的裂缝分开,并通过两个二硫键(Cys73-Cys91 和 Cys61-Cys77)连接在一起,而两个区域之间又是 Ca^{2+} 结合的 loop 环骨架。整个

α-LA 三级结构因 4 个二硫键而稳定($6\sim120,61\sim77,73\sim91$ 和 $28\sim111$)。

3.5.1.2 α-LA 基因的结构和功能

牛、人、山羊和绵羊的 α-LA 分别被定位在第 5、12、5 和 3 号染色体上(Davies et al,1987；Threadgill et al,1990；Hayes et al,1993)。除袋鼠 α-LA 外,其他物种的 α-LA 基因转录本长度均为 2 kb 左右(Collet and Joseph,1995),包括 4 个外显子。牛 α-LA 基因全长为 3 090 bp。

通过 Southern 杂交分析,在牛和山羊(Soulier et al,1989；Vilote et al,1991)的基因组中发现了 α-LA 基因序列(Soulier et al,1989；Vilotte et al,1993)。目前,α-LA 的多基因现象只在反刍动物家族中发现。在牛基因组中,存在 α-LA 的同源序列,该序列含有 α-LA 外显子 3、4 的同源序列,但缺乏牛 α-LA 的上游序列,这种 α-LA 的假基因与溶菌酶基因类似(Irwin et al,1990；Irwin et al,1992)。这两个多基因家族序列中均有类似的 LINE 序列结构,这也为其有着共同的起源提供了重要依据(Irwin et al,1993)。古老的溶菌酶基因产生 α-LA 时,先形成 α-LA 假基因可能是产生新基因的开始步骤,在牛的基因组中,α-LA 和溶菌酶基因被定位于同一条染色体上(Gallagher et al,1993),表明这两个基因也存在着协同进化的可能性。

3.5.1.3 α-LA 调节乳糖合成的功能

α-LA 是乳糖合成酶的一个组成部分(Hill et al,1975),在葡萄糖存在的条件下,与半乳糖苷转移酶结合在一起,调节该酶的专一性。由于 α-LA 易从半乳糖苷转移酶上解聚,可作为乳糖合成酶的一个调节亚基,因而在乳糖合成中起调节作用。其另一个亚基是半乳糖苷转移酶(GT),在多种分泌细胞中催化半乳糖残基从 UDP-半乳糖到糖蛋白。而在哺乳动物乳腺中,专一性的半乳糖苷转移酶与 α-LA 相互作用,通过这一过程可增加 GT 对葡萄糖的亲和性和专一性,使其催化底物对象变为葡萄糖,催化过程如下:

$$UDP-Gal+glucose \xrightarrow{GT/\alpha\text{-}LA} lactose+UDP$$

该反应在高尔基体中发生,α-LA 与高尔基体内膜的半乳糖苷转移酶结合形成乳糖合成酶,从而使乳糖合成酶对葡萄糖的亲和力大大增加。由于 α-LA 是连续分泌的,因此,对于乳糖合成的维持是十分必要的。从各物种乳中乳糖和 α-LA 的含量看,二者之间以及与泌乳量之间呈正相关。另外,体内实验和体外实验表明,α-LA 的合成受 PRL 或 PL 以及糖皮质激素的影响。

在乳糖合成酶中,Ca^{2+} 与 α-LA 结合的作用仍不清楚。但 Zn^{2+} 与 α-LA 结合可以调节乳糖合成酶的功能,可能具有重要的生物学意义。

3.5.1.4 α-LA 的杀菌和诱导细胞凋亡的功能

Pelligrini 等(1999)发现用胰蛋白酶和糜蛋白酶水解 α-LA,产生了 3 种具有杀菌特性的多肽,这些多肽对绝大多数革兰氏阳性菌起作用,这说明 α-LA 被内肽酶降解后具有抗菌作用。Hakansson 等(2000)发现了一种 α-LA 构象的突变体,这个突变体对抗生素敏感和有抗性的肺炎链球菌都具有杀伤能力。具有杀菌活性的蛋白可通过离子交换和凝胶色谱从酪蛋白中分离出来。更为有趣的发现是天然状态的 α-LA,在有 C18:1 脂肪酸存在下,可以转变成具有杀菌活性的形式,正如前面所提到的,α-LA 拥有几个脂肪酸结合位点。

近来 Hakansson(1995)和 Svensson 等(1999)发现一些多聚体,虽然不能完全代表 α-LA 衍生物的特性,但是有效的 Ca^{2+} 增加和编程死亡的诱导剂,具有广泛的细胞毒性,能够杀死所有实验的胚胎和淋巴细胞。研究发现 α-LA 诱导编程死亡的部分包含着该蛋白的寡聚体,而寡聚体经历类似熔球构象的改变,寡聚化保持着 α-LA 具有生物活性的熔球状态。在 Zn^{2+} 存在下,可以得到 α-LA 的积聚体。多聚化的 α-LA 结合到细胞表面,进入细胞质并在细胞核中积累,同时,脱离子的 α-LA 和 Zn^{2+} 结合与磷脂膜的相互作用比 Ca^{2+} 结合蛋白与磷脂膜的相互作用更有效。Kohler 等(1999)也发现聚合的 α-LA 可激活 Caspases,并诱导编程死亡,而且 α-LA 直接作用线粒体,引起细胞色素 C 的释放,这是细胞编程死亡起始非常重要的一步。

3.5.2 试验群体和统计分析

该部分试验群体、关联分析模型和基因效应、基因型效应分析同 DGAT1 基因部分。

3.5.2.1 α-LA 基因引物设计

张剑(2007)根据牛的 LA 基因的已知序列(GenBank 登录号:No. X06366)设计 11 对引物,引物序列、退火温度、片段大小及位置见表 3.13 和图 3.16。

表 3.13 α-LA 基因的引物信息

引物	序列	退火温度/℃	扩增片段大小/bp
LA1	F:5′-GGTATCTGGCTATTTAGTGG-3′ R:5′-CAACTCCTCCTTCCTCTTAG-3′	61	313 59~371
LA2	F:5′-TCCATATTCTGTATGTCTCT-3′ R:5′-TTCACCCCACTTTTCCTTTC-3′	54	267 334~600
LA3	F:5′-TTGTAACACTCTTTGGGC-3′ R:5′-CTGCTCACCTCCTTTTAT-3′	61	203 524~726
LA4	F:5′-CGTGGATGTAAGGCTTGATG-3′ R:5′-GGGGAAAAGAGGATGAAGAG-3′	63	318 662~979
LA5	F:5′-TCTTTCCCTCCATTCTCTTC-3′ R:5′-GCTTGTGTGTCATAACCACT-3′	55	317 946~1262
LA6	F:5′-TCGTCTTTCTTTCAGGGGTC-3′ R:5′-ATCCCAGGAGTAGGTTTCAG-3′	56	230 1205~1434
LA7	F:5′-CAGAGAAAACCAGAGAAG-3′ R:5′-GAAATAGAGAGAAAGGAG-3′	57	251 1766~2016
LA8	F:5′-CTCCTTTCTCTCTATTTC-3′ R:5′-GACACTGAGCCACTTAGT-3′	54	295 1999~2293
LA9	F:5′-ACTAAGTGGCTCAGTGTCTC-3′ R:5′-GAACAGAAAGAGGACAGAAG-3′	61	256 2276~2531
LA10	F:5′-TGTCCTCTTTCTGTTCCT-3′ R:5′-ACCCTATTTCCTCCCTCT-3′	61	293 2516~2808
LA11	F:5′-TTGAGTGGCTGGCTGTAT-3′ R:5′-GTCGGACACAACTGAAGT-3′	62	280 2758~3037

注:F 代表上游引物,R 代表下游引物。

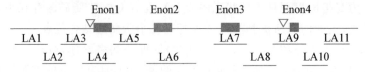

图 3.16 α-LA 基因扩增片段的相对位置(箭头表示存在多态的位点)

3.5.2.2　PCR_SSCP 分析结果

利用 11 对引物进行 PCR 扩增,分别得到了特异的目的条带,其长度分别为 313 bp、267 bp、203 bp、318 bp、317 bp、230 bp、251 bp、295 bp、256 bp、293 bp 和 205 bp。通过对 11 对引物的 PCR 扩增进行 SSCP 分析,发现只有 LA4 和 LA9 两对引物所扩增的片段具有多态性,见图 3.17。

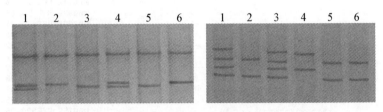

泳道 2 和 6:AA 型　泳道 3 和 5:BB 型　泳道 1 和 4:AB 型

图 3.17　LA4 和 LA9 位点 SSCP 结果

根据 PCR-SSCP 分析结果,对不同基因型各随机挑选 2 个个体的 PCR 产物进行回收、纯化,然后进行 PCR 产物直接测序,均为正反双向测序(图 3.18,又见彩图 3.18)。

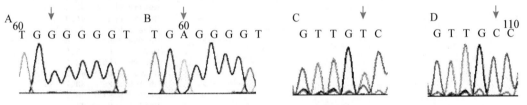

A.LA4 位点 AA 型　B.LA4 位点 BB 型　C.LA9 位点 AA 型　D.LA9 位点 BB 型

图 3.18　LA4 和 LA9 位点的部分序列

将 PCR 产物正反方向的序列通过 DNAMAN3.0 拼接比对,发现 5′侧翼区和内含子 3 为单核苷酸突变,分别是:G753A 和 T2413C,其中 G753A 发生在 5′侧翼区,距离转录起始点 3′端 15 bp,所以将其命名为 α-LA(+15)。T2413C 突变发生在第三内含子上,将其命名为 α-LA(I3)。

3.5.2.3　α-LA 基因 5′侧翼区潜在的调控元件及蛋白结合位点的预测

由于 α-LA(+15)突变发生在 α-LA 基因 5′侧翼区部分,通过转录因子结合位点预测分析软件 TFSEARCH(ver1.3)(http://www.cbrc.jp/research/db/TFSEARCH.html)对该突变可能导致基因转录变化情况进行分析。结果表明,G 到 A 的突变导致 α-LA 基因减少一个 ADR1 转录因子与之结合,同时增加了一个 STRE 转录因子与之结合(图 3.19)。

3.5.2.4　基因频率和基因型频率

各突变位点的基因频率和基因型频率见表 3.14。对于 α-LA(+15)位点,AA 和 AB 基因型的频率为 0.47 和 0.42,BB 基因型频率为 0.11。等位基因 A 和 B 的频率分别为 0.68 和 0.32。对于 α-LA(I3)位点,AA、AB 和 BB 基因型的频率分别为 0.83、0.13 和 0.04。等位基因 A 和 B 的频率分别为 0.89 和 0.11。卡方检验结果表明 α-LA(+15)位点处于 Hardy-Weinberg 平衡状态($P > 0.05$);α-LA(I3)位点处于非 Hardy-Weinberg 平衡状态($P < 0.001$)。

A AA 型序列的预测转录因子

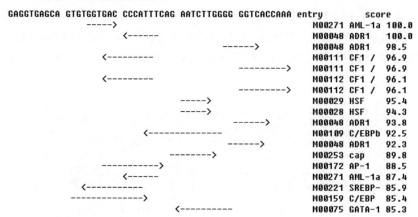

B BB 型序列的预测转录因子

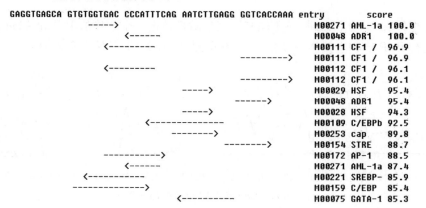

A. AA 型序列 B. BB 型序列

图 3.19 转录因子结合位点预测结果

表 3.14 α-LA(+15) 和 α-LA(I3) 的基因频率和基因型频率

位点	基因型	个体数	基因型频率	等位基因	等位基因频率
α-LA(+15)	AA	486	0.47	A	0.68
	AB	429	0.42	B	0.32
	BB	109	0.11		
α-LA(I3)	AA	816	0.83	A	0.89
	AB	124	0.13	B	0.11
	BB	42	0.04		

3.5.2.5 α-LA 基因与产奶性状关联分析及遗传效应分析

关联分析结果见表 3.15 和 3.16。

表 3.15 α-LA(+15) 位点对 5 个产奶性状的遗传效应

性状	AA-AB[1]	AA-BB[1]	AB-BB[1]	加性效应	显性效应
乳脂率/%	0.057 ± 0.040	0.040 ± 0.040	-0.017 ± 0.024	0.020 ± 0.02	-0.037 ± 0.026
	$P=0.149$	$P=0.317$	$P=0.478$	$P=0.317$	$P=0.154$

续表 3.15

性状	AA-AB[1]	AA-BB[1]	AB-BB[1]	加性效应	显性效应
乳蛋白率/%	0.011±0.015	−0.007±0.015	−0.018±0.009	−0.003±0.007	−0.014±0.010
	P=0.501	P=0.641	P=0.061	P=0.641	P=0.169
乳脂量/kg	12.312±5.821	6.267±5.855	−6.045±3.562	3.133±2.927	−9.179±3.836
	P=0.034	P=0.285	P=0.089	P=0.285	P=0.017
产奶量/kg	197.54±145.36	77.367±146.4	−120.1±89.17	38.683±73.18	−158.85±95.82
	P=0.174	P=0.597	P=0.178	P=0.597	P=0.097
乳蛋白量/kg	6.84±4.43	1.65±4.47	−5.18±2.72	0.826±2.233	−6.01±2.92
	P=0.123	P=0.711	P=0.057	P=0.711	P=0.399

注:[1] 位点 α-LA(+15)不同基因型值在 5 个产奶性状上的差异显著性检验。

表 3.16　**α-LA(I3)位点位点对 5 个产奶性状的遗传效应**

性状	AA-AB[1]	AA-BB[1]	AB-BB[1]	加性效应	显性效应
乳脂率/%	−0.069±0.037	−0.005±0.05	0.064±0.065	−0.002±0.029	0.066±0.044
	P=0.063	P=0.933	P=0.331	P=0.933	P=0.136
乳蛋白率/%	−0.02±0.01	−0.036±0.022	−0.016±0.025	−0.018±0.011	0.002±0.017
	P=0.162	P=0.111	P=0.524	P=0.111	P=0.914
乳脂量/kg	−6.16±5.38	11.61±8.57	17.76±9.58	5.81±4.28	11.96±6.48
	P=0.253	P=0.175	P=0.064	P=0.175	P=0.065
产奶量/kg	−13.80±133.79	293.9±213.4	307.79±237.9	146.9±106.7	160.8±160.8
	P=0.917	P=0.168	P=0.196	P=0.168	P=0.32
乳蛋白量/kg	−2.27±4.07	7.45±6.50	9.72±7.25	3.723±3.25	5.99±4.90
	P=0.577	P=0.252	P=0.180	P=0.252	P=0.221

注:[1] 位点 α-LA(I3)不同基因型值在 5 个产奶性状上的差异显著性检验。

从表 3.15 可以看出:在 α-LA(+15)位点上,AA 基因型的个体除在乳蛋白率性状上比 BB 基因型个体低,在其余 4 个产奶性状上均比 BB 基因型高,但是均未达显著水平($P=0.285\sim$ 0.711)。除乳脂量性状的显性效应显著($P=0.017$),其他 4 个产奶性状的显性效应和加性效应均不显著($P=0.097\sim0.711$)。

表 3.16 结果显示,在 α-LA(I3)位点上,AA 基因型个体在乳蛋白率和乳脂率两个率性状上比 BB 基因型个体低,在乳脂量、产奶量和乳蛋白量 3 个性状上高于 BB 基因型,但差异未达显著水平($P=0.111\sim0.933$),在显性效应和加性效应上也未达到显著($P=0.065\sim0.933$)。这可能与该突变位点发生在内含子有关。

3.5.2.6　α-LA 基因 RH 定位结果

利用引物用牛辐射杂交板(BovR5)所包含的 90 个细胞系的 DNA 为模板进行 PCR 扩增,所得的扩增结果为:00201001101000000000112100100000010001000000111000000000000100010 0000200000100202010002000002,通过 http://bovid.cvm.tamu.edu/cgi-bin/rhmapper.cgi 在线分析,α-LA 被定位于牛 BTA5,与位于 Illinois-Texas 5000 rad 辐射杂交图谱上的 U63110,CC537786 和 L10347 标记紧密连锁,*LOD* 值大于 8.33,图距约为 30 cR(表 3.17 和图 2.20)。

表 3.17　α-LA 基因的辐射杂交定位结果

基因	标记[1]	ILTX 图谱	LOD 值	距离/cR
α-LA	U63110	323	8.37	27.6
α-LA	CC537786	330	8.33	30.2
α-LA	L10347	337	8.93	26.1

注：[1]标记在 Illinois-Texas 5000-rad 辐射杂交图谱上的位置。

Viitala 等(2003)在 BTA5 上 BM1819 和 BM2830 标记之间发现了产奶量 QTL。Benne-witz 等(2003)也在这一区域发现了产奶量 QTL。从图 3.20 上可以看出，与 α-LA 基因紧密连锁的 3 个标记，U63110、CC537786 和 L10347，位于标记 CSSM34 和 RM500 之间。其中 CSSM34 在辐射杂交图谱和连锁图谱上的位置分别为 315 cR 和 45 cM；RM500 在辐射杂交图谱和连锁图谱上的位置分别为 398 cR 和 55.6 cM。所以 α-LA 基因也必然落在这两个标记之间。从图中可以看出，α-LA 基因距离 BTA5 上的产奶量 QTL 为 22 cM，因为标记 RM500 与标记 BM1819 之间的图距为 22 cM。可能因为 α-LA 基因离 BTA5 上的产奶量 QTL 相距太远，使得该突变位点与产奶量性状未达到显著关联。

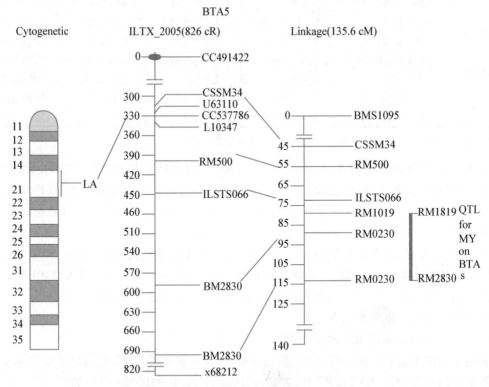

图 3.20　α-LA 基因在细胞染色体辐射杂交图谱和连锁图谱中的相对位置

（连锁图谱右边垂直条的区域代表在该范围内具有影响产奶量的 QTL）

3.6　STAT5a 基因对中国荷斯坦牛产奶性状遗传效应分析

3.6.1　STAT5a 研究进展

3.6.1.1　基因结构与功能

STAT(signal transducer and activator of transcription)是一类 DNA 结合蛋白,与酪氨酸磷酸化信号通路偶联,发挥转录调控作用,从而介导多种生物学效应。哺乳类 STAT 基因定位表明其进化可能与功能有关。STAT1-STAT4、STAT2-STAT6、STAT3-STAT5a/STAT5b 分别在染色体上紧密连锁(Ihle,1996),说明可能由共同的原始基因进化而来,并具有相似的生物学功能。

最早发现的 STAT 是干扰素(IFN)调节基因表达通路中的 DNA 结合蛋白。当 IFN 与其受体结合后,STAT 分子形成具有 DNA 结合能力的复合物,与特定的 DNA 序列结合而调节转录,引起一系列生物学效应。其中 $IFN\alpha/IFN\beta$ 诱发形成的 DNA 结合复合体由 STAT1、STAT2 和 p48(另外一种 DNA 结合蛋白)组成,此复合体识别并结合 ISRE(IFN-stimulated response element)序列。$IFN\gamma$ 诱发形成的复合体是由两分子 STAT1 组成的二聚体,可与 GAS(IFNγ-activated sequence)序列特异结合(Ihle,1996)。继 STAT1、STAT2 后,还有一些 STAT 家族成员被发现,这些 STAT 分子在哺乳类动物的 Tyr 磷酸化信号通路与基因表达调控的偶联中担任信使作用。

3.6.1.2　STAT 家族成员及其活化因子

STAT 家族包括 STAT1~STAT6 六个成员,它们的活化均依赖分子内 Tyr 残基的磷酸化,此磷酸化作用可由 3 种途径引发(Durbin,1996):

(1)细胞因子(如 IFN、IL、LIF、催乳素等)与其受体结合,激活 JAK(janus protein-tyrosine kinase),后者使 STAT 分子中的 Tyr 残基磷酸化。

(2)生长因子(如 EGF、PDGF、CSF-1 等)的跨膜受体本身就有酪氨酸蛋白激酶活性,与相应生长因子结合后,可直接使 STAT 磷酸化。

(3)血管紧张素Ⅱ受体与 G 蛋白偶联,可能通过 G 蛋白使 STAT 磷酸化,具体机制还不清楚。其中细胞因子对 STAT 的活化作用是主要的。需要指出的是,一种 STAT 分子可被多种细胞因子活化,如 IFN、LIF、IL-6 等细胞因子均可活化 STAT1(Ihle,1996;Durbin,1996;Aguet,1996;Jenkins,1996)。

3.6.1.3　STAT 分子结构

STAT5a 分子含有几个高度保守的功能区,其分子结构如图 3.21 所示:

图 3.21　STAT5a 分子结构

1. SH2 功能区

SH2 功能区(Sr chomology 2 domain)是一段高度保守的多肽序列,广泛存在于多种蛋白质分子(包括 STAT)中,可结合 RTK(receptor tyrosine kinase)等分子中的磷酸酪氨酸残基及其周围的不同氨基酸序列,介导蛋白质-蛋白质相互作用。STAT 中的 SH2 功能区的主要功能是:①动员 STAT 参与形成受体复合物;②介导 JAK-STAT 相互作用;③介导 STAT 分子二聚化反应,使其能结合 DNA(Ihle,1996)。

2. SH3 功能区

SH3 功能区是与 Src 另一区域高度同源的序列,也参与某些信号途径中的蛋白质—蛋白质相互作用。SH3 功能区的序列不如 SH2 功能区保守,有证据表明它可与脯氨酸残基结合。

3. Tyr 位点

SH2 功能区羧基端某一位点的 Tyr 残基磷酸化,对 STAT 结合 DNA 至关重要。某一 STAT 分子中的 Tyr 残基被 JAK(或其他途径)磷酸化后,可与其他 STAT 分子中的 SH2 功能区结合,这种磷酸酪氨酸-SH2 功能区相互作用(简称 Y-P 作用)可使两分子 STAT 形成二聚体,此二聚化作用是 STAT 结合 DNA 所必需(Ihle,1996;Durbin,1996;Aguet,1996)。例如,单独的 STAT2 并不能发挥转录调控作用,只有在 IFNα/IFNβ 作用下,STAT2 与 STAT1 形成杂二聚体后才可与 DNA 结合而调控转录。另外,STAT1 与 STAT3、STAT5a 与 STAT5b(STAT5 的两种亚型)也可形成杂二聚体(Ihle,1996;Durbin,1996)。在 STAT1 分子中,磷酸酪氨酸的位点为 Tyr-701,其他 STAT 分子中也有类似位点。

4. DNA 结合区

位于中段的高度保守序列,除 STAT2 外,其他 STAT 分子识别并结合相似的二元旋转对称 DNA 序列(TTCCNGGAA)(Ihle,1996;Yan,1996)。果蝇 STAT(D-STAT)结合的序列也类似(TTCCCCGAA 或 TTCGCGGAA)。STAT2 与 DNA 结合的能力极弱,它只有与 STAT1、p48 形成复合体后才可发挥作用。

5. 羧基端区域

STAT 羧基端序列的保守性极低,与转录激活有关。STAT1β 是一种缺失羧基端 38 个氨基酸残基的剪接突变体蛋白,研究表明,它虽可参与形成受体复合物,发生磷酸化反应,也具有结合 DNA 的能力,但不能激活转录。说明 STAT 的羧基端区域是基因转录激活所必需的。

6. 氨基端区域

该区序列保守,无此区的 STAT 分子不能被 JAK 磷酸化(Ihle,1996),表明它对 STAT 的磷酸化有重要作用。

7. 丝氨酸(Ser)位点

Wen 等证实 STAT1 在 Ser-727 的磷酸化可影响转录激活。STAT3 的 DNA 结合能力也与 Ser 磷酸化有关(Ihle,1996)。Ser 的磷酸化由 MAPK(mitogen-activated protein kinase)催化。

3.6.1.4　STAT 与机体免疫反应

STAT1 可被 IFN、生长因子、血管紧张素、IL-6、IL-10 等许多物质活化(Ihle,1996;Durbin,1996;Aguet,1996),激活相应的基因转录,转录产物在哺乳类动物的先天免疫中发挥重要作用。前已述及,STAT1 缺陷的小鼠对病毒的抵抗力下降,并且易感染其它病原体(Durbin,1996;Aguet,1996)。STAT2 在 IFNα、IFNβ 刺激下活化,也参与抗病毒反应。

STAT4、STAT6 分别被 IL-12、IL-4 活化,影响 Th 细胞分化成熟。前者促进 Th1 细胞分化,后者促进 Th2 细胞分化,二者共同参与免疫应答(Ihle,1996)。根据这几类 STAT 蛋白介导免疫应答的特点,推测 STAT1、STAT2 与先天免疫有关,而 STAT4、STAT6 与获得性免疫有关。

3.6.1.5　STAT 与细胞增殖和细胞转化

果蝇 STAT 的研究表明,D-STAT 确有细胞增殖调控功能。果蝇幼虫二倍体细胞的 *hop-scotch* 基因突变后,其增殖特性也发生改变(Hou,1996;Yan,1996)。在胚胎期,D-STAT 调控规则配对基因(pair-rulegenes)如 eve、run 的表达以保证正常的胚胎发育。缺乏野生型 *hop-scotch* 基因的胚胎 eve 表达不全,发育就异常。哺乳类 STAT 家族成员与细胞增殖和转化没有明显联系,如上述 STAT1 缺陷的小鼠抗病毒能力减弱,但无明显的形态发育缺陷。v-src 转化细胞的 STAT3 虽可被激活,但是对 STAT3 不能被激活的受体突变细胞株,G-CSF 仍可引起丝裂原性反应。STAT2、STAT4、STAT5 和 STAT6 的研究也有类似结果。可以推测,原始 STAT 分子确有调控细胞增殖的功能,但在漫长的进化过程中逐渐退化了。

3.6.1.6　STAT 蛋白的生物学功能

STAT 蛋白在细胞因子诱导细胞的增殖、分化过程中毋庸置疑发挥着重要的生物学功能。然而,由于由激活的 STAT 蛋白所诱导的大多数基因仍是未知数,再者,已知 30 种以上的配体可激活 7 种已知 STAT 蛋白中的一个或更多个,必然有一些 STAT 蛋白本身以外的因素调节受体反应的特异性,因此,STAT 蛋白的详细生物学功能仍不十分清楚。用缺乏 STAT1 蛋白的小鼠进行研究显示,STAT1 蛋白独特的、非特异性的功能在于调节一系列基因的表达,这些基因共同维持小鼠的先天免疫。STAT4 和 STAT6 在获得性免疫方面起着非常重要的作用。STAT6 介导 IL-4 诱导的主要组织相容性复合物(MHC)类抗原、多种免疫球蛋白受体和细胞表面蛋白表达上调。STAT3 被许多种细胞因子激活后,诱导多种基因的表达。这些基因的表达量在组织损伤和炎症时明显增高(急性期应答基因)。在应答中,STAT3 作为耦合器,把 JAK-STAT 信号通路与其他通路连在一起。STAT3 在 IL-6 和白血病抑制因子(LIF)诱导的 M1 白血病细胞的生长阻滞和终末分化中发挥重要作用。STAT5 在乳腺组织对催乳素的应答中调节乳蛋白基因的表达。STAT5b 与 STAT5a90％以上的氨基酸顺序相同,其组织表达谱至少与 STAT5a 一样宽(包括乳腺组织),但 STAT5a 与 STAT5b 基因剔除动物各表现出高度特异的表型。STAT5a 小鼠除了雌性不能发育出正常乳房组织、不能泌乳外,其他表型均正常。STAT5b 小鼠表现出与 STAT5a 小鼠不同的表型,该表型与 GH 引起的 STAT5 的激活有关。不同 STAT 蛋白基因剔除小鼠的独特表型,反映出 STAT 蛋白生物学功能的重要性。

3.6.1.7　STAT5 基因的生物学功能

JAK 是一种酪氨酸蛋白激酶(PTK),现已发现有 4 个家族成员:JAK1、JAK2、JAK3 和 TYK2。除了 JAK3 外(仅局限在白细胞),其余 3 个成员广泛分布于多种组织细胞中。STATs 作为 JAK(Janus Kinase)激酶的底物,与酪氨酸磷酸化信号通路相偶联,二者构成的 JAK/STAT 通路是细胞因子信息传导的最重要的一条通路(Damell,1997)。

前面提及 PRL 是哺乳动物腺垂体分泌的一个肽类激素,由 197～199 个氨基酸组成。PRL 结构多样,其生物学功能也纷繁复杂,但哺乳动物中 PRL 最重要的功能仍然是催乳。分泌入循环的 PRL 在乳腺组织中与位于细胞膜上的 PRL 受体蛋白的胞外部分结合,每一个

PRL 分子有两个受体结合位点,在与受体结合时必须与两个受体结合才能启动 JAK/STAT 信号传导级联。PRL 和 PRLR 结合后,PRLR 和 JAK2 发生聚集,邻近的 JAK2 通过磷酸转移作用交换磷酸根,使 PRLR 磷酸化。活化后的 PRLR 即为 STAT5 的 SH2 结合建立了合适的泊位点(docking site),随后,STAT5 的 SH2 功能区与 PRLR 中磷酸化的酪氨酸相互作用,使二者得以结合。同时,STAT5 的特定位点的酪氨酸残基被 JAK2 磷酸化,STAT5 得以二聚化,并从受体复合物中解离,转运至胞核,并作为转录激活因子结合到约 9 bp 的回文序列 5′-TIN5AA-3′ 的 γ-干扰素(GAS)位点,调控乳蛋白基因及其他靶基因的转录活性(Gouileux,1994)。哺乳动物乳腺组织中,虽然 JAK2 在细胞因子激活 STAT,通路中发挥着中枢作用,但是 PRL 对于整个信号传导途径的始动起着决定性的作用,如图 3.22 所示。

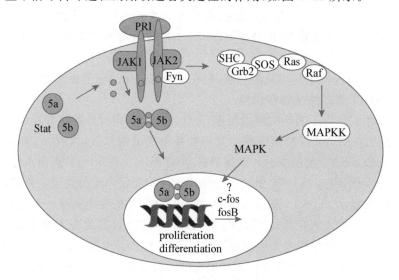

图 3.22　**JAK2-STAT5 通路**

STAT5 的作用也显而易见:STAT5 在乳腺发育的所有阶段都表达,观察未成年鼠、怀孕鼠、泌乳鼠和断乳小鼠,其 STAT5 表达几乎无差别。但是在乳腺发育不同阶段 STAT5 的酪氨酸磷酸化是发生改变的,这一点容易理解。通过研究 STAT5a、STAT5b 缺陷小鼠以及 STAT5a/STAT5b 双基因敲除小鼠证实了 STAT5 对乳腺的发育是十分重要的,并且也认识到 STAT5a 和 STAT5b 所承担的角色是有差别的,STAT5a 和 STAT5b 对不同的乳蛋白基因表达也是不同的。STAT5a 或 STAT5b 的任一缺陷并不能明显地改变乳腺中酪蛋白基因的表达,但 WAP 基因的表达则受到严重的影响,这提示在乳腺中 STAT5a 和 STAT5b 能够诱导酪蛋白基因表达,并且在 STAT5a 缺陷乳腺中,低水平 STAT5b 对于酪蛋白基因的表达也是足够的(Mink,1997;Teglund,1998)。

3.6.1.8　**STAT5a 基因多态与产奶性状相关的研究进展**

牛 STAT5a 基因定位在 19 号染色体上(Goldammer,1997),STAT5a 基因长度约为 40 kb,含有 19 个外显子,编码 749 个氨基酸链(Molenaar,2000)。关于 STAT5a 基因的多态性有大量的报道。对 6 个品种 68 头肉牛和 49 头荷斯坦奶牛群 STAT5a 基因外显子 6 与外显子 7 之间的序列进行 SSCP 检测,发现了 6 种基因型,而在荷斯坦奶牛群体只检测到一种纯合基因型(Flisikowski and Zwierzchowski,2002);又发现肉牛和奶牛的 STAT5a 基因 6853 处发

现 G→C 突变,外显子 7 与外显子 8～12 联合编码 250～480 个氨基酸,这个结合蛋白促使
STAT5a 基因结合到靶基因的 5′调控区,调控靶基因的表达水平,G→C 突变则导致 STAT5a
基因对下游基因的调控减弱,同时这一突变也创造了新的酶切位点 AvaI/DdeI(Flisikowski,
2003)。STAT5a 基因第 9 内含子 A9501G,在 186 头波兰黑白花奶牛中与产奶无显著相关,
而在 138 头娟姗牛群中呈显著相关,GG 基因型与产奶量显著相关,AA 和 AG 基因型对乳蛋
白量性状的效应达到显著水平,杂合子 AG 基因型个体的平均乳蛋白量高于 AA 基因型个体
(Pawel,2004)。STAT5a 基因第 15 内含子 12 550 处 CCT 碱基缺失(Antoniou,1999;
Flisikowski and Zwierzchowski,2002),第 16 外显子 12 743 处 T→C,改变了氨基酸的序列:
V686A,同时也发现了 CCT 缺失与 T12743C 连锁(Flisikowski and Zwierzchowski,2003),在
韩国奶牛群体中同样也发现了第 15 内含子 12 550 处 CCT 碱基缺失,只有两种基因型,纯合
CCT 缺失基因型几乎不存在,在产奶量、乳脂量和乳蛋白量 3 个产奶性状上,杂合子 AB 基因
型个体都高于 AA 基因型个体(Jang,2005)。

3.6.2　试验群体和统计分析方法

该部分试验群体、关联分析模型和基因效应、基因型效应分析同 DGAT1 基因部分。

3.6.2.1　STAT5a 基因引物设计

何峰(2006)根据 GenBank 公布的 STAT5a 基因序列(AJ237937 和 AF079568)设计并合
成引物序列,见表 3.18。

表 3.18　**STAT5a 基因的引物序列及位置**

引物	引物序列	染色体上的位置
Primer1	5′-CTGCAGGGCTGTTCTGAGAG-3′ 5′-TGGTACCAGGACTGTAGCACAT-3′	Exon7
Primer2	5′-CCAGGGTGCATACAGGACAG-3′ 5′-GCAGGTTACGAGGACTCAGG-3′	Exon9～部分 Exon10
Primer3	5′-CTTGGGAGAACCTAACATCACT-3′ 5′-AGACCTCATCCTTGGGCC-3′	Intron15～部分 Exon16
Primer4	5′-AGCCCTACAGCTCCAATCCT-3′ 5′-GGGTGTACCCGCTGCTTAG-3′	Intron15～部分 Exon16

3.6.2.2　PCR-SSCP 分析结果

对 699 头(判别有效基因型的奶牛头数)中国荷斯坦奶牛的 STAT5a 基因进行扩增,得到
特异的条带:215 bp、224 bp、379 bp 和 281 bp。

采用 PCR-SSCP 方法检测 STAT5a 基因的多态性。首先对 192 头奶牛进行 PCR-SSCP
检测,如果没有发现多态性,则不再继续在大群中扩增该片段;如果检测到多态性,则选择
不同基因型的纯合子进行测序和序列分析,确认多态位点的存在,然后对所有试验个体进
行检测。

引物 1 出现 5 种基因型,引物 2 出现 3 种基因型,引物 3 和 4 都出现 2 种基因型。SSCP
的聚丙烯酰胺凝胶电泳图分别见图 3.23 至图 3.26。

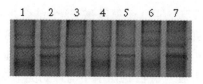

泳道 1:AA　泳道 2,5:CC

泳道 3,6:AB　泳道 4:BB　泳道 7:AC

图 3.23　引物 1 的 SSCP 结果和分型

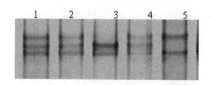

泳道 1,2,4:AB　泳道 3:BB　泳道 5:AA

图 3.24　引物 2 的 SSCP 结果和分型

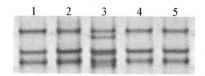

泳道 1,2,4,5:AA　泳道 3:AB

图 3.25　引物 3 的 SSCP 结果和分型

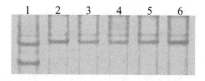

泳道 1:AB　泳道 2~6:AA

图 3.26　引物 4 的 SSCP 结果和分型

在 STAT5a 基因的外显子 6 至内含子 17 内共发现了 7 个 SNPs:C6685T、G6716C、A9501G 和 T12440C、CCT12550 缺失、C12735T、T12765A4(后 4 个突变位点紧密连锁),分别命名为 Site1、Site2、Site3 和 Site4,见图 3.27。

图 3.27　SNPs 分布图

3.6.2.3　等位基因和基因型频率

基因频率和基因型频率统计结果见表 3.19。

表 3.19　STAT5a 基因 4 个多态位点的基因频率和基因型频率

位点	基因型频率			等位基因频率	
	AA	**AB**	**BB**	**A**	**B**
Site1	0.781 1(546)	0.147 4(103)	0.071 5(50)	0.857 5	0.142 5
Site2	0.809 7(566)	0.178 8(125)	0.011 5(8)	0.899 1	0.100 9
Site3	0.151 6(106)	0.744 0(520)	0.104 4(73)	0.575 8	0.424 2
Site4	0.835 5(584)	0.164 5(115)	0	0.917 7	0.082 3

3.6.2.4　单倍型和二倍型频率

利用单倍型分析软件 PHASE2.0 对 7 个 SNPs 进行单倍型分析(表 3.20)。

表 3.20　STAT5a 基因 7 个 SNPs 构成的单倍型频率

单倍型		个体数	频率
A1	CGAC000TA	9	0.007 0
A2	CGATCCTCT	463	0.376 0
A3	CGGC000TA	29	0.024 0
A4	CGGTCCTCT	452	0.367 0

续表 3.20

	单倍型	个体数	频率
A5	CCATCCTCT	111	0.090 0
A6	CCGTCCTCT	16	0.013 0
A7	TGATCCTCT	45	0.037 0
A8	CGGC000TA	44	0.036 0
A9	TGGTCCTCT	62	0.050 0

注:"000"表示"CCT"碱基缺失。

由表 3.21 可知,9 种单倍型构建了 15 个二倍型,15 个二倍型的频率都在 1％以上,A2A4 频率最高,达到 36.98％,其他二倍型的频率在 1％～7％。

表 3.21　STAT5a 基因的二倍型的频率

二倍型	个体数	频率
A4A5	83	0.127 9
A2A4	240	0.369 8
A2A3	17	0.026 2
A3A5	36	0.055 5
A2A8	44	0.067 8
A2A9	26	0.040 1
A7A9	36	0.055 5
A2A3	12	0.018 5
A2A2	58	0.089 4
A2A7	9	0.013 9
A2A5	21	0.032 4
A1A7	9	0.013 9
A4A6	9	0.013 9
A4A4	42	0.064 7
A5A6	7	0.010 8

3.6.2.5　STAT5a 基因与产奶性状关联分析结果

4 个位点与产奶性状的关联结果见表 3.22,Site2 位点对乳脂量和乳脂率的效应均达到显著($P<0.05$)的水平;Site4 位点对产奶量的效应达到极显著($P<0.01$)的水平,而对乳脂量和乳蛋白量的效应均达到显著的水平($P<0.05$);其他位点对性状无显著影响。

表 3.22　STAT5a 基因 4 个位点与产奶性状的方差分析

位点	产奶量/kg	乳脂量/kg	乳蛋白量/kg	乳脂率/％	乳蛋白率/％
Site1	NS	NS	NS	NS	NS
Site2	NS	*	NS	*	NS
Site3	NS	NS	NS	NS	NS
Site4	**	*	*	NS	NS

注:NS 表示不显著;* $P<0.05$,** $P<0.01$。

Site2 和 Site4 这两个位点的不同基因型间与各性状的最小二乘均值进行多重比较,结果表明,Site2 位点,在乳脂量性状上,3 种基因型间差异不显著($P>0.05$);BB 基因型个体的乳脂率最小二乘均值显著高于 AA 基因型和 AB 基因型个体的乳脂率最小二乘均值($P<0.05$)(表 3.23);在 Site4 位点上,AB 基因型个体的产奶量、乳脂量和乳蛋白量的最小二乘均值均高

于 AA 基因型($P<0.05$)(表 3.24)。

表 3.23　STAT5a 基因 Site2 的不同基因型与产奶性状的关联分析

性状	Site2 基因型		
	AA(567)	AB(125)	BB(7)
产奶量/kg	325.720±20.242	403.738±51.595	429.672±82.147
乳脂量/kg	14.309±0.732[a]	18.224±1.865[a]	30.670±6.587[a]
乳蛋白量/kg	10.019±0.606	12.960±1.544	13.312±5.453
乳脂率/%	0.036±0.008[b]	0.046±0.022[b]	0.259±0.079[a]
乳蛋白率/%	−0.007±0.004	−0.005±0.010	−0.028±0.037

注:[a,b]同一行中,数据肩标不同,表示差异显著($P<0.05$)。

表 3.24　STAT5a 基因 Site4 的不同基因型与产奶性状关联分析

性状	Site4 基因型	
	AA(548)	AB(151)
产奶量/kg	318.511±18.794[b]	447.217±43.072[a]
乳脂量/kg	14.418±0.683[b]	18.711±1.565[a]
乳蛋白量/kg	9.998±0.563[b]	13.326±1.292[a]
乳脂率/%	0.0422±0.008	0.030±0.0189
乳蛋白率/%	−0.0043±0.003	−0.021±0.008

注:[a,b]同一行中,数据肩标不同,表示差异显著($P<0.05$)。

二倍型与产奶性状进行最小二乘分析(表 3.25)。结果表明:各个二倍型对产奶量、乳脂量和蛋白量 3 个性状的效应呈显著水平($P<0.05$)。通过多重比较分析,在产奶量性状上,二倍型 A1A7 显著高于其他二倍型($P<0.05$),二倍型 A1A7 个体的产奶量最小二乘均值高达784.243,是最低二倍型 A7A9 个体的 10 倍之多;在乳脂量性状上,二倍型 A1A7 也显著高于其他二倍型($P<0.05$);在乳蛋白量性状上,二倍型 A1A7 也显著高于其他任何二倍型($P<0.05$)。

表 3.25　二倍型与产奶性状的最小二乘分析

二倍型	产奶量/kg	乳脂量/kg	乳蛋白量/kg	乳脂率/%	乳蛋白率/%
A4A5	308.287±65.596[cbd]	14.689±2.400[cb]	10.258±1.956[edc]	0.049±0.029	0.001±0.013
A2A4	312.925±32.595[cbd]	14.140±1.193[cb]	10.106±0.972[bedc]	0.047±0.014	0.006±0.006
A2A3	230.534±108.431[cbd]	12.112±3.968[cb]	6.377±3.234[bedc]	0.069±0.048	−0.015±0.022
A3A5	283.822±79.475[cbd]	13.112±2.908[cb]	9.322±2.370[bedc]	−0.037±0.035	0.004±0.016
A2A8	392.531±70.161[cbd]	17.246±2.568[cb]	12.585±2.092[bdc]	0.045±0.031	0.003±0.014
A2A9	355.360±88.013[cbd]	14.826±3.221[cb]	11.090±2.625[bdc]	0.024±0.039	−0.005±0.018
A7A9	70.552±170.831[d]	12.570±6.252[d]	−0.664±5.095[e]	0.120±0.075	−0.074±0.035
A2A3	418.518±133.811[cbd]	17.0733±4.897[cb]	11.642±3.991[bedc]	0.014±0.059	−0.036±0.028
A2A2	350.509±61.683[cbd]	12.200±2.257[cb]	10.445±1.840[bedc]	−0.020±0.027	−0.016±0.012
A2A7	218.178±149.455[cbd]	4.441±5.470[c]	5.273±4.458[bedc]	−0.052±0.066	−0.033±0.031
A2A5	497.937±105.803[b]	21.121±3.872[cb]	15.826±3.156[bac]	0.025±0.046	−0.010±0.022
A1A7	784.243±150.121[a]	31.109±5.494[a]	23.390±4.478[a]	0.020±0.066	−0.060±0.031
A4A6	482.412±149.086[bc]	21.073±5.456[b]	16.110±4.447[ab]	0.067±0.066	0.013±0.031
A4A4	377.428±73.112[cbd]	13.943±2.676[cb]	12.323±2.180[bedc]	0.018±0.032	0.008±0.0153
A5A6	367.139±185.112[cd]	27.790±6.775[cb]	11.378±5.521[ed]	0.251±0.082	−0.027±0.038

注:[a,b,c,d,e]同一列中,数据肩标不同,表示差异显著($P<0.05$)。

162

STAT5a 基因具有刺激动物乳腺发育的功能,STAT5a 敲除的小鼠在孕期因上皮细胞减少和分化障碍而不能形成具有正常功能的乳腺组织。STAT5a 蛋白参与 AK2/STAT5 信号传导途径,当 PL 通过与靶细胞膜表面的 PL 受体结合,启动 JAK2/STAT5 信号传导途径,最终激活反式作用因子 STAT5a,使其作用于乳蛋白基因启动子区的靶序列,启动或增强乳蛋白基因的表达。因此了解 STAT5a 基因的 SNPs 对奶牛乳腺生长发育的作用显得尤为重要。

该研究在中国荷斯坦牛群体中,STAT5a 基因的外显子 6～16(AJ237937)区段内检测到了 7 个 SNPs,其中有 5 个 SNPs 为首次发现,与 Flisikowski(2002)报道基本一致。在第 9 内含子 9501 处由 A→G 突变,与 2004 年 Brym 报道的一致。在内含子 15 和外显子 16 内,本研究利用两对引物检测 4 个突变位点:T12440C、12550CCT 缺失、C12735T 和 T12766A,且这 4 个突变位点紧密连锁。T12440C 发生在第 15 内含子,至今也没有文献报道,12550CCT 缺失与 Flisikowski 等(2003)报道的一致,但是本研究在第 16 外显子没有 T12743C,但是我们在 12735 处发现由 T→C 突变,氨基酸发生改变:Y680H,至今也没有报道,同样在第 16 内含子处 T12766A,至今也没有文献报道。引物 3 和引物 4 都只存在两个基因型,4 个突变位点 T12440C、12550 CCT 缺失、C12735T 和 T12766A 紧密连锁,这是一个新的发现,有待于进一步研究其生物学效应。

Site2 位点等位基因 A、B 频率接近,A 比 B 略高,其他 3 个位点的 A 等位基因频率都很高,与国外报道的大体一致。推断 A 等位基因是有利等位基因,随着选择而被固定下来。

由统计分析可知,Site2 位点 G6716C 对乳脂量和乳脂率的效应分别达到显著($P<0.05$)水平,BB 基因型的乳脂率>AB 基因型>AA 基因型,与 Brym(2004)报道的一致。Site4 位点对产奶量的效应达到极显著($P<0.01$)的水平,对乳脂量和乳蛋白量均达到显著水平($P<0.05$),AB 基因型的产奶量、乳脂量和乳蛋白量均高于 AA 基因型,与 Jang(2005)报道的不一致,原因也许是 Jang 研究的试验群体规模(96 头牛)太小。本研究结果说明可以将 STAT5a 基因作为奶牛产奶性状的候选分子标记。

3.7 GPR10、NF1 基因的克隆与特性分析

3.7.1 GPR10、NF1 的研究进展

3.7.1.1 GPR10 基因结构与功能

G 蛋白耦联受体 10(G protein-coupled receptor 10,GPR10)基因 mRNA 在垂体腺肿瘤中表达,但是,在病人服用一种多巴安胺受体溴麦角环肽药物,GPR10 就不能表达。尽管用溴麦角环肽药物治疗对垂体肿瘤患者是有效的,但是对多巴胺受体所调控基因的分子机理了解甚少,人的 GPR10 基因大约有 2 kb,含有 2 个外显子和 1 个内含子,有 2 个功能聚苷腺信号分别在 510 和 714 处。引物延伸分析表明,在 139 和 140 处有两个转录起始点,在−161 处有一个额外的起始位点。调控区含有几个公共转录因子结合位点,包括垂体特异性转录因子(Pit1)、激活蛋白 1(AP-1)和特异蛋白(SP1),但是没有典型的 TATA 和 CAAT box 结构。这个启动子在垂体的 GH4C1 细胞有强烈的活动,在−697 bp 和−596 bp 区间主要负责 cAMP 结合蛋白(CREB)过量表达的激活。这种刺激在很大程度上受到溴麦角环肽药物抑制,当 CREB 发

生突变时,就不受溴麦角环肽药物控制。

GPR10 是 7 个跨膜区受体中的一个,在人上称为 GPR10(hGR3),其在脑垂体里广泛表达。Hinuma 等从牛下丘脑分离一个特殊的分泌体,并将它命名为 PrRP,PrRP 有两个同素异形体,即 PrRP31 和 PrRP20,分别含有 31 和 20 个氨基酸。PrRP31 和 PrRP20 有相似的功能,它们能刺激脑 PRL 的分泌。GPR10 基因对催乳素分泌生理生化途径具有调控功能。GPR10 基因表达失常,是由于垂体肿瘤开始发生引起的。PRL 的释放受到抑制剂影响调控,抑制剂受到多巴胺的授权(图 3.28)。

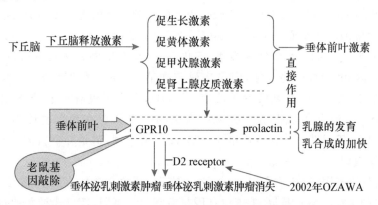

图 3.28　GPR10 基因的生理生化功能

3.7.1.2　NF1 基因结构与功能

在脊椎动物中,NF1 基因家族(nuclear factor 1,NF1)包括 4 个高度相关的基因(Chaudhry,1997),它们在鼠发育不同阶段差异表达。NF1 蛋白转录因子的氨基末端 DNA 结合区和 dimerration 区域是高度保守的,羧基末端的序列具有极大的差异。不同的剪接导致在羧基端区域的改变从而影响不同的 NF1 异构体的调控特性。至今已确定十多个 NF1 异构体,这些异构体通过改变染色体拓扑结构从而直接行使激活或抑制的功能。在 NF1 异构体和异源二聚体中有一些是组织特异性的转录因子。如在 c-fos 的维生素 D 反应元件和小鼠乳腺肿瘤病毒长末端重复序列的 CoRE 中发现 NF1 异构体和核激素受体结合,NF1 可能携带着核受体通过蛋白质之间的结合形成复合体而与 DNA 进行相互作用(Candeliere,1995;Chavez,1995)。

NFIC 是 NF1 的一个异形同功的转录因子,经研究表明,NFIC 是一个重要的调控泌乳基因的转录因子,例如泌乳基因编码羧基酯脂肪酶(CEL)和乳清酸蛋白(WAP)。实验证明,NF1 在 CEL 基因的调控区结合位点发生突变,导致泌乳基因在乳腺上皮细胞中表达急剧降低,表达量大约减少为 15%。而 NFIC 转录因子编码的蛋白在 CEL 基因的翻译调控区结合位点比 NF1 家族其他成员与之结合的程度更紧密,并且 NFIC 转录因子在小鼠乳腺中表达磷酸化蛋白。在小鼠的乳腺发育过程中,NFIC 转录因子与 CEL 基因的调控区结合发生在怀孕中期,诱导 CEL 基因的表达。NFIC 转录因子的作用持续整个泌乳期,NFIC 转录因子在断奶期下降,使得 CEL 表达量也减少。乳腺组织特异 NFIC 与小鼠乳清酸蛋白(WAP)启动子区的 CoRE 作用从而调节 WAP 基因的表达,对转基因鼠 DNasel 图谱分析,WAP 转录点上游 830～720 bp 对转基因的表达是必须的。进一步的 DNasel 足迹实验确定了在 WAP CoRE 内具有几个 NF1 结合位点。另外,通过对 NF1 结合点核酸序列点突变的转基因小鼠分析发现:当回文 NF1 位点(palindromic NF1 site)或 NF1 结合位点被突变,则转基因小鼠中的外源基因表达则丧失。这些结果提示在 WAP 基因表达调控中,NF1 有一个较为关键的作用(Rosen,1995;Lidmer,1995)。在其他几种乳蛋白基因如 β-酪蛋白、α-酪蛋白基因的调控中,NF1 也扮演了一个重要的角色。在乳腺组织中有 46~114 ku 的几个 NF1 异构体,在泌乳初期,存在 46 ku、58 ku 两个异构体,随着乳腺泌乳的退化,较小的异构体消失,并且 74 ku 异构体出现,具有发育调控的 NF1 异构体的精确特性仍在进一步研究中(Furlong,1996)。

3.7.1.3 引物设计

何峰(2006)根据已经克隆的牛 GPR10 和 NFIC 基因序列分别设计了 8 对和 3 对引物,引物的序列及退火温度见表 3.26 和表 3.27。

表 3.26 **GPR10 基因引物信息**

引物	引物序列	退火温度/℃	片段大小/bp	SSCP 凝胶浓度/%
GPRF1	AGATGAAGGGGTTGTAGCAG	58	308	8
GPRR1	TATTTGGAGCCCCTACAGTC			
GPRF2	ACTGTAGGGGCTCCAAAT	58	256	12
GPRR2	CATAGCCACCTGTCCAAA			
GPRF3	TTTGGACAGGTGGCTATG	55	322	10
GPRR3	CCAGGTTACCGATGAGAA			
GPRF4	TTCTCATCGGTAACCTGG	59	313	8
GPRR4	ACGTGGTAGGTGTGCAAG			
GPRF5	CTTGCACACCTACCACGT	56	342	8
GPRR5	AGGCATAGGGGTCTATGG			
GPRF6	CCATAGACCCCTATGCCT	60	235	12
GPRR6	GACCACTGGACTGGAGTT			
GPRF7	AACTCCAGTCCAGTGGTC	57	277	10
GPRR7	CTGAACCAGGGGAAAGAG			
GPRF8	CTCTTTCCCCTGGTTCAG	58	273	10
GPRR8	CTTGTTCAGGAGATGCTG			

表 3.27 **NFIC 基因引物信息**

引物	引物序列	退火温度/℃	片段大小/bp	SSCP 凝胶浓度/%
NFF1	TGACCCAGGATGAGTTCCAC	57	379	8
NFR1	CCTTGAAGAGGATGACCATG			
NFF2	ACACTGGACACCACCGACTT	58	302	8
NFR2	CTGCTACTCGTGGGAGAACT			
NFF3	CAAAGATCTCGTCTCGCT	55	169	14
NFR3	CTTGCTGTAGCTTTCCAC			

3.7.1.4 GPR10 基因的 cDNA 和 DNA 序列的克隆及序列分析

根据人的 GPR10 基因序列,基于 NCBI 数据库中牛的 EST 库进行电子克隆,将获得的 ESTs 序列通过 DNAMAN 软件拼接获得 cDNA 序列,并设计一对引物(GPF1、GPF1),经 RT-PCR 扩增得到部分 PCR 片段(图 3.29)。根据哺乳动物 GPR10 基因 5′和 3′端侧翼序列保守区,设计两对引物(GPF2、GPR2 和 GPF3、GPR3),经 PCR 扩增,获得 GPR10 基因 5′和 3′端两侧序列。

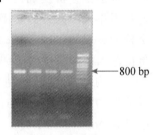

图 3.29 基因组扩增结果
(2％琼脂糖)

3.7.1.5 GPR10 基因全长 DNA 的确定及序列分析

将特异性 PCR 产物克隆测序,将获得的几个序列拼接为一条全长为 2 284 bp 的 DNA 序列,经 DNASTAR 软件分析,牛的 GPR10 基因含有两个外显子,一个内含子,如图 3.30 所示。

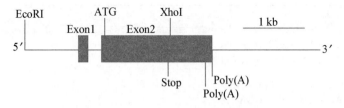

图 3.30 牛 PR10 基因结构

利用 NCBI 提供的 ORF 进行开放阅读框预测,阅读框全长为 1 012 个碱基序列,编码 371 个氨基酸。5′非编码区为−549～1 bp,3′非翻译区为 1 662～2 283 bp,多聚腺苷酸(Poly A)信号在 1662～2283 bp 之间。比对结果表明与人、犬、小鼠、鸡、熊猫的 GPR10 基因序列相似性分别为 97％、94％、88％、89％、92％,证明此基因为牛的 GPR10 基因的 DNA 序列。

牛垂体 GPR10 基因编码 428 个氨基酸,氨基酸序列分别与人、犬、小鼠、鸡、熊猫的 GPR10 氨基酸序列相似性分别为 93％、90％、91％、88％、95％。

3.7.1.6 GPR10 基因电子定位

将 GPR10 基因序列输入 NCBI-BLAST 数据库,搜索结果如图 3.31 所示。牛的 GPR10 基因定位于 26 号染色体上。

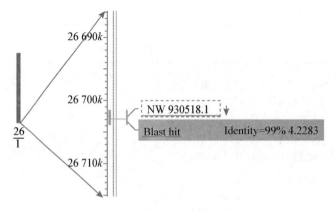

图 3.31 GPR10 基因电子定位

3.7.1.7 GPR10 基因 SNP 检测

根据获得的 GPR10 基因序列,设计 8 对引物,结果都均未发现多态性,如图 3.32 所示。

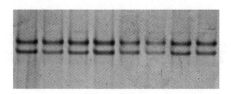

图 3.32 GPR10 基因的 SSCP 结果

3.7.1.8 NFIC 基因的 3′RACE 和 5′RACE 克隆产物

根据小鼠 NFIC 基因与牛 EST 保守序列的一致性,设计一对引物,经 RT-PCR 扩增得到部分 PCR 片段。将 3′RACE 和 5′RACE 扩增产物纯化并进行电泳检测,结果表明:3′RACE 产物片段大小为 720 bp(图 3.33);3′RACE 产物片段大小为 700 bp(图 3.34);5′RACE 产物片段大小为 730 bp(图 3.35);5′Nested RACE 产物片段大小为 700 bp(图 3.36)。

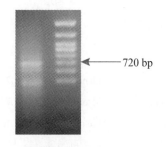

图 3.33 3′RACE 电泳结果

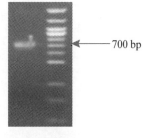

图 3.34 3′巢式 RACE 电泳结果

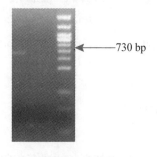

图 3.35 5′RACE 电泳结果

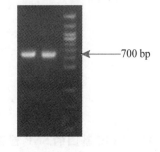

图 3.36 5′巢式 RACE 电泳结果

3.7.1.9 牛乳腺组织的 NFIC 基因全长 cDNA 的确定及序列分析

将重组于 PMD18-T 载体的 5′RACE 产物 700 bp 和 3′RACE 产物 720 bp 进行双向测序,拼接为一条全长 1 485 bp 的 cDNA 序列。利用 ORF 软件进行开放阅读框架预测,1~1 287 位碱基为完整的阅读框,全长为 1 287 bp,编码 428 个氨基酸。3′非翻译区为 1 288~1 485 bp,多聚腺苷酸(Poly A)信号在 1 458~1 485 bp 之间。比对结果表明,其 cDNA 序列与人、犬、小鼠、鸡、熊猫的 NFIC cDNA 序列分别有 92%、96%、89%、86%、94%的一致性,证明该序列为牛的 NFIC 基因 cDNA 序列。

牛乳腺组织的 NFIC 基因编码 428 个氨基酸,等电点为 9.49,氨基酸序列分别与人、犬、小鼠、鸡、熊猫的 NFIC 基因的氨基酸序列相比分别有 92%、89%、90%、86%、87%的一致性。

为了研究牛 NFIC 蛋白质和其他物种 NFIC 序列的同源性,该研究利用牛 NFIC 蛋白质序列经互联网查询了其相似序列,并进行了序列多重比对分析,以确定其可能的功能保守区,见图 3.37。

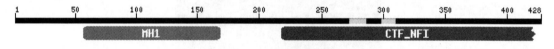

图 3.37　功能保守区

3.7.1.10　NFIC 基因电子定位

将 NFIC 基因序列输入 NCBI-BLAST 数据库,搜索结果如图 3.38 所示,将牛的 NFIC 基因定位于 7 号染色体上。

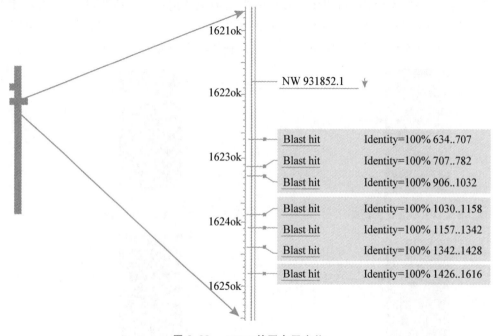

图 3.38　NFIC 基因电子定位

3.7.1.11　NFIC 基因的 SNP 检测

根据获得的 NFIC 基因序列,设计了 3 对引物,对 192 头中国荷斯坦牛进行 PCR-SSCP 检测,结果均未发现多态性。

3.8　weaver 基因对奶牛产奶性状遗传效应分析

3.8.1　weaver 综合征的研究进展

3.8.1.1　weaver 综合征的发现及主要症状

奶牛 weaver 综合征又称奶牛进行性脑脊髓退化症(progressive degenerative myeleoencephalophy，PDME），是存在于瑞士褐牛品种中的一种中枢神经性运动功能障碍征。该病于1973年首次在美国纯种瑞士褐牛中发现并报道（Leipold et al，1973），随后，相继在加拿大（Baird et al，1988）、丹麦（Hansen，1984）和瑞士（Braun et al，1987；Rense et al，1985）等国家的纯种及杂种瑞士褐牛中发现并报道。1985年，德国安哥拉牛中也发现一例该病例（Goetze et al）。weaver综合征是一种常染色体单隐性基因控制的遗传病，主要临床特征为患牛后肢轻瘫、共济失调、辨距不良，随着病程发展最终导致永久性瘫痪（Baird et al，1988；Oyster et al，1991；Stuart and Leiold，1983；Trela，1991）。患牛运动功能障碍呈进行性发展。一般来讲，weaver综合征患病牛最早的表现是站立或休息后起身时双侧后肢软弱无力，最初是轻微的共济失调，但当受其他牛只影响突然被迫运动时表现出更加明显。犊牛于5～8月龄时开始表现临床症状，后肢轻瘫并引起步态不稳和站姿异常，故称之为"weaver综合征"。12～18月龄病牛共济失调加重，运动功能遭到进行性破坏，并主要影响后肢，18～24月龄时大多数病牛明显丧失本体反射，严重时病牛体况变差，大腿肌肉萎缩，最后导致牛彻底瘫痪。有些病牛可能并发致死性的瘤胃气胀（Oyster et al，1991；Stuart and Leipold，1983；Treca，1991）并引起死亡。一般病牛最长存活期约为4年。

　　weaver综合征自20世纪70年代初发现以来，许多学者在其后的十年中对患病牛的体液、肌肉、骨骼及神经系统进行了各种病理检查。对病牛血液、精液和脑脊髓液的病理检查均未发现明显的病理变化（Oyster et al，1991；Stuart and Leipold，1983b）；骨骼肌组织学及形态学检查也未发现显著的肌营养不良性病理指数变化（Oyster et al，1992a），但也有研究认为肌病也是weaver综合征的一个表现型（Troyer et al，1993）。光学显微镜组织学检查发现病牛脊髓白质某些感觉神经的髓磷脂及轴索发生退化，脑干蒲肯野氏细胞退化并坏死（Stuart and Leipold，1983；Oyster et al，1992b），核质及髓质轴索肿胀（Stuart and Leipold，1985）。电生理学检查发现病牛股骨、胫骨及腓骨神经的传导速度降低（Oyster et al，1991c）。电子显微镜检查weaver综合征患病牛的运动皮质突触接头超微结构发生变化（Aitchison et al，1985），Hamidi等（1990）发现病牛胸部脊髓突触的髓鞘发生退化、断裂及囊肿，但无炎症反应。Oyster等（1992c）电子显微镜检查发现病牛轴突具有退化性、反应性病理变化，包括突触接头肿胀并积累大量细胞器及各种类型的囊泡，轴质的层状排列被断裂性打乱，并出现髓磷脂间囊泡或髓磷脂囊泡。神经鞘细胞有时包含囊肿或囊状的线粒体。

3.8.1.2　weaver综合征与奶牛产奶性状的相关

　　Lidauer等（1994）报道weaver基因频率呈稳定增长的趋势，1988年出生的母犊的基因频率为4.92%，1986年出生的公牛基因频率为6.79%。Hoeschele等（1990）也报道weaver基因频率随时间的推移而升高：在3个种公牛年龄组中，weaver基因频率分别4.75%、6.72%和8.89%，全群平均基因频率为6.72%。weaver综合征与瑞士褐牛生产性状之间有显著相关（Hoeschele and Meinert，1990）。weaver基因携带者产奶量平均比同期同龄正常纯合母牛高690 kg以上，乳脂量高26.2 kg。weaver基因携带者有很高的产奶量选择优势，从而引起不利基因频率在群体中的升高。因此，有必要对所有参加人工授精的种公牛进行早期检测以剔除不利基因，同时又可克服后裔测定世代间隔过长的缺点。

　　weaver综合征与产奶量的高度相关说明weaver基因或者直接调控产奶量，或者与控制产奶量的基因紧密连锁。但后者的可能性更大（Georges et al，1993），因而可能找到携带有利产奶性状基因而同时在weaver位点上为野生型等位基因的单倍型，通过标记辅助选择在群体中选择该单倍型,从而进一步改进瑞士褐牛产奶性状。而且,通过对该染色体区域的细致研究,可以在其他奶牛品种中相同区域进行产奶量 QTL 的检测。

3.8.1.3　weaver 基因研究进展

Georges 等(1993)对包括 33 头患病瑞士褐牛的系谱进行连锁分析,认为 weaver 基因与一个微卫星位点 TGLA116 紧密连锁,两位点处于连锁平衡状态。在小鼠和人的遗传中对该基因已有深入的研究报道。小鼠的 weaver 基因已被定位于第 16 号染色体上,位于 cbr 和 pcp4 位点之间(Mjaatvedt et al,1993)。现已证实,小鼠 weaver 突变源于 girk2 基因的一个单碱基突变(G→A)(Patil et al,1995)。该基因编码 G 蛋白耦合的钾离子通道内调蛋白的一个亚单位(GIRK2 亚基),该亚基与另一相关亚基 GIRK1 协同作用,构成了 G 蛋白耦合的钾离子通道内调蛋白。由于 girk2 基因的一个单碱基突变,使 GIRK2 蛋白微孔形成区(H5)一个高度保守的氨基酸序列 Gly-Tyr-Gly 变成了 Ser-Tyr-Gly,从而导致了 GIRK2 蛋白微孔形成区发生突变,使通道对 G 蛋白的敏感性下降,离子选择功能丧失,从而导致了中枢神经系统脑干囊状细胞(GC)发生死亡,脑干发育受阻,引起小鼠的 weaver 症状(Navarro et al,1996)。

G 蛋白耦合的钾离子通道内调蛋白(GIRKs)是钾离子通道蛋白家族中的一个成员(Doupnik et al,1995;Ganetzky et al,1995)。哺乳动物钾离子通道内调蛋白超基因家族多态性是通过基因复制和重组产生的(Perney and Kaczmarek,1991;Kzczmarek,1991;Pongs,1992;Salkoff et al,1992)。对 GIRK 基因家族 ROM-K 钾离子通道基因组学研究表明,这些通道蛋白的主要成分是从同一个大的外显子翻译而来,该基因通过选择性剪切产生多种转录异构体(Shuck et al,1994;Yano et al,1994;Schoots et al,1997;Wickman et al,1997)。GIRKs 受神经介质的调控并广泛分布于中枢神经系统及其他一些组织中(Kobayshi et al,1995),对调节心脏节律(Brown,1990)和神经纤维形成(Hille,1992)起着重要作用,并能维持细胞休止膜电位,以及通过选择性调节钾离子内流进细胞调控细胞兴奋性(Doupnik et al,1995)。电生理研究表明,GIRK 通道可与 G 蛋白结合受体相耦合,当被这些受体激活时,引起神经元超极化(North,1989)。

研究表明,动物脑组织中至少有 3 种 GIRK 通道:GIRK1,GIRK2 和 GIRK3 通道(Kubo et al,1993;Dascal et al,1993;Lesage et al,1994)。这些 GIRK 通道氨基酸序列组成通常包括两个跨膜区(M1 和 M2)及一个微孔形成区(H5)。各种 GIRK 蛋白氨基酸序列具有高度同源性,并且与其他类型的钾离子通道如内调钾通道(IRK)(Lesage et al,1994;Kubo et al,1993)、ATP 调节的钾离子通道(ROMK1)(Ho et al,1993)具有高度同源性。GIRK2 蛋白是 GIRKs 家族中的一个主要成员。GIRK2 蛋白与 GIRK2 家族中另一成员——GIRK1 协同作用,构成钾离子内调通道,从而有选择性地使钾离子通过细胞膜进入细胞。由于 GIRK2 基因的一个单碱基错义突变,使 GIRK2 蛋白微孔形成区(H5)的一个高度保守的氨基酸序列 Gly-Tyr-Gly 变成 Ser-Tyr-Gly,从而导致出现 weaver 症状(Peterson et al,1994;Patil et al,1995)。见图 3.39。

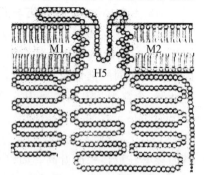

图 3.39　GIRK2 蛋白结构示意图

(黑色圆点代表导致 weaver 突变的氨基酸替代位点,由 Gly 突变为 Ser)

通过 GIRK2 蛋白原位杂交实验证明,在成年小鼠脑干和黑质这两个受 weaver 突变影响的脑部区域以及脑海马、脑桥核、嗅球、大脑皮层脑中膈及小脑扁桃体中都有明显的杂交信号(Kobayshi et al,1995)。自小鼠出生后第一天即可在脑干和睾丸组织中检测到,但在成年小鼠肝脏、肾脏、肺、脾或心脏中未检测到 GIRK2 mRNA(Patil et al,1995)。GIRK 蛋白通道可通过如下方式激活:使细胞接触 G 蛋白受体兴奋剂,然后在细胞内应用 GTPγS 使 G 蛋白自身维持激活,或在切割的膜碎片上直接应用活化的 G 蛋白亚单位(Breitwieser,1991;Kurachi,1995)。GABAB 受体介导的钙离子流抑制可证明在脑干囊状细胞中有毒性敏感 G 蛋白存在(Haws et al,1993;Mintz and Bean,1993),因此,在这些细胞中有 GIRK2 蛋白激活的信号传导通道。

G 蛋白激活的钾离子内调通道在许多细胞类型中都能够通过受体调节方式降低兴奋性,增加膜对钾离子的通透性。weaver 小鼠 GIRK2 蛋白 H5 区的 Gly→Ser 突变可能使与脑实质神经元退化有关的毒性激活发生改变(Goldouitz and Smeyne 1995;Patil et al,1995)。但 Patil 等(1995)认为,GIRK2 通道介导的细胞膜超极化在正常小鼠的囊状细胞发育中起重要作用,而在 weaver 小鼠中,该作用被破坏。利用爪蟾卵功能研究表明,GIRK2 weaver 突变使GIRK2 通道丧失了对钾离子的选择性,从而引起钠离子异常渗漏,细胞去极化(Kofuji et al,1996;Navarro et al,1996;Tong et al,1996)。活体试验已观察到 weaver 纯合体囊状细胞发生去极化现象(Murtomaki et al,1995)。包含突变的小鼠 GIRK2 蛋白的微孔形成区与其他哺乳动物的钾离子内调通道相似(Kubo et al,1993a,b;Ho et al,1993)。

GIRK2 在许多细胞类型中都有表达(Karschin et al,1996;Liao et al,1996;Wei et al,1997),但并非所有表达 Girk2 weaver 突变蛋白的细胞都发生死亡。尽管在分子遗传和电生理研究中都有一定的进展,但 GIRK2 weaver 突变如何影响不同类型细胞的确切机制尚不清楚(Wei et al,1998)。在不同类型细胞中,细胞死亡可能存着不同的机制。例如,细胞凋亡作用在小脑囊状细胞中所起的作用比在多巴胺能神经元中的作用要高得多(Migheli et al,1997)。在脑干囊状细胞中 girk1 和 girk2 基因的共同表达可产生超通道(病理显著水平)(Kofuji et al,1996;Navarro et al,1996;Surmeier er al,1996;Tong et al,1996)。相反,脑实质中不表达 Girk2 基因的多巴胺能神经元(Liao et al,1996;Slesinger et al,1996)可能存在着不同的缺失机制。因此,weaver 突变的作用可能与 girk2 基因的表达水平和(或)其他 GIRK2 蛋白水平有关。

哺乳动物基因组中 girk2 基因长度达 100 kb 以上(Mjaatvedt et al,1995;Tanizawa et al,1996;Ohiva et al,1997),包含 7 个外显子。其中外显子 1、4、6 内无内含子。外显子 4a 是最基本的编码外显子,girk2 基因所有转录成分中都包含外显子 4a,只是在 3′端剪切位置不同。GIRK2 蛋白的 2/3 以上成分都是由该外显子编码的(包括 weaver 位点)。Wei 等(1998)通过 cDNA RACE 在小鼠不同组织中得到 5 种转录成分:Girk2-1,Girk2A-1,Girk2A-2,Girk2B 和 Girk2C,这些不同的转录成分由于不同的转录起始位点及(或)选择性剪切而成。Northern 杂交和原位杂交表明,不论在正常小鼠和 weaver 中各种转录成分表达都存在着很大的差异性。

近年来研究表明,GIRK1 和 GIRK2 蛋白都能形成异数通道,在 weaver 小鼠的大脑中两种蛋白数量都显著减少(Liao et al,1996),但它们的 mRNA 水平却保持不变或稍有增高(Wei et al,1997)。这种蛋白数量减少现象可能对某些神经元有益,能使 weaver 小鼠中的这些神经细胞存活下来。脑的 GIRK 通道主要由 GIRK2-1 和 GIRK2A 组成,但 Girk2B 和 Girk2C 的表达水平却很高,这说明这两种蛋白在降低脑组织损伤方面起着重要作用。在大脑实质中,所有的转录成分都能够表达,这些成分可能都对该组织的退化起引发作用。但在脑实质中都没有 GIRK 蛋白,因此,在该组织中 weaver 突变可能并非通过异数 GIRK1∶GIRK2 起作用。在睾丸组织与之情况类似,但睾丸发育后期 Girk2 转录成分发生了变化。Girk2A 成分显著高于其他转录成分。这说明 GIRK2A 在 weaver 小鼠的睾丸发病机理中起着特殊作用。Girk2D 转录成分没有 polyA 加尾,在早至小鼠胚胎发育第 18 天是就能检测到 Girk2D 的表达,这说明该成分可能在 weaver 小鼠早期小脑发育中起重要作用。

3.8.2 weaver 基因的 PCR-SSCP 分析

单雪松(2000)根据 Mjaatvedt 等(1995)所报道的小鼠 Girk2 基因的 PCR 引物序列,合成牛的相应 PCR 引物,对新疆褐牛 weaver 基因部分片段扩增,得到了一条 263 bp 的特异性条带。将 PCR 产物变性后,利用 8% 非变性聚丙烯酰胺凝胶电泳在 4℃ 恒温电泳,硝酸银染色后观察 SSCP 结果,对 199 头新疆褐牛 SSCP 检测未发现 weaver 突变基因,如图 3.40 所示。

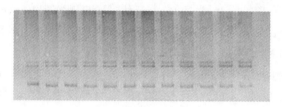

图 3.40　**SSCP 检测结果**(8%PAGE)

3.8.3 新疆褐牛 *weaver* 基因的克隆与分析

该研究采用 PCR 方法获得新疆褐牛 weaver 基因 263 bp 片段,对该片段克隆、测序并对所测得序列进行同源性分析。核苷酸序列同源性分析结果表明,本研究所测得的新疆褐牛与荷斯坦牛的 weaver 基因序列都与小鼠有较高的同源性。新疆褐牛和荷斯坦牛 weaver 基因与小鼠的同源性分别为 91.2% 和 92.1%,新疆褐牛与荷斯坦牛的同源性为 88.5%。

氨基酸序列同源性分析结果表明,该研究所测得的新疆褐牛和荷斯坦牛的 weaver 基因片段的氨基酸序列与小鼠相应的氨基酸序列的同源性均为 100%,即它们之间的核苷酸序列的差异并未引起功能蛋白的变异。

3.8.4 与 weaver 基因连锁的微卫星标记与产奶性状相关性分析

单雪松(2000)根据 BOVMAP 提供的资料,根据比较连锁图谱选择了 7 个与牛 weaver 基因连锁的微卫星标记,分析了其多态性及与奶牛产奶性能的相关性。

3.8.4.1　**试验群体**

192 头新疆褐牛血样采自新疆乌鲁木齐种牛场,178 头中国荷斯坦牛血样采自北京奶牛中心良种场和北京南郊牛场。

3.8.4.2　微卫星标记引物

根据 Bovmap 中提供的微卫星引物序列合成 7 对 PCR 引物,序列如表 3.28 所示。

表 3.28　微卫星 DNA 引物序列

微卫星位点	引物序列
BM6438	Forward:TTGAGCACAGACACAGACTGC Reverse:ACTGAATGCCTCCTTTGTGC
BMS4020	Forward:GACCAGTCTGATGGCCTACA Reverse:TGCCTTCTTTTCTGTCTGCA
INRA117	Forward:GTTTCTAGTAACATATTGAC Reverse:TTAGACATGACTGAAGCAAC
BMS2321	Forward:TCACTTCACAAAATACACAATGC Reverse:CCAAACTCCATAATCACCACTT
CA095	Forward:TCCATGGGGTCGCAAACAGTGG Reverse:ATCCCTCCATTTGTTGTGGAGTT
BMS711	Forward:AGCTTCTTATGGCAACACCTG Reverse:TGAAATCGCAGAGTTGTACATG
TGLA116	Forward:GCACAGTAAGAGTGATGGCAGA Reverse:TGGAGAAGATTTGGCTGTGTACCCA

3.8.4.3　关联分析模型

根据固定效应模型,采用 SAS 软件包 PROC GLM 过程分析场年季和单微卫星位点(BM6438、BMS2321、BMS711 和 TGLA116)对产奶量和乳成分的效应。

$$y_{ijklmn}=\mu+h_i+m1_j+m2_k+m3_l+m4_m+e_{ijklmn}$$

其中:y_{ijklmn} 为产奶量或乳成分观察值;μ 为群体均值;h_i 为场年季效应;$m1_j$ 为 BM6438 微卫星位点基因型效应;$m2_k$ 为 BMS2321 微卫星位点基因型效应;$m3_l$ 为 BMS711 微卫星位点基因型效应;$m4_m$ 为 TGLA116 微卫星位点基因型效应;e_{ijklmn} 为随机残差效应。

3.8.4.4　微卫星聚丙烯酰胺凝胶检测结果

该研究共检测出微卫星 BM6438 位点的 4 种等位基因,即 A(256 bp)、B(258 bp)、C(260 bp)和 D(268 bp) 4 种等位基因;BMS2321 位点的 6 种等位基因,即 A(138 bp)、B(140 bp)、C(142 bp)、D(144 bp)、E(146 bp)和 F(148 bp) 6 种等位基因;BMS4020 位点的两种等位基因,即 A(114 bp)和 B(116 bp) 2 种等位基因;BMS711 位点的 5 种等位基因,即 A(113 bp)、B(115 bp)、C(117 bp)、D(119 bp)和 E(121 bp) 5 种等位基因;INRA117 位点的 2 种等位基因,即 A(101 bp)和 B(109 bp) 2 种等位基因;CA095 位点的 3 种等位基因,即 A(121 bp)、B(131 bp)和 C(133 bp) 3 种等位基因;TGLA116 位点的 3 种等位基因,即 A(81 bp)、B(83 bp)和 C(85 bp) 3 种等位基因。

3.8.4.5　微卫星标记的基因频率与基因型频率

对 192 头新疆褐牛和 178 头荷斯坦牛两个群体 7 个微卫星位点不同等位基因的基因频率和基因型频率进行了统计分析,结果表明新疆褐牛微卫星位点 BM6438 上检测出 4 个等位基因,7 种基因型,而荷斯坦牛群体中有 5 种基因型;微卫星位点 BMS2321 在新疆褐牛中检测出 6 个等位基因,8 种基因型,而荷斯坦牛中检测到 11 种基因型;BMS4020 位点在新疆褐牛中达到纯合,在荷斯坦牛中发现 2 个等位基因,3 种基因型;BMS711 位点共检测出 5 个等位基因,在新疆褐牛中发现 11 种基因型,在荷斯坦牛中发现 9 种基因型;INRA117 位点检测出 2 个等位基因,在新疆褐牛中发现 2 种基因型,荷斯坦牛有 3 种基因型;CA095 位点检测出 3 种等位基因,4 种基因型;TGLA116 位点在两个群体中检测出 3 个等位基因,4 种基因型。统计结果见表 3.29。

表 3.29　7 个微卫星位点的基因频率及基因型频率

位点	基因频率			基因型频率				
	等位基因	新疆褐牛	荷斯坦牛	基因型	新疆褐牛	个体数	荷斯坦牛	个体数
BM 6438	A(256 bp)	0.145 8	0.096 8**	AA	0.145 9	28	0.096 8**	17
	B(258 bp)	0.565 1	0.504 0	BB	0.520 8	100	0.427 4	76
	C(260 bp)	0.059 9	0.108 9**	CC	0.005 2	1	0.000 0	0
	D(268 bp)	0.229 1	0.290 3*	DD	0.135 4	26	0.104 8*	19
				BC	0.005 2	1	0.000 0	0
				BD	0.083 3	16	0.153 2**	27
				CD	0.104 2	20	0.217 8**	39
BMS 2321	A(138 bp)	0.742 2	0.479 8**	AA	0.619 8	119	0.379 0**	67
	B(140 bp)	0.067 7	0.165 3**	BB	0.067 7	13	0.161 3**	29
	C(142 bp)	0.031 3	0.096 8*	CC	0.031 3	6	0.056 5**	12
	D(144 bp)	0.007 8	0.104 8**	DD	0.005 2	1	0.064 5**	11
	E(146 bp)	0.145 8	0.108 9*	EE	0.026 0	5	0.072 6**	13
	F(148 bp)	0.005 2	0.044 4**	FF	0.005 2	1	0.040 3**	7
				AC	0.000 0	0	0.064 5	11
				AD	0.005 2	1	0.080 6**	14
				AE	0.239 6	46	0.056 5**	10
				BF	0.000 0	0	0.008 1	1
				CE	0.000 0	0	0.016 1	3
BMS 4020	A(114 bp)	0	0.028 2	AA	0.000 0	0	0.024 2	4
	B(116 bp)	1	0.971 8	AB	0.000 0	0	0.008 1	8
				BB	1.000 0	192	0.967 7	172
BMS 711	A(113 bp)	0.242 2	0.282 2	AA	0.145 8	28	0.266 1**	47
	B(115 bp)	0.481 8	0.403 2	BB	0.270 7	52	0.306 5	55
	C(117 bp)	0.190 1	0.181 5	CC	0.093 8	18	0.169 3**	30
	D(119 bp)	0.046 9	0.076 6**	DD	0.015 6	3	0.032 3**	6
	E(121 bp)	0.039 1	0.056 5**	EE	0.020 8	4	0.000 0	0
				AB	0.192 7	37	0.032 3**	6
				BC	0.177 1	34	0.024 2**	4
				BD	0.031 3	6	0.056 4**	10
				BE	0.020 8	4	0.080 6**	14
				CD	0.015 6	3	0.000 0	0
				DE	0.015 6	3	0.032 3**	6

续表 3.29

	基因频率			基因型频率				
	等位基因	新疆褐牛	荷斯坦牛	基因型	新疆褐牛	个体数	荷斯坦牛	个体数
INRA 117	A(101 bp)	0.994 8	0.975 8	AA	0.994 8	191	0.967 8	172
	B(109 bp)	0.005 2	0.024 2**	BB	0.005 2	1	0.016 1**	3
				AB	0.000 0	0	0.016 1	3
CA095	A(121 bp)	0.008 6	0.008 1	BB	0.973 9	187	0.967 7	173
	B(131 bp)	0.976 6	0.971 7	CC	0.010 4	2	0.016 1**	3
	C(133 bp)	0.015 6	0.020 2*	AB	0.005 3	1	0.008 1**	1
				AC	0.010 4	2	0.008 1*	1
TGLA 116	A(81 bp)	0.658 9	0.310 5**	AA	0.588 6	113	0.169 4**	30
	B(83 bp)	0.044 3	0.084 7**	CC	0.182 3	35	0.379 0**	68
	C(85 bp)	0.296 8	0.604 8**	BC	0.088 5	17	0.169 4**	30
				AC	0.140 6	27	0.282 2**	50

注：* 表示新疆褐牛与荷斯坦牛基因频率或基因型频率差异显著，$P<0.05$；** 表示差异极显著，$P<0.01$。

由表 3.29 可知，各种微卫星位点的基因型频率和基因频率的分布并不均匀。其中 BM6438 位点的优势基因为等位基因 B(258 bp)，而基因型频率最高的是 BB 基因型；BMS2321 位点等位基因 A(138 bp)频率最高，其他等位基因频率都较低，AA 为优势基因型；新疆褐牛 BMS4020 位点达到纯合，等位基因 B(116 bp)频率为 100%，荷斯坦牛也以 B 等位基因为主，同时检测到少量的 A(114 bp)等位基因的存在，基因型 BB 为优势基因型；BMS711 位点的 5 种等位基因中，等位基因 B(115 bp)频率最高，基因型以 BB 为主；INRA117 位点优势等位基因和基因型分别为 A(101 bp)和 AA 基因型；CA095 位点以等位基因 B(131 bp)为主，BB 为优势基因型；新疆褐牛 TGLA116 位点的优势等位基因和基因型为 A(81 bp)和 AA，荷斯坦牛中则以 C(85 bp)等位基因和 CC 基因型为主。

显著性检验结果表明，在新疆褐牛和荷斯坦牛两个群体中基因型频率和等位基因频率存在着显著差异(表 3.29)，这表明微卫星位点不仅存在着高度多态性，而且能够反映出不同品种的群体遗传学特性，因而可选择适合的微卫星位点进行不同品种(种)间的遗传关系分析。

3.8.4.6 微卫星标记的遗传特性分析

不同微卫星位点作为遗传多样性研究指标的可行性与其自身及在特定群体中表现出的遗传特性有关，本研究对所采用的 7 个微卫星位点在新疆褐牛和荷斯坦牛两个群体中表现出的特性(包括多态信息含量、有效等位基因数等)进行了统计分析，分析结果见表 3.30。

表 3.30　7 个微卫星标记在新疆褐牛和荷斯坦牛群体中的群体遗传分析

位点	BM6438		BMS2321		BMS4020		BMS711		INRA117		CA095		TGLA116	
群体	B	H	B	H	B	H	B	H	B	H	B	H	B	H
等位基因数	4	4	6	6	1	2	5	5	2	2	3	3	3	3
等位基因范围/bp	256～268	256～268	138～148	138～148	116	114～116	113～121	113～121	101～109	101～109	121～133	121～133	81～85	81～85
多态信息含量	0.55	0.58	0.39	0.67	0	0.06	0.62	0.67	0.01	0.05	0.02	0.05	0.40	0.45

续表3.30

位点	BM6438		BMS2321		BMS4020		BMS711		INRA117		CA095		TGLA116	
有效等位基因数	2.52	2.78	1.73	3.43	1	1.06	3.02	3.52	1.01	1.05	1.05	1.06	1.91	2.13
杂合度	0.60	0.64	0.42	0.71	0	0.05	0.67	0.72	0.01	0.05	0.05	0.06	0.48	0.53

注:B代表新疆褐牛,H代表荷斯坦牛。

由表3.30可知,7个微卫星位点的多态信息含量和有效等位基因数由大到小的顺序分别为 BMS711、BM6438、BMS2321、TGLA116、CA095、INRA117 和 BMS4020,其中 BMS711、BM6438、BMS2321 三个微卫星位点属于高度多态位点,TGLA116 属于中度多态位点,而 CA095、INRA117 和 BMS4020 三个位点多态较低,属于低度多态位点。

计算新疆褐牛和荷斯坦牛在这 7 个微卫星位点的平均杂合度 H 分别为 0.318 2 和 0.393 2,两者无显著差异($P < 0.05$)。利用两个品种 7 个微卫星位点的等位基因频率计算出本研究所应用的新疆褐牛群体和荷斯坦牛群体的奈氏(Nei,1972)群体间相似系数 I 和标准遗传距离 D。两群体的相似系数 $I = 0.964\ 3$,标准遗传距离 $D = 0.036\ 3$。

3.8.4.7 微卫星标记与产奶性状的相关分析

选择具有中等以上多态信息含量的 4 个微卫星位点,即 BM6438、BMS2321、BMS711 和 TGLA116,分析不同标记对产奶性状的影响。

新疆褐牛和荷斯坦牛产奶量固定模型最小二乘分析结果见表3.31。由表可知,固定模型影响产奶量的各变因中,荷斯坦牛场年季效应达到了极显著水平($P < 0.01$),各微卫星位点对产奶量影响不显著($P > 0.05$);新疆褐牛中各变因对产奶量的影响均未达到显著水平($P > 0.05$)。

表3.31 利用最小二乘法分析各变因对产奶量的影响

变因	自由度		F 值	
	B	H	B	H
场年季	1	5	0.44	3.31**
BM6438	7	4	0.76	1.08
BMS2321	7	10	1.02	0.71
BMS711	10	8	1.06	0.77
TGLA116	3	3	0.56	0.85
剩余均方	121	89	1 299 204.05	0.55

注:B代表新疆褐牛,H代表荷斯坦牛。** 表示极显著。

对荷斯坦牛乳成分(乳脂率、乳脂量、乳蛋白率、乳蛋白量和干物质率)最小二乘分析结果见表3.32。最小二乘分析表明,本研究所用的荷斯坦牛群中,场年季效应对乳蛋白率和乳蛋白含量的影响分别达到了显著($P < 0.05$)和极显著水平($P < 0.01$),对其他乳成分影响不显著($P > 0.05$);各微卫星位点中,BM6438 和 BMS711 位点对各乳成分影响均未达到显著水平($P > 0.05$);BMS2321 位点对乳蛋白率和乳蛋白量影响极显著($P < 0.01$),对乳脂率、乳脂量和干物质率影响不显著($P > 0.05$);TGLA116 位点对乳蛋白率影响显著($P < 0.05$),对乳蛋白量的影响达到极显著水平($P < 0.01$),对其他乳成分无显著影响($P > 0.05$)。

BMS2321、BMS711 和 TGLA116 位点各基因型乳蛋白率和乳蛋白量的最小二乘均值及标准误见表3.32。

表 3.32　4 微卫星位点不同基因型乳成分最小二乘均值及标准误

基因型		样本数	乳脂率/%		乳脂量/kg		乳蛋白率/%		乳蛋白量/kg		干物质率/%	
			LSM	SE	LSM	SE	LSM	SE	LSM	SE	LSM	SE
BM6438	AA	6	3.67	0.21	271.67	29.8	3.83	0.16	267.17	28.98	12.50	0.34
	BB	28	3.50	0.11	244.00	9.64	3.42	0.09	229.11	13.98	12.43	0.16
	BD	14	3.57	0.20	273.35	12.02	3.42	0.14	264.64	12.53	12.43	0.20
	CD	20	3.60	0.18	266.84	17.43	3.40	0.12	249.37	9.74	12.70	0.31
	DD	7	4.12	0.33	279.14	21.16	3.57	0.20	248.28	17.57	12.88	0.45
BM2321	AA	26	3.73	0.16	262.96	13.42	3.58[ab]	0.09	251.54[abcdef]	10.55	12.77	0.19
	AC	5	3.40	0.24	293.80	12.75	4.00[a]	0.00	298.80[a]	6.08	12.60	0.24
	AD	8	3.50	0.19	270.00	18.31	3.25[ab]	0.16	240.00[abcdef]	13.90	12.63	0.42
	AE	5	3.60	0.19	209.20	9.65	3.20[ab]	0.20	196.80[bcef]	14.71	11.80	0.38
	BB	5	3.40	0.24	219.80	14.58	3.00[b]	0.00	207.60[bcdef]	31.4	12.40	0.40
	BF	1	3.00		199.00		3.00[ab]		231.00[abcdef]		12.00	
	CC	5	3.60	0.24	236.00	22.00	3.20[ab]	0.19	179.50[ef]	57.2	12.20	0.20
	CE	2	3.50	0.31	306.50	4.95	3.00[ab]	0.00	238.00[abcdef]	4.99	12.00	0.85
	DD	6	3.83	0.31	292.17	28.17	3.50[ab]	0.22	282.67[ad]	18.76	12.50	0.57
	EE	9	3.33	0.23	262.56	21.33	3.67[ab]	0.17	267.77[abcd]	16.67	12.67	0.47
	FF	3	4.33	0.30	276.67	39.26	3.67[ab]	0.33	230.67	52.80	12.67	0.88
BMS711	AA	13	3.69	0.24	291.54	18.58	3.54	0.27	268.15	13.49	12.46	0.27
	AB	2	3.50	0.49	185.50	13.43	4.00	0.00	183.50	25.46	13.50	0.50
	BB	28	3.71	0.11	266.25	5.30	3.50	0.09	253.85	10.70	12.75	0.20
	BC	3	4.00	0.57	223.67	14.30	3.33	0.33	197.67	29.42	12.67	0.88
	BD	3	4.00	0.57	252.33	30.00	3.67	0.33	233.33	23.30	12.67	0.88
	BE	5	3.60	0.39	258.20	16.50	3.60	0.24	262.20	17.51	12.20	0.58
	CC	16	3.75	0.18	245.81	15.00	3.38	0.12	238.88	14.48	12.44	0.24
	DD	2	3.50		194.00		3.00		162.00		12.00	0.57
	DE	3	3.00	0.00	283.67	15.50	3.00	0.00	266.67	13.27	11.67	0.33
TGLA116	AA	16	3.44	0.13	270.53	18.33	3.31[ab]	0.12	262.46[a]	15.49	12.44	0.29
	AC	16	3.69	0.17	251.75	12.39	3.63[a]	0.13	237.68[ab]	17.00	12.69	0.20
	BC	8	3.38	0.18	224.87	10.20	3.13[b]	0.12	198.62[b]	30.32	12.00	0.19
	CC	35	3.71	0.14	269.37	10.56	3.54[ab]	0.29	253.42[ac]	7.35	12.66	0.19

注：同一位点性状组合中，数据肩标不同，表示差异显著($P<0.05$)。

由表 3.32 可知，BM6438 和 BMS711 位点各基因型乳成分最小二乘均值间无显著差异($P>0.05$)；BMS2321 和 TGLA116 两位点不同基因型对荷斯坦牛乳蛋白率和乳蛋白量有不同影响，BMS2321 位点 AC 基因型乳蛋白率和乳蛋白量显著高于 BB 型($P<0.05$)，AC 型和 DD 型乳蛋白量显著高于 AE 型($P<0.05$)，CC 型乳蛋白量最低，与 AC 型、DD 型和 EE 型差异显著($P<0.05$)；TGLA 位点 AC 型乳蛋白率显著高于 BC 型($P<0.05$)，BC 型的乳蛋白量也显著低于 AA 型和 AC 型($P<0.05$)。

Hoeschele 等(1990)报道了瑞士褐牛中 weaver 基因携带者母牛的平均产奶量较正常纯合子高出 673.6 kg，乳脂量高 26.0 kg，因而认为 weaver 基因可能与控制产奶性状的基因紧密连锁。但本研究分析结果表明，根据遗传连锁图谱和 Georges 等(1993)对与 weaver 基因连锁的微卫星标记的报道选择的微卫星位点对奶牛产奶量和乳脂量的影响均不显著($P>0.05$)。这可能有几种原因，首先可能 weaver 基因与控制产奶量和乳脂率的基因根本就不存在连锁关系，也就是说 Hoeschele 等的研究报道只属于巧合；其次，由于奶牛的 weaver 基因至今尚未精确定位,可能该研究所选择的几种微卫星位点与 weaver 基因的连锁程度较低;或者由于所分析的微卫星位点等位基因数和基因型种类较多,而该研究所应用的奶牛群体规模较小,各种基因型所分布的个体数目少,甚至个别基因型只有一头个体,因而可能也影响了统计分析结果,在后续工作中需要更大的群体规模来验证该研究得到的结果。

3.9 乳蛋白基因与中国荷斯坦牛产奶性状关联分析

3.9.1 乳蛋白的研究进展

3.9.1.1 牛乳蛋白的组成

牛乳蛋白是牛乳中所含蛋白的总称。牛乳蛋白主要可分为酪蛋白和乳清蛋白,占乳中蛋白总量的 95%。其中酪蛋白又可分为 α_{s1} 酪蛋白、α_{s2} 酪蛋白、β 酪蛋白、κ 酪蛋白(可简写为 α_{s1}-cn、α_{s2}-cn、β-cn、κ-cn)四类,占乳中含氮化合物总量的 73.8%。α_{s1}-cn、α_{s2}-cn、β-cn 由于能被低钙溶液沉淀,又称之为钙敏感蛋白。酪蛋白中含有约 1.2% 的钙,以酪蛋白化钙的形式与磷酸钙一起形成复合物,呈胶粒状态分散于乳中。在酪蛋白微胶粒中,磷酸钙约占总重的 5%。在乳胶微粒中,磷酸钙通过与钙敏感蛋白中丝氨酸残基相连而被乳胶微粒包裹于其中。酪蛋白和乳清蛋白是牛乳中的两类主要蛋白,占牛乳蛋白总量的 95%,很多研究将其作为产奶性状候选基因。该研究主要针对 Kappa 酪蛋白(κ-cn)、Beta 乳球蛋白(β-lg)和 Alpha 乳白蛋白(α-la)和 α_{s1} 酪蛋白(α_{s1}-cn)。

κ-cn 对酪蛋白微胶粒的稳定起着重要的作用。约 70% 的 κ-cn 存在于胶粒的中心,构成胶粒的核心,周围则围绕着 α_{s1}-cn、α_{s2}-cn 和 β-cn,约有 30% 的 κ-cn 以非胶粒状态存在。当 κ-cn 内特定位点的脯氨酸和甲硫氨酸键被酶切断后将引起乳胶微粒的沉淀。乳清蛋白以 α 乳白蛋白(简写为 α-la)和 β 乳球蛋白(简写为 β-lg)为主,约占乳中含氮化合物总量的 12%,其他还有少量的血清蛋白、免疫球蛋白等。其中 β-lg 占总乳清蛋白量的 50%,α-la 占乳清蛋白量的 22%。

随着牛乳蛋白成分研究的深入,逐渐发现同类型的乳蛋白存在着不同的亚类,即牛乳蛋白存在着多态性。1955 年 Aschaffenburg 和 Drewry 第一次揭示了乳球蛋白(β-lg)的两种变异型,后来 Eigel 等(1984)又陆续发现了其他几种主要乳蛋白都具有多态性。乳蛋白的多态性的发现引起了学者们的极大的兴趣。因为乳蛋白的多态性是和乳成分直接相关、呈共显性的质量性状,一旦探明乳蛋白多态性和生产性状之间的关系,即可将乳蛋白基因型作为遗传标记用于牛育种的辅助选择中去。从 20 世纪 80 年代初开始,人们主要通过采取乳样、应用凝胶电泳的方法对各种奶牛群体进行蛋白基因型的调查,并对牛乳蛋白基因型和生产性状的相关性进行了研究。现已查明的乳蛋白基因型及在群体中占比例较大的优势基因。研究发现,不同的群体中,各种乳蛋白基因型的基因频率有所不同,乳蛋白基因型和生产性状的相关性的研究结果也不一致。

3.9.1.2 牛乳蛋白基因

应用 DNA 分子杂交技术已经探明,4 种牛酪蛋白基因(α_{s1}-cn、α_{s2}-cn、β-cn、κ-cn)较集中地分布在长约 200 kb 的一段 DNA 片段上,位于牛的第 6 染色体上(David,1990)。α-la、β-lg 基因则分别定位于牛的第 5、11 染色体上。

牛乳蛋白基因是组织特异性的基因,转录单位包括与 mRNA 帽子位点对应的序列及多种供体位点、分支点和成熟 mRNA 剪接所必需的受体位点。转录结束的信号由多聚腺嘌呤信号序列 AATAAA 和其后的富含 GT 的核苷酸序列构成。在 5′端侧翼序列（下简称 5′端序列）中，具有 TATA 序列和可由 RNA 聚合酶Ⅱ识别的启动子及转录因子 TFⅡD 识别的位点。各种激发乳蛋白基因表达及调控基因组织和阶段特异性表达的因子的识别位点大多都位于转录单位的 5′端附近的序列中。但有些调控位点也有可能位于远离 5′端的区域，或存在于转录单位内，甚至会出现在转录单位的 3′端的序列中（Jean-cleude，1993）。

一般认为乳蛋白基因阶段性的表达（即时间特异性的表达）是由激素调节的，这些激素主要包括催乳素、胰岛素、糖皮质激素、甲状腺素和前列腺素等，这些激素的受体位点主要位于乳蛋白基因转录单位的 5′端序列内，而在 5′端的另一类型重要的组成元素位点控制序列，则对乳蛋白的组织特异性表达起着决定性的作用。

牛乳蛋白转基因动物的研究迄今为止报道的不多。从其他物种乳蛋白基因转基因小鼠的研究中可知，转录单位 5′端序列和一部分 3′端序列对外源性片段的成功表达是必需的。Persuy 等（1992）的研究表明，带有 5′端 3 kb 及 3′端 6 kb 的羊 β-cn 基因在转基因小鼠中的表达量较高而且是具有阶段性和乳腺组织特异性的。在 Di Tullio 等（1992）的 β-lg 转基因小鼠的实验中显示，5′端上游 8 kb 长度对于其组织特异性的表达是必需的。Mendle 等（1990）在实验中发现，牛 α-la 基因 5′端 0.4 kb 和 3′端 0.3 kb 的序列对其表达是必需的，但对于高度表达却是不够的。

乳蛋白基因序列的种间比较表明，尽管乳蛋白基因在种间的进化率很高，这表现在基因中的某些片段的增减（包括外显子和内含子片段），但其总体结构却是保守的，体现在 5′端及编码信号肽序列和一些乳蛋白基因外显子外缘序列的保守性，这些保守序列对于乳蛋白基因的表达和调控是具在重要作用的。

3.9.1.3 κ-cn 基因型和产奶性状的关系

在许多研究中发现 κ-cn 和乳蛋白量有相关（Aleandri and Cowan，1992；Berg，1994；Marian，1992；Bovcnhvis，1992；NG-KWI-HANG，1990）。Sacch（1993）报道在荷斯坦牛群中 κ-cn 基因型和蛋白率密切相关，其中 κ-cn BB 型的蛋白量较高。Walawski 等（1994）在对波兰黑白花奶牛的研究中发现，κ-cn AA 和 AB 型牛在产奶量、乳脂量、乳酸、磷含量等方面显著高于 BB 型奶牛。Berg（1994）年发现荷斯坦牛 κ-cn B 基因和牛乳中 κ-cn 量及离子钙量相关。Marian 等（1992）在荷斯坦牛中发现，κ-cn BB 型奶牛乳平均含 κ-cn 量为 12.4%；κ-cn AA 型奶牛 κ-cn 的含量为 10.5%，两者有显著差异。Chung 等（1991）对荷斯坦牛的研究结果表明，κ-cn 基因型在乳脂量和产奶量方面有 κ-cn AA 型＞AB 型＞BB 型的趋势。在 Ozbeyaz 等（1993）对娟姗牛的研究中也发现 κ-cn BB 型的奶牛产奶量较低。Rozzi 等（1989）在对意大利荷斯坦牛的研究中发现，在乳中乳蛋白量方面 κ-cn AB 型＞BB 型＞AA 型，在蛋白率方面 κ-cn BB 型＞AB 型＞AA 型。在 Leonhard-kivz 等（1985）在对波兰红牛的研究中发现 κ-cn AA 型的奶牛产奶量和乳成分最低。Viasero 等（1986）在对前苏联黑白花牛的研究中发现在产奶量和乳脂率方面 κ-cn AA＞AB 型，κ-cn AC＞BC 型。但也有报道认为在荷斯坦牛中 κ-cn 基因型对产奶量、乳蛋白和乳脂量没有影响（Lange et al，1990）。

3.9.1.4 β-lg 基因型和产奶性状间的关系

Mao（1992）、Sacch（1993）、Aleandri（1990）、Bovcnhvis（1992）等在对荷斯坦牛的研究中发现 β-lg 基因型和乳脂率相关。Samarineanu 等（1984）在对波兰褐牛的研究中发现 β-lg AA 型

奶牛在产奶量和乳脂量上比 AB 型和 BB 型奶牛都高。与之相似，Walawski 等（1994）发现在波兰黑白花牛中 β-lg BB 型牛的产奶量比 β-lg AA 和 AB 型低。Berg（1992）年发现在荷斯坦牛中 β-lg 基因型和乳中总酪蛋白量相关。Lange 等（1990）研究发现 β-lg 基因类型对乳蛋白密度有影响，趋势为 β-lg AA 型＞AB 型＞BB 型。Rozzi（1989）在意大利荷斯坦牛中发现产奶量、蛋白量、蛋白率与 β-lg 相关，变化趋势是 β-lg AA 型＞AB 型＞BB 型；乳脂率的趋势为 β-lg AB型＞AA 型＞BB 型。Aleandri（1990）在对荷斯坦牛的研究中报道，乳中酪蛋白量、乳脂量都和 β-lg 基因型相关联，其中以 BB 型最高。Hang（1986）在对荷斯坦牛的研究中发现 β-lg BB 型和高乳脂及高酪蛋白量相关。Mclean 等（1985）报道，β-lg 对乳中总干物质量，血清蛋白和乳球蛋白浓度均有影响。Bolla（1993）对意大利荷斯坦牛进行了 β-lg 蛋白的基因型鉴定，发现乳蛋白多态性对产奶量没有显著的影响，但泌乳曲线 C 常数、泌乳高峰期和产犊时间都受 β-lg 的影响，β-lg AA 型较 BB 型泌乳高峰期晚，且持续时间长。

3.9.2 乳蛋白基因与产奶性状关联分析

3.9.2.1 试验群体
赵春江（1998）从北京南郊牛场和良种场分别采得 88 头、99 头健康奶牛的血样，并收集产奶记录；从北京奶牛中心购得 59 头种公牛的颗粒冷冻精液。

3.9.2.2 统计分析模型
所用固定模型如下：

$$Y_{ijklm}=\mu+HYS_i+p_j+\kappa\text{-}CN_k+\beta\text{-}LG_l+e_{ijklm} \qquad 模型 1$$
$$Y_{ijklmn}=\mu+HYS_i+p_j+ms_k+\kappa\text{-}CN_l+\beta\text{-}LG_m+e_{ijklmn} \qquad 模型 2$$
$$Y_{ijkl}=\mu+HYS_i+p_j+\kappa\beta_k+e_{ijklm} \qquad 模型 3$$
$$Y_{ijklmn}=\mu+HYS_i+p_j+ms_k+\kappa\beta_m+e_{ijklmn} \qquad 模型 4$$

模型 1 和模型 3 用于分析产奶量；模型 2 和模型 4 用于分析乳成分。

其中：Y_{ijklm} 为产奶量观察值；Y_{ijklmn} 为乳成分观察值；μ 为群体均值；HYS_i 为第 i 类产犊的场年季效应值；p_j 为第 j 胎次效应值；$\kappa\text{-}CN_k$ 为第 k 类 κ-cn 的基因型效应值；$\beta\text{-}LG_l$ 为第 l 类 β-lg 的基因型效应值；$\kappa\beta_k$ 为第 k 类 κ-cn 和 β-lg 不同基因型组合的效应值；ms_k 为第 k 泌乳阶段效应值；e_{ijklmn} 为随机残差效应。

其中模型 1 和模型 2 是包括 κ-cn 和 β-lg 基因位点效应在内的固定效应对乳产量及乳成分的影响。模型 3 和模型 4 则是以 κ-cn 和 β-lg 基因型的不同组合为固定效应，分析对产奶量和乳成分的影响。

3.9.2.3 四种乳蛋白基因频率及基因型频率
统计分析显示（表 3.33 和表 3.34）：在种公牛群中，κ-cn A 基因型占有较大优势。在种公牛群中没有发现 κ-cn BB 纯合的个体。与之相应的，在奶牛群中大多数奶牛都为 κ-cn AA 型或 κ-cn AB 型个体，κ-cn BB 型个体很少。β-lg 基因位点基本处于一个均衡的状态，在公牛群中 β-lg B 基因占优势，在奶牛群中杂合型的奶牛居多，其次是 β-lg BB 型、β-lg AA 型的个体最少。α-la 和 α_{s1}-cn 基因在鉴定中未发现多态，基因已达到了纯合。两个牛场相比，南郊牛场的 κ-cn A 基因频率略高于良种场的，而南郊牛场的 β-lg A 基因频率略低于良种场。总体来看，

群中 κ-cn 等位基因中 κ-cn A 基因占优势,而 β-lg B 基因在群体中较 β-lg A 的比例大。这和李竞、陆曼姝(1992)、罗军(1994)、陈国荣、祝梅香(1997)及 Scheliander 等(1992),Rozzi 等(1993)的研究结果相近。

表 3.33 奶牛群中四种乳蛋白基因型频率

牛场	头数/N	κ-cn			β-lg			α-la	α_{s1}-cn
		AA	AB	BB	AA	AB	BB	BB	BB
南郊牛场	88	69%	25%	6%	16%	50%	34%	100%	100%
良种场	99	60%	35%	5%	22%	44%	34%	100%	100%
总体平均	187	64%	30%	6%	19%	47%	34%	100%	100%

表 3.34 奶牛群中四种乳蛋白基因频率

牛场	头数/N	κ-cn		β-lg		α-la	α_{s1}-cn
		A	B	A	B	B	B
南郊牛场	88	82%	18%	41%	59%	100%	100%
良种场	99	78%	22%	45%	55%	100%	100%
总体平均	187	79%	21%	43%	57%	100%	100%

经检验,κ-cn 和 β-cn 两位点的 χ^2 值未达到显著水平,即这两个基因位点在南郊牛场、良种场及总体上都处在 Hardy-Weinberg 平衡状态。这一结果同国内其他通过乳蛋白电泳分析中国荷斯坦牛群的结果相同。这说明虽然从现行的人工授精的繁育体系看,北京地区荷斯坦牛是一个开放的基因交流频繁的牛群,但由于繁育体系的核心指标是产奶量,与这一指标无显著相关关系的基因位点可不受选育措施的影响,在选育过程中其遗传仍然是随机的。

3.9.2.4 乳蛋白基因与产奶性状关联分析结果

方差分析结果显示,场效应和胎次效应都达到了极显著的水平($P<0.01$),乳蛋白位点对产奶量的影响不显著($P>0.05$)。各因素对乳成分影响的分析如表 3.35 所示,乳蛋白位点效应中 β-lg 基因对乳脂率的影响达到了 $P<0.1$ 的显著水平,场、胎次、泌乳阶段对乳成分的影响都较大。表 3.36、表 3.37 分别列出了不同乳蛋白基因型的产奶量及乳成分的最小二乘均值和标准误。结果表明,乳蛋白不同基因型的产奶量有一定差异,但经统计分析其差异不显著($P>0.05$)。在表 3.37 中,κ-cn 各基因型间的乳成分的差异均不显著,而在 β-lg 位点中 β-lg AA 个体的乳蛋白率显著低于 β-lg AB、BB 个体($P<0.05$)。

表 3.35 利用最小二乘模型分析各变因对乳成分的影响

变因		F 值				
	自由度	乳脂率/%	乳脂量/kg	乳蛋白率/%	乳蛋白量/kg	干物质/%
场	1	9.09***	0.12	44.65***	29.21***	1.06
产犊季节	3	0.88	2.16	2.29*	1.68	1.05
胎次	7	0.86	4.27***	3.40***	9.60***	1.07
泌乳阶段	3	3.38*	3.14**	6.23***	1.87	3.93*
κ-cn	2	0.28	0.20	0.43	0.09	0.57
β-lg	2	2.46*	0.41	0.32	0.48	0.45
剩余均方	58	0.30	2 535.06	0.05	1 339.95	1.02

注:*** 表示达到 0.01 的显著水平;** 表示达到 0.05 的显著水平;* 表示达到 0.1 显著水平。

表 3.36　不同乳蛋白基因型产奶量的最小二乘均值及标准误

乳蛋白位点	基因型	样本数	305 d 产奶量/kg	
			LSM	SE
κ-cn	AA	78	7 188a	328
	AB	40	7 145a	377
	BB	8	7 257a	514
β-lg	AA	26	7 331a	421
	AB	54	7 229a	359
	BB	46	7 029a	368

表 3.37　不同乳蛋白基因型乳成分的最小二乘均值及标准误

蛋白	基因型	样本数	乳脂率/%		乳脂量/kg		乳蛋白率/%		乳蛋白量/kg		干物质/%	
			LSM	SE	LSM	SE	LSM	SE	LSM	SE	LSM	SE
κ-cn	AA	53	3.67a	0.14	261.31a	13.29	3.50a	0.06	246.52a	9.73	12.67a	0.27
	AB	18	3.80a	0.19	259.99a	17.39	3.55a	0.08	241.99a	12.64	12.81a	0.35
	BB	6	3.61a	0.27	248.75a	24.82	3.55a	0.11	245.27a	18.05	12.16a	0.50
β-lg	AA	16	3.44a	0.21	247.77a	19.40	3.50b	0.08	248.16a	14.11	12.57a	0.39
	AB	36	3.77a	0.16	263.08a	15.71	3.54a	0.07	247.76a	10.98	12.29a	0.30
	BB	25	3.89a	0.19	259.19a	17.13	3.57a	0.07	237.86a	12.54	12.48a	0.34

3.9.2.5　不同 κ-cn、β-lg 基因型组合对乳成分影响的分析结果

统计分析结果显示:场效应和胎次效应对产奶量的影响都达到显著($P<0.05$)或极显著水平($P<0.01$),这和从模型 1 中得出的结论相同,而不同 κ-cn、β-lg 基因型组合对产奶量的影响不显著($P>0.05$)(表 3.38)。从表 3.39 分析结果中可得,乳蛋白 κ-cn、β-lg 基因型组合对乳成分有显著影响($P<0.05$)。

表 3.38　不同 κ-cn、β-lg 基因型组合产奶量的最小二乘均值及标准误

基因型 κ-cn β-cn	样本数/个	305 d 产奶量/kg	
		LSM	SE
AA AA	15	7 521	380
AA AB	36	7 302	260
AA BB	27	7 077	328
AB AA	9	7 303	476
AB AB	16	7 285	374
AB BB	15	7 097	376
BB AA	3	7 613	725
BB AB	2	6 861	923
BB BB	3	7 360	721

表 3.39　不同 κ-cn、β-lg 基因型组合的乳成分最小二乘值及标准差

基因型 κ-cn β-lg	样本数/个	乳脂率/%		乳脂量/kg		乳蛋白率/%		乳蛋白量/kg		干物质/%	
		LSM	SE	LSM	SE	LSM	SE	LSM	SE	LSM	SE
AA AA	15	3.67a	0.29	261a	26	3.52a	0.11	245a	19	13.47a	0.52
AA AB	36	3.86a	0.21	277a	29	3.50a	0.08	250a	14	12.80a	0.38
AA BB	27	4.01a	0.22	269a	21	3.56a	0.09	238a	15	13.03a	0.41
AB AA	9	3.61a	0.34	269a	32	3.53a	0.14	257a	23	12.71a	0.63
AB AB	16	4.18a	0.30	273b	28	3.68b	0.12	241a	20	13.03a	0.56
AB BB	15	3.97a	0.33	266a	31	3.47a	0.13	229a	22	12.77a	0.60

续表 3.39

基因型	样本数/个	乳脂率/%		乳脂量/kg		乳蛋白率/%		乳蛋白量/kg		干物质/%	
κ-cn β-lg		LSM	SE	LSM	SE	LSM	SE	LSM	SE	LSM	SE
BB AA	3	3.25[a]	0.48	226[a]	45	3.44[a]	0.19	241[a]	32	11.99[a]	0.88
BB AB	2	3.67[a]	0.50	248[a]	46	3.51[a]	0.20	235[a]	34	12.44[a]	0.92
BB BB	3	4.26[a]	0.47	292[a]	43	3.74[a]	0.18	256[a]	31	13.02[a]	0.86

对各种乳蛋白基因型组合对应的产奶量邓肯氏多重比较的结果表明,各乳蛋白基因型组合所对应的产奶量无显著差异($P>0.05$)。在对不同 κ-cn、β-lg 基因组合所对应的乳成分所进行的邓肯氏多重比较中发现,κ-cn AB β-lg AB 组合在乳脂量和乳蛋白率方面显著高于其他基因组合形式($P<0.05$)。不同基因型组合对应其他乳成分的差异却不显著($P>0.01$)。

结果显示,4 个乳蛋白基因位点(κ-cn、β-lg、α_{s1}-cn、α-la)中,有两个位点已纯合固定。经 PCR-RFLP 分析,具有多态性的位点只有 κ-cn 和 β-lg 两个基因位点。在北京荷斯坦奶牛群体中基因频率分别是 κ-cn A 0.79、κ-cn B 0.21、β-lg A. 45、β-lg B 0.51。在北京地区荷斯坦牛群中,κ-cn 基因位点中 A 等位基因占优势,奶牛个体多属于 κ-cn AA 纯合型或 κ-cn AB 杂合型,β-lg 基因位点则以 B 等位基因占优势。在与文献中不同地区的荷斯坦牛乳蛋白基因频率的比较中可看出,不同国家荷斯坦牛群较为一致趋势是 κ-cn 的 A 基因占优势,一般基因频率都在 70% 以上,而 β-lg 基因则一般处在较为平衡的状态,β-lg B 基因位点略占优势,其频率一般都在 55% 左右。在这方面该研究得出结论和有关文献的报道相似。

在该研究中,有关乳蛋白基因型对生产性状影响的研究结果表明,大多数乳蛋白基因位点效应对产奶量的影响不显著($P>0.05$)。这和大多数文献结果一致。这一点可以解释为,荷斯坦牛群是经过长期高度选育的品种,而且以往选育的主要指标是产奶量,对产奶量有影响的基因位点经过长期的选育后已达到纯合或接近纯合,而经长时间的选育过程后仍未接近纯合的基因位点则往往是和产奶量没有显著相关关系的。该研究与大量的研究报道表明,α-la 位点的 B 等位基因已达到了纯合,α_{s1}-cn 位点 B 等位基因已接近纯合。κ-cn 和 β-lg 基因位点各基因型对应的奶产量是有差异的,但这种差异不显著($P>0.05$)。这一研究结果和有关文献得出的结论相同。

乳蛋白基因位点对乳成分影响的研究结果表明,κ-cn 基因位点对各乳成分的影响显著($P<0.05$)。而 β-lg 对乳脂率的影响达到了 $P<0.1$ 的水平。以往的研究结果一般认为 κ-cn 位点对乳蛋白率、β-lg 位点对乳脂率有显著影响。这和本研究中得到的结果有所不同,这有可能是本研究具有完整乳成分分析记录的个体数较少所致。在对乳蛋白不同基因型所对应的乳成分记录的多重比较中发现,β-lg AA 型的乳蛋白率显著低于 β-lg AB 型 和 β-lg BB 型($P<0.05$)。在 κ-cn、β-lg 不同基因型组合对应的乳成分记录的多重比较中发现,κ-cn AB β-lg AB 基因型组合所对应的乳脂量和乳蛋白率最高。这些结果在以往的文献中尚未见报道。由于该研究是在相对较小样本中得到的,尚有待于在扩大样本总量的情况下进一步证实。

3.10　奶牛 6 号染色体上产奶性状位置候选基因研究

3.10.1　位置候选基因的选择

梅瑰(2008)以前期报道的影响产奶性状的 QTL 区间为目标物理区段(陈惠勇,2005;阴层层,2007),即标记 BMS483 与 MNB-209 之间的染色体片段,通过直接法、比较图谱法和基因图谱选择该区段内的潜在候选基因。比较图谱选用 Weikard 等 2006 年发表的 6 号染色体主要 QTL 区间的牛与多物种的比较图谱(图 3.41,又见彩图 3.41),此外 Everts-van der Wind 等(2004)、Everts-van der Wind 等(2005)发表的比较图谱也用来作为参考和验证。

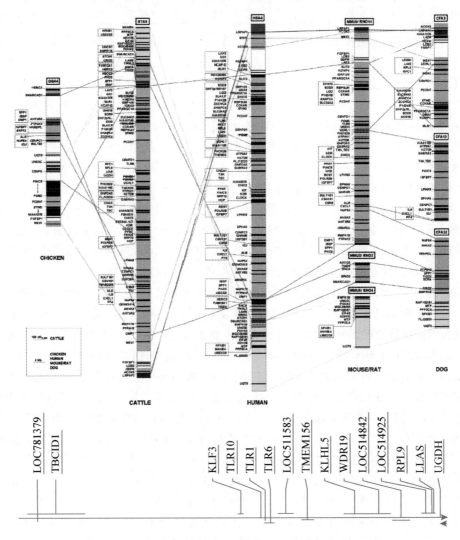

图 3.41　6 号染色体基因与人、小鼠、大鼠、鸡和犬的比较图谱

直接寻找法是利用 NCBI(http://www.ncbi.nlm.nih.gov)(BATA 4.0)公布的基因图谱,在目标区段内直接观察已知或推测基因,对每个基因详细追溯其生理生化功能,选择可能影响奶牛泌乳能力的基因。

3.10.1.1　SNP 的寻找及选择

依据 NCBI(http://www.ncbi.nlm.nih.gov)牛序列草图获取基因的全长 DNA 序列,并针对其全部外显子编码区和部分内含子区设计引物,对 8 头显著家系荷斯坦种公牛进行测序,用 DNA-MAN 6.0 分别与标准序列比对。测序峰图用 Choromas2.0 读取,峰图比对软件采用 Aligner。

挑选杂合公牛个体较多的 SNP 进行大规模群体分型。同时在 http://www.ensembl.org

网站上提供的 SNP 数据库里寻找目标区间内未测序基因的 SNPs 作为研究对象,另外,一些文献已经报道的重要的奶牛产奶性状位置候选基因的 SNPs 也被选取做分型和研究。

3.10.1.2　关联分析模型及显著水平

采用控制错检率(false discroverage rate,FDR)的方法(Benjamini et al,1995;Weller et al,1998)。将每个观察 p 值按从小到大的顺序排列,即 $p_1 \leqslant p_2 \leqslant \cdots \leqslant p_m$,第 i 个检验的 FDR 值计算如下($i=1,2,\cdots,m$):$FDR = \dfrac{mP_i}{i}$,这里 m 表示分析中的总检验次数。

3.10.1.3　位置候选基因确定

NCBI 上 BMS483 与 MNB-209 的物理位置分别是 59 Mb 和 60.94 Mb,物理距离仅 1.94 Mb,区间内只有 13 个已知基因。通过人牛比较基因组和功能注释信息,各基因大致功能见表 3.40。从中挑选了 5 个基因作为研究对象:KLF3、KLHL5、RFC1、WDR19 和 UGDH。

表 3.40　QTL 区间内基因的功能

名称	人同源基因	功能研究
TBC1D1	TBC1D1	与肥胖有关
KLF3	KLF3	具有锌指蛋白结构,可能抑制转录。多在红细胞中研究
TLR10	TLR10	
TLR1	TLR10、TLR1、TLR6	
TLR6	TLR10、TLR1、TLR6	与免疫有关
LOC511583	FAM114A1	可能对神经细胞发育有作用
TMEM156	TMEM156	转膜蛋白
LOC528668	KLHL5	在转录调节及细胞骨架方面有作用。广泛存在于心、脑、胎盘、肝、肾、胰
WDR19	WDR19	在转膜信号,mRNA 修饰,囊泡形成,囊泡运输等过程中起作用
LOC514842	RFC1	参与 DNA 复制与细胞分化及细胞周期。在胚胎形成中起重要作用。与脂肪细胞分化有关,促进乳腺癌细胞增殖,可能是乳腺癌细胞复制复合体中的成员
LOC514925	KLB	与衰老过程有关,参与胆酸合成
RPL9	RPL9	核糖体蛋白组成部分
LIAS	LIAS	存在于线粒体中,参与硫辛酸合成
UGDH	UGDH	雄激素上调其表达,控制乳腺癌。促进透明质酸形成,而透明质酸过多引起乳腺上皮细胞癌化

3.10.2　中国荷斯坦牛产奶性状位置候选基因遗传效应分析

参考 Ensembl Genome Browser 网站上基因的全长序列,考虑到编码区序列的变异可能对性状影响较大,且内含子过大,不易全部扩增,因此对每个基因外显子设计引物扩增。需测定的外显子序列总长 16.2 kb,实际扩增序列长度 39.1 kb,几乎覆盖 5 个基因所有外显子。然后测定 8 头公牛所有外显子 PCR 产物的序列,与参考序列比对共发现 64 个 SNPs。

3.10.2.1 UGDH 基因

UGDH 基因全长 34.7 kb,共有 12 个外显子,mRNA 长度为 2.87 kb,编码 494 个氨基酸。扩增序列包括全部外显子、部分内含子和少量 5′和 3′侧翼序列,扩增片段 12 个,产物长度分别为 550、510、443、494、450、669、744、707、522、339、473、1 801 kb,总测序长度 7.7 kb。

测序获得 22 个 SNPs,其中 12 个位于外显子区,10 个位于内含子。SNPs 在外显子的分布是(括号内是 SNP 个数):外显子 1(2)、外显子 5(1)、外显子 8(1)、外显子 9(1)、外显子 10(2)、外显子 11(1)、外显子 12(4)。突变类型为 G—A、A—C、A—G、T—C、C—T、C—T、T—C、C—T、T—C、C—G、A—T、T—G,分别命名为 UGDH_e1_1、UGDH_e1_2、UGDH_e5_1、UGDH_e8_1、UGDH_e10_1、UGDH_e10_2、UGDH_e11_1、UGDH_e12_1、UGDH_e12_2、UGDH_e12_3、UGDH_e12_4。将各外显子突变附近序列与标准序列比对后,发现突变 UGDH_e5_1、UGDH_e8_1、UGDH_e10_1、UGDH_e10_2、UGDH_e11_1 位于编码区,但是都没有引起氨基酸改变。UGDH_e1_1、UGDH_e1_2 位于 5′非翻译区,UGDH_e12_1、UGDH_e12_2、UGDH_e12_3、UGDH_e12_4 位于 3′非翻译区。

3.10.2.2 RFC1 基因

RFC1 基因是预测基因,与人等其他物种的 RFC1 基因相似度非常高。预测基因全长 62.88 kb,包含 25 个外显子,预测 mRNA 长度为 3.85 kb,编码氨基酸数目未知。扩增序列包括全部外显子、部分内含子和少量 5′和 3′侧翼序列,扩增片段 23 个,产物长度分别为 452、322、455、486、451、415、465、592、383、560、607、509、393、529、396、375、473、546、386、375、549、437、508 kb,总测序长度 10.7 kb。

测序获得 15 个 SNPs,4 个位于外显子区域,11 个位于内含子。4 个外显子 SNPs 的突变分别位于外显子 2、8、14、24,突变类型为 T—C、C—T、C—T、A—G,分别命名为 RFC1_e2_1、RFC1_e8_1、RFC1_e14_1、RFC1_e24_1。野生型序列定义为与 GenBank 的参考序列相同。

RFC1_e2_1、RFC1_e8_1、RFC1_e14_1、RFC1_e24_1 与参考序列比对发现它们均位于编码区,只有 RFC1_e2_1 是同义突变,RFC1_e8_1、RFC1_e14_1、RFC1_e24_1 为错义突变,引起氨基酸改变分别是 Arg-Cys、Ala-Val、Thr-Ala。与人和小鼠氨基酸序列比对结果为:RFC1_e8_1 人和小鼠在相应突变位置的氨基酸分别为 His、Pro,与牛的野生型和突变型均不相同;RFC1_e14_1 突变处人与小鼠均为 Ala,与牛野生型氨基酸相同;RFC1_e24_1 突变处人与小鼠均为 Ala,与牛突变型氨基酸相同。

3.10.2.3 KLF3 基因

KLF3 基因全长 17.6 kb,共有 5 个外显子,mRNA 长度为 1.1 kb,编码 346 个氨基酸。扩增序列包括 1、3、4、5 外显子、部分第 2 外显子,部分内含子和少量 5′和 3′侧翼序列,扩增片段 5 个,产物长度分别为 308、257、329、360、398 kb,总测序长度 0.9 kb。

测序获得 1 个 SNP,位于第 4 外显子,命名为 KLF3_e4,突变类型为 G—C。将突变附近序列其他物种 DNA 序列和氨基酸序列比对后,发现该位点是同义突变,没有引起氨基酸改变。

3.10.2.4 KLHL5 基因

KLHL5 基因全长 74.2 kb,共有 11 个外显子,mRNA 长度为 3.6 kb,编码 709 个氨基酸。扩增序列包括全部外显子、部分内含子和少量 5′和 3′侧翼序列,扩增片段 12 个,产物长度分别为 635、625、448、501、406、479、493、498、383、536、381、507 kb,总测序长度 5.9 kb。

测序获得 11 个 SNPs。其中 5 个位于外显子区,6 个位于内含子。11 个 SNPs 突变类型为 C—T、C—G、G—A、A—C、A—G、C—T、G—A、C—T、G—T、A—G、C—G,分别命名为 KLHL5_i8_1、KLHL5_i8_2、KLHL5_i8_3、KLHL5_i8_4、KLHL5_e9_1、KLHL5_e9_2、KLHL5_i9_1、KLHL5_e10_1、KLHL5_i10_1、KLHL5_e11_1、KLHL5_e11_2。将各外显子突变附近序列其他物种 DNA 序列和氨基酸序列比对后,发现 KLHL5_e9_1、KLHL5_e9_2、KLHL5_e10_1 位于编码区,均未引起氨基酸改变,KLHL5_e11_1、KLHL5_e11_2 位于 3′非翻译区。

3.10.2.5 WDR19 基因

WDR19 基因全长 82.3 kb,共有 37 个外显子,mRNA 长度为 4.8 kb,编码 1 488 个氨基酸。扩增序列包括全部外显子、部分内含子和少量 5′和 3′侧翼序列,扩增片段 32 个,产物长度分别为 286、373、468、368、408、483、369、774、396、517、339、379、434、471、528、597、425、287、474、427、448、290、428、235、432、572、438、384、539、429、368、511 kb,总测序长度 13.9 kb。

测序获得 15 个 SNPs。其中 2 个位于外显子区,13 个位于内含子。15 个 SNPs 突变类型分别为 A—G、A—C、A—G、C—T、T—C、C—T、A—G、T—G、C—G、C—G、A—G、T—A、A—G、C—T、T—A,分别命名为 WDR19_i7_1、WDR19_i8_1、WDR19_i11_1、WDR19_i20_1、WDR19_i23_1、WDR19_i23_2、WDR19_i24_1、WDR19_i25_1、WDR19_i25_2、WDR19_i26_1、WDR19_i30_1、WDR19_i31_1、WDR19_i35_1、WDR19_e36_1、WDR19_e37_1。将各外显子突变附近序列其他物种 DNA 序列和氨基酸序列比对后,发现 2 个外显子突变均位于 3′非翻译区。

3.10.2.6 TaqMan 和 SNPlex 分型

采用 TaqMan 方法对 UGDH_e11_1、UGDH_e12_1、UGDH_e12_2 这 3 个 SNPs,在 1 417 个母牛群体中进行了 SNP 判型。3 个 SNPs 的背景序列和突变类型见表 3.41。

表 3.41 TanMan 判型 SNPs 及背景序列

SNP 位点	背景序列
UGDH_e11_1	AACTGGATTATGAACGC/TATTCATAAAAAAATGC
UGDH_e12_2	AGACAGAGGAGCTTGGCC/GGGCTACAGTCCATGG
UGDH_e12_3	AGGGTGCCATGGACAGA/TGTGTGGCCTTTGTGCT

另外,根据测序所得到的 SNPs,从中挑选部分作为 SNPlex 分型目的位点,一般选用位点杂合公牛大于 3 头的 SNPs,同时根据 SNPs 的基因分布,尽可能每个基因的 SNPs 都要考虑到。将这些 SNPs 序列组成 Pool,提交到 ABI 网站 SNPlex Assay 在线设计进行检查,在线设计将判断每个位点是否符合设计探针的要求,与其他位点有序列冲突、与通用引物有冲突,位点本身测序序列无法满足该检测方法等条件将一部分 SNPs 筛选出 Pool,再根据情况加入另外一些 SNPs,最后使得 48 个 SNPs 均能通过在线检查。经过以上步骤,选取 35 个测序发现的 SNPs、Ensembl 网站上 dbSNP 内该区间的 5 个 SNPs、区间外的 2 个 SNPs,另外还有文献报道的 5 个 SNPs,共计 47 个位点进行 SNPlex 分型。

对 7 头公牛和 1411 头女儿的 47 个 SNPs 进行 SNPlex48 重分型。将经过探针杂交、连接、PCR 等过程的产物在 ABI3730xl 测序仪进行毛细管电泳,测序仪收集荧光信号,多数峰值都较高,且大多峰迁移位置分布均衡,可以准确自动分型。SNPlex 一次可以同时对 96 个样品判断 48 个 SNPs 基因型,是高效的中通量判型方法。

3.10.2.7 SNPs 分布

该研究的 50 个 SNPs 分布在 17 个基因上,但各突变相隔距离分布很不均衡。BMS483-MNB209 的 QTL 区间内 SNPs 数目多,密度大,区间外的 SNPs 数目较少。QTL 区间内部 SNPs 分布也不均匀,相邻 SNPs 有的仅隔十几 bp,有的相隔几十 kb 甚至上百 kb,如图 3.42(又见彩图 3.42)。根据 Khatkar 等(2007)构建的全基因组单倍型区段图谱,QTL 区间内的 SNPs 全部位于同一个区段内。

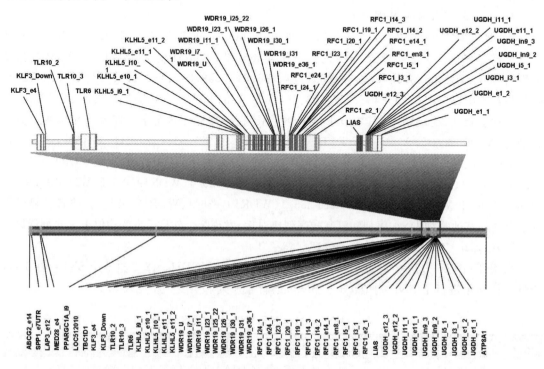

图 3.42　**50 个 SNPs 在 BTA6 上的分布**

3.10.2.8 SNPs 群体遗传学分析

根据 TaqMan、SNPlex 分析结果,用 PopGen32 统计本研究的 1 417 头母牛 50 个 SNP 标记位点的等位基因频率、观察杂和度、期望杂合度和 Hardy-Weinberg 平衡情况,结果见表 3.42。

由于选择的大多数 SNPs 在 8 头公牛中有较多杂合子,因此女儿牛群中位点杂合度应该较高。从表 3.42 看出,多数位点观察杂合度在 0.35 以上,一半位点达到 0.4 以上。一些位点则在群体中几乎没有多态,如 ABCG2_e14、ATP8A1、LIAS、TLR10_3、WDR19_U 基本上全部是一种基因型的纯合子,只有少数几个杂合子或另一等位基因纯合子,这几个 SNPs 都是未经过公牛测序验证的位点。KLF3_Down、KLF3_e4、RFC1_e24_1、RFC1_i14_2、RFC1_i19_1、TBC1D1、UGDH_e1_1、UGDH_i5_1、WDR19_i11_1 则有较多的等位基因 1 的纯合子和杂合子,等位基因 2 的纯合子较少,其中 KLF3_Down、TBC1D1 未经公牛测序验证,其余位点在公牛中的基因型分布(A1A1:A1A2:A2A2)分别是 KLF3_e4(2:1:5)、RFC1_e24_1(5:3:0)、RFC1_i14_2(0:3:5)、RFC1_i19_1(0:3:5)、UGDH_e1_1(0:3:5)、UGDH_i5_1(5:3:0)、WDR19_i11_1(5:3:0)。

表 3.42　SNPs 的群体遗传学分析

位点	等位基因 1 频率	等位基因 2 频率	观察杂合度	期望杂合度	H-W 平衡检验
ABCG2_e14	0.959 7	0.040 3	0.077 5	0.077 4	0.944 9
ATP8A1	0.981 1	0.018 9	0.037 9	0.037 2	0.520 3
KLF3_Down	0.101 6	0.898 4	0.200 0	0.182 7	0.018 7
KLF3_e4	0.169 0	0.831 0	0.321 6	0.281 0	0.000 0
KLHL5_e10_1	0.355 1	0.644 9	0.508 1	0.458 2	0.000 4
KLHL5_e11_1	0.373 6	0.626 4	0.540 8	0.468 3	0.000 0
KLHL5_e11_2	0.280 5	0.719 5	0.452 2	0.403 8	0.000 0
KLHL5_i10_1	0.460 2	0.539 8	0.447 9	0.497 1	0.003 0
KLHL5_i9_1	0.605 2	0.394 8	0.583 4	0.478 1	0.000 0
LAP3_e12	0.269 8	0.730 2	0.434 5	0.394 2	0.000 4
LIAS	0.000 8	0.999 2	0.001 6	0.001 6	0.984 1
LOC512010	0.736 6	0.263 4	0.382 1	0.388 2	0.581 4
MED28_e4	0.725 4	0.274 6	0.454 0	0.398 5	0.000 0
PPARGC1A_i9	0.857 6	0.142 4	0.205 0	0.244 4	0.000 0
RFC1_e14_1	0.414 4	0.585 6	0.389 8	0.485 6	0.000 0
RFC1_e24_1	0.923 7	0.076 3	0.145 1	0.141 0	0.285 5
RFC1_e2_1	0.370 1	0.629 9	0.405 1	0.466 5	0.000 0
RFC1_en8_1	0.693 3	0.306 7	0.467 1	0.425 4	0.000 5
RFC1_i14_2	0.092 7	0.907 3	0.168 8	0.168 2	0.909 0
RFC1_i14_3	0.697 1	0.302 9	0.478 8	0.422 5	0.000 0
RFC1_i19_1	0.070 2	0.929 8	0.134 4	0.130 7	0.297 4
RFC1_i20_1	0.604 6	0.395 4	0.442 2	0.478 3	0.009 5
RFC1_i23_1	0.702 3	0.297 7	0.430 3	0.418 3	0.346 1
RFC1_i24_1	0.470 8	0.529 2	0.516 6	0.498 5	0.220 0
RFC1_i3_1	0.223 3	0.776 7	0.381 5	0.347 0	0.000 6
RFC1_i5_1	0.193 2	0.806 8	0.321 3	0.311 8	0.302 9
SPP1_e7UTR	0.361 1	0.638 9	0.385 4	0.461 6	0.000 0
TBC1D1	0.924 3	0.075 7	0.146 6	0.139 9	0.089 0
TLR10_2	0.510 1	0.489 9	0.594 6	0.500 0	0.000 0
TLR10_3	0.000 4	0.999 6	0.000 7	0.000 7	1.000 0
TLR6	0.474 8	0.525 2	0.580 0	0.498 9	0.000 0
UGDH_e1_1	0.091 7	0.908 3	0.173 8	0.166 7	0.100 9
UGDH_e1_2	0.754 9	0.245 1	0.396 9	0.370 2	0.025 1
UGDH_e11_1	0.659 1	0.340 9	0.479 0	0.449 6	0.015 0
UGDH_e12_2	0.415 9	0.584 1	0.498 2	0.486 0	0.355 2
UGDH_e12_3	0.397 7	0.602 3	0.505 9	0.479 3	0.040 6
UGDH_i11_1	0.387 5	0.612 5	0.529 6	0.474 9	0.000 0
UGDH_i3_1	0.321 1	0.678 9	0.491 3	0.436 2	0.000 0

续表3.42

位点	等位基因1频率	等位基因2频率	观察杂合度	期望杂合度	H-W 平衡检验
UGDH_i5_1	0.911 9	0.088 1	0.168 2	0.160 8	0.108 1
UGDH_in9_2	0.464 5	0.535 5	0.618 0	0.497 7	0.000 0
UGDH_in9_3	0.594 3	0.405 7	0.566 7	0.482 4	0.000 0
WDR19_e36_1	0.479 6	0.520 4	0.565 1	0.499 4	0.000 0
WDR19_i11_1	0.898 3	0.101 7	0.188 3	0.182 8	0.323 0
WDR19_i23_1	0.571 9	0.428 1	0.619 5	0.489 9	0.000 0
WDR19_i25_22	0.484 5	0.515 5	0.387 2	0.499 8	0.000 0
WDR19_i26_1	0.659 0	0.341 0	0.473 0	0.449 7	0.078 4
WDR19_i30_1	0.654 2	0.345 8	0.295 0	0.452 7	0.000 0
WDR19_i31	0.234 2	0.765 8	0.369 6	0.358 9	0.342 5
WDR19_i7_1	0.505 6	0.494 4	0.554 3	0.500 2	0.000 3
WDR19_U	1.000 0	0.000 0	0.000 0	0.000 0	

卡方检验结果表明多数位点处于 Hardy-Weinberg 不平衡状态($P<0.05$)。WDR19_i26_1、TBC1D1、UGDH_e1_1、UGDH_i5_1、RFC1_i24_1、RFC1_e24_1、RFC1_i19_1、RFC1_i5_1、WDR19_i11_1、WDR19_i31、RFC1_i23_1、UGDH_e12_2、ATP8A1、LOC512010、RFC1_i14_2、ABCG2_e14、LIAS、TLR10_3 则没有表现出明显的 Hardy-Weinberg 不平衡状态。这种结果可能是由于在中国荷斯坦牛长期进行选种,选配过程中长期针对产奶性状进行选育以及奶牛人工授精技术普遍应用所造成的,也可能因为该实验选择的群体不是随机群体,而来自8头公牛的后代,因而只是整个群体的一部分,Hardy-Weinberg 不平衡检测结果可能不能代表整个群体的平衡状态。

3.10.2.9 单倍型推断

按照划分的单倍型区段,采用 EM 算法(Ding et al,2006)推断了8头公牛和它们的女儿的单倍型,推断过程中,缺失标记超过2个的个体不参与推断,推断结果里面也不包括这些个体,10个单倍型区段分别命名为 KLHL5、WDR19B1、RFC1B1、RFC1B2、RFC1B3、RFC1B4、RFC1B5、UGDHB1、UGDHB2、UGDHB3。8个公牛的单倍型推断结果见表3.43。因为公牛的系谱未知,所以推断不出某特定等位基因来自父亲还是母亲。

3.10.2.10 单标记关联分析结果

利用 SAS 的 MIXED 过程,分别将50个位点与5个产奶性状进行关联分析,针对显著位点($P<0.05$),进行多重比较,显著性水平采用最严格的 Bonferroni 校正。

对于产奶量性状,显著性最高的是 RFC1_i5_1($P=0.000\ 3$)与 WDR19_i23_1($P=0.000\ 3$),其次是 KLHL5_i10_1($P=0.000\ 4$);对于乳脂量性状,显著性最高的是 RFC1_e14_1($P=0.011\ 8$),其次是 WDR19_i23_1($P=0.013\ 6$);对于乳蛋白量性状,显著性最高的是RFC1_i5_1($P=0.000\ 4$),其次是 TLR6($P=0.000\ 5$);对于乳脂率性状,动物模型只检测到 ABCG2_e14($P=0.037\ 1$);对于乳蛋白率性状,动物模型没有检测到任何显著性位点。控制错检率,只有WDR19_i25_22、KLHL5_i10_1、UGDH_e1_1、RFC1_e14_1、TLR6 对产奶量效应达到显著($FDR<0.05$),TLR6、KLHL5_i10_1、RFC1_e14_1、WDR19_i23_1、RFC1_i5_1、TBC1D1 对乳蛋白量效应达到显著($FDR<0.05$),其他性状没有检测到显著位点。

表3.43　8头公牛单倍型推断结果

公牛	KLHL5					WDR19B1			RFC1B1		RFC1B2		RFC1B3		RFC1B4		RFC1B5			UGDHB1			UGDHB2		UGDHB3	
	13	14	15	16	17	20	21	22	27	28	29	30	31	32	34	35	36	37	38	41	42	43	44	45	46	47
2085	2	2	2	2	2	1	1	2	2	2	2	1	2	1	1	1	2	2	2	2	2	2	1	1	1	1
	1	1	1	1	1	2	2	1	1	1	1	2	1	2	1	2	1	1	2	2	2	2	1	1	1	2
2089	2	2	1	1	1	1	1	2	2	1	2	1	2	1	1	1	2	2	2	2	2	2	1	1	1	1
	1	1	2	1	1	2	2	1	2	2	1	1	2	1	1	2	1	1	2	2	2	1	2	2	2	2
2090	2	2	2	2	2	1	1	2	2	1	2	1	2	1	1	1	2	2	2	2	1	2	2	2	2	2
	1	1	1	1	1	2	2	1	1	1	1	2	1	2	1	1	1	1	2	1	2	1	2	2	2	1
2091	2	2	2	2	2	1	1	2	2	1	2	1	2	1	1	1	2	2	2	1	1	1	1	1	1	1
	1	1	1	1	1	2	2	1	1	2	1	2	1	2	1	1	1	1	2	1	2	1	2	2	2	2
2102	2	2	2	2	2	1	1	2	2	1	2	2	2	1	1	1	2	2	2	2	2	2	1	1	1	1
	1	1	1	1	1	2	2	1	1	1	2	1	1	2	1	1	1	1	2	1	1	2	1	2	2	1
2103	2	2	2	2	2	1	1	2	2	1	2	2	2	1	1	1	2	2	2	2	2	2	1	2	2	2
	2	1	1	2	2	2	2	1	2	1	2	1	1	2	1	1	1	2	2	1	2	1	2	1	2	2
2105	2	2	2	2	2	1	1	2	2	1	2	1	2	1	1	1	2	2	2	2	2	2	1	1	2	2
	1	1	1	1	1	2	2	1	1	1	1	2	1	2	1	1	1	1	2	1	1	2	2	2	2	2
2110	2	2	1	1	1	1	1	2	2	1	2	1	2	1	1	1	2	2	2	2	1	1	1	2	1	1
	2	1	1	1	1	2	2	1	1	1	1	2	2	2	1	1	1	1	2	1	1	2	1	2	1	1

3.10.2.11 单倍型关联分析结果

用 SAS 8.0 的 MIXED 过程对每个区段的每个单倍型均进行一次回归分析,计算每种单倍型替代效应的显著性 F 值,将最大的单倍型 F 值作为该种单倍型区段的显著性 F 值,分析对应 P 值是否对性状有显著影响。关联分析结果显示:KLHL5 单倍型 H1、WDR19B1 单倍型 H5 对产奶量、乳脂量、乳脂率的效应非常显著,远远高于其他单倍型区段;KLHL5 单倍型 H1 与 WDR19B1 单倍型 H2 对乳蛋白率的效应也达到显著;对于乳脂率性状,KLHL5 单倍型 H32 与 UGDHB3 单倍型 H3 的影响都达到极显著;此外,KLHL5 单倍型 H31、H16 对产奶量、乳脂量及乳蛋白量效应均达到极显著,H32 与乳脂量极显著相关,H4 与乳脂率显著相关,WDR19B1 的单倍型 H3 对产奶量、乳脂量影响极显著,对乳蛋白量影响显著,H6 对乳蛋白量影响也达显著,H5 对乳蛋白率影响显著,RFC1B5 单倍型 H3 与产奶量和乳蛋白量显著相关,单倍型 H1 与乳蛋白率性状显著相关,UGDHB3 的单倍型 H2 与乳脂率显著相关。对最小 P 值控制错检率 FDR,KLHL5 单倍型 H1、WDR19B1 单倍型 H5 对产奶量、乳脂量、乳脂量的效应均达到极显著($FDR < 0.01$);KLHL5 单倍型 H32 与 UGDHB3 单倍型 H3 对乳脂率的影响达到显著($FDR < 0.05$);乳蛋白率性状没有检测到 $FDR < 0.05$ 的显著性单倍型。

未参与构建单倍型的 SNPs,在该实验中也有一些被检测到与性状极显著相关($P < 0.01$),虽然它们没有与其他位点构建单倍型进行分析,但也可能是影响性状的重要 QTN。固定效应模型分析检测到 ATP8A1 极显著影响产奶量和乳蛋白量,ABCG2_e14 极显著影响乳蛋白率;动物模型分析检测到 TBC1D1、TLR6、UGDH_e1_1 与产奶量极显著相关,ATP8A1、LIAS、TBC1D1、TLR6、UGDH_e1_1、WDR19_i7_1 与乳蛋白量极显著相关。但以上这些 SNPs 中 ATP8A1、ABCG2_e14、TBC1D1、LIAS 的等位基因频率分布很不均衡,它们与性状的相关关系可能是假阳性。

另外还检测到 RFC1_e14_1 与产奶量和乳蛋白量极显著相关,但它所在的单倍型却没有检测到显著相关性。这可能是因为它与同单倍型区段的相邻 SNP 相距较远(11kb),它们之间发生了重组,构成单倍型后,反而削弱了单个 SNP 与性状的相关关系。本试验关联分析没有检测到显著性的 SNPs 也有可能是影响性状的 QTN 或高度连锁位点。因为它们可能是新产生的突变,等位基因频率很低,因而与其他 SNPs 连锁不平衡程度低,检测不到与性状的关联关系(Goddard et al,2009)。

许多研究都将 QTL 定位在 6 号染色体中部 BM143 标记附近。Cohen-Zinder 等(2005)研究表明 ABCG2 基因的一个 SNPs 能引起酪氨酸到丝氨酸的氨基酸改变,其 AA 型能显著降低产奶量,同时提高乳脂率和乳蛋白率,与其他两种基因型有极显著差异。很多研究对该点进行了研究,该试验中也检测了这一 SNP 位点,发现 AA 型乳脂率和乳蛋白率显著高于 AC,但在该群体中极大部分都是 AA 型,没有 CC 型,且 AC 型个体也很少,因此该试验的统计结果可能由于样本极度不平衡而检测到的,不能说明这个 SNP 本群体中也具有显著效应。而且该位点在本群体高度纯合,即使这是真正的 QTN,但在本群体中没有分离,因此 QTL 检测时没有检测到 QTL 分离。Cohen-Zinder 等(2005)的研究中还检测到 MED28 极显著影响乳脂量、乳蛋白量,显著影响乳蛋白率,LAP3 极显著影响除产奶量的其他 4 个性状,SPP1(2)极显著影响产奶量和乳蛋白率,显著影响乳脂率。该研究检测了同样的 SNPs,用固定效应模型均未检测到显著性,用动物模型检测到 MED28 显著影响乳蛋白量($P = 0.0120$),SPP1(2)显著影响产奶量和乳蛋白量($P=0.023\,5$、$P=0.015\,8$),LAP3 没有检测到与任何性状有显著关联。但是对于单标记分析的结果来说,该研究检测到其他位点的显著性 P 值远低于这 2 个 SNPs。

Weikard 等(2005)对位置候选基因 PPARGC1A 进行研究,结果表明第 9 内含子的 SNP 与乳脂量性状有显著关联关系,但在该研究中没有得到证实,该 SNP 没有对任何性状产生显著效应。

Schnabel 等(2005)对 OPN 基因的研究发现上游调控区的 OPN3907 是影响乳蛋白率的 QTL 的重要突变。这是一个单碱基插入/缺失,受检测方法所限,该试验未对其进行研究,但是检测了基因内另一个 SNP,即 SPP1(2)位点,没有发现它与乳蛋白率性状的显著关系。

该试验在 BTA6 的产奶性状定位热点区域内选择已报道的 SNPs 及可能的 QTN 进行基因分型和关联分析,尽管有部分 SNPs 在有些性状上表现出显著效应,但是显著性 P 值并不很低或优势等位基因频率过低,表现出显著性较强的位点基本都位于精细定位区间内的基因上。这可能是因为该群体不同于一些发达国家的奶牛群,因此其产奶性状 QTL 位置与文献报道的热点区域不同,这也可能是初步定位和精细定位的结果与其他群体不一致的原因。

真正的 QTG 或 QTN 应符合几个条件(Ron et al,2007):①基因对目标性状有已知的生理功能;②有基于其他物种基因敲除、突变或转基因的基因的功能研究;③基因在与性状相关的组织里优先表达;④基因在性状相关发育阶段优先表达;⑤QTN 效应能解释区间定位的全部效应;⑥当模型中也包括 QTN 时,没有其他与 QTL 连锁不平衡的多态位点表现出显著性效应;⑦同一个 QTN 在不同的群体中都能检测到 QTL 分离;⑧QTN 等位基因频率的改变与群体选择的期望相对应;⑨QTN 能被基因敲除、突变和转基因试验证明;⑩QTN 不同等位基因导致产奶量不同或者蛋白功能不同。本实验得到显著性效应的 SNP 和单倍型未进行以上条件的筛查,是否为真正的 QTG 或 QTN 需要进一步验证,如 mRNA、蛋白、组织水平,不同泌乳期表达量不同等功能方面及统计学上深入分析。

此外,该试验的外显子区 SNPs 虽然大多没有引起氨基酸改变。同义突变有可能会改变 mRNA 结构,影响翻译效率和 mRNA 稳定性,从而影响目的基因的表达,同义突变还可能因相应 tRNA 丰度的不同而调控翻译的速度和蛋白折叠的正确性,影响蛋白质合成产量(Hershberg et al,2008)。而位于非翻译区和调控区的突变可能受到转录或翻译调控影响,位于内含子的突变也可能调控初级转录本的剪接,影响转录修饰。

(撰稿:孙东晓)

参考文献

1.单雪松,张沅,李宁.奶牛微卫星基因座与产奶性能关系的研究.遗传学报,2002,29(5):430-433.

2.单雪松.奶牛 weaver 基因及其连锁微卫星位点结构、特性和应用的研究:博士学位论文.北京:中国农业大学,2000.

3.何峰,孙东晓,俞英,王雅春,张沅.荷斯坦奶牛 STAT5A 基因的 SNPs 检测及其与产奶性状的关联分析.畜牧兽医学报,2007,38(4):326-331.

4. 何峰.中国荷斯坦奶牛主要产奶性状候选基因研究:博士学位论文.北京:中国农业大学,2006.

5. 贾晋,马妍,孙东晓,张毅,张沅.中国荷斯坦牛 DGAT1 基因与产奶性状关联分析.畜牧兽医学报,2008,39(12):1661-1664.

6. 贾晋.中国荷斯坦牛 DGAT1 多态性检测技术建立及与产奶性状关联分析:硕士学位论文.北京:中国农业大学,2007.

7. 马妍,贾晋,张毅,孙东晓,张沅.荷斯坦牛 GHR 基因多态与产奶性状关联分析.畜牧兽医学报,2009,40:1186-1190.

8. 马妍.中国荷斯坦牛 GHR 多态性检测技术建立及与产奶性状关联分析:硕士学位论文.北京:中国农业大学,2007.

9. 梅瑰.中国荷斯坦牛产奶性状位置候选基因研究:博士学位论文.北京:中国农业大学,2008.

10. 张剑.中国荷斯坦牛 PL 和 α-LA 多态性、RH 定位及其与产奶性状关联分析:博士学位论文.北京:中国农业大学,2007.

11. 赵春江,张沅,李宁.中国荷斯坦牛乳蛋白分子遗传多态性和产奶性状相关性的研究.黄牛杂志,1999,25(1):13-16.

12. 赵春江.牛乳蛋白基因多态性分子遗传学基础的研究:博士学位论文.北京:中国农业大学,1998.

13. Arranz J J,Coppieters W,Berzi P et al. A QTL affecting milk yield and composition maps to bovine chromosome 20:a confirmation. Animal Genetics,1998,29:107-15.

14. Bennewitz J,Reinsch N,Grohs C,et al. Combined analysis of data from two grand-daughter designs:A simple strategy for QTL confirmation and increasing experimental power in dairy cattle. Genetics Selection Evolution,2003,35:319-338.

15. Bennewitz J,Reinsch N,Paul S et al. The DGAT1 K232A mutation is not solely responsible for the milk production quantitative trait locus on the bovine chromosome 14. Journal of Dairy Science,2004,87:431-42.

16. Bleck G T,Bremel R D. Correlation of the -lactalbumin(+15)polymorphism to milk production and milk composition of Holsteins. J Dairy Sci,1993b,76:2292-2298.

17. Bleck G T,Bremel R D. Sequence and single-base polymorphisms of the bovine -lactalbumin 5'-flanking region. Gene,1993a,126:213-218.

18. Blott S,Kim J J,Moisio S,et al. Molecular dissection of a quantitative trait locus:a phenylalanine-to-tyrosine substitution in the transmembrane domain of the bovine growth hormone receptor is associated with a major effect on milk yield and composition. Genetics,2003,163:253-66.

19. Byatt J C,Eppard P J,Veenhuizen J J,et al. Stimulation of mammogenesis and lactogenesis by recombinant bovine placental lactogen in steroid-primed dairy heifers. Journal of Endocrinology,1994,140:33-43.

20. Cases S,Smith S J,Zheng Y W,et al. Identification of a gene encoding an acyl CoA:

diacylglycerol acyltransferase, a key enzyme in triacylglycerol synthesis. Proceedings of the National Academy of Sciences of the United States of American, 1998, 95: 13018−23.

21. Cowie A T, Tindal J S, Yokoyama A. The induction of mammary growth in the hypophysectomized goat. Journal of Endocrinology, 1966, 34: 185−195.

22. Dayal S, Bhattacharya T K, Vohra V, et al. Effect of Alpha-lactalbumin Gene Polymorphism on Milk Production Traits in Water Buffalo. Asian-Aust. J Anim Sci, 2006, 19(3): 305−308.

23. De Koning D J, Schulmant N F, Elo K, et al. Mapping of multiple quantitative trait loci by simple regression in half-sib designs. J Anim Sci, 2001, 79: 616−22.

24. Everts-van der, A, Larkin D M, Green C A, et al. A high-resolution whole-genome cattle-human comparative map reveals details of mammalian chromosome evolution. Proceedings of the National Academy of Sciences, 2005, 102: 18526−18531.

25. Falconer D S, Mackay T F C. Introduction to Quantitative Genetics. 4th Edition. Longman Scientific and Technical, New York. , 1996.

26. Goodman R E, Schanbacher F L. Bovine lactoferrin mRNA: sequence, analysis and expression in the mammary gland. Biochem. Biophys Res Commun, 1991, 180: 75.

27. Grisart B, Farnir F, Karim L, et al. Genetic and functional confirmation of the causality of the DGAT1 K232A quantitative trait nucleotide in affecting milk yield and composition. Proceedings in Natural Academic Science, 2004, 101: 2398−2403.

28. Groeneveld E. PEST User's Manual. Institute of Animal Husbandry and Animal Behaviour Federal Agricultural Research Centre(FAL). Mariensee, Germany, 1990.

29. Hayes H C, Popescu P, Dutrillaux B. Comparative gene mapping of lactoperoxidase, retinoblastoma, and alpha-lactalbumin genes in cattle, sheep, and goats. Mamm. Genome, 1993, 4(10): 593−597.

30. He F, Sun D X, Yu Y, et al. Association between SNPs within prolactin gene and milk performance traits in Holstein Dairy cattle. Asian-Aust. J Anim Sci, 2006, 19(10): 1384−1389.

31. Kessler M A, Schuler L A. Structure of the bovine placental lactogen gene and alternative splicing of transcripts. DNA and Cell Biology, 1991, 10: 93−104.

32. Khatkar M S, Thomson P C, Tammen I, et al. Quantitative trait loci mapping in dairy cattle: review and meta-analysis. Genetics Selection Evolution, 2004, 36: 163−90.

33. Kuhn N J, Carrick D T, Wilde C J. Lactose synthesis: The Possibilities of Regulation. J Dairy Sci, 1980, 63: 328−336.

34. Lynch M, Walsh B. Genetics and analysis of quantitative traits. Sinauer Associates, Inc, Sunderland, Massachusetts, USA, 1997.

35. Mao Y J, Zhong G H, Zheng Y C, et al. Genetic Polymorphism of Milk Protein and Their Relationships with Milking Traits in Chinese Yak. Asian-Aust. J Anim Sci, 2004, 17(11): 1479−1483.

36. Misztal I. Complex models, more data: simpler programming. Proceedings of the

International Workshop on Computerized Cattle Breeding. Interbull Tuusala, Finland, 1999.

37. Naoya I, Takasuga A, Mizoshita K, et al. A Comprehensive Genetic Map of the Cattle Genome Based on 3802 Microsatellites. Genome Research, 2004, 14: 1987−1998.

38. Patel O V, Hirako M, Takahashi T, et al. Plasma bovine placental lactogen concentration throughout pregnancy in the cow. Relationship to stage of pregnancy, fetal mass, number and postpartum milk yield. Domestic Animal Endocrinology, 1996, 13: 351−359.

39. Qu L J, Li X Y, Wu G Q, Yang N. Efficient and sensitive method of DNA silver staining in polyacrylamide gel. Electrophoresis, 2005, 26: 99−101.

40. Schams D, Russe I, Schellenberg E, et al. The role of steroid hormones, prolactin and placental lactogen on mammary gland development in ewes and heifers. Journal of Endocrinology, 1984, 102: 121−130.

41. Schennink A, Stoop W M, Visher M H P W, et al. DGAT1 underlies large genetic variation in milk-fat composition of dairy cows. Animal Genetics, 2007, 38: 467−73.

42. Schuler L A, Shimomura K, Kessler M A, et al. Bovine placental lactogen: Molecular cloning and protein structure. Biochemistry, 1988, 27: 8443−8448.

43. Skow L C, Womack J E, Petresh J M, Miller W L. Synteny mapping of the genes for 21 steroid hydroxylase, alpha a-crystallin, and class Ⅰ bovine leukocyte antigen in cattle. DNA, 1988, 7: 143−149.

44. Slonim D, Kruglyak L, Stein L, Lander E. Building human genome maps with radiation hybrids. Journal of Computational Biology, 1997, 4: 487−504.

45. Spelman R J, Ford C A, McElhinney P, et al. Characterization of the DGAT1 gene in the New Zealand dairy population. Journal of Dairy Science, 2002, 85: 3514−17.

46. Sun Dongxiao, Jia Jin, Ma Yan, et al. Effects of DGAT1 and GHR on milk yield and milk composition in the Chinese dairy population. Animal Genetics, 2009, 12: 997−1000.

47. Thaller G, Kramer W, Winter A, et al. Effects of DGAT1 variants on milk production traits in German cattle breeds. Journal of Animal Science, 2003, 81: 1911−18.

48. Threadgill D W, Womack J E. Genomic analysis of the major bovine milk protein genes. Nucleic Acids Res, 1990, 18(23): 6935−6942.

49. Tucker H A. Physiological control of mammary growth, lactogenesis, and lactation. J Dairy Sci, 1981, 64: 1403−1421.

50. Viitala S M, Schulman N F, de Koning D J, et al. Quantitative trait loci affecting milk production traits in Finnish Ayrshire dairy cattle. Journal of Dairy Science, 2003, 86: 1828−1836.

51. Viitala S, Szyda J, Blott S, et al. The role of the bovine growth hormone receptor and prolactin receptor genes in milk, fat and protein production in Finnish Ayrshire dairy cattle. Genetics, 2006, 173: 2151−64.

52. Vilotte J L, Soulier S, Mercier J C, et al. Complete nucleotide sequence of bovine α-lactalbumin gene: comparison with its rat counterpart. Biochimie, 1987, 69: 609−620.

53. Voelker G R, Bleck G T. Wheeler MB. Single-base polymorphisms within the 5'flanking region of the bovine -lactalbumin gene. J Dairy Sci,1997,80:194−197.

54. Womack J E,Johnson J S,Owens E K,et al. A whole-genome radiation hybrid panel for bovine gene mapping. Mamm. Genome,1997,8(11):854−856.

第 **4** 章

奶牛遗传缺陷的遗传基础和分子诊断

遗传缺陷是由于生殖细胞或受精卵内的遗传物质在结构或功能上发生改变,从而使发育个体出现生理机能的损害,具有先天性和家族性的特征。遗传缺陷多半由缺陷基因引起的,可能是致畸、半致死或致死的,也可能影响生活力或外观,在降低牛的经济价值的同时,还可能干扰对流产或其他疾病的诊断,给畜牧生产带来损失。遗传缺陷病分为常染色体遗传缺陷病和性染色体遗传缺陷病,其中常染色体遗传缺陷病根据致病原因又分为单基因遗传缺陷病、多基因遗传缺陷病和染色体畸变遗传缺陷病 3 种,其中性染色体遗传缺陷较少见。

牛的遗传缺陷病种类高达百种以上,常染色体携带的缺陷基因较多见。完全显性突变引起的遗传疾病,一般易发现,也易淘汰;而隐性有害基因可向后代传递,直到后代表现出遗传疾病时,该隐性基因才被识别、淘汰,更严重的是随着人工授精等技术的广泛应用,所造成的危害日益严重。尤其在现行奶牛育种体系下,优秀种公牛被广泛用于人工授精,若一头种公牛是一些不利性状即一些遗传缺陷的携带者,缺陷基因就会迅速扩散,会给生产带来严重的潜在危险,可能导致犊牛表现遗传疾病或先天畸形。由于大多数遗传疾病都是单染色体隐性疾病,常规诊断和化验方法通常难以检测出来。因此,需要在生命早期以至胚胎时期,直接从 DNA 水平检测表型正常的隐性遗传疾病杂合子,这对于控制隐性疾病的传播,保证种群健康,提高畜群的繁殖率,减少奶牛生产的经济损失有重要意义。

4.1 奶牛遗传缺陷概述

在动物孟德尔遗传性状在线数据库(OMIA)(http://omia.angis.org.au/)网站上,公布了目前已发现的家畜遗传病的种类和研究概况。到 2011 年 4 月 28 日为止,已报道的牛群中的遗传缺陷共有 402 种,证实发生在单个基因上的有 114 种,已经在分子水平上建立检测方法的有 67 种。

美国荷斯坦协会(http://www.holsteinusa.com/)官方公牛系谱记录的遗传缺陷共有13种,分别是牛头犬症(bulldog)、侏儒症(dwarfism)、皮肤缺陷(imperfect skin)、红齿(pink tooth)、单蹄(mulefoot)、稀毛症(hairless)、延长妊娠(prolonged gestation)、无角(polled)、红毛(red hair color)、脊椎畸形综合征(CVM)、尿苷酸合酶缺乏症(DUMP)、白细胞黏附缺陷(BLAD)和黑毛/红毛(black/red)。

在这些遗传缺陷中,除牛头犬症、皮肤缺陷、稀毛症、延长妊娠、黑毛/红毛等的分子遗传基础尚不清楚之外,其余几种遗传缺陷都已建立了相关的分子检测手段,除无角为常染色体显性遗传外,其余均为常染色体隐性遗传疾病。

4.1.1 遗传缺陷的特点及其传递方式

奶牛遗传缺陷是由基因突变引起的,能够稳定遗传给后代。遗传缺陷的致病基因根据显隐性分为显性致病基因和隐性致病基因。前者在单个基因存在时即可引起发病,而隐性致病基因只有在隐性纯合子个体上才会表现出来,在这种遗传缺陷被发现之前,如果传播到后代中,将会对畜禽生产造成很大的危害。近些年来,畜禽的遗传缺陷有很多已经在分子水平得到研究,相关基因经测序和定位后发现,大多数遗传缺陷都是由常染色体上的隐性致病基因引起的。

常染色体上隐性遗传缺陷的特点:致病基因 a 位于常染色体上,且对等位基因 A 呈隐性,因而只有致病基因纯合个体(aa)才表现出特定的病理性状。这种传递方式也简称隐性遗传。由隐性致病基因控制的遗传病,只有致病基因纯合个体发病。在杂合个体 Aa 中,由于存在正常的显性基因 A,致使隐性致病基因 a 的作用不能表达而不发病。这样的杂合子表现为健康个体,但能将致病基因传递给下一代,故称为携带者(carrier)。当携带者与正常个体交配时,其子代均表现为健康个体,但其中有 50% 携带者。携带者之间交配产生的子代有 25% 的概率可能是致病基因纯合个体,50% 携带者,25% 正常个体。患病个体与表型正常个体之比为1:3。遗传缺陷的家族常有明显的系谱模式,故其传递方式通常可以根据系谱分析做出判断。

当正常公牛与遗传缺陷基因携带者母牛交配,在理论上将产生 50% 正常个体和 50% 的携带者;当正常母牛与遗传缺陷基因携带者公牛交配,在理论上也将产生 50% 正常个体和 50% 的携带者,这两种选配方式都不会产生患病牛,不会给奶牛养殖者造成直接经济损失。但是,这两种选配方式的前提是必须首先知道配种牛是否携带遗传缺陷基因,否则,就无法控制患病牛的出生。就我国目前来讲,对全国所有成母牛群进行遗传缺陷的检测不太现实,但是,对所有荷斯坦种公牛进行主要遗传缺陷的检测则是有效、可行的。只要种公牛是正常个体,无论与配母牛正常与否,都不会出生患病牛,从而就不会给奶牛饲养者带来损失,可以有效降低遗传缺陷给奶业生产带来的危害。

4.1.2 遗传缺陷的危害性及携带者的利用

遗传缺陷所引起重大的直接经济损失包括胚胎损失、胎儿死亡和流产、新生畜死亡以及病畜的生产性能和利用价值降低。如 DUMPS 病畜常表现为胚胎早期死亡,为育种工作造成了很大的经济损失。CVM 遗传缺陷可以使妊娠母牛流产或出生犊牛畸形,由于胚胎期流产、死亡或畸形而造成奶牛返情率增加、空怀时间或产犊间隔也会延长,可能主要表现在奶牛久配不孕、淘汰率升高或出生犊牛畸形率较高,严重影响了牛场的产奶量和奶牛的繁殖力,增加了奶业生产成本,降低了商业化奶牛养殖者的经济收入。

遗传病一旦发生,对疾病的诊断和控制措施、隐性基因携带者的检出和淘汰、畜群的改选和更新、育种计划的调整等都要耗费许多人力和资源,造成经济损失。此外,畜群中隐性的遗传因素往往与一些严重疾病的发生有关。有害基因污染优良品种的基因库,成为家畜育种工作的隐患,由此造成难以估计的损失亦不容忽视。

但是,奶牛遗传缺陷对我国奶业的危害性到底有多大,只有对我国奶牛群中遗传缺陷基因频率、比例以及每年使用遗传缺陷基因携带者公牛的数量等因素确定后才能做出准确的评估。因此,对奶牛遗传缺陷的态度既不要悲观、恐惧,认为会造成多么严重的后果,也不要盲目乐观,任其自由传播,要理性对待,逐步引起社会的关注。按照遗传学理论,只要有计划地进行选种、选配,合理使用遗传缺陷基因携带者公牛,其基因频率就会逐年降低,直到减少到一个可以忽略不计的数值时,遗传缺陷的危害性就可以不再考虑。

另外,遗传缺陷病畜作为模式动物在比较生物学和比较医学上有重要价值,可用于研究涉及医学遗传学和临床遗传学的各方面问题;还可以从遗传病畜身上取得诊断所需的基因工具,获得特异的生物试剂;遗传缺陷病畜可以作为对有害物质进行环境监测的指示动物。例如,白细胞黏附缺陷病(leukocyte adhesion deficiency,LAD)在人类、犬中也有报道(Kishimoto et al,1987;Renshaw et al,1975),从比较医学的角度来讲,BLAD可以作为LAD的模式生物来研究。

4.1.3　种公牛遗传缺陷检测及系谱标注

近几年,在美国、加拿大、日本等国家都相应建立了种公牛遗传缺陷基因的分子检测方法和育种方案,并在种公牛系谱上进行明确标注CVM、BLAD等隐性有害基因的携带情况,所有后备种公牛必须经过这些基因的检测,证明不是隐性有害基因携带者后,才能进入后裔测定程序做生产性能测定和推广使用。在许多国家的官方系谱登记中,要求必须注明种公牛隐性有害基因的携带情况。奶业发达国家已对CVM、BLAD等遗传缺陷基因开展了大量工作,合理的指导种公牛的选种选配,有效地降低了隐性有害基因CVM对本国奶业的不良影响。不同国家荷斯坦公牛CVM携带者的数量和频率见表4.1。

表 4.1　不同国家荷斯坦公牛 CVM 携带者的数量和频率

国家	检测公牛数量	CVM 携带者公牛		参考文献
		数量	百分比/%	
美国	11 868	2 108	17.76	美国荷斯坦协会(2006)
德国	957	126	13.20	Konersmann 等(2003)
英国	前 100 名	16	16.00	Kearney 等(2005)
瑞典	228	53	23.00	Berglund 等(2004)
日本	40	13	32.50	Nagahata 等(2002)
丹麦	未见公布	未见公布	31.00	Thomsen 等(2006)

国际荷斯坦牛联盟(World Holstein-Friesian Federation,WHFF)及加拿大荷斯坦奶牛协

会要求在系谱标明的有 6 种遗传缺陷,包括 CVM、BLAD、DUMPS、Mulefoot、CN、Factor XI;6 种常见遗传缺陷在染色体位置及在系谱上的标识见表 4.2。

表 4.2　奶牛 6 种遗传缺陷染色体位置及在系谱上的标识

遗传缺陷名称	简写	系谱标识[1]	染色体位置
牛白细胞黏附缺陷症	BLAD	BLC BLF	1
脊椎畸形综合征	CVM	CVC CVF	3q24
尿苷酸合酶缺陷症	DUMPS	DPC DPF	1q31~36
并趾症	MF	MFC MFL	15q27
凝血因子 11 缺陷症	Factor XI	XIC XIF	27q14
瓜氨酸血症	Citrullinemia,CN	CNC CNF	11q28

注:[1]C 表示携带者(carrier),F 表示非携带者(tested free)。

4.1.4　奶牛遗传缺陷的控制

在奶牛群体中彻底剔除某一隐性遗传缺陷,如果采用传统的数量遗传学方法——测交,则需要上百年的时间才能完成,而分子生物学技术的广泛应用,给家畜育种注入了新的生机和活力,从理论上讲,如果在种公牛中淘汰所有的某一遗传缺陷基因携带者,强迫它们退出历史的舞台,并在后备种公牛选育和奶牛超数排卵时,也不使用这一遗传缺陷基因携带者的种子母牛和良种奶牛,那么,经过几个世代的选择后,这一遗传缺陷基因就会在奶牛群体中消失。但是,在我国由于各种条件的制约,某些遗传缺陷基因携带者的种公牛可能并不会迅速退出历史的舞台,一部分种公牛仍然会继续服务于我国的奶牛养殖业。所以,在我国就目前来讲,与其说需要彻底剔除遗传缺陷基因还不如说需要更好地控制隐性遗传缺陷更可取,因为既然无法短时间内彻底剔除,那么就控制奶牛遗传缺陷的传播,以减少给奶业生产带来的损失,这就需要合理的选种、选配,所以,在奶牛场日常的生产上,尽量不使用遗传缺陷基因携带者的公牛和遗传缺陷基因携带者的母牛配种,以减少隐性遗传缺陷给奶业生产带来的危害。

目前,当务之急应该有效控制种公牛传播隐性遗传缺陷基因的风险,母牛群体中遗传缺陷对奶业产生的影响是有限的,基因频率会随着世代的增加而在群体中逐渐降低,控制好种公牛中隐性遗传缺陷基因的流向,就可以很好地降低奶牛遗传缺陷对奶业产生的危害,从而达到提高奶牛场经济效益的目的。值得注意的是,在选育优秀后备种公牛的时候,必须对育种核心群中的种子母牛进行常见遗传缺陷的检测,以防止隐性有害基因再次通过选种流入奶牛群中。

奶牛遗传缺陷病的防制工作是非常复杂的系统工程,不仅涉及各种诊断技术和方法,还必须由兽医、育种、繁殖、畜牧生产及管理部门等多部门的通力配合,才有可能取得成效。从国内目前情况看,在我国相关研究尚处于起步阶段,对奶牛各种遗传缺陷基因的携带情况尚不清楚,对全国优秀种公牛及后备公牛进行检测或标识也需要一个过程。对奶牛遗传缺陷知识的普遍贫乏,以及由此带来认识上的偏差,是预防和消除奶牛遗传缺陷的主要障碍。因此在国内亟须在畜牧兽医从业人员中普及有关知识,还要成立专门的种牛遗传缺陷监督检测中心或实验室,对奶牛常见的遗传缺陷进行监督检验,提供技术、信息交流及咨询等服务;在奶牛改良、选育、繁殖等技术环节及种畜进口或国内流动等环节上,对预防奶牛遗传缺陷病都应有所规范;在全国范围内建立系统完善的奶牛隐性遗传缺陷检测方法及监测体系,对育种群及时监测,可以有效控制遗传缺陷基因的蔓延。

对于遗传缺陷基因携带者优秀公牛的处理,不同国家、不同育种公司意见一直分为两种:直接淘汰和逐步淘汰。但是如果某遗传缺陷同时又对其他重要经济性状具有重要的遗传价值,那么使用携带者公牛带来的经济价值要比直接淘汰多得多。经研究发现,CVM 的致病基因 SLC35A3 的位置恰好落在乳蛋白量和乳蛋白率性状 QTL 置信区间内。Kuhn 等(2005)对产奶性状的影响进行了研究,发现携带者公牛女儿产奶量比非携带者高 160 kg,乳蛋白量和乳脂量分别高 4 kg 和 5 kg。初芹等(2010)也发现该突变与中国荷斯坦牛产奶性状关联显著。

4.2　脊椎畸形综合征的分子诊断

2001 年丹麦 Agerholm 等发现了荷斯坦牛群中存在一个隐性遗传缺陷基因,纯合时可以造成妊娠早期流产、死胎或出生犊牛畸形,患畜最显著的特征为脊椎弯曲畸形、两前腿筋腱缩短、颈短、心脏畸形等综合症状,故称为"脊椎畸形综合征"(complex vertebral malformation, CVM)。

4.2.1　CVM 的遗传基础和致病机理

CVM 是近几年新发现的一种奶牛常见遗传缺陷疾病,是由奶牛 3 号染色体(BTA3)上 SLC35A3(bovine solute carrier family 35 member 3)基因外显子 4 的第 559 位的单碱基发生突变(G→T)引起的,该突变导致其第 180 位的氨基酸由缬氨酸突变为苯丙氨酸,SLC35A3 基因编码 UDP-N-乙酰葡糖胺转运蛋白(UDP-N-acetylglucosamine transporter)负责把 N-乙酰葡糖胺从细胞质转运到高尔基体中,通过糖基转移酶 Fringe 对 Notch 的修饰改变了 Notch 对不同配体的敏感性,从而影响了 Notch 通路的正常运行,导致 CVM。CVM 致病基因呈隐性遗传,在品种杂交中,能够稳定地遗传给后代。

CVM 遗传缺陷是由常染色体基因突变造成的单个隐性致病基因,隐性基因控制的性状只有在隐性基因纯合时才会表现性状,如果个体仅携带一个隐性等位基因,则其为携带者并有可能传递给下一代,但其本身并不表现。CVM 的传播扩散符合孟德尔自由组合与分离遗传规律,即携带 CVM 基因的杂合子个体表现正常,而 CVM 携带者之间交配时会有 75% 的犊牛个体表现正常,25% 的概率导致隐性纯合个体出现,这些纯合个体均会发生流产死亡(图 4.1)。携带单一隐性 CVM 有害基因的牛只被称为"CVM 携带者",因为这种杂合子个体虽然表现正常,却有可能传递 CVM 有害基因给其后代。美国荷斯坦协会于 2001 年测定其荷斯坦牛群中 CVM 携带者约占 10%左右,承认 CVM 为隐性不良基因,并规定经测定携带 CVM 基因的牛只用"CV"做标记,相应的正常牛只则标记为"TV"。

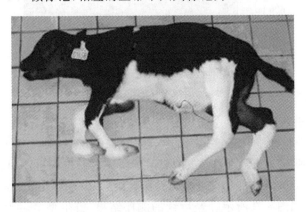

图 4.1　患病的纯合 CVM 犊牛照片
(引自 Thomsen et al,2006)

CVM 遗传缺陷的发现立刻引起了各国奶牛育种协会和育种工作者的重视,在美国、英国和日本等国家相继报道了在荷斯坦牛群中存在 CVM 有害基因。随后美国、加拿大和欧洲一些国家大量的基因检测和系谱分析发现,该隐性遗传突变基因可以追溯到一头美国非常著名的公牛"Carlin-M Ivanhoe Bell"(登记号:US 1667366)家系,这头公牛可能是该遗传缺陷基因的共同祖先。一头优秀种公牛一生可以生产几十万剂甚至上百万剂冷冻精液,由于冷冻精液和人工授精技术的普及和广泛应用,优秀种公牛遗传影响是显而易见的。

4.2.2　中国荷斯坦牛 CVM 分子诊断方法的建立

目前,CVM 分子诊断方法主要有 PCR-SSCP(单链构象多态性)、AS-PCR(等位基因特异性 PCR)、MAMA-PCR(错配 PCR 突变分析)及 PCR-PIRA(PCR-引物导入限制性分析)等。Chu Qin 等(2008)和范学华(2011)建立了 PCR-SSCP 分子诊断方法。

4.2.2.1　引物设计

Chu Qin(2008)和范学华(2011)依据 GenBank 上牛 SLC35A3 基因序列(NO:AY160683),用 Oligo6.0 设计检测 CVM 有害基因的特异性 PCR 引物,引物序列为:CVMF(上游):5′-TGGC-CCTCAGATTCTCAAGAG-3′;CVMR(下游):5′-CCAAGTTGAATGTTTCTTATC -3′。

4.2.2.2　PCR 扩增

PCR 产物长度为 173 bp,PCR 反应条件为:94℃预变性 5 min;94℃变性 30 s,57℃退火 30 s,72℃延伸 30 s,进行 35 个循环;72℃延伸 7 min。反应体系为:引物为 25 pmol,模板 DNA 50 ng,Taq 酶 0.5 U,dNTP 浓度为 100 mol/L,总反应体系为 25 L。取 3 μL PCR 产物用 2% 琼脂糖电泳检测,PCR 扩增结果如图 4.2 所示,得到一条长度为 173 bp 的 DNA 片段,与实验预期结果相吻合,可以进行 SSCP 分析。

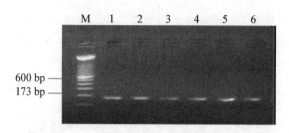

泳道 1~6：PCR 产物　M：100 bp ladder Marker

图 4.2　奶牛 CVM 的 PCR 扩增结果

4.2.2.3　SSCP 分析

取 1.5 μL PCR 产物置于 PCR 管中，加 5 μL 变性 Buffer，98℃变性 10 min，立即置于冰上直至电泳，采用 12％的 acr：bis 为 29：1 的聚丙烯酰胺凝胶进行电泳，120 V，14～16 h，凝胶电泳结束后，采用 Bassam 等(1991)的银染方法染色，结果发现存在 2 种不同基因型：AA 型和 AB 型，基因分型结果如图 4.3 所示。经后续的测序结果，野生型命名为 AA 基因型，是正常的牛只，杂合基因型命名为 AB 型，是 CVM 的携带者。

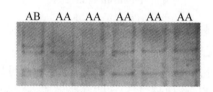

（AA 基因型表示正常牛只，AB 基因型表示 CVM 携带者）

图 4.3　奶牛 CVM 基因型检测 SSCP 电泳图

4.2.2.4　测序结果

为了进一步验证基因分型结果，将具有不同基因型的个体进行测序(图 4.4，又见彩图 4.4)，用 DNAMAN 软件与 GenBank 上的基因序列进行同源性分析发现，AA 型的 SLC35A3 基因第 4 外显子(exon4)第 73 位碱基为 G，该基因型属正常个体，用"TV"表示；而 AB 型的第 4 外显子(exon4)第 73 位碱基为 N，该基因型的个体是 CVM 携带者，用"CV"表示。

G GT CT CAT G GC A G TT CT CA CA G C AT ◀── 野生型 (AA) 部分基因序列

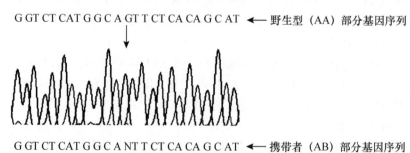

G GT CT CAT G GC A NT T CT CA CA G C AT ◀── 携带者 (AB) 部分基因序列

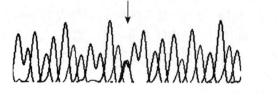

图 4.4　基因型 AA、AB 的测序峰图

4.2.2.5　中国荷斯坦种公牛的检测情况

初芹(2008)、范学华等(2010)共检测了14家公牛站的587头荷斯坦种公牛冻精样品，包括北京奶牛中心(144头)、上海奶牛育种中心(100头)、河北省畜牧良种工作站(67头)、山东奥克斯生物技术有限公司(66头)、天山畜牧昌吉生物工程有限责任公司(52头)、天津奶牛发展中心(50头)、内蒙古家畜改良工作站(50头)、宁夏回族自治区家畜繁育中心(18头)、黑龙江省家畜繁育指导站(15头)、青海省种畜冷冻精液站(5头)、辽宁省种牛繁育中心(5头)、山西省家畜冷冻精液中心(12头)、新疆维吾尔自治区畜禽繁育改良总站(1头)及大理白族自治州家畜繁育指导站(2头)。这些公牛出生于1993—2008年之间，多是国内现役荷斯坦公牛。通过分子诊断分析发现，在所检测的587头荷斯坦公牛中，CVM携带者56头，携带率为9.54%。通过系谱追溯，确认携带者公牛中40头是Carlin-M Ivanhoe Bell的后代。

美国、加拿大和澳大利亚是我国荷斯坦种公牛的主要来源地，通过CVM检测和系谱分析发现，美国和澳大利亚进口的种公牛CVM携带率分别为11.37%(29/255)和14.29%(8/56)，明显高于加拿大3.73%(6/161)，而中国自主培育种公牛的CVM携带率也相当高，达到12.04%(13/108)。

4.3　白细胞黏附缺陷综合征的分子诊断

4.3.1　BLAD的发现及其临床表现

1983年Hagemoser等最早报道了一例白细胞功能缺陷的荷斯坦小母牛，当时称为粒细胞综合征(granulocytopathy syndrom)。患病犊牛临床表现为食欲下降，左鼻孔下方出现一处肿胀，直径为5～7 cm的噬菌斑，下颚淋巴结肿胀为正常的3～5倍大小，鼻损伤处出现粒细胞炎症反应。血清学检测，发现白细胞总数增加，尤其是在急性炎症反应期间嗜中性粒细胞增加为原来的10%，抵抗力下降，易感性增加。同一环境的其他牛没有发生类似病变，因此排除传染性或病毒性感染。从生长受阻和持续性炎症反应等表现来看，怀疑可能是由于遗传性病变引起的。

1987年Nagahata等和Takahashi等报道了患有类似于粒细胞综合征的荷斯坦牛犊，表现为持续性或反复感染性肺炎，生长发育受阻，胃肠黏膜溃疡，慢性腹泻，嗜中性粒细胞持续性增加，怀疑可能是中性粒细胞功能缺陷所致。Takahashi等从系谱信息中分析发现，该病可能是常染色体上的隐性遗传病，此患病牛犊是美国公牛的后代。

1990年Kehrli等研究表明，该病是由一种与白细胞黏附有关的细胞表面糖蛋白——整合素(CD11/CD18)表达缺陷所致，因为它与人类的白细胞黏附缺陷病(LAD)的病因相同，所以定名为牛白细胞黏附缺陷病(bovine leukocyte adhesion deficiency, BLAD)。1993年Ackermann等通过背散射模式电镜扫描和透射电子显微镜扫描，证实BLAD患病牛白细胞表面出现$\beta 2$整合素缺乏。Kehrli等还通过系谱分析确认，该病是常染色体上的隐性遗传病，已报道的患病牛犊都有一个共同的祖先Osborndale Ivanhoe(1952年出生)，这头荷斯坦牛的生产性能记录十分优秀，在人工授精体系中使用频率极高。从系谱资料中不难看出，Osborndale

Ivanhoe、Pennstate Ivanhoe Star、Carlin-M Ivanhoe Bell 三者之间是祖父、父亲和儿子的关系，它们都是 BLAD 的携带者，使用频率都很高，特别是 Bell 这头牛的冻精在全世界范围内广泛使用，可见 BLAD 遗传缺陷在荷斯坦牛群中是普遍存在的。随后，该遗传缺陷在日本、美国、丹麦、荷兰、德国等国均有发生的报道。

牛白细胞黏附缺陷病是一种先天性免疫缺陷病。BLAD 患病牛以重复性感染为典型临床症状，主要表现为食欲下降，鼻镜肿胀，有脱斑，颌下淋巴结肿大，伤口愈合延长，体况差，对疾病抵抗力下降，犊牛死亡率升高（图 4.5）。

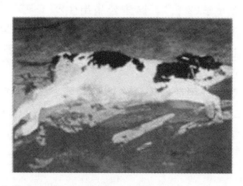

图 4.5　患病的纯合 BLAD 的犊牛照片（引自 Nagahata et al,2004）

患病牛常发生口腔黏膜、牙龈和舌黏膜溃疡，牙龈萎缩，病程长者前臼齿脱落。黏膜和肠道等软组织发生重复性感染，泛发性淋巴样增生（图 4.6）。胸穿刺和断角也可引发局部肿胀，长时间不能愈合。患病牛易感染肺炎，需要频繁或长期使用抗生素治疗来维持生存，雄性犊牛出现阴囊血肿，5 d 后复发，持续注射抗生素 10 d 可以暂时恢复正常。Mueller 等经研究发现，病牛超过 12 月龄后，感染的严重性和频率相对下降，而且只需要零星的抗生素治疗。在 1977—1991 年的一项 14 个病例的研究中，除了报道的症状以外，还出现夜间磨牙，断角和加耳标签损伤持续化脓 6 个月等症状。BLAD 患牛出生后，生长发育极差，其中绝大多数将会在 1 年内死亡，只有极少数能活到 2 年左右，而且这些患病牛不具繁殖和哺育能力。

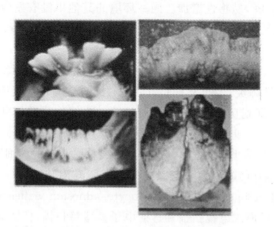

（左上图为牙齿松动，左下图为牙龈溃疡，右上图为肠道黏膜感染，右下图为肺炎）
图 4.6　纯合牛白细胞黏附缺陷病（BLAD）的临床症状（引自 Nagahata et al,2004）

4.3.2　BLAD 致病机理

BLAD 病因为白细胞表面糖蛋白-$\beta2$ 整合素表达缺陷。机体发生炎症反应时,白细胞通过血流移行于炎症部位组织,抵抗外来抗原和微生物。最关键的是中性粒细胞通过表面的整合素糖蛋白分子与血管内皮黏附分子相互作用而黏附到血管内皮上。

在一些信号分子作用下,白细胞首先通过选择凝集素介导的相互作用而黏附到血管系统,以较慢地速度滚动,再激活整合素,黏着于血管壁,穿过和游出管壁,到达炎症部位。LFA-Ⅰ(CD11a/CD18)在白细胞稳固黏附到血管内皮上和穿过这种屏障移行起作用,Mac-Ⅰ(CD11b/CD18)作为主要的吞噬细胞受体,和整合素 p150,95(CD11c/CD18)共同发挥作用,识别作为配体的纤粘连蛋白和补体片段 iC3b。

整合素作为沟通细胞内外的桥梁,在细胞信号传导方面也起着重要作用。Mulum 等研究发现,BLAD 牛与正常牛相比,中性粒细胞 Fc 受体表达量明显增加,这种现象可能是因为 CR3 缺陷引起机能下降的补偿性增强,但 Fc 介导的吞噬活性和过氧化物减少。由此推断 Fc 介导的中性粒细胞功能有赖于细胞表面补体受体 CR3(CD11b/CD18)的存在。CR3 和整合素家族表达缺陷可能会导致调理素配体结合方式以及受体表达方式发生改变,受体选择性表达可能会增加或减少特异性白细胞功能。嗜中性粒细胞上 CR3 和 Fc 受体的关联可能在细胞信号转导过程起重要作用。

整合素在中性粒细胞上起作用需要 Ca^{2+} 以细胞第二信使的形式参与。用化学物质刺激时,BLAD 牛中性粒细胞内的 Ca^{2+} 浓度会发生异常变化。Nagahata 等用酵母聚糖和伴刀豆球蛋白刺激白细胞时,会使健康嗜中性粒细胞内 Ca^{2+} 浓度增高,有短暂增高阶段和稳定增高阶段,而 BLAD 牛中性粒细胞内的 Ca^{2+} 浓度只有短暂增高阶段,缺乏稳定增高阶段。正常的暂短增高阶段是细胞受到刺激时,细胞内储存的 Ca^{2+} 释放所致,稳定增高阶段是由 Mac-Ⅰ(CD11b/CD18)与 iC3b 结合,激活 Ca^{2+} 进入胞内信号传导途径产生的,进而胞外的 Ca^{2+} 进入胞内。由于 BLAD 牛的中性粒细胞的 CD18 功能发生变异,使 Ca^{2+} 进入胞内信号传导途径被削弱而缺乏稳定增高阶段。

4.3.3　中国荷斯坦牛 BLAD 的 PCR-SSCP 检测方法研究

1992 年 Shuster 等揭示了 BLAD 的分子遗传机制是牛 1 号染色体(BTA1)上的 CD18 基因第 383 位的碱基发生 A/G 突变,其编码的第 128 位氨基酸由天门冬氨酸变为甘氨酸,导致整合素 $\beta2$(CD18)表达缺陷,根据此原理,Shuster 等首次将 PCR-RFLP 方法用于 BLAD 疾病的检测,该方法一经建立即被广泛地应用于青年公牛;另 1 个碱基突变是发生在第 775 位的 T/C 突变,该突变为同义突变。

目前,BLAD 分子诊断方法主要有 PCR-RFLP 和 PCR-SSCP 等检测技术,我国已建立了 BLAD 遗传缺陷 PCR-SSCP 和 PCR-RFLP 的分子诊断方法。

4.3.3.1　引物设计

范学华(2010)依据 GenBank 上牛 CD18 基因序列(NO:Y12672),用 Oligo6.0 设计检测 BLAD 有害基因的特异性 PCR 引物,通过对一系列 PCR 引物的设计、筛选和优化,最终确定以下引物序列:BLF/BLR:5′-A CCTTCCGGAGGGCCAAGGG-3′/5′-AGTAGCTGCCTCACCAATGCG -3′,
这对引物在 CD18 基因中的具体位置如下图所示(图 4.7)。根据 PCR 条件优化的结果,最终
确定该引物的退火温度为 64℃。

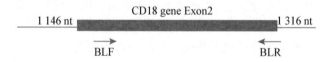

图 4.7 特异性 PCR 引物在 CD18 基因中的位置

4.3.3.2 PCR 扩增

利用上述引物进行 PCR 扩增,PCR 产物长度为 162 bp。扩增反应程序为:94℃预变性
5 min,94℃变性 30 s,64℃复性 30 s,72℃延伸 30 s,进行 35 个循环;72℃延伸 7 min。扩增反
应均在 PE GeneAmp 9 700 热循环仪上进行,25 μL 反应体系中,引物为 25 pmol,模板 DNA
50 ng,Taq 酶 0.5 U,dNTP 浓度为 100 mol/L。取 3 μL PCR 产物用 2%琼脂糖电泳检测,
PCR 扩增结果如图 4.8 所示,得到一条长度为 162 bp 的 DNA 片段,与实验预期结果相吻合,
可以进行 SSCP 分析。

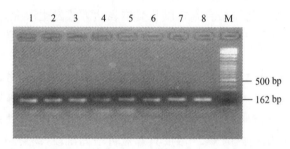

泳道 1~8:PCR 产物 M:100 bp ladder Marker

图 4.8 奶牛 BLAD 的 PCR 扩增结果

4.3.3.3 SSCP 分析

采用 12%聚丙烯酰胺凝胶进行电泳,凝胶电泳结束后,采用 Bassam 等(1991)的银染方法
染色,结果发现 2 种不同基因型:AA 型和 AB 型,基因分型结果如图 4.9 所示。经后续的测序
结果,野生型命名为 AA 基因型,是正常的牛只,杂合基因型命名为 AB 型,是 BLAD 的携
带者。

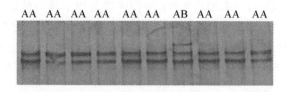

(AA 基因型表示正常牛只,AB 基因型表示 BLAD 携带者)

图 4.9 检测奶牛 BLAD 的 SSCP 电泳图

4.3.3.4 测序结果

为了进一步验证基因分型结果,将具有不同基因型的个体进行测序,用 DNAMAN 软件
与 GenBank 上的基因序列进行同源性分析发现,AA 型的 CD18 基因第 2 外显子(exon2)第

55 位碱基为 A，与 GenBank 上的基因序列相同，该基因型属正常牛只，在国际上统一采用"TL"标识；而 AB 型的 CD18 基因第 2 外显子（exon2）第 55 位碱基为 N，该基因型的牛只是 BLAD 携带者，在国际上统一采用"BL"标识。对 54 头种公牛的 DNA 样品进行了 SSCP 分析，结果表明，AA 基因型 54 头，AB 基因型仅有 1 头，也就是说，仅有 1 头是 BLAD 隐性有害基因携带者。

测序结果表明，图 4.9 中的基因分型结果是正确的，而且准确率达 99% 以上，说明建立的检测 BLAD 有害基因的方法是可行的，不同基因型的测序结果如图 4.10（又见彩图 4.10）所示。

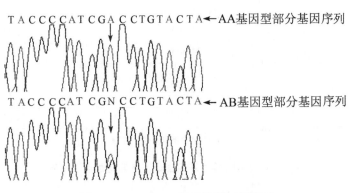

T A C C C C A T C G A C C T G T A C T A ←AA基因型部分基因序列

T A C C C C A T C G N C C T G T A C T A ←AB基因型部分基因序列

图 4.10　AA 和 AB 基因型的测序峰图

4.3.4　中国荷斯坦牛 BLAD 的 PCR-RFLP 检测方法研究

4.3.4.1　引物设计与 PCR 扩增

孙艺（2006）参照 Kriegesmann 所发表的 CD18 基因的部分基因组序列（Kriegesmann et al,1997），采用 Olig0 6.0 软件在其 1 200 位的 A/G 突变位点上下游设计了一对引物，预期扩增产物长度为 324 bp，PCR 扩增得到一条 324 bp 的特异性条带（图 4.11），与预期大小一致。

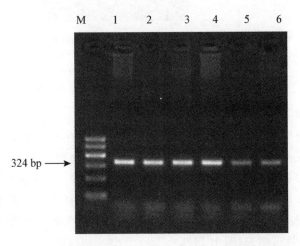

M：DNA 分子量标准（IOO ladder Marker）　1～6：CD18 基因 PCR 产物

图 4.11　中国荷斯坦奶牛 CD18 基因的 PCR 扩增结果

4.3.4.2 PCR-RFLP 分析

将上述 PCR 产物进行限制性酶切分析。置于 65℃消化 2～3 h,用 3.5％琼脂糖凝胶电泳检测。根据 CD18 基因的 PCR 扩增产物长度和 A/G 点突变的位置,Taql 限制性内切酶消化后,结果应表现出 3 种基因型:193 bp、131 bp,324 bp、193 bp、131 bp 和 324 bp,分别命名为 AA、AB 和 BB。图 4.12 为 CD18 基因的 Taql 酶切位点和等位基因示意图。

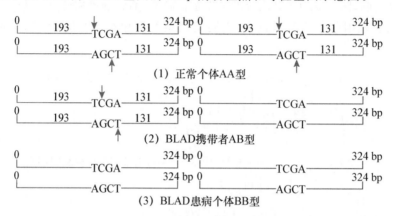

图 4.12　CD18 等位基因图谱及其酶切位点示意图

该研究对中国荷斯坦奶牛 CD18 基因的 PCR 扩增产物进行 Taql 消化后,只发现了 AA 和 AB 两种基因型,没有检测到隐性纯合子,即 BB 基因型,PCR-RFLP 结果见图 4.13。

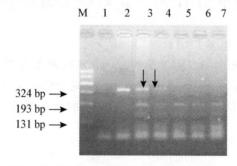

M:100 bp ladder Marker　泳道 1:空白对照
泳道 2:PCR 扩增产物阳性对照　泳道 3～4:AB 基因型(BLAD 杂合子 AB 型)
泳道 5～7:AA 基因型(正常基因纯合子 AA 型)
图 4.13　CD18 等位基因图谱及其酶切位点示意图

4.3.4.3 国内外荷斯坦种公牛的检测情况

1990 年美国农业部认识到白细胞黏附缺陷病对牛群的严重影响,在 Shuster 等建立了 PCR-RFLP 检测方法后,对 BLAD 杂合牛展开了大规模的检测工作。

检测发现,BLAD 携带者存在于荷斯坦牛最优秀的公牛中,分别是 Osborndale Ivanhoe、Penstate IvanhoeStar 和 Carlin-M Ivanhoe Bell。所有受检测的 BLAD 犊牛都可以追溯到一个共同的祖先 Osborndale Ivanhoe,由于这头种公牛在产奶性能上具有十分优秀种用价值,所以数以千计的后代都与它相关(图 4.14)。

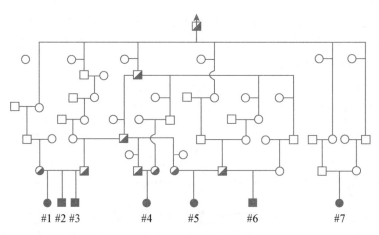

（涂黑框表示患病牛,半涂黑框表示携带者,空白框表示健康牛;表明这些患病牛都来自同一祖先 Osborndale Ivanhoe）

图 4.14　BLAD 患病牛系谱图

在 2 025 头用于人工授精的荷斯坦种公牛中,发现 BLAD 携带率占 14.1％,其中 TPI 前 100 名的奶牛 BLAD 携带率高达 17.1％。据估测,美国的 1 000 万头奶牛中有 80％是荷斯坦牛,每年大约出生 1.6 万头 BLAD 牛,按每头损失 300 美元计,每年引起的经济损失可达 50 万美元。之后,在美国荷斯坦协会的公牛概要中,在检测为 BLAD 基因携带者的荷斯坦公牛名字后面标以"BL",没有携带 BLAD 基因的公牛名字后面标以"TL"。

由于精液、胚胎和种畜在全世界范围内的广泛使用,BLAD 也相应在各国内发生。例如,1993 年荷兰报道了 4 例 BLAD 患病犊牛是胚胎移植获得的,而其祖先都可以追溯到美国的一头优秀公牛,可以设想白细胞黏附缺陷病在各个国家的牛群中仍然存在相当的比例,我国也不例外。

范学华等(2011)采集全国 14 个公牛站 587 头中国荷斯坦种公牛冻精,应用 PCR-RFLP 方法检测牛群 BLAD 遗传缺陷的携带情况,发现 BLAD 携带者 8 头,携带率为 1.36％。对现有公牛系谱信息分析显示,携带者公牛来自美国、加拿大和中国,其中 6 头携带者公牛可以追溯到共同祖先 Osborndale Ivanhoe,见表 4.3。

表 4.3　中国荷斯坦公牛 BLAD 携带者信息

来源国	BLAD 携带者/头	种质来源
中国	2	公牛站自繁
美国	3	2 头进口胚胎,1 头进口活牛
加拿大	3	2 头进口胚胎,1 头进口活牛
总计	8	—

利用中国奶牛数据中心网站(http://www.holstein.org.cn)、加拿大荷斯坦协会网站(http://www.holstein.ca)和美国荷斯坦协会网站(http://www.holsteinusa.com)的系谱数据库进行系谱追溯。后两个网站的系谱数据中,对于曾经检测过遗传缺陷的个体都标注了相应的基因型。通过系谱分析,确认本研究发现的 8 头携带者公牛中 6 头是 Osborndale Ivanhoe 的后代,详细系谱信息见图 4.15;另外 2 头携带者无法追溯到 Osborndale Ivanhoe,其系谱中的祖先也没有标注是否为 BLAD 携带者。检测到的 BLAD 携带者均可追溯到一头非常优秀的公牛 Osborndale Ivanhoe,这头种公牛在产奶性能上具有十分优秀的种用价值,由于人工授精

技术的应用,全世界范围内数以千计的奶牛都是它的后代。因此,Osborndale Ivanhoe 的后代在我国也有一定范围的影响,为了避免 BLAD 的继续传播,有必要对我国范围内的荷斯坦种公牛进行有计划、有重点的筛查。

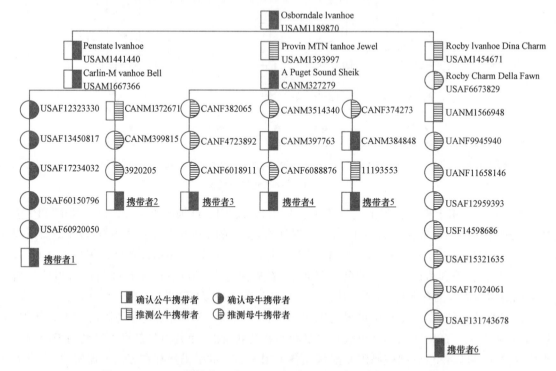

图 4.15 **BLAD 携带者系谱分析**(下划线显示为本研究检测到的携带者)

4.4 尿苷酸合酶缺失症的分子诊断

4.4.1 DUMPS 的发现及其遗传规律

乳清酸是牛乳中的一种常见成分,个体之间含量差异较大。Robinson 等(1983)通过连续 5 年对 250 头荷斯坦泌乳奶牛的观测发现,有些奶牛乳中乳清酸的水平很高,平均超过 $300\ \mu g/mL$,而群体的平均值仅为 $81.8\ \mu g/mL$。于是他们经过进一步地研究分析后,得出这些奶牛乳中乳清酸的大量蓄积是由其体内尿苷酸合酶(uridine monophosphate synthase, UMPS)缺陷造成的。尿苷酸合酶催化功能的降低导致了酶作用底物乳清酸的含量升高。

实验室一般以红细胞中尿苷酸合酶的活性作为动物体内酶活性的衡量指标。根据红细胞中尿苷酸合酶活性的高低,将荷斯坦牛群分成两种表型,其中一种表型的牛只占绝大部分,其体内尿苷酸合酶的活性差不多是第二种表型牛只的 2 倍。Shanks 等把前一种表型定义为正常型,后一种表型定义为缺陷型(deficiency of uridine monophosphate synthase, DUMPS),缺陷型的牛只也就是患有 DUMPS 的个体。另外,Shanks 等还通过大量的实验和统计分析得出:DUMPS 的遗传遵循常染色体隐性单基因的遗传模式,而且缺陷型的个体是杂合的(Nn),正常型的个体是显性纯合的(NN)。由于牛群中没有发现第三种表型,可以推测隐性纯合的基因型具有致死性。1989年 Shanks 等证实隐性基因纯合的胚胎在母体妊娠 40~60 d 死亡。

DUMPS 的遗传学基础是奶牛 1 号染色体 q31 区(BTA1)上的 UMPS 基因 C-末端密码子405 处存在着一个 C/T 点突变,可导致原来编码精氨酸的 CGA 转变为编码终止密码子的TGA,导致基因编码产物催化亚基 C-末端缺失 76 个氨基酸。由于牛尿苷酸合酶催化功能丧失,因而造成其作用底物乳清酸的大量积累。尿苷酸合酶基因大于 25 kb,至少包括 6 个外显子和 5 个内含子。基因组结构见图 4.16 所示。目前,基因的转录起始位点仍不十分清楚,据估计,5′不翻译区中可能还存在着另一个内含子。外显子 1 和外显子 6 分别至少有 190 bp 和570 bp 长。外显子 3 长度为 672 bp,包括两种酶的部分序列和一段进化上不太保守的编码连接肽的区段。在果蝇编码连接肽的基因中还含有一个内含子,而牛的基因中不存在,可见牛在进化过程中丢失了这个内含子,这说明此处可能是 OPRTase 和 ODCase 两种酶在进化上的融合点。

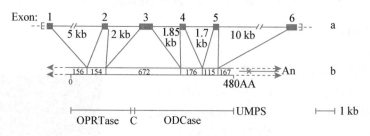

图 4.16　牛 UMPS 基因的基因组结构

通过系谱资料分析,发现多数杂合牛都可追溯到同一公牛祖先,即 Skokie Sensation Ned(1957 年生)。它的后裔中有一头杂合公牛,名叫 Happy-Nerd Beautician(1981 年生),这头杂合公牛在 1987 年美国荷斯坦牛协会颁布的公牛体型生产指数(type production index,TPI)中排名第五,根据 Shanks 等对伊利诺伊州荷斯坦母牛和美国人工授精公牛随机抽样结果的调查,得出美国荷斯坦牛群中 DUMPS 杂合子的频率为 1%~2%。为了避免两个杂合子个体交配,减少病畜的发生率,美国在官方系谱中将该病携带者标为"DP",正常个体标为"TD"。DUMPS 最早在美国(Shanks et al,1987)、南非(Kotze et al,1994)荷斯坦牛中发现,之后相继在不同国家发现。

4.4.2　DUMPS 致病机理

尿苷酸是一种主要的嘧啶核苷酸,是其他嘧啶核苷酸合成的前体物质,是 DNA、RNA 和几种代谢辅助因子的结构成分,因而对机体正常的生长发育至关重要。嘧啶核苷酸的生物合成从氨甲酰磷酸开始的,在天冬氨酸转氨甲酰酶的催化下氨甲酰化,形成 N-氨甲酰天冬氨酸,这是嘧啶合成的关键步骤。然后氨甲酰天冬氨酸环化失水,产生二氢乳清酸,再经脱氢作用形成乳清酸(一种自由的嘧啶),乳清酸在乳清酸磷酸核糖转移酶(orotate phosphoribosyltransferase,OPRTase)作用下与 PRPP 反应,获得核糖磷酸基团,形成乳清酸核苷酸,在乳清酸核苷酸脱羧酶(orotidine-5′-monophosphate decarboxylase,ODCase)作用下产生尿苷酸,具体过程见图 4.17。

在哺乳动物中,OPRTase 和 ODCase 两种酶的催化活性区域由一条肽链连接,构成双功能酶,这个双功能酶由 UMPS 基因编码形成。Schwenger 等(1993)发现杂合子 UMPS 基因的 C-末端 405 处的密码子存在一个点突变,原编码精氨酸的密码子 CGA 转变为终止密码子的 UGA。突变基因的转录产物最终翻译成一段 C-末端缺失 76 个氨基酸催化亚基的短蛋白,造成乳清酸转化为尿苷酸的催化功能丧失,不能合成 DNA、RNA 所需的嘧啶核苷酸,从而导致胚胎在妊娠 40~60 d 死亡,死亡率高达 100%。

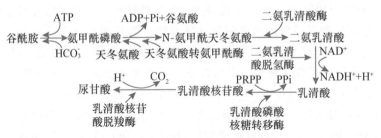

图 4.17　尿苷酸的生物合成

4.4.3　DUMPS 的 PCR-RFLP 分子诊断

4.4.3.1　引物设计和 PCR 扩增

张松(1999)参照 Schwenger 等(1993,1994 年)所发表的牛 UMPS 基因的 PCR 扩增引物序列合成引物。上游引物 Ⅰ:5′-GAACATTCTGAATTTGT-GATTGGT-3′,下游引物 Ⅱ:5′-GCTTCTAACT-GAACTCCTCGAGT-3′。对荷斯坦牛的基因组 DNA 进行 PCR 扩增,均得到一条长为 95 bp 的条带(图 4.18),扩增片段位于牛 UMPS 基因的外显子 5 中。

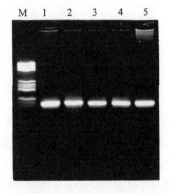

M:DNA 分子量参照物(pBR322fHaelll Marker)
图 4.18　牛 UMPS 基因的 PCR 扩增结果

4.4.3.2　PCR-RFLP 分析

对上述 PCR 产物进行酶切,取 10 μL PCR 产物,加入 0.5 μL(10 U/μL)AvaI 内切酶,37℃消化 2~3 h,用 12.0%聚丙烯酰胺凝胶电泳检测。根据 RFLP 酶切图谱分为 2 个基因型,正常基因纯合子,突变基因的杂合子(图 4.19),研究未发现突变基因纯合子。

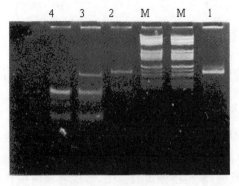

M:pBR322/Haelll Marker　泳道 1、2:PCR 产物
泳道 3:DUMPS 杂合子
泳道 4:UMPS 正常基因的纯合子
图 4.19　牛 UMPS 基因的 PCR-RFLP 结果

4.4.3.3　中国荷斯坦种公牛的检测情况

1999 年,张松利用 PCR-RFLP 方法对北京地区的 363 头荷斯坦母牛和 59 头种公牛进行了 DUMPS 检测分析,在母牛群体中检测出 2 头携带者,携带率为 0.551%,在所检测的种公牛中未发现 DUMPS 携带者个体。2006—2007 年,北京奶牛中心利用 PCR-SSCP 方法对本单位的全部荷斯坦种公牛及后备公牛进行了 DUMPS 筛查分析,结果未检测到携带者个体。2009 年,王红梅利用 PCR-RFLP 方法对北京、上海、天津、山东、河北、新疆等荷斯坦种公牛站 79 头荷斯坦种公牛进行了检测分析,结果发现 1 头 DUMPS 携带者个体,携带率仅为 1.27%;同时,对天津和山东的 436 头荷斯坦母牛进行了检测分析,结果发现 5 头 DUMPS 携带者个体,携带率为 1.15%。谢岩等(2012)从 519 头荷斯坦种公牛中也只检测到 1 头 DUMPS 隐性有害基因携带者。以上研究结果表明,DUMPS 遗传缺陷在我国荷斯坦种公牛群和母牛群中的比例已经很低,对奶牛场带来的危害性可以忽略不计。

4.5　瓜氨酸血症的分子诊断

4.5.1　CN 的发现

瓜氨酸血症(citrullinemia,CN)是荷斯坦牛的一种常染色体单基因控制的隐性遗传疾病,最早由澳大利亚科学家 Harper 等(1986)报道。随后在新西兰、英国、美国等国家的荷斯坦奶牛中也相继发现。其主要症状为血液中瓜氨酸含量升高,尿素循环受阻引起高氨血症,从而导致犊牛在出生一周内死亡。

瓜氨酸血症的患病个体的临床症状主要是氨中毒,由于精氨酸代琥珀酸合成酶的缺失使尿素循环受阻,底物瓜氨酸贮积在组织和体液中,造成高氨血症,同时伴随着大脑皮层充血和水肿,神经元变性和坏死以及肝脂肪变性等。

病犊出生时外表健康,一般在 1~2 日龄发病,表现脑神经症状。开始病犊表现为磨牙,鼻唇掀动、伸舌,口中流出泡沫状涎液,第 3~4 日出现精神异常,病犊抵墙壁或其他障碍物,不听呼唤,双目失明,盲目徘徊等症状。继之病犊卧地不起,四肢划动,不断哞叫,全身抽搐或角弓反张,体温不断升高,最后陷入昏睡或昏迷而死亡。一般病犊从出生到发病再到死亡这个过程不超过一周。

4.5.2　CN 的致病机理

1989 年 Dennis 等首次报道了编码精氨酸合成酶的基因的 cDNA 序列,解释了该病的分子遗传学机理,是一种常染色体上的隐性遗传疾病,是由位于奶牛第 11 号染色体(BTA11)上的第 5 外显子第 86 和 175 个氨基酸发生单碱基突变(CGA→TGA;CCC→CCT)所致,其中第一个突变产生了终止密码子,因此造成了该基因编码的精氨酸合成酶(argininosuccinate synthetase,ASS)的缺失,并建立了采用检测突变的 PCR-RFLP 的方法(Dennis et al,1989)。通过对 CN 患病犊牛系谱分析发现,几乎所有患病犊牛都可以追溯到一个共同祖先——Linmack Criss King,它的致病基因来自于它的父亲 Gray View Crisscross,这是一头美国公牛。

此后各国都在一定范围内对 CN 进行了检测。1993 年美国的 Robinson 等运用 Dennis 创立的 PCR-RFLP 的方法,对 1991 年美国育种值排在前 400 位的公牛中的 273 头和 94 头后备公牛以及 53 头娟姗公牛和 102 头格恩斯奶牛进行了 CN 的基因型检测,结果只发现了一头杂合公牛,且该公牛排名在 100 名以外,并非著名的美国携带者公牛 Gray View Crisscross 的后代(澳大利亚著名公牛 LMKK 的父亲)。该公牛在美国荷斯坦协会登记的后代数不足 2 000头。在对它的 51 个女儿的检测中发现 26 个为携带者,25 个为正常个体,基本符合 1∶1 的比例,此外该研究还对部分 Gray View Crisscross 和 LMKK 的后代进行了基因型检测,在 17 头 Gray View Crisscross 的后代中发现了 5 头携带者,在 34 头 LMKK 的孙子(女)中发现了 7 头携带者,在 20 个曾孙子(女)中发现了 2 头携带者,基本符合 50%、25% 和 12.5% 的理论值(Robindon et al,1993)。1996 年 Healy 等对 1988—1990 年期间在澳大利亚人工授精中心的98 头公牛进行了检测,发现了 13 头携带者(Healy et al,1996)。德国先后在 1994 年和 1996年进行了两次 CN 的检测。在 1994 年 Schwerin 等的检测中,在对发生犊牛死亡的 9 头公牛24 头母牛的 116 个后代中发现了 20 个携带者,这些个体在育种体系中被剔除(Schwerin et al,1994)。1996 年 Grupe 等对 Dennis 设计的引物进行了改进,并对 866 头荷斯坦公牛。91头 SMR(25% 德国弗里生牛的血统、25% 娟姗牛的血统和 50% 的荷斯坦血统)和 34 头德国弗里生牛进行了检测,没有发现携带者。此外,还有印度也与 2006 年进行了 CN 携带者的检测,在 642 个个体中没有发现携带者(Patel et al,2006)。

4.5.3 中国荷斯坦牛 CN 的 PCR-SSCP 检测方法研究

杨鸣洲(2008)建立了一种准确高效的中国荷斯坦牛 CN 遗传缺陷的 PCR-RFLP 分子诊断方法。

4.5.3.1 引物序列和 PCR-RFLP 分析

根据 ASS 基因的 PCR 扩增产物长度和 C/T 点突变的位置,设计一对特异性引物,引物序列为:上游,TTTTCAAGACCACCCTGTT;下游,CATACTTGGCTCCTTCTCG,预期的扩增产物长度为 282 bp,见图 4.20。

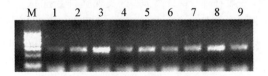

M:DNA 分子量标准(100 bp ladder Marker)

图 4.20 中国荷斯坦牛 ASS 基因的 PCR 扩增结果(2% 琼脂糖凝胶)

采用 Eco47I 限制性内切酶消化后,结果出现 3 种基因型:88 bp,194 bp;282 bp,88 bp,194bp 和 282 bp,分别命名为 AA、AB 和 BB。图 4.21 为 ASS 基因的酶切结果。

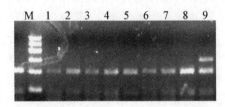

M:DNA 分子量标准(100 bp ladder Marker)　泳道 1:PCR 扩增产物阳性对照
泳道 1~8:AA 基因型(正常基因纯合子 AA 型)　泳道 9:AB 基因型(CN 杂合子 AB 型)

图 4.21 ASS 基因的 PCR-RFLP 结果(2% 琼脂糖凝胶)

4.5.3.2 中国荷斯坦牛 CN 遗传缺陷基因检测

杨鸣洲(2008)采用 PCR-RFLP 方法,对 149 头中国荷斯坦公牛和 199 头进口澳大利亚母牛,共计 348 头荷斯坦奶牛样品检测,发现了 AA 和 AB 两种基因型,即显性纯合子和杂合子。共检测到 5 头杂合个体(携带者),没有发现隐性纯合个体(患病牛)。基因频率和基因型频率的统计结果见表 4.4。

表 4.4 CN 杂合子的基因频率和基因型频率

样品类别	检测个数	携带者数	携带者率/%	基因频率
冻精	149	0	0	0
血样	199	5	2.51	0.012 6

从表 4.4 中可以看出,与 CN 刚被发现时相比,携带者的比例有所下降(1989 年澳大利亚育种体系中的公牛中携带者占 13%)(Healy,1996)。

谢岩等(2012)在 591 头国内荷斯坦牛中检测出的 2 头 CN 有害基因携带者,根据中国奶牛数据处理中心提供数据发现,这 2 头 CN 携带者公牛目前有 78 头女儿,出生日期在 2006—2007 年间,分布在江苏的 2 个牛场和山东 4 个牛场。按照单基因隐性遗传病的遗传规律,其中一半的女儿为有害基因携带者。因此今后对这些牛群应进行科学的选种选配,避免出现纯合子的后代。

4.6 凝血因子 XI 缺乏症的分子诊断

4.6.1 凝血因子 XI 缺乏症的发现

1969 年 Kociba 等首次报道了发生在美国俄亥俄州的两头荷斯坦母牛凝血因子 XI 缺乏症病例。1975 年,Gentry 等在加拿大安大略兽医院发现一头凝血因子 XI 缺陷患病荷斯公牛。1987 年,Brush 等在英国 Weybridge 地区发现 6 头荷斯坦牛发生出血和血肿,其中 3 头死后剖检发现其黏膜和浆膜有广泛性出血现象,另 2 头牛活着时无出血,死后剖检也存在黏膜和浆膜出血。有资料显示(Patricia et al,1987),加拿大和英国的凝血因子 XI 缺陷症患病荷斯坦牛之间存在联系。英国的部分患病牛祖父为 10 年前从加拿大进口的荷斯坦种公牛,英国的 3 头患病种公牛与加拿大的四头携带者牛之间存在遗传关联。因此,凝血因子 XI 缺陷症有害基因是通过加拿大的荷斯坦种公牛冻精传播到英国的。

奶牛凝血因子 XI 缺乏症没有明显的症状,部分个体表现为凝血时间延长、牛奶中带血、贫血等。部分患病牛的繁殖性能异常,如反复配种而屡配不孕、发情周期不稳定、卵泡直径小、排卵前血液中雌激素峰值降低、卵泡发育不完善、黄体溶解缓慢等。由于患病牛抗病力下降,易患乳房炎、子宫炎、肺炎等,嗜中性粒细胞增多,产犊率和犊牛存活率降低。

奶牛凝血因子 XI 缺陷症由许多国家相继报道。1980 年加拿大的检测结果表明荷斯坦牛群中该病携带者为 11%(Gentry and Black,1980)。2004 年,美国对 419 牛荷斯坦牛进行了检测,携带者比例为 1.2%(周月军等,2010)。2005 年,日本广岛地区的一个商业性奶牛场发现了40头屡配不孕的荷斯坦母牛,经检测只有1头为携带者。在这头患病牛第四胎时产下一对双胞胎犊牛,出生时都很健康;但产犊后45 d诊断出患上子宫内膜炎,并伴有脓性黏液流出;产后80 d左右进行第一次人工授精,没有妊娠;之后22 d、54 d和90 d左右均出现发情并依次进行了第二、三和四次输精,仍然未能妊娠。这是凝血因子XI缺陷症的典型临床表现(Ghanem et al,2005)。2006年,印度学者报道未发现该病携带者和患病牛(Mukhopadhyaya et al,2006)。2009年,土耳其报道了4头凝血因子XI缺乏症携带者,但未发现患病牛(Meydan et al,2009)。2009年,波兰对103头健康荷斯坦奶牛、28头屡配不孕荷斯坦母牛和9头患有乳房炎荷斯坦牛检测发现,只有28头屡配不孕母牛中有一头为凝血因子XI缺乏症携带者,经过进一步的系谱分析发现,该携带者母牛的祖先为加拿大荷斯坦公牛(Gurgul et al,2009),再次证明了第一头患有凝血因子XI缺陷症种公牛来自加拿大。

4.6.2 凝血因子XI缺乏症的致病机理

凝血因子XI(Factor XI)是一种丝氨酸蛋白酶原,主要参与内源性凝血途径,活化的凝血因子XI(XIa)在Ca^{2+}存在下,激活因子IX,从而引发凝血过程。近来研究发现,XIa可以促进凝血酶的大量产生,近一步激活被凝血酶激活的纤溶抑制物(TAFI),从而抑制纤溶系统,起到凝血和抗凝作用。凝血因子XI主要在内源性凝血的前期反应中对相关因子的激活起关键作用。

2004年Marron等研究发现奶牛凝血因子XI缺陷症的致病机理是由位于第27号染色体的凝血因子XI基因(Factor XI)外显子12上发生的一段76 bp序列插入($AT(A)_{28}TAAAG(A)_{26}GGAAATAATAATTCA$)所致。这段插入的核苷酸序列主要由腺嘌呤(A)构成,因此编码区位置形成了强终止子,阻碍了基因表达,从而不能合成具有完整序列的蛋白质,影响凝血酶原激酶的合成,导致凝血因子XI的活性降低。

2005年,日本科学家Ghanem等对反复配种屡配不孕的40头荷斯坦牛进行了凝血因子XI基因的PCR扩增,经琼脂糖凝胶电泳检测发现:正常个体显示一条长度244 bp的条带,即正常个体凝血因子XI等位基因序列长度为244 bp;突变个体则显示两条带,244 bp和320 bp。进一步测序分析表明,320 bp的PCR产物正是由于外显子12的188 bp位置插入了一段76 bp碱基序列所致(Ghanem et al,2005),与Marron等研究结果相同。

4.6.3 中国荷斯坦牛凝血因子XI缺乏症的分子检测

奶牛凝血因子XI缺陷症的传统诊断方法为APTT法,即激活部分促凝血酶原激酶时间试验(APTT),即可测定内源性凝血活性(甘小伟等,2007)。采用含有血浆激活剂和磷脂的部分促凝血酶原激酶试剂来培养含有柠檬酸盐的血浆,加入Ca^{2+}激活其内源途径,测定凝血时间。APTT值能反映XI因子活性,可区分正常牛与凝血因子XI缺陷的杂合子携带者和纯合子患病个体。此外,检查出血性疾病常进行凝血酶原时间试验(PT)和凝血酶时间试验(TT)。

目前,大部分国家采用基于PCR技术的分子诊断方法。首先提取待测奶牛基因组DNA,PCR扩增含有插入突变位点的Factor XI基因外显子12上特定区域,通过2%琼脂糖凝胶电泳即可显示不同长度片段的PCR扩增产物。这种检测方法简便快捷、准确性高,适合实验室使用。

4.6.3.1　引物序列和 PCR-RFLP 分析

东天(2011)根据位于荷斯坦奶牛 27 号染色体的凝血因子 XI 基因外显子 12 上的序列,在发生 76 bp 碱基序列插入的上下游设计一对引物,预期扩增片段长度为 244 bp。引物序列参见文献(Ghanem,2005),上下游序列分别为 5′-CCCACTGGCTAGGAATCGTT-3′ 和 5′-CAAGGCAATGTCATATCCAC-3′。

4.6.3.2　PCR-RFLP 结果

该研究采用 PCR 方法对 13 个公牛站的 571 头荷斯坦公牛进行了凝血因子 XI 基因检测。由于该遗传缺陷由凝血因子 XI 基因外显子 12 的 188 bp 位置的 76 bp 插入突变所致,因此正常个体电泳图谱应显示一条长度为 244 bp 的条带,携带者则应显示两条 PCR 扩增产物条带,即 244 bp 和 320 bp,隐性有害基因纯合个体则应显示一条长度为 320 bp 的条带。

经检测,571 头荷斯坦公牛的凝血因子 XI 基因扩增结果均显示为一条 244 bp 条带,未见扩增产物长度为 320 bp 的条带,部分样品的 PCR 结果见图 4.22。均为正常个体,未发现该遗传缺陷隐性有害基因纯合个体和携带者。可初步推测目前我国荷斯坦公牛群体中不存在凝血因子 XI 缺陷症隐性有害基因。

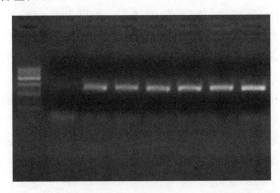

图 4.22　凝血因子 XI 基因 PCR 结果(2％琼脂糖凝胶电泳)

该研究检测了我国 13 个主要公牛站的共计 571 头荷斯坦公牛凝血因子 XI 缺陷症有害基因携带情况,未发现隐性有害基因携带者和纯合个体,有害基因频率为 0。综观世界范围内该病的发病率,2004 年,美国对 419 牛荷斯坦牛进行了检测,携带者比例为 1.2％(周月军等,2010)。2005 年,日本广岛地区对 40 头屡配不孕的荷斯坦母牛进行检测,只有 1 头为携带者(Ghanem et al,2005)。2006 年,印度学者报道未发现该病携带者和患病牛(Mukhopadhyaya et al,2006)。2009 年,土耳其报道了 4 头凝血因子 XI 缺乏症携带者,但未发现患病牛(Meydan et al,2009),可以看出该病在世界各国的发病率均较低。

(撰稿:张胜利,张毅,孙东晓)

参考文献

1.东天,孙东晓,张毅,等.荷斯坦牛凝血因子 XI 缺乏症研究进展.中国奶牛,2011,8:29−31.

2. 东天,谢岩,孙东晓,等.中国荷斯坦牛凝血因子 XI 缺陷症遗传分析.中国奶牛,2011,11:27−29.

3. 范学华,张毅,公维嘉,等.我国荷斯坦种公牛 CVM 遗传缺陷基因的分子检测.中国畜牧杂志,2011,19:14−18.

4. 范学华,张毅,孙东晓,等.中国荷斯坦种公牛 BLAD 遗传缺陷的分子检测及系谱分析.中国奶牛,2011,8:33−38.

5. 李艳华,韩广文,张胜利,等.牛白细胞黏附缺陷症(BLAD)的检测与单倍型分析.畜牧兽医学报,2008,39(9):1285−1288.

6. 李艳华,张胜利,刘振君,等.中国荷斯坦牛脊椎畸形综合征的研究现状与展望.中国奶牛,2008,6:27−29.

7. 孙东晓,初芹,张沅,等.牛常见遗传病的遗传基础和检测方法.中国奶牛,2009,12:22−24.

8. 孙艺,孙东晓,张沅.中国荷斯坦牛白细胞粘附缺陷病遗传分析.中国奶牛,2007,11:7−11.

9. 孙艺.中国荷斯坦奶牛 BLAD 的分子检测:硕士学位论文.北京:中国农业大学,2006.

10. 谢岩,张毅,刘林,公维嘉,陈绍祜,孙东晓,张胜利,张沅.中国荷斯坦公牛 CN 和 DUMPS 遗传缺陷检测及系谱分析.畜牧兽医学报,2012,3:376−381.

11. 杨鸣洲.中国荷斯坦牛瓜氨酸血症分子检测方法的建立:硕士学位论文.北京:中国农业大学,2008

12. 张松.北京地区中国荷斯坦牛及新疆褐牛 UMPS 基因的分子遗传学研究:硕士学位论文.北京:中国农业大学,1999

13. Chu Qin,Sun Dongxiao,Yu Ying,Zhang Yi and Yuan Zhang. Identification of Complex Vertebral Malformation Carriers in Chinese Holstein. Journal Veterinary Diagnostic Investigation,2008,20(2):228−230.

14. Sun Dongxiao,Fan Xuehua,Xie Yan,Chu Qin,Sun Yi,Zhang Yi,Zhang Shengli,Gong Weijia,Chen Shaohu,Li Yanhua,Shi Wanhai,Zhang Yuan. Distribution of recessive genetic defect carriers in Chinese Holstein. Journal of Dairy Science,2011,11:5695−5698.

第 **5** 章

奶牛分子抗病育种与抗病性的表观遗传调控

5.1 奶牛分子抗病育种概述

奶牛是否能抵抗疾病尤其是传染性疾病,一直是奶农和奶牛场最关注的问题之一。传染性疾病通常由细菌、病毒、寄生虫等病原体引起,以群体发病为特征,一旦发生就难以控制,严重时会毁灭整个奶牛群。据统计,仅奶牛乳房炎一项,全世界每年因其引起的损失就高达 350 亿美元,奶业发达国家如美国每年因乳房炎引起的损失也高达 20 亿美元(Green et al,2004;丁伯良等,2011)。此外,口蹄疫、结核病、布氏杆菌病、细菌性/病毒性腹泻、内外寄生虫病等都会对奶牛群的健康产生严重影响。疫苗接种或药物干预是目前保护奶牛群免受传染性疾病危害的主要方式,但药物残留问题、病原体耐药性增强问题,包括病菌对抗生素的耐药性、寄生虫对杀虫剂的耐药性等越来越突出。因此,奶牛育种者和养殖者致力于寻求有效的替代方案,最为长期有效的方法即通过抗病育种和分子抗病育种途径提高奶牛的抗病力。

5.1.1 奶牛抗病性的遗传学基础

抗病性即疾病抗性,与疾病耐受性分属不同的性状。抗病性定义为宿主抵抗病原体在体内存活的能力。疾病耐受性则是指宿主对所感染病原体的忍受能力及对其引起疾病的耐受力(Morris,2007)。

奶牛的抗病基因与其他动物一样,是在长期进化过程中通过自然选择产生的。主要有 3 种途径:①基因代换。奶牛群体内存在大量的中性基因,正常生理条件下,这些基因对奶牛不产生直接的影响,但当病原体感染时,其中一部分中性基因被激活,成为疾病抗性基因。②基因转换。正常生理条件下具有某种生理作用的基因,当遇到病原体感染时,转为疾病抗性基因。③基因突变。当病原体感染奶牛机体时,正常基因发生突变,变成疾病抗性基因。这些途径产生的疾病抗性基因,提高了奶牛机体对细菌、病毒、寄生虫等病原体的免疫力和抗病性,具有抗性基因的个体被保留,反之被淘汰。这样,自然选择增加了疾病抗性基因在群体内的比率,为抗病育种奠定了可选择的抗性基因。

奶牛对传染性疾病的抗性体现在机体对病原体的防御功能和免疫应答能力,这种抗病能力的大小受遗传和环境的共同影响,其中遗传因素主要受多基因控制,可用遗传力来表示,即奶牛疾病抗性的遗传力。奶牛常见传染性疾病及其抗性的遗传力都较低,分述如下。

5.1.1.1 乳房炎

乳房炎是奶牛常见传染性疾病,发病率高,可以说是现代奶牛的"职业病"。奶牛乳房炎遗传力较低(0.02～0.07),乳房炎发病率指数(即体细胞数)的遗传力稍高(0.09～0.11)。由于乳房炎发病率和体细胞数的相关性较高(0.4～0.8),在奶牛生产中,多通过降低体细胞数来提高奶牛的乳房炎抗性。但由于体细胞数的遗传力也很低,通过该法提高乳房炎抗性的效果不显著。

5.1.1.2 线虫病

对于放牧饲养的奶牛而言,体外寄生虫病——线虫病是另一个重要的疾病。新生犊牛对线虫缺乏天然免疫力,只能通过母乳获得,由于自然免疫断奶后才形成,因此奶犊牛有较长一段时期处于未保护期或易感期。奶牛粪便中的线虫卵数(FEC)是线虫病常用的抗性指标。断奶前犊牛的 FEC 遗传力较低,仅 0.04,但断奶后小牛的 FEC 遗传力较高,为 0.2～0.6。奶牛线虫病的抗体浓度遗传力为 0.22～0.30,且抗体浓度和 FEC 之间呈负相关,相关系数为 -0.48。目前奶牛线虫病有可控的驱虫药,给奶牛大剂量灌药可治疗线虫病,但目前线虫耐驱虫药的能力开始增强。

5.1.1.3 焦虫病

焦虫病是以牛蜱为中间宿主,由双芽焦虫、巴贝焦虫和泰勒焦虫等引起的血液寄生虫病。奶牛为普通牛,适于温带地区饲养,在热带地区极易感染焦虫病。每头牛的牛蜱计数为焦虫病的常用抗性指标,遗传力为 0.34 ± 0.06。不同品种牛的焦虫病抗性有明显差异,瘤牛抗焦虫病能力最强,相同环境条件下,普通牛比瘤牛×普通牛杂交牛的牛蜱数多两倍甚至更多。尽管目前从分子水平上还未成功鉴定出焦虫病抗性基因,但非常有望通过不同牛品种来筛选到影响焦虫病抗性的基因,从而通过分子检测手段增加焦虫病抗性基因的频率。

5.1.1.4 结核病和布氏杆菌病

奶牛肺结核病(TB)由分枝杆菌引起,奶牛对该病的抗性是可遗传的,但遗传力较低,为 0.06～0.08。奶牛结核病易感性与白血病易感性之间有较强的正遗传相关,白血病遗传力较高,约 0.24。巨噬细胞蛋白 1 基因(NRAMP1)是溶质载体家族 11 个成员中编号为 A1 (SLC11A1)的基因,为自然抗性相关基因。已有不少关于 NRAMP1 基因与奶牛疾病抗性相关的研究,其研究基础是鼠的 NRAMP1 同源基因 Bcg,显示出较强的抵抗结核病和布氏杆菌病能力。通过表型选择来提高奶牛布氏杆菌病抵抗力的试验已在美国 Texas 获得成功。对荷斯坦牛和 3 个瘤牛品种的研究发现,荷斯坦牛的 SLC11A1 基因与布氏杆菌病抵抗力有关,虽然 3 个瘤牛品种间稍有不同,但都与荷斯坦牛存在显著差异。

5.1.1.5 口蹄疫

奶牛口蹄疫是由口蹄疫病毒引起的传染极强、蔓延极快的疾病,一旦发现患病牛只能捕杀。已发现不同品种牛对口蹄疫的抗病力不同。1938 年,法国一个农场暴发口蹄疫,绝大部分品种牛包括荷斯坦牛因感染口蹄疫而被捕杀,但 1 头夏洛莱牛却显示出较强口蹄疫抗性,从而得以继续留在农场而未被捕杀。14年后,在同一个农场又暴发口蹄疫,这头夏洛莱牛的3个后代都具有抵抗力。此外,在邻近地区同一头夏洛莱公牛的后代都具有口蹄疫抗病性。鉴于口蹄疫的传播速度极快,目前很难对口蹄疫抗性的具体用处做出评价,但理解口蹄疫抗性的遗传基础有助于将来利用抗病育种手段根除此病。

5.1.1.6　MHC 与抗病性

MHC,即主要组织相容性复合物,是由许多紧密连锁、高度多态的基因位点组成的染色体上的一个基因系统。MHC编码免疫细胞表面的转膜蛋白(MHC抗原)。研究表明,MHC基因簇多态性与奶牛抗病性和免疫应答关系密切,是奶牛免疫遗传和抗病育种研究中抗病性的重要候选标记基因。MHC基因簇可编码Ⅰ、Ⅱ、Ⅲ类蛋白分子,Ⅰ类MHC抗原多态性极为丰富,Ⅱ类MHC形态相对较少,Ⅲ类MHC是多态性最少的一类MHC。已有不少研究表明,MHC Ⅰ类抗原多态性与奶牛疾病抗性关联显著,包括抗牛蜱、抗线虫病、抗流行性牛白血病和抗乳房炎等。

5.1.2　奶牛分子抗病育种的主要途径

5.1.2.1　根据疾病记录选择抗病个体

在相同环境及相同感染条件下,奶牛群中有的个体发病、有的不发病,不发病的个体表明其可能具有疾病抗性基因。将这样的个体选出、繁殖、留下后代,可增加抗病个体的数量,提高牛群的疾病抗性基因频率。这是传统的表型选择方法,优点是直观简单,可兼顾所有抗性遗传基因,但由于抗病性的遗传力较低,这种表型选择的效果一般较差,且只能疾病发生后才能进行选择。

5.1.2.2　根据选择指数选择抗病性

抗病性选择作为选择指数的主要组成部分之一被广泛应用于奶牛的育种工作之中。最早的例子是北欧的挪威、芬兰、瑞典和丹麦等国对奶牛疾病治疗过程的记录,他们除选择牛奶产量外,还增加了对繁殖性状、抗乳房炎、酮症和其他疾病的选择。自1975年、1982年、1984年和1990年以来,挪威、芬兰、瑞典和丹麦分别对每头奶牛都记录了所有的兽医治疗方案及过程,且分别从1978年、1986年、1984年和1992年开始,每头奶牛都估计了乳房炎育种值。其中,挪威因母牛群体太大,乳房炎抗性只包括了临床乳房炎信息,丹麦则利用体细胞数作为评价乳房炎育种值,而芬兰和瑞典的奶牛育种目标则同时包含了这两个性状。

世界上包括中国、美国等在内的其他大多数地区和国家,在最近十多年才逐步在奶牛育种目标中加入了疾病抗性性状。当前奶牛的育种目标重点为牛奶产量、长寿性和健康繁殖性状。

5.1.2.3　根据抗病基因进行选种

当疾病抗性基因的遗传机制清楚时,直接对抗病基因进行选择的效果最理想。众所周知的例子是针对牛分枝杆菌抗性基因的选择,已知抗性基因 NRAMP1 与奶牛结核病显著相关,通过鉴定 NRAMP1 抗性及易感性等位基因,可有效剔除结核病易感个体。

5.1.2.4　抗病基因的渗入

基因渗入,也称渐渗杂交,是指一个抗病性高的品种与另一个抗病性低的品种杂交后反复回交,使高抗病性品种的基因向低抗病性品种的基因库逐渐渗入。有目的的基因渗入是一个长期过程,例如,在过去40多年里,通过杂交和回交,澳大利亚北部已成功将具有抗寄生虫性和耐热性的婆罗门牛血液渗入到英国普通牛品种。

5.1.2.5 抗病性的标记辅助选择

随着牛基因组测序的完成,现在有更多的信息和方法来挖掘和验证疾病抗性基因、QTL或与之紧密连锁的分子标记。从长远看,抗病性的标记辅助选择(MAS)就是定量疾病抗性的有或无、大或小,然后将这些疾病抗性基因、QTL或标记检测结合到现有的选择方案。抗病性MAS的效率取决于这些基因或标记是否就是疾病抗性基因本身或与它紧密连锁。

MAS方法最早由de Koning等(2003)、Garrick和Johnson(2003)提出,MAS为青年公牛的排名提供了信息,并有助于降低奶牛的世代间隔。但是就我们所知,MAS在奶牛疾病抗性上还没有大规模应用。奶牛乳房炎的易感性(体细胞数)将可能加入到产奶量性状的MAS,也有学者提出将之应用于健康繁殖性状的MAS。

5.1.2.6 抗病性的基因组选择

针对疾病抗性的MAS可能涉及奶牛基因组上每一条染色体的一系列基因或标记,因此需将奶牛基因组水平尽可能多的标记(例如54k SNPs或777k SNPs)或基因拟合到选择指数之中,即开展疾病抗性的基因组选择。

5.2 奶牛乳房炎的分子抗病育种研究

5.2.1 奶牛乳房炎现状

乳房炎是奶牛的常见多发病,如前所述,乳房炎可谓是现代奶牛的"职业病"(韦艺媛等,2011a)。按照炎症的轻重程度可将乳房炎分为亚临床、临床和慢性三类,而这主要取决于感染的病原菌的性质以及患体的年龄、品种、免疫能力和哺乳期状态。亚临床乳房炎也即隐性乳房炎,由于肉眼难以观测,其引起的经济损失最为严重。奶牛临床型乳房炎的发病率为2%～3%,隐性乳房炎的发病率为25%～62%。

奶牛乳房炎通常由环境、病原体、管理、遗传等因素共同引起,其中病原菌感染是主要病因。有研究表明,奶牛乳房炎的主要致病菌有金黄色葡萄球菌、大肠杆菌和无乳链球菌,由这3种病原菌引起的乳房炎占总患病牛只的86.21%。正常情况下,乳头管由括约肌紧紧包围,以防止病原体的进入。但在奶牛分娩前或挤奶时,乳汁积聚在乳腺中,导致乳内压升高,乳头管扩张,括约肌需要较长时间回复收缩状态,在这个过程中乳腺分泌物泄漏引起乳腺易损,也给细菌入侵提供了机会。

细菌一旦进入乳头,就会释放毒素,诱导白细胞和上皮细胞释放趋化因子,包括细胞因子如肿瘤坏死因子-a(TNFa)、白细胞介素(IL)-8、白细胞介素-1、花生酸类(如前列腺素F2a(PGF2a))、氧自由基和急时相蛋白(APP)(如结合珠蛋白(Hp),血清淀粉样蛋白A(SAA))。这就引起循环免疫效应细胞,主要是中性粒细胞(PMN)集中于感染部位。PMN的作用在于吞噬和破坏通过氧依赖性和独立性系统的入侵细菌。其释放出来的氧化剂和蛋白酶同时杀死了细菌和部分上皮细胞,导致奶产量减少并释放了一些酶,如N-乙酰-b-D-氨基葡萄糖苷酶(NAGase)和乳酸脱氢酶(LDH)。大多数PMN在它们任务一完成时即凋亡,随后,巨噬细胞吞噬并摄入剩余的PMN。除了凋亡的白细胞,凋亡和脱落的乳腺上皮细胞也被分泌到牛奶中,导致牛奶中体细胞数(SCC)升高。这也是为何SCC与乳房炎存在较高遗传相关的原因。如果感染持续,乳腺上皮细胞就会发生外部检查通常不能察觉的内部肿胀,这时,奶牛已患上了隐性乳房炎。

当血乳屏障大范围被破坏,牛奶中就会出现血液。这就导致乳房外观和牛奶质量的改变,而且还有肉眼可见的凝块和片状物质。这是初期临床症状的典型特征,严重的感染最终可能导致患牛死亡。

由于奶牛乳房炎对奶牛业具有如此重要的影响,所以针对乳房健康、奶质等相关的问题得到了全球的重视,美国的 NMC(National Mastitis Council)组织就是在这种背景下成立起来的。该组织承担以下工作内容:①出版和发行关于乳房健康、奶质、挤奶管理等的书籍、刊物和视听材料;②建立控制乳房炎的标准方法;③建立确定控制乳房炎产品效果的草案;④每年 2 月份举行一次会议,每年夏季召开一次地方性会议;⑤不断指导改进乳房健康和奶质的技术;⑥帮助投资全国乳房炎研究机构。

据美国乳房炎理事会的统计数据显示,美国每头奶牛每年因乳房炎造成的损失是 225 美元,加拿大的损失是 140~300 美元。芬兰、瑞典、挪威、美国因乳房炎淘汰的奶牛占总淘汰牛的 19%~35%。我国奶牛的乳房炎阳性率高达 46.4%~85.7%。

5.2.2　奶牛乳房炎的主要检测方法

奶牛乳房炎的检测方法较多,现针对几种主要检测方法描述如下(韦艺媛、俞英,2011b)。

5.2.2.1　基于 SCC 的检测方法

由于乳房炎带来了极大的经济损失,多年来全球都在寻求行之有效的乳房炎早期检测方法,力求通过早发现、早治疗降低损失。SCC 与乳房炎存在极大的正相关,可以通过检测 SCC 的变化来检测乳房炎的发生情况,因此 SCC 高低是衡量原料乳质量的一个重要指标。随着国际乳制品贸易增加,发达国家和地区对 SCC 制定了严格标准,目前国际上对 SCC 的通用标准是,当 SCC 小于 10 万/mL 时,为健康牛只;在 20 万/mL 以上时,大多数牛只已经患了隐性乳房炎。在 10 万~20 万/mL 之间,有可能存在以下三种情况:①将要发生隐性乳房炎或者已经是乳房炎;②在近期已经发生了乳房炎;③正在从发病期恢复,这有可能需要几天、几周或者更长时间。SCC 大于 50 万/mL 时,就极有可能发生了乳房炎。

1.加利福尼亚体细胞检测法

SCC 可以通过许多方法检测,应用最早的是加利福尼亚体细胞检测法(California mastitis test,CMT)。其原理是利用阴离子表面活性剂——烷基或烃基硫酸盐,破坏乳中的体细胞,产生核酸,核酸再与试剂结合产生沉淀。操作方法是:在诊断盘内将被检乳样与 CMT 诊断液混合,平置诊断盘并呈同心圆旋转摇动,使乳汁与诊断液充分混合,经 10~30s 后,观察混合物的状态,并与标准对照表比较,确定混合物的级数(N、T、1、2、3 级)。对应的体细胞数为:N 级 0~20 万/mL,T 级 20 万~40 万/mL,1 级 40 万~120 万/mL,2 级 120 万~500 万/mL,3 级 500 万/mL 以上。使用这种方法虽然方便快捷且价格便宜,但是出现假阳性和假阴性的概率比较大,灵敏度低。

2.基于体细胞 DNA 的自动检测方法

Whyte 等研制了一种在体细胞 DNA 含量测定基础上的 SCC 自动测定。体细胞裂解后,释放出的 DNA 和组蛋白形成一种凝胶状混合物,这种混合物的黏性与组成它的 DNA 和组蛋白成正比,通过测定 DNA 和组蛋白水平,来检测 SCC 水平。另外一项研究中,用 PicoGreen

培养体细胞 DNA,而最后荧光测定是使用一种光学传感器,这种分析结果与 Fossomatic SCC 测定存在良好相关性($R_2 = 0.918$)。

3.基于 SCC 的其他检测方法

除 CMT 方法外,很多便捷的乳房炎检测方法也逐渐得到应用,表 5.1 对这些方法做了简要的比较分析。

表 5.1　基于 SCC 的其他乳房炎检测方法

检测方法	基本原理	优点	缺点
Portacheck	酯酶催化酶反应	价廉,快速,便捷	低 SCC 时灵敏度低
Fossomatic SCC	EB(溴化乙锭)荧光染色	快速,自动化	装置昂贵且难操作
Delaval cell counter	PI(碘化丙锭)荧光染色	快速,便携	相对较昂贵
Coulter Counter	检测微粒峰高度	快速,可信,简便	低 SCC 时灵敏度低

5.2.2.2　基于病原菌的检测方法

这种方法是传统的细菌学检测方法。具体操作是:无菌法取乳样,将乳样摇匀后,从试管中部取适量的乳样,涂于血平板琼脂上,37℃ 培养 24 h 后,观察细菌的生长情况及其菌落特征。对不同形态的菌落进行挑菌纯培养后涂片染色镜检。根据菌体形态和染色特性初步判定细菌类属,然后分别进行培养特性和生理生化鉴定,如判定为葡萄球菌的需进行兔血浆凝固酶试验、过氧化氢酶试验、三糖铁试验、O/F 试验等;如判定为链球菌的则需进行溶血试验、CAMP 试验、七叶苷水解试验、美蓝牛乳试验、甘露醇、山梨醇、马尿酸钠试验等;判定为革兰阴性杆菌的进行硫化氢、MR、V-P、糖类发酵试验、枸橼酸盐利用试验等。

值得注意的是,上述这些乳房炎检测方法虽然便于检测,但灵敏度低和特异性差为检测带来了局限性。因此近年来研发了一些依托于实验室的灵敏度高且特异性好的乳房炎检测新方法。

5.2.2.3　基于 ELISA 的免疫学检测方法

酶联免疫吸附试验(ELISA),可以针对具体的炎症相关生物标记或致病微生物适当抗体进行检测。近期研发的"磁珠法 ELISA"可以应用于金黄色葡萄球菌的检测,这种方法使用了带有抗金黄色葡萄球菌单克隆抗体的珠状涂层。它优于传统 ELISA 的地方在于需要较短的孵育时间与较少的操作和试剂量。

血清淀粉样蛋白 A(SAA)是显示乳房炎牛奶中急性期反应蛋白(APP)标记物升高水平的一项指标。Szczubial 等使用固相夹层 ELISA(Tridelta PhaseTM 系列 SAA 试剂盒,Tridelta 发展有限公司,威克洛,爱尔兰)检测到乳房炎牛奶中 SAA 浓度升高达 322.26 mg/mL(正常水平为 11.67 mg/mL)。通过添加链霉素-山葵过氧化物酶复合物,观察到随 SAA 浓度改变而发生的颜色变化来检测乳房炎。

在一项最新的研究中,Sakemi 等应用夹层 ELISA 对单一乳区乳样中 IL-6(白细胞介素-6)的浓度进行测定,并将结果与 SCC 检测结果对比,发现以 IL-6 浓度预测隐性乳房炎的方法更加优于 SCC 预测法。

5.2.2.4　基于 PCR 的核酸检测法

许多乳房炎主要致病菌的基因组序列现已公布,因此可以通过聚合酶链式反应(polymerase chain reaction,PCR)方法进行乳房炎的检测。现有的多重 PCR 和实时 PCR 能在几小时内同时检测乳样中多种乳房炎致病微生物。最近的一项研究中,Malahat 等通过对乳房炎乳样中金黄色葡萄球菌的检测比较了传统细菌培养方法和 PCR 检测方法。他们直接从乳样中提取金黄色葡萄球菌 DNA,并用 PCR 扩增金黄色葡萄球菌的特异 nuc 基因。试验证明,PCR 方法无论从时间、灵敏度和特异性方面都优于传统细菌学方法。另一研究表明,用于量化 RNA 的核酸序列基础扩增(NASBA),具有优于 PCR 方法的优势,那就是它能够辨别死亡和活着的细菌。

PCR 和 NASBA 的应用可以通过显著减少样品分析时间,并同时分析大量样品中大量微生物来改善乳房炎的诊断。

5.2.2.5　新型传感器检测法

奶牛发生乳房炎时,体内会产生多种化学和生物变化,因此产生一些新型传感器,通过探索奶牛体内物质的变化情况来检测乳房炎的发生和发展。

1. 化学传感器

Mottram 等应用了被称为“电子舌”的化学分析基础传感器,它能够检测出在乳房炎中释放的除无机、有机阳离子和阴离子以外的氯、钾和钠离子。这种传感器能够区分健康乳样和乳房炎乳样,特异性和灵敏度分别是 96% 和 93%。Eriksson 等报道,乳房炎乳样和健康乳样能够应用气体传感器分析系统(又称“电子鼻”)来区别,它包括几种与挥发性物质有关的气体传感器,如硫化物、酮、胺和酸。另外,Hettinga 等通过对细菌所产生的挥发性代谢物进行检测确定未感染乳区,并可鉴定出不同病原菌,如金黄色葡萄球菌、凝固酶阴性葡萄球菌、链球菌和大肠杆菌等。

2. 生物传感器

生物传感器也可用于乳房炎检测。使用一种生物受体分子(如抗体、酶、核酸)与一种传感器特异结合以产生相关信号,然后观察其特异结合体(如抗原抗体互作)。例如,Pemberton 研发了一种应用屏印碳极(SPCE)的电子生化传感器,它能够通过 N-乙酰-β-D-氨基葡萄糖苷酶 (NAGase)将底物 1-萘 N-乙酰-β-氨基葡萄糖苷转化为 1-萘酚的活性检测出 NAGase 的含量。另一研究中,Akerstedt 研发了一种具有竞争性的生物传感器方法,这种方法是基于结合珠蛋白(Hp)与血红蛋白(Hb)会紧密结合的原理,利用表面等离子体共振来检测固定到芯片表面的结合珠蛋白(Hp)是否与加入的血红蛋白(Hb)发生结合,来区分隐性乳房炎和健康乳样。在乳样中加入 Hb,如果乳样中存在 Hp(乳房炎乳样),当乳样与 Hb 混溶后,乳样中的 Hp 就会与 Hb 结合,从而防止 Hb 与已固定在芯片上的 Hp 结合,这就是乳房炎阳性标志。

5.2.2.6　最新微流体生物芯片检测法

微流体生物芯片是指一小块固定有成千上万个生物分子或蚀刻有各种显微结构的硅片、玻璃或薄膜等,相关研究利用其高通量、高效率的优势,将其应用于乳房炎检测,可以在短时间内进行大规模样品的检测。

Moon 等研发了用于便携式阅读器系统的一次性微芯片来检测牛奶 SCC。将乳样与裂解液混合使乳样中的体细胞裂解,然后添加一种荧光染料使 DNA 染色,将染色后的样本固定于微芯片,毛细管流动使样本均匀分布,然后就可以通过便携式阅读器系统观测荧光,通过荧光信号强弱判断体细胞数的多少。Choi 等设计了一种同时检测原乳中病原菌、SCC 和 pH 值的芯片。他们将针对病原菌和 SCC 的抗体固定在芯片上,然后用荧光显微镜检测所形成的抗原抗体复合体;pH 值则通过监测一种包埋水凝胶的荧光变化来测定。另外,芯片技术也可用于致病微生物的检测。Lee 等研制了一种包括基因扩增的生物芯片,扩增的基因是 7 种已知的乳房炎致病微生物的特异基因。

把微流体技术纳入到芯片的设计中可减少试剂量,这样不但可以减少成本和耗时,也可以在同一平台上检测多个待检指标,提高检测的效率、特异性和灵敏度,最终研发出更优良的乳房炎检测方法。

5.2.3 中国荷斯坦牛 SCC 变化规律及其与产奶性状的关系

奶牛乳房炎是由金黄色葡萄球菌、链球菌等引起的传染性疾病,我国每年因隐性乳房炎造成的损失约 60 亿元人民币(NMC,2011;丁伯良等,2011)。目前乳房炎的治疗方法主要是抗生素治疗,但是抗生素的长期使用容易使细菌产生抗药性,并影响奶牛和人体健康,因此非常有必要利用遗传育种手段控制奶牛乳房炎发病率。

国内外通常以每毫升牛奶中的体细胞数(somatic cell count,SCC)作为反映隐性乳房炎的重要指标,并应用于奶牛育种。Halasa 等(2009)将一次低于 5 万的 SCC 之后,第二个测定日 SCC 高于 10 万作为隐性乳房炎的一个标志。我国目前是以 20 万～50 万作为隐性乳房炎的判断标准。由于 SCC 在泌乳期的分布不符合正态分布,因此一般将 SCC 转化为体细胞评分(somatic cell score,SCS)。SCS 在不同胎次中的遗传力不同,第 1、2、3 胎的遗传力分别为 0.092、0.151、0.187,属低遗传力性状。Haas 等利用测定日 SCC,对不同类型病原菌导致的乳房炎奶牛的泌乳期 SCC 曲线进行了研究。结果发现,SCC 在乳房炎发生时会快速达到一个高峰,之后在很短的时间内又恢复到正常水平,利用测定日 SCC 更适宜研究乳房炎的发病规律。

该研究的目的是:分析北京地区中国荷斯坦牛产奶性状与 SCC 的相关;分析泌乳期 SCC 的变化规律;并结合以上两点探讨我国奶牛隐性乳房炎的界定标准(马裴裴等,2010)。

5.2.3.1 试验群体

该研究使用数据为北京地区中国荷斯坦牛生产性能测定(DHI)数据,由中国奶业协会提供。数据来自 76 个奶牛场 2 128 头公牛的 63 510 头女儿的信息,记录时间为 1998—2008 年。数据记录包括母牛 ID 号、胎次、产犊日期、测定日期、父号、母号、产奶量、乳脂率、乳蛋白率和 SCC。

5.2.3.2 数据处理

该研究筛选和处理数据的软件为 SAS 8.2。原始数据为 63 510 头母牛的 895 841 条测定日记录。

5.2.3.3 奶牛群子数据集划分

该研究将总的 DHI 数据分为 12 个子数据集,按 3 种划分标准分别进行划分:①≥1 条测定日记录:若某头牛有≥1 条测定日记录的 SCC>300 万,则该牛归到 SCC>300 万子数据集;剩余的牛中,当其有≥1 条测定日的 SCC>100 万时,则归入 100 万～300 万子数据集;依此方法,共得到 SCC>300 万、100 万～300 万、90 万～100 万、80 万～90 万…0～10 万等 12 个子数据集。②≥2 条测定日记录:当某头牛有≥2 条测定日记录的 SCC>300 万,则该牛归到>300 万子数据集;剩余的牛只,当其有≥2 条测定日 SCC>100 万时,归入 100 万～300 万子数据集;依次类推,共得到 SCC >300 万、100 万～300 万、90 万～100 万、80 万～90 万…0～10 万等 12 个子数据集。③≥3 条测定日记录:划分方法同 2。

5.2.3.4 奶牛群累积数据集划分

将总的数据集划分为 8 个累积子数据集。累积数据集"all":是指包括所有测定日信息的数据集;累积数据集 100 万以下:是指从总数据库中剔除≥2 条测定日 SCC≥100 万的牛只,剩下牛只的测定日信息归入该累积数据集;以此方法类推,得到 50 万以下、40 万以下、30 万以下、25 万以下、20 万以下、10 万以下累积数据集;共计 8 个累积数据集。

5.2.3.5　SCC 与产奶性状的关系以及 SCC 变化规律的统计分析

针对 5.2.3.3 划分的 12 个子数据集,采用 3 种划分标准,分别研究了产奶量、乳脂率、乳蛋白率、乳脂量和乳蛋白量等性状随 SCC 增高的变化趋势,并计算了 SCC 与各性状间的相关系数。对 SCC 是 0～10 万、10 万～20 万、40 万～50 万以及 100 万～300 万的 4 子数据集分别绘制泌乳曲线和乳蛋白量曲线。

子数据集的划分条件选取≥2 条测定日记录作为标准,分别对 12 个子数据集以及 8 个累积子数据集做 SCC 对泌乳天数(days in milk,DIM)的曲线。12 个子数据集包含的牛只数情况如图 5.1 所示。用 Matlab 7.0 中 Spline 函数绘制不同泌乳天数的 SCC 变化趋势图。Spline 曲线是一种以节点控制弯曲程度的平滑曲线,通过编辑节点数来调节曲线的曲率和走向,对于刻画不规则的轮廓非常方便。Spline 曲线的节点由曲线的规律来确定。SCC 在泌乳期前 50 d 变化较大,之后到泌乳末期逐渐平滑,因此本研究节点的选择方法是:在 5～10 d 每 2 d 一个节点,10～30 d 每 5 d 一个节点,30～50 d 每 10 d 一个节点,50～305 d 每 25 d 一个节点,共计 19 个节点。

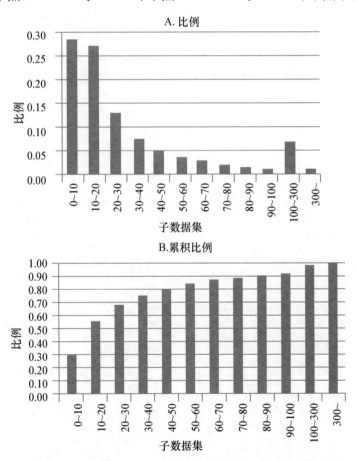

图 5.1　12 个子数据集牛只占总数据集的比例(A)和累积比例(B)

5.2.3.6　研究结果

1.各子数据集牛只所占比例

从图 5.1 可以看出,隐性及临床型乳房炎奶牛即 SCC>20 万的牛只所占比例高达 44%,

在王兴平等所报道的 25%～60% 范围之内;隐性乳房炎奶牛即 SCC 为 20 万～50 万的牛只比例为 28.9%,与郭小雅等报道的 10%～40% 相符。说明本研究依据 SCC 的子数据集划分方法与我国奶牛群现实情况相符。

2. 不同划分标准下 SCC 及产奶性状的变化趋势

为获得适宜的 SCC 划分标准,本研究先采用 3 种 SCC 划分标准,来分析泌乳期 SCC 的变化趋势。从图 5.2 看出,3 种 SCC 划分标准具有一致的变化趋势,而且产奶量(milk yield)随 SCC 的上升而下降,产奶量与 SCC 呈明显的负相关。在选用≥3 条测定日记录做标准时,其产奶量均值明显低于选≥1 条测定日记录。参考 Haas 等的研究结果,本研究也选取≥2 条测定日记录作为 SCC 划分标准。

以≥2 条测定日记录作为标准,当 SCC<10 万时,产奶量均值为 29 kg,随着 SCC 的上升,产奶量逐渐下降。当 SCC>300 万时,产奶量均值下降至 25 kg(图 5.2)。此外,乳脂量及乳蛋白量也随 SCC 的上升而下降。当 SCC<10 万时,乳脂量为 1.117 kg,乳蛋白量为 0.899 kg;当 SCC>300 万时,乳脂量是 0.925 kg,乳蛋白量为 0.777 kg。分析其原因,产奶量随 SCC 的增加而降低,而二者是乳脂率、乳蛋白率与产奶量的乘积,因此有相似的变化趋势。但是,乳蛋白率随 SCC 的上升而上升。当 SCC<10 万时,乳蛋白率为 3.129%,当 SCC>300 万时,乳蛋白率是 3.264%(图 5.2,又见彩图 5.2)。这可能是因为随着产奶量下降,乳中蛋白所占比例有所增加的原因。此外,随着 SCC 的上升,乳脂率没有观察到明显的变化规律。

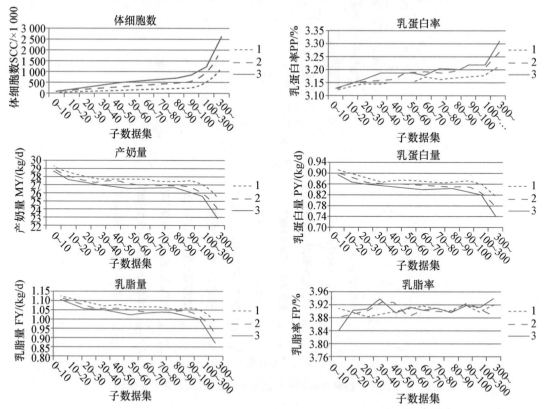

图 5.2　6 个产奶性状在不同子数据集中的变化规律

注:1.以≥1 个测定日记录作为 SCC 划分标准时,12 子数据集中 6 个性状的均数变化趋势;2.≥2 个测定日标准时的变化趋势;3.≥3 个测定日标准时的变化趋势。6 个性状分别是体细胞数、乳蛋白率、产奶量、乳蛋白量、乳脂量、乳脂率。

3. SCC 与产奶性状的相关性

为分析 SCC 与产奶性状间的相关关系,对 12 个子数据集的 SCC 均数与 5 个产奶量性状均数分别做相关性检验。结果发现,除乳脂率外,SCC 与产奶量、乳脂量和乳蛋白量之间为极显著负相关($P<0.001$),而与乳蛋白率呈极显著正相关($P<0.001$)(表 5.2)。

表 5.2　各数据集 SCC 均数与产奶性状均数之间的相关

性状	产奶量	乳脂率	乳蛋白率	乳脂量	乳蛋白量
SCC	−0.952 8***	−0.222 87	0.926 4***	−0.955 75***	−0.958 2***

注:*** $P<0.001$。

分别对 4 个 SCC 子数据集(<10 万、10 万～20 万、40 万～50 万以及 100 万～300 万)绘制泌乳曲线(图 5.3A,又见彩图 5.3A)和乳蛋白量曲线(图 5.3B,又见彩图 5.3B)。当 SCC<10 万时,产奶量介于 23～32 kg,且所有泌乳日的产奶量比较集中,泌乳高峰值为 31.6 kg。当 SCC 为 10 万～20 万时,产奶量在 22～32 kg 之间,泌乳高峰值约 31 kg。SCC 为 40 万～50 万时,泌乳曲线及泌乳高峰值均低于 SCC 为 10 万～20 万的曲线。当 SCC 为 100 万～300 万时,产奶量介于 20～32 kg,泌乳高峰值为 29.8 kg,但峰值过后,产奶量下降明显变快,各泌乳日的泌乳量也比较分散。可见,在整个泌乳期中,随着 SCC 的增高,产奶量曲线不断降低。乳蛋白量曲线也显示相同的变化趋势(图 5.3B,又见彩图 5.3B)。图 5.3B(又见彩图 5.3B)还显示,SCC 为 10 万～20 万的乳蛋白量曲线与 SCC<10 万之间相差较大,而 10 万～20 万与 40 万～50 万之间的差距不大。

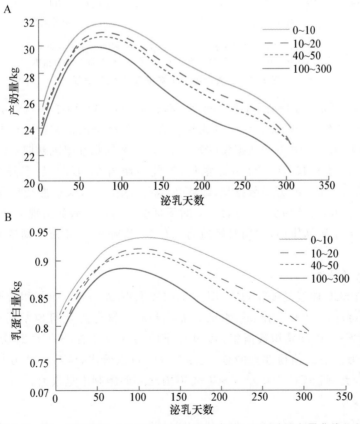

图 5.3　同一坐标系内 4 个子数据集的泌乳曲线(A)和乳蛋白量曲线(B)

231

4. 泌乳期 SCC 曲线

分析 SCC 在整个泌乳期的变化规律,有助于找到奶牛隐性乳房炎的界定标准。分别绘制 12 个子数据集 SCC 在泌乳期(以泌乳天数 DIM 表示)的变化曲线。

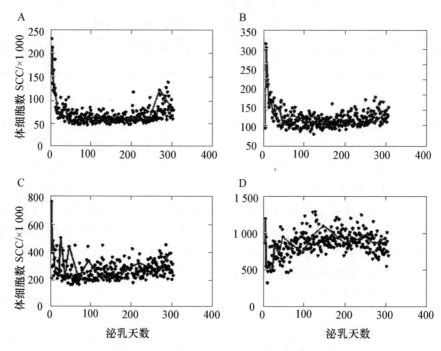

A.0~10 万 SCC 子数据集 B.10 万~20 万 SCC 子数据集
C.30 万~40 万 SCC 子数据集 D.100 万~300 万 SCC 子数据集

图 5.4 泌乳期不同子数据集的 SCC 曲线

如图 5.4(又见彩图 5.4)所示,泌乳初期(泌乳前 20 d 内),由于环境中细菌较多等原因,各子数据集的 SCC 数目均较高。对于健康牛而言,随着挤奶的正常以及产奶量的上升,SCC 迅速回落,如 SCC 为 0~10 万子数据集(图 5.4A)。该数据集在泌乳初期,SCC 约为 22 万,之后降至 4 万左右。对于 10 万~20 万数据集,泌乳初期为 31 万,之后下降至 12 万左右(图 5.4B)。但是,在 30 万~40 万子数据集,即使在泌乳初期之后,SCC 曲线仍有一定的波动,泌乳初期 SCC 为 75 万,50 d 时为 40 万,150 d 时下降至 20 万,尔后又出现上升趋势(图 5.4C)。在 100 万~300 万子数据集内,初期时峰值为 120 万,其后 SCC 曲线波动较大,最高值为 110 万(图 5.4D)。

5. 累积数据集作图

为比较不同 SCC 曲线的变化规律,图 5.5(又见彩图 5.5)将 8 个累积数据集的 SCC 曲线合并到同一坐标系内。可以看出,这些 SCC 曲线基本上符合泌乳期 SCC 分布规律。在初期峰值后,对于 SCC<10 万累积数据集,其 SCC 下降为 8 万左右;SCC<20 万累积数据集,其 SCC 下降为 10 万左右。值得注意的是,从图 5.5 还可以看出,SCC<10 万与 SCC<20 万的 SCC 曲线间距较大,而 SCC<40 万与 SCC<50 万之间间距则不是很大。

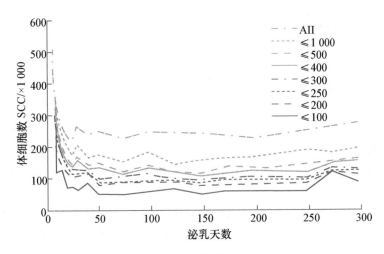

图 5.5 累积数据集泌乳期的 SCC 曲线

5.2.3.7 讨论

该研究结果表明,随着 SCC 的升高,中国荷斯坦牛产奶量、乳脂量和乳蛋白量均下降,而乳蛋白率上升。SCC 的升高导致产奶量降低的主要原因可能是病原菌以及细胞因子分泌的毒素侵入并损伤了乳腺上皮细胞。有报道发现乳蛋白率随 SCC 的上升略有下降,但是在本研究中是上升的,原因可能是本研究中感染乳房炎的荷斯坦牛产奶量下降的幅度较大。Miglior 等于 2009 年对中国荷斯坦群体进行了遗传参数的估计,结果表明 SCC 与产奶量、乳蛋白量、乳脂量在第一胎次都是呈负的表型相关,而与乳蛋白率呈正的表型相关,与本研究的表型统计结果一致。

SCC>50 万通常界定为临床型奶牛乳房炎的划分标准。从本研究的测定日记录可以看出,在北京地区的中国荷斯坦牛群中,SCC>50 万后仍有测定日记录,说明我国奶牛群乳房炎防治力度还有待加强。从各数据集牛只所占比例(图 5.1)来看,SCC>20 万的牛只比例高达 44%,20 万~50 万的牛只比例为 28.9%,与前人报道的乳房炎发病率相符,说明本研究的子数据集划分方法是可行的。

SCC 与产奶量呈极高的负相关。因此,如果 SCC 相差较大,产奶量也会存在较大差异。累积数据集作图结果表明,10 万以下与 20 万以下的 SCC 曲线相差极大(图 5.5)。此外,0~10 万子数据集和 10 万~20 万子数据集的泌乳曲线也显示,SCC 为 10 万~20 万时已经导致产奶量和乳蛋白量有较大的损失(图 5.3)。Halasa 等于 2009 年对隐性乳房炎的研究表明,如果一个测定日 SCC>10 万,而前一个测定日 SCC<5 万,则该牛只患有隐性乳房炎,也即将 10 万作为隐性乳房炎的界定标准。我国目前以 SCC<20 万作为健康牛的阈值。因此,为有效降低我国目前奶牛隐性乳房炎的发病率,SCC 宜以 10 万作为中国荷斯坦牛群健康牛与隐性乳房炎牛的分界线。有些国家使用 40 万作为隐性乳房炎和临床乳房炎的分界线,由于本研究中 40 万~50 万之间 SCC 曲线相差不大,提示在我国使用 50 万作为临床乳房炎界限依然合理。因此,10 万~50 万 SCC 作为隐性乳房炎的界定标准较适合中国荷斯坦牛群。

不同子数据集中 SCC 均数与产奶性状均数之间存在较强相关。Koivulam 等的研究显示,SCC 与产奶量的表型相关为 $-0.03\sim0.14$。本研究也将整个数据库的 SCC 数据与 5 个产奶性状分别进行了相关分析,其中,SCC 与产奶量之间的相关为 -0.1256。结果显示,除乳脂率外,SCC 与各产奶性状之间均相关显著($P<0.01$),与用均数分析所得结论一致。由于 SCC

与产奶量、乳蛋白量及乳脂量之间较强的负相关关系,提示目前阶段在中国荷斯坦牛选择指数制定中,应适当增加 SCC 所占的权重。

5.2.4 奶牛金黄色葡萄球菌乳房炎小鼠模型的建立

金黄色葡萄球菌(*Staphylococcus aureus*)是导致奶牛发生乳房炎的主要致病菌之一,具有潜伏期长,高接触性传染,呈隐性发作,容易产生耐药性等特征,通过环境很难控制(Green et al,2004;王新等,2011)。一旦发病,就很难治愈,淘汰牛中近30%的牛都是因患有金黄色葡萄球菌乳房炎。

奶牛为大型经济动物,直接以奶牛为实验对象进行金黄色葡萄球菌乳房炎研究面临很多困难,包括饲养成本高,可获得的样本量少,且难以排除其他因素的影响,个体差异也比较大。

动物模型是疾病的病因学、病理学和治疗学等研究领域的重要工具。由于实验条件的可控性,采用动物模型有利于排除个体间差异及环境因素的干扰,便于观察和研究由单一病因引起的疾病,此外,还具有样品收集方便,操作相对简单等优势。1970年,Chandler首先提出了使用小鼠作为实验动物建立小鼠乳房炎模型。小鼠乳房炎模型的建立有效解决了使用奶牛作为直接试验对象的相关问题。目前已有针对奶牛金黄色葡萄球菌导致乳房炎的小鼠模型的报道,但没有模拟真实的细菌感染情况,且主要测定体温、组织学切片等常规指标,而 CD4[+]、CD8[+] T 细胞数等重要免疫学指标,以及奶牛乳房炎抗病育种工作中常用的指标体细胞数、细菌数等并未做检测。因此,本研究在这些方面做了改进,系统检测了各项指标,完善了乳房炎小鼠模型的操作规程,成功建立了真实模拟奶牛金黄色葡萄球菌乳房炎的小鼠模型(樊利军等,2011)。

5.2.4.1 实验动物和菌种

8周龄远交系 ICR 小鼠雌雄共36只,购自北京维通利华实验动物技术有限公司。正常给予饲料及饮水,饲养室温度控制在20~26℃,12 h 光照,12 h 黑暗,先期适应性饲养1周后,雄雌按1∶1随机交配。

金黄色葡萄球菌从北京某荷斯坦牛场临床乳房炎患病奶牛乳汁中分离培养得到。先配制含2倍7.5%NaCl 的 TSB 培养液,然后将10mL 奶样与等体积 TSB 培养液混合均匀,置于37℃摇床170 r/min 培养18~24 h。将培养好的混培奶样摇匀,采用三线划法划到含亚碲酸钾卵黄增菌液的 Baird-Parker Agar 平板,37℃培养24 h 后观察结果。在 Baird-Parker Agar 平板上观察到的黑色且带有晕圈的菌落为金黄色葡萄球菌。每个可疑样品分别挑取2个菌落纯化培养,并进行金黄色葡萄球菌特异基因 *nuc* 的特异性 PCR 扩增和测序验证。

5.2.4.2 对小鼠乳腺进行攻菌建模

将18只产仔后8~10 d 的母鼠随机分为无菌生理盐水对照组($n=6$),低剂量攻菌组($n=6$)和高剂量攻菌组($n=6$)。试验前1 h,隔离仔鼠与母鼠。对照组,第4对乳腺经乳头管分别注入50 μL 无菌生理盐水;低剂量攻菌组,从第4对乳腺的乳头管分别注入50 μL $2×10^2$ cfu 的金黄色葡萄球菌悬液;高剂量攻菌组,从第4对乳腺的乳头管各注入50 μL $5×10^6$ cfu 的金黄色葡萄球菌悬液。

5.2.4.3 试验取材

(1)每只母鼠注射催产素 2IU,之后通过自制口吸管,从第 4 对乳腺采集乳汁约 20 μL,用于白细胞计数。

(2)以眼球采血法采集每只母鼠的血液约 1 mL,用于血常规检测和流式细胞分析。

(3)采用颈椎脱臼法处死小鼠,迅速取出第 4 对乳腺组织。一侧用中性福尔马林固定 1 周,用于制作石蜡切片;另一侧称重后放入组织匀浆器中,加入 6 倍灭菌生理盐水,在冰浴中研磨,匀浆液 3 000 r/min 4℃离心 30 min,保留上清液,用于细菌培养计数。

5.2.4.4 测定指标与检测方法

1.体温检测

用电子体温计测量小鼠直肠温度,一天分 5 个时间点测量,包括攻菌 0h 后,6h 后,12h 后,18h 后,24h 后,其中第 5 次体温是在采血后测量的。每只试验小鼠在每个时间点测量 3 次体温取平均值。

2.H-E 染色

甲醛处理的乳腺组织按常规方法脱水、透明、包埋,制备 5 μm 厚石蜡切片。切片进行常规 H-E 染色。

3.乳腺匀浆液细菌培养计数及分子检测

每个样本取两份 100 μL 乳腺匀浆液,分别加入 2 个培养皿进行细菌培养,24 h 后,计数 2 个培养皿中的平均菌落数。

提取小鼠乳腺组织分离培养到的细菌的基因组 DNA,针对金黄色葡萄球菌的特异基因 nuc 进行特异性 PCR 扩增和测序,验证所感染细菌确为牛源金黄色葡萄球菌。

4.乳汁白细胞计数

取 10 μL 乳汁,均匀涂抹到载玻片上(1 cm²),NEWMANS 染色后,通过相差显微镜,计数 10 个视野内中的白细胞数的取平均值。

5.血常规检测

1 mL 血液送西苑中医院检测血常规 18 项,包括白细胞计数 WBC,红细胞计数 RBC,血红蛋白 HGB,红细胞压积 HCT,平均红细胞体积 MCV,平均细胞血红蛋白 MCH,平均细胞血红蛋白浓度 MCHC,平均红细胞体积分布宽度 RDW,血小板计数 PLT,血小板压积 PCT,平均血小板体积 MPV,血小板体积分布宽度 PDW,淋巴细胞 LYM,中间细胞 MID,中性粒细胞 GRN,淋巴细胞百分比 LYM%,中间细胞 MID%,中性粒细胞百分比 GRN%。

6.CD3$^+$、CD4$^+$、CD8$^+$ T 细胞计数

取新鲜血液 200 μL,利用流式细胞仪测定血液中的 CD3$^+$、CD4$^+$、CD8$^+$ T 细胞数量以及 CD3$^+$ CD4$^+$/CD3$^+$ CD8$^+$ T 细胞比率。

7.数据分析

计算每个处理组的平均数及标准差,并在处理组之间进行 t-test 检验。

5.2.4.5 结果与分析

1.金黄色葡萄球菌特异基因 nuc 的分子检测结果

金黄色葡萄球菌特异基因 nuc 的基因长度为 279 bP,从电泳图和测序结果可以看出,试验小鼠乳腺中所感染的细菌的确为金黄色葡萄球菌(图 5.6,又见彩图 5.6),保证了后续试验的顺利进行。

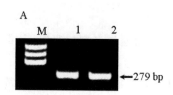

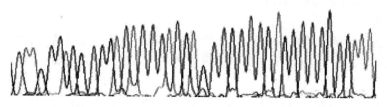

泛道 M:100 bp 分子量标记　泛道 1:金黄色葡萄球菌阳性对照 nuc 基因扩增结果
泛道 2:高剂量攻菌组金黄色葡萄球菌 nuc 基因扩增结果

图 5.6　金黄色葡萄球菌 nuc 基因的特异性 PCR 电泳检测图(A)及部分测序图(B)

2.攻菌后体温变化

小鼠被细菌感染后,体温会出现相应的变化。用金黄色葡萄球菌处理小鼠乳腺后,对照组小鼠各时间段的体温变化都很小。攻菌 12 h 后,低剂量攻菌组体温极显著高于对照组($P<$ 0.01),高剂量攻菌组体温也高于对照组,但差异不显著;攻菌后 18 h,攻菌组体温有所恢复,低剂量攻菌组体温与对照组差异不显著,但高剂量攻菌组体温显著高于对照组($P<0.05$)。值得注意是,攻菌 24 h 后,高剂量攻菌组体温极显著低于对照组($P<0.01$),但低剂量组与对照组体温差异不显著(表 5.3)。

表 5.3　**金黄色葡萄球菌攻菌后小鼠体温变化趋势**　　　　　　　　　　　　　　　℃

组别	0 h	6 h	12 h	18 h	24 h
对照组	37.74±1.30[a]	36.58±0.97[a]	37.58±0.23[A]	37.28±0.19[a]	37.23±0.40[A]
低剂量攻菌组	37.04±0.66[a]	37.23±0.27[a]	38.30±0.45[B]	37.14±0.37[a]	36.90±0.37[A]
高剂量攻菌组	37.58±0.25[a]	37.45±0.35[a]	37.94±0.76[AB]	37.81±0.48[b]	35.79±0.61[B]

注:表中数据肩标,小写字母相同为差异不显著,小写字母不同为差异显著($P<0.05$),大写字母不同为组间差异极显著($P<0.01$)。

3.攻菌后小鼠乳腺组织的病理学变化

金黄色葡萄球菌感染会导致乳腺组织发生相应的病理学变化。乳腺组织切片结果显示(图 5.7,又见彩图 5.7),对照组乳腺细胞正常,低剂量攻菌组的乳腺组织出现少量炎性细胞,浸润不明显,腺泡上皮脱落坏死现象也较少,乳腺细胞基本完好。但高剂量组的乳腺细胞出现明显充血,间质明显增宽,高度水肿,有大量炎性细胞浸润,渗出严重的区域腺泡上皮细胞大多坏死、脱落、崩解以致消失,许多腺泡中散在嗜中性粒细胞,且部分嗜中性粒细胞坏死崩解。

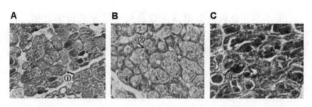

A. 对照组,箭头①显示腺泡结构完整,无炎性细胞浸润　B. 低剂量攻菌组,箭头②显示腺泡间质略有增宽少量炎性细胞浸润　C. 高剂量攻菌组,箭头③显示大量炎性细胞浸润,腺泡间质明显增宽,腺泡上皮脱落

图 5.7　金黄色葡萄球菌攻菌后小鼠乳腺组织切片

4. 乳汁中白细胞数量变化及乳腺匀浆液细菌数区别

从表 5.4 可见,对于乳汁中白细胞数而言,低剂量和高剂量攻菌组都极显著高于正常组($P<0.01$),且高剂量攻菌组乳汁中白细胞数高出低剂量攻菌组约 3 倍($P<0.05$)。针对乳腺匀浆液中的细菌数量,对照组和低剂量攻菌组均没有培养分离到金黄色葡萄球菌,而高剂量攻菌组每个视野的细菌数量近 17 个,表明金黄色葡萄球菌感染严重。

表 5.4　金黄色葡萄球菌攻菌后小鼠乳腺匀浆液细菌计数和乳汁中白细胞计数　个/视野

组别	乳汁中白细胞计数	乳腺匀浆细菌计数
对照组	3.78±1.20[A]	—
低剂量攻菌组	7.98±1.12[Ba]	—
高剂量攻菌组	19.68±8.90[Bb]	16.58±9.57

注:表中同列数据肩标,小写字母相同各组间差异不显著,小写字母不同各组间差异显著($P<0.05$),大写字母不同各组间差异极显著。"—",未检测到细菌。

5. 血常规指标变化

血常规是衡量机体是否受细菌感染的重要指标。表 5.5 列出了各组间有显著差异的血常规指标,从表中可以看出,针对淋巴细胞(百分比)和中性粒细胞(百分比)等 4 项指标,低剂量攻菌组与对照组没有明显区别($P>0.05$),而高剂量攻菌组的淋巴细胞及淋巴细胞百分比极显著低于对照组,中性粒细胞及中性粒细胞百分比则极显著高于对照组($P<0.01$)。

表 5.5　金黄色葡萄球菌攻菌后小鼠血常规

组别	LYM	LYM 百分比/%	GRN	GRN 百分比/%
对照组	4.63±1.32[A]	67.17±14.79[A]	1.55±0.66[a]	23.98±11.98[A]
低剂量攻菌组	6.50±2.74[A]	58.77±8.30[A]	3.78±1.75[a]	35.00±7.44[A]
高剂量攻菌组	2.18±0.44[B]	29.80±12.36[B]	4.98±2.80[b]	58.33±15.74[B]

注:表中同列数据肩标,小写字母相同各组间差异不显著,小写字母不同各组间差异显著($P<0.05$),大写字母不同各组间差异极显著。LYM:淋巴细胞,GRN:中性粒细胞。

6. 血液中 CD3[+]、CD4[+]、CD8[+] T 细胞数量变化

血液中 CD3[+]、CD4[+]、CD8[+] T 细胞数量与炎症程度有密切关系。表 5.6 显示的是流式细胞计数结果,从中可以看出,低剂量攻菌组及高剂量攻菌组的 CD4[+] T 细胞计数均极显著低于对照组($P<0.01$),CD4[+]/CD8[+] 比值也显著低于对照组($P<0.05$),但 CD3[+] 和 CD8[+] T 细胞数与对照组无显著差异。

表 5.6 金黄色葡萄球菌攻菌后小鼠流式细胞计数

组别	CD3$^+$	CD4$^+$	CD8$^+$	CD4$^+$/CD8$^+$
对照组	80.50±7.09^a	67.58±7.70^A	17.72±4.84^a	4.13±1.52^a
低剂量攻菌组	78.00±4.58^a	48.43±8.62^B	23.40±9.73^a	2.38±0.92^b
高剂量攻菌组	74.53±6.52^a	54.27±5.31^B	21.53±3.30^a	2.56±0.40^b

注:表中同列数据肩标,小写字母相同各组间差异不显著,小写字母不同各组间差异显著($P<0.05$),大写字母不同各组间差异极显著。

5.2.4.6 讨论

1.小鼠乳房炎模型实验动物的选择

实验动物在科研中的应用越来越广泛,在许多研究领域作为模式生物,替代人或者大型经济动物进行先期试验。自 1970 年小鼠被用作实验动物成功建立奶牛乳房炎模型后,许多科研工作者以小鼠做模型,来研究探讨奶牛乳房炎的病因及防治等。其中大多选用近交系来建模。该研究选用远交系小鼠 ICR 建立奶牛金黄色葡萄球菌乳房炎模型,一方面可更真实地模拟奶牛群体特点,另一方面,远交系哺乳能力强,乳腺相对发达,泌乳量大,便于乳汁收集以及进一步检测小鼠患乳房炎后乳汁中指标的变化情况。该研究的结果表明这种选择是成功的。

2.金黄色葡萄球菌攻菌剂量的确定

该研究参考以往建模研究结果,设定第一种金黄色葡萄球菌攻菌剂量为 $2×10^2$ cfu;同时考虑到研究选用远交系小鼠,其生长发育速度及体重高于近交系,预计其机体对细菌的耐受性比近交系强,故通过计算和摸索,选用 $5×10^6$ cfu 作为第二种攻菌浓度。从各项指标测定结果来看,高剂量攻菌浓缩($5×10^6$ cfu)更适合远交系小鼠乳房炎建模。

3.攻菌方法的选取

以往乳房炎小鼠建模研究中主要有两种攻菌方法。一是直接在乳房基部攻菌,但此方法不能真实模拟奶牛乳房炎真实发病的过程,尤其是以金黄色葡萄球菌为主引起的奶牛乳房炎,该类乳房炎大多是经过乳导管感染进而引发乳房炎症;二是将乳头尖部剪掉 1 mm,再将 30~34 号微量进样器的针头插入乳头管,将细菌注射到乳池内,此方法虽能真实模拟自然发病过程,但是对小鼠乳腺造成一定程度的损伤,可能影响实验结果。经过摸索比较并参考刘萍等相关报道,该研究自制了钝头毛细玻璃管,并将其与微量进样器连接,在体视显微镜下将钝头毛细玻璃管插入母鼠乳头管 1~2 mm 处,通过乳头管将金黄色葡萄球菌注入母鼠乳腺,较真实模拟金黄色葡萄球菌乳房炎自然发生过程,并最大限度地减轻细菌注射时对乳腺造成的物理性损伤。

4.关于奶牛金黄色葡萄球菌乳房炎小鼠模型的相关测定指标

该研究对小鼠攻菌后发现,小鼠体温的总体变化趋势为,攻菌 6 h 内各组体温没有明显变化,攻菌 12 h 后攻菌组体温开始明显升高,而攻菌 18 h 后攻菌组体温有所回落,攻菌 24 h 后攻菌组体温继续下降。其中攻菌 24 h 后高剂量攻菌组体温下降幅度较大,体温极显著低于另外两组,经分析发现,麻醉、采血等试验操作可能对攻菌 24 h 小鼠体温有较大影响。但是从体温指标中仍可以看到,攻菌组小鼠体温随着实验操作的进行,变化很显著,而对照组体温变化不大。

低剂量攻菌组在乳腺匀浆计数、血常规中淋巴细胞和中性粒细胞的变化上,与对照组无显著差异,而高剂量攻菌组与对照组相比有极显著差异。说明低剂量攻菌可能只引起很轻微的乳房炎症反应,而高剂量攻菌可引发典型的小鼠乳房炎症反应。

CD4$^+$ 为辅助性 T 细胞,而 CD8$^+$ 为免疫抑制性细胞,CD4$^+$ 和 CD8$^+$ T 细胞数量的变化反应了机体细胞的免疫水平。一般说来 CD4$^+$ T 细胞数量与细胞免疫水平呈正相关,CD4$^+$ 的升高反应了细胞免疫水平的升高,而 CD8$^+$ 则与细胞免疫水平呈负相关。CD4$^+$/CD8$^+$ 比值更直接地反映细胞免疫水平,比值降低表明细胞免疫水平降低。该研究发现,攻菌组 CD4$^+$/CD8$^+$ 比值降低,意味着小鼠机体整体的免疫机能受到抑制,免疫力降低。

5.3 奶牛乳房炎抗性候选基因及分子标记

由于牛奶中 SCC 与奶牛乳房炎存在显著相关性,我们不仅可以通过在乳房炎初期测定 SCC 水平对乳房炎临床症状的发生进行预测,还可以通过检测与 SCC 相关联的基因进行分子抗病育种方面的研究,采用的方法主要包括数量性状座位(quantitative trait loci,QTL)定位和候选基因分析。

SCC 分布是非正态的,因此通常转化为体细胞评分(somatic cell score,SCS)来研究。在美国、荷兰、芬兰和德国都有定位在 BTA18 上的 QTL,芬兰和德国定位的位置一致。Ashwell 等将影响 SCS 的 QTL 定位在 BTA23 上的标记 513、BM1818、BM1443 和 BM4505 附近。另外,在德国荷斯坦牛群体和南美群体中,BTA23 的标记 RM033 和 MGTG7 附近分别定位到影响 SCS 的 QTL,其中标记 MGTG7 在 MHC 基因附近。Klungland 等和 Reinsch 等在 BTA8 上定位到 SCS 的 QTL,在这个 QTL 的附近有 4 个干扰素位点。在 1、5、7、10、11、14、15、20、21、22 和 27 号染色体上也都定位到 SCS 的 QTLs。但是除了芬兰和德国定位的 BTA18 末端的 QTL 外,很少有与 SCS 和乳房炎都关联的 QTL。

乳房炎的发生涉及到众多的通路、细胞和分子,候选基因十分庞大。目前研究的热点集中于主要组织相容性复合体(MHC 或 BoLA),因为它在诱导和调节获得性免疫反应机能方面起着重要作用。MHC 有两类基因组成,第一类基因分子在所有的有核细胞中表达,同时与杀伤性淋巴细胞(CDB$^+$)相互作用;第二类基因分子,其表达受抗原呈递细胞的限制,并对辅助性淋巴细胞(CD4$^+$)的抗原呈递有关。许多研究表明第一类基因的多个等位基因同乳房炎性状相关;而第二类基因的多态也与乳房炎的指标,比如 SCC、乳房炎易感性等相关。现阶段研究的与乳房炎有关的抗性候选基因除牛淋巴细胞抗原(BoLA)基因外,还包括 TOLL 样受体家族(TLRs)基因、乳铁蛋白(BLf)基因、牛锌指蛋白 313(Znf313)基因等。目前,奶牛乳房炎抗性候选基因的研究取得了一定进展,但已识别的基因数目极为有限,仍未找到一个合适的分子标记来降低乳房炎的发病率,同时提高乳的产量和品质。

在今后奶牛育种工作中,应从奶牛本身的遗传基础出发,利用候选基因法(He et al,2011;李国华,2001)、分子标记辅助选择等多种有效手段实施抗病育种来组建 MOET 核心群,以建立对奶牛乳房炎的永久抗病性。

5.3.1 CD4、STAT5b 基因与奶牛 SCS 及产奶性状关联分析

5.3.1.1 试验牛群

研究使用的 8 头公牛和 1 013 头公牛女儿牛,均来自中国北京地区 1998—2007 年有生产性能记录的中国荷斯坦牛群,共 20 个牛场。

5.3.1.2 表型信息及育种值计算

研究共涉及 7 个奶牛重要经济性状,包括产奶量、乳脂量、乳蛋白量、乳脂率、乳蛋白率、泌乳持续力和体细胞评分 7 个性状。

5.3.1.3 STAT5b 及 CD4 关联分析模型

研究采用 SAS 9.1.3 中的 MIXED 过程对奶牛的 STAT5b g.31562T＞C 位点和 CD4 g.13598C＞T 位点的多态性与 SCS、泌乳持续力和 5 个产奶性状进行关联分析。采用动物模型的具体方程式见 Model1:$y=\mu+G+a+e$,其中 y 为单性状育种值;μ 为单性状育种值均值;G 为 SNP 的基因型效应;a 为个体的剩余残差多基因效应;e 为随机误差。

考虑到 5 个产奶性状及 2 个功能性状的表型值已经转化为育种值,因此其他的影响因素如家系、胎次、场年季效应等在模型中都不再考虑。

为了分析 STAT5b g.31562T＞C 位点和 CD4 g.13598C＞T 位点之间的组合效应,本研究也运用了 SAS 9.1.3 MIXED 混合线性模型在 7 个性状中对其进行了关联分析。具体方程式见 Model2:$y=\mu+C_{12}+a+e$,在此 $C_{12}=G1+G2+G1\times G2$,即 SNP1 和 SNP2 的组合效应就等于 SNP1 和 SNP2 单个的效应加上它们的互作效应;从生物学角度来说,分析 2 个 SNP 的组合效应比分析它们的互作效应更有意义,因此本模型成为该研究的第二个模型。其中 y 为单性状育种值;μ 为单性状育种值均值;C_{12} 为 STAT5b 和 CD4 SNP 的组合效应;$G1$ 为关于 STAT5b SNP 的基因型效应;$G2$ 为关于 CD4 SNP 的基因型效应;$G1\times G2$ 为 STAT5b 和 CD4 的互作效应;a 为个体的剩余残差多基因效应;e 为随机误差。

5.3.1.4 等位基因加性效应、显性效应和替代效应的检验

等位基因加性效应检验的计算见第 3 章。

等位基因替代效应的显著性检验是采用线性回归法(SAS9.1.3 MIXED 过程),用单性状育种值对突变基因 X 的等位基因拷贝数(0、1、2)的回归来计算。等位基因的替代效应指的是当 x 由 0 替代为 1 或 2 时所产生的效应对表型的影响,它主要体现的是等位基因的加性效应。

5.3.1.5 STAT5b 基因的序列分析

1.STAT5b 基因的定位及一级分子结构

根据 NCBI 的 Mapviewer 及 Entrez 报道,STAT5b 基因位于牛的 19 号染色体上,它在染色体上的精确位置见图 5.8(A),它的一级分子结构见图 5.8(B)。从图 5.8 中可以看出,牛的 STAT5b 基因含有 19 个外显子,18 个内含子(NCBI 序列登录号 NC_007317)。基因全长为 36 421 个碱基序列,编码 787 个氨基酸,GenBank 登录号为 NP_777042。

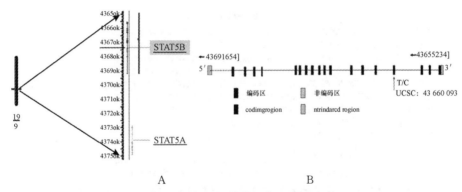

←:STAT5b 全基因组的物理位置及读取方向

↑:在外显子 16 上存在一个 T/C 突变的 SNP,并根据 UCSC 查明它在牛基因组中的物理位置

图 5.8　牛 STAT5b 基因的精确位置(A)及一级分子结构(B)

2. 关于 STAT5b 和 STAT5a 外显子 16 的基因序列比对

根据网站 http://www.ensembl.org/Bos_taurus/Gene 报道,在牛的 STAT5b 基因的第 16 外显子(chr19:43,660,044−43,660,214)上存在一个 T/C 突变的 SNP,所以外显子 15 初步被我们作为 STAT5b 基因的研究区段。但是据文献报道,STAT5a 和 STAT5b 基因在跨越内含子 5 到内含子 9 区间内,在 3 373 bp 上有 97.5% 的同源性(Hans-Martin Seyfert et al,2000),从内含子 5 跨越到内含子 7 区间内,在 2 619 bp 序列上的同源性达到 99.43%(Khatib et al,2008)。此外,它们在蛋白质水平上的同源性达到了 91.6%。所以,我们有必要对所研究的外显子 16 区段进行同源性比较,因此本研究运用 DNAMAN 软件对 STAT5a 和 STAT5b 外显子 16 的 DNA 序列进行了比对,得知,它们之间有 35.96% 的一致性(图 5.9)。最后得出结论,STAT5b 的外显子 16 这段序列比较保守,所以一碱基替换可能会影响该基因的表达和功能,具有一定的研究意义。

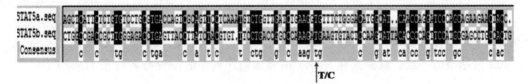

此序列比对中,两 DNA 序列有 35.96% 的同源性。↑:在外显子 16 上存在一个 T/C 突变的 SNP

图 5.9　STAT5a 和 STAT5b 的外显子 16 序列同源性比较

3. 基因池的构建

从 8 个家系中随机抽出 48 个个体,将其基因浓度配成大约 100 ng/μL,用紫外分光光度计检测其浓度并达到均一,每个个体取 5 μL 共 240 μL 的 DNA 混合构建成 DNA 池。

4. 引物的设计

根据网站 http://www.ensembl.org/Bos_taurus/Gene 报道,在牛的 STAT5b 基因的第 16 外显子(chr19:43,660,044 −43,660,214)上存在一个 T/C 突变的 SNP,如图 5.10 所示。利用网络程序(http://fokker.wi.mit.edu/primer3/input.htm)针对牛 STAT5b 基因(NCBI 序列登录号 NC_007317)g. 31562T>C 位点两侧设计一对引物(STAT5b-1F,STAT5b-1R)。

exon16

```
43660374 ACTTTTAAAACCGCTTAATCCACAACCCACGGTTATTTTTAAATGGAGATTTTTATTAGG 43660315
43660314 ACAATTTTTATGGAGAGCTTCATTGTAGTCTCTTTGGGTTTTAAGATTTCCTGTTCAGA 43660255
43660254 AGTCATATTTAGACCACGATTATTCTGTCTGTTGATCTAGAGGAAAGAATGTTTTGGAAT 43660195
43660194 CTGATGCCTTTTACCACCAGAGATTTCTCCATCCGGTCCCTGGCCGACCGCTTGGGAGAC 43660135
43660134 CTGAGTTACCTTATCTACGTGTTTCCTGACCGGCCCAAAGAYGAAGTGTACTCCAAGTAT 43660075   43660093: rs43706496 T/C;
43660074 TACACCCCAGTTCCATGCGAGCCTGCCACTGGTAACAATGTTCGCATTCTGATTTGCTTT 43660015
43660014 TGTTGTGATTCGGGGCTTTGTTTTAGGTGTGTGTGTGTGTCTGTGTCTGTCTGTCTGTATGA 43659955
43659954 AAATCTATACAGTTAATGCTCAGTTGTTGCTGTTTGAGCTTTATGCAGGGCAGATATAAG 43659895
43659894 TCCCAGGCTGTTTTCTTTAGTCAAAGAAAAAACATATCCACTACCAGCCCCAAATACCAA 43659835
```

（↓处为 T/C 突变的一个 SNP，最右边为它的注释，主要指位于
19 号染色体上，物理位置为 43660093，突变类型为 T/C 突变）

图 5.10　**STAT5b 基因的外显子 16 上 T/C 突变的 SNP**（根据 ensemble 网站报道）

5. STAT5b 基因池的 PCR 结果

关于 STAT5b 基因的外显子 16，预期的 PCR 扩增产物长度为 159 bp。对中国荷斯坦奶牛的 STAT5b 基因的含外显子 16 的一段序列进行 PCR 扩增，结果得到一条 159 bp 的特异性条带（图 5.11），与预期片段大小一致。

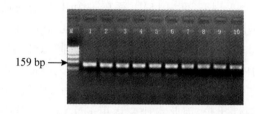

M：DNA 分子量标准（100 bp ladder marker）　1～10 泳道：STAT5b 基因包含 exon16 的序列 PCR 扩增条带

图 5.11　**中国荷斯坦奶牛 STAT5b 基因池的 PCR 扩增结果**

6. 通过测序寻找 SNP

将 STAT5b 基因池的 PCR 扩增产物取大约 100 μL，进行纯化，并用 ABI3730xl 测序仪进行正反向测序。用 Chromas 软件打开测序峰图（图 5.12，又见彩图 5.12），用 DNAMAN 进行序列分析，并最终发现了一个 T/C 突变的 SNP，位于 Chr19：43，660，093 处（UCSC），与 ensembl 网站报道一致。根据其在 STAT5b 基因组序列中的位置命名为 g.31562T＞C。

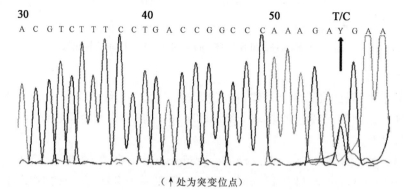

（↑处为突变位点）

图 5.12　**STAT5b 基因池的正向测序峰图**

7. 电子预测 g.31562T＞C 的这个 SNP 是否引起核苷酸的改变

将 NCBI 中公布的 STAT5b 的基因序列（序列登录号 NC_007317）及突变后的序列分别

用 NCBI 的 ORF Finder 进行分析,得出这一 SNP 不引起编码蛋白的氨基酸序列的改变,所以为同义 SNP。虽然它不引起氨基酸序列改变,但是它可能影响蛋白质的表达水平,具有重要的意义。

8. STAT5b 基因的酶切

根据 STAT5b 基因的 PCR 扩增产物长度和 T/C 点突变的位置,BBsI 限制性内切酶消化后,预期得到 3 种基因型:111 bp,23 bp;134 bp,111 bp,23 bp;134 bp。分别命名为 CC、TC 和 TT。图 5.13 为 STAT5b 基因的 BBsI 酶切位点和等位基因示意图。

9. PIRA-PCR 和 RFLP 检测结果

关于 STAT5b 基因包含 g.31562T>C 位点的序列,预期的 PCR 扩增产物长度为 134 bp,对中国荷斯坦奶牛的 STAT5b 基因的含 g.31562T>C 位点的序列进行 PCR 扩增,结果得到一条 134 bp 的特异性条带,与预期片段大小一致。STAT5b 基因的 PCR 扩增产物进行 BBsI 酶消化后,发现了 CC、TC 和 TT 三种基因型,但由于 23 bp 片段太短,因此不能在电泳胶图上显示出来。PCR-RFLP 结果见图 5.14。

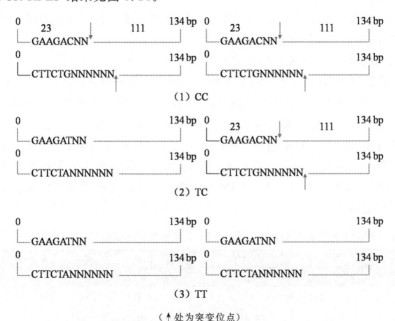

（↑处为突变位点）

图 5.13 STAT5b 等位基因图谱及其酶切位点示意图

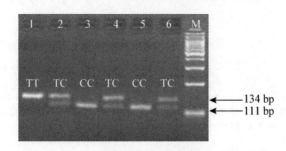

M:DNA 分子量标准

图 5.14 STAT5b 基因 PCR-RFLP 结果（5%琼脂糖凝胶）

10.STAT5b 基因等位基因频率和基因型频率

通过 SAS/Excel 软件进行 STAT5b 基因 g.31562T＞C 位点的基因型频率和基因频率的计算,统计结果见表 5.7。由表 5.10 可以看出 TC 基因型频率＞TT 基因型频率＞CC 基因型频率;T 等位基因频率大于 C 等位基因频率。

表 5.7　STAT5b 基因等位基因频率和基因型频率

基因型	个体数	基因型频率	等位基因	等位基因频率
TT	310	0.306	T	0.567
TC	528	0.521	C	0.433
CC	175	0.173		

11.Hardy-Weinberg 平衡检验

通过 SAS/Excel 软件进行 STAT5b 基因 g.31562T＞C 位点的 Hardy-Weinberg 平衡检验,结果表明该群体极不处于 Hardy-Weinberg 平衡状态($\chi^2 = 302.19$, $P < 0.01$)。在此,STAT5b 基因可能与某种性状有关,所以在表型选择时可能已经涉及它的突变对群体造成的影响。因此,这也是我们选择此 SNP 的依据。

12.STAT5b 基因多态性与 SCS 及产奶性状的关联分析

运用动物模型对 STAT5b 基因的多态和 7 个性状的育种值数据进行关联分析,得出如下结论,见表 5.8。可以看出,STAT5b 基因上的 g.31562T＞C 位点突变对产奶量、乳蛋白量和泌乳持续力的效应均达到极显著($P < 0.01$)的水平,而对其余的 5 个性状却无显著影响。在产奶量和乳蛋白量性状上,TC 基因型个体的最小二乘均值极显著高于 TT 基因型个体的最小二乘均值($P < 0.01$);在泌乳持续力性状上,TC 基因型个体的最小二乘均值显著高于 TT 基因型个体的最小二乘均值($P > 0.05$)。需要说明的是此多重比较的显著性检验水平是已经经过 Bonferroni 校正后的。

表 5.8　STAT5b 基因 g.31562 T＞C 位点对 7 个经济性状的效应(最小二乘均值±标准误)

性状(traits)	g.31562 T＞C 位点基因型(个体数)			
	TT(310)	TC(528)	CC(175)	P 值(P-value)
产奶量/kg	154.59 ± 43.97^{A}	255.74 ± 39.70^{B}	195.96 ± 49.39^{AB}	$< 0.0001^{**}$
乳脂量/kg	0.10 ± 2.78^{NS}	0.42 ± 2.61^{NS}	-0.28 ± 2.87^{NS}	0.98^{NS}
乳蛋白量/kg	3.93 ± 0.96^{A}	6.74 ± 0.81^{B}	4.58 ± 1.17^{AB}	$< 0.0001^{**}$
乳脂率/%	-0.05 ± 2.35	-0.08 ± 2.18	-0.07 ± 2.51	1.00^{NS}
乳蛋白率/%	-0.08 ± 7.31^{NS}	-0.15 ± 6.56^{NS}	-0.16 ± 8.29^{NS}	1.00^{NS}
泌乳持续力	65.60 ± 0.32^{a}	65.57 ± 0.29^{b}	65.51 ± 0.35^{ab}	$< 0.0001^{**}$
体细胞评分	-0.018 ± 0.015^{NS}	-0.022 ± 0.014^{NS}	-0.028 ± 0.015^{NS}	0.28^{NS}

注:a,b意味着同行中没有相同上标的值间差异显著($P < 0.05$);A,B意味着同行中没有相同上标的值间差异极显著($P < 0.01$);NS意味着同行中的值间差异不显著($P > 0.05$);* $P < 0.05$;** $P < 0.01$。

13.加性效应、显性效应及等位基因替代效应检验

为了进一步剖分 STAT5b SNP g.31562 T＞C 的基因型效应,我们也进行了等位基因加性效应和显性效应的计算,最后发现此 SNP 的显性效应在产奶量和乳蛋白量上是极其显著的

（$P<0.01$），而加性效应却不显著（表5.9）。

表5.9　STAT5b基因g.31562 T>C的等位基因加性效应、显性效应及替代效应检验

效应	产奶量/kg	乳脂量/kg	乳蛋白量/kg	乳脂率/%	乳蛋白率/%	泌乳持续力	体细胞评分
加性效应	−20.69±22.57	0.19±0.95	−0.33±0.65	0.01±0.96	0.04±3.90	0.04±0.15	0.005±0.005
P 值	(0.36)	(0.84)	(0.62)	(0.99)	(0.99)	(0.77)	(0.33)
显性效应	80.46±30.13	0.51±1.27	2.49±0.87	−0.03±1.28	−0.02±5.20	0.02±0.20	0.0008±0.007
P 值	(0.008**)	(0.69)	(0.004**)	(0.98)	(1.00)	(0.92)	(0.91)
替代效应	32.59±22.17	−0.12±0.93	0.69±0.64	−0.01±0.94	−0.04±3.82	−0.04±0.15	−0.006±0.004
P 值	(0.14)	(0.90)	(0.28)	(0.99)	(0.99)	(0.78)	(0.11)

注：** $P<0.01$。

从表5.9可以看出，等位基因 T 突变为 C 时对 7 个性状都不显著，需要注意的是对体细胞评分达到 0.11 水平的显著（$P=0.11$）。但是在用动物模型对 3 种基因型的效应进行多重比较时，在产奶量、乳蛋白量和泌乳持续力上基因型间的效应却是显著的。经过分析得出，在产奶量和乳蛋白量性状上，基因型之间的显著效应主要是由等位基因的显性效应所引起的。所谓的显性效应是指同一位点内等位基因间的互作效应所产生的效应。

5.3.1.6　CD4基因的PCR-RFLP分析

1.CD4基因的定位及一级分子结构

根据 NCBI 的 Mapviewer 及 Entrez 报道，CD4 基因位于牛的 5 号染色体上，它在染色体上的精确位置如图 5.15（A），它的一级分子结构如图 5.15（B），从图 5.15 中可以看出，牛的 CD4 基因含有 7 个外显子，6 个内含子（NCBI 序列登录号 NC_007303）。基因全长为 16 356 个碱基序列，编码 395 个氨基酸，GenBank 登录号为 NP_001096695。

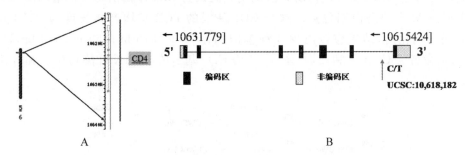

←:CD4 全基因组的物理位置及读取方向
↑:在内含子 6 上存在一个 C/T 突变的 SNP，并根据 UCSC 查明它在牛基因组中的物理位置

图5.15　牛的 CD4 基因的精确位置（A）及一级分子结构（B）

2.CD4基因的引物设计

根据网站 http://www.ncbi.nlm.nih.gov 报道在牛的 CD4 基因的内含子 6 上存在 SNP，利用网络程序（http://fokker.wi.mit.edu/primer3/input.htm）针对牛 CD4 基因（NCBI 序列登录号 NC_007303）内含子 6 两侧设计两对引物，并用 Oligo6.0 筛选出最佳的 2 对引物：CD4-primer1F，CD4-primer1R 和 CD4-primer2F，CD4-primer2R。

3. CD4基因池的 PCR 结果

关于 CD4 基因内含子 6，预期的引物 primer1 的 PCR 扩增产物的长度为 724 bp。Primer2 的扩增产物长度为 735 bp,这 2 对引物是对内含子 6 所做的扩增。通过优化 PCR 反应条件,对中国荷斯坦奶牛的 CD4 基因的内含子 6 进行 PCR 扩增,得到了 PCR 特异性条带,与预期片段大小一致。

4. 通过测序寻找 CD4 基因的 SNP

将 CD4 基因池的 PCR 扩增产物 1 和 2 分别取大约 100 μL,进行纯化,并用 ABI3730xl 测序仪进行正反向测序。用 ContigExpress6.0 软件进行序列拼接,并用 Chromas 软件打开测序峰图,经过 DNAMAN 的序列比对在 CD4 的扩增产物 2 上最终发现了一个 C/T 突变的 SNP,它的测序图见图 5.16(又见彩图 5.16)。

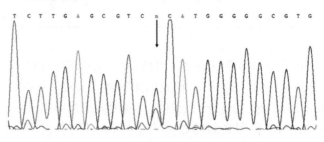

(↓处为突变位点)

图 5.16　CD4 基因池的测序峰图

5. CD4 基因的 PCR 扩增结果

牛 CD4 基因 Chr5:10,618,182 位置(http://genome.ucsc.edu)存在一个 C/T 突变的 SNP,根据在 CD4 基因序列中的位置命名为 g.13598C>T,由于 BsiHKAI 限制性内切酶可特异性的识别序列 5′-G↓WGCW * C-3′,因此,当该位点发生突变时,序列由 GWGCW * C 变为 AWGCWC,使 BsiHKAI 内切酶无法识别。又因为 CD4 基因引物 2 扩增的序列中只存在一个 BsiHKAI 内切酶识别位点。这个 CD4 基因的 PCR 扩增产物长度为 735 bp,经过 BsiHKAI 酶的消化后,结果应该出现 3 种基因型:159 bp,576 bp;159 bp,576 bp,735 bp;735 bp,分别命名为 CC、CT 和 TT。图 5.17 为 CD4 基因的 BsiHKAI 酶切位点和等位基因示意图。

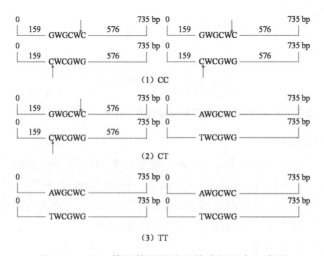

图 5.17　CD4 等位基因图谱及其酶切位点示意图

6. CD4 基因的 PCR-RFLP 结果

该研究对中国荷斯坦牛的 CD4 基因进行 PCR 扩增,优化 PCR 反应,调整退火温度,模板 DNA 的用量,尽量降低 PCR 反应体系中其他成分的用量,确定了最优化的组合,结果均得到一条 735 bp 的特异性条带,与预期大小一致。

对中国荷斯坦奶牛 CD4 基因的 PCR 扩增产物进行 BsiHKAI 酶消化后,发现了 CC、CT 和 TT 3 种基因型,PCR-RFLP 结果见图 5.18。

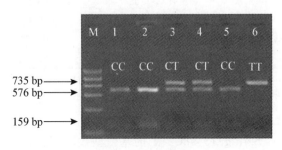

M:DNA 分子量标准

图 5.18 **CD4 基因 PCR-RFLP 结果**(2%琼脂糖凝胶)

7. CD4 基因等位基因频率和基因型频率

通过 SAS/Excel 软件进行 CD4 基因 g.13598C>T 位点的基因型频率和基因频率的计算,统计结果见表 5.10。由表可以看出 TC 基因型频率>CC 基因型频率>TT 基因型频率;C 等位基因频率大于 T 等位基因频率。

表 5.10 **CD4 基因等位基因频率和基因型频率**

基因型	个体数	基因型频率	等位基因	等位基因频率
TT	176	0.2	T	0.477
TC	488	0.555	C	0.523
CC	216	0.243		

8. CD4 基因的 Hardy-Weinberg 平衡检验

通过 SAS/Excel 软件进行 CD4 基因 g.13598C>T 位点的 Hardy-Weinberg 平衡检验,结果表明该群体极不处于 Hardy-Weinberg 平衡状态($\chi^2 = 10.45$,$P < 0.01$)。这可能是由于在中国荷斯坦牛选种、选配过程中长期针对产奶性状进行选育以及奶牛人工授精技术普遍应用所造成的,其次,也可能是由于 CD4 基因与某一性状相连锁,所以对这一性状选择时涉及 CD4 的突变对群体造成的不平衡等原因。

9. CD4 基因多态性与 SCS 及产奶性状的关联分析

运用动物模型对 CD4 基因的多态与 7 个性状的育种值间进行关联分析,得出一些结论见表 5.11,可以看出,CD4 基因上的 g.13598C>T 位点突变对产奶量、乳蛋白量、泌乳持续力和 SCS 的效应均达到极显著($P < 0.01$)的水平,对其余 3 个性状无显著影响($P > 0.05$)。对于产奶量和乳蛋白量性状,TT 基因型个体的最小二乘均值显著高于 CC 基因型个体($P < 0.01$);但是对于 SCS,却是 TT 基因型个体的最小二乘均值显著低于 CC 基因型个体($P < 0.01$)。需要补充的是此多重比较的显著性检验水平 α 已经过 Bonferroni 校正。

表 5.11　CD4 基因 g.13598C＞T 位点对 7 大经济性状的效应（P 值和最小二乘均值±标准误）

性状	g.13598C＞T 位点基因型（个体数）			
	TT(176)	CT(488)	CC(216)	P 值
产奶量/kg	279.73±49.16[b]	202.27±39.86[a]	194.98±46.86[a]	＜0.0001**
乳脂量/kg	1.46±3.01[NS]	−1.87±2.76[NS]	−0.36±3.01[NS]	0.27[NS]
乳蛋白量/kg	8.02±1.18[Bb]	4.90±0.85[A]	5.17±1.10[a]	＜0.0001**
乳脂率/%	−0.08±2.79[NS]	−0.09±2.50[NS]	−0.07±2.74[NS]	1.00[NS]
乳蛋白率/%	−0.08±7.79[NS]	−0.14±6.13[NS]	−0.07±7.37[NS]	1.00[NS]
泌乳持续力	65.55±0.37[NS]	65.39±0.31[NS]	65.70±0.36[NS]	＜0.0001**
体细胞评分	−0.035±0.016[ab]	−0.040±0.014[a]	−0.021±0.016[b]	＜0.01**

注：[a,b]意味着同行中没有相同上标的值间差异显著（P＜0.05）；[A,B]意味着同行中没有相同上标的值间差异极显著（P＜0.01）；[NS]意味着同行中的值间差异不显著（P＞0.05）；* P＜0.05；** P＜0.01。

10.等位基因加性效应、显性效应及替代效应检验

为了进一步剖分 CD4 SNP g.13598C＞T 的基因型效应，我们也进行了等位基因加性效应和显性效应的计算，最后发现此 SNP 只有在乳蛋白量上的加性效应是显著的（P＜0.05），其余都是不显著的。在产奶量上的加性效应水平达到 P=0.08，在 SCS 上的加性和显性效应显著水平分别为 P=0.19 和 0.11（表 5.12）。

替代效应的结果见表 5.12。对于这 7 个性状，此 SNP 的替代效应都不显著（P＞0.05），在产奶量和乳蛋白量上的替代效应显著水平分别为 P=0.11 和 P=0.06。通过与动物模型的多重比较结果进行比较，可知，对于产奶量和乳蛋白量，基因型间的显著效应可能由等位基因的加性效应所引起的。

表 5.12　CD4 基因 g.13598C＞T 的等位基因加性效应、显性效应及替代效应检验

	产奶量/kg	乳脂量/kg	乳蛋白量/kg	乳脂率/%	乳蛋白率/%	体细胞评分
加性效应	42.38±24.20	0.91±1.02	1.43±0.70	−0.007±1.03	−0.008±4.05	−0.007±0.005
P 值	0.08	0.37	0.04*	0.99	1.00	0.19
显性效应	−35.08±31.97	−2.42±1.35	−1.70±0.92	−0.009±1.36	−0.06±5.35	−0.012±0.007
P 值	(0.27)	(0.07)	(0.07)	(0.99)	(0.99)	(0.11)
替代效应	40.78±25.63	0.75±1.02	1.31±0.70	−0.01±1.02	−0.01±4.03	−0.008±0.005
P 值	(0.11)	(0.46)	(0.06)	(0.99)	(0.99)	(0.15)

注：* P＜0.05。

5.3.1.7　CD4 基因和 STAT5b 基因的组合效应

为了更进一步分析 CD4 和 STAT5b 基因的组合效应，现将这两个基因的 3 种基因型的 9 种组合类型规范如表 5.13 所示。

表 5.13　CD4 基因的 SNP1 和 STAT5b 基因的 SNP2 基因型间的组合类型

SNP	互作类型								
	C1	C2	C3	C4	C5	C6	C7	C8	C9
SNP1×SNP2	TTTT	TTTC	TTCC	TCTT	TCTC	TCCC	CCTT	CCTC	CCCC

由下表 5.14 可以看出，STAT5b 和 CD4 基因的组合效应对产奶量、乳蛋白量和泌乳持续力影响极显著（P＜0.01），对 SCS 影响显著（P＜0.05）。但是在单基因关联分析时，只有 CD4

与 SCS 极显著,而 STAT5b 与 SCS 却不显著,因此 STAT5b 和 CD4 基因对 SCS 组合效应显著主要是由 CD4 所引起的,所以 CD4 有望成为乳房炎改良的有效候选基因。

在 9 种组合基因型中,C2(TTTC)的个体比其他 8 种基因型的个体会产生更多的奶、脂肪和蛋白,组合基因型 C7(CCTT)的奶牛 SCS 最高,产奶量和乳蛋白量却较低。C1(TTTT)基因型个体的 SCS 最低。因此 CD4 基因的 TT 基因型可能是提高产奶量、乳脂量和乳蛋白量,降低 SCS 的有利基因型,所以 CD4 的突变基因 T 也可能成为提高产奶性状,降低乳房炎感染的有利基因。

表 5.14 **STAT5b 及 CD4 基因对 7 个经济性状的组合效应**(P 值和最小二乘均值±标准误)

组合 类型	奶牛数	产奶量/kg	乳脂量/kg	乳蛋白量/kg	乳脂率/%	乳蛋白率/%	泌乳持续力	SCS
C1 (TTTT)	58	141.4 ± 69.26^A	0.27 ± 3.24	6.09 ± 1.98^{ABC}	-0.05 ±2.97	0.18 ±11.18	65.66 ± 0.47	-0.037 $\pm0.019^A$
C2 (TTTC)	87	411.8 ± 63.18^{Bb}	5.47 ± 3.05	10.08 ± 1.80^{Cc}	-0.10 ±2.74	-0.30 ±10.10	65.79 ± 0.42	-0.018 $\pm0.018^{AB}$
C3 (TTCC)	41	206.1 ± 91.55^a	-0.38 ± 4.05	5.84 ± 2.63^{ABC}	-0.08 ±3.84	-0.06 ±15.05	64.91 ± 0.60	-0.032 $\pm0.023^{AB}$
C4 (TCTT)	144	131.35 ± 52.92^{aA}	-2.07 ± 2.71	2.43 ± 1.50^{Aa}	-0.07 ±2.35	-0.16 ±8.25	65.44 ± 0.36	-0.032 $\pm0.016^A$
C5 (TCTC)	239	252.0 ± 45.74^A	0.66 ± 2.46	6.74 ± 1.29^{BC}	-0.09 ±2.08	-0.11 ±6.96	65.37 ± 0.32	-0.031 $\pm0.015^A$
C6 (TCCC)	87	172.7 ± 61.02^A	-0.95 ± 2.96	3.40 ± 1.74^{BC}	-0.07 ±2.65	-0.18 ±9.72	65.56 ± 0.41	-0.034 $\pm0.017^A$
C7 (CCTT)	76	137.9 ± 69.54^A	0.95 ± 3.31	3.46 ± 1.98^{BC}	-0.04 ±3.01	-0.07 ±11.16	65.54 ± 0.47	0.010 $\pm0.020^{Bb}$
C8 (CCTC)	113	205.8 ± 55.95^A	-0.80 ± 2.78	5.77 ± 1.59^{Bb}	-0.09 ±2.46	-0.05 ±8.83	65.81 ± 0.38	-0.027 $\pm0.016^a$
C9 (CCCC)	35	260.4 ± 85.45^{AB}	5.66 ± 3.83	6.80 ± 2.45^{ABC}	-0.04 ±3.60	-0.12 ±14.00	65.85 ± 0.57	-0.016 $\pm0.022^{AB}$
P 值		<0.0001	0.21^{NS}	<0.0001	1.00^{NS}	1.00^{NS}	<0.0001	0.04

注:组合基因型,CD4 基因型(TT,TC 和 CC)与 STAT5b 的基因型(TT,TC 和 CC)在同一个体上的不同组合类型;a,b,c 意味着同列中没有相同上标的值间差异显著($P<0.05$);A,B,C 意味着同列中没有相同上标的值间差异极显著($P<0.01$)。

5.3.2 奶牛乳房炎抗性候选基因乳铁蛋白基因的 PCR-SSCP 分析

5.3.2.1 试验群体

荷斯坦牛血样采自北京杜庆、太和牛场,样本数为两个牛场各 50 头,每头采血样约 10 mL,ACD 抗凝采用常规方法从冻存血样中提取基因组 DNA,-20℃冻存。对应所采的 100 头奶牛个体,排除因淘汰和干奶的影响,采到相应奶牛个体的奶样,每头采样约 30 mL。用冰壶保存,带回实验室立即做蛋白处理。

5.3.2.2 引物设计

根据 Seyfert(1994)在 GenBank 中发表的已知牛乳铁蛋白基因全序列,利用 Oligo4.0 软件对牛乳铁蛋白基因的 5′区和 17 个外显子进行引物序列设计。以基因组为模板进行 PCR 特异性扩增。PCR 产物冻存,以备后面的 SSCP 分析(李国华,2001)。

5.3.2.3 牛乳铁蛋白基因 5′调控区的 PCR-SSCP 结果

经 PCR-SSCP 检测发现,乳铁蛋白基因 5′区的 5 对引物的 PCR 扩增产物中,引物对 1、3、5 经 SSCP 检测存在多态,结果如图 5.19 所示。

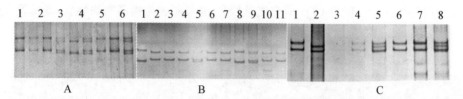

A. 5′-1 SSCP 结果(10% PAGE)   泳道 1,3,4,6,7:AA 基因型   5,8:AB 基因型   2:BB 基因型
B. 5′-3 SSCP 结果(12% PAGE)   泳道 2,3,4,6,7,10,11:AA 基因型   5,9:AB 基因型   1,8:BB 基因型
C. 5′-5 SSCP 结果(9.5% PAGE)   1,2,3,7,8:AA 基因型   4,6,9:AB 基因型   5:BB 基因型

图 5.19   奶牛乳铁蛋白基因 5′调控区 SSCP 分析结果

5.3.2.4 牛乳铁蛋白基因 5′调控区潜在的调控元件及蛋白结合位点的预测

运用 TFSEARCH ver.1.3 软件(网址:http://www.rwcp.or.jp/lab/pdappl/papia.html)对乳铁蛋白基因 5′调控区(1 122 bp)进行潜在调控元件和蛋白结合位点的预测,见图 5.20,图上标注的是结合在含突变位点序列上的调控因子。

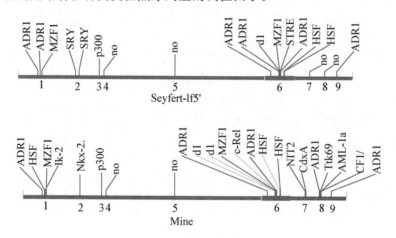

图 5.20   乳铁蛋白基因 5′区调控因子结合模式图

从 Seyfert(1994)发表的关于牛乳铁蛋白基因 5′区序列的信息获知,牛乳铁蛋白基因 5′上游的已知序列长度为 1 122 bp,+1～+82 位为外显子 1,+83～+115 位为内含子 1,其中 +1～+39 位是 5′非翻译区,+40～+82 位是氨基酸编码区。上图所示的位置 8 的点突变就落在外显子 1 的 5′非翻译区。图中的 3,4,6,9 位置的 5 处突变(3 和 4 位为碱基插入,6 和 9 位为碱基替代)是相对于 Seyfert 的序列而言的,也就是在该研究所检测的牛群中,上面 5 处并没发现突变。

由图 5.20 可以看出,由于乳铁蛋白基因 5′序列发生的几处碱基突变,引起了调控转录因子种类和数目的差异,较明显的是转录起始点远端上游 1 和 2 位(5′-1 区)及近端 7 和 8 位(5′-5 区),它们的差异总结于表 5.15。

表 5.15　转录因子与乳铁蛋白基因 5 录区结合方式的预测

位置	突变类型	转录因子（Seyfert）	转录因子（突变序列）
1 位（−926）	G→A	ADR1,MZF1	ADR1,MZF1,HSF,Ik-2
2 位（−915）	T→G	SRY,SRY	Nkx-2
7 位（−28）	C→A	没有	NIT2,CdxA
8 位（+33）	G→C	没有	ADR1,Ttk69,AML-1a,CF1/

5.3.2.5　牛乳铁蛋白基因外显子及部分内含子 PCR-SSCP 结果

对奶牛乳铁蛋白基因的 17 个外显子经 SNPs 检测后,经 SSCP 分析发现,外显子有 4、8、9、11、15 及内含子 4 存在碱基突变,而外显子 2、3、6、7、10、12、14、16 和 17 不存在多态。存在多态的外显子 SSCP 图谱如图 5.21 所示。

5.3.2.6　奶牛乳铁蛋白基因的克隆与分析

研究采用 PCR-SSCP 方法分析奶牛乳铁蛋白基因多态性,在该基因 5′区 1 122 bp 长的片段上所截分的 5 个位点中,有 3 个位点存在多态(暂时定义为 5′-1,5′-3 和 5′-5)。乳铁蛋白基因的全部 17 个外显子中,外显子 4、8、9、11 和 15 存在突变,除外显子 11 已经报道存在序列多态外(Seyfert,1994);其余均为该研究首次发现。对存在突变的全部位点及其相应的正常对照序列分别克隆、测序,并对所测得的序列利用 DNAMAN 和 GENYMAX8.5 分析软件进行同源性分析。

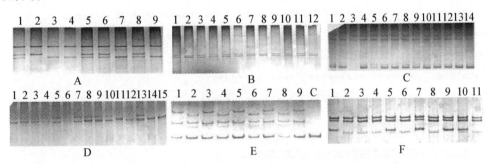

A. 外显子 4 的 SSCP 结果(13% PAGE)　泳道 1,5,6,8:AB 基因型　3,4,7,9:AA 基因型　2:BB 基因型
B. 内含子 4 的 SSCP 结果(13% PAGE)　泳道 1,3～7,9～11:AA 基因型　2,12:AB 基因型　8:BB 基因型
C. 外显子 8 的 SSCP 结果(12% PAGE)　泳道 1,3,5～12,14:AA 基因型　4,13:AB 基因型　2:BB 基因型
D. 外显子 9 的 SSCP 结果(18% PAGE)　泳道 1,5,7,10:BB 基因型　2～4:CC 基因型
　6,8,9,12,13:杂合子　11,15:AA 基因型　14:DD 基因型
E. 外显子 11 的 SSCP 结果(18% PAGE)　泳道 1,3,5,7,9:AA 基因型　2,4,6,8:BB 基因型　C:PCR 产物对照
F. 外显子 15 的 SSCP 结果(13% PAGE)　1,7,9:BB 基因型　2～4,6,8,11:AA 基因型　5,10:AB 基因型

图 5.21　奶牛乳铁蛋白基因外显子区 SSCP 分析结果

转化后的大肠杆菌经蓝白斑筛选,提取质粒,用 BamHⅠ和 HindⅢ双酶切鉴定,挑选浓度适宜的重组质粒作为测序模板,进行测序分析。

5.3.2.7　奶牛乳铁蛋白基因部分序列核苷酸同源性比较

研究通过对奶牛乳铁蛋白基因 5′-调控区及所有外显子突变情况的分析后,将含突变位点的序列及相应的正常序列分别克隆测序,并将突变与正常序列及与 Seyfert(1994)发表的奶牛乳铁蛋白基因已知序列进行同源性比较。限于篇幅,在此仅列含突变位点的部分序列,比较结果如下。

1. Lf5'-1 序列同源性比较结果

Seyfert H. ACCCCTTGGGG*G*ACACTTAGTT*T*TGCTTGCAAT ≈ AAGGGAGTGT-CTTCAAGG

Mutation ********** A ********** G ********* ≈ ********** C ********

Normal   ********** G ********** T ********* ≈ ********** C ********

Seyfert H. ATGCAGAGCAGAGTTCTAGC-TTAGAACTGAAAA

Mutation ******************* T *************

Normal   ******************* T *************

2. Lf5'-3 序列同源性比较结果

Seyfert H. AAAACTCCAGGCTGGCT-CTGCGTGCAGAT

Mutation **************** G ***********

Normal   **************** - ***********

3. Lf5'-5 序列同源性比较结果

Seyfert H. ACCCCC*G*CTCTTCCCCCTTCCCCCCGGTTTT*T*CCCCCTCTAGGAAC

Mutation ****** A ********************** T *************

Normal   ****** A ********************** T *************

Seyfert H. TCACCGAGCACTGG*C*TAAAGGGACGCAG ≈ CGCCCCAGGAC*G*CCAGCCAT

Mutation *************** C ************ ≈ ********** C ********

Normal   *************** A ************ ≈ ********** G ********

Seyfert H. CCCCGCCCTGCTGTCCCT*C*GGAGCCCTTGGTGAG

Mutation ****************** T ***************

Normal   ****************** T ***************

4. 乳铁蛋白基因外显子 4 序列同源性比较结果

Seyfert H. GGTCCGCTGGGTGG*G*TCATCCCTATGGG

Mutation ************** G *************

Normal   ************** A *************

5. 乳铁蛋白基因内含子 4 序列同源性比较结果

Seyfert H. ACTGGCTGTGGTCTGGTGAG*C*TCACACCCTGG

Mutation ******************** C ***********

Normal   ******************** G ***********

在检测牛乳铁蛋白基因外显子 5 多态性时,由于所设计的片段搭了一段内含子 4 的序列,故无意中发现内含子 4 存在一个 G→C 的点突变,而外显子 5 却没有发现碱基突变。

6. 乳铁蛋白基因外显子 8 序列同源性比较结果

Seyfert H. ATTCGGCGCTGTACCT*T*TGGCTCCCGC

Mutation **************** T *********

Normal   **************** G *********

7. 乳铁蛋白基因外显子9序列同源性比较结果

外显子9的突变情况较复杂,有四种纯合基因型:

(BB型)GCCGTGGGACC*C*GAGGAGCAGAA ≈ GGCGTCCACCAC*C*GACGACTGC

(CC型)*********** T ********** ≈ *********** T *********

(DD型)*********** T ********** ≈ *********** C *********

(AA型)*********** C ********** ≈ *********** T *********

8. 乳铁蛋白基因外显子11序列同源性比较结果

Seyfert H. GTGCTGAGACCAAC*GG*AAGGTGAGT

Mutation　************* A **********

Normal　　************* G **********

9. 乳铁蛋白基因外显子15序列同源性比较结果

Seyfert H. GCTGTGGTGTCTCGGAGCGATAGGGCAGCACACG

Mutation　******************* C *************

Normal　　******************* T *************

将测得的突变与正常核苷酸序列分别翻译成氨基酸序列,然后进行氨基酸序列同源性比较,结果表明外显子4的碱基突变导致了异亮氨酸替代缬氨酸,其他外显子的碱基突变全为无意突变。

5.3.2.8　乳铁蛋白的 western 印迹分析

为进一步确定牛奶中乳铁蛋白的表达量,随机选取几个个体的样品进行 western blotting 杂交分析,结果如图 5.22 所示。上样量为 10 μL,乳铁蛋白在牛奶中的含量非常低,有的样品甚至低到用 western 方法检测不出来,见图 5.22。

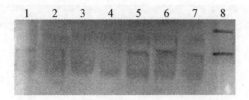

图 5.22　牛乳铁蛋白 western blotting 分析

5.4　奶牛乳房炎抗性的表观遗传调控研究

5.4.1　表观遗传学概述

2004 年夏,以"表观遗传学"为主题的第 69 次冷泉港数量生物学会召开,此次会议恰逢冷泉港实验室开展遗传学研究 100 周年,以表观遗传学为主题恰逢适时(Allis et al,2006)。大量研究发现,除传统意义的 DNA 遗传信息外,还存在大量 DNA 序列之外的遗传调控信息,即表观遗传学信息(epigenetic information)。表观遗传学(epigenetics)是指基因的 DNA 序列未发生改变,而基因表达却发生了可遗传的变化,并导致表型的变异。表观遗传修饰(epigenetic modification)主要包括 DNA 甲基化、组蛋白修饰及小 RNA 等。表观遗传紊乱通常引起癌症、自体免疫疾病、慢性炎症等各类人类及动物疾病(Vanselow et al,2006;Yu et al,2008a, 2008b;Luo et al,2012)。

5.4.1.1 DNA 甲基化

DNA 甲基化(DNA methylation)是最早发现的表观遗传密码之一。DNA 高甲基化通常阻遏转录进行,引起基因沉默。DNA 甲基化主要形成 5-甲基胞嘧啶(^{5m}C),即在 DNA 甲基转移酶(DNMT1、DNMT3a、DNMT3b)作用下,基因组中的 CpG 二核苷酸胞嘧啶被选择性地添加甲基基团。人类基因组中 60%～90% 的 CpG 都被甲基化,未甲基化的成簇的 CpG 称 CpG 岛,一般位于结构基因的启动子区及转录起始位点。大量研究发现,DNA 甲基化对基因组印记、X 染色体失活、炎症反应以及肿瘤形成起重要调控作用。

5.4.1.2 组蛋白修饰

组蛋白修饰(histone modification)是另一种重要的表观遗传密码。染色质基本结构单位核小体是一种蛋白质-DNA 复合结构,核心为组蛋白八聚体,外周缠绕 147 bp 的 DNA。核心部分的组蛋白状态比较均匀,而游离在外的 N-端则包含各种各样的组蛋白修饰,包括组蛋白乙酰化、甲基化、泛素化及磷酸化等。不同的组蛋白修饰对基因表达的调控作用不同(表 5.16)。组蛋白乙酰化受组蛋白乙酰基转移酶(HATs)和去乙酰化酶(HDACs)共同调节,通过激活基因表达。对模式动物的研究发现,HDAC 抑制剂能抑制 IL-1、IL-6 等促炎因子的表达,具有较强的抗炎效果。组蛋白甲基化的调控比较复杂,依据其修饰的位点及甲基化程度不同,激活或抑制基因的转录。基因启动子区富含 H3K4 甲基化,则激活基因的转录。相反,如果启动子区的 H3K9、H3K27 被甲基化修饰,则抑制基因的表达。相比而言,组蛋白赖氨酸乙酰化修饰不太稳定,而 DNA 甲基化和组蛋白甲基化修饰则比较稳定,可遗传给后代。

表 5.16　表观遗传标记、功能及修饰酶

沉默标记	酶	功能	激活标记	酶	功能
^{5m}CpG	DNMT1	DNA 甲基化	H3K4	Set1	组蛋白甲基化
^{5m}CpG	DNMT3a	DNA 甲基化	H3K36	Set2	组蛋白甲基化
^{5m}CpG	DNMT3b	DNA 甲基化	H3K79	DoT1L	组蛋白甲基化
H3K27	EZH2	组蛋白甲基化	H3	GNAT	组蛋白乙酰化
H3K9	SUV39H1	组蛋白甲基化	H4	MYST	组蛋白乙酰化
H4K20	SUV4-20H1	组蛋白甲基化	H3 和 H4	CBP/p300	组蛋白乙酰化
H3 和 H4	HDAC1-11	组蛋白去乙酰化	H3S10	RSK2	组蛋白磷酸化
H2BK119	BMI1/RING1A	组蛋白泛素化	H2BK123	RNF20/RNF40	组蛋白泛素化

5.4.1.3 小 RNA 修饰

小分子 RNA(small RNA)是一类长 20～30 核苷酸的非编码 RNA 分子(non-coding RNA),其介导的转录后基因调控是一种重要的表观基因调控机制。自从 1993 年首次在秀丽线虫(*Caenorhadits elegans*)中被发现后,人们越来越多地意识到小分子 RNA 的重要作用。根据小分子 RNA 生物合成途径的不同,大致上可将其分为微小 RNA(microRNA,miRNA)和小干扰 RNA(small interfering RNA,siRNA)两大类型。其中 siRNA 又分为天然反义 siRNA(natural antisense siRNA,nat-siRNA)、反式作用 siRNA(trans-acting siRNA,ta-siRNA)

和异染色质小 RNA(heterochromatic small RNA)。miRNA 是第一类被发现并具有重要功能的内源单链小分子 RNA,其长度为 20~23 核苷酸。siRNA 是一类由长的双链 RNA(double strand RNA,dsRNA)产生的小分子 RNA。基因组上的许多位点都可以产生 siRNA。此外还有与 piwi 蛋白互作而得名的长度为 25~31 nt 的 piRNA(piwi-interactingRNA)。

5.4.2 表观遗传修饰对炎症及乳房炎的调控

炎症受遗传和非遗传因素(环境或表观遗传)的共同影响,其中表观遗传(epigenetic)在炎症的发生发展过程中发挥重要调控作用。表观遗传修饰是指 DNA 序列没有改变,而基因表达却发生了可遗传的变化,主要包括 DNA 甲基化和组蛋白修饰等。表观遗传为病原微生物与炎症反应间关系的研究架起了重要桥梁。炎症反应中 T 辅助细胞的分化,细胞因子、趋化因子等基因的表达都受到表观遗传的调控(王晓铄,俞英,2010)。

炎症(inflammation)是机体对病原微生物等刺激物产生的免疫应答,其重要特征是大量免疫细胞进入感染区域。如果机体发生持续性炎症,则导致慢性炎症。据调查,约有 15% 的慢性炎症会诱发癌症的发生,"炎-癌链"是目前炎症反应及癌症发生的研究前沿。因此,对炎症的发生、发展及调控机制进行研究,以尽早预防癌症,是近年来炎症研究的重要领域。

研究发现,表观遗传修饰(epigenetic modification)主要包括 DNA 甲基化、组蛋白修饰及非编码 RNA(non-coding RNA)等,是炎症发生、发展的主要调控机制之一。目前,炎症的表观遗传调控机制多来源于人类及模式动物,家养动物方面的研究报道较少。对于奶牛乳房炎而言,其主要致病原因是外界病原菌的入侵。据 Vanselow 等报道,相比健康奶牛,患乳房炎奶牛的酪蛋白基因启动子区出现了 DNA 高甲基化现象。以下主要就表观遗传学对炎症的调控机制及其在奶牛乳房炎治疗及抗病育种中的应用前景进行了综述和展望。

5.4.2.1 炎症的病理变化与分子机理

1. 炎症发生发展的病理变化

炎症的发生发展是以血管反应为中心的渗出性变化,其中,免疫细胞的渗出是炎症反应的重要特征。免疫细胞(immunocyte)也称炎性细胞,主要包括 T 细胞、B 细胞、单核吞噬细胞和树突细胞等。当机体受病原微生物感染时,最初的反应即免疫细胞的升高或降低。炎症反应就是将免疫细胞输送到炎症部位,其基本病理变化包括变质、渗出和增生,炎症早期以变质和渗出变化为主,后期以增生为主。

炎症根据病程分为急性和慢性炎症两类。急性炎症是机体对炎症刺激因子产生的立即和早期反应,慢性炎症病程较长,可由急性炎症迁延而来,或由于致炎因子刺激较轻但持续时间较长,一开始即呈慢性经过。

2. 炎症发生的分子机理

T 淋巴细胞是参与炎症反应的重要免疫细胞,占外周血淋巴细胞总数的 65%~70%。慢性炎症的典型特征即炎灶部位出现大量激活的 CD4[+] T 辅助细胞(Th),识别并帮助 CD8[+] T 细胞杀死外源病原菌。

除 T 细胞外,炎症的发生发展还与免疫细胞分泌的细胞因子、趋化因子、细胞黏附分子等免疫分子紧密相关。细胞因子(cytokine)为小分子肽,具有调节免疫功能、参与炎症发生和愈合创伤等功能。参与炎症早期的细胞因子主要有白介素 IL-2、肿瘤坏死因子 TNF-α 等。趋化因子(chemokine)是一类小分子量的细胞因子,主要参与 T 细胞的游走和活化,在炎症反应中起重要作用。随着对炎症形成机理的不断认识,研究者发现表观遗传修饰在 Th 细胞亚群的分化、细胞因子的激活与沉默等方面发挥重要调控作用。

5.4.2.2 表观遗传修饰对炎症反应的调控

1.Th1/Th2 细胞分化及其细胞因子

通过炎症应答而汇集到炎症部位的 $CD4^+$ T 辅助细胞(Th)对炎症的发生发展起主导作用。在抗原递呈细胞(APC)信号作用下,$CD4^+$ T 前体细胞(Th0)分化为 Th1 和 Th2 细胞,在正常生理情况下,Th1 与 Th2 细胞保持动态平衡。炎症反应中,这种平衡被打破,处于 Th1 或 Th2 占优势的 Th1/Th2 漂移状态。其中,Th1 细胞主要发挥促炎作用,产生 TNF-α 及 IL-2 等细胞因子;而 Th2 细胞主要发挥抗炎作用,产生 IL-4、IL-5 和 IL-13 等特征性细胞因子。

Th1 及 Th2 细胞分化主要依赖于表观遗传修饰,包括各自特征性细胞因子基因启动子区及非编码区的组蛋白甲基化、组蛋白乙酰化和 DNA 甲基化等。Th1 细胞的分化受 Th2 的特征细胞因子 IL-4、IL-5 和 IL-13 基因的表观遗传沉默所决定,而 Th2 细胞分化则受 Th1 特征细胞因子 *IFN-γ* 基因的表观遗传沉默调控。此外,细胞因子 IL-4 或 IL-13 基因的组蛋白 3 发生快速乙酰化现象,也是 Th0 分化为 Th2 细胞的主要原因。Saemann 等发现,金黄色葡萄球菌刺激血液单核细胞后,经酪酸盐处理,细胞因子 IL-2 和 INF-γ 水平降低,导致 Th1 细胞数量减少;同时,IL-4 和 IL-10 水平增加,引起 Th2 细胞数量的增加。可见,表观遗传调节打破了 Th1/Th2 平衡状态,引起炎症。

2.Th17 细胞分化及其细胞因子

最近发现了一种新的 Th 细胞亚群,即 Th17 细胞。Th17 细胞分泌 IL-17 蛋白,具有较强的促炎性,在炎症疾病中具有重要作用,诱导自身免疫性脑脊髓炎等疾病。研究发现,将患自身免疫性脑脊髓炎小鼠的 Th17 细胞输入健康小鼠体内,可使健康小鼠发病率达到 100%。研究还发现,这种 Th17 细胞的分化也受表观遗传的调控,其表观遗传修饰特点是,*IL-17* 基因启动子区存在组蛋白乙酰化及 H3K4 三甲基化现象。

3.Tregs 细胞及细胞因子

有 5%~10% 的 $CD4^+$ T 细胞为调节性 T 细胞(regulatory T cells,Tregs)。Tregs 细胞的主要功能是防止其他 T 细胞的过度活化和维持免疫耐受,对慢性炎症疾病具有重要保护作用。Tregs 细胞分泌具有较强免疫抑制效应的细胞因子 IL-10、TGFβ 和 IL-35 等,其中 IL-35 为 Tregs 细胞的专有细胞因子。Tregs 细胞的免疫抑制功能受转录抑制因子 FOXP3 影响(表5.17)。组蛋白乙酰化在 $FOXP3^+$ Tregs 细胞的炎症抑制功能方面起重要作用。通过抑制去乙酰化酶 HDAC27 和 HDAC9 的表达,FOXP3 的表达量增加,其转录抑制功能也相应上调。去乙酰化酶 HDAC9 缺陷小鼠的 Tregs 细胞在抑制免疫应答方面比正常小鼠的 Tregs 细胞更为有效。这种现象未在其他 $CD4^+$ T 细胞中发现,为 Tregs 细胞特有。

表 5.17　*Th* 细胞亚群分泌的细胞因子及相关的转录因子

亚群	细胞因子	转录因子
Th1	IFN-γ、TNF-α、IL2、IL12	T-bet
Th2	IL4、IL5、IL6、IL10、IL13	GATA-3
Th17	TGF-β、IL6、IL17、IL23	RORYt
Treg	TGF-β、IL10、IL35	FOXP3

5.4.2.3　表观遗传修饰对乳房炎的调控

1. 乳房炎的发病原因及病理变化

引起乳房炎(mastitis)的主要因素是病原微生物感染乳腺组织。据调查,曾患乳房炎的女性感染炎症的危险性要高于健康女性。由病原微生物引起的乳房炎病理过程主要经历3个阶段:病原微生物入侵、乳腺内感染、乳房内炎症。病原微生物入侵乳头管后,在乳腺中快速增生,乳腺被感染。在炎症初期,受损乳区血管扩张,血液增多,血流变慢,毛细血管的通透性增加,血液中含有的炎性介质增多,巨噬细胞和肥大细胞被活化,并释放出多种细胞因子,吸引嗜中性多形核白细胞和淋巴细胞进入乳腺,加剧炎症反应。乳房炎病理变化过程中,涉及的细胞因子主要包括肿瘤坏死因子 TNF-α、趋化因子 IL-8、细胞因子 IL-1、IL-6 等。

2. 表观遗传修饰对乳房炎的调控

乳房炎的起始、发展和维持受到遗传和表观遗传等综合因素的影响。乳房炎发生初期,病原微生物等刺激因子快速激活炎症通路,此后,即使外界刺激因子消失,维持炎症状态的表观遗传修饰也会传递到下一代。乳房炎的炎症通路(炎症信号→NF-κB→IL-6→STAT3)受一系列表观遗传因子的调控。病原微生物等刺激因子使核转录因子 NF-κB 磷酸化后,启动细胞因子等靶基因转录,产生炎症介质 IL-1、IL-6、TNF-α 等(图 5.23,又见彩图 5.23)。IL-6 经组蛋白乙酰化等表观遗传修饰后表达上调,与其受体结合后活化 JAK/STAT 通路,STAT3 发生磷酸化被激活,介导乳房炎向慢性乳房炎发展。

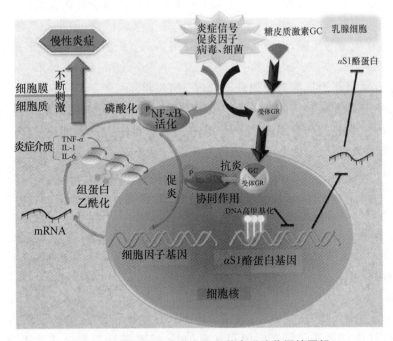

图 5.23　乳房炎的发生发展及其表观遗传调控图解

注:细胞受病原微生物等刺激后,NF-κB 被激活,进入细胞核,与靶基因结合后,产生大量的炎症介质(如 IL-1、IL-6 和 TNF-α),引起炎症反应;同时 IL-6 等受组蛋白乙酰化等调控,表达量增加,进一步激活 NF-κB,从而扩大局部的炎症反应,引发慢性炎症。糖皮质激素(GC)通过结合糖皮质激素受体(GR),抑制细胞浆内和细胞核内活化的 NF-κB,从而抑制炎症反应;同时能抑制 NF-κB 与靶基因结合,起到抑制异常炎症反应的作用。对奶牛而言,当乳腺组织感染 *E.coli* 后,αS1 酪蛋白基因(CSN1S1)启动子区 STAT5 结合位点的 CpG 发生甲基化,导致 αS1 酪蛋白合成停止。

"炎-癌链"是目前慢性炎症发展及癌症发生的研究热点。一系列临床研究表明,慢性炎症诱发肿瘤发生的可能性较大,在小鼠乳房炎模型中发现,乳房炎的炎症通路中,NF-κB 是调节炎症反应的重要转录因子,具有抑制细胞凋亡,促进细胞增殖及间接抑制抑癌基因,导致癌症的发生等作用。

此外,追溯原因发现,乳房癌的发生与异常的表观遗传修饰调控也有密切关系。DNA 甲基化状态的改变是多种癌症发生的共同特征之一,主要表现为致癌基因的低甲基化和抑癌基因的高甲基化。在乳房癌细胞中,抑癌基因 p16INK4a 和 BRCA1 等启动子区发生 DNA 高甲基化,使其中的一个等位基因失活,从而导致抑癌基因功能的丧失;同时 DNMT3b 的 mRNA 表达量也远远高于正常乳腺组织。

最新的研究还显示,与肿瘤抑制功能有关的 microRNA 在乳房癌细胞中也发生 DNA 甲基化现象,并导致其沉默。这些乳房癌相关基因的甲基化模式目前已作为早期探测乳房癌的生物学标记,用于预测乳房癌发病风险和监控癌症预后。

5.4.3 表观遗传修饰在奶牛乳房炎抗病育种中的应用研究

5.4.3.1 奶牛乳房炎现状及其治疗方法的局限性

调查表明,奶牛乳房炎是造成奶牛业经济损失最严重的疾病之一,其中以亚临床乳房炎(隐性乳房炎)发病率最高。引起奶牛乳房炎的主要病原菌包括金黄色葡萄球菌、链球菌和大肠杆菌等。目前控制乳房炎各类病原菌的主要方法是抗生素治疗,但是长期使用抗生素易导致耐药性和抗生素残留等问题,造成畜禽免疫力下降。而且,长期食用抗生素超量的乳制品的人也会产生抗药性。

5.4.3.2 奶牛乳房炎抗病育种的分子机理研究进展

针对抗生素治疗的弊病,国内外学者们正努力通过抗病育种来控制奶牛乳房炎。目前主要采用两种方法:一是传统的遗传改良方法,即在育种目标中降低乳汁中体细胞数(SCC),以间接提高奶牛的乳房炎抗性,但 SCC 的遗传力很低(0.09~0.11),通过这种方法来提高乳房炎抗性的效果不稳定;另一种是借助分子生物技术(如 QTL 定位、候选基因筛选)寻找与乳房炎抗性相关的遗传标记。目前已发现趋化因子受体 CXCR2(IL-8R)、CXCR3 等候选基因与乳房炎抗性相关。但这些基因的效应较小,在不同群体中效应也有所不同,难以有效利用。

5.4.3.3 表观遗传修饰在奶牛乳房炎抗病育种中的应用前景

由于仅从病原菌角度或仅从遗传学角度,均难以有效实现奶牛乳房炎的防控,研究者们致力于寻求新的研究切入点。酪蛋白是牛奶蛋白的主要成分,研究发现,aS1-酪蛋白基因(CSN1S1)远端启动子区的 DNA 甲基化调控酪蛋白的表达。泌乳初期,CSN1S1 启动子区为低甲基化状态,酪蛋白开始表达;泌乳高峰期,CSN1S1 为去甲基化状态,酪蛋白表达量最高;干乳期的 CSN1S1 为高甲基化状态。值得注意的是,泌乳高峰期奶牛的乳腺经 *E.coli* 感染24 h 后,出现急性乳房炎症状,而且 CSN1S1 启动子区检测到 DNA 再甲基化现象(remethylation),Western 杂交结果表明,此时酪蛋白合成停止。对比研究发现,DNA 分子重新甲基化的程度从未感染乳区的 10% 增加到感染乳区的 50%,而酪蛋白的表达量则刚好相反(图 5.23,右半部分)。这项研究结果表明,CpG 甲基化变化等表观遗传调控可能与奶牛乳房炎的发生发展有重要关系。

目前尚无表观遗传修饰在奶牛隐性乳房炎方面的研究。奶牛乳房炎为复杂疾病,"遗传-表观遗传假说"认为,环境因素致病(如病原菌、毒物、激素等)主要通过 DNA 甲基化和组蛋白修饰等表观基因组起作用。针对奶牛乳房炎,拟以隐性乳房炎奶牛、临床型乳房炎奶牛为研究对象,并以健康奶牛作为对照,研究表观遗传中各种因子,包括 DNA 甲基化、组蛋白修饰等对乳房炎发生发展的调控作用。这将有助我们揭示奶牛乳房炎的发病机理,以及表观遗传调控机制,进而指导奶牛乳房炎的表观遗传治疗、预防以及抗病育种。

表观遗传治疗主要包括 DNA 甲基化抑制剂和组蛋白去乙酰化抑制剂等药物治疗,现已进入许多疾病研究领域,包括肿瘤及炎症疾病等。虽然表观遗传治疗也是针对细胞的遗传信息,但它不触及 DNA 和 RNA 序列的改变,而仅改变 DNA 所编码基因的活性,因此有望替代抗生素治疗法。表观遗传标记中,以 DNA 甲基化和组蛋白赖氨酸甲基化修饰较为稳定。通过寻找与奶牛乳房炎抗性相关的稳定表观遗传标记及靶基因,选择抗乳房炎个体,结合育种手段,可望培育抗乳房炎奶牛新品系。

(撰稿:俞英)

参考文献

1. 丁伯良,冯建忠,张国伟.奶牛乳房炎.北京:中国农业出版社,2011.

2. 樊利军,张梦泽,韦艺媛,等.奶牛金黄色葡萄球菌乳腺炎小鼠模型的建立.实验动物科学,2011(6):1-6.

3. 李国华,奶牛抗乳房炎性状候选基因的分析:博士学位论文.北京:中国农业大学,2001.

4. 马裴裴,俞英,张沅,等.中国荷斯坦牛 SCC 变化规律及其与产奶性状之间的关系.畜牧兽医学报,2010,41:1529-1535.

5. 王晓铄,俞英.表观遗传对炎症的调控机制及其在奶牛乳房炎抗病育种中的应用前景.遗传,2010,32:663-669.

6. 王新,韦艺媛,张静,等.乳房炎奶牛金黄色葡萄球菌毒素基因的检测及 PFGE 分型研究.畜牧兽医学报,2011,7:974-980.

7. 韦艺媛,王新,郝斐,俞英.奶牛乳房炎致病型耐甲氧西林金黄色葡萄球菌的分离鉴定.中国乳业,2011a,1:50-51.

8. 韦艺媛,俞英.奶牛乳房炎检测方法与分子抗病育种研究进展.中国奶牛,2011b,8:52-58.

9. Allis C,Jenuwein T,Reinberg D,et al. Cold Spring Harbor Laboratory Press,2006.

10. de Koning D J,Pong-Wong R,Varona L,Evans G J,Giuffra E,Sanchez A,Plastow G,Noguera J L,Andersson L,Haley C S. Full pedigree quantitative trait locus analysis in commercial pigs using variance components. J Anim Sci,2003,81(9):2155-2163.

11. Green M,Bradley. Clinical Forum-Staphylococcus aureus mastitis in cattle. UK VET,2004,9(4):1-9.

12. Halasa T,Nielen M,De Roos A P,Van Hoorne R,de Jong G,Lam T J,van Werven T,Hogeveen H. Production loss due to new subclinical mastitis in Dutch dairy cows estimated with a test-day mode l. Journal of Dairy Science,2009,92(2):599-606.

13. He Y,Chu Q,Ma P,Wang Y,Zhang Q,Sun D,Zhang Y,Yu Y,Zhang Y. Association

of bovine CD4 and STAT5b single nucleotide polymorphisms with somatic cell scores and milk production traits in Chinese Holsteins. J Dairy Res, 2011, 25:1−8.

14. Luo J, Yu Y, Song J. Epigenetics and Animal Health, in Livestock Epigenetics(ed H. Khatib), Wiley-Blackwell, Oxford, UK, 2012.

15. Morres C. A review of genetic resistance to disease in Bos taurus cattle. The Veterinary Journal. 2007, 174:481−491.

16. National mastitis council(NMC)50th annual meeting. Current status and future challenges in mastitis research report. http://www. nmuonline. org/meetings. html, 2011.

17. Vanselow J, Yang W, Herrmann J, et al. DNA-remethylation around a STAT5-binding enhancer in the aS1-casein promoter is associated with abrupt shutdown of aS1-casein synthesis during acute mastitis. Journal of Molecular Endocrinology, 2006, 37, 463−477.

18. Yu Y, Zhang H M, Tian F, Bacon L, Zhang Y, Zhang W S, Song J Z. Quantitative evalution of DNA methylation patterns for ALVE and TVB genes in a neoplastic disease susceptible and resistant chicken model. PLOS ONE, 2008b, 3:e1731.

19. Yu Y, Zhang H M, Tian F, et al. An integrated epigenetic and genetic analysis of DNA methyltransferase genes(DNMTs)in tumor resistant and susceptible chicken lines. Plos One, 2008a, 3:e2672.

第6章

奶牛亲子鉴定与 DNA 个体识别

奶牛育种中,错误的系谱会导致遗传评定准确性降低,对生产和育种工作造成损失。系谱错误甚至比系谱缺失给育种效率带来的损失更大。然而,实际生产中,众多因素都会引起系谱错误,例如配种记录错误,新生犊牛系谱记录错误,数据录入、整理和传输中的错误等。特别由于人工授精技术在奶牛上的普遍使用,当奶牛发情期内多次重复输精时,很可能导致系谱记录错误。汪湛等(2005)使用血液及蛋白型鉴定技术对天津荷斯坦群体做了调查,系谱错误率为11.8%。初芹等(2011)借助 17 个微卫星标记推断所检测母牛体群的平均系谱错误率达到16.6%。因此,除了从生产管理上加强对配种与记录等工作的检查监督外,作为纠正系谱错误的重要方法,利用遗传信息进行亲子鉴定是奶牛育种中的一项基础研究内容,具有重要的应用价值。

早期的血清蛋白和血型标记。进行奶牛亲子鉴定的效率低且操作难以实现高通量和自动化,目前已很少使用。利用微卫星(microsatellite)和单核苷酸多态性(SNP)分子遗传标记,进行系谱验证和亲缘关系推断,为保证系谱信息的完整和准确提供了有力工具。近几年,随着牛全基因组 SNP 微珠芯片和高通量 SNP 检测技术的日新月异发展,商业化的 SNP 芯片已逐渐应用于奶牛亲子鉴定和个体识别。目前,奶业发达国家都已经依据本国情况建立了成熟的奶牛 DNA 亲子鉴定体系,国内学者也开展了相关研究。

6.1 亲子鉴定原理及研究进展

亲子鉴定是通过比较亲代与子代在各种可遗传特征上的差异来推断两个个体之间的亲缘关系。这一概念最早来源于人类,主要推断父亲与子女的关系,因此当时也称为父权鉴定(paternity testing)。亲子鉴定的原理就是比较两个或多个个体之间的各种可遗传特征上的差异,根据孟德尔遗传等规律,排除不符合孟德尔遗传的推断亲本或肯定遗传一致性高的推断亲本。

亲子鉴定按照推断形式与提供资料信息的不同可以分成多种不同的类型。Baruch 和 Weller(2008)提供牛亲子鉴定的一种常用的分类方法,包括以下几种情况:①已知一头公牛或者一头母牛与子代犊牛基因型,推断亲子关系;②已知一头公牛、一头母牛和子代犊牛基因型,推断亲子关系,母牛或公牛其中一方与子代犊牛有明确的亲子关系;③已知一头公牛、一头母牛亲本和子代犊牛基因型,推断亲子关系,母牛和公牛均与子代犊牛无确定的亲子关系。由于种公牛在奶牛育种中的重要地位,在奶牛中亲子鉴定通常更多的是用在公牛与其子女的鉴定上。

6.1.1 奶牛亲子鉴定研究的意义

世界上不同国家和地区、不同的牛场管理水平不同,系谱登记方式和严格程度有所差异,因此系谱错误率也存在很大差异,或高或低,但是系谱错误在各国的实际生产中都是存在的,是不能忽视的。Banos 等(2001)指出,世界范围报道的奶牛系谱错误率的平均值为 11%,不同的国家间差异较大。在德国,Geldermann 等(1986)通过对 15 头验证公牛及其 1 221 头女儿的血型及血液蛋白型的分析,得出德国奶牛的系谱错误率约为 13.2%。1996 年,Ron 等研究表明,以色列荷斯坦母牛和公牛的系谱错误率分别为 5.2%(9/173)和 2.9%(3/102),而 2004 年,Weller 等报道的以色列奶牛群体中母牛系谱错误率达到 10.8%(654/6 040),并指出了造成系谱错误的各种原因,其中最重要的是人工授精配种时记录的错误。Visscher 等(2002)报道,英国奶牛的系谱错误率约为 10%(根据检测的 568 头奶牛和 96 头公牛估计)。系谱错误率在欧洲其他国家的情况分别为,荷兰约 12%(Bovenhuis and Arendonk,1991),丹麦 5%~15%(Christensen et al,1982),爱尔兰 7%~20%(Beechinor and Kelly,1987)。在新西兰奶牛群体中,母女、父女的系谱错误率分别为 4%~6% 和 12%~15%(Spelman et al,2002)。由此可见,系谱错误在世界各国奶牛生产管理中都是在所难免的。

目前,我国奶牛场都实现了人工授精,然而普遍存在多次输精的现象,且由于奶牛场管理不完善,系谱记录不规范,奶牛系谱检测最近几年开始引起关注。汪湛等(2004)报道,天津部分奶牛场的系谱错误率为 11.83%。初芹等(2011)借助 17 个微卫星标记推断所检测母牛群体的平均系谱错误率达到 16.6%。

错误系谱对遗传评估和遗传参数估计都会产生负面影响。例如,母牛的父号记录错误,会导致过高估计劣质种公牛的育种值和过低估计优秀种公牛的育种值;随着系谱错误率的增加,与真值相比,遗传力的估计值则会越来越偏低;在系谱错误率为 15% 时,对于遗传力为 0.5 和 0.2 的性状,与没有系谱错误相比,每个世代的遗传进展分别下降 8.7% 和 16.9%(Geldermann et al,1986)。2000 年,Israel 和 Weller 模拟研究发现,10% 的系谱错误率,对于遗传力为 0.25 的性状,会导致奶牛群体的年遗传进展降低 4.3%。2001 年,Banos 等在美国奶牛遗传评估系统中随机挑选了 11% 的母牛,并用错误的公牛替代它们的真实父亲进行遗传评估,与没有人为系谱错误的情况相比,产奶性状育种值的年遗传进展下降 11%~15%,同时近交系数、公畜方差(公畜传递力的方差)和跨国间的遗传联系等的估计都会偏低。2002 年,Visscher 等报道,对于遗传力为 0.25 的性状,10% 的系谱错误率导致育种值估计的准确性下降 5%,每个世代的选择反应会减少 2%~3%。2007 年,Sanders 等研究表明,错误父亲信息

(wrong sire information)和缺失父亲信息(missing sire information)的比例越高,估计育种值的可靠性则越低,错误父亲信息对遗传进展的负面影响更大,是缺失父亲信息影响的 1.4 倍。

因此,错误的奶牛系谱会导致奶牛遗传评估和公牛选择准确性降低,进而减慢群体的遗传进展,造成很大的经济损失。同时,错误系谱也会给其他基于系谱信息的研究,如 QTL(quantitative trait locus)定位、基因组选择(genomic selection)等,带来负面影响。系谱错误还会影响科学正确的奶牛选种选配方案的制订,增加群体内近交系数。因此,奶牛亲子鉴定对于奶牛育种具有非常重要的应用价值,迄今已有大量奶牛亲子鉴定方法的报道。研究表明,借助DNA 信息可以发现错误的系谱,并有可能帮助找到后代真实的父亲,进而降低系谱错误率(Banos et al,2001)。Israel 和 Weller(2000)指出利用微卫星标记对错误系谱进行校正,能够带来巨大的经济效益。Ron 等(1996)研究表明,每年对以色列的每头青年荷斯坦公牛的 100头女儿进行 3 个微卫星标记的基因型测定,以此剔除遗传评估中系谱错误的个体,按照当时的每个个体每个标记 5 美元的检测成本计算,开始检测的第 10 年后就能实现赢利,第 20 年的赢利达到 240 万美元。

因此,利用遗传标记,进行奶牛亲子鉴定,能够发现和纠正潜在的系谱错误,提高育种值估计和优秀种公牛选择的准确性,进而加快遗传进展,获得更高的经济效益。

6.1.2　亲子鉴定标记的研究现状

6.1.2.1　生化标记在亲子鉴定中的应用

任何一种具有多态性的遗传标记都能够用于亲子鉴定(Gerber et al,2000)。最初应用于奶牛亲子鉴定的标记是血型和血液蛋白型。畜禽中开展蛋白质多态性的研究首先是在牛羊中进行的(Ashton,1958)。在牛(bos taurus 和 bos indicus)中已经发现具有多态性的蛋白质或酶有 28 种 36 个标记。这些蛋白质及酶类大多存在于各种体液,如血液、乳液等中。牛的白细胞已经初步筛选出 23 个抗原型,而牛血液蛋白系统主要包含血红蛋白(Hb)、白蛋白(Alb)、后白蛋白(Pa)、转铁蛋白(Tf)、后转铁蛋白-Ⅰ(Ptf-Ⅰ)、后转铁蛋白-Ⅱ(Ptf-Ⅱ)、碱性磷酸酶(Akp)、铜蓝蛋白(Cp)、碳酸酶(Ca)、淀粉酶(Am)等。每个血液蛋白位点都有 2 个或 2 以上的复等位基因。但是由于现在奶牛业的发展,牛群不是完全随机交配的,尤其是在人工授精技术引入奶牛繁育体系中后,某些较为重要的血液蛋白酶呈现出较强的保守性,当它们发生突变后,可能会导致生产性能及健康状况的降低,而使个体最终被淘汰,并且标准抗血清的制作也存在问题。因此,即便是血液蛋白广泛分布于基因组,也不能完全代表整个基因组的多态性。细田等(1963)利用了牛的 4 种多价格抗血清鉴定了 30 例亲子关系,获得了 86.3% 解决率。2004 年,汪湛等利用血型分析技术对天津市 93 对奶牛亲子对进行了亲子验证,发现了 11 对亲子对系谱是错误的。Stormont 等(1967)报道,血型分析,即通过个体的红细胞与抗体的凝集反应确定个体的血型,于 1940 年就开始应用于美国奶牛的亲子鉴定,而且是当时最为有效和可靠的技术。Stormont 等同时指出,虽然血型分析不能肯定地确定亲子关系,但能够有效排除某些疑似亲本。1961 年,Rendel 等报道了用血液蛋白型分析进行亲子鉴定。研究发现,在血型分析的基础上,再进行血液蛋白型(转铁蛋白)分析,能够将亲子鉴定的效率提高 5%(79% 提高到 84%)。1965 年,Ameson 等报道了英国不同品种牛血液转铁蛋白的分析,并计算了英国 17 个品种牛的系谱错误率(0.22~0.45),同时指出牛的转铁蛋白是一套多态性高、可有效进行亲子鉴定的标记。但 Rendel 等(1961)也指出,牛转铁蛋白非常容易发生酶降解,进而影响它们的电泳迁移率,导致检测错误。2002 年,Visscher 等指出血型和血液蛋白型进行亲子鉴定的准确性低,往往不能够排除错误的疑似父亲。因此,虽然血型和血液蛋白型进行亲子鉴定已形成国际化标准程序,且曾经在很多国家广泛应用,但检测需采集大量血样,且当公牛去世后无法应用,所以在实际应用中也很受限制。

尽管生化标记在亲子鉴定也得到了一定的应用,但是由于编码蛋白质的基因只占基因组的 10％,可利用的遗传座位数量比较少,仅能反映出部分多态性,并且有时蛋白质的表达和特性受到时间、环境以及动物发育阶段以及性别的影响,并且采用电泳方法仅能检测出蛋白多肽链中 1/4 的氨基酸取代,其余 3/4 无法检出。因此,蛋白质多态性分析的可靠性要低于 DNA 水平的多态性分析,在应用上逐步被 DNA 分子标记所替代。Sawaguchi 等(2003)研究比较了血液蛋白标记和 DNA 分子标记应用于亲子鉴定的效率,在日本人的亲子鉴定中,20 个常用血液标记的平均排除概率低于 16 个 DNA 标记,如图 6.1 所示。

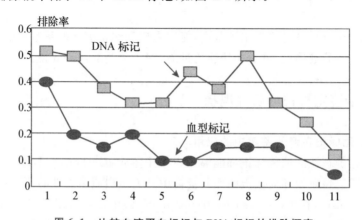

图 6.1　比较血液蛋白标记与 DNA 标记的排除概率

(引自 A. Sawaguchi et al,2003)

6.1.2.2　线粒体 DNA 在亲子鉴定中的应用

人类和动物的毛发以及骨骼中都含有大量的线粒体 DNA,对无损伤的样本获取,这无疑有着巨大的优势。Anderson 等测定了牛的 mtDNA 全序列长度为 16 338 bp,Watanabe 等用 17 种限制性内切酶分析了日本本地牛以及荷斯坦牛的酶切图谱,发现了 3 种酶具有多态性。但是线粒体 DNA 仅占基因组的 0.01％,能够提供的信息十分有限。一般认为,线粒体呈母系遗传,但现在也有研究表明线粒体并非严格遵循母系遗传,线粒体基因组之间是否发生重组,是生物系以及进化、群体研究长期争论的焦点,已经发现在几种哺乳动物种系中也存在线粒体 DNA 的重组现象。但是在通常情况下,仍然认为线粒体 DNA 不能揭示父系对子代遗传组成的影响,而在家畜育种中,尤其是奶牛育种中,需要确定的往往是父子关系,因此,常利用线粒体高变区的 DNA 多态性以及细胞色素 b 多态性进行品种分类和起源进化,而用于奶牛亲子鉴定研究未有报道。

6.1.2.3　RFLP、RAPD 和 AFLP

随着分子标记的发展,基于 PCR 技术的限制性片段长度多态性(restricted fragment length polymorphisms,RFLP)、随机扩增片多态性 DNA(random applification polymorphism DNA,RAPD)和扩增片段长度多态(amplified fragment length polymorphism,AFLP)标记相

继应用于人类与动物的亲子鉴定和品种鉴定中。Sawhney 等(2001)应用 PCR-RFLP 技术分析牛的 MHC I 类基因的同时有该技术验证了他们所用的试验群体。魏压平等(1999)用 80 个具有 10 个碱基的随机引物对牦牛、中国荷斯坦牛及犏牛的基因组 DNA 进行 PCR 扩增。结果表明有 7 个引物扩增出了清晰且具有多态性特征的条带。Bardin 等(2000)年应用 RAPD 技术对 7 个品种的牛进行了品种间和品种内的遗传变异分析,结果表明选择导致品种内和品种间遗传多样性的降低。Marsan 等(1997)以及 Buntjer(2002)利用 AFLP 标记绘制了牛的系统发生树;Ovilo 等(2000)利用该标记分析了近交系猪的品种内个体的遗传关系。但是由于在亲子鉴定的应用中,这些标记多态性低、稳定性差、呈显性等原因被随后产生的新的遗传标记代替,在亲子鉴定中应用很少。虽然在植物或某些动物中,如蜜蜂(Fondrk et al,1993),有用这些标记进行亲子鉴定的报道,但在奶牛上未见报道。

6.1.2.4　DNA 指纹(DNA fingerprint)在亲子鉴定中的应用

随着 DNA 检测技术的发展,小卫星标记(minisatellite)开始成为新一代亲子鉴定的标记。第一代 DNA 指纹是基于小卫星为 DNA 中度重复序列,不编码蛋白质和 RNA,主要位于染色体的端粒和着丝粒区域,但在某些染色体上未有发现。一个小卫星由许多首尾相连的重复单位,即核心序列组成,核心序列长度一般为 10~30 bp,重复数目在几百次到上千次,呈现稳定的孟德尔遗传,具有高度的个体特异性。卫星 DNA 首次被发现是在 20 世纪 60 年代,在 DNA 片段密度梯度离心中出现的除主带以外的一个较轻的浮力密度带,称为"卫星峰",后被认定为着丝粒串联重复,随后被命名为小卫星。小卫星标记(或其他 DNA 标记)与血型或血液蛋白型相比,进行亲子鉴定有如下优点:①DNA 标记可以一次性完成所有标记的检测,而不需每个标记单独检测;②DNA 标记分析不需要采集动物的新鲜血液,只需少量的含有 DNA 的任何组织;③DNA 标记分析不需要专门化的实验室和大量的特殊试剂,如各种抗体;④在进行大规模家畜群体的亲子鉴定时效率更高。Jeffreys(1985)将基于小卫星(minisatellite)的 DNA 指纹图谱应用于人类的亲子鉴定。Sollef Beckmann 首次描述了利用 DNA 指纹进行家畜的亲子鉴定的理论状况。Buitkamp 等应用 DNA 指纹技术分析了德国 3 个品种的牛群,计算了每个个体的平均条带数和两个无关个体的相同指纹的概率。结构显示在不同的品种间,多态条带数从 11~23 不等,而两个无关个体的相同条带模式的概率从 1.5×10^{-7} 到 2.4×10^{-7}。Kashi (1990)利用小卫星探针 Jefferys-33.6 和 KTN2.7 成功地对一个犊牛及其双亲进行了鉴定。但是由于小卫星的片段较长且变化较大(0.5~30 kb),因此较难确定准确的片段长度对不同个体进行比较。将小卫星标记应用于亲子鉴定中时,在法庭上时有发生对鉴定结果质疑的现象。Weir 等(2006)指出小卫星标记在电泳槽中显示的条带与某位点特定的基因型没有直接的一致性,难以应用于亲子鉴定。随着微卫星标记的出现,小卫星标记已不再应用于亲子鉴定。

6.1.2.5　微卫星标记的应用

1. 微卫星标记的概念和优点

由于微卫星标记是一种多等位基因、共显性和多态性高的标记,它从 20 世纪 90 年代中期以来广泛用于亲子鉴定和亲缘关系推断。微卫星于 1980 年被发现,随后成为一种广泛应用的分子遗传标记,受到各国研究人员和学者的重视。目前,对微卫星的结构特点、发生机理、遗传特点都有了深入的研究和全面的认识,在人类以及动植物遗传变异、起源进化、遗传疾病的分子诊断以及遗传图谱的绘制等研究中都利用了大量的微卫星标记。

　　无论是人类还是家畜的亲子鉴定中微卫星标记的应用是最为广泛的。主要是因为微卫星标记具有以下优点：①微卫星标记的个体识别几率和非父排除概率高。由于它在人类和动物基因组中分布极为广泛，且片段小，与传统的蛋白质遗传标记相比，等位基因多，杂合度高，因此，不同个体基因型不同的可能性更大。有报道显示，两个无关个体在 14 个微卫星标记基因型完全相同的可能性仅为 1×10^{-14}。理论上，在目前地球上 60 亿人口中没有任何两个无关个体这 14 个基因座基因型完全相同。②比较容易解释其遗传模式以及突变模式(Usha,1995)。③检材量少，灵敏度和成功率高，且适用于各种来源的生物性检材。少量检材即可满足 DNA的提取，将提取的 DNA 通过 PCR 扩增，灵敏度比传统的 DNA 指纹高得多。由于 PCR 扩增片长度较短，所以即使仅含降解的 DNA 陈旧性斑痕，其扩增效率仍很高，因而可适用于各种来源的检材。因此，微卫星标记分型被认为是第二代法医 DNA 指纹技术的核心，是目前个体识别和亲子鉴定的主要发展方向。

　　2.微卫星标记在亲子鉴定中的应用

　　将微卫星标记应用于牛的亲子鉴定，最早的报道见于 20 世纪 90 年代。1994 年，Alford等和 Hammond 等同时报道了用微卫星标记进行人类亲子鉴定。1995 年，Glowatzki-Mullis等报道了微卫星标记在牛亲子鉴定中的应用。1996 年，Ron 等利用微卫星标记对德国奶牛进行了亲子鉴定，发现使用 3 个标记和 8～10 个标记的总排除概率，分别为 0.85 和 0.99。Ellegren 等根据牛微卫星标记的多态情况和亲子鉴定的排除原理研究表明，组合使用 5 个微卫星位点，每个标记有 6 个以上等位基因时排除概率为 98%，而使用 10 个这样的微卫星位点时排除概率可高达 99.99%。Glowatzk-Mullis 等(1994)用位于不同染色体上的微卫星标记成功地解决了 238 头牛中 35 头无法用以前的传统血型鉴定的牛的亲缘关系。Usha 等(1995)研究了采用 5 个高度多态的微卫星标记，估计它们在英国 14 个牛品种(包括荷斯坦牛)中排除随机父亲的效率(probability of random sire exclusion,PRASE)。这些标记的等位基因数在 19～24 之间，多态信息含量在 0.88～0.92，应用单个标记计算出的 PRASE 在 0.14～0.85。他们的研究结果表明单独运用一个微卫星标记能鉴定出一个错误父亲或母亲的概率在 0.62～0.72，而 5 个标记结合在一起则相应的概率达到 0.99。在他们的研究中所应用的微卫星中有 2 个是位于基因中，因此有可能受到选择的影响导致 PRASE 比较低。而位于非编码区的微卫星标记的检测结果表明将微卫星标记引入到亲子鉴定中使检测结果更加准确。Heyen 等(1997)将分布于 17 条染色体的 22 个微卫星标记组合成 6 个多重 PCR 体系，每个体系含 3～4个标记不等，对肉牛和荷斯坦牛进行检测。他们估计了在两种不同情况下：已知一个假设亲本和子代的基因型信息，和已知一个假设亲本、一个确定亲本和子代的基因型信息的排除概率。在不同品种、不同标记组合条件下，排除概率有所差异。把所有 6 个组合合并在一起，累计排除概率在以上两种情况下分别达到 0.998 6 和 0.999 99。根据排除概率，估计在两种情况下，将假设误判为亲本的概率范围分别为 1/716～1/2845 和 1/(2×10^6)～1/159 753。他们的研究表明在亲子鉴定中微卫星标记优于传统的血型鉴定。Vankan 等(1997)估计了在多个公牛交配体系亲子鉴定中应用微卫星标记的检测效率和可信度。他们对一个包含 505 头公牛和5 960 头母牛的群体进行了 DNA 检测，估计了排除概率。研究结果表明，当一个亲本信息缺少时，将会影响亲子鉴定结果的可信度。当排除概率达到 99% 以上时，结果的可信度可到达98%～99%。而当排除概率下降到 90% 结果的可信度则下降更多。该研究表明只有当排除概率达到 99% 以上时，其结果才可信。Schnabel 等(2000)用 15 个微卫星标记检测了来源于

14个群体的725头美国野牛和5个品系的107头乳牛和肉牛,证实用微卫星标记进行野牛群体亲子鉴定的效率也是非常高的,在奶牛中的平均杂合度为0.7016,这15个标记在缺失一个亲本信息的情况下和亲本信息完整的情况下的累计排除概率分别为0.9949和0.9999。根据排除概率和反应条件等,他们选择出12个微卫星标记作为常规亲子鉴定检测的核心标记。假设一个亲本信息已知时,这12个核心标记在野牛群体中排除概率达到99.55%,在乳牛和肉牛中则达到99.95%。应用这12个核心标记可以有效地进行乳牛和野牛的亲子鉴定。在国内也有应用微卫星标记进行奶牛亲子鉴定的相关报告。2002年,Visscher等用11个不连锁的微卫星标记,对英国的奶牛群体进行了亲子鉴定。结果表明,每个标记的等位基因数在5~16个,排除概率在0.19~0.52,整套标记总排除概率为0.99。郑秀芬等(2003)利用26个微卫星标记对克隆小奶牛及其代孕母亲和体细胞克隆牛供体牛进行了亲子鉴定。根据实验观察到的数据计算,体细胞克隆牛供体奶牛与克隆小奶牛的耦合率为3.31×10^{-15},认定它们为相同来源;在所检测的26个微卫星标记中,体细胞克隆牛供体奶牛、克隆小奶牛与克隆小奶牛代孕荷斯坦母亲的基因型在21个标记上不符合母子遗传关系,可以排除其亲子关系。2004年,Weller等用微卫星标记对以色列奶牛群进行系谱验证,发现系谱不能确认和错误的比例分别为7.6%和10.8%。贾名威等(2004)用6个微卫星标记对2头中国荷斯坦奶牛及其7头疑似父亲进行了亲子鉴定,扩增产物经2组聚丙烯酰胺凝胶电泳,其片断互不干扰,采用已确定母女关系的2头奶牛血液样本和5个疑似父亲的精液样本,对一头母本已知的奶牛在嫌疑父本中找出父本,并计算父权概率为99.993%。结果证明,银染法检测STR基因座扩增产物可用于奶牛亲子鉴定。微卫星标记在动物亲子鉴定中的应用很广泛,例如Yasuaki等(2001)应用20个位于犬不同染色体的微卫星标记,根据微卫星标记的等位基因频率,计算了这些标记的杂合度、多态信息含量、排除概率和累计排除概率。分别计算出在两个品种的犬类动物中的累计排除概率分别为0.999920和0.999994。依据该结果,建立了一个以微卫星标记基因型为依据的,对狗进行常规亲子鉴定的检测方法。

目前,发表并公布序列的牛的微卫星标记数量约为4000个(NCBI,2010)。国际动物遗传学会(International Society for Animal Genetics,ISAG)建议的用于几种家畜亲子鉴定的微卫星标记,其中针对于牛起初推荐了9个微卫星标记,后又补充了3个标记。2006年,田菲等研究了ISAG推荐的9个微卫星标记在中国荷斯坦群体中的排除概率(大于99%),并利用12个标记(9个ISAG推荐的+3个自选标记)有效地实现了一些母牛的父亲推断,建立了适合中国荷斯坦牛亲子鉴定的微卫星标记体系。目前,微卫星标记是牛及其他家畜进行亲子鉴定的主流标记。

6.1.2.6　SNP标记的发展

随着分子生物学的发展,新一代的遗传标记SNP(single nucleotide polymorphism)越来越多地应用于各种研究中,被称为第三代遗传标记。Werner等(2004)指出SNP标记相对于微卫星标记具有如下优点:①突变率低;②实验室处理和数据分析时更为稳健;③基因型适合于标准化、数字化的呈现;④适合于各种不同的和高通量的判型技术,易于降低判型成本。另外,SNP标记还具有判型错误率低(Kennedy et al,2003)和基因组覆盖密度高的优点(平均100 bp分布1个SNP)(Heaton et al,2002)。

随着SNP数据库的建立和研究的深入,它应用于人类或家畜亲子鉴定的报道也越来越多。2002年,Heaton等公布了用于美国肉牛亲子鉴定的32个SNP标记,对于一个多品种混杂群体和一个安格斯牛群体,整套标记的排除概率分别为99.9%和99.4%,并指出选择多态性高的 SNP 标记对提高鉴定效率尤为重要。2004 年,Werner 等公布了适合用于欧洲主要几个奶牛品种亲子鉴定的 37 个 SNP 标记,它们的总排除概率在不同品种中均大于 99.99%。2006 年,Anderson 和 Garza 模拟研究表明,60～100 个 SNP 标记能够准确地实现大规模群体的系谱重建。

2007 年,Eenennaam 等分别用 23 个微卫星标记和 28 个 SNP 标记对美国一个放牧的肉牛群体进行亲子鉴定,在这种标记数目相似的情况下,微卫星标记的鉴定效率高于 SNP 标记,排除概率分别为 0.999 和 0.956。2008 年,Baruch 和 Weller 模拟研究表明,当不同 SNP 标记的最小等位基因频率(minor allele frequency,MAF)服从均匀分布,且分布的下限值分别为0.1、0.2 和 0.3 时(上限值均为 0.5),使排除概率达到 0.99,所需 SNP 个数为 54、45 和 39(类型 1),28、25 和 24(类型 2),17、16 和 15(类型 3)。2009 年,Fisher 等报道了 40 个 SNP 标记(平均 MAF 为 0.35)对新西兰奶牛进行亲子鉴定的效率,证明它能达到甚至超过目前所用 14个微卫星标记的检测效率。目前,我国也已有利用 SNP 标记对奶牛进行亲子鉴定的研究,47个平均 MAF 为 0.42 的 SNP 标记的累积排除概率达到 0.997(李东,2010)。

6.1.2.7　SNP 与微卫星标记的比较

Vignal 等(2002)报道微卫星标记由于对同样的等位基因的片段大小判定不同,不同实验室的结果可比性差。然而,由于 SNP 为二等位基因标记,单个标记的多态性远低于微卫星标记,进行亲子鉴定的效率也远低于微卫星标记。因此,如果要实现与微卫星标记同等的排除概率,就需要使用更多数量的 SNP 标记。Gill(2001)研究表明 50 个 SNP 标记能够达到 12 个微卫星标记对人类进行亲子鉴定的效率,而影响 SNP 标记在亲子鉴定中应用的关键是如何研制有效的低密度 SNP 芯片。Vignal 等(2002)研究表明,在假定每个位点的等位基因频率相等的条件下,为达到同样的鉴定效率,二等位基因标记所需的标记数是三等位基因(或四等位基因)标记的 2.23 倍(或 3.38 倍);同时指出,在区分全同胞或半同胞个体时,需要的 SNP 标记的数量更大,这种情况下,SNP 标记不一定是一种很适合的标记。

Glaubitz 等(2001)预测在不久的将来,微卫星标记仍然会是非模式动物亲缘关系估计的首选标记。SNP 标记能否取代微卫星标记,成为新一代的亲子鉴定的标记,还需在判型技术和统计推断方法上进行更多的研究。

6.1.3　亲子鉴定方法的发展

亲子关系确定的基本原理包括以下两点:①在肯定子代的某个标记基因是来自生父(biological father),而假设父亲(alleged father)并不带有这个标记的情况下,可以排除他是该子代的生父;②在肯定孩子的某些标记是来自生父,而假设父亲也带有这些标记的情况下,不能排除他是子代的生父,但可以计算出他是该子代生父的可能性有多大。

2003 年,Jones 和 Ardren 综述了用于自然群体亲子鉴定的 3 种主要推断方法:排除法、似然法和基因型重构法,并指出了各种方法可以利用的软件及其特点。其中,排除法和似然法在家畜的亲子鉴定中报道最多,而基因型重构法的研究和应用都鲜有报道。

6.1.3.1　排除概率(exclusion probability)

排除概率是指在子代出现的某些遗传标记位点不存在于任一假设父亲中,这些遗传标记位点可以从生物学的亲子关系角度有效地排除特定的亲子对。非父排除概率(probability of paternity exclusion, PE)是指通过检测某一遗传标记系统,能将不是生父的争议父亲排除的概率,用它来衡量各个遗传标记系统在亲子鉴定中的实用价值大小。PE 的大小取决于各个系统的遗传方式、等位基因数和等位基因频率,与被检测对象无关。计算公式如下:

$$PE = \sum_{i=1}^{n} p_i (1-p_i)^2 + \sum_{i=1}^{n=1} \sum_{j=i+1}^{n} (p_i p_j)^2 (3p_i + 3p_j - 4)$$

其中:p_i,p_j 为等位基因频率,n 为等位基因数目。

在亲子鉴定中,由于单个遗传标记检测系统的排除亲子关系的概率值一般较小,不能达到有效排除非亲缘的要求,因此要求使用多个遗传标记检测,以提高排除概率。其累积排除概率:

$$CPE = 1 - (1 - PE_1)(1 - PE_2) \cdots (1 - PE_i)$$

根据统计计算得出的 PE 和 CPE 可以优化遗传标记的组合,可以筛选出累积排除概率高遗传标记组合。

大多数情况的亲子鉴定,在排除假设父亲时,母亲和子代的基因型是已知的,只需要比较母亲、子代和假设父亲的基因型即可。最广义的使用 n 个等位基因的排除概率计算公式(Jamieson,1965,1966):

$$PE = \sum_{i}^{n} p_i (1-p)^2 - \sum_{i>j}^{n} (p_i p_j)^2 [4 - 3(p_i + p_j)]$$

为简化并便于计算机处理,后将该公式改写(Jamieson,1979,1994):

$$PE = 1 - 2\sum_{i=1}^{n} p_i^2 + \sum_{i=1}^{n} p_i^3 + 2\sum_{i=1}^{n} p_i^4 - 3\sum_{i=1}^{n} p_i^5 - 2\left(\sum_{i=1}^{n} p_i^2\right)^2 + 3\sum_{i=1}^{n} p_i^2 \sum_{i=1}^{n} p_i^3$$

当一个亲代的基因型无法获得时,简化后的排除概率计算公式(Garber):

$$PE = 1 - 4\sum_{i=1}^{n} p_i^2 + 2\left(\sum_{i=1}^{n} p_i^2\right)^2 + 4\sum_{i=1}^{n} p_i^3 - 3\sum_{i=1}^{n} p_i^4$$

当需要将两个亲代同时排除时,排除概率的计算公式(Grundel,1981):

$$PE = 1 + 4\sum_{i=1}^{n} p_i^4 - 4\sum_{i=1}^{n} p_i^5 - 3\sum_{i=1}^{n} p_i^6 - 8\left(\sum_{i=1}^{n} p_i^2\right)^2 + 8\left(\sum_{i=1}^{n} p_i^2\right)\left(\sum_{i=1}^{n} p_i^3\right) + 2\left(\sum_{i=1}^{n} p_i^3\right)^2$$

其中 p_i 为等位基因频率。

随机父亲排除概率(probability of random sire exclusion,PRASE):

$$PRASE = \sum_{dd} \sum_{s} P(Gd) P(Gs) \sum_{o} P(Go/Gd, Gs) \sum_{p} P(Gp) P(excluded/Gd, Gp, Go)$$

其中:$P(Gd)$、$P(Gs)$、$P(Gp)$ 分别是母亲、真父亲和假设父亲的基因型频率,不考虑群体是否处于 Hardy-Weinberg 平衡,并且标记多于一个,也不考虑是否处于连锁平衡。$P(Go/Gd, Gs)$ 是传递概率,即在父母类型为 Gd 和 Gs 时,基因型 Go 的后代比率。$P(excluded/Gd, Gp, Go)$ 为 1 或 0,决定于假定父母基因型 Gd 和 Gs 能否产生基因型 Go。

6.1.3.2　亲子关系概率(paternity probability)

亲子关系概率的计算方法有两种,包括根据母、子、假设父亲的标记表型值计算和根据母子表型的排除概率计算。

1.根据母、子、假设父亲的标记表型值计算

分为两种算法：

第一种算法是根据似然值(likelihood ratio)L 作为亲子关系指数(paternity index)。其计算方法大致如下：假设母、子、假设父亲的标记表型分别记为 M、C 和 F，估计子代概率记为 P(FMC)，母亲和其他所有可能表型的随机雄性个体产生该子代的概率为 $P(E) \times P(MC)$。定义似然值，即亲子关系指数为

$$L = \frac{P(FMC)}{P(F)P(CM)} = \frac{P\left(\frac{F}{MC}\right)}{P(F)}$$

当多个标记位点相互独立是，累积亲子关系指数为

$$L = \prod_n L_i$$

第二种算法又叫做精子比较法(comparison of sperm)，即假设父亲提供子代来自生父的精子概率与群体内随机雄性提供该精子的概率的比较。此方法的步骤如下：①首先需要决定哪些基因来自生父，称这些基因为生父基因(obligatory paternal genes，OG)。对某一标记系统，根据母子的标记表型，可以排除母子各种可能的基因型组合，并得到相应的一个或数个生父基因。②根据假设父亲标记表型，计算其传递 OG 的概率 X，累积的 X 值等于每个标记系统 X 值的乘积。③群体中随机雄性个体提供 OG 的概率为 Y，累积的 X 值等于每个标记系统 Y 值的乘积。④根据 X、Y 计算亲子关系指数 L。

$$L = \frac{X}{Y}$$

亲子关系概率为

$$W = \frac{X}{X+Y}$$

2.根据母子标记表型的排除概率计算

在亲子鉴定中，对于排除亲子关系，可以做肯定的答复。对真正的父亲，无论检查多少标记，总是不能排除的。这种方法是根据后验概率(posterior probability)计算，后验概率取决于母子标记表型，与假设父亲的标记表型无关。所以，如果需要对亲子关系作出肯定的结论时，可以进行该方法的计算。该方法估计的真正的父亲的可信度为

$$\frac{1}{1 + \prod(1-x_i)}$$

6.1.3.3 排除法

排除法是最为简单、常用的方法，可以用于利用各种标记进行的亲子鉴定。排除概率是衡量标记鉴定效率的最重要指标，排除概率计算公式的更替也代表了排除法的发展过程。1954年，Boyd 综述了一系列用于血型分析的排除概率的计算公式。这些公式主要应用于已知真实

母亲及其基因型的父子鉴定(paternity testing)。

(1)对于一对呈显性的、二等位基因的标记,仅有当母亲和可能父亲基因型均为 dd,后代基因型为 DD 或 Dd 时(含有 D 等位基因)才能够排除,排除概率(Wiener et al,1930;Race and Sanger,1952)为

$$P_{D,d} = Dd^4$$

其中,$P_{D,d}$ 指排除群体中一个随机男子的概率,D 代表显性等位基因的频率,d 代表隐性等位基因的频率。

(2)对于 MN 血型,它是由二等位基因控制的,当它呈现共显性时(对于某种二等位基因控制的血型,当仅有一个等位基因能够被检测时(使用一种抗体),它呈现显隐性;当两个等位基因都能够被检测时(使用两种抗体),它呈现共显性,排除概率(Wiener et al,1930)为

$$P_{M,N} = mn(1 - mn)$$

其中,$P_{M,N}$ 代表排除群体中一个随机男子的概率,m、n 分别代表等位基因 M 和 N 的频率。

(3)基于 ABO 血型的排除概率公式(Wiener et al,1930):

$$P_{A,B} = p(q+r)^4 + q(p+r)^4 + pqr^2(p+q+2)$$

其中,$P_{A,B}$ 代表排除概率,p、q 和 r 分别代表 A、B 和 O 等位基因的频率,且 $p+q+r=1$。

1965 年,Jamieson 针对牛的转铁蛋白,最早提出了基于共显性标记通用的排除概率公式:

$$P_n = \sum p(1-p)^2 - \sum (p_i p_j)^2 [4 - 3(p_i + p_j)]$$

其中,P_n 代表含 n 个等位基因标记的排除概率,p 代表等位基因的频率,p_i、p_j 代表第 i 和 j 个等位基因的频率,且 $i > j$。

1996 年,Dodds 等最早全面地发表了家畜亲子鉴定的各种鉴定类型下的排除概率计算公式。Jamieson 和 Taylor(1997)基于前期大量的研究,提出了 3 种主要的鉴定类型下的与 Dodds 等同样的排除概率计算公式。关于家畜亲子鉴定中排除概率公式最新的全面汇总,见网址 http://www.isag.org.uk/comptest.asp。

大量的家畜亲子鉴定的研究都是使用排除法进行推断的(Ron et al,1996;Heyen et al,1997;Visscher et al,2002;Weller et al,2004;Gomez-Raya et al,2008)。这种方法在候选亲本少、标记多态性高时,最为有效(Jones and Ardren,2003),但当存在判型错误时,它会造成真实亲本的错误排除(Dakin and Avise,2004)。此外,Anderson 和 Garza(2006)指出排除法有两个缺点:①只利用了一部分可利用的信息;②不易于在推断中考虑标记的判型错误。

6.1.3.4 似然法

1975 年,Thompson 首先将似然法引进到利用遗传标记进行亲缘关系推断的研究中。1986 年,Meagher 发展了 Thompson 的方法,首次提出用似然比(或似然得分)对一个野生的百合花群体进行父本推断。3 个个体 B、C 和 D 在关系 R 下的似然函数为

$$L(R | g_B, g_C, g_D) = P(g_B, g_C, g_D | R)$$

其中,g_i 为个体 i 的基因型。

关系 R_1（B、C 为后代和母亲，D 为父亲）下的似然函数为

$$L(R_1) = P(g_B | g_C, g_D)P(g_C)P(g_D) = T(g_B | g_C, g_D)P(g_C)P(g_D)$$

其中，$P(g_i)$ 为基因型 g_i 在群体中的频率，$D(g_B | g_C, g_D)$ 为根据孟德尔分离定律，父母将某种基因型传递给后代的概率。

关系 R_2（B、C 为后代和母亲，D 为与该后代无关的雄性个体）下的似然函数为

$$L(R_2) = P(g_B | g_C)P(g_C)P(g_D) = T(g_B | g_C)P(g_C)P(g_D)$$

其中，$P(g_i)$ 同上，$D(g_B | g_C)$ 是后代、其母源基因型和父亲世代中雄性个体的基因频率的函数。似然比（likelihood ratio，LOD）即为

$$L(R_1 : R_2) = \lg[T(g_B | g_C, g_D)/T(g_B | g_C)]$$

此时 $P(g_i)$ 被消去，即此比值与群体内在遗传结构无关。

1998 年，Marshall 等进一步发展了 Thompson 和 Meagher 的方法，并将其编写成软件 Cervus1.0，它主要用于自然群体的亲子鉴定。Cervus 软件可以考虑判型错误，且操作简单，很多研究者都利用其进行亲子鉴定。2007 年，Kalinowski 等指出 Cervus1.0 和 Cervus2.0 在计算方法中有一个小错误，并进行纠正且开发了 Cervus3.0。Cervus 软件的基本原理与上述 Meagher 的类似。

通过模拟研究，Anderson 和 Garza（2006）指出似然法很多情况下都优于排除法，在某种常见的鉴定类型下，排除法要多用 40% 的标记才能达到与似然法同样的准确性。Morrissey 等（2005）指出，似然法可能是最有效地考虑判型错误的推断方法。似然法用于亲子鉴定在野生动物中有一些应用报道（Garant et al，2001；Kruetzen et al，2004），但在家畜中，除了个别的模拟研究（Hill et al，2008）外还没有报道。

6.1.3.5 其他方法

基因型重构法是由 Jones 等（2001）提出的，其原理为根据已知亲本和后代的基因型，推断未知亲本的基因型。这个方法容易受标记判型错误和突变的影响，且当父亲数量大时，计算非常耗时。另一种方法为贝叶斯方法，指利用一些先验信息，把给定基因型的某种亲缘关系的条件概率，转化为给定某种亲缘关系得到观测基因型的条件概率（Weir et al，2006）。这种方法主要在人的亲子鉴定中有应用（Kruetzen et al，2004）。这两种方法由于各方面的局限，如计算时间长、需要先验信息等，在家畜亲子鉴定中还没有应用。

6.1.4 标记判型错误

无论是血型和血液蛋白型，还是遗传标记，包括微卫星和 SNP 标记，其表型的获得都是要借助生物学试验，该过程中一些人为的因素或者仪器和检测方法本身的限制，都会产生部分错误的判型结果，进而影响到亲子鉴定的效率和准确性。

6.1.4.1 错误率及产生原因

Hao 等（2004）报道 10 k 的 SNP 芯片的判型错误率为 0.1%。Anderson 和 Garza（2006）报道在目前大规模 SNP 检测的研究中，SNP 标记的判型错误率为 0.000 1～0.005。Bonin 等（2004）报道了对熊的微卫星标记判型错误率的检测结果，对于不同批次间提取的 DNA，组织

和粪便样品的错误率,分别为0.8%和2.0%,对于粪便样品同一批次提取的DNA,两次不同的检测,错误率为1.2%。Hoffman等(2005)检测了微卫星标记在海豹群体中的判型错误率,为0.0013~0.0087(每个等位基因),并总结了其他文献报道的结果,错误率为0.001~0.127(每个PCR反应)。Morin等(2007)研究了弓头鲸群体的微卫星标记的判型错误率约为1%(每个等位基因),他们同时综述了其他研究报道的微卫星标记的判型错误率(0~48%),其中粪便和毛发样品的错误率要远高于组织。一般情况下,标记的基因型判型错误率为等位基因判型错误率的两倍(Morin et al,2007)。

Davison等(2003)指出实验室温度的变化,会通过影响电泳迁移而造成标记的判型错误。Pompanon等(2005)从DNA序列自身、样品质量、试剂与仪器和人为因素等4个方面,说明了造成标记判型错误的原因,同时指出不同的位点判型错误率不同。Morin等(2007)指出造成判型错误的原因有:①标记本身的特性,如等位基因"结巴"(allelic stutter)、小片段等位基因过多和无效等位基因(null allele);②技术的限制,如不同的检测时间、技术和仪器,也会对微卫星标记的电泳迁移速度产生影响;③样品的整理和数据的抄录。

总之,标记判型错误的原因很多且复杂,有时也很隐蔽,难以发现,它是不可能完全避免的。由于检测方法的差异和标记自身的特性,微卫星标记的错误率明显高于SNP标记。

6.1.4.2　对亲子鉴定的影响

1997年,Gagneux等报道微卫星标记判型错误的表现形式分为两种:错误基因型(wrong genotype)和假纯合子(false homozygote),两者分别占总错误率的15%和85%,而后者极容易造成真实父亲的错误排除。例如,父亲和后代的基因型分别为AB和BB时,如果父亲错误判定为纯合子AA,根据孟德尔遗传定律,它则会被排除可能是该后代的父亲。无效等位基因是造成微卫星标记判型错误的主要原因之一。2004年,Dakin和Avise通过模拟研究指出,无效等位基因对排除概率的影响不大,一般只造成它的值偏低,但对真实父亲错误排除的影响很大。他们的模拟结果表明,当一个位点的无效等位基因概率为0.2时,会造成约15%的真实父亲错误排除。2005年,Hoffman等报道,1%的标记判型错误率(一个等位基因),会造成超过20%的真实父亲错误排除。

总之,判型错误不可避免地会降低亲子鉴定的准确性,带来错误的推断结果。在实际操作中,一定要注意判型错误率的高低,及其可能造成的影响。

6.2　中国荷斯坦牛亲子鉴定微卫星体系构建

田菲(2006)在借鉴和比较国外的奶牛亲子鉴定的微卫星体系的基础上,选择30个微卫星标记,分析其在中国荷斯坦牛中的基因频率、多态信息含量以及杂合度。根据基因频率的分布,计算标记的排除概率和累积排除概率。初步建立适合中国荷斯坦牛亲子鉴定的微卫星体系。

6.2.1　微卫星标记的选择

根据已有文献和他人的相关研究结果,本研究共选用了FAO推荐的30个微卫星标记,它们的核苷酸全序列、引物序列、PCR 反应条件、群体多态信息及染色体遗传图谱位置等都可以从以下网站获得：http://www.ncbi.nlm.nih.gov/,http://www.marc.usda.gov,http://www.ri.bbsrc.ac.uk。

微卫星标记选自 FAO 推荐的用于牛遗传多态性研究的 30 个标记(ETH225,ETH152,HEL1,ILSTS005,HEL5,INRA005,INRA035,INRA063,MM12,HEL9,CSRM60,CSSM66,ETH185,HAUT24,HAUT27,ETH3,ETH10,INRA032,INRA023,BM2113,BM1818,BM1824,HEL13,ILSTS006,INRA037,SPS115,TGLA227,TGLA126,TGLA53,TGLA122)。标记选择的原则是等位基因数多，具有高度多态性，相互之间不存在连锁关系，分布在多条不同的染色体。

微卫星基因型检测采用了聚丙烯酰胺凝胶电泳的方法。PCR 扩增产物首先经琼脂糖电泳检测，确定为阳性后在 8%～10%变性聚丙烯酰胺凝胶上进行电泳，后经硝酸银染色，以 DNA 分子量标记物为标准，判定各微卫星标记的基因型。以 DNA 分子量标记物 PBR322DNA/MspⅠ为标准，采用 AlphaImager 软件，判定各微卫星标记的基因型。

6.2.2　等位基因、等位基因数和有效等位基因数

通过凝胶成像系统分析软件 Alpha Immager 对扩增结果进行分析，得到了各微卫星标记的等位基因大小及等位基因频率。各微卫星标记位点均表现了多态性。BM2113、ETH225、CSSM66 和 CSRM060 4 个位点的等位基因数最多，达到 10 个;而位点 ETH10 和 INRA005 等位基因最少，仅有 5 个;这 30 个位点的平均等位基因数则为 7.63。尽管各个位点的等位基因数有较大的变化(5～10)，但是各位点的有效等位基因数之间差异并不大。有效等位基因数也是反映群体遗传变异大小的一个指标，用纯合度的倒数表示。如果等位基因在群体中的分布越均匀，有效等位基因数就越接近所检测到的实际等位基因的绝对数。有效等位基因数最小的是 INRA005，仅为 3.84，而有效等位基因数最大的 BM21136 则有 8.74。在某些位点上，尽管观察到的等位基因数较多，但是有效等位基因数却较小，如位点 ETH185，检测到等位基因有 7 个，而计算的有效等位基因数仅为 4.59;HEL5 检测到的等位基因为 7 个，而有效等位基因数则为 4.99，说明这些位点上等位基因分布不均匀。在有些位点上，有效等位基因数与等位基因的绝对值非常接近，如 TGLA126，观察到的等位基因为 9 个，有效等位基因数为 8.52，说明在该位点上等位基因分布比较均匀。

6.2.3　杂合度和多态信息含量

各微卫星标记位点均表现了多态性。BM2113、ETH225、CSSM66 和 CSRM060 4 个位点的等位基因数最多，达到 10 个;而位点 ETH10 和 INRA005 等位基因数最少，仅有 5 个;这 30 个位点的平均等位基因数为 7.63。

另外，所有位点的观察杂合度的变化范围比较大，标记位点 HAUT27 的杂合度仅为 0.317，而标记位点 TGLA122 的杂合度则高达 0.847，平均观察杂合度为 0.506。所有位点的期望杂合度基本在 0.3～0.9，平均值为 0.758 6。

统计各微卫星位点的多态信息含量和杂合度，结果见表 6.1。多态信息含量是表示微卫

星位点变异程度高低的一个指标,当 $PIC>0.5$ 时,该位点为高度多态性位点,具有高度的可提供信息性,当 $0.25<PIC<0.5$ 时,为中度多态性位点,标记能够提供较合理的信息;当 $PIC<0.25$ 时,为低度多态性位点,标记可提供的信息较差。

表6.1 30个微卫星标记的多态性和排除概率

标记	等位基因数	观察杂合度	期望杂合度	多态信息含量	排除概率1	排除概率2
BM1818	6	0.199	0.313	0.489	0.265	0.341
BM1824	7	0.689	0.827	0.701	0.476	0.650
BM2113	10	0.626	0.870	0.874	0.620	0.767
CSMR060	10	0.471	0.833	0.709	0.398	0.577
CSSM66	10	0.466	0.512	0.780	0.602	0.754
ETH10	5	0.650	0.853	0.734	0.538	0.703
ETH152	7	0.340	0.784	0.751	0.404	0.583
ETH185	9	0.437	0.859	0.641	0.553	0.615
ETH225	10	0.646	0.865	0.749	0.571	0.729
ETH3	7	0.429	0.842	0.820	0.509	0.679
HAUT24	8	0.427	0.854	0.736	0.540	0.605
HAUT27	8	0.317	0.767	0.425	0.461	0.539
HEL1	8	0.437	0.856	0.437	0.443	0.507
HEL13	9	0.439	0.875	0.760	0.590	0.644
HEL5	7	0.680	0.802	0.769	0.424	0.602
HEL9	7	0.471	0.832	0.708	0.488	0.660
ILSTS005	6	0.227	0.825	0.498	0.467	0.643
ILSTS006	7	0.359	0.808	0.479	0.440	0.618
INRA005	5	0.005	0.267	0.350	0.265	0.325
INRA023	7	0.383	0.834	0.610	0.491	0.663
INRA032	8	0.456	0.831	0.609	0.496	0.667
INRA035	6	0.733	0.797	0.763	0.413	0.592
INRA037	6	0.612	0.766	0.731	0.375	0.555
INRA063	7	0.686	0.826	0.500	0.274	0.348
MM12	7	0.409	0.471	0.633	0.490	0.501
SPS115	6	0.749	0.821	0.806	0.581	0.737
TGLA122	8	0.847	0.854	0.711	0.496	0.667
TGLA126	9	0.728	0.885	0.871	0.610	0.760
TGLA227	9	0.626	0.860	0.842	0.556	0.717
TGLA53	8	0.650	0.853	0.634	0.334	0.511
平均	7.57	0.506	0.775	0.671	0.472	0.609

由表 6.1 可知,各位点的 PIC 范围在 0.350～0.874 变动,平均值为 0.671。所有位点的 PIC 均在 0.2 以上,而 $0.2<PIC<0.5$ 的位点共有 4 个,分别为 INRA063、HEL1、BM1818 和 INRA005,占全部微卫星标记的 13.3%;$PIC>0.5$ 的位点有 24 个,占全部微卫星标记的 80%。说明所选择的微卫星标记均具有较丰富的多态性,能够满足个体识别的要求。

6.2.3.1 亲子鉴定微卫星标记的选择

通过计算机程序 visual basic 计算 3 个不同标记的累积排除概率以及 3 组不同组合的累积排除概率,排除概率 1 的 3 个标记的累积排除概率在 0.78～0.94,排除概率 2 的 3 个标记的累积排除概率在 0.94～0.97,而对于 3 组不同组合的多组累计排除概率 1 和 2 均到达 0.99 以上,见表 6.2。

表 6.2　30 个微卫星标记的组合排除概率

微卫星标记	累积排除概率 1	累积排除概率 2	多组累积排除概率 1	多组累积排除概率 2
BM2113	0.941 016 4	0.945 723	0.999 634 786	0.999 848 586
TGLA126				
CSSM66				
HEL13	0.926 302 09	0.948 266		
SPS115				
ETH225				
BM1818	0.915 984 1	0.946 077		
HAUT27				
TGLA227				
ETH185	0.905 003 56	0.972 2	0.998 425 264	0.999 958 313
HAUT24				
ETH10				
ETH3	0.875 278 144	0.930 086		
INRA032				
TGLA122				
INRA023	0.867 089 92	0.978 552		
MM12				
HEL9				
BM1824	0.849 461 612	0.971 309	0.994 303 687	0.999 983 66
ILSTS005				
INRA005				
HEL1	0.820 334 08	0.975 368		
ILSTS006				
HEL5				
INRA035	0.789 389 096	0.976 879		
ETH152				
CSMR060				

通过表 6.2、表 6.3 可以看出单个位点排除概率难以满足亲子鉴定的要求,但当 3 个以上这样的位点组合起来其排除概率则可以到达 0.75 以上。而 9 个这样的位点组合起来,排除概率则可以达到 99％以上。也就是说利用 9 个微卫星标记,对于任意一个后代可以在 100 个随机可能父亲中排除 99 个非生物学意义上的父亲。还可以看出在缺失一个亲本基因型信息时,其排除概率(CPE1)要低于双亲排除概率(CPE2),因此在某些微卫星标记组合中,仅 3～6 个标记就可以使排除概率达到 98％以上。但是在亲本基因型信息缺失时,只有 9 个以上的微卫星标记才可以满足排除概率大于 99％,而且在某些标记不能提供信息时,其排除概率只能达到 95％,不能达到 CPE>0.99 的要求。因此在这 9 个微卫星标记以外,又增加了 3 个标记INRA037、INRA023 和 INRA035,通过 12 个微卫星标记进行亲子鉴定,其结果在绝大多数的情况下能过达到 CPE>0.99。

表 6.3　9 个微卫星标记组合的累积排除概率

微卫星标记	排除概率 1(CPE1)	排除概率 2(CPE2)
INRA032	0.496	0.667
ETH10	0.538	0.703
ETH225	0.571	0.729
SPS115	0.581	0.737
BM1824	0.476	0.65
BM2113	0.62	0.767
TGLA122	0.496	0.667
TGLA126	0.61	0.76
TGLA227	0.556	0.717
Multiplex	0.999 2	0.999 9

根据累积排除概率的大小,以及 PCR 反应条件和 PCR 扩增产物长度,选择其中 PCR 扩增稳定、电泳效果好、基因型易判定、累积排除概率最高的组合。最终筛选出了 9 个微卫星标记的组合作为中国荷斯坦亲子鉴定的微卫星标记检测体系,其总排除概率高达 99.9％;并且其 PCR 反应条件相近,基本可以通过 3 次 PCR 反应完成扩增。这 9 个微卫星标记为 INRA032、ETH10、ETH225、SPS115、BM1824、BM2113、TGLA122、TGLA227、TGLA126,它们的排除概率以及累积排除概率见表 6.2。参考文献结果显示,在没有亲本信息时,有可能会出现排除概率小于 0.95。

6.2.3.2　荧光标记微卫星引物亲子鉴定体系建立

Zhang 等(2010)在田菲(2006)研究基础上选择多态性高、扩增效果良好的 17 个标记,分为两组,分别包括 10 个和 7 个标记。在实验技术上加以改进,应用荧光半自动微卫星分型方法,优化实验体系,建立了高通量、准确高效的奶牛亲子鉴定实验技术,为将该技术应用于我国奶牛育种管理和种公牛的后裔测定体系中,为提高我国奶牛育种的技术水平奠定基础。见图 6.2(又见彩图 6.2)和表 6.4。

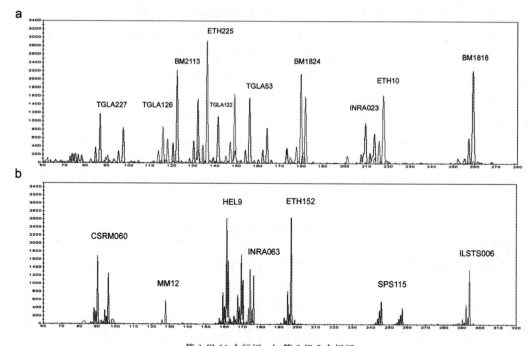

a.第 1 组 10 个标记　b.第 2 组 7 个标记

图 6.2　微卫星标记荧光毛细管电泳图

表 6.4　筛选出的 17 个微卫星标记的多重扩增组合及荧光检测组合

组合	标记	片段大小/bp	荧光	多重扩增组合[3]	荧光检测组合[4]
10 个标记	ETH10[2]	208～224	HEX	A	I
	ETH225[2]	137～156	HEX	A	I
	TGLA227[2]	79～104	6-FAM	A	I
	BM1818[2]	256～268	6-FAM	A	I
	TGLA126[2]	116～126	HEX	A	I
	BM1824[2]	176～190	HEX	B	I
	INRA23[2]	197～215	6-FAM	B	I
	TGLA53[2]	150～172	6-FAM	B	I
	BM2113[2]	123～137	6-FAM	B	I
	TGLA122[2]	138～183	VIC	B	I
17 个标记[1]	MM12	110～128	HEX	C	II
	HEL9	146～169	6-FAM	C	II
	INRA063	174～184	HEX	C	II
	SPS115[2]	245～257	6-FAM	D	II
	ILSTS006	284～296	HEX	D	II
	ETH152	189～205	6-FAM	D	II
	CSRM060	90～102	6-FAM	D	II

注：[1]在上面 10 个标记的基础上增加 7 个标记；[2]ISAG 推荐的标记；[3]相同字母的标记为同一多重扩增组合；[4]荧光检测组合 I 是多重扩增 A 和 B 的产物混合物，荧光检测组合 II 是多重扩增 C 和 D 的产物混合物。

利用 MultiPLX 2.0 软件(Kaplinski et al,2005),通过生物信息学方法筛选出 4 组多重 PCR 扩增组合,使 17 个标记座位通过 4 次 PCR 反应即能扩增出所有目的片段;通过反复实验,建立并优化了 PCR 体系组成、扩增条件和基因分型的实验条件,建立高通量的检测系统。

该系统的高效性体现在:①各微卫星标记引物均进行荧光修饰(FAM、HEX 及 VIC),根据其片段大小、所携带荧光的颜色能够区分各标记的基因型,以便在基因测序仪上自动化检测。②采用多重扩增技术,即 1 个 PCR 反应中同时扩增多个标记座位,实现标记扩增的高通量。③通过精巧的设计,将不同标记组合的 PCR 产物混合后进行毛细管电泳检测,这样就能进一步提高实验效率。这样每个 DNA 样品,通过 4 次 PCR 反应,2 个毛细管电泳,就能获得 17 个标记的基因型。此外,该体系为 10+7 的组合,体现出实用性和灵活性,对于常规亲子鉴定,前 10 个标记就足以达到鉴定目的,但对于鉴定群体亲缘关系较近、近交程度高等特殊情况,补充检测 7 个标记。

统计分析了每个标记基因频率、多态信息含量以及杂合度(表 6.5)。所有 17 个标记均具有较高的多态性,分别检测到 5～16 个等位基因,多态信息含量在 0.472～0.808,排除概率为 0.399～0.638。所得累积排除概率(表 6.6)显示,对母亲已知,排除父亲与子代的关系的鉴定以及一对亲本与子代的亲子鉴定,10 个标记即能达到很高的排除概率(大于 0.99),而对于第二种情况需要 17 个标记。利用 Cervus version 3.0 软件进行亲缘关系分析,系统评价了整个标记系统的准确性。

表 6.5　17 个标记的多态性和排除概率

标记名称	等位基因数	观察杂合度	期望杂合度	PIC	排除概率
BM1818	7	0.601	0.661	0.599	0.399
BM1824	7	0.742	0.758	0.714	0.522
BM2113	7	0.735	0.761	0.726	0.551
ETH10	8	0.609	0.681	0.635	0.448
ETH225	8	0.778	0.771	0.734	0.557
INRA023	9	0.761	0.767	0.730	0.552
TGLA122	16	0.757	0.803	0.778	0.627
TGLA126	6	0.632	0.656	0.591	0.391
TGLA227	12	0.771	0.826	0.808	0.670
TGLA53	11	0.712	0.817	0.791	0.638
CSRM060	6	0.696	0.654	0.613	0.428
ETH152	7	0.670	0.725	0.686	0.504
HEL9	10	0.782	0.812	0.783	0.628
ILSTS006	7	0.680	0.701	0.642	0.441
INRA063	5	0.538	0.555	0.472	0.280
MM12	8	0.524	0.628	0.569	0.379
SPS115	6	0.553	0.568	0.535	0.358

表 6.6　微卫星标记亲子鉴定体系的累积排除概率

	10 个座位	17 个座位
PE1(母亲已知,排除父亲与子代的关系)	0.999 6	0.999 99
PE2(母亲未知,排除父亲与子代的关系)	0.990 1	0.998 9
PE3(排除子代与一对亲本的关系)	0.999 998	0.999 999 998

6.3 应用 SNP 标记进行牛亲子鉴定研究

李东(2010)以中国荷斯坦牛及其与西门塔尔牛杂交群体为试验群体,筛选出能够应用于中国荷斯坦牛及其杂交群体亲子鉴定的一套 SNP 标记。初选的 SNP 标记一共 149 个,其中一部分来自于文献(Heaton et al,2002;Werner et al,2004)报道的应用于牛的部分 SNP 标记,筛选具有良好的多态性与代表性(最小等位基因频率 MAF>0.3),共获得 SNP 标记 69 个;另外一部分是来自中国荷斯坦牛高密度 SNP 芯片数据(张勤教授课题组),截取了群体最小等位基因频率(minor allele frequency,MAF)最高的 200 条 SNP 标记信息,从中排除了部分检出率较低(<0.9)的 SNP 标记,每条染色体至少选择 4 个标记,并按照同一条染色体上每个 SNP标记连锁距离大于 5 cM 选择了 95 个标记。这些标记覆盖全部的 29 对常染色体和 X 与 Y 性染色体,最小等位基因频率(MAF)都超过了 0.3,最高可达 0.5;同一染色体上两个 SNP 标记最小距离 1 cM,最大距离 146 cM。

对初选所得 149 个 SNP 位点,以混池 DNA(随机选择 30 头无亲缘关系的荷斯坦母牛DNA 等比例混合)为模板,PCR 扩增后经琼脂糖凝胶电泳检测,观察扩增结果是否与预期片段长度一致。由 149 对引物分别 PCR 扩增后经琼脂糖凝胶电泳检测,筛选出扩增产物条带清晰、无杂带干扰的标记。共 139 对引物符合要求,另外 10 对引物因 PCR 扩增失败而舍弃。

个体 SNP 标记分型采用了美国 Sequenom 公司开发的飞行质谱 MassARRAY 系统,其原理是首先进行多重 PCR,扩增得到多态位点及附近序列的片段产物,然后根据碱基组合不同导致飞行时间不同进行区分;按照染色体分布均匀且检测片段分子量差异显著的原则设计多重 PCR 引物,多重 PCR 组合中 SNP 标记数目越小其互相干扰的可能性越低,以 25 重为最佳。具体操作过程包括引物与 DNA 稀释以及质检、384 孔多重 PCR 反应、384 孔 SAP(虾碱性磷酸酶)消化反应(目的在于消化掉剩余的 dNTP)、单碱基延伸终止反应、树脂纯化、质谱检测 6 个步骤。

按照标记的多态性尽可能高、组合尽可能多、覆盖的染色体尽可能广的原则,共确定了 61个标记,组成两套多重 PCR,第一套 PCR 反应体系包括 31 个 SNP 标记,第二套包括 30 个SNP 标记。

使用 Assay Design 3.1 软件设计多重 PCR 引物,设计的 61 对引物经质谱仪检测其分子量,舍弃 2 对分子量错误的引物,剩余 59 对引物继续实验。所有飞行质谱检测的 59 个标记,统计检出率并处理数据,对检出率低于 85%、哈代温伯格严重不平衡(P<0.01)的 SNP 标记做缺失处理。最后,筛选并确定了结果可靠的 50 个 SNP 标记用于建立亲子鉴定标记体系。50 个 SNP 标记的平均检出率为 0.98,每个标记均只有两个等位基因,最小等位基因频率平均为 0.43。50 个 SNP 标记共覆盖奶牛 28 条常染色体,第一套多重 PCR 组合包括 22 个 SNP 标记共覆盖 14 条常染色体,而第二套多重 PCR 组合包括 28 个 SNP 标记共覆盖 22 条常染色体。

使用 Cervus3.0 软件计算 50 个 SNP 标记多态性信息含量,平均值为 0.366,最低 0.317,最高 0.375,上下波动范围极小,说明所选择的 50 个 SNP 标记具有较丰富且稳定的多态性。另外,50 个 SNP 标记的实际杂合度平均值为 0.5,与期望杂合度的差值极小(为 0.02),范围稳定(0.37~0.62)。

考虑到牛亲子鉴定应用过程中有各种不同的要求,例如不同的群体规模的亲子鉴定,含有较多半同胞的群体的亲子鉴定,资金有限的群体亲子鉴定以及严格要求准确性的种公牛鉴定等多种情况,可以灵活选择不同数量的 SNP 标记。在双亲推断的情况下,使用 50 个 SNP 标记或者是 28 个 SNP 标记的累积排除概率都能够达到 0.999 以上,完全可以满足奶牛场全群的亲子鉴定;而在单亲推断的情况下,使用 50 个 SNP 标记能够保证很高的累积排除概率($P>0.99$),使用 28 个 SNP 标记能够保证较高的累积排除概率($P>0.95$)。

为了比较和验证两套 SNP 亲子鉴定体系对实际群体的鉴定效率,分别使用 50 个 SNP 标记和 28 个 SNP 标记组合对荷斯坦牛群体、西门塔尔及其杂交群体进行了亲子关系的推断。在单亲(父子或父女)推断的情况下,使用 50 个 SNP 标记对中国荷斯坦牛群体都能够达到 95%以上的排除概率,置信度为 95%;使用 28 个 SNP 标记对中国荷斯坦牛群体进行父子推断也能够达到 90%以上的排除概率,置信度为 95%。使用 50 个 SNP 标记对西门塔尔及其杂交群体在父子推断的情况下够达到 90%以上的排除概率,置信度为 85%;使用 28 个 SNP 标记对西门塔尔及其杂交群体在父子推断的情况下能够达到 90%以上的排除概率,置信度为 85%。由此可以看出,使用 28 个 SNP 标记的亲子鉴定效率与 50 个 SNP 标记的都可以达到相当高的鉴定效率,但使用 50 个标记的置信度明显高于 28 个标记。

6.4　DNA 个体识别及中国荷斯坦公牛 DNA 数据库建立

除了亲子鉴定外,DNA 遗传检测还常被用来进行动物的个体识别(individual identification)和追溯,或称作 DNA 指纹(DNA fingerprint)、一致性检测(identity testing)。DNA 个体识别检验最早在法医学上用来推断某项物证(血液、唾液)是否为嫌疑人所留,对于案件侦破具有重要的参考意义。

6.4.1　DNA 个体识别及其应用

传统的动物个体识别指个体编号(identification,ID),个体编号需符合唯一性、可识别性特点。动物个体编号的标识方式包括烙印、耳缺、电子(条形码)耳标或数字耳标。在奶牛和肉牛育种中,多采用数字耳标和条形码耳标,便于饲养管理。不同国家的个体编号规则不同,例如我国的荷斯坦母牛个体编号为 12 位,由 2 位省市区号、4 位场编号、两位出生年度号、4 位年度内出生顺序号组成;荷斯坦公牛个体编号为 8 位,由 3 位公牛站编号、2 位出生年度、3 位年度内出生顺序号组成。

但是,在饲养管理过程中,耳标容易发生脱落,而且在转场或者屠宰过程中,需要摘除耳标,进而导致个体编号记录错误或者不可追溯。随着分子生物学技术的发展,尤其是随着牛亲子鉴定技术体系的发展和完善,基于微卫星和 SNP 标记的 DNA 个体识别方式可以克服耳标的缺陷。通常,用于牛 DNA 个体识别的微卫星标记和 SNP 标记就是亲子鉴定的标记。

动物的 DNA 个体识别具有三方面的作用:①对牛冻精品质检测有重要的应用价值。在奶牛和肉牛育种中,由于冻精制作方法、保存时间和方式等原因,有些细管冻精上打印的条码或牛号会变得模糊,导致冻精来源不清楚,就可以通过对疑似冻精样品和候选公牛的已知样品(血液、冻精、尾根牛毛)进行一定数量的微卫星或 SNP 标记进行检测,从而判断冻精来源。另外,由于优秀种公牛的冻精价格较高,为防止以次充好,也可以通过 DNA 个体识别进行抽样检测确认。例如 1996 年意大利农业部立法(Law30)开始用微卫星标记检测种公牛血液和精液的 DNA 序列是否一致,对公牛每一批次生产的冻精都送到专门的实验室与该公牛的血液进行遗传一致性检测。②进行个体或产品质量追溯。近年来由于国内外高档牛肉市场的快速发展,牛肉品质日益受到重视,以欧盟和美国为首的世界各国,都在推行品牌肉从牧场到餐桌的生产链可追溯制度。为保障品牌牛肉的质量,可以通过 DNA 个体识别对牛肉进行标识和质量追溯。有学者提出,给牛只佩戴物理耳标的同时,还可佩戴 DNA 标识条码耳标,通过电子扫描,即可追溯其 DNA 标记的基因型,从而方便地进行个体和产品质量追溯。③防止疫病(布病、肺结核、口蹄疫、疯牛病等)传播。一旦疫情暴发,通过 DNA 个体识别可以追溯发病个体以及疑似个体的牛肉产品或废弃物是否进入市场,并可立即召回和销毁,从而降低食用病牛肉而感染的几率以及阻止疫病的进一步传播。例如,2003 年的华盛顿疯牛病事件,美国农业部官员 12 月 23 日宣布美国本土发现首例疯牛病,但这头病牛已经于 12 月 9 日在华盛顿州与其他 19 头牛同时屠宰,牛肉已经流散到西部多达 8 个州。

利用 DNA 分子标记进行个体遗传追溯,进而验证动物产品(优质冻精、品牌牛肉等)的来源,逐渐成为当前食品安全体系建设的热点。此外,个体一致性检测在克隆动物的遗传确认中也具有重要作用。动物个体识别与亲子鉴定通常采用相同的分子标记,同一套分子标记同时用于亲子鉴定、个体识别和产品追溯。

6.4.2 个体识别的基本原理

基于 DNA 标记的个体识别方法的基本思想是,通过检测两个样本的一系列遗传标记,如果在所有标记上的基因型都一致,那么可以推测这两个样本遗传一致。理论上,不同个体在单个或少数几个标记座位上的基因型可能是一致的,但当标记数目足够多时,这些标记的联合基因型就可以看作是个体的“DNA 指纹”,两个随机个体联合基因型相同的几率越小,个体识别的检测效率越高。这个效率与标记的数目和多态性有关,通常用一致性概率(probability of identity,PI)评价一组分子标记的个体鉴定效率,表示从群体中随机抽取两个个体的基因型一致的概率。

期望一致性概率(expected probability of identity,PI_E)采用如下公式计算:

$$PI_E = \sum p_i^4 + \sum (2p_i p_j)^2$$

其中 p_i 和 p_j 为在一个标记座位上第 i 个和第 j 个等位基因的频率($i \neq j$)。

期望一致性概率表示在群体哈迪-温伯格平衡前提下,群体中任意两个个体的基因型一致的概率。但如果群体内个体亲缘关系近,一致性可能性就大大增加。Evett 和 Weir(1998)推导出对于全同胞个体的一致性概率,可以作为最保守评价标记一致性概率的指标。

$$PI_{sib} = 0.25 + (0.5 \sum p_i^2) + \left[0.5 \left(\sum p_i^2 \right)^2 \right] - \left(0.25 \sum p_i^4 \right)$$

其中 p_i 为在一个标记座位上第 i 个和第 j 个等位基因的频率($i \neq j$)。

总体一致性概率(overall):假设标记间不连锁,k 个标记的总体一致性概率是单标记一致性概率的乘积。

$$PI_C = \prod_{k}^{m} PI_k$$

6.4.3　中国荷斯坦牛微卫星标记个体识别体系的建立

Zhang 等(2010)研究了微卫星标记应用于中国荷斯坦牛个体识别的效率。通过检测 17 个高度多态的微卫星标记,计算了每个标记的一致性概率及多标记的累积一致性概率(表6.7)。研究发现,单个标记的一致性概率在 0.1~0.3,随着标记数的增加,累积一致性概率迅速下降,3 个标记时小于百分之一,5 个标记时小于万分之一,7 个标记一致性概率低于百万分之一。但对于亲缘关系较近的群体,则需要更多的标记。因此在实际应用中,可以根据实际需要选择标记数目。例如对于一个公牛站内种公牛的一致性检验,如果总采精公牛小于 100 头,通常用 3~5 个标记就足以区分所有个体。

表 6.7　**标记的一致性概率及累积一致性概率**

标记	随机群体的一致性概率		全同胞个体的一致性概率	
	单标记	多标记累积	单标记	多标记累积
BM1818	0.177	1.77E-01	0.464	4.64E-01
BM1824	0.103	1.82E-02	0.398	1.84E-01
BM2113	0.091	1.66E-03	0.393	7.24E-02
ETH10	0.147	2.45E-04	0.447	3.24E-02
ETH225	0.089	2.17E-05	0.387	1.25E-02
INRA023	0.091	1.97E-06	0.390	4.89E-03
TGLA122	0.062	1.23E-07	0.365	1.78E-03
TGLA126	0.183	2.25E-08	0.468	8.35E-04
TGLA227	0.048	1.08E-09	0.349	2.92E-04
TGLA53	0.059	6.34E-11	0.357	1.04E-04
CSRM060	0.151	9.59E-12	0.458	4.77E-05
ETH152	0.110	1.06E-12	0.414	1.98E-05
HEL9	0.053	5.55E-14	0.350	6.91E-06
ILSTS006	0.163	9.07E-15	0.452	3.12E-06
INRA063	0.299	2.71E-15	0.548	1.71E-06
MM12	0.262	7.10E-16	0.532	9.11E-07
SPS115	0.215	1.52E-16	0.514	4.68E-07

6.4.4　中国荷斯坦公牛个体微卫星标记基因型数据库的构建

根据亲缘关系鉴定的原理,无论亲子鉴定还是个体识别,都需要同时检测多个遗传标记,并事先建立特定群体的基因型信息库,获得这些标记的基因型频率和基因频率等群体基本参数,从而科学地评估鉴定效率。近年来国内学者虽然开展了一些奶牛亲缘关系鉴定的研究,但主要都集中于分子检测技术的探索和应用,一直以来缺乏一个统一的种公牛遗传检测信息库,微卫星检测技术以及微卫星等位基因分型方法还没有实现标准化,这给亲缘关系鉴定技术在我国的广泛应用带来了诸多的不便。杨超等(2011)选择国际动物遗传学会(ISAG)推荐的 12 个微卫星标记,对我国 571 头荷斯坦种公牛进行基因型检测,分析这些微卫星标记在种公牛中的多态性和亲子鉴定及个体识别效率,并建立了中国荷斯坦种公牛遗传检测信息库。

为了建立标准化的等位基因判定方法,利用 GeneMapper V3.0 软件分析各标记的毛细管电泳信号,总结了各个标记的等位基因检测信号特征(表 6.8,又见彩表 6.8)。所有标记都呈现典型的等位基因连续信号峰,通常 3～6 个峰,每个标记的峰值信号呈现一定规律性,大多标记均为第 1 峰最高,个别标记的第 2 峰最高。

表 6.8　各标记的等位基因荧光峰图特点

标记名称	荧光峰特点	峰图
BM1818	3 个连续峰,第 1 峰最高	
BM1824	3 个连续峰,第 1 峰最高	
BM2113	3 个连续峰,第 1 峰最高	
TGLA53	5 个连续峰,第 2 峰最高	
TGLA122	6 个连续峰,第 2 峰最高	
TGLA126	3 个连续峰,第 1 峰最高	
TGLA227	3 个连续峰,第 1 峰最高	
ETH003	3 个连续峰,第 1 峰最高	

续表6.8

标记名称	荧光峰特点	峰图
ETH10	3个连续峰,第1峰最高	
ETH225	3个连续峰,第1峰最高	
INRA023	3个连续峰,第1峰最高	
SPS115	3个连续峰,第1峰最高	

在实际的生产实践中,由于时间因素和实验条件限制等原因,经常需要对样品的基因型进行快速检测,美国 Applied Biosystems 公司生产的亲子鉴定试剂盒(stock marker)是一种可以对奶牛或肉牛微卫星基因型进行快速检测的工具。杨超(2011)随机从 571 个我国荷斯坦公牛中挑选 96 个样品,使用牛亲子鉴定商业试剂盒 StockMarks® Cattle Genotyping Kits(该试剂盒使用的 11 个微卫星标记与本研究中使用的 12 个微卫星标记中的 11 个相同)进行基因型检测,将试剂盒检测结果与常规方法所得微卫星判型结果进行比较,建立快速检测方法所得到的基因型与分子遗传检测信息库中基因型之间的转换方法。

近年来我国每年都从欧美奶牛育种公司大量引进荷斯坦公牛或者胚胎,出口方通常会附带提供 ISAG 推荐的 12 个微卫星标记位点的基因型,以便将来对进口遗传物质进行系谱确认。但鉴于微卫星标记常因引物的荧光素、实验试剂、检测设备、分析软件等方面差异,导致基因型判型差异。因此,为了实现国内外微卫星检测结果的统一,杨超(2011)采用 ISAG 推荐的 12 个微卫星标记组合,对来自于 ISAG 的 20 个标准样品进行 PCR 扩增,记录了该 20 个 DNA 样品在 12 个微卫星标记位点的基因型。将检测结果与 ISAG 提供的该 20 个标准样品的基因型进行对比,分析在不同实验条件下,微卫星标记基因型的差异,从而建立本实验室检测体系所得到的基因型与 ISAG 提供的标准基因型之间的转换方法。在此基础上,可以将国内常规检测所得结果与国际标准实验室进行对比,以统一各个标记的等位基因命名方法。

6.5　全基因组 SNP 芯片在牛亲子鉴定和个体识别中的应用

鉴于 SNP 标记具有标记密度高、突变率低、易于高通量和自动化检测、判型准确等优点,目前已开始逐渐应用于牛亲子鉴定和个体识别。2008 年,国际动物遗传学会(International Society of Animal Genetics,ISAG)牛亲子鉴定委员会着手开展牛 SNP 亲子鉴定和个体识别体系的研究和标记比对检测,目前已完成了 SNP 标记筛选、不同国家以及不同品种牛群体中候选 SNP 最小等位基因频率、基因型比对、检测方法等主要关键技术环节。

牛亲子鉴定和DNA个体识别技术与牛育种技术的发展是密不可分的。自从 Meuwissen 等 2001 年开创性地提出了基因组选择(genomic selection,GS)方法,作为新兴的育种技术,基因组选择随即受到世界众多奶业发达国家的重视和推崇并取得了革命性突破。目前世界主要奶业发达国家,包括美国、加拿大、澳大利亚、荷兰、德国、丹麦、瑞士、新西兰、爱尔兰等,一直处于研究和育种实践应用的前沿。与此同时,全基因组 SNP 芯片及其检测技术的迅猛发展是推动牛基因组选择的一个重要因素。国际上著名的芯片服务公司 Illunima 公司与美国农业部和加拿大阿尔伯塔大学合作,2008 年研制出基于 BeadArray 技术的牛商用芯片(BovineSNP50),包含 54 000 个 SNP 标记,于 2011 年又推出了 6k 低密度 SNP 芯片。目前,这两种 SNP 芯片广泛应用于世界各国的奶牛和肉牛基因组选择研究与育种实践,50k 芯片和 6k 芯片均包含了用于牛亲子鉴定和个体识别的 121 个 SNP 标记。

Illumina 芯片研发是由美国农业部研究人员和加拿大阿尔伯塔大学研究人员(Heaton et al)合作完成。首先,基于牛的基因组序列草图初步筛选了符合亲子鉴定条件的 4 000 多个候选 SNP 标记,这些标记均符合 4 个条件:双等位基因且最小等位基因频率不低于 0.25,均匀分布于基因组内,基因型检测准确率 100%(序列易于设计引物和探针、无临近其他 SNP 等),公共数据库可以查询。然后,对来自 42 个不同遗传背景的肉牛和奶牛品种的共计 1 008 个体(24 个体/品种)进行 4 000 多个候选 SNP 的基因型检测,成功筛选出 121 个 SNP 标记用于牛亲子鉴定和 DNA 个体识别,并包含在 50k、6k 和 HD 800k 芯片中。

因此,在应用全基因组 SNP 芯片开展奶牛和肉牛基因组选择研究和育种实践的同时可以进行亲子鉴定和个体识别,既方便又提高了基因组遗传评估的准确性。鉴于此,基于 SNP 芯片的亲子鉴定和 DNA 识别方法将会在奶牛和肉牛育种中得到广泛应用并发挥重要作用。

(撰稿:张毅,孙东晓)

参考文献

1. 初芹,张毅,孙东晓,等. 应用微卫星 DNA 标记分析荷斯坦母牛系谱可靠性及影响因素. 遗传,2011,42(2):163-168.

2. 李东. 利用 SNP 标记进行奶牛亲子鉴定的研究:硕士学位论文. 北京:中国农业大学,2010.

3. 田菲. 中国荷斯坦牛微卫星亲子鉴定体系的建立:硕士学位论文. 北京:中国农业大学,2006.

4. 汪湛,田雨泽,刘和凤. 应用血型分析技术对奶牛亲子关系正确率的调查初报. 中国畜牧兽医,2005,3:22-23.

5. 杨超. 中国荷斯坦种公牛分子遗传检测信息库的建立:硕士学位论文. 北京:中国农业大学,2011.

6. 周磊. 利用微卫星和 SNP 标记进行奶牛亲子鉴定的模拟研究:硕士学位论文. 北京:中国农业大学,2010.

7. Alford R L,Hammond H A,Coto I,et al. Rapid and Efficient Resolution of Parentage by Amplification of Short Tandem Repeats. Am J Hum Genet,1994,55:190-195.

8. Anderson E C,Garza J C. The Power of Single—Nucleotide Polymorphisms for Large-Scale Parentage Inference. Genetics,2006,172:2567−2582.

9. Banos G,Wiggans G R,Powell R L. Impact of Paternity Errors in Cow Identification on Genetic Evaluations and International Comparisons. J Dairy Sci,2001,84:2523−2529.

10. Baruch E,Weller J I. Estimation of the number of SNP genetic markers required for parentage verification. Anim Genet,2008,39:474−479.

11. Bonin A,Bellemain E,Bronken E P,et al. How to track and assess genotyping errors in population genetics studies. Mol Ecol,2004,13:3261−3273.

12. Bredbacka P,Koskinen M T. Microsatellite panels suggested for parentage testing in cattle by ISAG:informativeness revealed in Finnish Ayrshire and Holstein—Friesian populations. Agri Food Sci,1999,8:233−237.

13. Ellegren H. Microsatellites:simple sequence with complex evolution. Nat Rev Genet,2004,5:435−445.

14. Fisher P J,Malthus B,Walker M C,et al. The number of single nucleotide polymorphisms and on—farm data required for whole—herd parentage testing in dairy cattle herds. J Dairy Sci,2009,92:369−374.

15. Geldermann H,Pieper U,Weber W E. Effect of misidentification on the estimation of breeding value and heritability in cattle. J Anim Sci,2003,63:1759−1768.

16. Gill P. An assessment of the utility of single nucleotide polymorphisms(SNPs)for forensic purposes. Int J Legal Med,2001,114:204−210.

17. Glowatzki-Mullis M L,Gaillard C,Wigger G,et al. Microsatellite-based parentage control in cattle. Anim. Genet,1995,26:7−12.

18. Gong D Q,Zhang H,Zhang J,et al. Analysis of relationship of 11 breeds of Duck population using microsatellite markers. Bull Husbandry Veterinary Med,2005,36:1256−1260.

19. Hao K,Li C,Rosenow C,et al. Estimation of genotype error rate using samples with pedigree information—an application on the Gene Chip Mapping 10K array. Genomics,2004,84:623−630.

20. Heaton M P,Harhay G P,Bennett G L,et al. Selection and use of SNP markers for animal identification and paternity analysis in U. S. beef cattle. Mammalian Genome,2002,13:272−281.

21. Heaton M P,Harhay G P,Bennett G L,et al. Selection and use of SNP markers for animal identification and paternity analysis in US beef cattle. Mamm. Genome,2002,13:272−81.

22. Heyen D W,Beever J E,Yang D,et al. Exclusion probabilities of 22 bovine microsatellite markers in fluorescent multiplexes for semiautomated parentage testing. Anim Genet,1997,28:21−27.

23. Hill W G,Salisbury B A,Webb A J. Parentage identification using single nucleotide polymorphism genotypes:Application to product tracing. J Anim Sci, 2008, 86: 2508 −

2517.

24. Hoffman J I, Amos W. Microsatellite genotyping errors: detection approaches, common sources and consequences for paternal exclusion. Mol Ecol,2005,14:599−612.

25. ISAG Conference 2008,Amsterdam,The Netherlands. Cattle Molecular Markers and Parentage Testing Workshop.

26. Israel C,Weller J I. Effect of misidentification on genetic gain and estimation of breeding value in dairy cattle population. J Dairy Sci,2000,83:181−187.

27. Jones A G,Ardren W R. Methods of parentage analysis in natural populations. Mol Ecol,2003,12:2511−2523.

28. Kalinowski S T,Taper M L,Marshall T C. Revising how the computer program CERVUS accommodates genotyping error increases success in paternity assignment. Molecular Ecology,2007,16:1099−1106.

29. Kaplinski L,Andreson R,Puurand T,Remm M. MultiPLX: automatic grouping and evaluation of PCR primers. Bioinformatics,2005,21(8):1701−1702.

30. Kashi Y,Lipkin E,Darvasi A. Parentage identification in the bovine using deoxyribonucleic acid fingerprints. J Dairy Sci,1990,73:3306−3311.

31. Luikart G,Biju-Duval M P,Ertugrul O. Power of 22 microsatellite markers in fluorescent multiplexes for parentage testing in goats(Capra hircus). Anim Genet,1999,30:431−438.

32. Matukumalli L K,Lawley C T,Schnabel R D,et al. Development and characterization of a high density SNP genotyping assay for cattle. Plos ONE,2009,4(4):e5350.

33. Mommens G,Zeveren A V,Peelman L J. Effectiveness of bovine microsatellites in resolving paternity cases in American Bison bison L. Anim Genet,1998,29:12−18.

34. Raymond M,Rousset F. GENEPOP(Version 1. 2): population genetics software for exact tests and ecumenicism. J Heredity,1995,86:248−249.

35. Ron M,Blank Y,Band M,et al. Misidentification rate in the Israeli dairy cattle population and its implications for genetic improvement. J Dairy Sci,1996,79:676−681.

36. Sanders K,Bennewitz J,Kalm E. Wrong and Missing Sire Information Affects Genetic Gain in the Angeln Dairy Cattle Population. J Dairy Sci,89:315−321.

37. Tian F,Sun D X,Zhang Y. Establishment of paternity testing system using microsatellite markers in Chinese Holstein. Journal of Genetics and Genomics,2008,35(5): 279−284.

38. Vignal A,Milan D,San Cristobal M,et al. A review on SNP and other types of molecular markers and their use in animal genetics. Genet Sel Evol,2002,34:275−305.

39. Visscher P M,Wooliams J A,Smith D,et al. Estimation of pedigree errors in the UK dairy population using microsatellite markers and the impact on selection. J Dairy Sci,2002, 85:2368−2375.

40. Weir B S,Anderson A D,Hepler A B. Genetic relatedness analysis:modern data and new challenges. Nat Rev Genet,2006,7:771−780.

41. Werner F A O, Durstewitz G, Habermann F A, et al. Detection and characterization of SNPs useful for identity control and parentage testing in major European dairy breeds. Anim. Genet, 2004, 35:44−49.

42. Zhang Y, Wang Y, Sun D, Yu Y, Zhang Y. Validation of 17 microsatellite markers for parentage verification and identity test in Chinese Holstein cattle. Asian-Australasian Journal of Animal Sciences, 2010, 23(4):425−429.

第7章

奶牛重要性状遗传分析

奶牛产奶性状、体型性状和繁殖性状均属数量性状，同时受到微效多基因和环境等因素的共同影响，因此性状的表型包括遗传和环境两部分效应。育种中需要对遗传因素控制的部分进行剖分，即估计遗传效应和环境效应。描述数量性状遗传特性有3个基本的遗传参数：遗传力、重复力和遗传相关，它们估计的准确与否直接关系到后续的育种值估计，乃至整个育种工作的效率。近40年来，随着计算机技术和运算能力的日益强大，已有多种方法可用于遗传参数的估计，如广义线性模型（generalized linear model，GLM）、约束最大似然法（restricted maximum likelihood，REML）和贝叶斯方法（Bayesian method）等。这些方法计算原理不同、各有优缺点，但最终都能实现对方差组分进行剖分和估计。目前，随着计算机技术的发展，越来越多的国家使用贝叶斯方法估计遗传参数。

遗传效应通常分为基因的加性效应、显性效应和上位效应，由于只有加性效应能够稳定遗传给下一代，所以将之定义为育种值。在育种过程需要对奶牛个体做出综合判断，评定的标准即为估计的加性遗传效应水平。

个体育种值不能够直接度量，只有通过一定的统计分析方法，把性状表型值中的其他各种效应剔除，之后估计出育种值，称为育种值估计。由于奶牛的世代间隔长，繁殖率较低，环境因素对育种值评估的准确性影响较大，因此，遗传评定的准确性是影响奶牛群体遗传进展的主要因素之一。近几十年，奶牛育种值估计方法不断改进和发展，由母女比较法、同群比较法、同期同龄比较法、选择指数法到混合模型BLUP法。分析模型从公畜模型、外祖父模型发展到动物模型；从单性状分析到多性状联合分析；从305 d泌乳期模型到随机回归测定日模型；数据来源从单纯的表型数据发展到基因组数据的全面整合。每一次新方法的出现都使遗传评定的准确性大大提高，进而提高选择效率，加快遗传进展。

7.1　统计分析模型

畜禽数量性状遗传分析中常用如下 6 种模型。

7.1.1　线性模型

线性模型(linear model)是一类十分重要的统计模型,是指在模型中观察值和各个离散型因子及连续协变量的回归系数呈线性关系(协变量的原始值与观察值可以是非线性的,如多项式回归模型仍然是线性模型)(张勤,2007)。在动物育种中,常根据对遗传效应的不同考虑方式将遗传分析模型分为以下几种:公畜模型(sire model)、公畜-母畜模型(sire-dam model)、公畜-外祖父模型(sire-maternal grandsire model)以及动物模型(animal model)等。

近半个世纪以来,基于线性模型的畜禽遗传评定方法一直在不断改进和发展。概括起来说可以分为选择指数和 BLUP(best linear unbiased prediction,最佳线性无偏预测法)法两大类。奶牛的遗传评定方法是畜禽遗传育种中研究最深入、应用最广泛、效果最好的领域之一。选择指数方法就是将来自不同渠道的信息进行适当加权合并为一个数值,能较全面、准确反映种畜的遗传价值。奶牛育种中选择指数法主要有同期同龄比较法(CC)、同群牛比较法(HC)和改进同期同龄比较法(MCC)等。BLUP 方法是 20 世纪 50 年代初由美国数量遗传学家(C. R. Henderson)提出,虽然当时在理论和方法上都已成熟,但由于计算手段的限制,始终未能实践。20 世纪 70 年代以来计算机技术的迅速发展和应用的普及,BLUP 方法开始受到各国育种学家的重视,尤其在牛的遗传改良中得到了广泛的应用,成为目前多数国家牛育种值估计的常规方法。BLUP 法是选择指数法的扩展,解决了选择指数法存在的问题。BLUP 育种值估计方法之所以能够提高选种的准确性,主要是由于具有以下优点(张沅,2001):①充分利用了所有亲属的信息;②可校正固定环境效应,更有效地消除由环境造成的偏差;③能考虑不同群体、不同世代的遗传差异;④可校正选配造成的偏差;⑤当利用个体的多项记录时,可将由于淘汰造成的偏差降低到最低。BLUP 本身实际上是一个一般性的统计学估计方法,可应用到不同畜禽遗传评定中。

7.1.2　动物模型 BLUP

将直接影响表型值的个体本身育种值(即基因的加性效应)作为遗传效应放在模型中,称为个体动物模型,简称动物模型。动物模型和其他模型相比具有多种优势,它能最有效地充分利用所有亲属的信息,从而校正由于选择交配所造成的偏差;当利用个体的重复记录时可将由于淘汰(如将早期生产成绩不好的个体淘汰)所造成的偏差降到最低;能考虑不同群体及不同世代的遗传差异;提供个体育种值的最精确的无偏估计值(张沅和张勤,1993)。动物模型的矩阵表示形式:

$$y = X\beta + Za + e$$

其中：y 为观察值向量；$\boldsymbol{\beta}$ 为固定效应向量；a 为随机效应量；e 为随机残差向量；X 和 Z 分别为 b 和 a 的结构矩阵。

$$E(a)=0, E(e)=0, E(y)=X\boldsymbol{\beta}, Var\begin{pmatrix} a \\ e \end{pmatrix} = \begin{pmatrix} A\sigma_a^2 & 0 \\ 0 & I\sigma_e^2 \end{pmatrix}$$

混合模型方程组为：

$$\begin{pmatrix} X'X & X'Z \\ Z'X & Z'Z+A^{-1}k \end{pmatrix} \begin{pmatrix} \hat{b} \\ \hat{a} \end{pmatrix} = \begin{pmatrix} X'y \\ Z'y \end{pmatrix}, k=\frac{\sigma_e^2}{\sigma_a^2}=\frac{1-h^2}{h^2}$$

在用动物模型 BLUP 估计育种值时，每一个体都有 3 个方面的信息来源：亲本信息、个体本身信息和后裔信息。任一个体的育种值可用下式表示：

$$\hat{a}_i = b_1\left(\frac{\hat{a}_{父亲}+\hat{a}_{母亲}}{2}\right) + b_2(P_{个体}-\hat{B}) + b_3\sum_{j=1}^{n}\left(\hat{a}_{后代j}-\frac{1}{2}\hat{a}_{配偶j}\right)$$

式中右边第一项为系谱指数，$\hat{a}_{父亲}$ 和 $\hat{a}_{母亲}$ 为在同一个模型下估计出的育种值，所以在它们中有包含了所有它们的祖先、同胞和后代的信息。第二项为个体自身记录提供的信息，$P_{个体}$ 为个体自身的表型记录，$\hat{B}$ 是固定环境效应估计值，对个体表型记录进行了系统环境效应的校正。第三项为个体的 n 个后代提供的信息。将这 3 个方面的信息进行最合理的加权，各权重因子 b_1、b_2 和 b_3 取决于各信息源提供的信息量和性状的遗传力。

7.1.3　多性状模型 BLUP

对个体在多个性状上的育种值进行估计时，可以分别对每一性状单独进行估计，也可以利用一个多性状模型对多个性状同时进行估计。由于同时进行估计时考虑了性状间的相关，利用了更多的信息，同时可校正由于对某些性状进行了选择而产生的偏差，因而可提高估计的准确度（尤其是对低遗传力性状）。提高的程度取决于性状的遗传力、性状间的相关性和每个性状的信息量。当性状间不存在任何相关时，多性状的育种值估计等价于单性状的育种值估计。以两性状动物模型为例，建立的混合模型为：

第一个性状的模型　　$y_1 = X_1b_1 + Z_1a_1 + e_1$

第二个性状的模型　　$y_2 = X_2b_2 + Z_2a_2 + e_2$

$$\begin{bmatrix} y_1 \\ y_2 \end{bmatrix} = \begin{bmatrix} X_1 & 0 \\ 0 & X_2 \end{bmatrix}\begin{bmatrix} b_1 \\ b_2 \end{bmatrix} + \begin{bmatrix} Z_1 & 0 \\ 0 & Z_2 \end{bmatrix}\begin{bmatrix} a_1 \\ a_2 \end{bmatrix} + \begin{bmatrix} e_1 \\ e_2 \end{bmatrix}$$

其中：y_i 为第 i 个性状的观察值向量，b_i 为第 i 个性状的固定效应向量，a_i 为第 i 个性状的随机动物效应向量，e_i 为第 i 个性状的随机残差效应向量，X_i 和 Z_i 为第 i 个性状的固定效应和随机动物效应系数矩阵。

$$Var\begin{bmatrix} a_1 \\ a_2 \\ e_1 \\ e_2 \end{bmatrix} = \begin{bmatrix} g_{11}A & g_{12}A & 0 & 0 \\ g_{21}A & g_{22}A & 0 & 0 \\ 0 & 0 & r_{11}I & r_{12}I \\ 0 & 0 & r_{21}I & r_{22}I \end{bmatrix}$$

其中：g_{11} 和 g_{22} 分别为第一性状和第二性状的加性遗传方差，g_{12} 和 g_{21} 为两个性状的遗传协方差，r_{11} 和 r_{22} 为第一性状和第二性状的误差方差，r_{12} 和 r_{21} 为性状间的误差协方差。设 g_{ij} 的逆元素为 g^{ij}，r_{ij} 的逆元素为 r^{ij}。混合模型方程组：

$$\begin{bmatrix} X_1'X_1r^{11} & X_1'X_2r^{12} & X_1'Z_1r^{11} & X_1'Z_2r^{12} \\ X_2'X_1r^{12} & X_2'X_2r^{22} & X_2'Z_1r^{12} & X_2'X_2r^{22} \\ Z_1'X_1r^{11} & Z_1'X_2r^{12} & Z_1'Z_1r^{11}+A^{-1}g^{11} & Z_1'Z_1r^{12}+A^{-1}g^{12} \\ Z_2'X_1r^{12} & Z_2'X_2r^{22} & Z_2'Z_1r^{12}+A^{-1}g^{12} & Z_2'Z_2r^{22}+A^{-1}g^{22} \end{bmatrix} \begin{bmatrix} \hat{b}_1 \\ \hat{b}_2 \\ \hat{a}_1 \\ \hat{a}_2 \end{bmatrix} = \begin{bmatrix} X_1'y_1r^{11}+X_1'y_2r^{12} \\ X_2'y_2r^{12}+X_2'y_2r^{22} \\ Z_1'y_1r^{11}+Z_1'y_2r^{12} \\ Z_2'y_2r^{12}+Z_2'y_2r^{22} \end{bmatrix}$$

7.1.4 阈模型

前面提到的线性模型都存在一个假设条件，即所观察的性状表型值服从正态分布，然而在家畜育种中有许多性状，尤其是繁殖性状的表型值分布是非连续的，常称之为离散性状、分类性状或者阈性状。比如奶牛生产中的输精次数、第一次输精后的 56 d 不返情率、第一次输精的受胎率、产犊难易性和长寿性等。在多基因控制的理论前提下，离散性状的表型观察值不能表达为遗传效应与环境效应的线性组合，从而限制了线性模型在离散性状遗传分析上的应用。另外用线性模型分析离散性状得到的解不能保证分类性状每个类别发生的概率为正值并且总和为 1，以及线性模型只能在表观尺度上对离散性状的观察值进行描述，而在表观尺度上离散性状的遗传效应与环境效应是相关的。

对于这类性状的分析可采用阈模型，其阈值模型理论基础是在很早提出来的（Wright，1934；Falconer，1996）。阈模型是在分类表型的基础上假定一个潜在的、连续的正态分布变量 l，称为易感性值（liability），它受多基因和环境的共同影响，分类表型值 y 和易感性值 l 通过未知的固定阈值联系起来。假设表观变量有 k 个类别，就会有 $k-1$ 个阈值，令阈值向量 $t=(t_1, t_2, \cdots, t_{k-1})$，当潜在变量的取值落在 (t_{i-1}, t_i) 区间时，表观变量就表现为第 i 种类型。阈模型的遗传分析常常基于贝叶斯方法。贝叶斯方法是一种应用范围广泛的统计方法，不但可以用于分析阈模型，也可用于分析表型观察值为正态分布的连续性状（常用线性模型分析），下面只简单陈述贝叶斯的基本原理和其对分类阈性状的分析。

7.1.4.1 贝叶斯分析原理

贝叶斯（Bayes）原理中的两个基本概念是先验分布和后验分布。先验分布是总体分布参数 θ 的一个概率分布，贝叶斯学派（Bayesian）的根本观点认为在关于总体分布参数 θ 的任何统计推断问题中，除了使用样本所提供的信息外，还必须规定一个先验分布，它是在进行统计推断时不可缺少的一个要素。他们认为先验分布不必有客观的依据，可以部分地或完全地基于主观信念。后验分布为根据样本分布和未知参数的先验分布，用概率论中求条件概率分布的方法，求出的在样本已知下未知参数的条件分布，因为这个分布是在抽样以后才得到的，故称为后验分布。

贝叶斯推断的基本方法是将关于未知参数的先验信息与样本信息综合，再根据贝叶斯定理，得出后验信息，进而根据后验信息推断未知参数。任何推断都必须且只须根据后验分布，而不再涉及样本分布。贝叶斯估计的基本公式为

$$f(\theta \mid y) = f(y \mid \theta) f(\theta) / f(y)$$

而 $f(y) = \int f(y, \theta) \, \mathrm{d}\theta$，显然 $f(y)$ 不是关于 θ 的函数，于是上式可写为：

$$f(\theta \mid y) \propto f(y \mid \theta) f(\theta)$$

其中：$f(\theta)$ 为参数 θ 的先验密度函数，$f(y \mid \theta)$ 为似然函数，$f(\theta \mid y)$ 为后验密度函数。

Bayesian 方法与约束最大似然法（REML 方法）的主要区别在于：不需要通过求似然函数最大值，而是通过每一个随机变量的边际密度或分布函数进行未知参数的统计量（如均值或方差）估计，将待估参数用一随机变量 θ 表示，则 θ_i（剩余参数为 θ_{-i}）的边际密度可表示为：

$$f(\theta_i) \propto \iint f(y \mid \theta_i, \theta_{-i}) f(\theta_i, \theta_{-i}) \mathrm{d}\theta_{-i} \mathrm{d}y$$

贝叶斯法构建混合模型方程组时比较简便，在模型中考虑了先验信息，它可以弥补资料信息量不足的缺陷，因而使估计值更准确，且估计量的方差较小，具备能够处理大样本数据又不依赖大样本特性等优点。但实践中要得到随机变量的边际分布存在极大障碍，主要原因是进行复杂函数的多重积分计算非常困难。

MCMC（markov chain and monte carlo integration）算法的应用（Gelfand and Smith，1990）使贝叶斯统计推断的计算难题迎刃而解，极大地推动了贝叶斯理论在动物遗传评定中的应用。MCMC 算法的思路是通过随机变量联合后验分布 $f(\theta \mid y)$，导出 θ_i 的条件分布 $f(\theta_i \mid y, \theta_{-i})$，通过对 θ_i 条件分布依次、连续抽样产生随机数列（又称为 markov chain），再根据一定规则对 markov chain 进行取值，从而产生所有 θ_i 条件分布的样本，产生的所有参数 θ 的条件样本可近似为联合后验分布 $f(\theta \mid y)$ 的样本。对于产生的联合后验样本中的 θ_i 的数据可视为 θ_i 的条件边际分布样本。因此，贝叶斯推断可基于条件边际分布样本的统计量（如均值和方差），避免了多重积分的复杂运算，大大降低了计算难度。基于 MCMC 算法的贝叶斯分析使得贝叶斯方法真正从理论进入了实践领域。Gibbs 抽样是目前在家畜育种中常用的抽样技术。

7.1.4.2 分类性状的阈模型分析

对于一般动物模型，假设 y 为分类性状的表型值向量，l 为分类性状的潜在连续向量。l 服从正态分布，线性混合模型可描述为：

$$l = Xb + Za + e$$

其中：假定 $a \mid \sigma_a^2 \sim N(\mathbf{0}, A\sigma_a^2)$，$l \mid b, a, \sigma_e^2 \sim N(Xb + Za, I\sigma_e^2)$。由于参数的不确定性，一般约束 $\sigma_e^2 = 1$（Cox and Snell，1989）。所有参数的联合后验分布为：

$$p(b, a, l, \sigma_a^2 \mid y) \propto p(y \mid l, t) p(l \mid a, b) p(b) p(a \mid \sigma_a^2) p(\sigma_a^2)$$

由于 $p(y \mid l)$ 的分布为：$p(y_i = j \mid l_i, t_{j-1}, t_j) = \begin{cases} 1 & t_{j-1} < l_i < t_j \\ 0 & \text{其他} \end{cases}$，所以

$$p(y \mid l, t) = \prod_{i=1}^{n} \sum_{j}^{k} I(t_{j-1} < l_i < t_j) I(y_i = j)$$

联合后验分布的第二项 $p(l \mid b, a) \propto \exp\left\{ -\frac{1}{2}(l_i - x_i'b - z_i'a)(l_i - x_i'b - z_i'a) \right\}$，对于其他的参数，$b$ 服从均匀分布；a 服从均值为 $\mathbf{0}$、方差为 $A\sigma_a^2$ 的多元正态分布，σ_a^2 一般有两种先验假设，一

种是均匀分布,另一种是逆卡方分布。由于阈值(threshold)t_i是按大小顺序排列的,因此它们是服从来自均匀分布$[t_{min}, t_{max}]$的顺序统计量,所有阈值的联合先验分布为(Mood et al, 1974):

$$p(t) = (c-2)! \left(\frac{1}{t_{min} - t_{max}} \right)^{(c-2)} I \quad (t \in T)$$

式中,$T = \{(t_1 = 0, t_2, \cdots, t_{m-1}) | t_{min} < t_1 < t_2 < \cdots < t_{m-1} < t_{max}\}$。

由联合后验分布,可以很容易求出各未知参数的全条件后验分布(fully conditional posterior distribution),描述如下:

$$p(l_i | \cdot, y_i = j) = \frac{\phi(x_i b + z_i a, 1)}{\Phi(t_j - x_i b - z_i a) - \Phi(t_{j-1} - x_i b - z_i a)}$$

$$p(t_j | \cdot, y) \propto \prod_{i=1}^{n} [I(t_{j-1} < l_i \leqslant t_j) I(y_i = j) + I(t_j < l_i \leqslant t_{j+1}) I(y_i = j+1)]$$

$$\sigma_a^2 | \cdot, y \sim \tilde{v} \tilde{S} \chi_{\tilde{v}}^{-2} \text{ 其中 } \tilde{S} = (a' A^{-1} a + vS)/(v+q); \tilde{v} = (v+q)$$

$$b_i | \cdot, y \sim N(\hat{b}_i, (X'_i X_i)^{-1})$$

$$a_i | \cdot, y \sim N(\hat{a}_i, (Z'_i Z_i + A^{\ddot{}} \sigma_a^2)^{-1})$$

分类阈模型的求解过程描述如下:

(1)给定所有参数 b、a 和 σ_a^2 的初值;

(2)读取数据,从易感性值的截断正态分布中抽样产生潜在连续变量-易感性值 l;

(3)对所有阈值 t 进行抽样;

(4)从逆卡方分布中抽样产生加性遗传方差 σ_a^2;

(5)将 l 作为观察值,建立混合线性模型方程组,计算 C、θ_i 的期望和方差,其中 $C = (2\pi)^{-\frac{n+t}{2}} |R|^{-\frac{1}{2}} |G|^{-\frac{1}{2}}$;

(6)根据 θ_i 的期望和方差抽样新一轮 θ_i;

(7)重复(2)~(6),直至足够的样本量。

7.1.5 广义线性模型

在畜禽育种中,对于离散性状的遗传分析,除了可以通过阈模型的方法解决线性模型的不足外,还可以借助广义线性模型的方法。广义线性模型是常见的正态线性模型的直接推广,适用于连续数据和离散数据,特别是后者,如计数数据。广义线性模型的起源很早。Fisher 在 1919 年就曾应用过。最重要的 Logistic 模型,在 20 世纪四五十年代曾由 Berkson、Dyke 和 Patterson 等使用过。1972 年 Nelder 和 Wedderburn 在一篇论文中引进广义线性模型一词,自那以后研究工作逐渐增加。1983 年 McCullagh 和 Nelder 出版了系统论述此专题的专著,并于 1989 年再版,这方面的研究论文数以千计。

广义线性模型有 3 项基本组成部分,线性预测、连接函数(或逆连接函数)和方差函数。对于下面的一般线性混合模型:

$$y = X\beta + Za + e, \text{其中} E(y) = \mu$$

用 η 表示线性预测，则 $\eta=X\beta+Za$，线性预测用来表示固定效应和随机效应的关系。连接函数是连接观察值的期望与线性预测的函数 $h(\mu)=\eta$，即观察值期望的连接函数可用线性预测表示，而连接函数具有可逆性，即观察值的期望也可以通过连接函数的逆函数由线性预测表示，即 $\mu=h^{-1}(\eta)$。方差函数 $\upsilon(\mu_i,\phi)$ 部分描述的实质，主要是观察值方差即残差方差随均值变化的函数，由于观察的残差变化常常大于期望值（即从分布中随机抽样产生的），所以常需要考虑一个离散参数 ϕ。无论是连接函数还是方差函数的选择都依赖于观察值 y 的分布，然而观察值不管是正态分布，还是非正态分布（如二项分布、泊松分布、Gamma 分布等），它们的密度函数都可以写成一种统一的表达方式，把这些分布称作指数家族，指数家族的密度函数表示为：

$$f(y|\theta,\phi,w)=\exp\left\{\frac{y\cdot\theta-b(\theta)}{\phi}\cdot w+c(y,\phi/w)\right\}$$

其中，θ 是各分布的自然参数（natural parameter），$b(\theta)$ 和 $c(\cdot)$ 是各分布的特定函数（specific function），ϕ 是离散参数（dispersion parameter），w 是已知加权。指数家族的均值和方差分别为：

$$E(y)=b'(\theta),Var(y)=b''(\theta)\cdot\frac{\phi}{w}。$$

根据指数家族的均值和方差公式，令 $g(\cdot)$ 为 $E(y)=b'(\theta)$ 的反函数，即 $g(\cdot)$ 为逆连接函数。观察值的方差可以进一步写成 $Var(y)=b''(g(E(y)))\cdot\left(\frac{\phi}{w}\right)$，即方差函数 $\upsilon(\mu_i,\phi)$。由此可清楚看出指数家族的方差被剖分为两部分，一部分表示为 $b''(g(E(y)))$，它描述了方差随均值变化的函数；另一部分为 $\frac{\phi}{w}$，其中 ϕ 是离散参数，w 是已知的加权，对于二项分布，$w=\frac{1}{n}$；一般，对于二项分布，观察值用 $\frac{y}{n}$ 表示，此时 $w=n$；对于其他分布，$w=1$。

7.1.6　生存分析模型

生存分析（survival analysis）是指根据试验或调查得到的数据对生物或人的生存时间进行分析和推断，研究生存时间和结果与众多影响因素间关系及其程度大小的方法，也称生存率分析或存活率分析。试验得到的数据称为生存数据，描述了事件从起始到事件结束之间的区间长度，是一个恒正的随机变量。生存数据并不是仅指那些与"存活"及"寿命"有关的数据（如从出生到死亡的时间），任何从事件起始到结束之间的时间长度均可以称之为生存数据，比如，事件的起始点可以是奶牛被诊断出有某种疾病的时间，奶牛首次输精的时间、奶牛产犊的时间等，则相对应的事件结束点可以是奶牛疾病治愈的时间、奶牛最后一次（或第 n 次）输精的时间、奶牛产后第一次发情的时间等，而相应的生存时间可以表示为奶牛疾病治愈的天数、奶牛首次输精到最后一次（或第 n 次）输精的天数、奶牛产犊到第一次发情的天数。生存数据的度量单位可以是年、月、日、小时等。

7.1.6.1　生存数据的特征
由于生存数据表示事件从起始到结束之间的区间长度，是一时间变量，因此其取值不会为负数。生存数据一般不服从正态分布。在研究中随访资料常因失访等原因造成某些数据观察不完全,就是事件的起始或者结束很可能观察不到,这就决定了生存数据的另一种特性,即一般存在一定比例的缺失数据(censored data)。根据缺失数据特性,可将其分为以下几种类型(图 7.1):

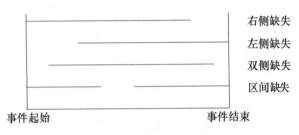

图 7.1　缺失数据类型

(1)右侧缺失(right censoring):右侧缺失是指确切的生存时间未知,即未观察到事件的结束,所能知道的仅仅是生存时间肯定大于缺失时间。

(2)左侧缺失(left censoring):即事件终止于研究该事件之前,例如,要研究奶牛的繁殖性状,如从产犊到第一次发情的区间长度,但由于管理问题,从奶牛产犊后第 21 天才开始观察、计数,而有些奶牛在 21 d 前就已经发情,这样就造成该性状的左侧缺失数据。

(3)双侧缺失(double censoring):即缺失数据既包括左侧缺失,又包括右侧缺失。同样对于繁殖性状从产犊到第一次发情的区间长度,有些奶牛在开始观察前就已发情,而之后奶牛一直未发情,直至淘汰,这样就造成双侧缺失。

(4)区间缺失(interval censoring):该类缺失类型主要发生在对野生动物的研究中。由于对野生动物的观察只能是周期性的观察,因此,观察事件的终止点正好处于两次周期性观察之间,则产生区间缺失。

(5)任意缺失(arbitrary censoring):是上述各种缺失类型的混合。

7.1.6.2　生存分析基本概念和函数

1.生存时间(survival time)

广义的生存时间是指从某个起始事件开始到某个终点事件的发生(出现反应或结果)所经历的时间,也称失效时间(failure time)。

2.生存率(survival rate)

指研究对象经历 t 个时段后仍存活的概率,即生存时间大于等于 t 的概率,用 $P(T \geqslant t)$ 表示。生存率随时间 t 变化而变化,即生存率是相对于时间 t 的函数,称为生存函数(survival function),记为 $S(t)$。生存函数在某时点的函数值就是生存率。

$$S(t) = Pr(T \geqslant t) = 1 - Pr(T < t) = 1 - F(t)$$

其中,$F(t)$ 是指 T 的积累分布函数(cumulative distribution function),$S(t)$ 表示的是在任意时间 t 事件仍未终止(survival)的概率,故生存函数又称累积生存概率(cumulative probability of survival),即将时刻 t 尚存活看成是前 t 个时段一直存活的累计结果。

3.时间变量 T 的密度函数 $f(t)$

$$f(t) = \lim_{\Delta t \to 0} \frac{Pr(t \leqslant T \leqslant t + dt)}{dt} = \frac{dF(t)}{dt} = -\frac{dS(t)}{dt}$$

$f(t)$ 表示的是在时间 t 到 $t+dt$ 这段时间内,事件终止的概率,也称为失效概率。

4. 生存曲线(survival curve)

生存曲线是指生存函数对时间的曲线,生存曲线是单调不递增的,在 $t=0$ 时生存函数为 1,当时间无限时,生存函数为 0。

5. 危险率函数(hazard function)

指 t 时刻尚存活的研究对象死于 t 时刻后一瞬间的概率,为条件概率。即活到了 t 时刻的条件下在 $t \sim t+\Delta t$ 这一微时段内死亡的概率,用 $h(t)$ 表示。

$$h(t)=\lim_{\Delta t \to 0}\frac{P(t<T<t+\Delta t \mid T \geq t)}{\Delta t}=\lim_{\Delta t \to 0}\frac{n(t)-n(t+\Delta t)}{n(t) \cdot \Delta t}$$

式中:T 为观察对象的生存时间,$n(t)$ 为 t 时刻的生存人数,$n(t+\Delta t)$ 为 $t+\Delta t$ 时刻的生存人数。危险率函数也称为风险函数、失效率函数、死亡力(force of mortality)、瞬时死亡率(instantaneous failure rate)等。危险率函数是生存分析的基本函数,它反映研究对象在某时点的死亡风险大小。生存函数与危险率函数的关系可表示为:

$$S(t) = \exp\left[-\int_0^t h(t)dt\right]$$

6. 积累风险函数(cumulative hazard function)$H(t)$

积累风险函数和风险函数的关系类似于积累分布函数和分布密度函数之间的关系,是对风险函数的积分,即

$$H(t) = \int_0^t h(u)du = -\ln(S(t))$$

描述生存数据一般分布的各个函数之间存在着千丝万缕的联系,其中的一个已知的话,则其余的函数均可以推导出来。

7.1.6.3 生存分析方法

鉴于生存数据的自身独特特点,需要采用专门的统计方法对生存数据进行分析,称为生存分析。生存分析方法一般可分为 3 类:非参数法、参数法和半参数法。

1. 非参数法

其特点是不论资料是什么样的分布形式,只根据样本提供的顺序统计量对生存率进行估计,常用的方法有乘积极限法(product-limit method)和寿命表法。乘积极限法简称为积限法或 PL 法,它是由统计学家 Kaplan 和 Meier 于 1958 年首先提出的,因此又称为 Kaplan-Meier 法,是利用条件概率及概率的乘法原理计算生存率及其标准误。当样本量较大时,通常将资料先整理成频数表形式,用寿命表法计算样本资料的生存率及生存率的标准误。寿命表法(life table method)是采用编制定群寿命表的原理来计算生存率,首先求出各时期的生存概率,然后根据概率的乘法法则,将各时期的生存概率相乘,即可得到自观察开始到各时点的生存率。

2. 参数法

参数法的特点是假定生存时间服从于特定的参数分布,根据已知分布的特点对影响生存的时间进行分析,常用的方法有指数分布法、Weibull 分布法、对数正态分布法、Gamma 分布

法和广义 Gamma 分布法等。

（1）指数分布。是描述生存数据最简单的参数模型，其风险函数 $h(t)=\lambda(\lambda>0)$，λ 为一常数，即表明在任何时候事件的失效率是恒定不变的，其生存函数和密度函数为：

$$S(t) = \exp\left(-\int_0^t h(u)\mathrm{d}u\right) = \exp(-\lambda t), f(t) = h(t)S(t) = \lambda\exp(-\lambda t)$$

（2）Weibull 分布。Weibull 分布是指数分布的一种扩展分布，其生存函数和风险函数分别为：

$$S(t)=\exp(-(\lambda t)^\rho)(\lambda>0,\rho>0), h(t)=-\frac{\mathrm{d}\ln S(t)}{\mathrm{d}t}=\frac{\mathrm{d}(\lambda t)^\rho}{\mathrm{d}t}=\lambda\rho(\lambda t)^{\rho-1}$$

密度函数为：

$$f(t)=h(t)S(t)=\lambda\rho(\lambda t)^{\rho-1}\exp(-(\lambda t)^\rho)$$

当 $\rho=1$，Weibull 分布转变为指数分布；当 $\rho>1$，风险函数单调递减；当 $\rho<1$，风险函数单调递增。

（3）Gamma 分布。指数分布的另一种扩展就是 Gamma 分布，其概率密度函数和生存函数分别为：

$$f(t) = \frac{\lambda^k}{\Gamma(k)}(\lambda t)^{k-1}\exp(-\lambda t)(\lambda>0,k>0), S(t) = 1-F(t) = 1-\int_0^x \frac{u^{k-1}\mathrm{e}^{-u}}{\Gamma(k)}\mathrm{d}u$$

风险函数为：

$$h(t)=f(t)/S(t)$$

如果 $k>1$，则风险函数从 0 开始单调递增；如果 $k<1$，则从 $+\infty$ 开始单调递减。

3. 半参数法

半参数法兼有非参数法和参数法的特点，主要用于分析影响生存时间和生存率的因素，属多因素分析方法，典型方法为 Cox 模型分析法。Cox 模型中，个体的风险函数等于任意的基础风险函数（非参数）和参数函数的乘积，因而用 Cox 模型估计参数被看作是半参数模型，其估计方法同前面提到的 Kaplan-Meier 估值的方法相似。

7.1.6.4　生存分析在动物育种中的应用

在动物育种中，常用的生存分析方法有参数法和半参数法。标准的半参数法 Cox 模型虽然能够配合各种分布类型的数据，但它计算量较大，对于大量数据很难处理。目前在家畜育种中报道的生存分析多为参数法。

（1）比例风险模型（proportional hazard model）。动物育种中，生存数据受到各种自变量的影响，定义 $\boldsymbol{x}=(x_1\cdots x_n)'$ 为生存时间的 n 个自变量，$\boldsymbol{\beta}=(\beta_1\cdots\beta_n)'$ 为各自变量的回归系数，每个个体的风险函数表示为：$h(t)=h(t;\boldsymbol{x})$，则连接每个个体风险函数 $h(t;\boldsymbol{x})$ 和自变量 $\boldsymbol{x}$ 的关系模型有很多，目前生存分析中运用最广泛的模型为比例风险模型。比例风险模型可以表示为：

$$h(t;\boldsymbol{x})=h_0(t)e^{\boldsymbol{x}'\boldsymbol{\beta}}$$

其中，$h(t;\boldsymbol{x})$ 表示个体的风险函数，$h_0(t)$ 被称作基础风险函数（baseline hazard function），表示整个群体的"平均"风险函数，$e^{\boldsymbol{x}'\boldsymbol{\beta}}$ 则是与各个个体相对应的风险函数项。

根据比例风险模型中基础风险函数的分布,比例风险模型又可进一步划分。当基础风险函数为一常数,则比例风险函数模型被称为指数比例风险回归模型;当基础风险函数服从Weibull分布,则称为Weibull比例风险回归模型;当基础风险函数被认为是任意的,则比例风险函数模型称为Cox比例风险模型。

之所以称之为比例风险模型,是因为任何两个个体的风险函数的比值为一常数。如任意两个个体A和B,其生存分析的一个自变量表型分别为x_A,x_B,该自变量的回归系数为$\boldsymbol{\beta}$,则这两个个体的风险函数分别为:

$$h(t;\boldsymbol{x}_A)=h_0(t)e^{x_A'\boldsymbol{\beta}},h(t;\boldsymbol{x}_B)=h_0(t)e^{x_B'\boldsymbol{\beta}}$$

二者风险函数的比例

$$\frac{h(t;\boldsymbol{x}_A)}{h(t;\boldsymbol{x}_B)}=\frac{e^{x_A'\boldsymbol{\beta}}}{e^{x_B'\boldsymbol{\beta}}}=\exp\left[(\boldsymbol{x}_A'-\boldsymbol{x}_B')\boldsymbol{\beta}\right]$$

为一常数,它和时间没有任何关系,表示在任何时间,A终止的概率为B的常数倍。如果包括多个自变量,情况亦是如此。比例风险模型也存在缺陷,即在一些情况下,假定个体间在任何时候的风险函数均成比例是不合适的。针对该缺陷,比例风险模型有以下两种扩展:一是分层(stratification),即将整个群体分为不同的亚群(subclasses or strata),每个亚群中,任何个体间的风险函数成比例,而不同亚群的个体风险函数不成比例。亚群可以根据不同的性别、不同的品种、不同的出生年份等因素进行划分。划分以后可根据前面提到的方法估计未知参数。二是考虑随时间变化的协变量(time-dependent cocariates),前面提到的比例风险函数中,变量不随时间的变化而变化,而有些变量是随时间变化的,比如年或季节等因素,它们反映了不同年或不同季节的气候、经济等的变化。当变量随时间变化时,不同个体之间的风险函数比例不再是常数,而是随时间变化的,此时,可以将时间分为很多区间,在每个时间区间内,不同个体之间的风险函数成比例,而不同时间区间,不同个体之间的风险函数不成比例。

(2)Frailty模型。家畜育种中,较为关注的是动物个体育种值,因此模型中都要包含个体随机效应。将比例风险模型推广到模型中既包括固定效应又包括随机效应的情况,即为混合生存模型,通常被称为Frailty模型。Frailty模型中,Frailty项用来表示随机效应,对于一般动物模型或公畜模型,任何个体i相对应的固定和随机效应分别为$\boldsymbol{x}_i\boldsymbol{\beta}$和$\boldsymbol{z}_i\boldsymbol{a}$(动物模型)或$\boldsymbol{z}_i\boldsymbol{s}$(公畜模型)。令$\boldsymbol{\theta}'=(\boldsymbol{\beta}'\quad \boldsymbol{a}')$或$\boldsymbol{\theta}'=(\boldsymbol{\beta}'\quad \boldsymbol{s}')$,$\boldsymbol{w}_i'=(\boldsymbol{x}_i'\quad \boldsymbol{z}_i')$,则其Frailty项为$v_{a_i}$(动物模型)或$v_{s_i}$(公畜模型),其风险函数为$h_i(t|\boldsymbol{\theta})$,则Frailty项与风险函数的关系式为:$h_i(t|\boldsymbol{\theta})=v_{a_i}h_i(t|\boldsymbol{\beta})$(动物模型)或$h_i(t|\boldsymbol{\theta})=v_{s_i}h_i(t|\boldsymbol{\beta})$(公畜模型)(Vaupel et al,1979;Aalen,1994),Frailty项通过简单的转换$a_i=\lg v_{a_i}$(动物模型)或$s_i=\lg v_{s_i}$(公畜模型)可以将Frailty项转移到回归模型的指数项中,即$h_i(t|\boldsymbol{\theta})=h_0(t)\exp(\boldsymbol{w}_i'\boldsymbol{\theta})$。

对于公畜模型,则个体i的Weibull Frailty模型中风险函数和生存函数分别为:

$$h_i(t\mid\boldsymbol{\theta},\rho)=h_0(t)\exp(\boldsymbol{w}_i'\boldsymbol{\theta})=\rho t^{\rho-1}v_{s_i}\exp(\boldsymbol{x}_i^{*'}\boldsymbol{\beta})$$

$$S_i(t\mid\boldsymbol{\theta},\rho)=\exp\left[-\int_0^t h_i(t\mid\boldsymbol{\theta},\rho)\mathrm{d}u\right]=\exp[-t^\rho]^{v_{s_i}\exp(\boldsymbol{x}_i^{*'}\boldsymbol{\beta})}$$

可导出其密度函数为:

$$f_i(t) = h_i(t)S_i(t) = \rho t^{\rho-1} v_{s_i} \exp(\boldsymbol{x}_i^{*'} \boldsymbol{\beta}) \exp[-t^{\rho} v_{s_i} \exp(\boldsymbol{x}_i^{*'} \boldsymbol{\beta})]$$

生存时间的 LOG 转换值 $y_i = \lg t_i$ 的密度函数为：

$$f_i(y) = \rho \exp(\rho y + s_i + \boldsymbol{x}_i' \boldsymbol{\beta} - e^{\rho y + s_i + \boldsymbol{x}_i' \boldsymbol{\beta}})$$

其可以用线性关系式 $y_i = \dfrac{1}{\rho} \boldsymbol{x}_i^{*'} \boldsymbol{\beta} + \dfrac{1}{\rho} s_i + \dfrac{1}{\rho} \omega_i = \boldsymbol{x}_i^{*'} \boldsymbol{\beta}^* + s_i^* + \dfrac{1}{\rho} \omega_i$ 来表示，ω_i 服从极值分布，其方差为 $\dfrac{\pi^2}{6}$。这样，Weibull Frailty 模型在 LOG 尺度上的遗传力的定义为：

$$h^2 = \frac{4 Var(s)}{\dfrac{\pi^2}{6} + Var(s)}$$

在构建似然函数时，要考虑生存数据是否是缺失，缺失和不缺失的数据对似然函数的贡献不同。如果个体 i 在时间 y_i 终止，则 $\delta_i = 1$；如果是缺失，则 $\delta_i = 0$。任意个体的似然函数为：

$$L_i = L_i(y_i | \boldsymbol{\theta}, \rho) = [h(y_i | \boldsymbol{\theta}, \rho)]^{\delta_i} S(y_i | \boldsymbol{\theta}, \rho) = [\rho y_i^{\rho-1} \exp(\boldsymbol{w}_i^{*'} \boldsymbol{\theta})]^{\delta_i} \exp[-y_i^{\rho} \exp(\boldsymbol{w}_i^{*'} \boldsymbol{\theta})]$$

如果假定所有个体的表型值相互独立，则所有个体的似然函数为：

$$L(\boldsymbol{y} | \boldsymbol{\theta}, \rho) = \prod_i L_i = \left\{ \rho^N \Big[\prod_{\{unc.\}} y_i \Big]^{\rho-1} \exp\Big(\sum_{\{unc.\}} \boldsymbol{w}_i^{*'} \boldsymbol{\theta} \Big) \right\} \times \exp\Big[-\sum_{\{all\}} y_i^{\rho} \exp(\boldsymbol{w}_i^{*'} \boldsymbol{\theta}) \Big]$$

似然函数的自然对数为：

$$\log L(\boldsymbol{y} | \boldsymbol{\theta}, \rho) = N \lg \rho + (\rho-1) \sum_{\{unc.\}} \lg y_i + \sum_{\{unc.\}} \boldsymbol{w}_i^{*'} \boldsymbol{\theta} - \sum_{\{all \ i\}} y_i^{\rho} \exp(\boldsymbol{w}_i^{*'} \boldsymbol{\theta})$$

一些针对 Frailty 模型的遗传参数估计法如：Klein(1992)建议采用 EM 算法，将 Frailty 项作为缺失参数进行迭代；Follmann 和 Goldberg(1988)提出当采用 Weibull 模型，且 Frailty 项服从 Gamma 分布时，Frailty 项可以从似然函数中积分出去，该特性也被应用到贝叶斯方法中(Ducrocq and Casella,1996)；Monte Carlo 技术也可用于获得 Frailty 模型参数的边际后验分布(Clayton,1991;Dellaportas and Smith,1993;Korsgaard et al,1998)，但该技术应用于大型数据或复杂模型时还存在很多问题。

(3)组数据模型(group data model)。以上主要针对生存数据是连续型变量的情况，而在实际育种过程中存在很多种离散的生存数据，如配妊次数、存活的年份、存活的胎次等。这些数据只表现为少数分类，很难用以上提到的方法解决，主要的难点在于：①对于参数模型，如果基础风险函数可以假定服从某种参数分布，则会很容易计算并求得最大似然函数估值，很实用。但是，目前广泛应用的参数分布主要有指数分布、Weibull 分布、Gamma 分布等，这些分布还主要是针对连续生存数据的情况，限制了参数模型在离散型生存数据中的应用。②对于半参数模型 COX 模型，COX 模型的优势主要体现在可以假定基础风险函数的分布是任意的，即可以不在意基础风险函数的分布，通过构建不依赖于基础风险函数的偏似然函数，从而得到参数估值。但该方法在求解的时候需要依靠生存数据排序的信息，而这种排序信息从只有少数分类的生存数据中基本无法获得，这也限制了 COX 模型在离散型生存数据中的应用。

Prentice 和 Gloeckler(1978)提出了一种可以解决离散型生存数据的方法，叫做组数据模型(grouped data model)。该方法定义一系列区间来代表各性状的离散型生存分析数据(如重复输精次数）：$[0=t_0,t_1),[t_1,t_2),\cdots,[t_{k-1},t_k),\cdots,[t_{m-1},t_m)$，其中，$m$ 为离散型生存分析数据的分类数，$t=t_{k-1}$ 表示第 k 个区间的开始时间，$t=t_k$ 表示第 k 个区间的结束时间。所有缺失数据被假定只在相应每个区间的结束时间发生。则 $t=t_{k-1}$ 时的风险函数和生存函数的表达式分别为：

$$h(t_{k-1};\boldsymbol{x}) = 1 - \alpha_k^{e^{x'\beta}} = 1 - \exp(-e^{\xi_k + x'\beta})$$

$$S(t_{k-1};\boldsymbol{x}) = \prod_{i=1}^{k-1}(\alpha_i)^{e^{x'\beta}} = \exp[-e^{x'\beta} \cdot (e^{\xi_1} + e^{\xi_2} + \cdots + e^{\xi_{k-1}})]$$

其中，$\alpha_i = \exp\left[-\int_{t_{i-1}}^{t_i} h_0(u)\mathrm{d}u\right]$；$\xi_i=\lg(-\lg\alpha_i)$ 是对 α_i 的再参数化（Miller，1981），使得 ξ_i 可以在 $(-\infty,+\infty)$ 范围内取值。

　　组数据模型其实相当于指数回归模型，模型中包括随时间变化的自变量 t，我们称它为时间单位（time-unit），同一时间段内风险函数成比例，不同时间段风险函数不成比例。组数据模型的求解也是构建似然函数，求各参数的最大似然估值。其求解过程同 Weibull Frailty 模型的求解过程相似。

7.2　产奶性状与体细胞性状遗传分析

　　产奶性状和体细胞性状是奶牛育种中最为重要的经济性状。近年来，奶业发达国家的奶牛养殖发展趋势是存栏量逐渐下降，而总产奶量却稳步上升。其主要因素是奶牛单产水平的大幅度提高，这主要归功于奶牛生产性状的持续选育而导致生产性状遗传水平的不断提升。在影响奶牛养殖效益的诸多技术要素中，育种是核心因素，育种工作在提高生产性能的全部科技贡献率中占到 40%。奶业发达国家在 20 世纪前后启动了系统的育种工作，加拿大从 1905 年开始实施系统的奶牛育种计划，1953 年美国和加拿大正式启动了"牛群遗传改良计划（Dairy Herd Improvement）"，并于 20 世纪 60 年代基本形成体系。

　　中国荷斯坦牛经过 30 多年的选育和发展，具有耐粗放、适应性强等优点，取得了很大的成就，但是就生产性能测定和育种技术等方面与奶业发达国家近百年的发展历史相比较，还存在以下差距：母牛的单产水平一直较低，品种登记、性能测定、体型鉴定和后裔测定组成的遗传改良体系尚未形成。一些已被发达国家所证明的行之有效的遗传改良技术尚未得到完全实施，牛群整体遗传改良进展迟缓。迄今尚未形成自主培育优秀种公牛的能力。

　　为了全面了解我国荷斯坦奶牛群体的遗传水平，分析中国荷斯坦牛的群体遗传趋势，为中国荷斯坦牛群体遗传改良工作提供理论和技术支持，公维嘉（2010）对中国荷斯坦牛产奶性状和体细胞性状进行了群体遗传分析，采用多性状多胎次随机回归测定日模型和 Gibbs 抽样方法进行生产性状遗传参数估计和个体遗传评定。

7.2.1　中国荷斯坦牛生产性状和体细胞性状环境效应分析

　　生产性能数据包括测定日产奶量、测定日乳脂率、测定日乳蛋白率和测定日体细胞数，数据来自中国 24 个省（区、市）1 147 个牛场 585 121 头荷斯坦牛的 6 980 934 条测定日记录，测定时间为1993—2010年,数据由北京奶牛中心、大庆市家畜良种繁育中心、广州市奶牛研究所有限公司、河北省家畜改良工作站、河南省奶牛生产性能测定中心、黑龙江省家畜繁育指导站、黑龙江省完达山乳业股份有限公司、南京卫岗乳业有限公司奶源分公司、内蒙古天和荷斯坦牧业有限公司、宁夏畜牧工作站、山东农业科学院奶牛研究中心、山西省家畜冷冻精液中心、陕西省畜牧技术推广总站、上海奶牛育种中心有限公司、沈阳乳业有限责任公司、天津市奶牛发展中心和新疆乳品质量检测中心共17个生产性能测定中心(实验室)提供。

原始数据统计情况分别见表7.1和表7.2。

表7.1 不同省(区、市)的测定日生产性能数据分布情况

省(区、市)	牛场/个	牛只/头	记录/条	省(区、市)	牛场/个	牛只/头	记录/条
北京	116	92 376	1 491 887	福建	3	1 384	7 009
天津	39	51 945	829 931	山东	99	39 044	330 603
河北	143	53 512	272 007	河南	76	22 417	222 939
山西	81	16 318	53 987	广东	4	4 754	49 722
内蒙古	121	30 387	119 601	广西	1	597	4 149
辽宁	11	14 863	159 282	贵州	1	207	653
吉林	2	1 297	7 339	云南	31	7 724	37 350
黑龙江	99	64 077	796 178	重庆	4	1 600	10 426
上海	92	85 701	1 645 352	陕西	88	23 010	208 525
江苏	43	26 568	313 218	甘肃	1	1 644	10 268
浙江	8	7 707	83 714	宁夏	51	24 949	213 244
安徽	10	5 044	58 781	新疆	23	7 996	54 769

表7.2 不同测定年度的测定日生产性能数据分布情况

年度	牛场/个	牛只/头	记录/条	年度	牛场/个	牛只/头	记录/条
1993	1	204	999	2002	95	47 760	326 713
1994	2	602	3 131	2003	104	52 326	369 713
1995	6	1 826	5 763	2004	121	60 552	402 697
1996	15	9 446	54 550	2005	142	64 054	394 828
1997	28	15 937	98 487	2006	267	90 015	506 723
1998	42	19 952	143 741	2007	311	114 529	654 808
1999	56	26 416	155 156	2008	585	228 757	1 196 256
2000	64	28 647	182 935	2009	899	343 132	1 952 518
2001	74	32 269	210 740	2010	624	200 547	321 176

研究使用前3个泌乳期的测定日数据。此外,由于体细胞数呈偏态分布,其平均值大于中位数,而且不同牛群或不同牛场间体细胞数的方差不同质,因此,该研究采用了Shook(1982年)提出目前在美国和加拿大等奶业发达国家广泛采用的方法,将体细胞计数(SCC)记录转化为体细胞评分(SCS),公式(Shook,1982)为:

$$SCS = \lg2(SCC/100\ 000) + 3$$

该研究根据需要,在做不同研究时分别对数据进行了不同的筛选处理。生产性状的遗传参数和育种值估计采用多性状多胎次随机回归测定日模型,采用贝叶斯方法估计遗传参数。数据筛选标准见表7.3。

表7.3　生产性状数据筛选标准

项目	遗传参数估计条件	育种值估计条件
泌乳天数/d	5～305	5～305
测定间隔/d	≤50	≤70
1胎月龄/月	22～38	22～38
2胎月龄/月	38～50	34～50
3胎月龄/月	50～60	46～63
记录条数/条	≥6	≥3
产奶量/kg	1～80	1～80
乳脂率/%	1.4～6.2	1.4～6.2
乳蛋白率/%	2.0～5.0	2.0～5.0
体细胞数/(1 000/mL)	0～6 000	0～6 000
群体大小	每个群体必须50头以上,每年不少于10头	无
数据要求	必须包括以往数据,即当前胎次为第3胎,必须有第1、2胎数据,当前胎次为第2胎,必须有第1胎数据	无

7.2.1.1　生产数据基本统计量概述

经过筛选,从符合条件的数据集中随机抽取了54个牛场建立数据子集用于估计方差组分,包括9 706头母牛的109 005条测定日记录。母牛个体系谱全部追溯后共计包括24 272头牛,出生日期从1916—2007年。测定日表型数据基本统计量见表7.4。其中头胎平均测定日产奶量为27.4 kg,第2、3胎的平均测定日产奶量分别为29.2 kg和29.6 kg。适用于估计遗传参数的数据包含了15 092头母牛的186 268条完整测定日记录。按照育种值估计对数据的筛选原则,共有855个牛场249 770头荷斯坦牛的2 526 450条测定日记录符合要求,分别占收集的原始数据的74.5%、42.7%和36.2%,测定日表型数据基本统计量见表7.5。其中头胎平均测定日产奶量为22.8 kg,第2、3胎的平均测定日产奶量分别为24.1 kg和23.9 kg。

表7.4　生产性状遗传参数估计数据基本统计量

性状	胎次						合计	
	1		2		3		合计	
	记录/条 61 405	牛/头 9 706	记录/条 32 598	牛/头 5 102	记录/条 15 002	牛/头 2 496	记录/条 109 005	牛/头 9 706
	平均数	标准差	平均数	标准差	平均数	标准差	平均数	标准差
产奶量/kg	27.4	6.8	29.2	9.7	29.6	10.5	28.3	8.4
乳脂率/%	3.82	0.75	3.81	0.80	3.79	0.81	3.82	0.77
乳蛋白率/%	3.05	0.34	3.06	0.37	3.01	0.36	3.05	0.35
体细胞数/(1 000/mL)	252	549	333	724	411	907	298	666

表7.5 生产性状育种值估计数据基本统计量

性状	胎次						合计	
	1		2		3			
	记录/条	牛/头	记录/条	牛/头	记录/条	牛/头	记录/条	牛/头
	1 215 620	174 552	801 628	118 359	509 202	76 729	2 526 450	249 770
	平均数	标准差	平均数	标准差	平均数	标准差	平均数	标准差
产奶量/kg	22.82	7.44	24.13	9.7	23.88	10.14	26.25	8.83
乳脂率/%	3.74	0.77	3.75	0.8	3.73	0.81	3.71	0.79
乳蛋白率/%	3.21	0.35	3.23	0.37	3.21	0.37	3.14	0.36
体细胞数/(1 000/mL)	431.09	626	553.75	742	644.25	804	375	705

各生产性状之间的表型相关系数见表7.6,可以看出,产奶量与乳脂率、乳蛋白量与乳脂率及乳蛋白率的表型相关系数均接近为0,产奶量与乳蛋白率之间为负相关;所有产量性状之间均为高度正相关;而体细胞数与所有产量性状之间的相关系数都很低。

表7.6 生产性状表型相关系数

性状	乳脂量/kg	乳蛋白量/kg	乳脂率/%	乳蛋白率/%	体细胞数/(1 000/mL)	体细胞评分
产奶量/kg	0.803	0.925	−0.036	−0.390	−0.126	−0.223
乳脂量/kg		0.772	0.541	−0.238	−0.092	−0.166
蛋白量/kg			0.025	−0.034	−0.099	−0.180
乳脂率/%				0.181	0.018	0.021
乳蛋白率/%					0.113	0.169
体细胞数/(1 000/mL)						0.682

7.2.1.2 环境效应分析

荷斯坦牛的生产性能受牛场、年度、季节、胎次等多种环境因素和遗传因素的共同影响,在进行遗传评定时应在模型中充分考虑这些效应并予以剖分,使模型尽可能地反映性状的真实情况,从而提高育种值估计的准确性。根据各环境因素的效应,可以有针对性地提高牛场管理水平,从而增加奶牛养殖经济效应。

1.地区对生产性状的影响

中国荷斯坦牛分布地域广阔,不同地区之间的生产水平差异较大,表7.7为参加生产性能测定的各省(区、市)荷斯坦牛生产性能统计分析表。可以看出:不同省(区、市)之间的荷斯坦牛群生产性能差异较大,北方地区产奶量较高,南方地区则较低;开展生产性能测定较早的地区平均测定日产奶量高于后期开展生产性能测定的地区。

2.牛场规模对生产性状的影响

不同牛场由于规模、饲养管理水平等因素的不同,生产水平也存在较大差异。图7.2至图7.5为不同规模牛场的平均测定日产奶量、平均测定日乳脂率、平均测定日乳蛋白率和平均测定日体细胞数的变化趋势。

表 7.7　不同地区荷斯坦牛生产性能统计表

省(区、市)	牛场/个	牛只/头	记录/条	平均测定日产奶量/kg	平均测定日乳脂率/%	平均测定日乳蛋白率/%	平均测定日体细胞数/(1 000/mL)
北京	86	60 541	819 576	29.74	3.89	3.16	279.45
天津	36	30 544	364 940	25.75	3.66	3.05	451.73
河北	108	16 507	85 942	24.18	3.68	3.26	422.26
山西	51	2 507	10 017	21.41	3.58	3.21	490.75
内蒙古	30	4 605	20 003	27.11	3.53	3.39	233.77
辽宁	10	8 708	74 597	23.63	3.75	3.21	405.68
吉林	1	715	3 952	21.24	3.90	3.21	405.02
黑龙江	94	24 652	199 031	20.51	3.63	3.22	475.43
上海	82	34 712	470 036	27.08	3.55	3.06	376.08
江苏	41	10 425	91 746	26.33	3.71	3.10	351.96
浙江	8	2 966	26 527	24.54	3.77	3.12	457.08
安徽	10	1 710	15 462	23.18	3.42	3.04	451.43
福建	3	253	1 212	15.88	3.12	3.16	293.93
山东	76	18 716	132 086	21.29	3.80	3.15	412.72
河南	68	10 118	70 739	20.59	3.59	3.23	432.30
广东	4	2 318	17 420	21.11	3.62	3.24	379.23
广西	1	190	1 302	23.99	3.29	3.02	431.55
贵州	1	13	47	15.59	3.28	3.06	646.19
云南	22	2 327	11 740	15.47	3.53	3.17	695.68
重庆	3	816	5 513	19.88	3.38	3.02	460.48
陕西	68	4 431	21 192	24.16	3.60	3.14	502.37
甘肃	1	364	1 675	17.72	3.27	3.34	482.17
宁夏	45	11 219	79 857	25.83	3.31	3.25	472.73
新疆	6	413	1 838	24.01	3.73	3.13	372.76

　　从图 7.2 至图 7.5 可以看出,随着牛场规模的提高,产奶量和乳脂率也随着增加。在不同规模的牛场中,第 1 胎的各生产性状的指标均低于第 2、3 胎;但在规模较小和规模较大的牛场中,第 2 胎产奶量和乳脂率均高于第 3 胎。乳蛋白率变化较小,中等规模牛场的乳蛋白率高于其他规模的牛场,规模较大的牛场乳蛋白率最低,体细胞数则随着牛场规模的增加而快速下降,且随着胎次的增加,体细胞数迅速提高。

　　综上所述,目前中国荷斯坦牛养殖规模较大的牛场,由于饲养水平较高,管理比较规范,牛只的体细胞数较低,生产性能高于规模较小的牛场。

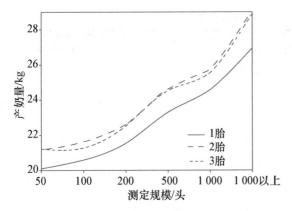

图 7.2　不同规模牛场的平均测定
日产奶量变化趋势

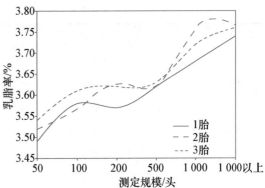

图 7.3　不同规模牛场的平均测定
日乳脂率变化趋势

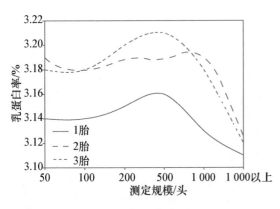

图 7.4　不同规模牛场的平均测定日
乳蛋白率变化趋势

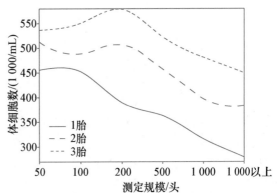

图 7.5　不同规模牛场的平均测定
日体细胞数变化趋势

3.年度对生产性状的影响

中国荷斯坦牛的生产性能测定开始于 1992 年的中日奶业技术合作项目,至今已有近 20 年的历史。截止到 2010 年,主要经历了 2 个重要发展阶段:第一阶段是 1994—2005 年,全面推进中国和加拿大奶牛育种综合项目;第二阶段起于 2006 年至今,实施农业部奶牛生产性能测定补贴项目。

表 7.8 为符合育种值估计条件的历年中国荷斯坦牛生产性能测定数据统计情况。从表 7.8 中可以看出,自 2006 年起,生产性能测定得到了快速发展,参测牛只和测定记录年增长率均超过了 100%。说明近年来随着生产性能测定的大力普及宣传,牛场的认知程度越来越高,为提高中国奶牛养殖生产和管理水平奠定了良好的基础。

图 7.6 至图 7.9 为平均测定日产奶量、平均测定日乳脂率、平均测定日乳蛋白率和平均测定日体细胞数在不同年度的变化趋势。

从图 7.6 可以看出,1996—2000 年,产奶量快速提高,年平均测定日产奶量增加 1 kg;2000—2007 年,产奶量略有增加;2007—2009 年,产奶量略有下降;但在 2010 年又改变为增加的趋势。头胎产奶量低于第 2 胎和第 3 胎,但是第 3 胎产奶量与第 2 胎产奶量差异不大,不同年度之间产奶量大小交替变化。从图 7.7 可以看出,1997—2000 年,乳脂率快速提高,2001 年

表 7.8　历年生产性能测定参测情况统计表

年度	牛场/个	牛只/头	记录/条	年度	牛场/个	牛只/头	记录/条
1996	10	1 026	6 116	2004	118	28 061	164 319
1997	21	1 643	9 853	2005	134	31 066	165 529
1998	35	2 750	16 085	2006	212	37 822	205 800
1999	48	5 852	29 400	2007	261	49 558	266 476
2000	55	6 935	36 732	2008	493	94 824	486 456
2001	65	8 933	40 493	2009	692	146 108	751 736
2002	94	19 540	115 563	2010	540	55 527	88 492
2003	103	23 442	142 029				

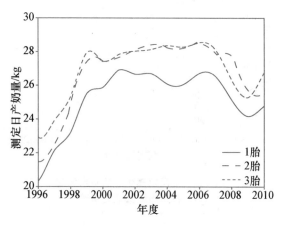

图 7.6　平均测定日产奶量年度变化趋势

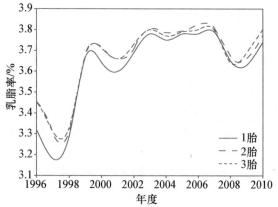

图 7.7　平均测定日乳脂率年度变化趋势

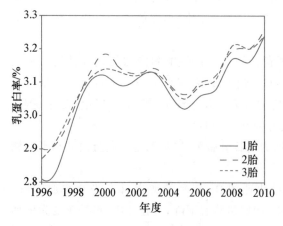

图 7.8　平均测定日乳蛋白率年度变化趋势

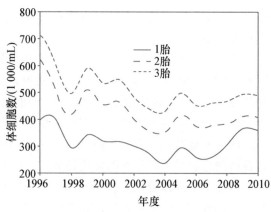

图 7.9　平均测定日体细胞数年度变化趋势

略有下降,然后至 2007 年又开始稳步增加;2007—2009 年,乳脂率出现小幅下降,在 2010 年又重新变为增长趋势。不同胎次之间乳脂率差异变化不大,第 1 胎乳脂率略低于第 2 胎和第 3 胎,第 2 胎和第 3 胎乳脂率变化与产奶量类似,大小在不同年度之间呈交替变化。图 7.8 为乳蛋白率变化趋势,1996—2010 年乳蛋白率呈现递增趋势;在 2003—2005 年出现小幅下降,然后又开始快速提升。第 1 胎乳蛋白率略低于第 2、3 胎,第 3 胎稍高于第 2 胎,但差异不显著。图 7.9 为平均测定日体细胞数变化趋势,体细胞数自 1996—2004 年逐步下降,2007—2009 年体细胞数大小变化起伏不定,总体略有增加的趋势,但 2010 年开始呈现下降趋势。不同胎次之间的体细胞数差异较大,随着胎次的增加,体细胞数也不断增加。

上述性状的变化规律比较类似,主要原因是 1996—2000 年,参加生产性能测定的牛场和牛只逐渐增加,并且参加测定的牛场和牛只相对比较稳定。通过生产性能测定,牛场及时改进生产管理,牛只的生产性能得到了迅速提高。自 2006 年起,由于农业部奶牛生产性能测定补贴项目的实施,参加生产性能测定的牛场和牛只数量迅速增加,大量新参加生产性能测定的牛场管理水平相对早期参加生产性能测定的牛场较低,造成了各生产性状平均值的降低。随着生产性能测定在牛场的不断应用,后续参加生产性能测定的牛场逐渐利用测定报告及时改进生产管理,牛只的生产性能得到了提高,各性状指标在 2010 年开始出现了反弹。今后,随着生产性能测定工作的逐步推进,中国荷斯坦牛的生产性能也将会得到不断提高。

4. 季节对生产性状的影响

荷斯坦牛不耐热,生产水平受产犊季节和泌乳日的天气变化影响较大。图 7.10 至图 7.17 为不同产犊月份和不同测定月份的平均测定日产奶量、平均测定日乳脂率、平均测定日乳蛋白率和平均测定日体细胞数变化趋势。

图 7.10 至图 7.17 可以看出,各个性状受季节的影响较大,不同产犊季节对产奶量的影响不同,冬季产犊牛只的产奶量明显高于夏季产犊的牛只;乳脂率和乳蛋白率的变化趋势类似,但与产奶量的变化趋势不同。夏季产犊的牛只乳脂率和乳蛋白率高于冬季产犊的牛只,但冬季产犊牛只的乳脂量和乳蛋白量高于夏季;体细胞数与产奶量、乳脂率和乳蛋白率的变化趋势都不相同,9 月份产犊的牛只体细胞数最低,其他月份之间的差异不大。

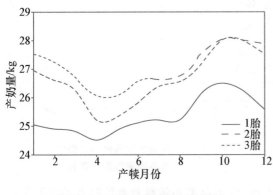

图 7.10 不同产犊月份平均测定
日产奶量变化趋势

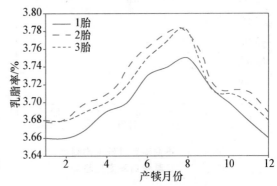

图 7.11 不同产犊月份平均测定
日乳脂率变化趋势

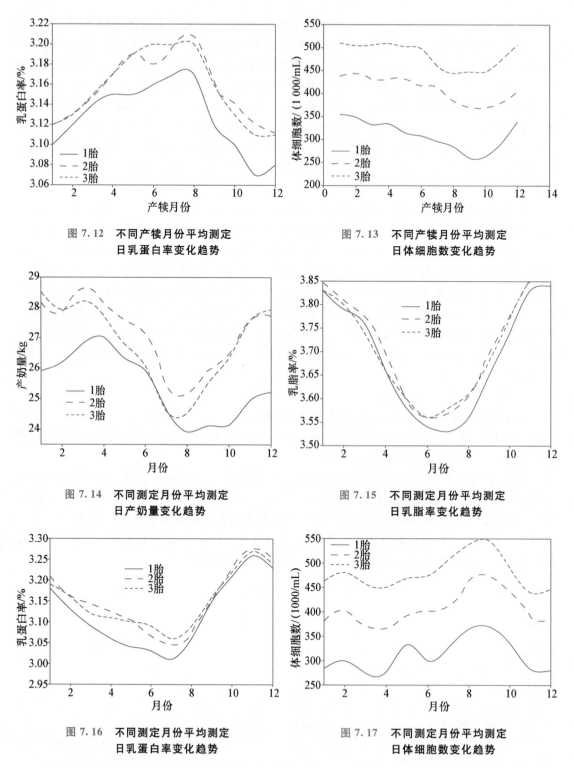

图 7.12 不同产犊月份平均测定
日乳蛋白率变化趋势

图 7.13 不同产犊月份平均测定
日体细胞数变化趋势

图 7.14 不同测定月份平均测定
日产奶量变化趋势

图 7.15 不同测定月份平均测定
日乳脂率变化趋势

图 7.16 不同测定月份平均测定
日乳蛋白率变化趋势

图 7.17 不同测定月份平均测定
日体细胞数变化趋势

不同胎次的变化趋势基本类似,产奶量、乳脂率、乳蛋白率和体细胞数均随着胎次增加而提高,其中体细胞数变化最为明显,产奶量、乳脂率和乳蛋白率第 2、3 胎次间差异不大,均大于第 1 胎次,大部分产犊月份第 3 胎低于第 2 胎。

在公维嘉研究中(2010),产犊季节被分为两个水平,即冬季(10 月份至次年 3 月份)和夏季(4～9 月份)两个阶段。

图 7.14 至图 7.17 为不同测定月份平均测定日产奶量、平均测定日乳脂率、平均测定日乳蛋白率和平均测定日体细胞数的变化趋势。从图中可以看出,中国荷斯坦牛的产奶量、乳脂率、乳蛋白率和体细胞数受季节变化影响非常明显。产奶量、乳脂率和乳蛋白率在夏季 7、8 月份降至最低;体细胞数在 8、9 月份升至最高。

夏季中国荷斯坦的生产性能较低,因为夏季属于高温高湿天气,患乳房炎的概率远高于冬季,造成了产奶性能的下降。此外,夏季受热应激影响比较严重,也降低了生产性能。不同测定月份之间产奶量、乳脂率、乳蛋白率和体细胞数的变化趋势与产犊月份的变化趋势并不一致,主要是由于荷斯坦牛一般在产犊后 50 d 达到泌乳高峰,而泌乳高峰的大小决定着奶牛的胎次生产性能,因此变化趋势并不相符。

5.产犊月龄对生产性状的影响

产犊月龄对中国荷斯坦牛的生产性能也有较大影响。根据收集的数据统计,中国荷斯坦牛产犊月龄主要集中在第 1 胎的 22～35 月龄;第 2 胎的 34～50 月龄;第 3 胎的 46～63 月龄。不同胎次产犊月龄对平均测定日产奶量、平均测定日乳脂率、平均测定日乳蛋白率和平均测定日体细胞数的影响分别见图 7.18 至图 7.21。

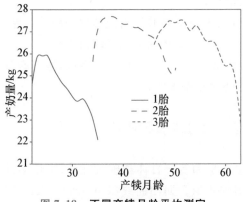

图 7.18 不同产犊月龄平均测定
日产奶量变化趋势

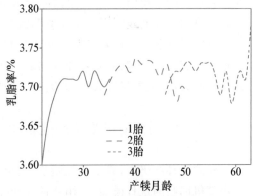

图 7.19 不同产犊月龄平均测定
日乳脂率变化趋势

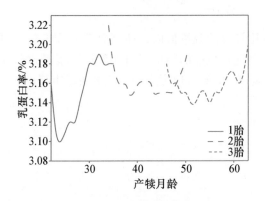

图 7.20 不同产犊月龄平均测定
日乳蛋白率变化趋势

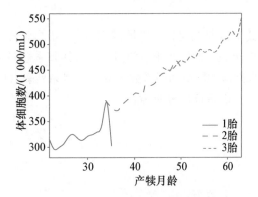

图 7.21 不同产犊月龄平均测定
日体细胞数变化趋势

从图 7.18 至图 7.21 中可以看出,胎次内产奶量随着产犊月龄的增加先升高而后逐渐降低,随着产犊月龄的增加,下降幅度也逐步加快;乳脂率在第 1 胎的产犊月龄早期和第 3 胎的产犊月龄后期出现了增长趋势,不同胎次之间乳脂率变化不大;乳蛋白率随产犊月龄变化而波动,不同胎次内均为先下降后增加的趋势,在胎次内的产犊月龄中部阶段乳蛋白率的变化不大;体细胞数在胎次内随产犊月龄增加而增加,但第 1 胎和第 2 胎在产犊月龄分布末期出现下降趋势,其中第 1 胎次产犊月龄后期下降明显。第 1 胎的 34 月龄、第 2 胎的 49 月龄和第 3 胎的 63 月龄时,体细胞数达到各胎次的最高值。

综上所述,中国荷斯坦牛的生产性能和健康状况随产犊月龄变化而变化,因此及时做好配种工作非常重要。如果在牛只首次发情时及时配种,将会提高牛只的生产性能,大大增加牛场的经济效益。

6. 胎次对生产性状的影响

胎次也是影响中国荷斯坦牛生产性能和泌乳曲线形状的重要因素,曲线采用 4 阶插值法进行拟合,其中产奶量、乳脂量和乳蛋白量的 R^2 范围是 0.96~0.99,体细胞数的 R^2 为 0.40~0.47。

可以看出,产奶量泌乳曲线与其他研究类似,不同胎次的产奶量基本都在第 50 个泌乳日达到高峰,并随着泌乳天数的增加而逐渐下降,其中第 1 胎泌乳曲线比较平稳,第 2、3 胎产奶量峰值升高,但随着泌乳天数的增加而比第 1 胎下降迅速。与其他研究不同的是,第 1 胎产奶量在泌乳后期的平均值高于其他胎次(Muir et al,2004)。

乳脂量的泌乳曲线与产奶量泌乳曲线类似,但是乳脂量的高峰期出现的比产奶量要提前。乳蛋白量的泌乳曲线与产奶量和乳脂量稍有不同,它的第 2、3 胎次的高峰峰值不高。

相对而言,体细胞数的泌乳曲线与其他研究报道(Muir et al,2004)比较接近,体细胞数在产奶高峰时较低,随着泌乳天数和胎次的增加,体细胞数逐渐变大。

7.2.2 中国荷斯坦牛生产性状和体细胞性状遗传参数估计

针对测定日产奶量、测定日乳脂量、测定日乳蛋白量和测定日体细胞数性状,采用多性状多胎次随机回归测定日模型,采用 4 阶 Legendre 多项式拟合回归曲线(Jamrozik et al,2002)模型如下:

$$y = Hh + Xb + Za + Wp + e$$

其中:y 是测定日产奶量、乳脂量、乳蛋白量和体细胞评分的观测值向量;h 是测定日固定效应向量;b 是年龄胎次季节的固定随机回归系数向量;a 是遗传效应的随机回归系数向量;p 是永久环境效应的随机回归系数向量;e 是剩余残差效应向量;H,X,Z 和 W 是各自效应的关联矩阵;

随机效应分布为:

$$\begin{bmatrix} a \\ p \\ e \end{bmatrix} \sim N(0, V)$$

方差为:

$$V = \begin{bmatrix} G \otimes A & 0 & 0 \\ 0 & I \otimes P & 0 \\ 0 & 0 & \sum^{+} R^{p,s} \end{bmatrix}$$

其中:G 和 P 是遗传和永久环境效应各自回归系数的协方差矩阵;A 是个体的分子亲缘相关矩阵;$R^{p,s}$ 是根据不同胎次和不同测定间隔划分的剩余残差协方差矩阵。测定间隔分为 5～45 d、46～115 d、116～205 d 和 206～305 d。

假设模型中随机效应服从正态分布,固定效应的先验分布为均匀分布,数据的条件分布同样是正态分布,个体加性遗传效应和不同测定间隔的剩余残差效应是独立的。用逆 Wishart 分布作为协方差矩阵的先验分布。协方差的初值使用加拿大荷斯坦牛的估计值(Miglior et al,2007)。采用 Gibbs 抽样的贝叶斯方法进行方差组分分析,后验方差协方差组分的平均数和标准差在经过 10 000 次预热后通过 90 000 次抽样来进行估计,Gibbs 抽样的收敛采用直观法检验。测定日遗传力为 5～305d 泌乳期中每天的遗传方差与遗传、永久环境与剩余残差之和的比值,其中第 1、2、3 胎各占 1/3,遗传相关利用随机回归系数的方差协方差来计算。

遗传参数估计使用加拿大农业部 F. Miglior 博士开发的贝叶斯遗传参数估计软件;遗传参数估计公式如下:

遗传力　　$\hat{h}^2 = \dfrac{\hat{\sigma}_a^2}{\hat{\sigma}_a^2 + \hat{\sigma}_e^2}$

重复力　　$\hat{r}_e = \dfrac{\hat{\sigma}_a^2 + \hat{\sigma}_{pe}^2}{\hat{\sigma}_a^2 + \hat{\sigma}_{pe}^2 + \hat{\sigma}_e^2}$

遗传相关　$\hat{r}_g = \dfrac{COV(a_1, a_2)}{\hat{\sigma}_{a1}\ \hat{\sigma}_{a2}}$

式中:$\hat{\sigma}_a^2$ 为性状的加性遗传方差;$\hat{\sigma}_{pe}^2$ 为性状的永久环境效应方差;$\hat{\sigma}_e^2$ 为性状的残差效应方差;$COV(a_1, a_2)$ 为性状 1 和性状 2 的加性遗传协方差;$\hat{\sigma}_{a1}$ 和 $\hat{\sigma}_{a2}$ 分别为性状 1 和性状 2 的加性遗传标准差。

利用基于测定日模型的贝叶斯方法对中国荷斯坦牛第 1、2 和 3 胎的产奶量、乳脂量、乳蛋白量和体细胞评分的遗传相关和永久环境效应相关系数、遗传力的估计结果见表 7.9。

遗传力、遗传相关和永久环境效应相关等所有估计值的后验标准差变化范围为 0.001～0.009。总体上,产奶量、乳脂量、乳蛋白量和体细胞评分 4 个性状的遗传力随胎次的增加而有所提高;每个胎次内,产奶量、乳脂量和乳蛋白量彼此之间均高度相关,体细胞评分与产量性状均存在较小的负相关,并随着胎次的增加而提高。

使用与该研究相同模型进行遗传参数估计的研究有加拿大荷斯坦牛(Muir et al,2004;使用了 12 411 头母牛记录)、魁北克省荷斯坦牛(Miglior et al,2007;使用了 5 022 头母牛记录)和意大利荷斯坦牛(Muir et al,2007;使用了 10 275 头母牛)。表 7.10 为该研究估计的中国荷斯坦牛遗传参数与上述 3 个群体遗传参数之间的差值。

表 7.10 中可以看出,该研究中的产奶量、乳脂量、乳蛋白量、体细胞评分的遗传力分别为 0.28～0.35、0.22～0.26、0.25～0.31、0.09～0.19,均高于国内其他报道的遗传力估计值(张勤、张沅,1995;韩广文,1997;许杰,2000;郭刚,2007);与意大利荷斯坦牛的遗传力相比则稍微偏低,平均差异为 −0.036;但与加拿大荷斯坦牛和魁北克省荷斯坦牛的遗传力相比则显著偏低,平均差异为 −0.116。

表 7.9　遗传力、遗传相关和永久环境效应相关系数

	1 胎				2 胎				3 胎			
	产奶量/kg	乳脂量/kg	乳蛋白量/kg	体细胞评分	产奶量/kg	乳脂量/kg	乳蛋白量/kg	体细胞评分	产奶量/kg	乳脂量/kg	乳蛋白量/kg	体细胞评分
第 1 胎												
产奶量/kg	0.291	0.880	0.944	−0.169	0.444	0.397	0.440	−0.009	0.311	0.264	0.304	0.051
乳脂量/kg	0.833	0.222	0.874	−0.170	0.386	0.421	0.424	−0.055	0.270	0.294	0.307	−0.010
乳蛋白量/kg	0.924	0.854	0.251	−0.121	0.405	0.383	0.444	−0.025	0.303	0.274	0.333	0.060
体细胞评分	−0.118	−0.180	−0.100	0.092	−0.125	−0.145	−0.119	0.343	−0.139	−0.142	−0.139	0.194
第 2 胎												
产奶量/kg	0.573	0.434	0.553	−0.094	0.277	0.947	0.971	−0.270	0.367	0.337	0.355	−0.041
乳脂量/kg	0.401	0.550	0.475	−0.131	0.806	0.242	0.939	−0.330	0.377	0.408	0.385	−0.088
乳蛋白量/kg	0.477	0.423	0.574	−0.049	0.939	0.839	0.264	−0.268	0.381	0.367	0.397	−0.052
体细胞评分	0.018	0.003	0.094	0.523	−0.201	−0.191	−0.098	0.151	−0.109	−0.125	−0.127	0.429
第 3 胎												
产奶量/kg	0.480	0.325	0.429	−0.064	0.824	0.629	0.742	−0.224	0.346	0.943	0.973	−0.214
乳脂量/kg	0.371	0.396	0.380	−0.127	0.711	0.730	0.684	−0.237	0.888	0.262	0.930	−0.243
乳蛋白量/kg	0.399	0.311	0.442	−0.039	0.765	0.633	0.772	−0.167	0.949	0.888	0.314	−0.192
体细胞评分	−0.082	−0.060	−0.082	0.351	−0.252	−0.207	−0.216	0.476	−0.363	−0.327	−0.336	0.187

注：对角线上数值为测定日各性状的遗传力，遗传相关位于对角线下方，永久环境效应相关位于对角线上方。

表 7.10　生产性状遗传参数与其他研究结果的比较

A. 与加拿大荷斯坦牛群体比较

	1 胎				2 胎				3 胎			
	产奶量/kg	乳脂量/kg	乳蛋白量/kg	体细胞评分	产奶量/kg	乳脂量/kg	乳蛋白量/kg	体细胞评分	产奶量/kg	乳脂量/kg	乳蛋白量/kg	体细胞评分
第 1 胎												
产奶量/kg	−0.119	0.090	−0.006	0.031	−0.016	0.077	−0.020	0.081	−0.079	0.004	−0.066	0.031
乳脂量/kg	0.343	−0.108	0.034	−0.030	0.036	−0.099	0.004	0.005	−0.030	−0.126	−0.033	−0.020
乳蛋白量/kg	0.044	0.244	−0.119	0.039	−0.045	−0.007	−0.056	0.065	−0.077	−0.046	−0.077	0.050
体细胞评分	−0.328	−0.250	−0.290	−0.098	−0.045	−0.105	−0.039	−0.037	−0.029	−0.092	−0.049	−0.046
第 2 胎												
产奶量/kg	−0.237	0.044	−0.137	−0.234	−0.123	0.137	0.011	0.040	−0.093	−0.023	−0.115	0.019
乳脂量/kg	0.101	−0.270	0.075	−0.131	0.276	−0.118	0.089	−0.050	0.027	−0.102	−0.045	−0.028
乳蛋白量/kg	−0.213	−0.107	−0.206	−0.189	0.049	0.159	−0.106	0.022	−0.089	−0.063	−0.133	−0.002
体细胞评分	−0.162	−0.067	−0.076	0.003	−0.191	−0.081	−0.088	−0.079	0.091	0.045	0.073	−0.051
第 3 胎												
产奶量/kg	−0.250	0.005	−0.191	−0.224	−0.056	0.199	−0.028	−0.244	−0.054	0.103	0.013	0.046
乳脂量/kg	0.131	−0.354	0.040	−0.157	0.311	−0.120	0.154	−0.177	0.358	−0.098	0.050	0.007
乳蛋白量/kg	−0.171	−0.139	−0.228	−0.189	0.015	0.063	−0.078	−0.177	0.069	0.208	−0.066	0.038
体细胞评分	−0.172	−0.040	−0.152	−0.089	−0.162	−0.037	−0.106	−0.134	−0.233	−0.117	−0.196	−0.093

B. 与魁北克省荷斯坦牛群体比较

	1胎				2胎				3胎			
	产奶量/kg	乳脂量/kg	乳蛋白量/kg	体细胞评分	产奶量/kg	乳脂量/kg	乳蛋白量/kg	体细胞评分	产奶量/kg	乳脂量/kg	乳蛋白量/kg	体细胞评分
第1胎												
产奶量/kg	-0.198	0.061	-0.005	0.071	0.025	0.061	0.015	0.018	-0.070	-0.017	-0.052	-0.003
乳脂量/kg	0.277	-0.147	0.002	0.011	0.043	-0.055	0.017	0.043	-0.088	-0.162	-0.098	0.042
乳蛋白量/kg	0.019	0.206	-0.171	0.077	0.019	0.010	0.009	0.020	-0.040	-0.033	-0.037	0.019
体细胞评分	-0.354	-0.305	-0.326	-0.122	0.047	-0.024	0.051	0.011	-0.003	-0.065	-0.018	-0.021
第2胎												
产奶量/kg	-0.208	0.095	-0.130	-0.266	-0.156	0.074	0.006	0.038	-0.114	-0.031	-0.122	-0.019
乳脂量/kg	0.071	-0.191	0.060	-0.142	0.259	-0.108	0.043	-0.017	-0.055	-0.089	-0.101	-0.025
乳蛋白量/kg	-0.174	-0.022	-0.165	-0.222	0.052	0.158	-0.128	0.017	-0.107	-0.048	-0.126	-0.062
体细胞评分	-0.157	-0.164	-0.108	0.005	-0.201	-0.134	-0.103	-0.132	0.020	0.018	-0.005	0.045
第3胎												
产奶量/kg	-0.192	0.126	-0.140	-0.231	-0.003	0.275	0.026	-0.174	-0.110	0.063	0.008	-0.013
乳脂量/kg	0.065	-0.207	0.000	0.159	0.251	-0.061	0.105	-0.180	0.294	-0.100	0.018	-0.005
乳蛋白量/kg	-0.119	0.036	-0.143	-0.210	0.067	0.165	-0.021	-0.088	0.059	0.164	-0.096	-0.026
体细胞评分	-0.189	-0.159	-0.196	-0.037	-0.142	-0.051	-0.065	-0.066	-0.210	-0.123	-0.148	-0.140

C. 与意大利荷斯坦牛群体比较

	1胎				2胎				3胎			
	产奶量/kg	乳脂量/kg	乳蛋白量/kg	体细胞评分	产奶量/kg	乳脂量/kg	乳蛋白量/kg	体细胞评分	产奶量/kg	乳脂量/kg	乳蛋白量/kg	体细胞评分
第1胎												
产奶量/kg	-0.009	0.020	-0.026	0.011	-0.036	0.027	-0.030	0.001	-0.049	-0.036	-0.056	0.001
乳脂量/kg	0.323	-0.048	-0.006	-0.020	-0.014	-0.079	-0.016	-0.035	0.000	-0.096	-0.023	-0.030
乳蛋白量/kg	0.044	0.234	-0.029	0.029	-0.065	-0.027	-0.056	-0.015	-0.037	-0.056	-0.057	0.000
体细胞评分	-0.238	-0.140	-0.220	-0.068	-0.045	-0.065	-0.029	-0.017	-0.069	-0.092	-0.089	-0.066
第2胎												
产奶量/kg	-0.217	0.014	0.147	-0.104	-0.023	0.067	0.001	-0.030	-0.053	-0.053	-0.095	-0.061
乳脂量/kg	0.001	-0.270	-0.015	-0.041	0.176	-0.048	0.039	-0.060	0.047	-0.072	-0.015	-0.078
乳蛋白量/kg	-0.193	-0.117	-0.216	-0.079	0.039	0.109	-0.036	-0.048	-0.049	-0.073	-0.093	-0.082
体细胞评分	-0.112	0.003	-0.036	0.033	-0.171	-0.101	-0.088	-0.059	0.031	0.035	0.023	-0.011
第3胎												
产奶量/kg	-0.220	-0.025	-0.201	-0.114	-0.036	0.119	-0.038	-0.204	0.016	0.063	0.003	0.016
乳脂量/kg	0.001	-0.354	-0.090	-0.107	0.201	-0.110	0.054	-0.177	0.228	-0.048	0.020	0.007
乳蛋白量/kg	-0.171	-0.139	-0.248	-0.109	0.025	0.033	-0.078	-0.167	0.049	0.138	-0.016	0.018
体细胞评分	-0.072	-0.020	-0.072	-0.079	-0.082	-0.067	-0.056	-0.044	-0.153	-0.147	-0.166	-0.063

该研究结果表明,产奶量、乳脂量和乳蛋白量 3 个性状之间存在着高度遗传正相关。胎次内中国荷斯坦牛产奶量和乳脂量的遗传相关程度显著高于加拿大荷斯坦牛、魁北克省荷斯坦牛和意大利荷斯坦牛,平均差异分别为 0.326、0.277 和 0.242;胎次内中国荷斯坦牛乳脂量和乳蛋白量的遗传相关也比其他 3 个群体高,平均差异为 0.180;胎次内中国荷斯坦牛产奶量和乳蛋白量的遗传相关则稍微高于其他 3 个群体,平均差异为 0.047。由于 3 个产奶性状间存在高度的遗传相关,今后对产量性状的选择可以只考虑乳脂量和乳蛋白量两个性状,通过选择乳脂量和乳蛋白量的同时可以提高产奶量。

体细胞评分和其他生产性状的遗传相关均低于其他 3 个群体,平均差异为 -0.189。胎次间,中国荷斯坦牛各性状的遗传相关与其他 3 个群体相比均偏低,尤其第 1 胎和第 3 胎。比较分析发现,永久环境效应在不同的研究中差异非常小,平均不超过 3%。

以上遗传参数估计结果可以用来对中国荷斯坦牛使用多性状多胎次随机回归测定日模型进行全国遗传评定。

7.2.3 中国荷斯坦牛生产性状和体细胞性状育种值估计

育种值估计使用加拿大奶业网(Canadian Dairy Network,CDN)开发的多性状随机回归测定日模型遗传评定系统 RunGE(RunGE Genetic Evaluation Systems),该软件于 2006 年由中国农业大学引进。

7.2.3.1 遗传进展

图 7.22 至图 7.24 为产奶量、乳脂量和乳蛋白量的遗传进展趋势,其中荷斯坦公牛共计 1 035 头,荷斯坦母牛共计 240 648 头。从图中可以看出,1986—2007 年,产奶量、乳脂量和乳蛋白量的遗传进展均呈增长趋势。其中,种公牛的遗传进展起伏波动,母牛群体的遗传进展则呈现稳定逐步增加趋势。种公牛产奶量、乳脂量和乳蛋白量的平均年度遗传进展分别为 21.75 kg、0.45 kg 和 0.47 kg;母牛群体产奶量、乳脂量和乳蛋白量的平均年度遗传进展分别为 17.64 kg、0.50 kg 和 0.55 kg。其中,种公牛产奶量遗传进展明显高于母牛,说明在整个育种过程中选择种公牛非常重要,种公牛的选择对整个群体的遗传进展和育种效益起着重要作用。

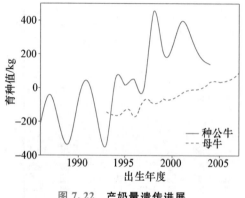
图 7.22 产奶量遗传进展

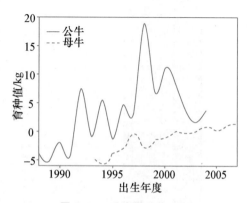
图 7.23 乳脂量遗传进展

318

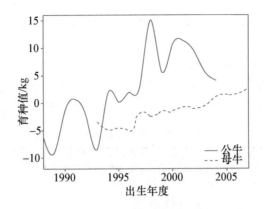

图 7.24 乳蛋白量遗传进展

图 7.25 至图 7.27 为乳脂率、乳蛋白率和体细胞评分的遗传进展趋势。从图中可以看出,1986—2007 年,中国荷斯坦牛种公牛和母牛的乳脂率、乳蛋白率和体细胞评分性状的遗传进展波动较大。乳脂率和乳蛋白率呈现小幅下降趋势,而体细胞数则呈现小幅增加趋势。

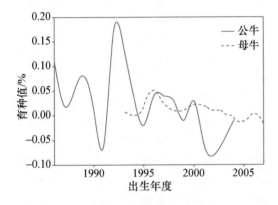

图 7.25 乳脂率遗传进展

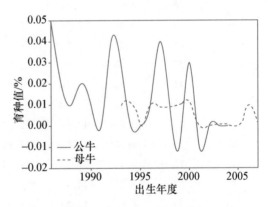

图 7.26 乳蛋白率遗传进展

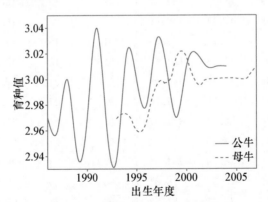

图 7.27 体细胞评分遗传进展

此外,种公牛的遗传进展波动范围远远大于母牛的波动范围。其原因可能是与近年来中国育种的选择方向有关。因为目前中国荷斯坦牛的主要育种目标为产奶量,牛场对其他性状

319

并没有采取过多选择,因此造成了乳脂率、乳蛋白率和体细胞评分性状遗传进展波动较大并且进展缓慢。

7.2.3.2 育种值估计可靠性分析

种公牛育种值估计的可靠性主要取决于其女儿数、女儿的分布情况和女儿本身的测定日记录数。表7.11为生产性状育种值估计的可靠性与上述因素的关系。

表7.11　育种值估计可靠性统计分析表

可靠性	公牛/头	牛场/个	女儿/头	记录/条	可靠性	公牛/头	牛场/个	女儿/头	记录/条
41	23	2.04	5.74	48.48	71	13	7.15	23.69	197.23
42	18	2.94	6.17	48.06	72	14	6.71	30.86	234.43
43	18	2.5	6.33	61.33	73	17	8.71	29.12	207.12
44	13	2.15	6	50.69	74	9	10.22	27.11	211.56
45	18	2.83	6.72	52.11	75	12	6.83	32.17	222.08
46	11	3.36	9.09	61.82	76	19	9.84	38.26	276.58
47	11	2.36	7.91	70.18	77	15	8.73	33.93	256.93
48	18	3.06	8.39	64.5	78	7	8.71	32.86	250.57
49	11	3.36	9.18	60.91	79	18	8.22	44.11	303.22
50	24	4.33	10.71	68.08	80	15	11.47	47.8	342.6
51	17	3.18	8.53	71.71	81	22	12.5	51.77	379.36
52	16	2.63	9.38	71.81	82	18	9.83	46.94	410
53	21	4.33	9.43	84.14	83	14	11.5	59.5	464.43
54	16	2.75	11.69	82.63	84	12	7.42	60.83	463.5
55	18	3.28	12.83	111.83	85	11	10.45	66.64	499.82
56	19	3.32	12.53	94.53	86	16	13.69	71.06	603.69
57	20	3.35	14.1	107.25	87	16	15.56	85.56	678.5
58	19	4	12.74	107.32	88	20	15.75	83.2	706.95
59	17	4.59	15	112.94	89	19	15.58	91.74	803.16
60	17	4.88	17.41	114.06	90	25	15.04	102.04	811.48
61	18	5.17	15.78	118.39	91	15	16.53	124	958.27
62	16	4.19	11.13	123	92	15	15.27	131	1 288.8
63	17	3.88	16.76	148.94	93	21	17.14	174.76	1 378.62
64	14	5.64	16.5	127.79	94	27	17.96	194.67	1 679.26
65	14	6.29	20.64	157.57	95	24	25.38	239.83	2 072.83
66	17	4.24	17.35	150	96	24	25.63	294.25	2 781.33
67	14	4.5	18.79	161.86	97	38	36.53	398.89	4 101.42
68	16	5.69	22.5	176.81	98	29	52.69	745.41	7 353.9
69	15	9.2	27.47	184.73	99	34	97.65	1747.59	21 094.8
70	10	6.1	18.8	183.8					

图7.28至图7.30为育种值可靠性与女儿数、女儿分布场数和女儿测定记录数的分布关系。从图中可以看出,使用测定日模型,公牛的女儿数平均达到17.41个,分布牛场大于4.88

个,育种值估计的可靠性即可达到 60%;公牛的女儿数超过 32.17 个,分布牛场大于 10.22 个,育种值估计的可靠性即超过 75%。

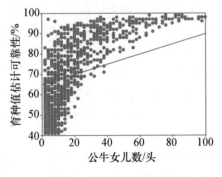

图 7.28 **可靠性与女儿数关系**

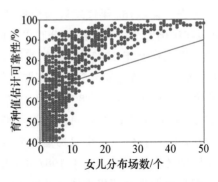

图 7.29 **可靠性与女儿分布场数关系**

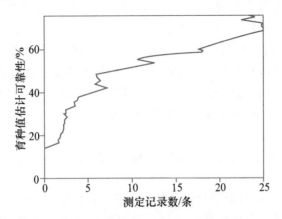

图 7.30 **可靠性与女儿测定记录数关系**

对于母牛,由于母牛的育种值估计主要利用本身的测定记录信息,因此测定次数是影响母牛育种值估计可靠性的主要因素。母牛育种值估计的可靠性小于种公牛育种值估计的可靠性,一般最高在 70% 左右。母牛本身测定次数超过 6 次时,其育种值估计可靠性即达到 40%,测定次数超过 17 次,母牛育种值估计可靠性即超过 60%。

根据中国奶业协会组织的青年公牛联合后裔测定数据统计,目前平均每发放 6.9 剂冻精即可得到一头母犊。因此,基于上述研究结果,为提高种公牛遗传评定的准确性,参加后裔测定的青年公牛应至少实际使用 222 个配次、至少分布于 11 个场,同时每头参测公牛的女儿应至少有 6 次生产性能测定记录,才能使公牛的估计育种值得到比较高(大于 75%)的可靠性。

7.3 体型评分性状遗传分析

奶牛的体型不仅与其健康和生产管理紧密相关,而且影响着奶牛的生产能力和潜力;具备标准体型的牛群生产性能好,经济效益高;奶牛养殖机械化和集约化也要求奶牛要有标准体型以适应机械化挤奶和高效率的生产管理。所以做好体型鉴定有助于选育高产、健康和长寿的奶牛,也为正确评价奶牛经济价值提供科学依据。

奶业发达国家早在 20 世纪初就对奶牛的体型进行等级评定,20 世纪 40 年代发展为按照几大部位进行评定,80 年代发展为线性评分。目前在国际上通用的鉴定方法有以加拿大、德国、英国和法国等为主 9 分制评分和以美国、日本和荷兰等为主的 50 分制评分两类。加拿大的体型鉴定工作始于 1925 年,最初只对公牛进行鉴定,1927 年开始对母牛进行鉴定。1982年,加拿大创立了自己的 9 分制体型鉴定体系,成为世界上第一个拥有完整的奶牛体型外貌线性鉴定系统的国家。从 1988 年开始,加拿大使用掌上电脑,对奶牛开展体型鉴定。目前加拿大共有 20 多个体型鉴定员,每个鉴定员平均每天走访 3～5 个牛场,平均每天鉴定 50～70 头牛,全国每年约有 22 万头牛只参加体型鉴定。

中国的体型鉴定工作起于 1987 年,北京奶牛研究所刘忠贤先生赴日本学习,北京农业大学师守垄教授撰文介绍奶牛体型外貌鉴定,美国专家在广州举办体型鉴定学习班等。1994 年起中国加拿大奶牛育种综合项目分别在上海、西安和杭州对体型鉴定员进行了培训,并于 2000 年 10 月组织了 10 名鉴定员赴加拿大进行系统学习。2000 年 10 月中国奶业协会育种专业委员会体型鉴定专业组在哈尔滨成立,起草了《中国荷斯坦牛体型鉴定规程》。2007 年 11月,美国荷斯坦协会 Debruin 女士应中国奶业协会育种专业委员会邀请在上海举办了体型外貌培训班。目前中国主要有北京奶牛中心和上海奶牛育种中心分别对本地区的荷斯坦母牛使用 9 分制方法开展体型鉴定,每年鉴定的牛只约 1 万头。

7.3.1 体型性状数据资料筛选标准及整理

体型鉴定数据也由中国奶业协会中国奶牛数据中心收集,来自北京和上海 166 个牛场计 35 281 头荷斯坦牛,来源分布情况见表 7.12。鉴定方法使用 9 分制方法,鉴定性状包括骨质地、后房高度、后附着宽度、后乳头位置、后肢侧视、后肢后视、尻角度、尻宽、棱角性、前段、前乳头长度、前乳头位置、乳房深度、乳房质地、蹄瓣均衡、蹄角度、蹄踵深度、体长、体高、体深、胸宽、腰强度和中央悬韧带等 23 个性状。

表 7.12　体型鉴定数据统计表

牛场/个	牛只/头	记录/条	胎次/胎	鉴定年度
166	35 281	35 281	1	1999—2009

体型数据的筛选标准是要求每个牛场至少有 30 头母牛,每头母牛被鉴定时应处于头胎产犊后 8 个月内,并且牛只系谱齐全、各鉴定性状评分不能缺失。共计 11 850 头牛的体型鉴定性状记录符合要求,涉及 573 头种公牛。各鉴定性状评分的平均值和标准差见表 7.13。可以看出,各性状评分的范围为 4.85～7.66,均值与最优评分间差值最小的是尻角度,均值与最优评分间差值最大的是蹄瓣均衡;尻角度、前乳头长度、乳房深度、后肢侧视、后乳头位置的差值均小于 1,是目前中国荷斯坦牛中体型较好的性状;腰强度、体长、后房高度、中央悬韧带、尻宽、胸宽、后附着宽度和蹄踵深度的差值均大于 3,是中国荷斯坦牛今后体型改良的重点。各性状评分的标准差范围为 0.95(后乳头位置)～1.71(蹄瓣均衡),后乳头位置和前段变异范围较小,蹄瓣均衡变异范围最大。

表 7.13　体型性状数据统计表

性状	平均数	标准差	理论最优线性评分	性状	平均数	标准差	理论最优线性评分
骨质地	6.16	1.32	9	乳房深度	5.49	1.25	5
后房高度	5.80	1.32	9	乳房质地	6.07	1.33	9
后附着宽度	5.11	1.53	9	蹄瓣均衡	7.66	1.71	9
后乳头位置	5.75	0.95	5	蹄角度	5.56	1.49	7
后肢侧视	5.50	1.27	5	蹄踵深度	4.85	1.34	9
后肢后视	6.55	1.54	9	体长	5.84	1.26	9
尻角度	5.10	1.07	5	体高	5.60	1.28	8
尻宽	5.43	1.32	9	体深	5.89	1.23	7
棱角性	6.20	1.15	9	胸宽	5.41	1.45	9
前段	5.17	0.98	7	腰强度	5.87	1.45	9
前乳头长度	5.11	1.21	5	中央悬韧带	5.44	1.54	9
前乳头位置	4.98	1.09	6				

7.3.2　体型性状遗传参数估计

采用多性状动物模型对中国荷斯坦牛体型评分性状进行遗传参数估计。统计模型如下：

$$y = Xb + Zu + e$$

其中：y 是 q 性状的观察值向量；b 是固定效应向量，包括地区、场、年、季、鉴定员效应；u 是个体育种值向量；e 是随机残差效应向量；X 是固定效应的关联矩阵；Z 是随机效应的关联矩阵。

$$E(u) = 0, E(e) = 0, E(y) = Xb$$
$$Var(u) = G, Var(e) = R, Var(y) = V = ZGZ' + R, Cov(u, e') = 0$$

混合模型方程组为：

$$\begin{pmatrix} X'R^{-1}X & X'R^{-1}Z \\ Z'R^{-1}X & Z'R^{-1}Z + \text{diag}(\lambda_i D_i) \end{pmatrix} \begin{pmatrix} \hat{b} \\ \hat{u} \end{pmatrix} = \begin{pmatrix} X'R^{-1}y \\ Z'R^{-1}y \end{pmatrix}$$
$$i = 1, 2, \cdots, k$$

本研究应用动物模型 BLUP 估计了中国荷斯坦牛体型性状的遗传力，各性状遗传力估计值见表 7.14。体型性状遗传力估计值范围从 0.03～0.37。乳用特征和体高的遗传力较高（$h^2 \geqslant 0.30$），后房高度、后附着宽度、后乳房、后乳头位置、后肢侧视、尻角度、棱角性、泌乳系统、前段、前乳房、前乳头长度、乳房深度、蹄角度、体长、体躯容积、体深、腰强度、中央悬韧带属于中等偏低的遗传力（$0.10 < h^2 < 0.30$），其余性状遗传力较低（$h^2 \leqslant 0.10$）。

表 7.14　体型性状遗传力估计值

性状	遗传力	性状	遗传力
骨质地	0.10	后肢后视	0.05
后房高度	0.15	尻部	0.07
后附着宽度	0.19	尻角度	0.26
后乳房	0.21	尻宽	0.07
后乳头位置	0.11	棱角性	0.18
后肢侧视	0.24	泌乳系统	0.19

续表 7.14

性状	遗传力	性状	遗传力
前段	0.14	蹄踵深度	0.03
前乳房	0.17	体长	0.19
前乳头长度	0.18	体高	0.37
总分	0.21	体躯容积	0.29
前乳头位置	0.10	体深	0.19
乳房深度	0.22	胸宽	0.09
乳房质地	0.08	腰强度	0.17
乳用特征	0.34	肢蹄	0.09
蹄瓣均衡	0.04	中央悬韧带	0.13
蹄角度	0.13		

通过与加拿大荷斯坦牛体型性状遗传力估计值(Interbull,2010)比较(表 7.15),除蹄角度、乳用特征和腰强度之外,本研究估计的体型性状遗传力普遍偏低。

表 7.15　体型性状遗传力估计值与加拿大的比较

性状	与加拿大差值	性状	与加拿大差值
骨质地	−0.18	前乳头位置	−0.21
后房高度	−0.09	乳房深度	−0.17
后附着宽度	−0.01	乳房质地	−0.09
后乳房	−0.05	乳用特征	0.04
后乳头位置	−0.20	蹄瓣均衡	−0.11
后肢侧视	−0.02	蹄角度	0
后肢后视	−0.21	蹄踵深度	−0.07
尻部	−0.17	体长	−0.18
尻角度	−0.17	体高	−0.16
尻宽	−0.27	体躯容积	−0.12
棱角性	−0.13	体深	−0.13
泌乳系统	−0.10	胸宽	−0.18
前段	−0.11	腰强度	−0.08
前乳房	−0.11	肢蹄	−0.12
前乳头长度	−0.12	中央悬韧带	−0.02
总分	−0.11		

通过该分析,首次实现了利用中国全国范围的荷斯坦奶牛群体线性评分性状进行遗传参数估计,并将结果应用于中国荷斯坦牛的全国联合遗传评定。

7.3.3　体型性状育种值估计

7.3.3.1　体型性状遗传联系性
研究采用 DMU 软件的模块 4 计算了北京和上海两地区体型性状的遗传效应相关性,用于计算遗传相关性的 11 850 头母牛个体系谱追溯后共涉及 23 529 头个体。经计算北京和上海地区的遗传相关联系性为 0.345,高于陈军(2009)计算的 0.171,遗传相关超过国外报道的最低标准0.05(Mathur,1998)。因此可以将北京和上海地区的体型性状记录合并进行联合遗传评定。

7.3.3.2　体型性状育种值估计结果
表 7.16 为体型性状育种值计算结果,其中荷斯坦公牛共计 138 头,荷斯坦母牛共计 8 937头。从表 7.16 可以看出,种公牛的前段、体躯、总分、体深、前乳头长度、后附着宽度、大小、胸

表7.16　体型性状育种值估计结果

性别	年度	个数	群体数	女儿数	可靠性	总分	泌乳性能	体躯	尻部	肢蹄	前乳房	后乳房	泌乳系统	大小	体高	前段	胸宽
公牛	1993	18.00	8.50	66.11	66.56	-4.83	-0.61	-3.22	-1.67	-1.17	0.94	-1.89	-0.50	-2.39	-0.39	-7.00	-3.11
公牛	1994	12.00	17.17	234.75	79.67	0.75	1.75	-0.08	-0.50	4.67	2.83	0.58	1.75	1.83	0.17	1.08	-2.25
公牛	1995	13.00	2.77	19.77	54.15	2.92	2.92	1.00	-1.85	-2.23	-0.46	1.85	0.69	0.38	1.38	-4.15	2.69
公牛	1996	15.00	11.87	100.93	73.07	-1.00	-2.00	-4.00	2.20	-4.07	0.53	-1.07	0.00	-3.27	-0.73	-3.33	-5.00
公牛	1997	10.00	7.00	52.50	64.50	0.80	1.10	-0.20	-2.90	-5.10	0.70	4.20	2.90	-0.60	-1.80	-2.10	3.40
公牛	1998	4.00	12.75	99.50	73.75	-2.50	0.00	-4.00	1.75	-3.75	-3.25	-0.25	-1.50	-3.50	-2.25	2.50	-3.00
公牛	1999	12.00	11.42	71.33	72.00	-1.92	-2.92	-2.42	0.67	0.92	-3.75	0.42	-1.92	-3.42	-3.17	0.08	-0.75
公牛	2000	4.00	13.75	146.75	82.25	4.50	3.75	1.25	3.75	9.00	7.50	5.50	7.50	2.75	3.25	-4.75	-2.25
公牛	2001	15.00	16.27	93.73	76.27	3.13	4.87	2.33	0.67	0.13	3.60	3.80	4.20	2.27	4.20	1.13	1.00
公牛	2002	11.00	9.82	41.18	65.73	3.18	4.00	4.09	4.27	-2.73	2.09	3.64	3.36	4.18	4.45	0.64	2.00
公牛	2003	24.00	11.50	32.42	59.54	3.21	4.38	4.92	1.96	-1.54	0.67	0.67	0.33	3.96	4.67	4.42	2.25
公牛	平均遗传进展					0.73	0.45	0.74	0.33	-0.03	-0.02	0.23	0.08	0.58	0.46	1.04	0.49
母牛	1991	67.00			19.61	-2.04	-0.25	-3.93	-0.69	3.28	2.63	0.30	1.42	-4.09	-5.43	0.03	-1.84
母牛	1992	102.00			19.12	-2.09	-0.40	-4.73	-2.17	2.29	2.29	0.21	1.27	-4.40	-4.91	0.08	-3.52
母牛	1993	99.00			18.44	-2.37	-1.03	-3.10	-2.28	2.34	0.92	-0.43	0.08	-2.76	-4.23	0.27	-2.02
母牛	1994	220.00			19.47	-2.37	-0.32	-2.68	-1.93	2.44	0.99	-1.03	-0.20	-2.59	-3.90	-0.10	-1.62
母牛	1995	336.00			18.99	-0.49	0.73	-0.76	-2.61	1.35	1.22	-0.31	0.39	-0.74	-1.62	-1.22	-0.26
母牛	1996	321.00			19.70	-1.19	0.21	-1.21	-1.91	1.55	0.58	-0.88	-0.34	-0.52	-1.47	-1.93	-0.83
母牛	1997	354.00			23.51	-0.80	0.27	-0.85	-2.05	2.48	1.44	-0.64	0.41	0.25	-0.77	-0.68	-1.53
母牛	1998	934.00			31.85	-1.41	-0.43	-1.45	-1.12	1.72	0.74	-0.83	-0.10	-0.33	-1.13	-0.69	-1.72
母牛	1999	1 134.00			33.22	-0.36	-0.01	-0.47	-0.77	1.75	0.95	-0.53	0.18	0.83	-0.32	-0.76	-1.39
母牛	2000	920.00			33.33	-0.21	0.21	-0.41	0.12	2.22	1.59	-0.14	0.79	0.97	0.26	-0.63	-1.68
母牛	2001	1 324.00			35.31	-0.34	0.03	-1.07	-0.23	1.15	0.62	-0.26	0.20	0.17	-0.46	-1.04	-1.55
母牛	2002	1 054.00			35.82	-1.08	-0.29	-1.25	-0.69	0.61	0.65	-0.77	-0.08	-0.44	-0.67	-0.59	-1.53
母牛	2003	406.00			36.64	0.02	-0.34	-1.05	0.74	2.72	1.91	0.26	1.27	0.06	-0.60	-0.33	-2.36
母牛	2004	713.00			35.59	0.50	0.55	-0.24	0.71	2.09	0.97	0.89	1.09	0.04	-0.26	-0.70	-0.77
母牛	2005	592.00			33.51	1.07	0.68	0.05	0.57	0.46	0.73	1.00	1.01	0.75	0.64	0.52	-1.20
母牛	2006	361.00			33.14	2.21	2.15	2.22	0.66	-0.31	0.34	1.56	1.09	2.17	2.60	0.71	0.05
母牛	平均遗传进展					0.27	0.15	0.38	0.08	-0.22	-0.14	0.08	-0.02	0.39	0.50	0.04	0.12

续表 7.16

性别	出生年	可靠性	体深	腰强度	尻宽	骨质地	蹄角度	乳房深度	乳房质地	悬韧带	前房附着	前乳头位置	前乳头长度	后附着高度	后附着宽度	后乳头位置	乳用特征
公牛	1993	66.56	-4.94	2.44	-2.94	-3.78	3.06	3.00	1.17	-0.28	1.61	-0.33	-6.28	1.56	-5.39	-0.67	0.67
公牛	1994	79.67	-0.17	-2.58	1.83	4.17	-0.58	1.75	-2.25	3.83	3.25	-1.25	1.92	0.42	-1.17	0.42	3.17
公牛	1995	54.15	-1.92	3.54	-3.23	-0.23	-2.85	0.15	0.92	1.23	-0.77	-2.54	3.08	-3.54	1.77	-4.38	3.31
公牛	1996	73.07	-5.47	1.53	0.27	-0.47	-3.40	2.53	-3.47	-3.07	2.13	0.07	-1.27	-2.33	-2.53	0.07	-0.47
公牛	1997	64.50	-1.40	-0.80	-2.50	-5.40	1.70	3.80	0.90	0.70	0.30	-5.20	0.10	-5.00	2.20	-2.30	1.30
公牛	1998	73.75	-2.25	-5.00	-5.00	2.00	-8.25	-3.25	-1.25	-2.50	-1.75	-1.25	-4.25	-0.50	0.75	-0.75	0.75
公牛	1999	72.00	1.75	-3.92	3.67	-1.33	2.67	-3.58	-2.50	1.67	-5.17	0.83	0.92	-0.17	1.67	1.33	-3.75
公牛	2000	82.25	-4.75	6.25	-0.50	-0.25	4.25	6.50	3.25	2.25	7.75	-1.75	2.50	-2.50	3.00	1.00	6.00
公牛	2001	76.27	-1.13	1.47	3.60	1.67	-4.33	3.27	3.60	0.40	3.33	0.53	1.60	-2.13	2.47	-1.47	6.27
公牛	2002	65.73	2.73	2.09	5.09	-0.55	-1.00	4.09	0.18	0.73	1.64	-0.45	2.36	-4.45	1.73	-1.09	4.82
公牛	2003	59.54	2.88	1.58	1.83	1.21	-2.04	0.46	0.33	-0.38	0.58	1.42	0.63	0.42	1.21	-0.08	4.13
公牛	平均遗传进展		0.71	-0.08	0.43	0.45	-0.46	-0.23	-0.08	-0.01	-0.09	0.16	0.63	-0.10	0.60	0.05	0.31
母牛	1991	19.61	-1.22	-0.99	-2.40	2.82	3.51	-0.67	4.04	2.70	1.30	0.48	1.81	1.79	-1.58	1.13	-1.04
母牛	1992	19.12	-1.69	-1.39	-3.26	2.39	2.50	-1.30	4.13	3.25	0.51	1.00	2.12	1.72	-1.71	1.44	-0.66
母牛	1993	18.44	-0.24	-0.95	-3.38	1.16	2.24	-2.21	3.02	2.34	-0.30	0.65	1.16	1.30	-2.06	0.74	-1.38
母牛	1994	19.47	-0.38	-0.40	-3.28	1.37	2.65	-2.30	2.99	1.77	0.04	0.52	0.71	1.44	-2.60	0.38	-1.09
母牛	1995	18.99	0.24	-0.53	-2.65	0.82	1.69	-1.24	2.89	0.30	0.76	1.01	-0.62	0.66	-1.71	0.87	-0.40
母牛	1996	19.70	-0.40	-0.56	-2.24	0.08	2.36	-1.26	2.27	0.27	0.31	0.55	-1.10	1.37	-1.86	0.73	-0.47
母牛	1997	23.51	0.12	-0.42	-1.82	1.77	1.59	-0.95	1.44	1.27	1.34	0.19	-0.66	1.37	-1.86	1.01	0.05
母牛	1998	31.85	-0.67	-0.23	-1.14	0.66	1.29	-0.52	0.34	1.04	1.00	-0.98	-0.51	1.74	-1.55	1.02	-0.28
母牛	1999	33.22	0.45	0.10	-0.20	0.80	0.75	-0.71	-0.08	1.11	1.23	-1.66	0.93	1.56	-0.73	0.69	0.11
母牛	2000	33.33	-0.35	0.65	0.28	1.50	1.39	0.39	-0.17	0.88	1.97	-1.43	0.51	0.78	-1.29	0.74	0.40
母牛	2001	35.31	-0.91	0.02	-0.49	1.29	0.13	0.50	-0.69	0.48	0.73	-1.68	1.09	0.37	-0.93	-0.56	0.40
母牛	2002	35.82	-0.81	-0.13	-1.09	0.86	0.04	0.64	-0.40	0.54	0.80	-1.34	1.08	1.06	-1.81	-0.45	-0.05
母牛	2003	36.64	-0.07	1.25	0.10	0.65	1.40	0.82	0.70	0.99	2.15	-0.69	1.13	0.67	-0.10	-0.55	-0.03
母牛	2004	35.59	0.35	0.79	0.74	1.16	0.82	0.54	0.21	0.46	0.95	-0.63	1.34	-0.33	0.39	0.13	0.73
母牛	2005	33.51	0.06	-0.18	0.75	0.68	-0.61	1.15	0.16	1.42	0.44	-0.64	1.51	-0.32	0.66	0.15	1.00
母牛	2006	33.14	2.42	0.02	1.49	1.17	0.06	1.25	-0.60	-0.08	-0.39	-0.02	2.83	-1.24	0.87	-0.05	2.64
母牛	平均遗传进展		0.23	0.06	0.24	-0.10	-0.22	0.12	-0.29	-0.11	-0.11	-0.03	0.06	-0.19	0.15	-0.07	0.23

宽、体高、泌乳性能、骨质地、尻宽、尻部、乳用特征、后乳房、前乳头位置、泌乳系统和后乳头位置遗传进展为正值。前段、体躯、总分、体深、前乳头长度、后附着宽度和大小等性状的遗传进展较大;悬韧带、前乳房、肢蹄、乳房质地、腰强度、前房附着和后附着高度等性状的遗传进展缓慢;乳房深度和蹄角度的遗传进展为负值。母牛群体的体高、大小、体躯、总分、尻宽、乳用特征和体深进展较大,平均超过 0.23;蹄角度、肢蹄和乳房质地的进展为负值,其他性状遗传进展较小。

7.3.4　小结

分维嘉(2010)研究利用中国奶牛数据中心收集的 24 个省(区、市)855 个牛场 249 770 头荷斯坦牛的 2 526 450 条测定日记录和北京和上海 166 个牛场 35 281 头荷斯坦牛的 9 分制体型鉴定记录,应用多性状随机测定日模型和多性状动物模型对生产性状和体型性状进行了遗传参数估计,进而估计了个体育种值。利用多性状随机回归测定日模型和 Gibbs 抽样方法进行生产性状遗传参数估计,回归曲线采用 Legendre 4 阶多项式;测定日产量性状的遗传力为0.222~0.346,体细胞评分遗传力为 0.092~0.187。遗传力随着胎次增加而逐渐提高,所有性状的第 3 胎次遗传力最高。胎次内产量性状间均存在高度遗传正相关,遗传相关系数大于0.806。体细胞评分与产量性状间遗传相关极低,尤其是第 1 胎次。利用多性状动物模型BLUP 对中国荷斯坦牛体型性状进行了遗传参数估计,遗传力估计值范围为 0.03~0.37,其中乳用特征和体高属高遗传力性状。体型性状除总分和乳用特征外,其他性状遗传力的估计值普遍低于国外报道值。分别利用多性状随机回归测定日模型和多性状动物模型 BLUP 对中国荷斯坦牛的生产性状和体型性状进行了个体育种值估计,种公牛的产奶量、乳脂量和乳蛋白量的平均年度遗传进展分别为 21.75 kg、0.45 kg 和 0.47 kg,母牛群体分别为 17.64 kg、0.50 kg 和 0.55 kg,种公牛产量性状遗传进展率明显要高于母牛,说明在育种过程中种公牛的选择对整个群体的遗传进展起着重要作用;乳脂率、乳蛋白率和体细胞评分的遗传进展缓慢。种公牛前段、体躯、总分、体深、前乳头长度、后附着宽度、大小等体型性状遗传进展较快;母牛群体体高、大小、体躯、总分、尻宽、乳用特征和体深等体型性状遗传进展较快;其他体型性状遗传进展缓慢。

该研究结果为开展中国荷斯坦牛遗传评定工作奠定了重要的基础,使中国奶牛育种向统一、科学的遗传评定前进一步,为提高中国奶牛种质遗传水平提供了有力保障。

7.4　繁殖性状遗传分析

奶牛在每个繁殖周期中的主要繁殖事件包括第一次发情,首次输精,第二次输精,……,最后一次输精(成功妊娠),进入妊娠期,产犊,空怀,然后进入下一个繁殖周期。这一过程进展的顺利程度取决于母牛繁殖力、公牛繁殖力以及繁殖技术人员和管理水平的高低。繁殖力实际上是多种能力的综合反映。Schneider(2005)认为繁殖力好的母牛必须满足以下 4 个方面条件:①母牛顺利产犊后能较快的进入下一个发情、繁殖周期;②发情时有明显特征;③适时输精后具有较高的受孕能力;④妊娠期正常。

7.4.1 繁殖性状的测定和计算

为了对奶牛繁殖性能进行评价,在奶牛育种中,人们采用各种繁殖事件描述奶牛不同时期的繁殖状态。奶牛的繁殖性状就是和上述繁殖事件相关的性状,包括从产犊到首次输精间隔(interval between calving and first insemination,ICF),从首次输精到妊娠间隔(interval between first insemination and conception,IFL),空怀期(days open,DO),妊娠期(gestation length,GL),产犊间隔(calving interval,CI),重复输精次数(number of insemination,NINS),青年母牛首次输精年龄(age at first insemination,AFI),首次输精后56 d不返情率(no return rate at 56 days after first insemination,NRR56)、首次输精后60 d不返情率(no return rate at 60 days after first insemination,NRR60),首次输精后90 d不返情率(no return rate at 90 days after first insemination,NRR90),首次输精成功率(success rate in the first insemination,SFI),妊娠率(conception rate,CR)等等。这些繁殖性状之间的关系可以用图7.31表示,横向是时间,表示奶牛的一生。

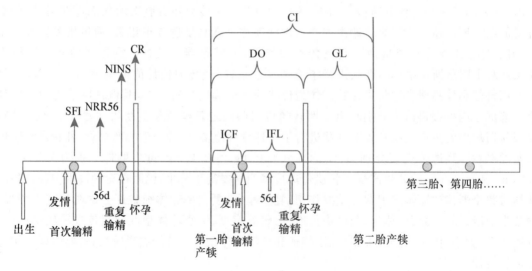

图 7.31 **奶牛各繁殖性状间的关系**

繁殖性状与每一次繁殖事件有关,因此生产中准确记录每一次繁殖事件发生的时间、结果,就可以准确计算各项繁殖指标。如易产性(calving ease,CE),是直接按照划分标准记录的性状;产犊间隔(CI),记录了上一次产犊日期和下一次产犊日期,二者之间的时间差即为产犊间隔,一般以日为单位。而在特定时间段内成功与否的性状,如重复输精次数(NINS),需要配种时记录每一次输精的时间,针对记录累加从第一次到最后一次输精的次数即可;对于首次输精后56 d不返情率(NRR56),需要记录配种后母牛返情情况(时间),然后统计在首次输精后第56天时不返情的母牛头数,再除以全群母牛数(参加输精的母牛数)获得。繁殖事件的发生是奶牛场中最常见的,也是最容易漏记、错记的,利用标准的记录表,累积全群个体的所有繁殖事件,是保证牛群繁殖性能正确评价的基础,建立繁殖事件数据库并使用奶牛场管理软件,是保证记录准确、完整,及时分析指导生产的前提。

繁殖性状根据不同的分类标准有不同的分类方法:

（1）根据性状的表型特征，可分为区间性状（interval trait），如产犊到首次输精间隔、首次输精到妊娠间隔、空怀期、产犊间隔等；特定时间段内成功与否的性状（success or failure traits within some time interval），如重复输精次数和首次输精后 56 d 不返情率。

（2）根据性状反映的不同生理功能，可分为反映妊娠能力的性状，如首次输精后 56 d 不返情率、从首次输精到妊娠间隔、妊娠率、重复输精次数等；反映产后返情能力的性状，如从产犊到首次输精间隔、发情强度（heat strength）等；反映产犊能力的性状，如易产性（或产犊难易度，CE）、死胎率等；综合反映繁殖效率的性状，如空怀期、产犊间隔等。

繁殖性能属于低遗传力性状，遗传力在 0.01～0.1 之间（Averill et al,2004；侯娅丽,2008；孙传禹,2009），受环境影响较大，直接选择遗传进展不明显，但借助亲属的信息/增加数据量、选择最适合的遗传评估模型以及使用准确的遗传参数，可大大提高遗传评估的准确性，从而获得良好的遗传进展。在奶牛生产中应严格、准确记录各项繁殖性能数据，选择合理的遗传评估模型，才能保证选择的准确性。

奶牛各繁殖性状作为遗传评定性状进行选择各有其特点。ICF 反映了没有同期发情的母牛产后返情的能力，属于早期可获得性状，对它进行选择可以缩短选择的世代间隔。然而该性状受奶牛场管理水平的影响很大，如受牛场组织检查母牛发情时间等管理因素的影响。IFL 主要反映了奶牛的妊娠能力，而且该性状不包括 ICF 区间，在一定程度上代表了真实的妊娠能力，然而该性状的分布比较特殊，是以平均 21 d 为周期的分布，且峰值越来越小。DO 是性状 ICF 和 IFL 的综合，综合反映了母牛的产后返情能力、发情表达能力和妊娠能力，目前该性状是被广泛应用的繁殖性状，且在没有繁殖性能记录体制的情况下，该性状根据泌乳期其他信息可以获得，因此常用用于繁殖性状的遗传分析（González-Recio and Alenda,2005a）。CI 性状是 DO 和妊娠长度（length of gestation）的综合，由于妊娠长度的变异很小，所以 CI 和 DO 具有很强的遗传相关，因而一般认为二者的遗传评估价值相同。有研究者认为（Janson and Andreasson,1981；Butler and Smith,1989）DO 和 CI 均为复合性状，不能真实反映奶牛的繁殖能力，因为这些性状受管理因素的影响很大，比如对于高产奶牛，技术人员可能有意延长其挤奶天数而影响这些繁殖性状的表达造成偏差（Wall et al,2003）。目前，CI 在奶牛育种中的经济加权比较高（Groen et al,1997）。然而，CI 需要知道连续两次的产犊时间，属于较晚获得性状，对它进行选择延长了世代间隔，延缓了遗传进展。NINS 和 IFL 相似，相对直接地反映了母牛在输精后的妊娠能力，如果 NINS 增多，则由于精液消耗、劳动力成本以及延长的产犊间隔带来的经济消耗均大大增加，从这个意义上说，NINS 是最重要的经济性状之一（González-Recio et al,2004），此外，NINS 可以反映公牛精液的繁殖能力，从而同时反映了公畜和母畜的繁殖能力。然而，NINS 的表型为多分类表型。NRR56 可以反映母牛的产后返情能力，也属于早期可获得性状，NRR56 是国际上通用的繁殖性状（Groen,1999），但其表型记录为二分类表型。CE 可以反映母牛难产的情况，实际上是公牛、母牛和犊牛三者共同作用的体现，属于多分类性状，在多数遗传评估体系中重点考虑，但该性状的主观性很强，难以统一记录标准。育种实践中经常与初生重一起进行多变量线性-阈模型分析增加遗传评估准确性。

尽管目前繁殖性状作为重要的经济性状已受到高度重视，但是在繁殖性状的遗传分析中，还存在很多难点，这些难点主要源于繁殖性状数据的特性：①繁殖性状的表型往往不服从正态分布：有些繁殖性状偏离正态分布，如 ICF 和 DO 等多为右偏态分布，有些繁殖性状的表型属于二分类或者多分类表型,如 NRR56 和 NINS 等。②繁殖性状的记录存在相当数量的缺失值和极端值。所谓缺失值现象是指事件的真实结束点未知,所谓极端值是指大于正常范围的记录值。缺失值并不是真实记录,而极端值往往大于性状的群体均值,很大程度地影响了数据的分布,进而影响了繁殖性状的遗传分析准确性。这些缺失值或极端值如果被作为真实记录用于遗传分析或者直接删除,则可能会丢失部分信息,减小真实存在的变异,从而导致参数估值有偏(Carriquiry et al,1987),尤其是对那些后代记录中缺失值或极端值较多的公畜而言。

7.4.2 繁殖性状的遗传分析

目前,采用线性模型进行繁殖性状遗传分析时,一般会删除极端值,但是会使用不同的编辑标准(Pryce et al,1997;Dechow et al,2001;Roxström et al,2001;Wall et al,2003;Jamrozik et al,2005;Wall et al,2005;González-Recio et al,2005a);而对于缺失数据,有研究发现,在线性模型的遗传分析中,充分利用有缺失的数据效率更高(Schneider et al,2005)。随着统计方法和计算机技术的发展,一些处理缺失数据的方法也相继出现。

对于 ICF 和 DO 等区间性状而言,处理缺失数据的主要方法包括:①在一般线性模型的基础上,给缺失值加上一个合理的罚值(penalty),然后将该值作为真实值进行分析(Donoghue et al,2004a,2004b;Urioste et al,2007b)。如对于 DO,可给缺失值加 21 d(一个发情周期)作为真实值,期望母牛在缺失后的一个发情周期后妊娠。该模型仍然基于数据服从正态分布的假设。②右侧缺失线性模型(right censored linear model)(Sorensen et al,1998;González-Recio et al,2006a;Chang et al,2006),是通过在缺失值的右侧截断分布中抽取相对应的值作为真实值进行分析。该模型也是基于数据服从正态分布的假设。③生存分析法是一种处理生存数据的方法,可以处理缺失数据,且不局限于正态分布假设,它基于观察值的 LOG 尺度(scale)。Schneider 等(2005)通过模拟研究发现,生存分析是繁殖区间性状进行遗传分析的合适模型。④阈-线性模型(threshold-linear model)(Urioste et al,2007a),是通过借助一个状态性状(status trait)作为繁殖性状的辅助性状来提供数据是否缺失的信息。所谓状态性状就是一个描述繁殖性状记录是否缺失的性状,如果繁殖记录为缺失值,则状态性状表型为 0,否则为 1。在上面提到的各种模型中,目前应用最广泛的仍然是线性模型,但未加任何罚值;右侧缺失线性模型也已逐步应用于区间性状的遗传分析中;生存分析在区间性状遗传分析中的应用刚刚起步;阈-线性模型在奶牛区间性状的遗传分析中应用较少。

对于 NINS 而言,处理数据的主要方法包括基于原始记录的方法:①一般的线性模型,对于重复输精次数的线性模型研究目前一般没有给缺失值加罚值,这样,一般线性模型不能处理缺失数据,也不能处理分类表型。②顺序阈模型(ordinal threshold model)(Gianola,1982;Gianola and Foulley,1983),是用来处理分类性状的方法,其将分类性状的表型通过顺序阈值(threshold)与一个潜在的连续变量易感性值(liability)相连接,然后对易感性值进行分析。和一般线性模型一样,顺序阈模型不能直接处理缺失数据,但可以通过事先估计缺失值的方法间接处理。③推广到可以处理分类表型的生存分析法,即组数据模型(grouped data model)(Prentice and Gloeckler,1978),可以同时处理分类表型和缺失数据。④阈-线性模型(threshold-linear model)。除基于原始记录之外,还可以将 NINS 分解成为各次输精事件,每次输精事件的结果以输精成功与否(成功为1,不成功为0)作为表型值,这样每个 NINS 观察值转换成为 n 个重复的二分类表型值。针对这种二分类表型,可以采用阈模型、随机回归模型(Averill,2004)、广义线性混合模型等进行分析。在上面提到的各种模型中,目前应用最广泛的仍然是线性模型,未加任何罚值。

对于 NRR56 和 CR 等二分类性状,目前应用最广的方法包括一般线性模型和阈模型。

另外,在奶牛育种中,育种者由于追求奶牛的产奶性状会主观地延长繁殖性状的区间性状,这样造成繁殖性状与产奶性状之间存在较高的不利相关,这也给繁殖性状的评估带来一定的难度,即繁殖性状是否可以真实地反应母牛的繁殖能力。如果在对繁殖性状进行遗传分析的同时,也考虑产奶性状可能会在一定程度上解决该问题(Wall et al,2003)。

目前,对于奶牛的繁殖性状,各国遗传评估中仍然多数采用线性模型的方法,因为线性模型具有技术成熟、计算简单的优点,有的国家采用公畜模型,有的采用动物模型。然而由于繁殖性状数据特征给线性模型分析方法带来了挑战,主要是不符合线性模型的假设条件,许多学者开始研究开发新的模型或技术,来解决奶牛繁殖性状遗传评估中遇到的问题。

对于非正态分布问题,如果是二分类或者多分类性状,如 NRR56 和 AIS 等,可以采取阈模型、广义线性混合模型或者生存分析中的组数据模型方法进行遗传评估。有些性状呈现多峰分布,如 IFL,多数值为 0,然后每隔 21 d 出现一个峰值,在分析中可以将其转化为多分类性状,再用前文提及的几个模型分析。对于 AIS 和转化为分类性状的 IFL,还可以进一步将它们再转化为二分类性状,每次输精如果成功用 1 表示,失败或者缺失用 0 表示,这样可以同时解决分布和缺失值问题。

对于极端值问题,在应用线性模型分析时,由于极端值造成数据的偏态分布(如 ICF 和 DO 等),所以极端值一般会删除,或者确定上限值(凡是超过上限的都用上限来取代),但是不同研究针对其不同的群体,会使用不同的编辑标准(Pryce et al,1997;Dechow et al,2001;Roxström et al,2001;Wall et al,2003;Jamrozik et al,2005;Wall et al,2005;González-Recio et al,2005a)。

对于低遗传力问题,由于繁殖性状与生产性状(如产奶量、乳蛋白量、乳脂量等)或体况评分性状之间存在中等遗传相关和低环境相关,而且生产性状和体况评分性状具有中等遗传力,根据多性状模型理论,将繁殖性状和生产性状或体况评分性状同时分析,应用多性状模型能够提高繁殖性状育种值估计的准确性。再者,就是采用其他新的具有高遗传力的测量指标来衡量母牛的繁殖力,如牛奶中孕酮含量。

目前,有关应用优化模型或改进的求解技术对奶牛繁殖性状进行遗传分析的报道已经很多,Schneider 等(2005,2006)经模拟报道了对于空怀期性状采用 Weibull 比例风险模型时,预测的公畜育种值和真实育种值具有较高的相关性;而对于 IFL 性状,采用生存分析中的组数据模型时,预测的公畜育种值和真实育种值具有较高的相关性。针对 AIS 性状,González-Recio 等(2005)比较了顺序阈模型、考虑缺失数据的顺序阈模型、组数据模型等,结果发现顺序阈模型对第一次输精事件具有较高的预测力,而考虑缺失数据的顺序阈模型对接下来的输精事件具有较高的预测力。González-Recio 等(2006)就西班牙荷斯坦奶牛的 DO 进行研究,比较了一般线性模型、右侧缺失线性模型及生存分析的 Weibull 比例风险模型(Weibull proportional hazard model),发现生存分析的 Weibull 比例风险模型在 DO 的遗传分析中具有一定的优势。Urioste 等(2007)对肉牛的产犊间隔进行研究,比较了一般线性模型(缺失数据加罚值)、右侧缺失线性模型和阈-线性模型,发现阈-线性模型的预测能力具有一定的优势。Hou 等(2009)报道在分析 ICF 和 DO 时,基于分段固定基础风险函数的 Cox模型在预测公畜育种值上,具有较高的稳定性和预测力。通过以上的研究比较可以看出,究竟哪种模型最适合分析奶牛繁殖性状还没有一致的定论,有待于进一步的深入分析研究。

7.4.3　繁殖性状的遗传参数估计

7.4.3.1　各繁殖性状的遗传力

目前,很多学者均已对自己国家的繁殖性状进行了遗传分析。Dematawewa 和 Berger(1998)利用多性状线性动物模型,分别对美国荷斯坦牛不同胎次(青年母牛、一胎母牛和二胎及以上母牛)包括 DO 和 NINS 的 6 个性状进行遗传分析,得到 DO 的遗传力在任何胎次均为0.03,不同胎次 NINS 的遗传力分别为 0.01(青年母牛)、0.02(一胎母牛)、0.03(二胎母牛及以上)。Weigel 和 Rekaya(2000)配合线性动物模型,对加利福尼亚和明尼苏达荷斯坦奶牛的NRR60 和 ICF 进行分析,并同时配合阈模型对 NRR60 进行分析,发现加利福尼亚牛群的NRR60 的遗传力分别为 0.014(线性模型)和 0.016(阈模型);明尼苏达牛群的 NRR60 的遗传力分别为 0.041(线性模型)和 0.034(阈模型);ICF 的遗传力估值分别为 0.058(加利福尼亚)和 0.061(明尼苏达)。Veerkamp 等(2001)利用多性状公畜—外祖父模型,针对第一胎次的荷兰荷斯坦奶牛数据,得到 CI、ICF、IFL、NRR56 和 NINS 的遗传力估值分别为 0.036、0.070、0.039、0.019 和 0.013。Roxström 等(2001)配合公畜模型估计了瑞典红白花奶牛各繁殖性状的遗传参数,得到青年牛、一胎、二胎、三胎及以上的 NINS 遗传力估值分别为 0.023 9、0.028 4、0.029 5 和 0.020 8;IFL 分别为 0.016 9、0.026 7、0.027 6 和 0.017 0;一胎、二胎、三胎及以上的 ICF 遗传力分别为 0.027、0.021 1 和 0.015 9;DO 分别为 0.036 7、0.035 4 和0.025 6。Kadarmideen 等(2003)配合单性状动物模型,对美国奶业信息系统(Dairy Information System,DAISY)的荷斯坦奶牛繁殖性状记录进行分析,得到 CI、ICF、IFL 和 DO 的遗传力估值分别为 0.024、0.025、0.012 和 0.023。Ranberg 等(2003)配合公畜线性模型对挪威青年母牛的 NRR56 进行遗传分析,得到遗传力估值为 0.012~0.014。Wall 等(2003)利用多性状公畜-祖父模型,针对第一胎次的英国荷斯坦奶牛数据,得到 CI、ICF、NRR56 和 NINS 的遗传力估值分别为 0.033、0.037、0.018 和 0.020。VanRaden 等(2004)分析美国荷斯坦奶牛群体,配合动物或公畜模型,估计一胎经产母牛的 DO、ICF、NINS 和 NRR70 的遗传力分别为0.037、0.066、0.018 和 0.010。Weller 和 Ezra(2004)配合多性状动物模型分析了以色列荷斯坦奶牛群体的 NINS(在研究中将 NINS 进行了倒数转换)进行分析,得到 5 个胎次的遗传力估值为 0.02~0.03,并发现对单个性状进行分析要比重复力模型估计的遗传力要高。Dechow等(2004)配合多性状公畜模型,对美国荷斯坦奶牛记录进行分析,发现 DO 的遗传力估值为0.04。Muir 等(2004)对加拿大荷斯坦奶牛青年母牛和一胎经产母牛群进行分析,配合多性状动物模型,得到的 NRR56 的遗传力分别为 0.030(青年母牛)和 0.037(一胎经产母牛);CI 的遗传力为 0.07。Andersen-Ranberg 等(2005b)分析挪威红牛群体,配合线性公畜模型估计ICF、青年母牛 NRR56、一胎经产母牛 NRR56 的遗传力分别为 0.030 1、0.010 8、0.009 9。

Andersen-Ranberg 等(2005a)分析挪威红牛群体,配合二性状阈-线性公畜模型分析一胎经产母牛的 ICF 和 NRR56 记录,得到二者的遗传力为 0.023 和 0.012。Jamrozik 等(2005)对加拿大荷斯坦奶牛 16 个繁殖性状包括 ICF、NINS、NRR56、IFL 等,配合多性状动物模型进行遗传分析,得到青年母牛的 NINS、NRR56 以及 IFL 的遗传力估值均约为 0.03;得到经产牛的 ICF、NINS、NRR56 以及 IFL 的遗传力估值分别为 0.10、0.07、0.04 和 0.07。González-Recio 等(2005a)配合动物模型,对西班牙荷斯坦牛的繁殖性状进行遗传分析,得到 CI、DO、IFL、ICF、NINS 和 NRR56(配合阈模型)的遗传力估值分别为 0.04、0.04、0.03、0.05、0.02 和 0.05。González-Recio 等(2006b)配合缺失公畜模型对西班牙荷斯坦牛群进行分析,得到 ICF 和 DO 的遗传力估值均为 0.05,NINS 的遗传力估值为 0.04。Chang 等(2006)配合缺失阈-线性公畜模型(censored threshold-linear model)对挪威红牛一胎经产母牛的 NINS 和 DO 进行联合分析,得到二者的遗传力分别为 0.03 和 0.04。Windig 等(2006)对荷兰的青年母牛记录进行分析,配合多性状公畜-外祖父 reaction norm 模型,研究了不同环境下的繁殖性状、生产性状和体细胞计数,得到 ICF 和 NINS 的最高遗传力分别为 0.09 和 0.03。Heringstad 等(2006)配合双性状公畜缺失阈模型对挪威红牛的第一胎次 NINS 和乳房炎得病次数(number of mastitis cases)进行联合分析,得到 NINS 的遗传力为 0.03;配合二性状公畜阈模型时得到的 NINS 的遗传力为 0.03;配合二性状公畜线性模型得到的 NINS 的遗传力为 0.02。López de Maturana 等(2007)对西班牙荷斯坦牛的 DO、ICF、NINS 和产犊难易性(CE)等 5 个性状进行多性状分析,采用 Recursive 公畜模型,在分析 CE 的同时,将其作为繁殖性状的固定效应,对于繁殖性状的缺失数据采用数据扩增技术,这样估计的 DO、ICF 和 NINS 的遗传力分别为 0.06、0.09 和 0.04。

2008 年,侯娅丽使用动物模型,利用丹麦 1 899 个牛场共 718 939 头荷斯坦牛的 1 559 560 条繁殖记录,对 ICF、IFL、DO、CI、NINS 和 NRR56 共计 6 个性状进行了遗传参数估计,方差组分和遗传力估计结果见表 7.17。对于 ICF,各胎次的遗传力估值为 0.054～0.081;对于 IFL,各胎次的遗传力估值为 0.011～0.030,青年母牛 IFL 的遗传力估值(0.011)要低于经产母牛的遗传力(0.021～0.030);对于 DO 和 CI,各胎次的遗传力估值为 0.041～0.067;对于 NINS,各胎次的遗传力估值为 0.013～0.028,青年母牛 NINS 的遗传力估值(0.013)要低于经产母牛的遗传力(0.022～0.028);对于 NRR56,各胎次的遗传力估值为 0.007～0.017,青年母牛 NRR56 的遗传力估值(0.007)要低于经产母牛的遗传力(0.011～0.017)。

表 7.17　青年牛和经产牛各繁殖性状的遗传参数估值

胎次	参数	ICF	IFL	DO	CI	NINS	NRR56
青年牛	σ_a^2		32.787			0.015	0.001
	σ_e^2		3 079.475			1.195	0.178
	σ_p^2		3 112.262			1.210	0.180
	h^2		0.011			0.013	0.007
一胎	σ_a^2	108.151	122.731	350.032	355.081	0.063	0.003
	σ_e^2	1 223.616	3 964.425	4 889.401	4 919.129	2.161	0.234
	σ_p^2	1 331.767	4 087.156	5 239.433	5 274.210	2.224	0.237
	h^2	0.081	0.030	0.067	0.067	0.028	0.011

续表 7.17

胎次	参数	ICF	IFL	DO	CI	NINS	NRR56
二胎	σ_a^2	65.332	82.147	224.857	230.623	0.047	0.004
	σ_e^2	1 133.719	3 653.483	4 475.800	4 493.186	2.128	0.236
	σ_p^2	1 199.050	3 735.630	4 700.657	4 723.809	2.175	0.240
	h^2	0.054	0.022	0.048	0.049	0.022	0.016
三胎及以上	σ_a^2	71.861	77.147	183.506	183.686	0.057	0.004
	σ_e^2	1 110.117	3 527.796	4 319.519	4 339.193	2.095	0.237
	σ_p^2	1 181.978	3 604.943	4 503.025	4 522.879	2.152	0.241
	h^2	0.061	0.021	0.041	0.041	0.027	0.017

注:σ_a^2=加性遗传方差;σ_e^2=残差方差;σ_p^2=表型方差;h^2=遗传力。

青年母牛的遗传参数估值和经产母牛的遗传参数估值差别很大,这主要是由于青年母牛的生理状态和经产母牛的生理状态有明显的区别,经产母牛的产犊和泌乳均会显著影响繁殖性状(Weigel and Rekaya,2000;Miller et al,2001)。有研究认为将青年母牛繁殖性状纳入育种目标可以缩短世代间隔(Jamrozik et al,2005)。

经产母牛的遗传力估值随着胎次的增加有减小的趋势(NRR56 除外),Roxström 等(2001)及 Weller 等(2004)也得到相似规律。

由遗传力估值可见,大多数繁殖性状的遗传力均低于 0.10(Wall et al,2003),表明繁殖性状的变异主要由环境因素造成,直接对繁殖性状进行选择获得的遗传进展缓慢,另外,对繁殖性状进行选择时,需要大量的记录才能达到一定的选择准确性。

7.4.3.2 各繁殖性状在不同胎次之间的相关

Roxström 等(2001)配合公畜模型,研究了瑞典红白花牛各繁殖性状各胎次之间的相关,结果表明:对于 NINS,青年牛和一胎牛的遗传相关为 0.67,一胎与二胎间相关为 0.94,二胎与三胎间相关为 0.93;对于 IFL,青年牛和一胎牛的遗传相关为 0.65,一胎与二胎间相关为 0.93,二胎与三胎间相关为 0.89;对于 ICF,一胎与二胎间相关为 0.81,二胎与三胎间相关为 1.00;对于 DO,一胎与二胎间相关为 0.75,二胎与三胎间相关为 0.95;各性状各胎次之间的环境相关接近于 0。Muir 等(2004)对加拿大荷斯坦牛青年母牛和一胎经产母牛群进行分析,配合多性状动物模型,得到 NRR56 青年母牛和一胎经产母牛的遗传相关为 0.22。Weller 等(2004)配合多性状动物模型分析了以色列荷斯坦牛群体的 NINS(在研究中将 NINS 进行了倒数转换)进行分析,得到 5 个胎次间的遗传相关在 0.54～0.94 之间,且胎次的差别越大,遗传相关越小;各胎次间的环境相关接近于 0。Andersen-Ranberg 等(2005b)分析挪威红牛群体,配合多性状线性公畜模型,研究发现青年母牛和一胎牛之间 NRR56 的遗传相关为 0.54。Jamrozik 等(2005)对加拿大荷斯坦牛 16 个繁殖性状包括 ICF、NINS、NRR56、IFL 等,配合多性状动物模型进行遗传分析,发现对于 NRR56,青年母牛和经产母牛的遗传相关为 0.60;对于 NINS,青年母牛和经产母牛的遗传相关 0.76;对于 IFL,青年母牛和经产母牛的遗传相关 0.72。

侯娅丽等(2008)利用丹麦荷斯坦牛繁殖数据估计的各繁殖性状在不同胎次之间的遗传相关和环境相关见表 7.18。对于繁殖性状,青年母牛和经产母牛的遗传相关相对其他胎次间来说较低,青年母牛和经产母牛不同胎次之间的遗传相关随胎次的增加呈递减趋势(NRR56 例外),经产母牛不同胎次之间的遗传相关较高,相邻两个胎次之间的遗传相关要高于隔胎次之间的遗传相关(NRR56 例外)。对于 ICF,不同胎次之间的遗传相关达到0.808~0.950;对于 DO,不同胎次之间的遗传相关为 0.876~0.947;对于 CI,不同胎次之间的遗传相关为 0.877~0.949;对于 IFL,经产母牛不同胎次之间的遗传相关为 0.806~0.913,青年母牛和经产母牛之间的遗传相关为 0.230~0.559;对于 NINS,经产母牛不同胎次之间的遗传相关为 0.828~0.934,青年母牛和经产母牛之间的遗传相关为 0.403~0.637;对于 NRR56,经产母牛不同胎次之间的遗传相关为 0.853~0.873,青年母牛和经产母牛之间的遗传相关为 0.498~0.601。各繁殖性状不同胎次之间的环境相关均很小,从 0.007~0.129不等。

表 7.18　各繁殖性状在不同胎次间的相关程度估计

性状	胎次	P0	P1	P2	P3	性状	胎次	P0	P1	P2	P3
ICF	P1			0.891	0.808	DO	P1			0.920	0.876
	P2		0.079		0.950		P2		0.094		0.947
	P3		0.040	0.093			P3		0.062	0.129	
IFL	P0		0.559	0.355	0.230	NINS	P0		0.637	0.449	0.403
	P1	0.033		0.913	0.806		P1	0.045		0.934	0.828
	P2	0.029	0.058		0.879		P2	0.037	0.073		0.894
CI	P0					NRR56	P0		0.601	0.498	0.516
	P1			0.917	0.877		P1	0.014		0.873	0.868
	P2		0.096		0.949		P2	0.011	0.023		0.853
	P3		0.061	0.129			P3	0.007	0.018	0.026	

注:对角线之上是遗传相关,对角线之下是环境相关。P0,青年牛;P1,一胎牛;P2,二胎牛;P3,三胎及以上。

　　由各繁殖性状不同胎次之间的遗传相关可见,繁殖性状不同胎次之间存在中等或以上遗传相关,相关系数为 0.230~0.950,表明不同胎次的繁殖性状其遗传基础存在差异,因此在很多研究中,将不同胎次的繁殖性状当作不同性状进行单独分析。另外,对早期胎次繁殖性状的选择,可以改善后面胎次繁殖性状的表现。

　　关于青年母牛和经产母牛繁殖性状的遗传相关有很多不同的结果,如 Hansen 等(1983)报道它们之间无相关甚至是负相关;Raheja 等(1989)发现青年母牛和经产母牛之间繁殖性状的遗传相关很低或为 0;而上面各个文献报道的青年母牛和第一胎次经产母牛遗传相关有高有低;侯娅丽(2008)研究得到各性状为中等或以上的遗传相关。如果青年母牛和经产母牛的遗传相关中等或较高,则有学者建议将青年母牛性状包含在育种目标中,以缩短世代间隔,加快选择进展(Jamrozik et al,2005)。

7.4.3.3　各胎次不同繁殖性状之间的相关

　　截至目前,研究繁殖性状间相关的文献非常多。Dematawewa 和 Berger(1998)利用多性状线性动物模型,分别对美国荷斯坦牛不同胎次(青年母牛、一胎经产母牛和二胎经产及以上母牛)包括 DO 和 NINS 的 6 个性状进行分析,得到不同胎次 DO 和 NINS 的遗传相关分别为 0.61、-0.10 和 0.74。Veerkamp 等(2001)利用多性状公畜-外祖父模型,针对第一胎次的荷兰荷斯坦牛数据,得到 ICF-CI 的遗传相关为 0.68。Wall 等(2003)利用多性状公畜-外祖父模型,针对第一胎次的英国荷斯坦牛记录,得到 CI 和 ICF、NRR56、NINS 的遗传相关分别为 0.67、-0.45、0.61;ICF 和 NRR56、NINS 的遗传相关分别为 0.24 和-0.12;NRR56 和 NINS 之间的遗传相关为-0.94。Kadarmideen 等(2003)配合二性状动物模型对美国 DAISY 的荷斯坦牛繁殖性状记录进行分析,得到繁殖性状之间的遗传相关为:CI-ICF,0.70;CI-IFL,0.90;CI-DO,0.97;ICF-IFL,0.30;ICF-DO,0.70;IFL-DO,0.91。VanRaden 等(2004)分析美国荷斯坦牛群体,配合动物或公畜模型,估计各繁殖性状之间的遗传相关:ICF-DO,0.85;ICF-NINS,0.15;ICF-NRR70,0.24;DO-NINS,0.61;DO-NRR70,-0.21;NINS-NRR70,-0.88。Muir 等(2004)对加拿大荷斯坦牛青年母牛和一胎经产母牛群进行分析,配合多性状动物模型,得到 NRR56 和 CI 的遗传相关为-0.09。Andersen-Ranberg 等(2005b)分析挪威红牛,配合线性公畜模型,发现对于一胎牛,NRR56 和 ICF 之间的遗传相关为 0.08。Jamrozik 等(2005)对加拿大荷斯坦牛 16 个繁殖性状包括 ICF、NINS、NRR56、IFL 等,配合多性状动物模型进行遗传分析,得到青年母牛的 3 个繁殖性状 NINS、NRR56 和 IFL 的遗传相关分别为:NINS-NRR56,-0.85;NINS-IFL,0.92;NRR56-IFL,-0.66;经产奶牛四个繁殖性状 ICF、NINS、NRR56 和 IFL 的遗传相关分别为:NRR56-NINS,-0.88;NRR56-ICF,0.05;NRR56-IFL,-0.78;NINS-ICF,0.16;NINS-IFL,0.96;ICF-IFL,0.27。González-Recio 等(2005a)配合动物模型,对西班牙荷斯坦牛的繁殖性状进行遗传分析,得到各性状之间的遗传相关分别为:CI-DO,0.99;CI-IFL,0.98;CI-ICF,0.80;CI-NINS,0.89;CI-NRR56,-0.95;DO-IFL,0.99;DO-ICF,0.82;DO-NINS,0.94;DO-NRR56,-0.95;IFL-ICF,0.50;IFL-NINS,0.91;ICF-NINS,0.11;ICF-NRR56,-0.44;NINS-NRR56,-0.90。Chang 等(2006)配合缺失阈线性公畜模型(censored threshold-linear model)对挪威红牛经产母牛第一胎次的 NINS 和 DO 进行联合分析,得到二者之间的遗传相关为 0.77。González-Recio 等(2006b)配合缺失公畜模型对西班牙荷斯坦牛群进行分析,得到 ICF-NINS、DO-NINS 及 DO-ICF 的遗传相关分别为 0.41、0.71 和 0.87。Onyiro 等(2008)配合多性状线性动物模型,研究弗里生牛一胎次经产母牛的体型评分等多个性状,得到 CI 和 NRR56 之间的遗传相关为-0.34。

侯娅丽等(2008)研究估计的各胎次不同繁殖性状之间的相关见表 7.19。由青年母牛不同性状之间的遗传相关可见,IFL 和 NINS 的遗传相关非常高,为 0.939,和 NRR56 的遗传相关较高,为-0.646;NINS 和 NRR56 的遗传相关为-0.858。它们之间的环境相关分别为 0.838、-0.277 和-0.552。

由经产母牛不同胎次不同性状之间的遗传相关可见,ICF 和 IFL 的遗传相关属中等遗传相关(0.287~0.416),和 DO、CI 的遗传相关属高度相关(0.810~0.834),和 NINS 的遗传相关属于低遗传相关(-0.018~0.111),和 NRR56 相关为 0.198~0.335;IFL 和 DO、CI 的遗传相关属于高遗传相关(0.780~0.864),和 NINS 的遗传相关高达 0.890~0.927,和 NRR56 的遗传相关为-0.461~-0.568;DO 和 CI 的遗传相关接近于 1;DO、CI 和 NINS 的遗传相关为 0.519~0.653,和 NRR56 的遗传相关为-0.122~-0.238;NINS 和 NRR56 之间的遗传相关为-0.781~-0.815。

表 7.19　各胎次不同繁殖性状间的相关

胎次	性状	ICF	IFL	DO	CI	NINS	NRR56
青年牛	IFL					0.939	−0.646
	NINS		0.838				−0.858
	NRR56		−0.277	−0.552			
一胎	ICF		0.401	0.830	0.822	0.111	0.335
	IFL	−0.094		0.864	0.859	0.927	−0.568
	DO	0.421	0.854		0.997	0.653	−0.236
	CI	0.420	0.851	0.997		0.649	−0.238
	NINS	−0.073	0.867	0.744	0.741		−0.808
	NRR56	0.019	−0.255	−0.222	−0.221	−0.466	
二胎	ICF		0.416	0.834	0.824	0.079	0.256
	IFL	−0.113		0.858	0.849	0.890	−0.461
	DO	0.408	0.848		0.996	0.594	−0.177
	CI	0.407	0.847	0.997		0.587	−0.181
	NINS	−0.092	0.870	0.740	0.738		−0.781
	NRR56	0.029	−0.256	−0.218	−0.221	−0.492	
三胎及以上	ICF		0.287	0.823	0.810	−0.018	0.198
	IFL	−0.123		0.795	0.780	0.890	−0.529
	DO	0.410	0.844		0.996	0.529	−0.122
	CI	0.409	0.842	0.997		0.519	−0.134
	NINS	−0.101	0.872	0.737	0.736		−0.815
	NRR56	0.035	−0.254	−0.218	−0.217	−0.494	

注:对角线之上是遗传相关,对角线之下是环境相关。

　　由此可见,具有重叠区间或重复性的性状间遗传相关会较高,如 CI-DO、NINS-IFL、IFL-DO、IFL-CI、ICF-DO、ICF-CI、NRR56-NINS、NRR56-IFL、NINS-DO、NINS-CI;相比之下,其他非重叠区间或非重复性的性状间的遗传相关会较低,如 ICF-NINS、ICF-IFL、ICF-NRR56;后二者之间的遗传相关虽然低于具有重叠区间或重复性的性状间的遗传相关,但也属于中等相关,表明 ICF 在遗传上对 IFL 和 NRR56 也有一定的影响;另外,还有一类特例,就是复合性状(DO 和 CI)和NRR56 之间的遗传相关,这些复合性状是 ICF 和 IFL 的复合,由于 IFL 和 NRR56 的遗传相关属于高负相关,而 ICF 和 NRR56 的遗传相关为中等正相关,因而作为复合性状,它们和NRR56 的遗传相关不能像具有重叠区间或重复性的性状间遗传相关那样高,而是为低的负相关。值得注意的是,在侯娅丽(2008)研究群体中,ICF 和 NRR56 之间的遗传相关为中等偏下的正相关,可能的原因是如果 ICF 越长,则奶牛受精后越容易妊娠,越不返情。

　　对于环境相关,不像遗传相关那么复杂,其规律为:具有重叠区间或重复性的性状间的环境相关非常高,其中 NRR56 和其他具有重复意义的性状(IFL、DO、CI 和 NINS)例外,它们之间的环境相关中等偏低,这主要是由于 NRR56 只是其他性状 IFL、DO、CI 和 NINS 的其中一小部分,而 IFL、DO、CI 和 NINS 还受其他部分的很大影响;其他非重叠区间性状或非重复性性状间的环境相关均很小,表明性状的环境效应同时会影响与其具有重叠区间或重复性的性状,而不会或很少影响与其不重叠或无重复性的性状。

不同繁殖性状之间的遗传相关错综复杂,表明在奶牛育种中,对一个繁殖性状进行选择可以同时改善与之相关的其他性状;只对某一种繁殖性状进行选择达不到改善繁殖性状的目的,应该根据各繁殖性状的特点及其之间的遗传关系选择不同的具有代表性的性状制定一个繁殖性状综合选择指数;该选择指数最好包括4~5个性状;可以根据这些性状的遗传关系对性状进行选择,选择标准可以是选择几个具有代表性的,遗传相关较小的,相对独立的,反映不同方面的性状;利用包含青年母牛繁殖性状的指数选择,可缩短世代间隔(Jamrozik et al,2005)。

(撰稿:刘剑锋,王雅春)

参考文献

1.陈军.中国荷斯坦牛不同群体间遗传联系性研究.畜牧兽医学报,2009,40(1):1292132.

2.公维嘉.中国荷斯坦牛群体遗传分析的研究:博士学位论文.北京:中国农业大学,2010.

3.郭刚.中国荷斯坦牛体细胞评分(SCS)性状的遗传分析:硕士学位论文.北京:中国农业大学,2007.

4.韩广文.黑龙江省荷斯坦牛主要经济性状的遗传估计分析:硕士学位论文.北京:中国农业大学,1997.

5.侯娅丽.丹麦荷斯坦牛繁殖性状的遗传分析及不同统计模型的准确性研究:博士学位论文.北京:中国农业大学,2008.

6.孙传禹.丹麦荷斯坦奶牛繁殖性状的遗传评估模型比较研究:博士学位论文.北京:中国农业大学,2009.

7.许杰.中国荷斯坦奶牛体细胞评分(SCS)遗传参数估计:硕士学位论文.北京:中国农业大学,2000.

8.张勤,张沅.北京市荷斯坦牛头胎产奶量的遗传统计分析.中国农业大学学报,1995,21(4):435-440.

9.张勤.动物遗传育种中的计算方法.北京:科学出版社,2007.

10.张沅,张勤.畜禽育种中的线性模型.北京:北京农业大学出版社,1993.

11. Andersen-Ranberg I M,Klemetsdal G,Heringstad B,et al. Heritabilities,genetic correlations,and genetic change for female fertility and protein yield in Norwegian Dairy Cattle. J Dairy Sci,2005b,88:348-355.

Averill T A,Rekaya R,Weigel K. Genetic analysis of male and female fertility using longitudinal binary data. J Dairy Sci,2004,87:3947-3952.

12. Butler W R,Smith R D. Interrelationships between energy balance and postpartum reproductive function in dairy cattle. J Dairy Sci,1989,72:767-783.

13. Carriquiry A L,Gianola D,Fernando R L. Mixed model analysis of a censored normal distribution with reference to animal breeding. Biometrics,1987,43:929-939.

14. Chang Y M,Andersen-Ranberg I M,Heringstad B,et al. Bivariate analysis of number of services to conception and days open in Norwegian red using a censored threshold-linear model. J Dairy Sci,2006,89:772-778.

15. Clayton D G. A Monte-Carlo method for Bayesian inference in frailty models. Biometrics,1991,47:467−485.

16. Cox D R,Snell E J. Analysis of binary data. Chapman and Hall,1989.

17. Dechow C D,Rogers G W,Clay J S. Heritabilities and correlations among body condition scores,production traits,and reproductive performance. J Dairy Sci,2001,84:266−275.

18. Dechow C D,Rogers G W,Klei L,et al. Body condition scores and dairy form evaluations as indicators of days open in US Holstein. J Dairy Sci,2004,87:3534−3541.

19. Dellaportas P,Smith A F M. Bayesian inference for Generalized Linear and Proportional Hazards Models via Gibbs sampling. Applied Statistics,1993,42:443−459.

20. Dematawewa C M B,Berger P J. Genetic and phenotypic parameters for 305-day yield,fertility,and survival in Holstein. J Dairy Sci,1998,81:2700−2709.

21. Donoghue K A,Rekaya R,Bertrand J K. Comparison of methods for handling censored records in beef fertility data:field data. J Anim Sci,2004b,82:357−361.

22. Donoghue K A,Rekaya R,Bertrand J K. Comparison of methods for handling censored records in beef fertility data:simulation study. J Anim Sci,2004a,82:351−356.

23. Ducrocq V,Casella G. A Bayesian analysis of mixed survival models. Genet Sel Evol,1996,28:505−529.

24. Follmann D A,Goldberg M S. Distinguishing heterogeneity from decreasing hazard rates. Technometrics,1988,30:389−396.

25. Gianola D,Foulley J L. Sire evaluation for ordered categorical data with a threshold model. Genet Sel Evol,1983,15:201−223.

26. Gianola D. Theory and analysis of threshold characters. J Anim Sci, 1982, 54:1079−1096.

27. González-Recio O,Alenda R. Genetic parameters for female fertility traits and a fertility index in Spanish dairy cattle. J Dairy Sci,2005a,88:3282−3289.

28. González-Recio O,Chang Y M,Gianola D,et al. Comparisons of models using different censoring scenarios for days open in Spanish Holstein cows. Anim Sci, 2006a, 82:233−239.

29. González-Recio O,Pérez-Cabal M A,Alenda R. Economic value of female fertility and its relationship with profit in Spanish dairy cattle. J Dairy Sci,2004,87:3053−3061.

30. Groen A F,Steine T,Colleau J J,et al. Economic values in dairy cattle breeding,with special reference to functional traits. Report of an EAAP-working group. Livest Prod Sci,1997,49:1−21.

31. Groen A F. Genetic improvement of functional traits in cattle-report from EU Concerted Action GIFT. Proc. of the 1999 INTERBULL Meeting, Zurich, Switzerland, 22:115−120.

32. Henderson C R. Analysis of covariance in the mixed model:Higher-level non-homogeneous,and random regressions. Biometrics,1982,38:623−640.

33. Heringstad B,Chan Y M G,Andersen-Ranberg M,et al. Genetic analysis of number

of mastitis cases and number of services to conception using a censored threshold model. J Dairy Sci,2006,89:4042−4048.

34. Jamrozik J,Fatehi J,Kistemaker G J,et al. Estimates of genetic parameters for Canadian Holstein female reproduction traits. J Dairy Sci,2005,88:2199−2208.

35. Jamrozik J,Schaeffer L R,Weigel K A. Estimates of genetic parameters for single-and multiple-country test-day models. J Dairy Sci,2002,85:3131−3141.

36. Janson L,Andreasson B. Studies on fertility traits in Swedish dairy cattle. IV:Genetic and phenotypic correlation between milk yield and fertility. Acta Agric Scand,1981,31:313−322.

37. Kadarmideen H N,Thompson R,Coffey M P,et al. Genetic parameters and evaluations from single-and multiple-trait analysis of dairy cow fertility and milk production. Livest Prod Sci,2003,81:183−195.

38. Klein J P. Semiparametric estimation of random effects using the Cox model based on the EM algorithm. Biometrics,1992,48:795−806.

39. López de Maturana E,Legarra A,Varona L,et al. Analysis of fertility and dystocia in Holsteins using recursive models to handle censored and categorical data. J Dairy Sci,2007,90:2012−2024.

40. McCullagh P,Nelder J A. Generalized Linear Models. London:Chapman and Hall,1989.

41. Miglior F,Sewalem A,Jamrozik J,Bohmanova J,Lefebvre D M,Moore R K. Genetic Analysis of Milk Urea Nitrogen and Lactose and Their Relationships with Other Production Traits in Canadian Holstein Cattle. J Dairy Sci.,2007,90:2468−2479.

42. Muir B L,Fatehi J,Schaeffer L R. Genetic relationships between persistency and reproductive performance in first-lactation Canadian Holsteins. J Dairy Sci,2004,87:3029−3037.

43. Muir B L,Kistemaker G,Jamrozik J,Canavesi F. Genetic Parameters for a Multiple-Trait Multiple-Lactation Random Regression Test-Day Model in Italian Holsteins. J Dairy Sci,2007,90:1564−1574.

44. Muir B L,Kistemaker G,Van Doormaal B J. Estimation of genetic parameters for the Canadian Test Day Model with Legendre polynomials for Holsteins based on more recent data. (mimeo)A Report to the Genetic Evaluation Board,2004.

45. Nelder J A,Wedderburn R W M. Generalized linear models. J Royal Statistical Society Series 46. Onyiro O M,Andrews L J,Brotherstone S. Genetic parameters for digital dermatitis and correlations with locomotion,production,fertility traits,and longevity in Holstein-Friesian dairy cows. J Dairy Sci,2008,91:4037−4046.

47. Prentice R,Gloeckler L. Regression analysis of grouped survival data with application to breast cancer data. Biometrics,1978,34:57−67.

48. Pryce J E,Veerkamp R F,Thompson R,et al. Genetic aspects of common health disorders and measures of fertility in Holstein Friesian dairy cattle. J Anim Sci,1997,65:353−360.

49. Ranberg I M A, Heringstad B, Klemetsdal G, et al. Heifer fertility in Norwegian dairy cattle: Variance components and genetic change. J Dairy Sci,2003,86:2706−2714.

50. Roxström A, Strandberg E, Berglund B, et al. Genetic and environmental correlations among female fertility traits and milk production in different parities of Swedish red and white dairy cattle. Acta Agric Scand,2001,51:7−14.

51. Schneider M del P, Strandberg E, Ducrocq V, et al. Survival analysis applied to genetic evaluation for female fertility in dairy cattle. J Dairy Sci,2005,88:2253−2259.

52. Schneider M del P, Strandberg E, V Ducrocq, et al. Short communication: Genetic evaluation of the interval from first to last insemination with survival analysis and linear models. J Dairy Sci,2006,89:4903−4906.

53. Schneider Mdel P, Strandberg E, Ducrocq V, et al. Survival analysis applied to genetic evaluation for female fertility in dairy cattle. J Dairy Sci,2005,88:2253-2259.

54. Series A,1972,135:370−384.

55. Shook G E. Approaches to summarizing somatic cell counts which improve interpretability. Proc Natl Mastitis Council, Arlington VA,1982,150−166. 56. Urioste J I, Misztal I, Bertrand J K. Fertility traits in spring-calving Aberdeen Angus cattle. 1. Model development and genetic parameters. J Anim Sci,2007a,85:2854−2860.

57. Urioste J I, Misztal I, Bertrand J K. Fertility traits in spring-calving Aberdeen Angus cattle. 2. Model comparison. J Anim Sci,2007b,85:2861−2865.

58. VanRaden P M, Sanders A H, Tooker M E, et al. Development of a national genetic evaluation for cow fertility. J Dairy Sci,2004,87:2285−2292.

59. Veerkamp R F, Koenen E P C, De Jong G. Genetic correlations among body condition score, yield, and fertility in first-parity cows estimated by random regression models. J Dairy Sci,2001,84:2327−2335.

60. Wall E, Brotherstone S, Kearney J F, et al. Impact of nonadditive genetic effects in the estimation of breeding values for fertility and correlated traits. J Dairy Sci,2005,88:376−385.

61. Wall E, Brotherstone S, Woolliams J A, et al. Genetic evaluation of fertility using direct and correlated traits. J Dairy Sci,2003,86:4093−4102.

62. Wall E, Brotherstone S, Woolliams J A, et al. Genetic evaluation of fertility using direct and correlated traits. J Dairy Sci,2003,86:4093−4102.

63. Weigel K A, Rekaya R. Genetic parameters for reproductive traits of Holstein cattle in California and Minnesota. J Dairy Sci,2000,83:1072−1080.

64. Weller J I, Ezra E. Genetic analysis of the Israeli Holstein dairy cattle population for production and nonproduction traits with a multitrait animal model. J Dairy Sci,2004,87:1519−1527.

65. Windig J J, Calus M P, Beerda B, et al. Genetic correlations between milk production and health and fertility depending on herd environment. J Dairy Sci,2006,89:1765−1775.

第8章

奶牛标记辅助选择与育种规划

20世纪80年代以来,随着分子生物学和分子生物学检测技术的迅速发展,出现了大量多态性丰富的分子遗传标记(Churchill,1998)。利用这些标记,人们采用候选基因法(candidate gene approach)或者基因组扫描法(genome scan)找出了一些对数量性状具有较大效应的基因座(quantitative trait loci,QTL)。研究表明,数量性状是由少数效应大的主基因(major gene)和许多效应小的多基因(poly genes)共同控制的,由于可以借助标记直接或间接进行分析,将极大地改变传统的仅利用表型信息进行数量性状遗传分析的有关理论和方法,在动植物育种中有广泛的应用前景,其中已经在育种实践中应用的是标记辅助选择(marker assisted seletion,MAS)技术。近年来,家畜育种体系应用MAS的研究成为热点。研究结果显示,对于遗传力低、只能在一个性别中表达、不能活体测量、不能早期测量或测定难度大、成本高的性状,MAS相对于常规选择方法有较大优势。奶牛的产奶性状(产奶量、乳脂量、乳蛋白量)等具有中等偏下的遗传力,只在母牛表现且表现时间是在一胎产奶结束后,因此,普遍认为在奶牛育种中实施MAS大有可为。

在奶牛育种中,由于种公牛对于群体的遗传水平具有决定性的作用,因而对种公牛的选育是奶牛育种工作的核心。传统上,种公牛的选择必须通过后裔测定。由于后裔测定的成本很高,不可能对所有的公牛都进行后裔测定,通常的做法是,从优秀公牛和优秀母牛计划选配所产的青年公牛中,选择一定数量的公牛(预选)参加后裔测定,待后裔测定结束,再从参加了后裔测定的公牛中选择所需数量的公牛作为验证种公牛(proven bull)。在目前的奶牛育种实际中,在公牛预选时,由于没有任何可利用的公牛后裔产奶信息,选择主要根据亲本信息(系谱信息)和个体本身早期的生长发育情况,由于早期生长发育性状与产奶性能的遗传相关很低,因而这种选择对于产奶性能来说在很大程度上可以认为是随机的;然而,如果有了产奶性能的QTL信息,可以在小公牛一出生,就根据标记基因型更准确地预选参加后裔测定的青年公牛,从而提高预选准确度,通过减少后测头数来降低育种成本,加快选择进展。

8.1　标记辅助选择及其影响因素

8.1.1　标记辅助选择的概念及应用策略

Stam(1986)提出,通过限制性片段长度多态性(RFLP)可对生物有机体的基因组进行标记,利用标记基因型能非常准确地估计数量性状的育种值,并可以利用该育种值作为选择的基础,并将这一选择过程称为标记辅助选择(marker assisted selection,MAS)。Fernando 和 Grossman 于 1989 年首次提出将单个标记信息加入到混合模型进行个体遗传评定。Lande 和 Thompson(1990)就 MAS 改良数量性状的效率做了理论研究,研究结果表明对于不同的群体和不同性状,与普通选择相比,MAS 的选择效率均有不同程度的提高。发展至今可以将 MAS 理解为,同时利用遗传标记信息、个体表型信息和系谱信息更为准确地估计个体育种值,以提高选种的准确性和效率的育种手段。

应用 MAS 的前提是遗传标记与数量性状间存在一定的关联,即遗传标记与控制这些数量性状的基因(QTL)处于连锁不平衡状态。然后通过对遗传标记的选择,间接实现对控制某性状 QTL 的选择,从而达到对该数量性状进行选择的目的。MAS 由于充分利用了表型、系谱和遗传标记的信息,与常规遗传评定方法相比,具有更大的信息量;同时 MAS 不受环境影响,没有性别限制,对一些活体难以度量的性状可以早期选种,缩短世代间隔,降低育种成本,与常规遗传评定方法相比,具有明显的优越性。

按照 Dekkers(2004)的定义,共有 3 种遗传标记:①基因直接标记(direct marker),指影响目标性状的基因本身;②连锁平衡标记(linkage equilibrium marker,LE 标记),位于离影响目标性状的基因非常近的区域;③连锁不平衡标记(linkage disequilibrium marker,LD 标记),位于离影响目标性状的基因较远的区域。

1961 年,第一个用大型奶牛群体检测 QTL 的研究发布了(Neimann-Sorensen and Robertson),直至 1985 年,只发现了少数几个遗传标记而且挖掘遗传标记的方法效率很低,在动物育种应用 MAS 的希望还是很渺茫。然而在此之后的 20 年中,分子遗传试验技术和标记挖掘的统计方法都突飞猛进,应该说目前几乎可以肯定,已有技术能够用于在奶牛群体中挖掘并且精确定位 QTL。虽然,在文献中"假阳性"的问题频频出现,但是已有几个报道的 QTL 在不同群体获得多次重复验证,并已经在其中两个 QTL 中找到 QTN(quantitative trait nucleotid,DGAT1 和 ABCG2 基因)。然而,MAS 体系的实际应用还存在很多限制条件。例如两个已经找到 QTN 的重要位点,对经济性状有重大影响,但是都有在 MAS 应用过程中的弱点。DGAT1 的等位基因即有增加乳脂量同时降低牛奶中的水含量的有利效应,又降低乳蛋白量的不利效应(Weller et al,2003);ABCG2 的等位基因具有降低产奶量和增加乳蛋白率的有利效应,但是在大多数奶牛群体中有利等位基因频率已经非常高(Ron et al,2006)。

MAS 的成功应用有赖于以下五个方面的研究和进展:

(1)基因定位,确定基因位置并明确其遗传多态性;

(2)标记判型,无论是挖掘 QTL 还是实施 MAS 都需要以较低成本对大群个体进行大量标记的判型;

（3）挖掘 QTL，确定已知基因和遗传标记与经济重要性状的关联；

（4）遗传评估，利用分子遗传标记信息和表型信息，使用适当的统计方法进行动物个体的育种值估计；

（5）MAS 育种体系，利用遗传标记进行选种和选配的育种规划和优化育种方案制定。

标记辅助选择的应用必须与已有育种体系的商业目标和市场状况相契合。图 8.1 和图 8.2 显示了 MAS 技术在已有育种、生产循环体系中位置。如图 8.1 所示，MAS 育种体系需要另外建立 DNA 采集、存储、基因判型和数据存储及分子遗传标记数据分析的工作程序。同时这一过程还不能缺少数据质量控制，并随时指示育种体系哪些个体需要判型和重新判型，以及哪些个体需要补充表型记录等。

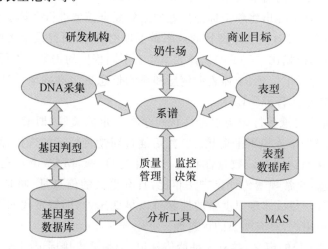

图 8.1　应用遗传标记信息的 MAS 育种体系构成

图 8.2 显示，在 MAS 育种体系的实践中，与经济重要性状相关的各种标记会同时使用，更需要一个复杂的统计过程进行多性状表型数据与标记、系谱信息的整合。分别针对 3 种遗传标记，即直接标记、LD 标记和 LE 标记，开发与商业目标一致的 MAS 体系应用策略，MAS 育种体系重视育种进展，但受经济条件制约。

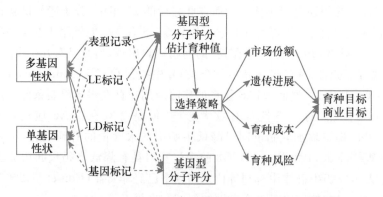

图 8.2　MAS 育种体系改进多基因性状和单基因性状的流程图

（虚线和实线分别代表单基因性状和多基因性状的信息流动方向）

对于遗传标记与 QTL 的连锁分析以及应用分子遗传标记信息进行动物个体的遗传评定

和 MAS 方法的育种规划和优化育种方案的指导,主要采用计算机模拟来进行理论上的研究。MAS 的模拟研究主要集中在以下 3 个方面:

(1)结合标记信息的育种值估计统计学方法的研究;

(2)MAS 实施方案的研究;

(3)MAS 相对效率的研究。

8.1.2　影响标记辅助选择效率的因素

影响 MAS 效率的因素很多,许多学者应用计算机模拟的方法对此进行了研究,如遗传参数估计准确性和 QTL 定位准确性对 MAS 效率的影响,三种选择方案(表型选择、基因型选择、选择指数)在不同遗传力水平下对 MAS 效率的影响,标记距离和两个 QTL 座位(在同一染色体或不同染色体上两种情况)对 MAS 效率的影响,QTL 效益(遗传方差贡献率的大小)及其频率在不同选择方案中对 MAS 效率的影响。另外,还有很多研究就其他因素进行分析,例如标记座位与 QTL 的连锁程度、遗传标记的特性(是否为早期标记)、选择世代数、家系大小、家系数目等都影响 MAS 的效率。这些研究的结果在 MAS 的优势究竟有多大这一个问题的答案上有较大的差别。造成这种差别的主要原因是在各研究中 QTL 的遗传模型(QTL 等位基因数目)、群体结构(家系数目大小)和 MAS 选择的世代等因素方面所做的假设不一致。但研究的共同结论是 MAS 的效率优于常规 BLUP 选择的效率(1%~60%),其相对效率在性状遗传力低、QTL 效益显著时,或对于限性性状如产奶、产蛋性状和不宜直接测定的性状如肉品质等较高,MAS 选择具有更大的价值。上述研究都是针对某一具体情况而进行的,刘会英(2001)假定 QTL 的性质完全已知,采用模拟的方法,综合考虑影响 MAS 效率的各主要因素,对于 MAS 的相对效率做了较完善的阐述。

8.1.2.1　模拟研究的参数及设计

刘会英(2001)假定标记与 QTL 不完全连锁(相当于只知道 QTL 在染色体上与标记的相对位置,通过标记可以推测 QTL 基因型)的情况下,就 3 个性状遗传力水平(0.1,0.3,0.6)、4 种 QTL 占遗传方差比例(0.05,0.25,0.50)、选择世代数和 3 种标记辅助选择方案(常规 BLUP、MBLUP、两阶段选择)等 4 个主要因素,通过模拟一个闭锁群继代选育的过程,以总遗传进展、QTL 基因型值进展、多基因值进展、QTL 等位基因频率变化和群体近交系数为判断标准,分析了上述 4 个因素对 MAS 相对效率的影响。

刘会英(2001)模拟群体的基础群由 20 头公畜和 200 头母畜(母畜每次产生 6 个后代)组成,考虑单个性状,影响因素包括非遗传效应、多基因效应以及一个位于常染色体的具有两个等位基因的 QTL,QTL 独立于多基因效应。4 个多态标记均匀分布于该 QTL 的两侧,每个标记有 5 个等位基因且起始频率相同,标记间的图距为 5 cM,QTL 位于 4 个标记的中点且两个等位基因起始频率相同。基础群随机交配,然后按 3 种选择方案模拟 15 个世代,公母比例不变,避免同胞和半同胞交配:①常规 BLUP 法,即不考虑标记,种畜选择利用常规 BLUP 估计育种值;②标记辅助 BLUP(MBLUP)法,即在利用 BLUP 法估计育种值时同时考虑表型信息和标记信息;③两阶段选择法,即选择的第一阶段根据个体标记信息(根据父母和后代的标记信息估计后代 QTL 基因型),只有携带 QTL 有利基因型的个体参加后测和第二阶段利用常规 BLUP 的选择。模拟重复 20 次。

8.1.2.2 总遗传进展

以常规 BLUP 法选择效果为基准，MBLUP 和两阶段选择的相对效率在 15 个世代的总遗传进展如图 8.3 所示。与常规 BLUP 相比，MBLUP 在遗传力较低时（$h^2=0.1$），其总遗传进展有显著的优越性，且优越性与 QTL 效应成正比。两阶段选择方案的效率劣于常规 BLUP，尤其是选择的前几个世代。QTL 效应较小（$\sigma_q^2=0.05\sigma_G^2$）时两阶段方案在 3 种遗传力水平下的效率相近；QTL 效应较大且遗传力较低时，两阶段方案接近常规 BLUP 的效率。

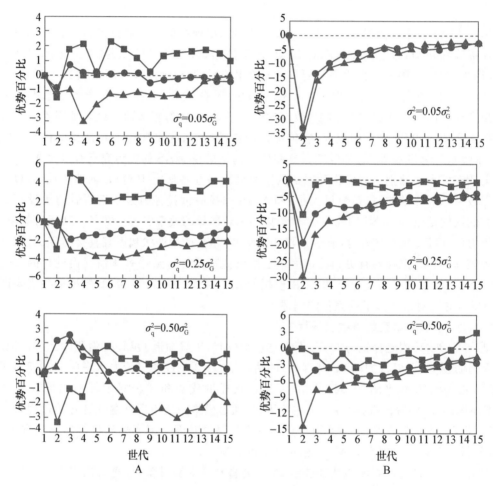

A. MBLUP   B. 两阶段选择，以高于常规 BLUP（对照）遗传进展的百分比表示

图 8.3　MBLUP 和两阶段选择 15 个世代的遗传进展

8.1.2.3 QTL 基因型效应进展

MBLUP 和两阶段选择的 QTL 基因型效应进展见表 8.1。利用标记信息的 MBLUP 和两阶段选择方案在 QTL 基因型效应进展方面效率高于常规 BLUP，同时 QTL 基因型效应进展受 QTL 效应和遗传力影响。QTL 效应较小、遗传力较低时相对优势大。同时相对优势随世代增加而下降，在最后几个世代，各种参数组合的优势都消失，甚至呈劣势。两阶段选择方案的优势显著高于 MBLUP。

表 8.1　**MBLUP 和两阶段选择下的 QTL 效应进展**[①]

QTL 效应	遗传力	世代			
		2	5	10	15
0.05	0.1	3.01	19.28	24.35	−5.79
		1 082.64	304.12	129.35	34.56
	0.3	−2.13	19.00	17.45	23.41
		379.97	138.36	62.12	40.10
	0.6	5.14	18.47	−5.82	−12.83
		522.83	138.19	28.84	4.60
0.25	0.1	3.31	11.01	16.11	3.48
		257.19	40.21	21.19	4.98
	0.3	2.19	5.96	3.88	−0.10
		223.13	48.21	6.07	−0.19
	0.6	0.20	2.70	2.14	0.47
		177.91	31.24	5.22	−0.03
0.50	0.1	−1.70	2.77	2.01	0.18
		142.54	23.25	3.97	0.17
	0.3	8.55	4.34	0.02	0.15
		134.52	15.73	0.30	−0.01
	0.6	6.62	4.14	−0.14	0.00
		83.88	7.65	0.09	0.15

注：①QTL 进展以高于常规 BLUP 的百分比表示，每组数据中上行表示 MBLUP，下行表示两阶段选择。

8.1.2.4　多基因效应的进展

MBLUP 和两阶段选择的多基因效应进展见表 8.2。MBLUP 的多基因效应进展稍低于或接近常规 BLUP，而两阶段选择的多基因效应进展显著地低于常规 BLUP，其劣势随着世代的增加而减小，在 10 个世代之后，其劣势很小或可忽略；在大多数情况下，其劣势随着遗传力的增大而略有加大，不同 QTL 效应水平的多基因效应进展差别不大。

表 8.2　**MBLUP 和两阶段选择下的多基因效应进展**[①]

QTL 效应	遗传力	世代			
		2	5	10	15
0.05	0.1	−1.65	0.00	0.89	1.26
		−44.40	−12.61	−6.08	−3.21
	0.3	−0.96	−2.51	−1.78	−0.40
		−41.13	−9.35	−4.63	−2.71
	0.6	−0.91	−0.22	−0.08	−0.09
		−42.24	−10.69	−4.03	−2.42
0.25	0.1	−4.21	0.64	2.60	4.35
		−38.78	−2.62	−2.54	−0.74
	0.3	−0.41	−2.00	−1.46	−0.73
		−39.95	−11.59	−5.67	−4.22
	0.6	−0.20	−4.84	−3.26	−2.13
		−46.21	−13.18	−6.15	−4.24

续表8.2

QTL 效应	遗传力	世代			
		2	5	10	15
0.50	0.1	−4.45	0.53	0.54	1.51
		−46.78	−6.28	−1.42	3.17
	0.3	−1.18	−0.27	0.60	0.31
		−42.45	−6.97	−3.80	−2.53
	0.6	−2.76	0.15	−2.90	−2.23
		−38.78	−8.66	−4.02	−1.72

注:①多基因效应进展以高于常规 BLUP 的百分比表示,每组数据中上行表示 MBLUP,下行表示两阶段选择。

8.1.2.5 QTL 等位基因频率

图 8.4 为遗传力 $h^2 = 0.1$,QTL 效应 $\sigma_q^2 = 0.25\sigma_G^2$ 时,QTL 基因频率变化。两阶段选择的基因频率增加很快,选择 2 个世代可达 0.8,选择 5 个世代后可达 0.9。要达到同样水平,MBLUP分别需要5和7个世代,常规 BLUP 则需要6和8个世代。MBLUP 和常规 BLUP 差别很小。在其他参数组合情况下,可观察到相同的趋势。总的来讲,遗传力越高,QTL 效应越大,QTL 基因频率上升越快。

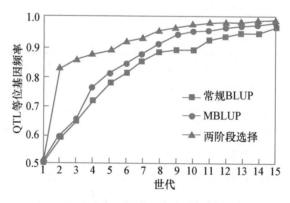

图 8.4　遗传力为 0.1 和 QTL 效应 $\sigma_q^2 = 0.25\sigma_G^2$ 时 3 种选择方案下 QTL 等位基因频率的变化

8.1.2.6 近交系数

MBLUP、两阶段选择和常规 BLUP 3 种选择方案在经过 15 个世代选择后的近交系数如表 8.3 所示。3 种选择方案的近交系数彼此相近,但 MBLUP 稍高于其他。两阶段选择并不导致近交增加,近交系数不受 QTL 效应的影响,但随着遗传力的增加而降低。

表 8.3　15 世代选择后 MBLUP,两阶段选择和常规 BLUP 的平均近交系数

遗传力	选择方案	QTL 效应		
		0.05	0.25	0.50
0.1	常规 BLUP	0.272 6	0.261 0	0.246 7
	MBLUP	0.275 2	0.279 5	0.282 2
	两阶段选择	0.270 5	0.265 8	0.251 2
0.3	常规 BLUP	0.214 1	0.213 1	0.206 5
	MBLUP	0.222 2	0.230 0	0.246 2
	两阶段选择	0.207 0	0.213 1	0.207 1

续表 8.3

遗传力	选择方案	QTL 效应		
		0.05	0.25	0.50
0.6	常规 BLUP	0.160 9	0.164 2	0.157 4
	MBLUP	0.161 7	0.167 3	0.184 9
	两阶段选择	0.161 7	0.167 5	0.163 8

8.1.2.7　应用策略

刘会英等(2001)假定标记与 QTL 不完全连锁,由于用标记基因型推断 QTL 基因型存在不确定性,模拟的 MBLUP 和两阶段选择相对于常规 BLUP 选择的优越性低于其他研究结果,但更符合实际情况。在实际育种工作中,通常在一个家系中只选择部分个体参加性能测定,这种预选一般是根据个体的早期生长发育情况,但个体的早期生长发育与其后期的生产性能的相关一般不大,因而这种选择或多或少带有一定的随机性;反之,基于标记信息进行预选则在很大程度上避免了这种随机性,从而提高了选择强度。这样,两阶段选择方案是可能带来额外遗传进展的。Spelman 和 Garrick(1997)指出,即使 MAS 带来的额外遗传进展很小,但是当群体足够大,对于一定的 QTL 效应大小和 QTL 起始频率,这种选择方案仍然可以产生较大的经济效益。因此,在奶牛育种工作中推荐采用两阶段选择方案。

许多研究表明,当 QTL 基因型能准确确定时,MAS 在长期选择中总遗传进展的降低是因为等位基因的固定以及 QTL 和多基因效应呈负相关。刘会英等(2001)研究结果 MAS 的相对进展与选择的世代数也呈现明显的相关。总的来讲,MAS 的总遗传进展的优越性或劣势在选择的早期较大,而在后面世代降低。实际育种在长期选择中可以通过修正育种目标和不断寻找、发现新的 QTL 而避免 MAS 选择在后面几个世代发生的不利效应。

8.1.3　标记辅助选择的实际应用情况

最初针对奶牛群体进行基因组扫描和 QTL 研究时主要针对泌乳性状,因此截至目前,大多数 MAS 的商业化应用也是针对此类性状。而随着非生产性状在育种目标中权重逐渐增加,且此类性状的 QTL 检测也逐渐开展,因此非泌乳性状的 QTL 探索及其育种中的应用也将陆续进行。目前在新西兰、法国、德国和荷兰等国都进行了大规模的研究和实际应用,取得了一定成果。

8.1.3.1　新西兰

Spelman(2002)报道了 Livestock Improvement Center(LIC)公司在 1998—1999 年新西兰奶牛应用 bottom up 方法进行标记辅助选择的情况。青年公牛在后裔测定前先测定与 6 个泌乳性状QTL 连锁的 25 个标记基因型,并根据基因型信息结合系谱信息进行选择。Spleman(2002)总结此次选择并未取得预期效果,主要原因是在诸如 MOET 等繁殖技术的应用中存在一些问题,在新西兰使用 MOET 技术产生大量的全同胞家系用于选择待测青年公牛。

8.1.3.2　法国

法国的 MAS 育种方案从 2000 年开始实施,由 3 个组织共同进行,包括 1 个科研机构(INRA)、1 个基因型检测实验室(LABOGENA)及 8 个 AI 公司,涉及 3 个乳用品种。标记辅助选择检测与 12 个 QTL 连锁的 33 个遗传标记,利用基因型对 1~12 月龄的公畜及母畜进行选择。检测的 QTL 与产奶量、乳蛋白量、乳蛋白率、乳脂量、乳脂率、体细胞评分及母畜繁殖力有关联。目前已产生第一世代 MAS 选择公牛，通过经济学评估，MAS 育种方案同常规育种方案相比可获得更大的利润(Biochard et al,2006)。目前利用 50k SNP 芯片进行全基因组关联分析后，确定原来应用于 MAS 的标记的确在法国群体具有较大遗传效应。

8.1.3.3 德国

德国 MAS 计划开始于 2003 年，由 10 个育种组织联合进行，对后裔测定的候选公牛及公牛母亲实施标记辅助选择。应用针对于 3 个 QTL 区域的 13 个标记，QTL 与产奶性状和体细胞数性状相关联，同时对 DGAT1 基因进行选择，应用 MBLUP 进行遗传评估。

8.1.3.4 荷兰

荷兰 MAS 计划开始于 1999 年，应用全系谱(whole pedigree)方法。检测 2 个 QTL 的 12 个微卫星标记及 2 个已确定的功能性突变(SNP)。通过标记对后裔测定青年公牛进行预选，对其父母也进行基因型检测。应用 Wilmink 的 MBLUP 方法进行遗传评估，此方法应用系谱信息并对缺失基因型数据进行处理。

MAS 可获得比常规选育更大的遗传进展，其假设条件为所有动物个体基因型已知、高密度分子标记、QTL 解释遗传方差足够大。目前各国育种组织在进行 MAS 过程中遇到许多问题，导致选育结果不理想。主要表现在：①目前验证的 QTL 没有解释足够大的遗传方差，通过 MAS 取得的额外遗传进展不能弥补额外的花费。②虽然使用多个 QTL，但对总的育种目标来讲，已确定有显著影响的 QTL 数目很少。③基因型检测费用相对比较高。④需要建立大型数据库来存储检验基因型数据及处理不同机构的基因型检测结果。⑤需要在繁殖技术上有新的突破。⑥需要开发相应的遗传评估软件。⑦个别育种者不愿接受新技术。

标记辅助选择的真正应用尚有不少需要研究解决的问题：①必须制定最优化的育种方案，在选择中对标记信息给予适当的权重，以获得长期、稳定的遗传进展。同时对不同育种方案的比较应从经济学角度进行评价。②在实际育种工作中，需要同时对多个性状进行选择，考虑选择性状间可能存在的相关关系。③提高 QTL 定位的精度和 QTL 参数估计的可靠性是标记辅助选择应用的关键。目前，有关动物标记辅助选择的研究大多采用计算机模拟的方法进行，在模拟选择方案中，对 QTL 的位置和效应的都是准确的，而目前畜禽数量性状 QTL 定位的结果却存在很大的不确定性，大多数 QTL 置信区间仍停留在 20 cM 左右。Spelman 等(2002)的研究结果表明，如果在 MAS 育种中利用了错误的 QTL 信息会降低群体遗传进展。Smith 等指出，将标记-QTL 连锁关系用于选择的最大障碍是重组，因为重组会降低连锁不平衡，从而降低了 MAS 的效果。因此高分辨率、高密度遗传标记图谱的构建及有效、灵敏的连锁分析方法的建立是 MAS 成功应用的前提。

8.2 标记辅助选择方案

8.2.1 家系内标记辅助选择

奶牛进行后裔测定时，一般群体比较大，利用混合模型进行标记辅助选择时，如果测定每个个体的标记基因型，则成本比较高，如果不测定某些个体的标记基因型，由于要考虑遗传标记等位基因可能形成的各种单倍型,导致个体间标记 QTL 等位基因效应协方差的计算准确性下降;另外,利用混合模型进行标记辅助选择时,要求遗传标记与 QTL 之间的相对位置和 QTL 的方差已知(Fernando and Grossman,1989;Wang et al,1995),而目前的 QTL 定位研究结果尚不能满足 MAS 的要求。因此,针对目前的状况,在奶牛中进行家系内标记辅助选择共有两种方法,分别为从下到上计划(bottom-up scheme)和从上到下计划(top-down scheme)。Kashi 等(1990)描述了从上到下计划;Mackinnon 和 Georges(1998)、Spelman 和 Garrick(1998)分别描述了从上到下计划和从下到上计划(图 8.5)。

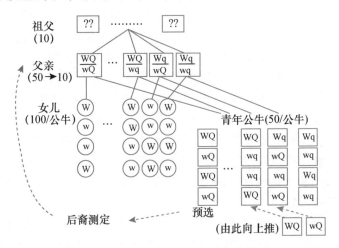

A.从下到上计划(bottom-up scheme)

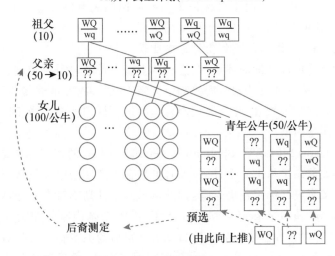

B.从上到下计划

图 8.5 **从上到下计划和从下到上计划图示**(Mackinnon and Georges,1998)

(种公牛 QTL 的基因型通过孙女生产性能从上到下计划或者通过女儿的生产性能估计从下到上计划判定)

8.2.1.1 Top-down sheme(从上到下计划)

从上到下计划与孙女设计相对应,即在目前的优秀公牛群中调查是否存在从前利用孙女设计鉴定出的 QTL 座位基因变异。根据继承了种公牛不同单倍型的儿子育种值差异大小,确定种公牛的 QTL 是否存在分离。具体来说,要知道一个优秀公牛是否存在 QTL 分离,就要把其儿子按照它们遗传的单倍型不同进行分组,如果两组不同单倍型儿子的 EBV(或者孙女的 EBV 平均,或者孙女的女儿产量平均离差 DYD)差异超过了一个特定值 c,则说明该公牛的 QTL 存在分离,这个优秀公牛的 QTL 信息可以用于选择。c 值为公牛的 QTL 为杂合子的阈值,范围可大可小,如一个或者两个遗传标准差。因为儿子已经进行完后裔测定,因此这个 QTL 信息不能用于儿子的选择,只可以用于将要进行后裔测定的孙子,即对孙子的预选(Kashi et al,1990;Mackinnon and Georges,1998;Spelman and Garrick,1998)。一般选择继承了杂合子有利 QTL 单倍型的青年公牛(孙女的半同胞)参加后裔测定。

8.2.1.2　bottom-up scheme(从下到上计划)

从下到上计划与女儿设计相对应,假定一个青年公牛的后裔测定成绩非常好,因此被选作公牛父亲(bull sire)。将会测定其女儿与已知 QTL(假如等位基因可以记为 Q 和 q)连锁的标记基因型(Ww)。如果女儿两个不同单倍型个体间成绩差异超过某个特定的值,则说明该公牛的 QTL 座位是杂合的(即 Qq),选择继承了有利 QTL 等位基因的青年公牛(女儿的半同胞)进行后裔测定。如果一头公牛的 QTL 是纯合子,则不根据标记基因型对参加后裔测定的青年公牛进行预选择(Mackinnon and Georges,1998;Spelman and Garrick,1998)。

从上到下计划假定,从祖父那里继承的理想 QTL 等位基因优于母本群体的 QTL 等位基因,相反祖父的不理想 QTL 等位基因没有母本的 QTL 等位基因好;从下到上计划假定父亲的有利 QTL 等位基因优于母亲群体的 QTL 等位基因,相反父亲的不理想 QTL 等位基因没有母本的 QTL 等位基因好。

要注意的是从上到下计划和从下到上计划只是在选择参加后裔测定的青年公牛时,利用与已知 QTL 连锁的遗传标记信息,对后裔测定的要求并没有降低;另外实施从下到上计划或从上到下计划时,也可利用生产性能对标记单倍型的回归来判断父亲或祖父的 QTL 是否存在分离,家系内标记辅助选择也可以用于母本的选择。

8.2.1.3　从上到下计划与从下到上计划的比较

由上面对两种家系内选择的描述可知,进行从上到下计划时需要知道祖父、父亲和孙子的遗传标记基因型;进行从下到上计划时需要知道父亲、儿子和女儿的遗传标记基因型。因为不必测验母亲的遗传标记基因型,因此与利用混合模型进行标记辅助选择相比,大约可以少测定一半动物的遗传标记基因型。

Mackinnon 和 Georges(1998)、Spelman 和 Garrick(1998)的研究结果表明从下到上计划的选择效率和经济效益高于从上到下计划;而且如果在生产实践中实行从上到下计划,则无法对公牛儿子即孙子父亲进行标记辅助选择,因此从上到下计划不符合实际,顾此失彼难以在实践中实现。Mackinnon 和 Georges(1998)假定性状由 10 个基因座位控制,种公牛的后裔数目可以无限增加,使来自优秀种公牛的后裔数能够满足后裔测定青年公牛数目恒定的需要,只进行了一个世代的选择;Spelman 和 Garrick(1998)假定 QTL 效应服从正态分布,只进行了一个世代的选择而且公布的结果很有限。因此如果实践中应用从下到上计划,需要先研究长期进行从下到上计划选择的后果。

8.2.2　从下到上 MAS 计划与常规育种方案的效率比较

8.2.2.1　模拟研究的参数和设计

张豪(2002a)假定已知一个影响产奶性状的 QTL(与遗传标记间的遗传距离已知),利用

Monte Carlo 方法模拟 2 种 QTL 有利等位基因起始频率（QTL 有 2 个等位基因，基础群起始频率为 0.1 或 0.5），2 种标记间距（5cM 或 20cM），3 种 QTL 效应大小（QTL 方差占遗传方差的 10%、25% 和 50%），以总遗传进展、QTL 基因型效应进展、多基因效应进展和群体近交系数为判断标准，分别针对种公牛和青年公牛两个牛群，探讨利用从下到上 MAS 计划选择 5 个世代的效果。

张豪（2002a）模拟群体的产奶量性状（遗传力为 0.3），受一个 QTL 和剩余多基因效应的影响，且 QTL 不存在显性效应，两侧各有 2 个标记座位，各标记之间的遗传距离相同，QTL 位于它们中间，各基因座位之间没有干涉。在基础群中每个标记座位有 5 个等位基因，每个等位基因的频率相同。模拟的群体中母牛数为 20 000 头，公牛数为 10 头，母牛使用年限为 5 年，基础群中 1～5 胎的比例均为 20%，以后每年母牛群更新 20%，即 4 000 头。母牛每胎只生一头小牛，新母牛由优秀的 12 000 头母牛与 10 头公牛随机交配产生。10 头公牛与最优秀的 500 头母牛随机交配，产生 200 头小公牛，从这 200 头小公牛中选出 80 头参加后裔测定，再根据后裔测定结果从这 80 头小公牛中选出 10 头作为下一世代的种公牛。后裔测定时，每头公牛的女儿数为 50 头。种公牛和种母牛的选择依据常规 BLUP 估计的育种值。参加后测的青年公牛用常规育种值或者由下到上 MAS 计划选择。

张豪（2002a）设计的从下到上 MAS 计划根据继承了种公牛不同单倍型女儿生产成绩差异，来判断种公牛的 QTL 是否为杂合子（即差异超过事先规定的阈值就假定该公牛的 QTL 是杂合子），选择继承了有利 QTL 等位基因（优势遗传标记单倍型）的青年公牛（女儿的半同胞）参加后裔测定。杂合子 QTL 公牛阈值大小从 $0.0\sigma_G$ 到 $0.8\sigma_G$，增长梯度为 $0.1\sigma_G$。由于每头公牛只有 20 个儿子可供挑选，随着阈值的提高，判断出的"QTL 座位杂合的公牛"数量减少，继承了"QTL 座位杂合的公牛"优秀标记单倍型的儿子数量会不足 80 头，使用的遗传标记为间接标记，出现不能从遗传标记基因型或者单倍型推断 QTL 等位基因的情况时，只能从判断为"纯合子 QTL 公牛"的后裔中随机挑选青年公牛，以补足 80 头青年公牛进行后裔测定。

由于进行从下到上 MAS 计划选择时需要利用种公牛女儿的生产性能判断种公牛的 QTL 是否存在分离，因而张豪（2002a）从第二世代开始进行 MAS。由于从下到上 MAS 计划没有用到母牛的遗传标记，一头公牛有 50 头女儿，根据非重组单倍型后裔数量多于重组单倍型后裔原理判断公牛的单倍型，来自父亲的遗传标记一定在同一条染色体上的原理，公牛和女儿遗传标记连锁相的判断正确率是 100%，因此利用真正的遗传标记连锁相进行计算。

8.2.2.2　不同优势 QTL 等位基因频率对从下到上 MAS 计划选择效率的影响

表 8.4、表 8.5 和表 8.6 分别列出张豪（2002a）针对种公牛、后测公牛和母牛从下到上 MAS 计划相对于常规后测的效率。结果表明：

在 QTL 方差占遗传方差的比例为 10% 以及相邻标记间距为 5 cM 时，从下到上 MAS 选择相对于常规后裔测验的相对优势率，在有利 QTL 等位基因基础群频率为 0.1 时多数情况下高于有利 QTL 等位基因基础群频率为 0.5 的组合（多基因效应、QTL 基因型效应以及总遗传进展）。

当 QTL 方差占遗传方差的比例为 25% 以及相邻标记间距为 20 cM 时，从下到上 MAS 选择相对于常规后裔测验的相对优势率，在有利 QTL 等位基因基础群频率为 0.1 时多基因效应和多数情况下总遗传进展不如有利 QTL 等位基因基础群频率为 0.5 时的组合；而 QTL 基因型效应则相反。

当 QTL 方差占遗传方差的比例为 50% 以及相邻遗传标记间距为 20 cM 时，从下到上

MAS 选择相对于常规后裔测验的相对优势率,有利 QTL 等位基因基础群频率为 0.1 时多基因值和总遗传进展高于有利 QTL 等位基因基础群频率为 0.5 的组合,而 QTL 基因型效应则相反。

由于使用间接遗传标记,只能推断种公牛为杂合子 QTL 基因型,而无法判断纯合子公牛携带有利 QTL 等位基因还是不利 QTL 等位基因。因此影响从下到上 MAS 计划选择效果的第一个重要因素就是杂合子 QTL 公牛的比例,当零世代 QTL 有利等位基因频率为 0.1 时,杂合子比例很高(0.5 以上),选择的相对优势率高。

表 8.4　MAS 相对于常规选择种公牛的相对优势率

v^2	QTL 假定	世　代							
		2		3		4		5	
		5 cM	20 cM	5 cM	20 cM	5 cM	20 cM	5 cM	20 cM
多基因效应									
0.10	F0.1	3.21	1.30	4.84	2.41	4.94	0.54	4.53	1.13
	F0.5	2.94	0.04	4.92	1.08	1.85	−1.35	3.55	−1.57
0.25	F0.1	6.93	−0.02	6.79	0.05	4.47	2.01	4.37	0.92
	F0.5	1.96	3.55	2.33	4.66	1.09	4.12	1.19	3.73
0.50	F0.1	16.15	9.40	8.67	3.88	3.52	3.13	2.58	1.61
	F0.5	2.22	0.21	1.71	3.09	0.13	1.47	1.25	1.30
QTL 基因型效应									
0.10	F0.1	435.71	328.56	58.11	41.59	16.67	32.43	9.09	10.80
	F0.5	9.90	10.70	12.56	2.72	13.89	11.56	5.42	6.84
0.25	F0.1	21.18	28.02	3.34	10.46	1.37	2.41	0.00	0.33
	F0.5	8.76	5.67	0.36	4.38	1.71	−2.06	1.71	0.34
0.50	F0.1	5.11	2.93	−0.33	−0.33	0.00	0.00	0.00	0.00
	F0.5	2.43	3.82	1.01	0.67	0.00	0.33	0.00	0.00
遗传值									
0.10	F0.1	9.26	5.86	9.06	5.37	6.23	3.58	5.05	2.15
	F0.5	3.64	1.04	5.59	1.22	2.76	−0.44	3.68	−1.01
0.25	F0.1	10.53	6.66	5.85	2.80	3.73	2.11	3.46	0.80
	F0.5	3.37	3.99	1.98	4.62	1.18	3.20	1.26	3.29
0.50	F0.1	10.04	5.83	4.45	1.96	2.15	1.92	1.72	1.07
	F0.5	2.29	1.51	1.50	2.37	0.10	1.19	0.98	1.02

注:F0.1,QTL 有两个等位基因,零世代时有利 QTL 等位基因频率为 0.1;F0.5,QTL 有两个等位基因,零世代时有利 QTL 等位基因频率为 0.5;v^2,QTL 方差占总遗传方差的百分比;判断杂合子 QTL 公牛的阈值为 0.0。

表 8.5　参加后测公牛 MAS 相对于常规选择的相对优势率

v^2	QTL 假定	世　代							
		2		3		4		5	
		5 cM	20 cM	5 cM	20 cM	5 cM	20 cM	5 cM	20 cM
多基因效应									
0.10	F0.1	1.61	2.65	4.12	2.25	4.26	2.12	4.58	1.20
	F0.5	4.31	0.78	4.09	1.88	4.44	1.78	3.87	−0.59
0.25	F0.1	3.39	1.12	6.49	0.09	8.90	1.82	5.33	1.78
	F0.5	4.54	2.01	2.52	3.51	3.39	4.88	1.95	3.97
0.50	F0.1	3.83	2.43	13.98	7.76	8.91	4.21	5.20	2.06
	F0.5	4.12	2.05	4.49	1.41	2.93	3.77	2.15	1.71

续表8.5

v^2	QTL 假定	世代							
		2		3		4		5	
		5 cM	20 cM	5 cM	20 cM	5 cM	20 cM	5 cM	20 cM
		QTL 基因型效应							
0.10	F0.1	43.08	31.43	499.32	356.14	94.73	70.86	27.44	28.47
	F0.5	26.37	10.88	19.43	12.37	16.06	8.55	12.20	8.32
0.25	F0.1	235.45	121.65	28.63	30.49	8.16	3.82	2.74	3.89
	F0.5	19.59	7.23	6.24	4.07	5.27	5.29	0.95	−0.17
0.50	F0.1	251.24	176.87	4.80	5.41	0.21	0.42	−0.08	−0.04
	F0.5	9.76	5.72	3.01	2.45	0.89	0.85	0.34	0.34
		遗传值							
0.10	F0.1	14.11	12.56	13.63	7.50	10.60	6.55	6.98	3.87
	F0.5	6.56	1.77	5.58	2.88	5.46	2.36	4.51	0.07
0.25	F0.1	32.06	21.36	11.90	7.08	8.70	3.97	4.70	2.29
	F0.5	8.20	3.28	3.30	3.62	3.72	3.94	1.80	3.34
0.50	F0.1	55.26	39.71	9.00	6.50	4.78	2.43	3.08	1.22
	F0.5	6.68	3.72	3.93	1.80	2.30	2.86	1.68	1.35

注:F0.1,QTL 有两个等位基因,零世代时有利 QTL 等位基因频率为 0.1;F0.5,QTL 有两个等位基因,零世代时有利 QTL 等位基因频率为 0.5;v^2,QTL 方差占总遗传方差的百分比;判断杂合子 QTL 公牛的阈值为 0.0。

表8.6 MAS 相对于常规选择母牛的相对优势率

v^2	QTL 假定	年龄							
		19		13		7		1	
		5 cM	20 cM	5 cM	20 cM	5 cM	20 cM	5 cM	20 cM
		多基因效应							
0.10	F0.1	0.37	0.50	2.90	1.29	4.23	2.05	4.57	0.90
	F0.5	0.70	0.13	2.70	0.29	4.35	1.05	2.47	−0.86
0.25	F0.1	0.58	0.14	5.69	−0.03	6.63	0.55	4.79	1.66
	F0.5	0.84	0.33	1.86	2.91	2.37	4.31	1.28	3.97
0.50	F0.1	0.88	0.46	12.86	7.64	8.62	4.07	4.34	2.99
	F0.5	0.65	0.35	2.27	0.33	1.95	2.60	0.69	1.55
		QTL 基因型效应							
0.10	F0.1	8.65	6.68	66.23	43.66	303.57	228.82	20.63	29.01
	F0.5	4.40	1.73	11.88	4.63	10.27	8.94	12.42	8.87
0.25	F0.1	58.80	30.11	4.59	10.13	20.29	26.08	1.69	2.91
	F0.5	3.09	0.82	1.75	3.80	6.64	4.48	1.38	−0.86
0.50	F0.1	34.59	23.82	0.07	0.24	4.66	2.97	0.01	−0.00
	F0.5	1.40	0.95	0.95	0.83	1.77	2.78	0.13	0.31
		遗传值							
0.10	F0.1	2.49	2.20	8.57	5.14	8.68	4.97	6.26	3.58
	F0.5	1.07	0.29	3.45	1.10	5.01	1.34	3.23	−0.14
0.25	F0.1	5.08	3.00	9.19	5.86	6.08	3.07	4.04	1.96
	F0.5	1.37	0.44	2.85	3.24	2.27	4.22	1.30	3.25
0.50	F0.1	8.84	6.37	8.46	5.14	4.64	2.20	2.62	1.81
	F0.5	0.97	0.62	2.09	1.23	1.65	2.05	0.55	1.24

注:F0.1,QTL 有两个等位基因,零世代时有利 QTL 等位基因频率为 0.1;F0.5,QTL 有两个等位基因,零世代时有利 QTL 等位基因频率为 0.5;v^2,QTL 方差占总遗传方差的百分比;判断杂合子 QTL 公牛的阈值为 0.0。

8.2.2.3　不同 QTL 效应大小对从下到上 MAS 计划选择效率的影响

由表 8.4 对种公牛来说，从下到上 MAS 计划选择相对于常规后裔测定的相对优势率，随着 QTL 方差占遗传方差的比例升高，在第 2 世代多基因效应上升、总遗传进展相似；随后的世代里，多基因效应下降、总遗传进展降低；QTL 基因型效应随 QTL 方差占遗传方差的比例上升而降低，与利用基因型选择相似（Dekkers and van Arendonk，1998），长期利用从下到上 MAS 计划选择，相对于常规选择的优势几乎为零。QTL 方差一定，有利 QTL 等位基因频率越低，QTL 等位基因的效应越大，从下到上 MAS 计划判断杂合子 QTL 公牛的准确性越高，相对效率越高。张豪（2002a）研究获得的从下到上 MAS 计划的相对优势率低于 Kashi（1990），主要原因在于张豪（2002a）利用动态模拟的常规后裔测定对 QTL 选择也很有效。张豪（2002a）获得的从下到上 MAS 计划相对优势率也低于 Mackinnon 和 Georges（1998），原因在于 Mackinnon 和 Georges（1998）遗传标记与 QTL 的重组率为 0，且利用标记可推断 QTL 来自父亲还是母亲。

由表 8.5，对选择出的参加后裔测验的青年公牛来说，从下到上 MAS 计划选择相对于常规后裔测定的相对优势率，随着 QTL 占遗传方差的比例升高，第 2 世代多基因效应相似、QTL 基因型效应和总遗传进展上升；随后的世代里多基因值上升，但 QTL 基因型效应和总遗传进展下降。

由表 8.6，对种母牛来说，从下到上 MAS 计划选择相对于常规后裔测定的相对优势率，随着 QTL 占遗传方差的比例升高，多基因效应变化规律不强；第二世代时 QTL 基因型效应先上升再下降，总遗传进展上升；其他世代 QTL 基因型效应下降，总遗传进展总体下降。

8.2.2.4　不同标记间距对从下到上 MAS 计划选择效率的影响

由表 8.4、表 8.5 和表 8.6，一般情况下或者说在 QTL 有利等位基因纯合之前，与常规后裔测定相比，从下到上 MAS 计划选择的种公牛、参加后裔测验青年公牛和母牛群的多基因效应、QTL 基因型效应和总遗传进展的相对优势率与遗传标记密度成正比。其原因在于，与 QTL 连锁的标记密度高低，直接影响到根据标记及其女儿性能，对种公牛 QTL 基因型判断的准确性，和对青年公牛从种公牛接受 QTL 等位基因预测的准确性。随着目前分子生物学及其检测技术的进展，在可接受的检测成本下增大标记密度逐渐成为可能。

8.2.2.5　选择世代对从下到上 MAS 计划选择效率的影响

由表 8.4 和表 8.5 可知，随着世代进展，虽然从下到上 MAS 计划种公牛和参加后裔测验的青年公牛的多基因效应相对优势率的变化规律性不强，但其 QTL 基因型效应和总遗传进展的相对优势率都呈下降趋势；由表 8.6 可知，随世代进展，从下到上 MAS 计划选种与常规后裔测验相比，种母牛多基因效应、QTL 基因型效应和总遗传进展主要表现为先上升后下降。这一结果与其他 MAS 计划的模拟研究趋势相同，提示 MAS 计划中寻找更多准确性高且效应大的标记，针对每个世代发掘新标记是保证 MAS 计划长期有效的根本保证。

8.2.2.6　种公畜 QTL 分离判别阈值大小对从下到上 MAS 计划选择效率的影响

表 8.7 可知随着种公牛 QTL 分离判别标准的提高，如果 QTL 方差占遗传方差的比例为 10%，第二世代参加后裔测验的青年公牛来自杂合子 QTL 种公牛的比例下降；由表 8.8，随着种公牛的 QTL 存在分离的阈值提高，虽然纯合子 QTL 公牛判为杂合子的数量下降，但杂合 QTL 公畜被判定为纯合子 QTL 公牛的比例也增加，可能导致从下到上 MAS 计划相对效率下降；Spelman 和 Garrick（1998）研究结果，仅当阈值标准提高到遗传标准差的 1.2 倍时判断

出的杂合子公牛才完全正确,其余情况下判断出来的杂合子公牛均大约有一半为非杂合子。由表 8.9,随着种公牛的 QTL 存在分离的判别标准的升高,与常规后测相比,参加后测青年公牛的多基因效应、QTL 基因型效应和总遗传进展的相对优势率都下降。实际育种中,应该尽可能降低 QTL 分离判别阈值以检出尽可能多的 QTL 杂合子公牛。

表 8.7　**不同杂合子 QTL 公牛阈值时二世代参加后测青年公牛有利 QTL 等位基因频率**($v^2 = 10\%$)

阈值	F0.1				F0.5			
	5 cM[1]		20 cM[2]		5 cM[3]		20 cM[4]	
	后测公牛 Q 来自		后测公牛 Q 来自		后测公牛 Q 来自		后测公牛 Q 来自	
	Qq 公畜	所有公畜	Qq 公畜	所有公畜	Qq 公畜	所有公畜	Qq 公畜	所有公畜
$0.0 \times \sigma_g$	0.427 5	0.502 5	0.391 7	0.444 6	0.330 8	0.840 4	0.287 9	0.757 5
$0.1 \times \sigma_g$	0.440 4	0.503 8	0.378 33	0.432 5	0.355 4	0.847 5	0.276 3	0.747 9
$0.2 \times \sigma_g$	0.468 8	0.512 9	0.367 08	0.418 3	0.345 4	0.844 6	0.271 3	0.754 6
$0.3 \times \sigma_g$	0.472 1	0.525 0	0.360 83	0.411 3	0.318 8	0.812 5	0.268 8	0.745 0
$0.4 \times \sigma_g$	0.430 8	0.496 7	0.350 83	0.400 8	0.310 0	0.814 6	0.267 1	0.739 2
$0.5 \times \sigma_g$	0.424 6	0.489 2	0.322 5	0.388 3	0.292 5	0.799 6	0.259 2	0.740 8
$0.6 \times \sigma_g$	0.390 0	0.457 5	0.330 83	0.384 6	0.281 7	0.793 3	0.250 8	0.731 7
$0.7 \times \sigma_g$	0.383 8	0.455 4	0.309 17	0.380 8	0.271 7	0.773 6	0.231 3	0.757 9
$0.8 \times \sigma_g$	0.380 0	0.450 0	0.320 42	0.364 6	0.259 2	0.751 3	0.236 3	0.740 0

注:[1] 上世代公牛的 QTL 座位纯合子和杂合子的比例分别为 0.07 和 0.50,常规后裔测定中参加后裔测定的青年公牛来自杂合子 QTL 的 Q 和来自公牛的 Q 比例分别为 0.255 和 0.33。

[2] 上世代公牛的 QTL 座位纯合子和杂合子的比例为 0.05 和 0.41,常规后裔测定中参加后裔测定的青年公牛来自杂合子 QTL 的 Q 和来自公牛的 Q 比例分别为 0.272 1 和 0.328 3。

[3] 上世代公牛的 QTL 座位纯合子和杂合子的比例都为 0.44,常规后裔测定中参加后裔测定的青年公牛来自杂合子 QTL 的 Q 和来自公牛的 Q 比例分别为 0.224 6 和 0.725 8。

[4] 上世代公牛的 QTL 座位纯合子和杂合子的比例为 0.49 和 0.45,常规后裔测定中参加后裔测定的青年公牛来自杂合子 QTL 的 Q 和来自公牛的 Q 比例分别为 0.223 8 和 0.723 3。

Q 指有利 QTL 等位基因,q 指不利 QTL 等位基因。

表 8.8　**不同阈值大小时公牛 QTL 分离判断情况**($v^2 = 10\%$基础群中有利 QTL 等位基因频率为 0.1)

阈值	相邻标记间距 5 cM			相邻标记间距 20 cM		
	总杂合子 QTL 公牛数	判断出的杂合子 QTL 公牛		总杂合子 QTL 公牛数	判断出的杂合子 QTL 公牛	
		总数	正确总数		总数	正确总数
$0.0 \times \sigma_g$	457	1 195	456	476	1 198	476
$0.1 \times \sigma_g$	462	1 175	456	510	1 011	467
$0.2 \times \sigma_g$	468	823	339	498	837	354
$0.3 \times \sigma_g$	477	793	320	477	282	108
$0.4 \times \sigma_g$	462	455	171	492	769	324
$0.5 \times \sigma_g$	478	604	247	498	425	177
$0.6 \times \sigma_g$	464	261	118	521	236	109
$0.7 \times \sigma_g$	472	415	171	466	573	225
$0.8 \times \sigma_g$	488	369	154	506	576	163

注:v^2 共 $4 \times 10 \times 30 = 1\ 200$ 头公牛 5 个世代综合结果。

表 8.9　不同杂合子 QTL 公牛阈值时从下到上相对于常规后测的参加后测青年公牛的相对优势率
（相邻遗传标记间距 5 cM，$v^2 = 10\%$ 零世代优势 QTL 等位基因频率 0.1）

阈值	世代			
	2	3	4	5
多基因效应				
$0.0 \times \sigma_g$	1.61	4.12	4.26	4.58
$0.2 \times \sigma_g$	−0.02	2.63	4.62	3.90
$0.4 \times \sigma_g$	−1.39	1.38	3.75	2.52
$0.6 \times \sigma_g$	−0.90	2.51	2.80	1.80
$0.8 \times \sigma_g$	−1.67	2.11	2.59	1.56
QTL 基因型效应				
$0.0 \times \sigma_g$	43.08	499.32	94.73	27.44
$0.2 \times \sigma_g$	44.85	538.37	83.04	26.73
$0.4 \times \sigma_g$	42.25	405.48	73.12	24.06
$0.6 \times \sigma_g$	29.80	310.96	50.13	17.82
$0.8 \times \sigma_g$	28.41	164.38	26.26	9.74
遗传值				
$0.0 \times \sigma_g$	14.11	13.63	10.60	6.98
$0.2 \times \sigma_g$	12.52	12.86	10.11	6.29
$0.4 \times \sigma_g$	10.43	9.08	8.61	4.77
$0.6 \times \sigma_g$	7.18	8.44	6.12	3.48
$0.8 \times \sigma_g$	5.81	5.27	5.25	2.41

综上：①从下到上 MAS 计划选育和常规后裔测定相比，可以使种公牛的遗传值提高 10%，参加后裔测定青年公牛的遗传值提高 55%，母牛的遗传值提高 6%。②随着世代进展，从下到上 MAS 计划与常规后裔测定相比的相对优势率变化规律是种公牛和参加后裔测验青年公牛的总遗传进展显著下降，种母牛先上升后再下降。③QTL 方差增大，通过从下到上 MAS 计划参加后裔测验青年公牛的总遗传进展上升，而选定的种公牛和种母牛则不一定上升。④零世代有利 QTL 等位基因频率为 0.1 时，从下到上 MAS 计划可以比零世代有利 QTL 等位基因频率为 0.5 时更能加快种牛的遗传进展。⑤随着遗传标记密度增高，当优势 QTL 等位基因零世代的频率为 0.1 和零世代优势 QTL 等位基因的频率为 0.5，而且 QTL 方差占遗传方差的比例为 10% 时，通过从下到上 MAS 计划选择与常规后裔测定相比，总遗传进展相对优势率无论是种公牛、参加后裔测定的青年公牛和母牛都升高；当 QTL 方差占遗传方差的比例为 25% 和 50%，零世代优势 QTL 等位基因频率为 0.5 时，提高遗传标记密度不一定能够加快从下到上 MAS 计划的遗传进展。⑥从下到上 MAS 计划只考虑了标记和 QTL 信息，没有利用系谱信息，比 MBLUP 利用的信息量少，相对优势率低于 MBLUP。

8.2.3　标记辅助动物模型 BLUP 选择相对于常规选择的效率

Meuwissen 和 Goddard、Ruane 和 Colleau 比较了奶牛核心群中标记辅助选择和常规选择的相对优劣，Gomez-Raya 和 Klemetsdal、Shchilman 等分别研究了在奶牛核心群两阶段选择中进行标记辅助选择的效率。张豪(2002a、b)从不同角度模拟研究了 MBLUP 的相对优势。

8.2.3.1 模拟研究的参数和设计

模拟群体的产奶量性状,假定条件同 8.2.2.1。QTL 作两种假设,一种假设在基础群中 QTL 仅有 2 个等位基因。另一种假定在基础群中 QTL 有任意多个等位基因,g^1_{QTL} 和 g^2_{QTL} ~ $N(0, \sigma^2_{QTL}/2)$($\sigma^2_{QTL}/2$ 为 QTL 基因型值方差)每参数组合模拟 30 次。模拟的群体中母牛数为 20 000 头,公牛数为 10 头,母牛使用年限为 5 年,基础群中 1~5 胎的比例均为 20%,以后每年母牛群更新 20%,即 4 000 头。母牛每胎只生一头小牛,新母牛由优秀的 12 000 头母牛与 10 头公牛随机交配产生。10 头公牛与最优秀的 500 头母牛随机交配,产生 200 头小公牛,从这 200 头小公牛中选出 80 头参加后裔测定,再根据后裔测定结果从这 80 头小公牛中选出 10 头作为下一世代的种公牛。后裔测定时,每头公牛的女儿数为 50 头。参加后测的青年公牛用常规育种值或者 MBLUP 育种值选择。种公牛和种母牛的选择依据常规 BLUP 估计的育种值。

8.2.3.2 种公牛中 MBLUP 的相对优势

表 8.10 给出的是在不同的参数组合下,在各世代中中选的种公牛中 MBLUP 选择相对于常规选择在多基因效应、基因型效应和总遗传值(多基因值与基因型值之和)上的相对优势率。

表 8.10 种公牛中 MBLUP 相对于常规选择的相对优势率

v^2	QTL 假定[①]	世代									
		1		2		3		4		5	
		5 cM	20 cM	5 cM	20 cM	5 cM	20 cM	5 cM	20 cM	5 cM	20 cM
多基因效应											
10%	F0.1	3.72	4.56	5.13	7.43	5.63	7.51	4.25	5.06	5.15	5.46
	F0.5	4.02	5.42	4.64	6.33	6.21	7.64	6.94	5.12	6.72	6.47
	N	5.48	5.53	6.38	6.72	5.70	9.90	5.49	9.86	6.01	10.13
25%	F0.1	5.37	6.20	2.05	2.63	6.00	7.45	4.50	4.73	5.78	5.63
	F0.5	3.67	0.78	6.10	3.68	7.59	6.07	4.50	5.19	6.37	5.63
	N	4.17	1.84	7.56	7.54	5.70	3.30	5.42	2.58	6.65	4.99
50%	F0.1	3.97	9.69	12.30	5.75	9.47	4.47	7.76	5.27	9.26	6.61
	F0.5	−1.51	1.69	0.80	−1.39	3.35	0.59	3.38	1.82	4.95	2.92
	N	3.40	6.56	3.99	0.72	7.10	3.44	5.24	2.37	6.70	4.31
QTL 基因型效应											
10%	F0.1	23.91	13.04	100.00	58.33	81.54	87.69	47.51	53.90	16.97	20.64
	F0.5	36.84	20.18	18.67	9.64	6.04	11.16	4.96	13.22	4.55	5.31
	N	−5.55	−13.55	2.72	4.58	0.75	0.27	1.71	7.77	2.78	6.81
25%	F0.1	158.83	94.12	47.58	28.03	12.80	8.80	4.20	3.85	0.67	0.67
	F0.5	8.94	3.35	7.79	1.23	1.06	1.42	0.00	0.34	−1.01	0.67
	N	0.10	1.92	1.63	−1.80	7.50	11.62	3.28	6.62	2.12	3.88
50%	F0.1	28.36	29.85	7.44	2.97	0.33	0.33	0.00	0.00	0.00	0.00
	F0.5	9.79	1.23	4.61	3.19	1.69	1.36	0.33	0.33	0.00	0.00
	N	2.64	−1.50	6.38	2.65	9.43	4.65	10.67	4.81	11.95	1.40

续表 8.10

h^2	QTL 假定[①]	世代									
		1		2		3		4		5	
		5 cM	20 cM	5 cM	20 cM	5 cM	20 cM	5 cM	20 cM	5 cM	20 cM
		总遗传值									
10%	F0.1	10.75	9.04	10.35	10.70	9.11	11.18	7.50	8.73	6.28	6.90
	F0.5	6.94	6.73	5.82	6.61	6.20	7.92	6.79	5.71	6.57	6.40
	N	4.27	3.44	6.01	6.50	5.21	8.95	5.13	9.66	5.70	9.81
25%	F0.1	14.41	11.72	10.99	7.80	7.80	7.80	4.43	4.52	4.71	4.59
	F0.5	4.82	1.35	6.44	3.18	6.44	5.25	3.83	4.36	5.41	4.81
	N	3.11	1.86	6.06	6.13	5.30	4.91	3.54	5.59	4.37	
50%	F0.1	11.86	16.21	9.61	4.21	5.27	2.57	4.72	3.20	6.06	4.32
	F0.5	3.45	0.41	2.15	0.23	2.86	0.81	2.62	1.45	3.87	3.28
	N	3.02	2.64	5.16	1.66	8.20	4.02	7.66	3.45	8.92	3.08

注：[①]F0.1,QTL 有 2 个等位基因,基础群中优势等位基因的频率为 0.1;F0.5,QTL 有 2 个等位基因,基础群中优势等位基因的频率为 0.5;N,QTL 的等位基因数目为基础群个体数的 2 倍。

1. 不同标记间距下 MBLUP 的相对优势

标记间距为 5 cM 与标记间距为 20 cM 相比,对于多基因效应,在 QTL 方差占总遗传方差的比例为 10% 和 25%,QTL 等位基因频率为 0.1 时,一般后者的 MBLUP 相对优势高于前者;其余情况下则一般为前者高于后者。对于 QTL 基因型效应,当 QTL 为 2 个等位基因时,前者的 MBLUP 相对优势高于后者;但若 QTL 在基础群中有多个等位基因,QTL 方差占总遗传方差的比例为 10% 和 25% 时,则为后者高于前者,QTL 方差占总遗传方差的比例为 50% 时,则是前者高于后者;对于总遗传进展,在 QTL 方差占总遗传方差的比例为 10% 时,一般为后者高于前者,其他情况下,一般为前者高于后者。

2. 不同 QTL 效应下 MBLUP 的相对优势

对于多基因效应,QTL 效应大小对 MBLUP 相对优势的影响无明显规律;对于 QTL 基因型效应,在 QTL 为 2 个等位基因时表现为 QTL 效应越大 MBLUP 相对优势越小,而且随着世代的增加其相对优势下降的速度越快,当 QTL 方差占总遗传方差的比例为 50% 时,在第 4～5 世代时 MBLUP 已不具有优势;在 QTL 效应为正态分布时,其影响无明显规律;对于总遗传进展,多数情况下,尤其 QTL 为 2 个等位基因时,QTL 效应越大,MBLUP 的相对优势越小。

3. 不同 QTL 假定下 MBLUP 的相对优势

对于多基因效应,在 QTL 方差占总遗传方差的比例为 10% 和 25% 时,不同 QTL 假定对 MBLUP 相对优势的影响无明显规律,但在 QTL 方差占总遗传方差的比例为 50% 时,MBLUP 的相对优势在 QTL 有利等位基因在基础群中的频率为 0.1 时最高,频率为 0.5 时最低,QTL 等位基因效应为正态分布时介于其间;对于 QTL 基因型效应,QTL 有利等位基因频率为 0.1 时的 MBLUP 相对优势最大,频率为 0.5 时次之,但在 QTL 方差占总遗传方差的比例为 25% 和 50% 时,在后几个世代中,这 2 种 QTL 假定下 MBLUP 的优势较小甚至不再具有优势,而在 QTL 效应为正态分布下 MBLUP 仍然表现较大优势;对于总遗传进展,总的趋势仍是 QTL 有利等位基因频率为 0.1 时,MBLUP 的相对优势最大,频率为 0.5 时次之,但随着世代数的增加和 QTL 效应的增大,它们之间的差距也随之减小,且变得没有明显规律。

4. 不同选择世代中 MBLUP 的相对优势

对于多基因效应,随着世代数的增加,MBLUP 相对优势率的变化没有明显规律;对于 QTL 基因型效应,当 QTL 为 2 个等位基因时,MBLUP 的相对优势随着世代的增加而下降,尤其是在 QTL 效应较大时,下降的幅度很大;但如 QTL 效应为正态分布,MBLUP 的相对优势随着世代的增加有上升的趋势;对于总遗传进展,在 QTL 优势等位基因频率为 0.1 时,MBLUP 的相对优势随着世代的增加而下降,但在其他情况下 MBLUP 相对优势的变化无明显规律。

8.2.3.3 参加后裔测定青年公牛中的相对优势

表 8.11 给出的是在不同的参数组合下,中选参加后裔测定的青年公牛的多基因效应、QTL 基因型效应和总遗传进展方面,MBLUP 选择相对于常规选择的相对优势。在这里,各种因素对相对优势的影响与在种公牛中的情形相比趋势一致,只是此时 MBLUP 的相对效率更高一些。

表 8.11 青年公牛中 MBLUP 相对于常规选择的相对优势率

v^2	QTL 假定[①]	世代									
		1		2		3		4		5	
		5 cM	20 cM	5 cM	20 cM	5 cM	20 cM	5 cM	20 cM	5 cM	20 cM
多基因效应											
10%	F0.1	10.40	10.40	10.50	9.57	8.44	10.80	6.23	8.05	6.64	8.22
	F0.5	16.90	1.81	8.17	9.35	8.08	10.30	8.35	8.64	9.29	8.22
	N	18.80	18.39	13.35	12.93	8.48	10.99	7.45	11.21	7.79	11.30
25%	F0.1	16.00	13.90	9.86	5.61	10.00	6.61	6.41	6.19	8.10	7.38
	F0.5	9.58	8.77	9.89	6.58	8.78	8.13	8.86	7.25	7.96	7.22
	N	18.35	17.75	10.48	12.15	11.03	9.60	7.83	5.65	8.34	5.99
50%	F0.1	16.90	13.50	1.07	3.45	14.50	10.40	12.00	7.78	13.10	8.00
	F0.5	16.50	13.20	4.38	2.66	4.39	2.32	4.65	1.22	6.64	2.72
	N	17.58	17.22	10.32	8.13	7.04	5.32	7.04	3.99	7.19	4.98
QTL 基因型效应											
10%	F0.1	2.52	1.38	16.94	15.31	105.56	92.67	150.67	131.90	46.91	46.46
	F0.5	25.00	17.00	32.15	28.59	25.92	18.09	11.21	12.64	6.18	12.36
	N	11.71	4.80	6.58	6.99	5.18	2.53	1.99	8.51	1.63	9.16
25%	F0.1	8.22	8.08	69.64	52.65	40.52	54.69	16.31	15.93	3.60	3.60
	F0.5	26.35	22.68	12.88	7.69	9.99	5.53	4.31	2.47	0.17	0.09
	N	22.94	20.24	2.51	−2.70	5.96	10.82	9.97	13.18	5.23	10.46
50%	F0.1	13.72	12.85	180.26	131.10	13.27	11.88	0.89	1.23	0.00	0.00
	F0.5	16.84	12.56	8.09	2.53	5.13	3.95	1.40	1.18	0.42	0.42
	N	16.02	12.78	11.82	3.82	12.77	10.70	12.93	9.87	12.75	6.15

续表 8.11

ν^2	QTL假定[①]	世代									
		1		2		3		4		5	
		5 cM	20 cM	5 cM	20 cM	5 cM	20 cM	5 cM	20 cM	5 cM	20 cM
		总遗传值									
10%	F0.1	411.84	376.50	19.19	17.5	15.47	17.21	11.13	12.27	9.76	11.18
	F0.5	17.68	18.04	10.32	11.08	9.55	10.97	8.59	8.97	9.05	8.53
	N	18.03	16.91	12.66	12.33	8.15	10.14	6.96	10.95	7.20	11.09
25%	F0.1	43.40	40.00	23.85	15.86	16.13	16.26	8.94	8.69	6.99	6.46
	F0.5	13.49	12.01	10.58	6.83	9.03	7.61	8.05	6.40	6.76	6.13
	N	19.55	18.41	8.38	8.23	9.75	9.91	8.35	7.46	7.61	7.05
50%	F0.1	29.36	26.27	41.09	31.96	13.83	11.20	6.70	4.66	7.74	4.71
	F0.5	16.68	12.86	6.06	2.60	4.67	2.92	3.65	1.21	5.02	2.12
	N	16.76	14.89	11.07	5.98	9.83	7.94	9.82	6.76	9.70	5.50

注:[①]F0.1,QTL 有 2 个等位基因,基础群中优势等位基因的频率为 0.1;F0.5,QTL 有 2 个等位基因,基础群中优势等位基因的频率为 0.5;N,QTL 的等位基因数目为基础群个体数的 2 倍。

8.2.3.4 种公牛近交系数的变化

表 8.12 列出了第 5 世代不同假设条件组合下种公牛群的平均近交系数。MBLUP 选择下种公牛的平均近交系数上升速度高于常规 BLUP 选择。相邻遗传标记间距越小,近交系数上升速度越快;常规选择时,QTL 为正态分布时的近交系数上升最快,QTL 只有 2 个等位基因且优势 QTL 等位基因频率为 0.5 时次之,优势 QTL 等位基因频率为 0.1 时近交系数最低。MBLUP 选择时不同 QTL 假设下对近交系数上升的影响没有规律,且差别不大。

表 8.12 第五世代种公牛群平均近交系数

QTL假设[①]	ν^2								
	10%MBLUP		常规后测	25%MBLUP		常规后测	50%MBLUP		常规后测
	5 cM	20 cM		5 cM	20 cM		5 cM	20 cM	
F0.1	0.126 6	0.124 4	0.087 2	0.123 1	0.109 0	0.080 6	0.122 1	0.104 8	0.070 9
F0.5	0.120 7	0.116 6	0.089 3	0.130 6	0.113 7	0.083 6	0.121 9	0.103 9	0.084 3
N	0.121 1	0.122 9	0.098 1	0.126 6	0.122 8	0.090 6	0.128 6	0.117 8	0.087 5

注:[①]F0.1,QTL 有 2 个等位基因,基础群中优势等位基因的频率为 0.1;F0.5,QTL 有 2 个等位基因,基础群中优势等位基因的频率为 0.5;N,QTL 的等位基因数目为基础群个体数的 2 倍。

8.2.3.5 模拟研究结果与实际情况结合的可能性

模拟研究中对于 QTL 的假设条件基本上来自于其他科研成果,与实际情况基本相符。虽然已经检测到的 QTL 方差一般低于遗传方差的 30%,但利用更大规模的群体和高通量的检测手段,有望获得占遗传方差 50% 的 QTL,因此张豪(2002a,b)设定 QTL 方差占总体方差的 3 种情况(10%、25% 和 50%)可涵盖大多数 QTL 的特征。应用大规模基因组扫描进行精细定位,将 QTL 定位于 1~5 cM 是可能的,而这样长度的区间可能含有一个或者多个连锁的基因(哺乳动物基因的密度为每个 cM 含 25 个基因左右),因此对于 QTL 等位基因个数的假定涵盖极端至 2 个等位基因,多至任意个等位基因(可将 QTL 区段内多个基因的单倍型看做等位基因)能够更好地说明 MAS 的效果。

　　在实施 MBLUP 过程中,首先要由后代从亲本处获得的标记单倍型估计亲本的标记连锁相,然后由此计算 QTL 的等位基因效应相关矩阵。当标记间距离大时,估计亲本连锁相的准确性降低(间距大时,标记与 QTL 的重组率加大),进而导致由 MBLUP 估计个体 QTL 基因型效应和多基因效应时精确性降低。因此,多数情况下,尤其是 QTL 为 2 个等位基因和 QTL 效应较大时 MBLUP 的相对优势在 5 cM 时都大于间距为 20 cM 时。然而,在 QTL 效应低时,MBLUP 的相对优势与标记距离基本无关,因此如果 QTL 效应较低的情况下,增加标记密度并不能带来 MBLUP 选择效率的显著升高。

　　基础群中有利 QTL 等位基因的频率越低,MBLUP 的相对效率越高,尤其是前几个世代。由于 MAS 有助于固定 QTL 有利等位基因,不断研究发现新的 QTL 将是 MAS 育种体系必需的研究内容。由于绝大多数 QTL 占遗传方差的比例都在 10% 以下,因此如果利用动物模型 MBLUP 进行 MAS,QTL 相邻标记在 20 cM 以内即可满足要求,没有必要过分追求标记密度。

　　与常规后裔测定的两阶段选择相比,利用 MBLUP 的两阶段选择优势来自第一阶段利用标记信息对参加后裔测定青年公牛的预选,因而在青年公牛中 MBLUP 的相对优势更加明显。而第二阶段利用标记信息与只利用系谱和常规表型信息选择效率相近。因此实际育种在半同胞和全同胞混合家系内,第一阶段根据标记信息进行选择,第二阶段根据表型和系谱信息而不增加测定标记的成本进行选择是切实可行的 MAS 策略。

　　总之,与常规后裔测定相比,MBLUP 可以使公牛的总遗传进展提高 14%,参加后裔测定的青年公牛总遗传进展提高得更多;随着世代增加,MBLUP 与常规后裔测定相比遗传值的相对优势率下降,下降的速度随 QTL 方差的增大和 QTL 等位基因效应的提高而加快;QTL 方差增大并不一定能使 MBLUP 与常规后裔测定相比总遗传进展的相对优势率升高;零世代 QTL 的假定对 MBLUP 相对优势率的影响很大,当假定 QTL 仅有两个等位基因,且零世代优势 QTL 等位基因的频率为 0.1 时,MBLUP 相对于常规后裔测定总遗传进展的相对优势率显著高于假定 QTL 仅有两个等位基因且零世代时优势 QTL 等位基因的频率为 0.5 和假定 QTL 有无数多个等位基因的情况,后两者的结果相近;当 QTL 方差占遗传方差的比例为 10% 时,遗传标记密度从 20 cM 提高到 5 cM 后,MBLUP 与常规后裔测定相比总遗传进展的相对优势率反而降低;当 QTL 方差占遗传方差的比例为 25% 和 50% 时,遗传标记从 20 cM 提高到 5 cM,MBLUP 与常规后裔测验相比总遗传进展的优势率显著上升。

8.2.4　应用 MOET 技术和全基因组选择的育种规划

　　在奶牛育种体系中,为生产种畜应用最广泛的繁殖生物技术为超数排卵胚胎移植(MOET)。MOET 育种体系即种子母牛利用超排和胚胎移植,选配后产生多个全同胞后代(如同时产生 8 个后代,公母都有),从中选择青年公牛,可通过利用同胞成绩,使青年公牛提前获得遗传评估成绩、缩短世代间距(与后测相比),但利用同胞成绩进行遗传评估的准确性低于后裔测定。然而,在传统的 MOET 育种体系中结合 MAS 后育种效率是否能得到提高? 与其他选择体系相比,效率如何? 特别是全基因组 SNP 芯片技术日趋完善的今天,利用和综合利用各项新型技术给奶牛育种规划带来怎样的改变? 这些科学问题的研究,都将为今后的奶牛育种规划提供指导性的建议。

8.2.4.1 结合 MOET 的标记辅助选择效率

奶牛的世代间隔长,进行后裔测定时世代间隔一般为 6 年左右。目前美国、加拿大、法国、德国等奶牛发达国家 50%以上的后裔测定青年公牛是利用超数排卵胚胎移植(multiple ovulation and embryo transfer,MOET)技术生产的。所谓"MOET 核心群育种计划"(MOET nucleus breeding program),是指在一个群体内,集中一定数量的优秀母牛,形成一个相对闭锁的群体,通过 MOET 技术,高强度利用优秀母牛生产后裔。MOET 计划主要目的是生产优秀后裔测定青年公牛,并可以使青年公牛在很短的时间内拥有大量的全同胞姐妹成绩,这样可以根据祖先和同胞的成绩对青年公牛进行遗传评估,因而缩短了世代间隔(王希朝和王亚光,2000)。张勤和张沅(1997)通过 Monte Carlo 模拟表明,MOET 核心群公牛育种值估计的准确性一般比较低,低于后裔测定约 30%;当 MOET 核心群公牛为 8 头,母牛为 40 头,每头母牛产 8 头女儿时,公牛遗传评定准确性才能达到 0.608 8。然而,结合 MAS 能够在早期提高选择准确性,是否能克服 MOET 育种计划的弱点呢?

在奶牛育种方案中通过对优秀母牛进行超数排卵和胚胎移植,使后裔测定时在全同胞家系中应用个体标记信息进行选择成为可能。MOET 核心群方案具有更集中的群体结构,可更经济地对所有候选者进行基因型检测,增加了 MAS 的可行性。很多研究对在奶牛中应用 MAS 所获得的额外遗传进展进行评估。结果一致显示,在不同的遗传通径或不同的育种方案中应用 MAS 都可增加遗传进展。在青年公牛后裔测定前可额外引入一种被称为"预选"的选择方式。预选的实施并不会改变群体世代间隔,但却会通过结合系谱信息和标记信息的方式提高选择的准确性以达到对后裔测定体系进行优化的目的。Meuwissen 和 van Arendonk (1992)研究了在开放和闭锁核心奶牛群中,遗传标记和 QTL 存在连锁不平衡情况下实施 MAS 的价值。假定产奶量的遗传力为 0.25,每头母牛实施 MOET 产 8 头后裔。开放和闭锁核心群与常规后测选择相比,遗传进展分别增加 9.5%~25.8%和 7.7%~22.4%。

8.2.4.2 模拟参数设计

在奶牛育种中,对进入后裔测定的青年公牛进行预选至关重要,然而目前预选仅基于系谱信息,可靠性很低。MAS 的应用为在初始阶段提高选择准确性提供了可能,并有可通过对全同胞个体进行预选择而降低育种成本。已有很多研究利用随机过程模拟研究 MAS 给奶牛育种方案带来的优越性,然而大多数研究模拟简单结构的小规模群体,进行分离世代的选择,同时缺少对结合 MOET 技术和 MAS 方法的育种方案的系统比较。罗维真等(2008)假设 QTL 的有利突变已知的情况下,设计奶牛育种方案中:①是否应用 MOET 技术产生青年公牛;②对青年公牛的预选中是否应用 QTL 信息;③是否经过后裔测定后再进行青年公牛遗传评估;④计算个体 EBV 所应用的模型是否包含 QTL 信息,共组成 8 个育种方案,从有利 QTL 基因频率、真实育种值遗传进展、多基因育种值遗传进展以及遗传进展优势率(CGS,各育种方案相对于标准后裔测定方案的累积遗传进展相对优势率)评估应用 QTL 信息和/或 MOET 技术带来的优越性。

罗维真等(2008)模拟的群体包括一个开放的核心群和一个商业生产群,选择的目标性状为产奶量。假设选择性状的遗传力为 0.3,性状的遗传受位于常染色体上的一个 QTL 和多基因的共同控制,QTL 位点有两个等位基因。模拟的产奶量性状参数来源于对北京地区荷斯坦奶牛群体产奶量 1994—2004 年数据的统计结果,群体产奶量均值为 8 500 kg,标准差为 1 167 kg。核心群由遗传评估选择出的优秀个体组成,其余的泌乳母牛及母犊牛构成奶牛商品群。对种公牛实施两阶段选择：在第一阶段，应用 QTL 信息从公牛母亲的后代中选择最好的青年公牛；在第二阶段，QTL 信息被应用于青年公牛遗传评估。

8.2.4.3 群体结构和育种技术参数

罗维真等(2008)模拟群体由 5 个动物亚群组成：公牛父亲(BS)群体、公牛母亲(BD)群体、现役公牛(AS)群体、泌乳母牛(LC)群体及青年公牛(YB)群体。群体结构如图 8.6 所示。基础群由 20 头 AS 及 100 000 头 LC 组成。LC 群体中的泌乳母牛均匀分布于 50 个场中，最高胎次为 5 胎。群体中 1～5 胎次泌乳母牛组成比例为 0.33、0.26、0.19、0.14 及 0.08。群体规模保持恒定，以避免由群体规模增加对遗传进展率造成影响。在 LC 群体中应用适当的淘汰率，同时每年补充相应数量的母犊牛作为后备母牛，替代被淘汰的 LC。1～5 胎次 LC 淘汰率分别为 0.22、0.26、0.29、0.24 和 1。BS 和 BD 在第一年从基础群中随机选出，随后各年依据其估计育种值(EBV)进行选择。每年从 AS 群体中选择出 10 头作为 BS，每头 BS 与选择的 10 头最优秀母牛 BD 交配产生公犊牛或(和)母犊牛。每年预选择 60 头 YB 与基础群随机选择出的母牛交配进行后裔测定。在后裔测定方案中，每头 YB 根据约 50 头女儿的泌乳成绩进行育种值估计；在非后裔测定方案中，对 YB 的选择是在其 3 岁时根据其姐妹的第一次泌乳成绩进行评估。每次选出 YB 群体中 EBV 最高的 5 头成为验证公牛，对前一年 AS 群体中年龄最大的 5 头公牛进行替代。在模拟中为了避免近交，只有来源于不同家系的公牛和母牛才能交配。模拟重叠世代 17 年的选择过程，相当于在进行后裔测定时对 AS 进行 3 次全面的替换。每个方案进行 30 次重复模拟。

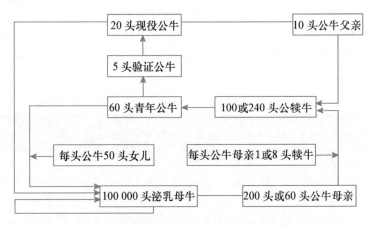

图 8.6 结合 MOET 技术的标记辅助选择效率模拟群体结构

罗维真等(2008)模拟研究的 8 个育种方案分别为：

(1)STANPT 方案。此方案模拟常规育种方案并作为同其他育种方案比较的基础。每年选择出的 200 头 BD 同 10 头 BS 随机交配，在产生的 YB 中随机选择出 60 头进入后裔测定，依据后裔测定结果选出最好的 5 头作为 AS。应用 BLUP 模型计算个体 EBV，此方案世代间隔为 5 年。

(2)GASPT 方案。此方案在 STANPT 方案的基础上额外加入 QTL 信息。对 YB 的预选择基于其是否携带有利 QTL 基因型，即候选个体依据其基因型值被选择，对于具有相同基因型的个体，选择随机进行，此方案世代间隔为 5 年。

(3)MOETPT 方案。此方案在 STANPT 育种方案中加入 MOET 技术。核心群仅需要60 头 BD 作为供体母牛，10 头 BS 中的每头公牛随机同 6 头 BD 交配，应用 MOET 技术产生全同胞家系,每个家系包括 4 头公犊牛和 4 头母犊牛。在每个家系中随机选择 1 头 YB 进入后裔测定。在此选配基础上产生的母犊牛进入商品群并在未来有很大机会成为优秀的 BD,此方案世代间隔为 5 年。

(4)GAMOPT 方案。在 MOETPT 方案中,当对全同胞家系中 YB 进行的预选择是基于 QTL 信息进行,此方案世代间隔为 5 年。

(5)COMBPT 方案。此方案同 GAMOPT 方案的区别仅在于应用 QBLUP 模型计算个体 EBV。所有个体依据 QTL 校正后的 EBV 进行选择,此方案世代间隔为 5 年。

(6)MOET 方案。此方案同 MOETPT 方案的区别仅在于不进行后裔测定。此方案世代间隔为 3 年,YB 依据其姐妹泌乳成绩进行遗传评估。

(7)GAMO 方案。此方案同 GAMOPT 方案的区别仅在于不进行后裔测定。此方案世代间隔为 3 年,YB 依据其姐妹泌乳成绩进行遗传评估。

(8)COMB 方案。此方案同 COMBPT 方案的区别仅在于不进行后裔测定。此方案世代间隔为 3 年,YB 依据其姐妹泌乳成绩进行遗传评估。

8.2.4.4　QTL 有利等位基因频率进展

QTL 有利等位基因初始基因频率为 0.1,但在第 17 年所有动物群体中,应用 QTL 信息的方案有利基因频率都高于其他方案(MOET 方案、MOETPT 方案和 STANPT 方案),尤其在公牛通径(AS、BS 和 YB)中,方案间差异达到显著水平。所有方案中效果最显著的为 COMB 方案(表 8.13),此方案应用 MOET 技术扩大家系规模,同时具有更短的世代间隔(3 年),因此同其他方案相比有更多的机会在群体中固定有利等位基因。由于选择强度较低,有利 QTL 基因频率在 LC 群体中最低,LC 是获得遗传进展最慢的通径。尽管如此,在 COMB 方案中,LC 群中有利 QTL 基因频率从 0.1 上升至 0.81,表明缩短世代间隔在把有利等位基因从核心群传递到商品群方面具有很高效率。

表 8.13　8 个育种方案第 17 年 5 个群体中有利 QTL 基因频率

育种方案[1]	动物群体[2]				
	AS	BS	YB	BD	LC
COMB	1.00 ± 0.01^{ab}	1.00 ± 0.00^{a}	1.00 ± 0.00^{a}	0.99 ± 0.02^{a}	0.81 ± 0.04^{a}
COMBPT	0.92 ± 0.07^{b}	0.97 ± 0.05^{a}	0.98 ± 0.04^{a}	0.95 ± 0.08^{a}	0.60 ± 0.11^{b}
GAMOPT	0.77 ± 0.14^{c}	0.83 ± 0.13^{b}	0.84 ± 0.12^{b}	0.69 ± 0.16^{b}	0.49 ± 0.13^{c}
GAMO	0.73 ± 0.17^{c}	0.77 ± 0.17^{bc}	0.82 ± 0.15^{b}	0.70 ± 0.15^{b}	0.49 ± 0.15^{c}
GASPT	0.71 ± 0.14^{c}	0.75 ± 0.13^{c}	0.81 ± 0.11^{b}	0.63 ± 0.11^{b}	0.44 ± 0.11^{cd}
MOETPT	0.59 ± 0.16^{d}	0.65 ± 0.15^{d}	0.59 ± 0.16^{c}	0.65 ± 0.13^{b}	0.40 ± 0.12^{d}
MOET	0.58 ± 0.20^{d}	0.61 ± 0.21^{de}	0.57 ± 0.19^{c}	0.66 ± 0.15^{b}	0.39 ± 0.13^{d}
STANPT	0.49 ± 0.19^{e}	0.55 ± 0.18^{e}	0.47 ± 0.19^{c}	0.53 ± 0.14^{c}	0.31 ± 0.11^{e}

注:[1]STANPT=传统后裔测定方案,GASPT=应用 QTL 信息对青年公牛进行预选择方案,MOETPT=应用 MOET 技术产生全同胞家系方案,GAMOPT=应用 QTL 信息预选择及 MOET 技术方案,COMBPT=应用 QTL 信息预选择、MOET 技术及 QBLUP 模型遗传评估方案,GAMO=对应 GAMOPT 方案的非后裔测定方案,MOET=对应 MOETPT 方案的非后裔测定方案,COMB=对应 COMBPT 方案的非后裔测定方案。每个方案进行 30 次重复模拟。

[2]AS=现役公牛,BS=公牛父亲,YB=青年公牛,BD=公牛母亲,LC=泌乳母牛。

每列数值上标不同表示差异显著($P<0.05$)。

8.2.4.5　多基因遗传进展相对效率

表 8.14 列出了第 17 年 8 个选育方案 5 个动物群体的多基因遗传进展情况。在 5 个群体

中,STANPT 方案并不是多基因遗传进展最慢的方案,其多基因遗传进展在 8 个方案中可排第 6 位或第 7 位。结合 MOET 技术及 QTL 辅助选择的 GAMOPT 方案在公畜通径中可获得最高的多基因遗传进展,GAMO 方案在母畜通径(BD 和 LC)中排名第一。GASPT 方案在 YB 和 BD 群体中的多基因遗传进展最低,同时是 AS、BS 和 LC 群体中进展最低的方案之一。结果表明仅应用 QTL 进行选择尽管会使所有群体中有利 QTL 基因频率达到中等水平(表 8.13),但并不能同时带来更高的多基因遗传进展。

表 8.14　8 个育种方案第 17 年 5 个群体中多基因遗传进展　　　　　　　　kg

育种方案[1]	动物群体[2]				
	AS	BS	YB	BD	LC
GAMOPT	1 928.4±167.31[ab]	2 119.45±230.38[a]	1 896.28±164.23[a]	2 083.92±148.54[bc]	1 221.00±106.34[bc]
GAMO	1 925.18±202.30[a]	2 036.61±236.05[ab]	1 894.54±232.99[a]	2 236.58±220.20[a]	1 305.69±168.44[a]
COMBPT	1 883.44±170.86[ab]	2 065.87±195.17[ab]	1 792.09±168.94[abc]	2 029.65±202.55[cd]	1 157.47±137.23[c]
MOET	1 858.17±273.40[ab]	1 981.84±378.81[ab]	1 851.16±236.92[ab]	2 182.39±281.87[ab]	1 250.87±211.79[ab]
MOETPT	1 845.99±162.42[ab]	2 043.34±231.88[ab]	1 829.38±184.21[ab]	2 038.56±194.74[cd]	1 210.03±133.27[bc]
GASPT	1 841.99±143.09[ab]	2 025.69±205.61[ab]	1 688.08±154.24[c]	1 876.58±98.58[e]	1 146.05±90.32[c]
STANPT	1 828.21±158.36[ab]	2 008.55±264.34[ab]	1 762.16±165.59[bc]	1 936.86±139.27[de]	1 211.53±125.26[bc]
COMB	1 785.04±234.63[b]	1 941.57±262.67[b]	1 799.02±256.42[abc]	2 112.90±262.90[bc]	1 155.08±203.03[c]

注:[1]STANPT=传统后裔测定方案,GASPT=应用 QTL 信息对青年公牛进行预选择方案,MOETPT=应用 MOET 技术产生全同胞家系方案,GAMOPT=应用 QTL 信息预选择及 MOET 技术方案,COMBPT=应用 QTL 信息预选择、MOET 技术及 QBLUP 模型遗传评估方案,GAMO=对应 GAMOPT 方案的非后裔测定方案,MOET=对应 MOETPT 方案的非后裔测定方案,COMB=对应 COMBPT 方案的非后裔测定方案。每个方案进行 30 次重复模拟。
[2]AS=现役公牛,BS=公牛父亲,YB=青年公牛,BD=公牛母亲,LC=泌乳母牛。
每列数值上标不同表示差异显著($P<0.05$)。

在 AS 群体中,8 个方案间多基因遗传进展差异最小(143.36 kg)。原因在于此通经中个体遗传评估所利用的信息量最大,削弱不同选择方案带来的差异。在 YB 群体中,未应用 MOET 技术的 GASPT 方案和 STANPT 方案获得多基因遗传进展最小。结合表 8.13 的结果可见,在选择中应用 QTL 信息虽可提高有利 QTL 等位基因选择效率但却会降低多基因选择反应。此结果同时与 Abdel-Azim 等研究结果一致。

BD 群体中多基因遗传进展差异最大(360.00 kg)。8 个育种方案中,不需要后裔测定的 3 个育种方案获得了最大的多基因遗传进展而 GASPT 方案获得进展最小。LC 群体中可发现同样趋势。此结果表明在母畜选择中缩短世代间隔和增加选择强度对提高多基因遗传进展的同等重要。

考虑两组方案:STANPT 方案和 MOETPT 方案、GASPT 方案和 GAMOPT 方案,各组方案间唯一的区别在于是否应用 MOET 技术。从其比较结果可看出尤其是在公畜通径中,应用 MOET 技术可协助增加多基因选择反应,而在 YB 和 BD 中结合 MOET 技术和 QTL 预选择可显著增加多基因遗传进展。当应用 MOET 技术时,对青年公牛的选择方法为家系内选择,全同胞个体从亲本继承相同的多基因值,因此仅对有利 QTL 等位基因进行的选择不会对其多基因值产生影响。在 BD 中,MOET 技术的应用带来了更高的选择强度,因此可获得更快的多基因遗传进展。

8.2.4.6　真实育种值遗传进展(CTBV)相对效率

表 8.15 计算不同方案的 5 个群体第 17 年 CTBV。CTBV 值由多基因值及 QTL 基因型值组成。COMB 方案和 COMBPT 方案具有最大的 CTBV 值而 STANPT 方案值最小且同两

方案差异显著。应用各项技术的方案相对于常规后裔测定方案的优越性范围为从 LC 群体的 350.71 kg 至 BD 群体的 553.83 kg，相对应从 BS 的 16.84% 至 LC 的 25.38%。

表 8.15　8 个育种方案第 17 年 5 个群体中真实育种值遗传进展　　　　　　　　kg

育种方案[1]	动物群体[2]				
	AS	BS	YB	BD	LC
COMBPT	2 545.76±147.13[ab3]	2 762.55±196.97[a]	2 442.72±170.97[a]	2 718.47±190.44[ab]	1 558.38±144.87[bc]
COMB	2 501.93±236.45[a]	2 662.50±249.44[abc]	2 464.93±256.94[a]	2838.55±261.36[a]	1732.45±199.56[a]
GAMOPT	2 460.67±184.21[a]	2 697.55±245.37[ab]	2 431.25±161.92[a]	2 565.67±177.85[cd]	1 534.37±122.40[bcd]
GAMO	2 450.72±203.71[a]	2 597.19±238.42[bcd]	2 436.92±241.29[a]	2 724.61±261.18[ab]	1 618.27±211.77[b]
GASPT	2 328.44±178.65[b]	2 550.63±231.30[cd]	2 208.00±146.55[b]	2 307.59±118.71[e]	1 418.97±119.60[ef]
MOET	2 236.16±276.73[bc]	2 373.97±380.28[e]	2 221.73±231.13[b]	2 640.78±297.91[bc]	1 485.55±231.70[cde]
MOETPT	2 224.65±143.27[bc]	2 459.72±189.25[de]	2 213.43±158.78[b]	2 481.68±209.10[d]	1 450.81±166.26[def]
STANPT	2 147.58±186.59[c]	2 364.30±286.37[e]	2 054.58±200.32[c]	2 284.72±163.28[e]	1 381.74±161.14[f]

注：[1]STANPT=传统后裔测定方案，GASPT=应用 QTL 信息对青年公牛进行预选择方案，MOETPT=应用 MOET 技术产生全同胞家系方案，GAMOPT=应用 QTL 信息预选择及 MOET 技术方案，COMBPT=应用 QTL 信息预选择、MOET 技术及 QBLUP 模型遗传评估方案，GAMO=对应 GAMOPT 方案的非后裔测定方案，MOET=对应 MOETPT 方案的非后裔测定方案，COMB=对应 COMBPT 方案的非后裔测定方案。每个方案进行 30 次重复模拟。

　　[2]AS=现役公牛，BS=公牛父亲，YB=青年公牛，BD=公牛母亲，LC=泌乳母牛。

　　每列数值上标不同表示差异显著（$P<0.05$）。

　　在 AS 和 BS 群体中，仅应用某单项技术如 QBLUP 模型、MOET 技术或者后裔测定不会对 CTBV 产生显著影响。后裔测定是增加遗传评估准确性的最有效手段，然而 AS 群体具有最大数量的信息来源，因此 AS 群体中后裔测定方案只获得有限的 CTBV 优势。结合各项技术，不管是否应用 QBLUP 模型都可带来最大遗传进展。

　　比较 COMBPT 和 GAMOPT 方案，两者唯一的区别是在第二阶段选择是否需要群体 QTL 基因型信息。除 BD 通径外两方案 CTBV 无显著差异。对群体进行基因型检测可保证对 QTL 效应评估的准确性，但是却会增加育种方案的成本。为平衡育种成本及遗传进展，推荐使用 GAMOPT 方案，此方案对群体进行合理的 QTL 检测而不是进行大规模基因型测定。

　　BD 群体的 CTBV 进展最大（553.83 kg）。由于具有更高的选择强度，在第 17 年应用 MOET 技术方案比非 MOET 方案具有更高 CTBV。仅应用 QTL 信息进行预选择的 GASPT 方案同常规 STANPT 方案差异不显著，原因是预选择通常直接作用于 BD 的后代，对 BD 的 CTBV 影响很小。后裔测定对 BD 的 CTBV 影响不大，单独或结合各项技术的非后裔测定方案比后裔测定方案 CTBV 显著增加，例如 GAMO 方案同 GAMOPT 方案差异显著，再次表明缩短世代间隔对 CTBV 进展的显著影响。

　　LC 群体通过 MOET 技术和 QTL 信息的应用所获得 CTBV 最少，主要原因为选择强度较低且没有足够的时间使亲代的优势传递到此群体。

8.2.4.7　遗传进展优势率（CGS）

　　以 STANPT 方案为标准，每年计算两个主要群体 AS 和 LC 中其他方案相对 STANPT 方案的 CGS。图 8.7（又见彩插）列出 8 个不同育种方案在 AS 群体（a）和 LC 群体（b）中 17 年选种过程的 CGS 结果。

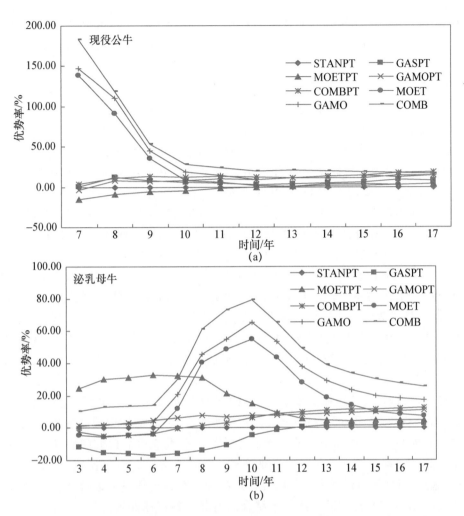

图 8.7 17 年 8 个育种方案在现役公牛群体和泌乳母牛群体的遗传进展优势率(CGS)

注:$CGS = \dfrac{\sum \Delta TBV_{OTHER} - \sum \Delta TBV_{STANPT}}{\sum \Delta TBV_{STANPT}}$,其中 $\sum \Delta TBV_{STANPT}$ 为基础方案(STANPT 方案)真实育种值遗传进

展,$\sum \Delta TBV_{OTHER}$ 为其他方案真实育种值遗传进展。STANPT=传统后裔测定方案,GASPT=应用 QTL 信息对青年公牛进行预选择方案,MOETPT=应用 MOET 技术产生全同胞家系方案,GAMOPT=应用 QTL 信息预选择及 MOET 技术方案,COMBPT=应用 QTL 信息预选择、MOET 技术及 QBLUP 模型遗传评估方案,GAMO=对应 GAMOPT 方案的非后裔测定方案,MOET=对应 MOETPT 方案的非后裔测定方案,COMB=对应 COMBPT 方案的非后裔测定方案。

从图 8.7 可看出,在长期选择反应方面,结合各项技术方案的优势率高于其他方案,仅应用 QTL 信息进行预选择方案优势率略高于仅应用 MOET 技术方案。Spelman 等研究结果表明,在两个阶段都应用 QTL 信息的育种方案可加快群体获得遗传进展速度。在遗传评估模型中考虑 QTL 效应可增加评估的准确性在许多研究中都有报道,并因此可加速群体获得遗传进展的速度,如本研究 COMB 方案和 COMBPT 方案所示。

在 AS 群体中,在第 4 年非后裔测定方案中第一批验证公牛开始对 AS 进行替换,在第 7 年时对基础群现役公牛已完成全面替换,因此这些方案中 AS 的遗传值显著提高。同样的过程发生在后裔测定方案的第 7 年和第 10 年。第 10 年以后,AS 群体中不同方案 CGS 趋于固定。

同样在 LC 群体中 CGS 逐年上升并在第 10 年达到最大值。在第 17 年时 GASPT 方案、MOETPT 方案、GAMOPT 方案、COMBPT 方案、MOET 方案、GAMO 方案和 COMB 方案的 CGS 在 AS 群体中分别为 8.42%、3.59%、14.58%、18.54%、4.12%、14.12% 和 16.50%;在 LC 群体中分别为 2.70%、5.00%、11.05%、12.78%、7.51%、17.12% 和 25.38%。

Abdel-Azim 等研究 MAS 育种方案 CGS,发现在选择初始年代 CGS 较低,随后逐渐上升并达到最大值,在有利 QTL 基因频率超过 0.5 后 CGS 开始下降,当 QTL 接近固定后 CGS 消失。罗维真等(2008)模拟的研究群体结构相似,可观察到相同趋势。然而两研究的育种方案设计、模拟表型值模型及育种值估计模型都存在一定差异,罗维真等(2008)的研究结果中 CGS 开始降低时有利 QTL 基因频率为 0.29,研究结果存在一定差别。

许多研究应用模拟方法研究奶牛育种中应用 MAS 获得的遗传进展,各研究获得结果大相径庭。MAS 所获得的额外遗传进展受育种方案设计、选择性状的群体参数、标记 QTL 及多基因的遗传模型、标记参数、遗传评估方法及模拟世代数影响(Dekkers et al,2004;Lande et al,1990)。大多数研究模拟分离世代的核心群体。Mackinnon 等(1998)模拟了 1 个世代"从上到下"方法的 MAS 方案,当 QTL 解释 10% 的遗传方差时,可获得相对于传统后裔测定方案 8% 的优势率。罗维真等(2008)与上述研究类似方案的 1 世代优势率为 12.23%,优势率略高的原因可能为其采用重叠世代的动态模拟。对比模拟重叠世代的方案,罗维真等(2008)同 Abdel-Azim 等的研究结果一致,在其 GASPT 类似方案中,第 16 年 AS 和 LC 的优势率分别为 6.0% 和 4.8%。

在实践中,被选择性状往往受多个 QTL 的共同作用,而且随着 QTL 定位研究的不断深入,越来越多的 QTL 被定位。在这种情况下,考虑多个 QTL 的标记辅助选择,特别是存在多个作用方向相同的 QTL 的标记辅助选择更有现实意义,将在今后研究中应探讨 QTL 基因型组合的辅助选择对育种进展及经济效益的影响。罗维真等(2008)仅模拟对影响性状的单个 QTL 进行选择,而且采用育种进展和遗传评估准确性对各选择方案进行评价,目的在于突显 MOET 等繁殖技术与标记辅助选择技术结合的情况下各育种方案的效率。但对于育种规划这一经济运行过程,育种进展和遗传评估准确性只能作为育种效率的一个方面,如何进行引入中国育种条件下的经济学参数,对各方案进行更全面的评价仍是今后工作中需要继续探讨的重点,特别是对群体的基因型检测可大规模展开且基因型检测费用不断变化的情况,需要加深研究的深度。

罗维真等(2008)研究首次对应用 MOET 技术和应用 QTL 信息对青年公牛进行预选择的效果进行直接比较,研究结果表明,在目前设计的育种方案中,同常规的后裔测定方案相比,不论是否进行后裔测定,结合 QTL 信息及 MOET 技术的育种方案在所有通径中都可获得最大的遗传进展。如果仅应用单项技术(QTL 信息或 MOET 技术)只能获得比常规方案稍高的遗传进展,但不显著。当设计应用 QTL 信息的育种方案时,必须重点关注哪些群体利用 QTL 信息可获得最大的遗传进展并最终把此遗传进展传递给全群。MAS 的优越性在常规选择效率更低的群体中更为明显,如青年公牛群体。

罗维真等(2008)应用包含 QTL 效应作为固定效应的动物模型进行遗传评估的育种方案比应用常规 BLUP 模型育种方案可获得更大遗传进展。然而在育种实践中,若为在第二阶段应用所有个体 QTL 信息进行选择而对群体进行基因型检测需要耗费巨额成本。在第一阶段应用标记信息进行预选择,第二阶段应用表型及系谱信息进行遗传评估将是一个切实可行的

MAS育种方案。在应用QTL信息的方案中,有利QTL基因频率迅速提高。相对于常规选择,MAS更注重对有利QTL等位基因的选择。为持续获得遗传进展,必须不断检测新的QTL并把其加入育种方案之中。在实际应用中,QTL检测和MAS育种方案必须相结合,以探索新的可利用的遗传方差。

8.2.5　常规后裔测定、青年公牛育种方案和基因组选择方案效率比较

传统的奶牛群体遗传改良方法,主要是使用后备公牛的系谱信息和后代的表型信息来估计其个体育种值,并以此为依据,选择出最优秀的个体,作为人工授精用种公牛,再通过冷冻精液,将其遗传优势传递到全群。这就是被称作以公牛后裔测定为核心的人工授精(AI)育种体系。通过后裔测定选育种公牛的优点在于,可以获得最高的种公牛选择准确性。但后裔测定的主要缺点一是世代间隔长(平均5年以上);二是育种成本高,且育种成本32%由测定公牛的等待期所致(König et al,2009)。为了避免后裔测定上述缺点,在奶牛群体改良体系中提出"青年公牛育种体系",即青年公牛的选择仅依据其系谱资料,能缩短世代间隔,但种公牛选择的准确性较低,牛群难以获得较为理想的遗传进展。随着胚胎生物技术和分子遗传技术的发展,育种学家又先后引出"MOET育种方案"(Nicholas and Smith,1983)和"标记辅助选择(MAS)育种方案"(Mackinnon and George,1998;罗维真等,2008),研究表明,这两个方案能够缩短减少世代间隔,在牛群中实施后获得不到预期的遗传进展(Dekkers,2004)。近年来,由于家畜基因组测序技术、基因芯片技术的不断发展以及检测成本的下降,Meuwissen等(2001)提出了"基因组选择(genomic selection,GS)法",GS是利用覆盖在全基因组上大量的SNP信息,更科学、全面地探明影响各重要性状的遗传基础。GS利用验证公牛等"已知基因型"个体的信息,估计覆盖整个基因组上所有的有效SNP标记的效应,并将SNP效应之和定义为基因组育种值(GEBV)(Schaeffer,2006)。依据GEBV可实现种畜早期选择,不仅可大大缩短世代间隔,且青年公牛各性状育种值估计的准确性可达到0.7以上;这个准确性虽低于后裔测定,但如果改变现有后裔测定体系,可获得更快的群体遗传进展。

陈军等(2011)根据中国奶牛育种现状,设计常规后裔测定方案、青年公牛育种方案以及利用全基因组选择的育种方案,通过育种效率比较以及经济学分析,探讨在中国荷斯坦牛育种中,构建基因组选择育种方案的效率,并对影响基因组选择方案效率的各因素进行深入分析,为优化基因组选择方案提供信息。

8.2.5.1　模拟参数设计

陈军等(2011)模拟群体规模为10万头荷斯坦成母牛群。以常规后裔测定体系为基础。每年在育种核心群中,根据系谱和表型信息通过遗传评定选择100头母牛作为"公牛母亲";选用最优秀的种公牛冻精与之交配,以获得50头公犊牛;当公犊牛生长到1岁时转入青年公牛阶段,开始进行后测试配,每头青年公牛获得不少于100个女儿;此后青年公牛进入"等待公牛"阶段,直到所有女儿牛完成第一个泌乳期获得产奶记录、体型评分和功能性状记录后,通过育种值估计和遗传评定,从候选青年公牛中选择5头最优秀公牛作为"验证公牛",进入公牛站开始生产冷冻精液。这一公牛后裔测定过程最快需要5年时间,基本时间流程见表8.16。

表8.16　常规公牛后裔测定方案的基本流程

时间/月龄	育种阶段
0	育种群母牛(公牛母亲)的选择
9	公犊牛出生
21	青年公牛与育种群母牛交配
30	青年公牛后代女儿出生
45	青年公牛的女儿配种
54	女儿产犊和获得第一胎产犊记录
57	估计青年公牛的繁殖性状育种值
64	具有后代女儿第一胎次完整记录,估计青年公牛的其他生产性能育种值,选留公牛

陈军等(2011)设计的后裔测定方案群体结构和种牛选择通径见图8.8,选择通径有7条:①OB>OB,用于培育下一代公牛的验证公牛;②NC>OB,育种群中用于培育下一代公牛的母牛;③YB>NC,青年公牛作为部分育种群母牛的父亲;④OB>NC,用于培育下一代母牛的公牛;⑤NC>NC,育种群中用于培育下一代母牛的母亲;⑥OB>PC,验证公牛用作生产群母牛的父亲;⑦PC>PC,生产群中用于培育下一代母牛的母亲。

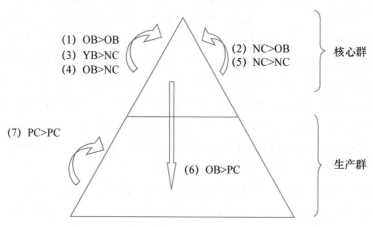

(1) OB>OB
(3) YB>NC
(4) OB>NC

(2) NC>OB
(5) NC>NC

核心群

(7) PC>PC

(6) OB>PC

生产群

OB:验证公牛　YB:青年公牛　NC:育种群母牛　PC:生产群母牛

图8.8　后裔测定方案选择结构图示

青年公牛育种方案与后裔测定育种方案的主要区别是青年公牛在12月龄即可开始生产冷冻精液在全群中推广,即青年公牛在后裔测定成绩未出来之前已在生产群和育种群中使用。与公牛后裔测定育种方案相比较,其育种结构和选择通径中缺少了OB>NC和OB>PC,而增加了YB>PC这条选择通径。其他的参数和后裔测定育种方案相同。

陈军等(2011)参照Schaeffer(2006)的报道设计了全基因组选择育种体系的基本流程(图8.9)。首先构建一个由50头公牛以及每头公牛50个儿子组成的基础参考群体,对2500头牛进行覆盖全基因组的SNP标记检测,并估计全基因组的SNP效应,构建基因组育种值估计系统;然后设定群体规模为10万头中国荷斯坦成母牛群,在育种核心群中,通过传统遗传评定方法,初选200头优秀母牛,再通过基因组检测,估计其全基因组SNP标记效应,选出具有最高

GEBV 的 100 头母牛作为公牛母亲,选用最优秀的公牛冻精交配,以期获得 50 头公犊牛,公犊牛出生后,即可进行基因组 SNP 检测,并使用基因组育种值估计系统进行个体遗传评估,选留其中 GEBV 最高的 5 头公牛进入公牛站,在青年公牛 12 月龄后即可开始生产冷冻精液并在全群中推广。当其第一批后代出生时,公牛约为 2 岁,即公牛选择通径的世代间隔为 2 年。图 8.10 为中国荷斯坦牛基因组选择育种方案的育种结构和选择通径。

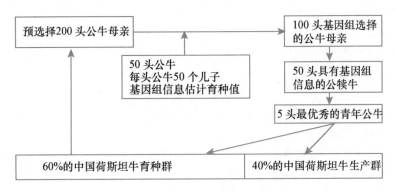

图 8.9　基因组选择基本流程

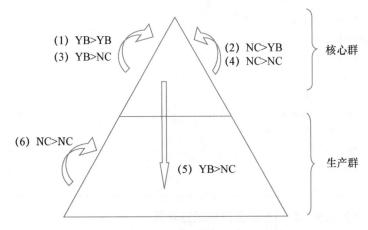

YB:青年公牛　NC:育种群母牛　PC:生产群母牛

图 8.10　基因组选择育种方案选择群体图示

8.2.5.2　群体结构、生物学和育种技术参数

陈军等(2011)设定群体规模参照北京郊区奶牛生产的实际情况。根据母牛个体在牛群遗传改良中的作用,牛群内又分为育种群和生产群,育种群母牛在育种方案中承担着公牛母亲或母牛母亲的作用,而生产群母牛的后代不留作种用,因此主要的选种措施集中在育种群中实施,计算群体的遗传进展、育种效益等评价指标也仅限于在育种群中。表 8.17 中列出模拟的群体结构、生物学和育种技术参数以及实施育种方案所需的成本等参数。育种群和生产群 100％使用人工授精技术。正常的生产性成本不列入育种成本范围。固定成本发生的时间假定为平均的世代间隔。这些变量和固定成本直接影响着效益,而不影响遗传进展。收益的贴现率设为 6％,成本贴现率设为 4％。整个投资期为 20 年。

表 8.17　中国荷斯坦牛育种体系群体结构、生物学、育种技术及育种成本参数

群体结构参数	成本或个体数
群体规模/头	100 000
育种群比例	0.6
产犊间隔/年	1.1
育种群育成率/%	0.9
生产群育成率/%	0.72
公牛父亲的使用年限/年	1
公牛母亲的使用年限/年	2
母牛父亲的使用年限/年	3
母牛母亲的使用年限/年	3
公牛父亲选留数	5
每头公牛每年产冷冻精液量/剂	20 000
每头测验公牛保存的精液量/剂	2 000
性别比例	1：1
每头测验公牛的女儿数	100
每头母牛每年 DHI 的成本/元	60
每头犊牛体尺测定的成本/元	10
每头母牛体型鉴定费/元	5
每支精液的成本/元	1.1
储藏每支精液的成本/元	0.09
每年等待公牛饲养成本/元	5 000
每头牛全基因检测成本/元	1 400
收益贴现率/%	0.06
成本贴现率/%	0.04
投资期/年	20

8.2.5.3　育种软件 ZPLAN 以及育种效益计算

陈军等(2011)使用最新版本的 ZPLAN 程序(Nitter et al,2007),通过调试两个子程序 NBILD 和 MUNBER,构建不同的育种方案。

ZPLAN 的基本功能是应用选择指数法(selection index method)计算特定育种方案各选择通径的综合育种值的遗传进展和单个性状的遗传进展(Hazel,1943),应用基因流动法(gene flow method)(Hill,1974)计算特定育种方案各选择通径的经过贴现的育种产出、育种成本和育种效益。在应用 ZPLAN 进行育种规划模型计算时,不考虑由于选择而导致的遗传变异下降和近交程度增加的问题。许多研究表明,即使考虑群体遗传变异度的下降,也不会影响评价不同候选育种方案优劣的次序(Nitter,2007)。陈军等(2011)设计的育种规划期选择为 20年,约为奶牛 4 个世代,在育种规划中育种投入和育种产出使用了不同的贴现率。

遵循国际上最新的奶牛平衡育种理念,中国荷斯坦牛的育种目标包括泌乳性状(泌乳量、乳脂率、乳蛋白率等)和功能性状(体细胞数、长寿性等),假定泌乳性状的遗传力为 0.3,功能性状的遗传力为 0.1,两类性状的遗传和表型相关为 -0.1,并设两类性状在综合选择指数中具有同等的经济权重。基因组选择的选择准确性定为 0.75(Schaeffer,2006)。

8.2.5.4 育种产出量及育种效益的计算

$$E = \sum_{i=1}^{k} \sum_{j=1}^{l} \Delta G_{ij} \cdot SDA_{ij} \cdot V_i$$

其中：k 为综合育种值考虑的目标性状个数，l 为育种群考虑的种畜选择组个数，E 为每头母牛在规划期内平均育种产出量，ΔG_{ij} 为育种群中第 j 选择组在第 i 个性状上的遗传优势，SDA_{ij} 为育种群中第 j 种畜选择组、第 i 个性状的标准化性状实现值，V_i 为综合育种值中的第 i 个目标性状的边际效益值。

SDA_{ij} 的计算：

$$SDA_{ij} = \sum_{t=1}^{D} h_i' m_{jt} \left(\frac{1}{1+r} \right)$$

其中：h_i' 为性状 i 的实现向量，m_{jt} 为第 j 选择组的基因在 t 时的全群各性别年龄组中分布比例的状态向量，D 为投资规划期，t 为投资期内第 t 年度，r 为贴现率。

状态向量 m_{jt} 的计算：

$$m_{jt} = R_j a_{t-i} P m_{j(t-1)}$$

其中：R_j 为第 j 个选择组的繁殖矩阵，a_t 为各选择组种畜在 t 时的年龄向量，P 为基因传递矩阵。

育种投入的计算根据成本参数，对不同时间发生的组分别进行贴现，以便在同一水平上进行比较。育种效益为产出与投入的差，需要用各自的贴现率进行贴现。

8.2.5.5 各育种方案的遗传进展及育种效益比较

表 8.18 列出了 3 个育种方案每年每头母牛的综合遗传进展和世代间隔的比较结果。在基因组选择方案中，公牛遗传评估仅依据公牛本身的基因组 SNP 信息，可在公犊牛出生后马上进行，大大地缩短了种公牛选择通经的世代间隔，同时公牛母亲也使用了基因组 SNP 信息，在一定程度上也缩短了平均世代间隔，因此整个育种方案的平均世代间隔为 3.036 年，比后裔公牛测定育种方案和青年公牛育种方案分别缩短了 2.198 年、1.55 年。后裔测定育种方案的优势主要是公牛的选择准确性很高，当公牛遗传评估时使用 100 个女儿表型记录时，选择的准确性可达 0.9 以上。尽管基因组选择方案中公牛的选择准确性是 0.75，低于后裔测定方案，但该方案缩短世代间隔的优势远大于选择准确性较低的劣势，因此基因组选择方案预期获得的每年遗传进展是后裔测定方案的 134%。青年公牛方案的平均世代间隔虽然也大幅度地缩短，但因公牛选择的准确性很低（0.45~0.5），因而青年公牛方案的遗传进展是最低的。本研究结果与 Schaeffer（2006）通过计算机模拟得出的结果一致。

表 8.18　3 种育种方案每年的遗传进展和平均的世代间隔比较

	后裔测定方案	青年公牛育种方案	基因组选择育种方案
每年的遗传进展/（元/母牛）	20.990	18.564	28.105
世代间隔/年	5.234	4.586	3.036

3 种育种方案的育种投入、育种产出、育种效益比较见图 8.11。基因组选择的育种效益分别是后裔测定方案和青年公牛育种方案 2.61 和 1.97 倍。就育种投入而言，基因组选择方案较公牛后裔测定方案几乎降低了一半，这主要由于全基因组选择虽然基因芯片检测的成本也很高，但总体而论，远低于后裔测定中大规模的女儿牛生产性能测定和等待公牛饲养的成本。青年公

方案的育种成本最低,因为在该育种方案中,几乎没实施任何附加的测定、饲养等选择措施。全基因组选择方案同时缩短平均世代间隔和降低育种成本,获得了更高的育种效益。

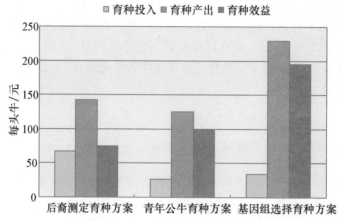

图 8.11　3 种育种方案的育种成本、育种产出、育种效益的比较

陈军等(2011)还就不同性状在 3 个育种方案中的遗传进展结果进行了比较(图 8.12)。该研究涉及多个经济性状,为了更直观明了显示育种进展结果,将经济性状归纳为生产性状和功能性状两类。此外,由于不同性状的度量单位不同,为了便于在同一水平上进行比较,图中性状遗传进展的单位采用性状标准差。如图 8.12 所示,全基因组选择方案中,生产性状和功能性状都获得了高于其他两类育种方案的遗传进展。特别是与后裔测定方案相比,全基因组选择对功能性状遗传进展的改善程度十分明显,提高了 12% 的效率。这是由于功能性状属低遗传力性状,在后裔测定育种方案中,除非尽量扩大公牛女儿的规模,否则难于获得理想的遗传进展(Lande and Thompson,1990;Muir,2007)。而全基因组选择是依据与性状关联的遗传标记信息对性状遗传方差解释的程度,与性状遗传力相关程度小,远大于后裔测定(每头公牛有 100 个女儿的记录)时仅使用的性状表型信息评定功能性状的准确性,因此全基因组选择是通过提高功能性状选择的准确性,使遗传进展大幅度提高。同类研究表明,若全基因组选择的准确性由 0.75 提高到 0.85 时,功能性状的遗传进展还可再提高 15%～20%(König et al,2009)。

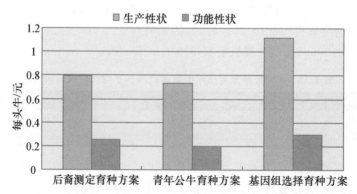

图 8.12　不同选择准确性情况下生产性状和功能性状的遗传进展

8.2.5.6 基因组选择方案中影响育种效益因素的分析

根据家畜育种学原理推论和育种效益组成,在影响基因组选择方案育种效益的诸多因素中,以下 3 个因素最为重要:一是公牛的选择压,即后备公牛中通过测定选留验证种公牛的比例;二是全基因组选择估计育种值的准确性;三是公牛全基因组 SNP 标记基因型检测的价格,主要取决于 SNP 基因芯片的价格。

在家畜育种规划领域针对特定育种方案,可采用灵敏度分析研究影响育种效益不同因素。首先允许单个因素按照一定梯度进行变化而固定其他因素,建立多个候选方案,分别估测各方案的效益,然后进行比较分析。陈军等(2011)对上述 3 因素制定的变化梯度见表 8.19。

表 8.19   全基因组选择方案中影响育种效益主要因素的变化梯度

影响因素	因素的变化梯度
选留公牛头数(测定后备公牛 50 头)	5,6,8,10,15
基因组选择的准确性/%	0.5,0.6,0.7,0.8,0.9
全基因组 SNP 标记基因型检测的价格/元	500,1 000,1 400,2 000,3 000

图 8.13 显示,在全基因组选择方案中,每年参加基因组检测的后备公牛头数不变时,当增加选留公牛的头数,留种率从 10% 逐步增加到 30% 时,育种产出随之下降,而育种投入不变,所以育种效益也随之下降。出现这一变化趋势的原因在于,随着选留公牛头数增加,选择强度变小,选择强度与群体遗传进展呈正相关,故群体遗传进展减缓。因此,在使用种公牛留种率这一指标的制定上,应依据母牛群体规模,按需求选留公牛,尽量降低留种率。这一结论与König(2009)研究结果一致。

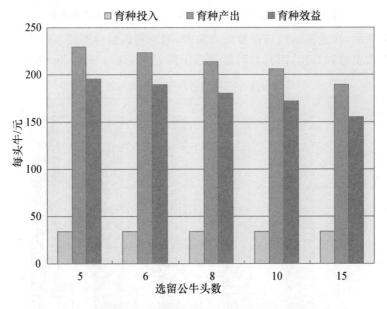

图 8.13   全基因组选择方案中选留公牛比例对育种效益的影响

如图 8.14 所示,在基因组选择方案中,选择准确性与群体遗传进展间呈正相关,随着公牛选择准确性的提高,育种投入不增加,育种产出和育种效益呈提高的趋势。全基因组选择利用系谱和个体本身的分子遗传信息,对个体进行遗传评定,因此其选择准确性既取决于 SNP 标记的数量、标记的多态性、标记与性状的关联程度等分子生物学因素,还取决于高通量分子标记基因芯片技术和基因组信息效应的估计算法以及计算机数据处理系统等技术因素。就目前上述两类元素的发展水平,许多全基因组选择的研究中假定全基因组选择准确性为 0.7~0.75。随着全基因组检测技术的不断成熟,估计基因组效应计算技术的不断改进,全基因组选择准确性会不断地提高(Meuwissen et al,2001)。例如 2010 年面世的 800k 芯片,由于覆盖全基因组的标记更密集,有望进一步提高全基因组准确性。新的全基因组遗传评估方法不断推出,例如 Zhang 等(2010)提出的 TABLUP 即可提高全基因组估计准确性。

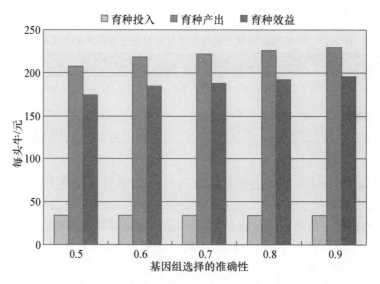

图 8.14　全基因组选择方案选择准确性对育种效益的影响

　　如图 8.15 所示,在全基因组选择育种方案中,随着基因组检测成本的提高,育种投入呈上升趋势,但并不改变育种产出,因此育种效益呈下降趋势,这与 Schaeffer(2006)和 König(2009)

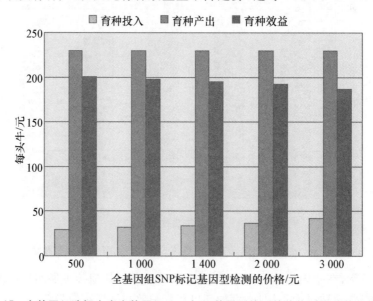

图 8.15　全基因组选择方案中基因组 SNP 标记基因型检测的价格对育种效益的影响

的研究结果一致。目前,牛全基因组检测使用特制的 SNP 芯片,能同时检测 5 万个以上位点,每头牛的检测费用按照国际报价(芯片价格以及数据费)约为 200 美元,约折合人民币 1 400元。对于一个规模为 10 万头成母牛的奶牛群体,实施全基因组选择育种方案,在建立起参考群体后(不考虑参考群体需要更新的问题),实际上每年仅对 200 头公牛母亲和 50 头青年公牛进行全基因组检测,其费用分摊到每头成母牛上则是很低的。据陈军等(2011)测算,当每头牛全基因组检测成本由 500 元提高到 3 000 元时,分摊到每头成母牛的育种投入仅增加 3 元。后裔测定方案的育种投入组分很多,包括群体注册费、DHI 测定费、生产性能记录、数据处理费以及等待公牛饲养费用等,在同样规模的群体中,分摊到每头成母牛上的育种投入要高于全基因组选择方案的情况。随着近年来高密度基因芯片检测成本不断地下降,全基因组选择育种方案的优势将更明显。

综上,陈军等(2011)比较了全基因组选择、传统后裔测定和青年公牛育种方案,全基因组选择育种方案可以缩短公牛、母牛选择通径的世代间隔,从而也缩短了育种核心群的平均世代间隔;同时,在全基因组选择育种方案中,公牛的遗传评定综合系谱和自身分子遗传信息,使公牛预选准确性得到提高。在比较 3 个育种方案的育种成效中,全基因组选择育种方案预期可实现的遗传进展优于其他两个方案;通过经济学分析表明,全基因组选择方案的育种投入低于后裔测定方案,而育种产出高于后裔测定方案,进而预期可获得的育种效益更为理想。通过全基因组选择可以加快传统育种手段效率很低的功能性状遗传进展。研究为构建和实施一个在公牛的选择强度、公牛选择的准确性和基因组 SNP 检测成本三因素优化组合的全基因组选择育种方案提出了科学的依据。

(撰稿:王雅春)

参考文献

1. 刘会英,张沅,张勤. 标记与 QTL 不完全连锁下标记辅助选择的相对效率. 科学通报,2001,46,15:1268-1273.

2. 罗维真,王雅春,张沅. 结合 MOET 技术的奶牛标记辅助选择方案比较. 中国科学 C 辑:生命科学,2008,38(11):1056-1065.

3. 张豪,张沅,张勤. 后裔测定青年公牛的标记辅助 BLUP 选择. 科学通报,2002b. 47,20:1566-1571.

4. 张豪. 标记辅助预选后测公牛研究:博士学位论文. 北京:中国农业大学,2002.

5. Chen Jun,Wang Ya-chun,Zhang Yi,et al. Evaluation of breeding programs combining genomic information in Chinese Holstein. 中国农业科学,2011,10(12):1949-1957.

6. Dekkers J C M. Commercial application of marker and gene-assisted selection in livestock:strategies and lessons. J Anim Sci,2004,82(E-Suppl):313-328.

7. Hazel L N. The genetic basis for constructing selection indexes. Genetics,1943,28:476-490.

8. Hill W G. Prediction and evaluation of response to selection with overlapping generations. Anim Prod,1974,18:117-139.

9. Kolbehdari D,Schaeffer L R,Robinson J A B. Estimation of genome-wide haplotype effects in half-sib designs. J Anim Breed Genet,2007,124:356-361.

10. König S,Simianer H,Willam A. Economic evaluation of genomic breeding programs. J Dairy Sci,2009,92:382-391.

11. Lande R,Thompson R. The efficiency of marker assisted selection in dairy cattle breeding schemes. Genetics,1990,124:743-753.

12. Mackinnon M J,George M. Marker-assisted selection of young dairy bulls prior to progeny testing. Livest Prod Sci,1998,54:229-250.

13. Meuwissen T H E,Hayes B,Goddard M E. Prediction of total genetic value using genome-wide dense marker maps. Genetics,2001,157:1819-1829.

14. Muir W M. genomic and traditional BLUP-estimated breeding value accuracy and selection reponse under alternative trait and genomic parameters. J Anim Breed Genet,2007, 124:342-355.

15. Nicholas F W,Smith C. Increased rates of genetic change in dairy cattle by embryo transfer and splitting. Anim Prod Sci,1983,36:341-353.

16. Nitter G,Bartenschlager H,Karras K,et al. ZPLAN. a PC-Program to Optimize Livestock Selection Schemes. Germany:University of Hohenheim,2007.

17. Schaeffer L R. Strategy for applying genome-wide selection in dairy cattle. J Anim Breed Genet,2006,123:218-223.

第9章

奶牛基因组选择研究

在过去几十年,传统的奶牛遗传选择已经非常成功,并大大地提高了奶牛的生产水平。目前奶牛的选择程序主要依靠后裔测定对个体进行遗传评估,然后应用一个多性状综合选择指数对奶牛个体进行评定。奶牛人工授精技术的普遍应用使每头公牛拥有大量女儿,这些女儿的生产性能表型值被用来预测公牛个体的育种值,这样就大大地提高了公牛估计育种值的准确性。个体育种值的准确预测将帮助我们选择最优秀的个体作为下一代的父母,从而大大提高奶牛的遗传进展。在传统遗传评定方法中,青年公牛选择主要基于系谱指数,而系谱指数是由系谱信息和表型记录计算而来。如前所述在实际生产中,公牛大约1岁时开始生产测试精液,2岁的时候后裔才能出生。对于一个有效的育种程序来说,公牛2岁的时候,它的女儿才能出生,女儿2岁后开始产犊,这时才产生性状表型记录,也就是说公牛的后裔测定需要4~5年的时间。随着分子生物学及计算机技术的发展,大量分子标记信息被发现,育种学家开始探索将基因组信息添加到奶牛的遗传评定中,从而实现公牛的早期选择及降低世代间隔和后测成本,同时还可以实现对低遗传力性状和阈性状较好的选择效果。当前应用基因组信息的模型主要包括两种,一种是标记辅助选择方法(MAS)(Soller and Backman,1983);另一种是基因组选择方法(GS)(Meuwissen et al,2001)。标记辅助选择方法是应用了部分基因组信息作为多基因信息的辅助信息,而基因组选择是标记辅助选择的扩展,它试图应用整个基因组信息对动物个体进行遗传评定,此方法能够在提高育种值估计准确性的同时,通过早期选种缩短世代间隔,降低近交,加速遗传进展。基因组选择方法正在影响着传统的畜禽遗传评估体系,在多数奶业发达国家,基因组选择方法正逐渐取代传统奶牛遗传评估方法成为奶牛遗传评估的"标准"方法。我国近年来也开展了奶牛基因组选择相关研究和工作。

9.1 基因组选择提出的背景

9.1.1 传统遗传评估方法

育种值估计是动物遗传育种的核心内容之一。育种值估计方法的实质就是利用个体本身和(或)亲属的性状记录,进行适当加权来提高选择的准确性。近半个世纪以来,遗传评定的方法不断改进和发展,并大大促进了奶牛的遗传进展。图 9.1 简要描述了奶牛遗传评定历程(张哲等,2011),奶牛的遗传评定方法经历了从最初的表型选择方法发展为基于个体育种值再到基因组育种值的选择方法。在个体育种值估计方面,根据时间顺序,基于表型记录和系谱信息的育种值估计方法的发展大体经历了 3 个阶段:①个体选择或选择指数法(selection index)阶段;②群体比较法(herd comparison)阶段;③最佳线性无偏预测法(best linear unbiased prediction,BLUP)阶段。BLUP 方法针对奶牛又发展了公畜模型、公畜-母畜模型、外祖父模型、动物模型及最近得到广泛应用的测定日模型。这些方法本书其他章节有详细论述,这里不再赘述。这些方法的应用对奶牛遗传育种的腾飞起到了巨大推动作用。

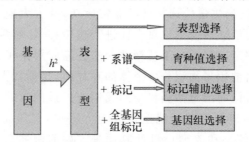

图 9.1　动物育种选择方法示意图(引自张哲等,2011)

9.1.2 应用基因组信息的遗传评定方法

随着分子生物学及计算机技术的发展,大量分子标记信息被发现,育种学家开始探索将基因组信息添加到奶牛的遗传评定中,从而实现公牛的早期选择及降低世代间隔和后测成本,同时还可以实现对低遗传力性状和阈性状较好的选择效果。当前应用基因组信息的模型主要包括两种:一种是标记辅助选择方法(MAS)(Soller and Backman,1983);另一种是基因组选择方法(GS)(Meuwissen,2001)。标记辅助选择方法是应用了部分基因组信息作为多基因信息的辅助信息,而基因组选择是标记辅助选择的扩展,它试图应用整个基因组信息对动物个体进行遗传评定,从而实现对真实育种值的剖分(图 9.1)。

9.1.2.1 标记辅助选择(MAS)

标记辅助选择(MAS)主要是将影响目标性状的基因或标记信息加入到遗传评估中,一般是分子标记与传统 BLUP 方法结合,及 MBLUP 方法(Fernando and Grossman,1989),以此来提高育种值估计的准确性。但从理论和实践层面上,标记辅助选择仍存在诸多限制因素。

MBLUP 模型(Fernando and Grossman,1989)所利用的标记需要与 QTL 连锁或连锁不平衡或标记就是 QTL(Dekkers et al,2004)。然而低密度标记图谱限制了标记辅助选择的应用,其原因主要有 3 点:①标记和 QTL 不能保持连锁不平衡,因此需要对每个家系都要进行标记 QTL 的估计;②确定 QTL 的位置非常困难,大部分努力花费在精细定位或寻找主效基因上面;③QTL 定位中只有大效应的 QTL 才能被检测出来,因此为了获得准确的育种值估计,传统的后裔测定仍是不可或缺的。随着高密度图谱的出现和基因型检测费用的降低推动了标记辅助选择的应用。高密度图谱的应用大大增加了 QTL 的检测准确性,然而在 QTL 的检测中仍然存在很多问题,由于检测阈值的设置,使许多被检测的 QTL 与生产性状成假阳性负相关,还有一些 QTL 不能被检测出来,即使检测出来的 QTL 也只能解释遗传方差的一小部分。标记信息所能带来的额外准确性主要取决于它能够解释的遗传变异,畜禽遗传改良的多数目标性状都是数量性状,受多个基因控制,每个基因只能解释很小比例的遗传变异。因此,通过候选基因(candidate gene)、数量性状基因座定位(quantitative trait loci mapping,QTL mapping)和全基因组关联分析(genome-wide association study,GWAS)等策略发现的基因或标记也只能解释较小比例的遗传变异。

尽管育种学家在畜禽 QTL 检测方面投入了巨大精力,但标记辅助选择在畜禽实际育种中的应用还是难以推广(Dekkers et al,2004)。显然,通过此策略实施标记辅助选择难以显著提高育种值估计的准确性。

9.1.2.2　基因组选择(genomic selection)

基因组选择方法的提出则解决了标记辅助选择所面临的上述问题。基因组选择方法的原理是应用整个基因组高密度标记图谱信息和表型信息估计每个标记或染色体片段的效应值,通过所有效应值的加和从而得到基因组估计育种值(Meuwissen et al,2001)。基因组选择也是一种标记辅助选择,但与常规的标记辅助选择中只使用少数标记不同的是,基因组选择同时使用全基因组标记进行育种值估计(Goddard and Hayes,2007),由此得到的估计育种值称为基因组育种值(genomic estimated breeding value,GEBV)。基因组选择的一个基本假设是,影响数量性状的每一个 QTL 都与高密度全基因组标记图谱中的至少一个标记处于连锁不平衡(linkage disequilibrium,LD)状态。因此,基因组选择能够追溯到所有影响 QTL,从而克服传统标记辅助选择中标记解释遗传方差较少的缺点,实现对育种值的准确预测。

在畜禽育种中,任何遗传评定方法的应用都围绕一个核心问题,那就是提高畜禽的遗传进展。遗传进展(ΔG)的估计公式如下:

$$\Delta G = \frac{\sigma_A i r_{AI}}{L}$$

其中,σ_A 为遗传标准差,i 为选择强度,r_{AI} 为育种值估计准确性,L 为世代间隔。

在遗传标准差和选择强度不变的情况下,与传统 BLUP 方法相比,基因组选择方法可以大大缩短世代间隔。此外,Meuwissen 等(2001)模拟研究发现基因组估计育种值的准确性和后裔测定估计的育种值准确性几乎是一致的。因此对青年公牛的选择,由于世代间隔的缩短,与传统 BLUP 相比,应用基因组选择方法可以获得两倍以上的遗传进展(Schaeffer,2006),而且与后裔测定相比,基因组选择方法可以节省约 90% 的费用(Schaeffer,2006)。另外,基因组选择还可对低遗传力性状及限性性状有较好的选择效果,如繁殖性状和疾病性状等。

9.1.2.3 基因组选择实施流程

图 9.2 简要描述了基因组选择实施的流程,首先选定参考群体和候选群体,参考群体具有表型记录(也可以是育种值)和高密度标记基因型,而候选群体往往仅有标记基因型。根据参考群体估计参考群体和候选群体的基因组育种值,进而根据基因组育种值从候选群体中选择优秀个体。正如传统个体遗传评估一样,个体基因组育种值的估计无疑是基因组选择实施的核心,基因组选择方法自提出起在此方面有诸多研究和应用。

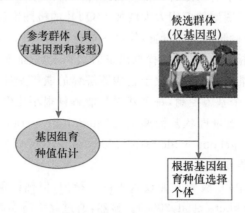

图 9.2　基因组选择流程简图

9.2　基因组育种值估计原理和方法

　　基因组选择的核心是利用覆盖整个基因组的高密度标记估计动物个体基因组育种值。按照所使用统计模型的不同,目前基因组育种值的计算方法主要可分为两类:第一类方法通过估计标记或染色体片段的效应,然后对效应值进行加和间接得到基因组估计育种值,如最小二乘模型和贝叶斯模型(Meuwissen et al,2001),贝叶斯模型也可以称之为非线性模型;第二类方法用标记构建个体间关系矩阵,将关系矩阵放入混合模型方程组(mixed model equations,MME)直接获得个体的基因组估计育种值,如 GBLUP 模型(VanRaden et al,2008),GBLUP 模型为线性模型。两类方法的基本计算模式如图 9.3 所示。

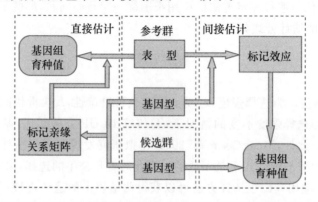

图 9.3　基因组选择中直接和间接估计基因组育种值计算模式示意图(引自张哲等,2011)

9.2.1 间接估计基因组育种值

Meuwissen 等(2001)最早提出的方法就属于间接估计基因组育种值的方法。间接估计基因组育种值的方法分为两步:①构建一定规模的参考群(reference population),利用参考群个体的表型和全基因组标记基因型信息估计全基因组中每一个标记对选择性状的效应值;②检测候选个体的全基因组标记基因型,依据其每个位点的标记基因型将由参考群体估计的标记效应累加获得个体的基因组育种值。其标记效应估计模型如下:

$$y = Xb + \sum_{i=1}^{m} g_i Z_i + e \qquad (9.1)$$

其中,y 是参考群中所有个体的表型值向量;b 是固定效应向量;g_i 是第 i 个标记的效应值;m 是总的标记数;X 和 Z 是关联矩阵;e 是随机残差向量,其方差-协方差矩阵为 $I\sigma_e^2$,σ_e^2 是残差方差,g_i 的方差 σ_{gi}^2 根据方法不同有不同的假设。第 j 个个体的基因组育种值则可由 $\sum_{i=1}^{m} g_i Z_{ji}$ 算得。

基于模型(9.1)的标记效应估计方法主要有:岭回归最佳线性无偏预测法(ridge regression best linear unbiased prediction,RRBLUP)(Meuwissen et al,2001),贝叶斯方法 A 和 B(BayesA,BayesB)(Meuwissen et al,2001)以及贝叶斯压缩(Bayes shrinkage,BayesS)(Xu,2003)。这些方法的差别主要在于对标记效应方差 σ_{gi}^2 的分布的假设不同。其中 RRBLUP 假定所有标记都有效应且方差相同;BayesA 假定所有标记都有效应且效应方差服从逆卡方分布(inversed chi-square distribution);BayesB 则引入一个新参数 π,假定标记效应方差以 π 的概率值为 0,以($1-\pi$)的概率服从逆卡方分布(Meuwissen et al,2001)。贝叶斯压缩对于标记效应方差的分布假设与 BayesA 相同,但是在效应估计时使用压缩算法(Xu,2003)。目前的模拟研究结果表明,BayesB 方法在多数情况下要优于其他方法(Meuwissen et al,2001)。这可能主要是由于模拟数据中 QTL 数量有限,与 BayesB 方法仅部分标记有效应的假设相吻合(Calus,2010)。

为避免 BayesB 方法中人为设定参数 π 对效应估计产生影响,又有研究者对此方法进行改进,可称为 BayesC 方法。Calus 和 Veerkamp(2007)应用随机搜索变量选择(stochastic search variable selection,SSVS)方法在估计标记效应的同时,将 π 作为模型中的变量进行求解;Meuwissen 等(2009)则将标记效应假定为两个方差不等的正态分布的混合分布,把方差参数和 π 作为模型变量求解。同时,这些改进也对 BayesB 的计算效率有所提高。

BayesB 方法使用计算强度高的 MH(Metropolis-Hasting)和 Gibbs 抽样算法,因此计算时间较长。为提高计算效率,Meuwissen 等(2009)提出基于条件期望迭代(iteration conditional expectation)算法的 fBayesB(fast BayesB)方法。fBayesB 方法准确性虽略低于 BayesB,但却能大大地缩短计算时间。

除上述方法以外,有研究通过机器学习(Long et al,2007)(machine learning)、主成分分析(Solberg et al,2009)及最小二乘回归(Meuwissen et al,2001)等降维的方式减少模型中的变量数,进而估计基因组育种值。还有研究使用半参数(Gianola et al,2006)(semiparametric),

非参数(Bennewitz et al,2009)(nonparametric)及贝叶斯 LASSO(de los Campos et al,2009)(least absolute shrinkage and selection operator)方法。针对 RRBLUP 方法,VanRaden(2008)提出了非线性回归的方法调整每个标记效应的方差,从而在 BLUP 计算中实现对标记效应的压缩求解。

9.2.2 直接估计基因组育种值

BLUP 方法是目前动物遗传评估的常规方法,在世界各国不同畜禽品种的遗传评估中广泛应用。其优势之一在于能够充分利用所有动物个体的信息,实现这一点的关键是通过系谱构建分子亲缘关系矩阵(numerator relationship matrix,NRM 或 A 矩阵),以此来反映个体间的遗传关系,但这种由系谱计算的遗传联系只是期望的遗传关系,而实际的遗传关系可能会由于孟德尔抽样离差而偏离期望值。与系谱相比,利用分子标记可以更真实地描述个体间的遗传关系(Visscher et al,2006)。因此在全基因组标记可用的情况下,也可以用标记构建个体间的关系矩阵(G 矩阵)来取代 A 矩阵,实现基因组育种值的直接估计。其模型如下:

$$y = Xb + Zu + e \tag{9.2}$$

其中,u 是基因组育种值向量,其方差协方差矩阵为 $G\sigma_a^2$,σ_a^2 是加性遗传方差,G 是根据标记构建的个体间的关系矩阵。

van Raden(2007)和 Habier 等(2007)分别阐述了基于模型(9.2)的基因组选择方法的基本原理。由于此方法将标记构建的 G 矩阵用于 BLUP 计算,为区别于传统 BLUP 和基于模型(9.1)的 RR-BLUP,它被称为 GBLUP(genomic best linear unbiased prediction)方法。GBLUP 与基于模型(9.1)的方法相比具有以下几个优势:有效降低估计方程组的个数,降低计算强度;有表型及无表型的个体的育种值可以放在同一个模型中,以传统动物模型 BLUP 的方式直接估计;可以计算个体基因组育种值的可靠性(reliability)。基于模型(9.1)的基因组育种值可靠性的计算方法与传统 BLUP 中育种值可靠性的方法相同(van Raden,2008;Strandén and Garrick,2009)。GBLUP 方法的重点在于如何用全基因组标记来构建 G 矩阵。van Raden(2008)提出多种方法构建 G 矩阵,并对这些方法进行模拟研究。Habier 等(2007)从理论上证明 GBLUP 方法等价于 RR-BLUP 方法。这主要是由于两方法使用相同的信息,并且都假定每个标记都有效应且效应方差相等。研究证明,GBLUP 要优于传统的利用表型和系谱的 BLUP 方法(Habier et al,2007;Muir,2007;Calus,2008),这是因为 GBLUP 中所用的 G 矩阵比传统的 BLUP 方法所用的 A 矩阵更真实地反映了个体间的遗传关系(van Raden,2008;Habier et al,2007;Daetwyler et al,2007)。

考虑到影响遗传评估目标性状的所有基因的位置在全基因组中分布不均匀以及基因效应不等的情况,Zhang 等(2010)提出在用全基因组标记构建个体间关系矩阵时应对不同标记给予不同的权重。标记的权重则来自于模型(9.1)中估计的标记效应。由于标记效应是性状特异的,不同性状有不同的关系矩阵。因此,以此方式构建的关系矩阵被称为性状特异的关系矩阵(trait-specific relationship matrix,TA 矩阵),应用 TA 矩阵进行基因组育种值估计的方法被称为 TABLUP。模拟及真实数据分析都表明,TABLUP 的预测能力高于 RRBLUP 和 GBLUP(Zhang et al,2010),这是因为 TA 矩阵考虑了遗传评估目标性状的遗传结构(Zhang et al,2010)。

9.2.3　模型的扩展

基因组选择假定高密度标记与影响目标性状的所有位点都处于较强的连锁不平衡。所以,当标记密度较低时基因组选择的应用效果会受到影响(Solberg et al,2008)。针对此种情况,有研究提出了可在模型中加入多基因效应(polygenic effect)。将多基因效应加入模型(9.1)后,其模型如下:

$$y = Xb + \sum_{i=1}^{m} g_i Z_i + Wu + e \tag{9.3}$$

其中,u 是动物个体的剩余多基因效应,W 是 u 的关联矩阵,其方差-协方差矩阵为 $A\sigma_u^2$,σ_u^2 为多基因效应方差。

Calus 等(2007)的模拟结果表明,在标记密度较低时使用模型(9.3)可提高育种值估计的准确性。对于模型(9.2),van Raden(2008)则提出将 A 和 G 矩阵进行加权求和,$wG+(1-w)A$,从而将多基因效应直接包括到模型中。但是,基因组选择使用的全基因组标记信息已经包含了平均亲缘信息(Habier et al,2007),此种扩展能否提高基因组育种值估计的准确性还有待验证。

已有研究者对各种计算方法在不同情况下的表现进行比较(Calus,2010;Moser et al,2009),由于各种计算方法的假设不同,其适用范围会有差异。而真实的物种、群体及性状也千差万别,因此在不同的情况下应用基因组选择,需要对方法进行选择和验证,从而最大限度地发挥基因组选择的优势。

虽然标记密度决定了标记的连锁不平衡水平和标记效应估计的准确性,但是这并不意味着在候选群中使用相同的标记密度基因组育种值估计的准确性就会恒定不变。在多个世代中应用基因组选择时,标记和 QTL 间连锁不平衡的变化会导致准确性的下降(Meuwissen et al,2001;Habier et al,2007)。重组(recombination)、选择(selection)和迁移(migration)会是引起畜禽群体连锁不平衡变化的主要因素。针对这些影响,可以通过提高标记密度、不断增加新标记、增加有表型的新个体和重估标记效应来降低准确性的损失。

9.2.4　影响基因组选择的因素

在畜禽遗传育种工作中,任何选择方法或遗传评定方法的核心都是获得最佳的群体遗传进展率。任何遗传评定方法的实施都会受到实际生产中某些因素的影响和限制,基因组选择方法也不例外。通过大量的模拟研究发现,基因组选择在提高动物的遗传进展方面具有很大潜力,但在实施过程中主要受到 3 个方面的影响:①标记信息的数量,受连锁不平衡程度的影响;②估计遗传标记或染色体片段效应所需的表型记录数量;③遗传标记类型,即单个标记还是单倍型。

在全基因组选择中,要求遗传标记或单倍型和 QTL 必须达到足够的连锁不平衡,这样才能很好地对整个群体的 QTL 效应进行预测。在 Meuwissen 等(2001)的模拟研究中,相邻两个标记间的 LD 水平为 $r^2 \geqslant 0.2$。Solberg 等(2006)应用有效群体大小为 100 的模拟群体评估了标记间隔对基因组选择准确性的影响。研究发现,标记间隔从 0.5 cM 增加到 4 cM 时,基因组育种值估计的准确性将降低 20%。Calus 等(2007)评估了相邻两个标记间的 r^2 值对基因组育种值估计准确性的影响,并发现随着 r^2 值的增加基因组育种值估计准确性也相应增加,如 r^2 值为 0.1 时,基因组育种值估计准确性为 0.68,而 r^2 值为 0.2 时,基因组育种值估计准确性为 0.82。在奶牛群体中,标记间隔为 100 kb 时,两个相邻标记间的 r^2 值为 0.2,而牛的基因组大小约为 3 000 000 kb,也就是说应用 30 000 个标记去执行基因组选择才可以达到较好的效果。

在基因组选择过程中,确定一个合理的用来估计标记或染色体片段效应的参考群体数量是非常重要的。基因组育种值估计准确性依靠于遗传标记或单倍型数量以及与每个标记或单倍型对应的表型记录数量。越多的表型记录,每个标记或单倍型对应的表型记录数越多,基因组育种值估计准确性越高。因此,如果参考群体数量过少,那么不能得到准确的标记效应或染色体片段效应的估计值;反过来,如果参考群体过大,虽然得到了准确的估计标记效应或染色体片段效应,但增加了太多的测定成本。而且不同的统计方法达到一定基因组育种值估计准确性所需的表型记录数也有一定差异。Meuwissen 等(2001)比较了不同方法在不同表型记录数量下对基因组育种值估计准确性的影响(表 9.1),其结果建议达到较准确的标记或单倍型效应估计值需要 2 000 个表型记录,但其性状的遗传力是在 0.3 的情况下。Villumsen 等(2009)评估了不同遗传力对基因组育种值估计准确性的影响,其研究发现性状遗传力越高所估计的基因组育种值准确性越高,而且对于低遗传力性状也有较好的基因组育种值估计准确性。

表 9.1 不同表型记录数量下估计基因组育种值与真实育种值的相关(引自 Meuwissen et al,2001)

	表型记录数		
	500	1 000	2 200
最小二乘(Least squares)	0.124	0.204	0.318
最佳线性无偏预测(BLUP)	0.579	0.659	0.732
BayesB	0.708	0.787	0.848

除标记数量和表型记录数量对基因组育种值估计准确性有影响以外,所应用标记的类型对基因组育种值估计也有很大影响。许多研究发现,与单个标记相比,应用单倍型可以得到更加准确的基因组育种值估计值(Calus et al,2007;Villumsen et al,2009)。

从图 9.4 中可以看出,单倍型模型要优于单标记模型,但在 r^2 值足够大时,单标记模型和单倍型模型间的差异会基本消失。在 r^2 值低于 0.2 时,单倍型模型可以得到较准确的基因组育种值,其主要原因是单倍型可以更好的捕获 QTL,从而能够解释更多的 QTL 方差。单倍型的另一个优势是可以降低所应用的标记密度。在模拟研究中,单倍型的构建通常是由相邻的两个或几个标记组成的。但在当前实际基因组选择中,通常应用单个标记(van Raden et al,2009;Su et al,2010)。这可能是由于在实际中应用单个标记去推断单倍型比较困难,而单个标记应用起来比较方便。

除以上影响因素外,基因组选择还受到不同的遗传评估模型及不同依变量的影响。Meuwissen 等(2001)基于模拟数据对不同模型对基因组估计育种值的准确性进行了比较研究,发现贝叶斯模型优于最小二乘模型和 BLUP 估计模型。Guo 等(2010)也基于模拟数据对各种

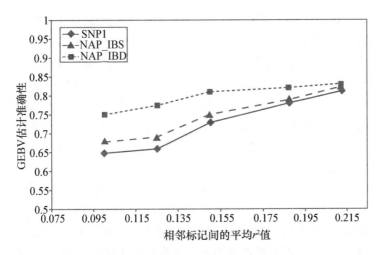

图9.4 不同标记模型对基因组育种值估计准确性的影响比较图(引自 Calus et al,2007)

模型及依变量对基因组育种值估计可靠性进行了比较,结果表明,基因组估计育种值可靠性除受到统计模型和依变量影响外,还受数据信息资料的影响。Su 等(2010)基于北欧奶牛的实际数据分析了不同模型对基因组育种值准确性的影响。

可见,基因组选择的应用受诸多因素影响,这需要对基因组选择方法进一步研究,以得到合理的基因组选择模型,将这些因素的影响尽量降到最低。

9.2.5 基因组选择的应用现状

基因组选择可以实现早期选种,缩短世代间隔,从而更大程度地提高畜禽的遗传进展,为育种机构带来更多经济效益(Goddard and Hayes,2007)。2006 年,伴随牛全基因组序列的公布,Schaeffer(2006)对基因组选择在奶牛育种体系中的应用进行经济学分析和探讨。结果显示,基因组选择在奶牛育种体系上的应用将会降低 92% 的育种成本。这引起了育种研究者和育种企业的关注。此后,基因组选择的研究和应用报道不断涌现。

全基因组选择可以准确估计青年公牛(没有女儿的生产记录)的基因组育种值(Calus et al,2007;Villumsen et al,2009;Su et al,2010)。因此,全基因组选择作为一种新的遗传评定方法可以对奶牛的育种规划起到非常好的优化作用。

在当前的奶牛育种中,后裔测定可以准确地估计后测公牛的育种值,然而需要很长的时间间隔。Schaeffer(2006)对奶牛的后裔测定程序进行了详细描述:在后裔测定中,每年确定一定数量的优秀母牛作为青年公牛的母亲,并将这些优秀母牛与指定的公牛进行交配。在青年公牛一岁的时候,与大量母牛进行交配以获得每个公牛有 100 个女儿。大约 43 个月后,这些公牛女儿获得第一泌乳期数据资料,青牛公牛获得各性状育种值其准确性大约为 75%(可靠性大约为 56%)。而新西兰、美国和澳大利亚试验结果显示,应用全基因组选择方法,刚出生公犊牛基因组育种值的准确性也可以达到 75%,那么公犊牛出生时就可以进行早期选择,使其提早进入繁殖阶段而不是在后裔测定以后,这样就可以缩短至少一半的世代间隔。同时可以对大量的公犊牛进行基因型检测,从而增加选择强度。因此,基因组选择可以大大提高群体遗传进展。

Schaeffer(2006)报道了全基因组选择可以通过对公牛母亲进行选择从而大大提高遗传进展，而且对公牛母亲进行选择所获得的遗传进展要大于直接对公牛进行选择。除此之外，基因组选择可以达到更加平衡的育种效果。这是由于在当前的奶牛育种中，只有生产性状可以获得较大的遗传进展，而对于遗传力低的性状，如繁殖性状、抗病性状等，获得的遗传进展非常小，而应用基因组选择方法可以大大提高繁殖性状等低遗传力性状的遗传进展。与此同时，全基因组选择可以降低群体近交系数的增加速度。Daetwyler 等(2007)研究发现，如果在育种程序中世代间隔保持不变，基因组选择的群体近交系数增长率要低于标记辅助选择，尤其对于低遗传力性状更加明显。

在奶牛实际育种中，全基因组选择方法有非常大的优势，其主要表现为以下几点：①可以对出生犊牛进行早期选择，从而可以大大缩短世代间隔；②可以提高青年牛公牛的检测数量，从而可以提高选择强度；③可以大大提高低遗传力性状估计育种值的准确性，从而可以实现更加均衡的平衡育种；④可以降低选择过程中近交系数的增加程度，从而可以保持群体较大的遗传变异；⑤可以应用较少的数据资料达到较高的选择效果，因此可以加速奶牛育种不发达国家的遗传进展。可见，全基因组选择方法可以对奶牛育种产生更大的育种效率。

基因组选择已经在奶牛群体中大规模应用。据 Interbull 对其成员国的调查显示，至 2010 年有 11 个成员国在其国家奶牛育种群中应用基因组选择。同时，更多国家正在计划实施基因组选择。基因组选择应用的性状几乎包含了目前奶牛育种目标中的所有性状。基因型测定范围包括从验证公牛到泌乳母牛和小母牛。如果说这些行动反应了奶牛育种者对基因组选择应用效果的乐观判断，那么不断增多的对应用结果的报道则验证了其判断的正确性。表 9.2 总结了这些国家基因组选择所使用的群体规模、标记数量及计算方法。

表 9.2　各个国家用于基因组选择的参考群规模[①]

国家	基因组选择实施年份	初始规模	目前规模	计算方法
美国/加拿大	2009.1/2009.8	4 422	18 008	GBLUP,Nonlinear-BLUP
澳大利亚	2011.4	2 000		BayesA,BayesB,SSVS,GBLUP
新西兰	2008.8	1 995	2 626	GBLUP
荷兰	2009.7	1 500	16 173[②]	Bayes
丹麦/瑞典/芬兰	2009.7	4 000	10 217[②]	SSVS,GBLUP
法国	2009.6	1 700	16 000[②]	GBLUP
德国	2009.8	4 400	19 377[②]	GBLUP
爱尔兰	2009.2	1 209	4 300	GBLUP
波兰	2010	1 227		GBLUP

注：[①]数据引自 INTERBULL(http://www.interbull.org/)。[②]参考群由 4 个国家的参考群合并而成。

从这些应用结果来看，基因组育种值的准确性高于传统育种值(van Raden et al,2009；Habier et al,2010)。对于多数性状，基因组育种值在使用全部标记的不同计算方法间没有明显的差异(Moser et al,2009；van Raden et al,2009)。但是，对于乳脂率性状，假定不同标记间效应方差不等的方法准确性要高于使用均匀先验的方法(如 RR-BLUP)(van Raden et al,2009；Loberg and Dürr,2009)。这主要是因为乳脂率性状的遗传结构不同于其他性状。位于奶牛 14 号染色体上的 DGAT1 基因影响乳脂率并解释较大比例的遗传方差，使得标记效应的分布明显偏离微效多基因模型。基于模型(9.2)的 GBLUP 方法在参考群规模较小时的表现优于 Bayes 方法(Hayes et al,2009),但是当参考群和验证群间的亲缘关系减弱时,GBLUP 方法的准确性下降速度比 Bayes 方法快(Hayes et al,2009,Habier et al,2010)。群体内的比较(van Raden et al,2009;Luan el al,2009)和不同群体间的比较都表明:参考群的规模越大,其基因组选择的准确性也越高。还有研究对标记数据进行筛选,获得均匀分布的低密度标记,结果显示标记密度的降低会导致基因组选择准确性的下降(Luan et al,2009)。但是,标记密度增高要小于参考群规模增大对基因组选择准确性的影响(van Raden et al,2009)。

目前,在奶牛群体中基因组育种值的计算是结合传统遗传评估进行的。上述国家参考群都是由验证公牛来构建,并且大多使用传统育种值作为表型值来估计基因组育种值。此时表型性状的观测遗传力(h^2)与育种值的可靠性(r^2)相当。而验证公牛育种值可靠性都大于 0.90,且奶牛的有效群体大小要小于其他畜种,这极大地提升了基因组选择在奶牛群体中的应用效果。目前,所有国家都不是直接应用估计的基因组育种值而是将父母平均育种值和基因组育种值合并为一个选择指数加以应用。其中父母平均育种值是通过系谱信息和表型信息计算而来,而基因组育种值是通过基因组信息计算而来,因此,合并指数很好地利用了系谱和基因组信息,从而大大提高了育种值估计的准确性。

在中国,奶牛基因组选择研究也已于 2008 年展开。目前,已经初步建立了由约 2 100 头母牛组成的参考群和 87 头后裔测定公牛组成的验证群。初步分析结果表明:产奶性状的基因组育种值准确性为 0.60～0.75(张哲,2011)。

9.3 基因组选择应用现状展望

9.3.1 改变当前畜禽育种模式

传统的遗传评估需要由系谱来记录个体间的亲缘关系,而基因组选择是以全基因组标记所记录的遗传及进化史为纽带将不同个体的表型记录联系起来。这种信息利用方式的改变会深刻地影响着畜禽育种体系。传统奶牛的后裔测定育种体系中,公牛大约 1 岁时开始生产测试精液,两岁的时候后裔才能出生。对于一个有效的育种程序来说,公牛两岁的时候,它的女儿才能出生,女儿两岁后开始产犊,这时才产生性状表型记录。也就是说公牛的后裔测定需要4～5 年的时间,公牛需等数年经过验证后才能使用,而如果此公牛验证成绩不好不能被使用则浪费了大量的饲养成本和管理成本。基因组选择则可以根据基因组信息对初生公牛进行早期选择,优秀青年公牛的冻精则可直接销售,其遗传优势更快地向后代传递(König et al,2009),这大大缩短了世代间隔,降低了育种成本。

9.3.2 可实现多品种联合遗传评估

由于不受系谱的限制,基因组选择育种体系中参考群个体既可以包括单品种、单群体,又可以包括多品种、多群体。de Roos 等(2009)模拟的参考群来自于分别有 6、30 和 300 个世代遗传隔离的两个群体；而 Toosi 等（2010）和 Ibánz-Escriche 等（2009）模拟的参考群则来自于纯系、二元、三元或四元杂交。他们的模拟研究结果表明：来自多个群体或品种的个体共同组成的参考群要优于单一群体来源组成的参考群。然而，多品种的参考群需要高密度的标记来保证标记和 QTL 之间的连锁相在不同群体间是一致的。同时，使用高密度标记时，不用在模型中考虑群体或品种特异的 SNP 对结果的影响。Kizilkaya 等（2010）使用真实的牛全基因组芯片数据和模拟的表型信息对种间使用基因组选择进行探讨，而 Hayes 等（2009）则直接使用娟珊牛和荷斯坦牛的混合参考群进行研究，结果的趋势与模拟研究结果一致。

9.3.3　促进不同育种机构紧密合作

基因组选择还为不同育种机构间的密切合作提供了更好的条件。由于大的参考群可以提高基因组选择的效果，而且不受系谱限制，所以不同育种机构间的合作变得更加可行。目前，美国加拿大的北美联合评估（van Raden et al，2009）以及欧洲七国的 EuroGenomic 合作项目（Lund et al，2010）已经显示了国际合作育种的优势。除此之外，由于 GBLUP 方法在基因组育种值计算中无需使用原始的基因组标记信息（只需用标记构建 G 矩阵），所以此方法还可以为不同机构间个体基因型信息的独立性和保密性提供保障。同时，Interbull 正在构建新的技术平台，在保证各个国家和公司的育种数据相对独立和保密的情况下整合数据，让所有的参与者都从更大的数据集中受益。这些新的动向也给我国动物育种提供了新的思路。

除此之外，基因组选择还能降低近交。2007 年，Daetwyler 等（2007）对基因组选择导致的群体近交进行研究，结果表明：与同胞选择和 BLUP 选择相比，基因组选择在提高育种值估计准确性的同时可以有效降低近交增量。这主要是由于基因组选择考虑了孟德尔离差，增大了同胞间的差异，从而降低了同胞被同时选做种用的概率，进而降低近交增量。

基因组选择正在逐渐进入奶牛遗传评估体系，其在奶牛中的应用环境条件较为成熟。然而，基因组选择在其他畜禽中的应用面临着诸多困难。其中，最主要的一个问题是应用成本仍然较高。当前，畜禽全基因组标记测定成本较高，一个样本的全基因组芯片测定费用是 190～250 美元。与乳用种公牛相比，其他种畜禽的种公畜影响力较小，经济价值较低，在猪、鸡育种中采用基因组选择方法经济回报远没有奶牛中那么明显。虽然大批量使用高密度芯片测定基因型会增加育种企业的投入，可能降低育种企业短期经济效益。但是，新生物技术促使基因型检测费用的降低，以及只在大型育种公司的核心群中使用基因组选择可能会为其带来可观的效益（Calus，2010）。在基因型检测费没有降到足够"低"之前，低密度标记基因组选择方法（Habier et al，2009；Zhang et al，2011）的应用也可能会给其他畜禽育种带来新的契机。

同时，在奶牛中可以使用高可靠性的估计育种值（$r^2 > 0.90$）作为表型值估计基因组育种值，但是这在其他畜禽中还不现实。因此，与在奶牛中的应用相比，在这些畜禽中的应用可能需要构建更大的参考群才能获得同奶牛中相同的准确性。即使不考虑测定成本，由于缺乏高可靠性的育种值，基因组选择方法也难以在这些群体中直接得到可靠的验证，这无疑会增加基因组选择应用效果的不确定性。

虽然基因组选择的计算和应用仍面临诸多挑战,但毋庸置疑的是,基因组选择方法正在改变全世界奶牛遗传育种体系,并积极影响着其他畜禽的遗传育种进程。它向人们证实了基因组时代分子生物学技术和计算技术已成为推动动物育种领域前进的强大动力。相信随着相关技术的不断进步,基因组选择方法会在动物育种领域得到更大范围的推广和应用,并必将给动物育种和遗传学研究领域带来深远的影响。

（撰稿：丁向东）

参考文献

1. 郭刚,荷斯坦牛全基因组选择模型和方法的研究:博士学位论文. 北京:中国农业大学,2010

2. 张哲,畜禽基因组选择方法及其应用研究:博士学位论文. 北京:中国农业大学,2011

3. Bennewitz J,Solberg T,Meuwissen T H E. Genomic breeding value estimation using nonparametric additive regression models. Genetics Selection Evolution,2009,41:20.

4. Calus M P L,Meuwissen T H E,de Roos A P,et al. Accuracy of genomic selection using different methods to define haplotypes. Genetics,2008,178:553−561.

5. Calus M P L,Veerkamp R F. Accuracy of breeding values when using and ignoring the polygenic effect in genomic breeding value estimation with a marker density of one SNP per cM. Journal of Animal Breeding and Genetics,2007,124:362−368.

6. Calus M P L. Genomic breeding value prediction:methods and procedures. Animal,2010,4:157−164.

7. Daetwyler H D,Villanueva B,Bijma P,et al. Inbreeding in genome-wide selection. Journal of Animal Breeding and Genetics,2007,124:369−376.

8. de los Campos G,Naya H,Gianola D,et al. Predicting quantitative traits with regression models for dense molecular markers and pedigree. Genetics,2009,182:375−385.

9. de Roos A P,Hayes B J,Goddard M E. Reliability of genomic predictions across multiple populations. Genetics,2009,183:1545−1553.

10. Dekkers J C M. Commercial application of marker- and geneassisted selection in livestock:strategies and lessons. Journal of Animal Science,2004,82(Suppl):e313−328.

11. Fernando R L,Grossman M. Marker assisted selection using best linear unbiased prediction. Genetics Selection Evolution,1989,21:467−477.

12. Gianola D,Fernando R L,Stella A. Genomic-assisted prediction of genetic value with semiparametric procedures. Genetics,2006,173:1761−1776.

13. Goddard M E,Hayes B J. Genomic selection. Journal of Animal Breeding and Genetics,2007,124:323−330.

14. Goddard M E,Hayes B J. Mapping genes for complex traits in domestic animals and their use in breeding programmes. Nature Reviews Genetics,2009,10:381−391.

15. Guo G,Lund M S,Zhang Y,et al. Comparison between genomic predictions using daughter yield deviation and conventional estimated breeding value as response variables,

Journal of Animal Breeding and Genetics,2010,127:423−432.

16. Habier D,Fernando R L,Dekkers J C M. Genomic selection using low-density marker panels. Genetics,2009,182:343−353.

17. Habier D,Fernando R L,Dekkers J C M. The impact of genetic relationship information on genome-assisted breeding values. Genetics,2007,177:2389−2397.

18. Habier D,Tetens J,Seefried F R,et al. The impact of genetic relationship information on genomic breeding values in German Holstein cattle. Genetics Selection Evolution,2010,42:5.

19. Harris B L,Johnson D L,Spelman R J. Genomic selection in New Zealand and the implications for national genetic evaluation. 2008,Pages 325−330 in Proc. 36th ICAR Biennial Session,Niagara,NY.

20. Hayes B,Bowman P,Chamberlain A,et al. Accuracy of genomic breeding values in multi-breed dairy cattle populations. Genetics Selection Evolution,2009,41:51.

21. Ibánz-Escriche N,Fernando R L,Toosi A,et al. Genomic Selection of purebreds for crossbred performance. Genet Sel Evol. 2009,14:12.

22. Kizilkaya K,Fernando R L,Garrick D J. Genomic prediction of simulated multibreed and purebred performance using observed fifty thousand single nucleotide polymorphism genotypes. Journal of Animal Science,2010,88:544−551.

23. König S,Simianer H,Willam A. Economic evaluation of genomic breeding programs. Journal of Dairy Science,2009,92:382−391.

24. Loberg A,Dürr J W. Interbull survey on the use of genomic information. Interbull bulletin,200,39:3−14.

25. Long N,Gianola D,Rosa G J,et al. Machine learning classification procedure for selecting SNPs in genomic selection:application to early mortality in broilers. Journal of Animal Breeding and Genetics,2007,124:377−389.

26. Luan T,Woolliams J A,Lien S,et al. The accuracy of genomic selection in Norwegian red cattle assessed by cross-validation. Genetics,2009. 183:1119−1126.

27. Lund M S,de Roos A P,Vries A G. ,et al. Improving genomic prediction by EuroGenomics collaboration,in 9th World Conference of Genetics Applied on Livestock Production. 2010:Leipzig,Germany, 880.

28. Meuwissen T H E,Hayes B J,Goddard M E. Prediction of total genetic value using genome-wide dense marker maps. Genetics,2001,157:1819−1829.

29. Meuwissen T H E,Solberg T R,Shepherd R,et al. A fast algorithm for BayesB type of prediction of genome-wide estimates of genetic value. Genetics Selection Evolution,2009,41:2.

30. Moser G,Tier B,Crump RE,et al. A comparison of five methods to predict genomic breeding values of dairy bulls from genome-wide SNP markers. Genetics Selection Evolution,2009,41:56.

31. Muir W M,Comparison of genomic and traditional BLUP-estimated breeding value

accuracy and selection response under alternative trait and genomic parameters. Journal of Animal Breeding and Genetics,2007,124:342-55.

32. Schaeffer L R. Strategy for applying genome-wide selection in dairy cattle. Journal of Animal Breeding and Genetics,2006,123:218-223.

33. Solberg T R,Sonesson A K,Woolliams J A,et al. Reducing dimensionality for prediction of genome-wide breeding values. Genetics Selection Evolution,2009,41:29.

34. Soller M,Beckmann J S. Genetic polymorphism in varietal identification and genetic improvement. Theoretical and Appled Genetics,1983,67:25-33.

35. Strandén I,Garrick D J. Technical note:derivation of equivalent computing algorithms for genomic predictions and reliabilities of animal merit. Journal of Dairy Science,2009,92:2971-2975.

36. Su G,Guldbrandtsen B,Gregersen V R,et al. Preliminary investigation on reliability of genomic estimated breeding values in the Danish Holstein Population. Journal of Dairy Science,2010,93:1175-1183.

37. Toosi A,Fernando R L,Dekkers J C. Genomic selection in admixed and crossbred populations. Journal of Animal Science,2010,88:32-46.

38. VanRaden P M,Tooker M E. Methods to explain genomic estimates of breeding value. Journal of Dairy Science,2007,90(Suppl. 1):374.

39. VanRaden P M,Van Tassell C P,Wiggans G R,et al. ,Invited review:reliability of genomic predictions for North American Holstein bulls. Journal of Dairy Science,2009,92:16-24.

40. VanRaden P M. Efficient methods to Compute Genomic predictions. Journal of Dairy Science 2008,91:4414-4423.

41. Villumsen T M,Janss L,Lund M S. The importance of haplotype length and heritability using genomic selection in dairy cattle. Journal of Animal Breeding and Genetics,2009,126:3-13.

42. Visscher P M,Medland S E,Ferreira M A,et al. Assumption-free estimation of heritability from genome-wide identity-by-descent sharing between full siblings. PLoS Genetics,2006,2:316-325.

43. Xu S,Estimating polygenic effects using markers of the entire genome. Genetics,2003. 163:789-801.

44. Zhang Z,Ding X D,Liu J F,et al. Accuracy of genomic prediction using low-density marker panels. Journal of Dairy Science,2011,94:3642-3650.

45. Zhang Z,Liu J F,Ding X D,et al. Best linear unbiased prediction of genomic breeding values using a trait-specific marker-derived relationship matrix. PLoS One, 2010, 5(9):e12648.

46. Zhang Z,Zhang Q,Ding X D. Advance in genomic selection in domestic animals. Chinese Science Bulletin,2011,56:2655-2663.

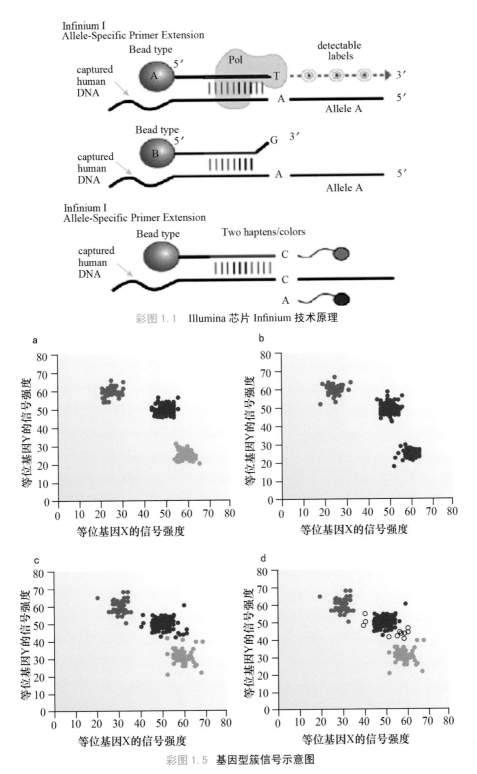

彩图 1.1　Illumina 芯片 Infinium 技术原理

彩图 1.5　基因型簇信号示意图

注：分型平台的原始数据沿两个轴作图，每一个轴代表一个等位基因，相应地界定了 3 种基因型，产生 3 个基因型簇。a～d 图显示的是 200 个基因型的数据。a 图 3 个基因型簇被很好地分开。3 种颜色分别代表 3 种基因型。个体基因型的判读得很精确。b 图 3 个基因型簇也被很好地分开，但由于等位基因被判错导致两个簇是相同的基因型。c 图明显几个基因型簇出现重叠，可能导致一些个体判型失败。d 图中的空圈表示无法确定基因型的个体。

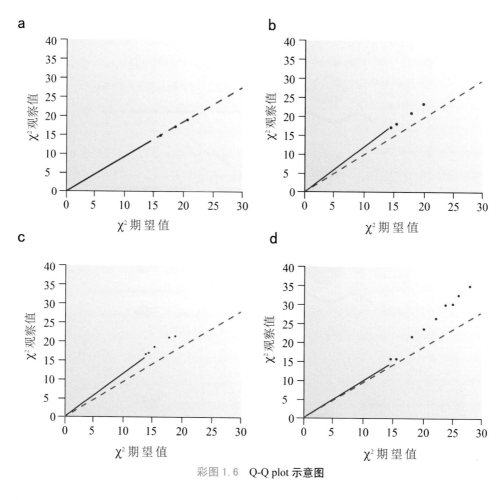

彩图 1.6　Q-Q plot 示意图

注：a～d 图中蓝色的线表示零假设下的期望值，红色的线表示模拟的 GWA 数据。图 a：观察值数据统计量与期望值吻合的非常好，同时也说明没有关联显著的位点；图 b：两条线出线分离，说明存在群体分层。图 c：与图 b 相似，说明存在群体分层，同时也有一些点表现出强烈的相关。图 d：没有群体分层现象，而且显示有很强的与疾病相关联的位点。

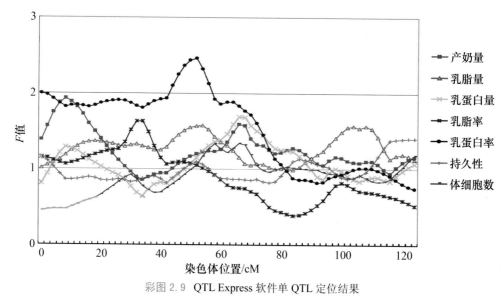

彩图 2.9　QTL Express 软件单 QTL 定位结果

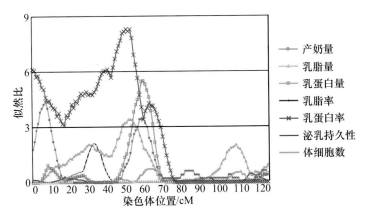

彩图 2.10　用 GRIDQTL 软件对 7 个性状的定位结果

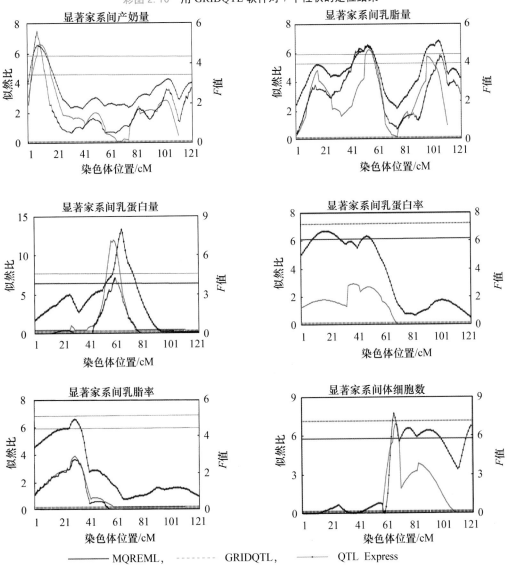

彩图 2.11　3 种软件对显著家系的定位结果

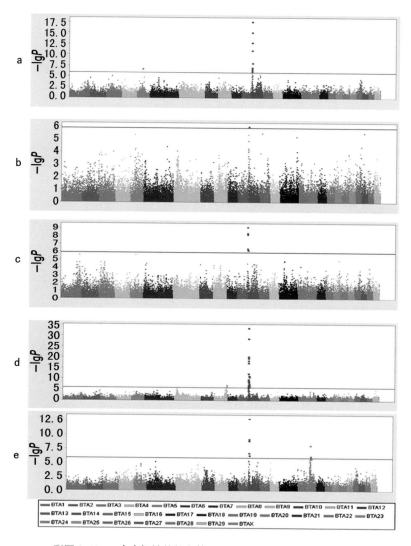

彩图 2.19　5 个产奶性状的全基因组关联分析结果（TDT 方法）

注：MY，FY，PY，FP 和 PP 的分析结果分别见 a，b，c，d 和 e；1～29 对常染色体和 X 染色体以不同颜色表示；纵坐标（-lg）表示基因组显著水平（$P < 1.23 \times 10^{-6}$）。

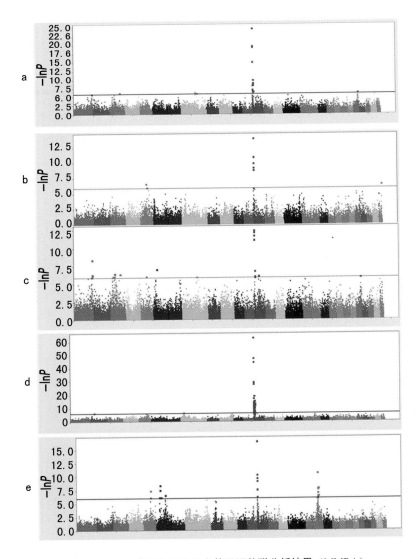

彩图 2.20　5 个产奶性状的全基因组关联分析结果（MMRA）

注：MY，FY，PY，FP 和 PP 的分析结果分别见 a，b，c，d 和 e；1～29 对常染色体和 X 染色体以不同颜色表示；纵坐标（-lg）表示基因组显著水平（$P < 1.23 \times 10^{-6}$）。

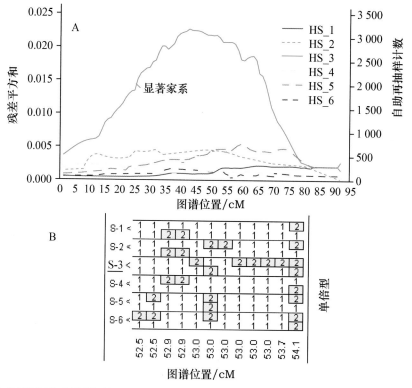

A. 半同胞 QTL 定位模型回归分析所得的回归平方和曲线（家系内的对应图谱位置），柱状图表示 10 000 次自助再抽样（bootstrapping）的计数分布　　B. 22 号染色体 52.5～54.1cM 区段的 F₁ 代公牛单倍型组成

彩图 2.28　牛 22 号染色体影响白色被毛比例的 QTL 定位曲线（A）和 F₁ 公牛片断单倍型信息（B）

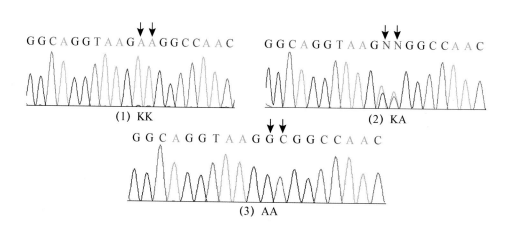

（↓处为突变位点）

彩图 3.4 不同基因型的测序峰图

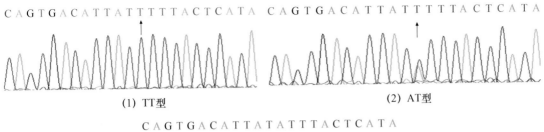

(1) TT型   (2) AT型

C A G T G A C A T T A T A T T T A C T C A T A

(3) AA型

（↓处为突变位点）

彩图 3.8 不同基因型的测序峰图

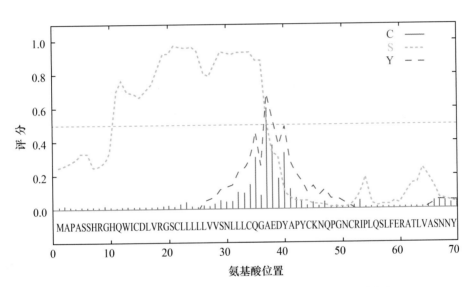

彩图 3.12 利用神经网络算法预测的蛋白质（37A）信号肽位点

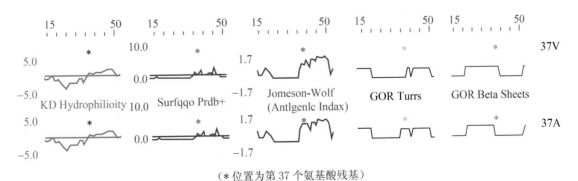

（＊位置为第 37 个氨基酸残基）

彩图 3.13 牛胎盘催乳素蛋白质 37V 和 37A 二级结构的预测结果比较

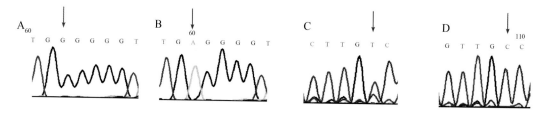

A. LA4 位点 AA 型　B. LA4 位点 BB 型　C. LA9 位点 AA 型　D. LA9 位点 BB 型

彩图 3.18　LA4 和 LA9 位点的部分序列

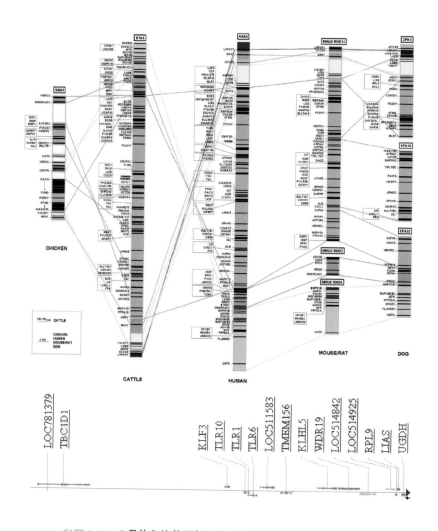

彩图 3.41　6 号染色体基因与人、小鼠、大鼠、鸡和犬的比较图谱

8

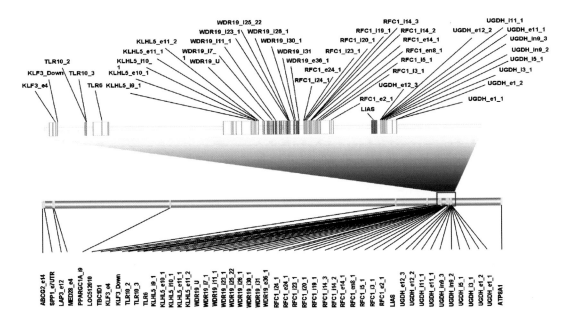

彩图 3.42　50 个 SNPs 在 BTA6 上的分布

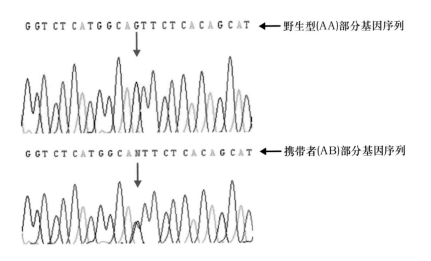

彩图 4.4　基因型 AA、AB 的测序峰图

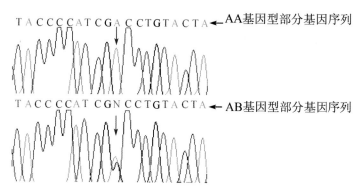

TACCCCATCGACCTGTACTA ← AA基因型部分基因序列

TACCCCATCGNCCTGTACTA ← AB基因型部分基因序列

彩图 4.10　AA 和 AB 基因型的测序峰图

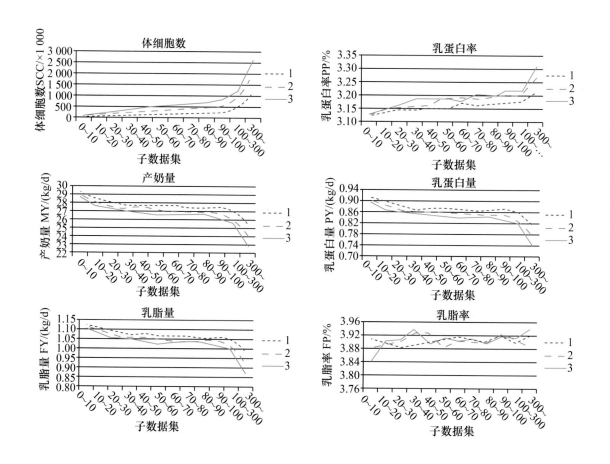

彩图 5.2　6 个产奶性状在不同子数据集中的变化规律

注：1. 以≥1 个测定日记录作为 SCC 划分标准时，12 子数据集中 6 个性状的均数变化趋势；2. ≥2 个测定日标准时的变化趋势；3. ≥3 个测定日标准时的变化趋势。6 个性状分别是体细胞数、乳蛋白率、产奶量、乳蛋白量、乳脂量、乳脂率。

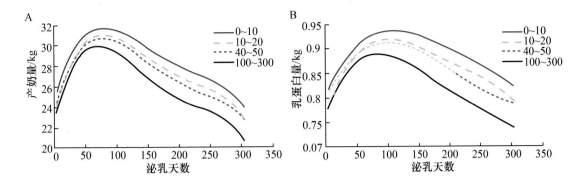

彩图 5.3　同一坐标系内 4 个子数据集的泌乳曲线（A）和乳蛋白量曲线（B）

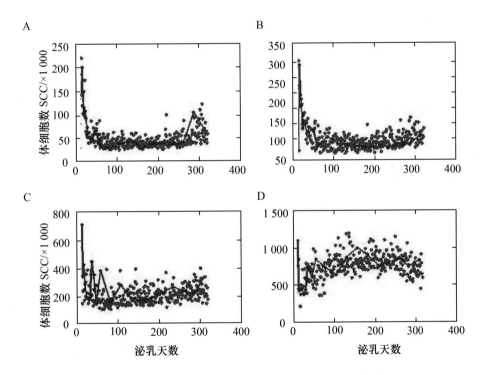

A. 0～10 万 SCC 子数据集　　B. 10 万～20 万 SCC 子数据集

C. 30 万～40 万 SCC 子数据集　　D. 100 万～300 万 SCC 子数据集

彩图 5.4　泌乳期不同子数据集的 SCC 曲线

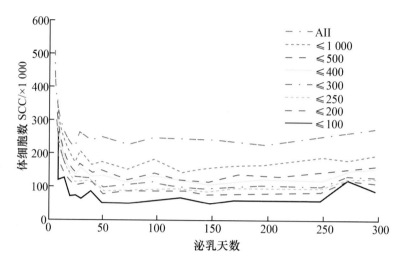

彩图 5.5　累积数据集泌乳期的 SCC 曲线

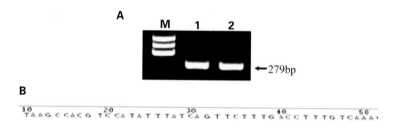

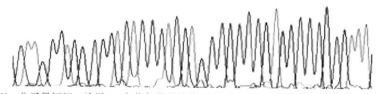

泳道 M：100bp 分子量标记　泳道 1：金黄色葡萄球菌阳性对照 nuc 基因扩增结果

泳道 2：高剂量攻菌组金黄色葡萄球菌 nuc 基因扩增结果

彩图 5.6　**金黄色葡萄球菌 nuc 基因的特异性 PCR 电泳检测图（A）及测序图（B）**

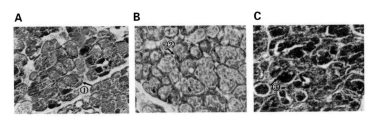

A. 对照组，箭头①显示腺泡结构完整，无炎性细胞浸润　B.低剂量攻菌组，箭头②显示腺泡间质略有增宽少量炎
性细胞浸润　C.高剂量攻菌组，箭头③显示大量炎性细胞浸润，腺泡间质明显增宽，腺泡上皮脱落

彩图 5.7　金黄色葡萄球菌攻菌后小鼠乳腺组织切片

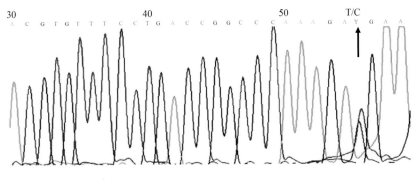

（↑处为突变位点）
彩图 5.12　STAT5b 基因池的正向测序峰图

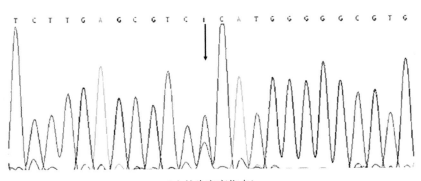

（↓处为突变位点）
彩图 5.16　CD4 基因池的测序峰图

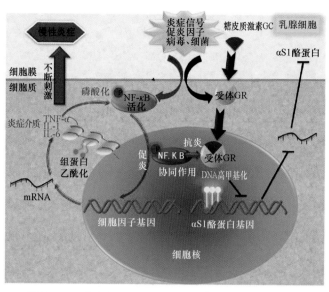

彩图 5.23　乳房炎的发生发展及其表观遗传调控图解

注：细胞受病原微生物等刺激后，NF-κB 被激活，进入细胞核，与靶基因结合后，产生大量的炎症介质（如 IL-1、IL-6 和 TNF-α），引起炎症反应；同时 IL-6 等受组蛋白乙酰化等调控，表达量增加，进一步激活 NF-κB，从而扩大局部的炎症反应，引发慢性炎症。糖皮质激素（GC）通过结合糖皮质激素受体（GR），抑制细胞浆内和细胞核内活化的 NF-κB，从而抑制炎症反应；同时能抑制 NF-κB 与靶基因结合，起到抑制异常炎症反应的作用。对奶牛而言，当乳腺组织感染 *E. coli* 后，αS1 酪蛋白基因（CSN1S1）启动子区 STAT5 结合位点的 CpG 发生甲基化，导致 αS1 酪蛋白合成停止。

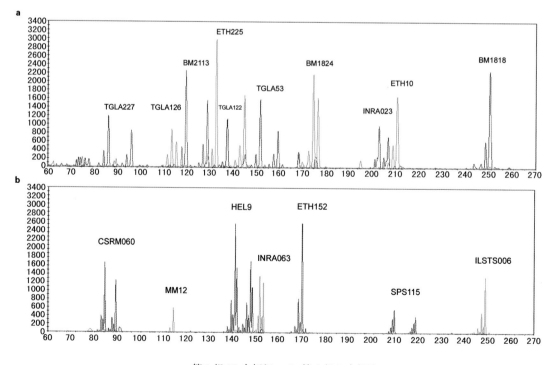

a. 第 1 组 10 个标记　　b. 第 2 组 7 个标注

彩图 6.2　微卫星标记荧光毛细管电泳图

14

表 6.8　各标记的等位基因荧光峰图特点

标记名称	荧光峰特点	峰图
BM1818	3 个连续峰，第 1 峰最高	
BM1824	3 个连续峰，第 1 峰最高	
BM2113	3 个连续峰，第 1 峰最高	
TGLA53	5 个连续峰，第 2 峰最高	
TGLA122	6 个连续峰，第 2 峰最高	
TGLA126	3 个连续峰，第 1 峰最高	
TGLA227	3 个连续峰，第 1 峰最高	
ETH003	3 个连续峰，第 1 峰最高	
ETH10	3 个连续峰，第 1 峰最高	
ETH225	3 个连续峰，第 1 峰最高	
INRA023	3 个连续峰，第 1 峰最高	
SPS115	3 个连续峰，第 1 峰最高	

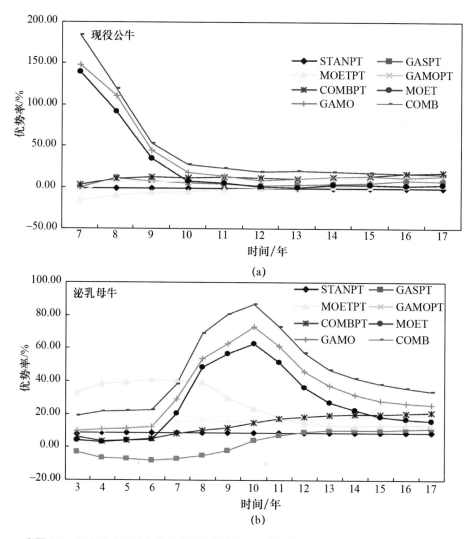

彩图 8.7 17 年 8 个育种方案在现役公牛群体和泌乳母牛群体的遗传进展优势率（CGS）

注：$CGS=\dfrac{\sum \Delta TBV_{OTHER}-\sum \Delta TBV_{STANPT}}{\sum \Delta TBV_{STANPT}}$，其中 $\sum \Delta TBV_{STANPT}$ 为基础方案（STANPT 方案）真实育种值遗传进展，$\sum \Delta TBV_{OTHER}$ 为其他方案真实育种值遗传进展。STANPT= 传统后裔测定方案，GASPT= 应用 QTL 信息对青年公牛进行预选择方案，MOETPT= 应用 MOET 技术产生全同胞家系方案，GAMOPT= 应用 QTL 信息预选择及 MOET 技术方案，COMBPT= 应用 QTL 信息预选择、MOET 技术及 QBLUP 模型遗传评估方案，GAMO= 对应 GAMOPT 方案的非后裔测定方案，MOET= 对应 MOETPT 方案的非后裔测定方案，COMB= 对应 COMBPT 方案的非后裔测定方案。